PROPRIEDADES MECÂNICAS DOS
FERROS FUNDIDOS

Blucher

WILSON LUIZ GUESSER

Universidade do Estado de Santa Catarina (UDESC)
Engenheiro metalurgista (1976)
Mestre em Engenharia Metalúrgica (1983)
Doutor em Engenharia Metalúrgica (1993)

PROPRIEDADES MECÂNICAS DOS
FERROS FUNDIDOS

2ª edição

Propriedades mecânicas dos ferros fundidos
© 2019 Wilson Luiz Guesser
1ª edição – 2009
2ª edição – 2019
Editora Edgard Blücher Ltda.

Blucher

Rua Pedroso Alvarenga, 1245, 4º andar
04531-934 – São Paulo – SP – Brasil
Tel.: 55 11 3078-5366
contato@blucher.com.br
www.blucher.com.br

Segundo o Novo Acordo Ortográfico, conforme 5. ed. do *Vocabulário Ortográfico da Língua Portuguesa*, Academia Brasileira de Letras, março de 2009.

É proibida a reprodução total ou parcial por quaisquer meios sem autorização escrita da editora.

Todos os direitos reservados pela Editora Edgard Blücher Ltda.

Dados Internacionais de Catalogação na Publicação (CIP)
Angélica Ilacqua CRB-8/7057

Guesser, Wilson Luiz
  Propriedades mecânicas dos ferros fundidos / Wilson Luiz Guesser. – 2. ed. – São Paulo : Blucher, 2019.
  344 p. : il.

  Bibliografia
  ISBN 978-85-212-1407-6 (impresso)
  ISBN 978-85-212-1408-3 (e-book)

  1. Ferro fundido – Propriedades mecânicas
  I. Título.

18-2181 CDD 671.3

Índice para catálogo sistemático:
1. Ferros fundidos: Propriedades mecânicas: Tecnologia 671.3

APRESENTAÇÃO

Com certeza, Wilson Guesser é hoje no Brasil o engenheiro, pesquisador e educador que mais conhece e domina o conhecimento e o conjunto das técnicas de fabricação, especificação e utilização de ferros fundidos. Se pode dizer que Wilson Guesser é repositório, no Brasil, dos mais importantes desenvolvimentos tecnológicos referentes à obtenção de ferros fundidos com propriedades especiais, objeto de pesquisa fundamental e aplicada, inicialmente desenvolvida na Escola Politécnica da USP, desde o início da década de 1970, e em seguida no recém-fundado Centro de Pesquisas da Fundição Tupy, sob orientação de seu idealizador, Adolar Pieske, professor da EPUSP e Diretor do Centro de Pesquisa nos seus primeiros anos de funcionamento. Desde esta época, a equipe que lá trabalhou soube transformar os conhecimentos científicos e técnicos, intensamente debatidos na literatura internacional, em desenvolvimento de tecnologia de fabricação de ferros fundidos, com propriedades otimizadas. Wilson Guesser fez parte da primeira equipe de engenheiros que trabalhou com o Prof. Adolar Pieske no Centro de Pesquisa da Fundição Tupy.

Conheci Wilson Guesser em 1976, quando se dispôs (voluntariamente) a me ajudar no desenvolvimento de experiências em laboratório para uma disciplina introdutória da área de metalografia, denominada Técnicas Metalográficas, para a qual eu havia sido recentemente designado como responsável. Sua participação foi decisiva para o sucesso da ementa proposta: tinha como peça fundamental o desenvolvimento em laboratórios de metalografia, de tratamentos térmicos e de ensaios mecânicos, de experiências na área de Física dos Metais, Transformação de Fase nos Metais e Propriedades Mecânicas. A metodologia desenvolvida na época permitia aos alunos de graduação uma melhor compreensão dos fenômenos de deformação plástica e recristalização, de transformações durante tratamentos térmicos, do fenômeno de precipitação nos metais, por meio de sua observação em experiências laboratoriais e de medidas das propriedades mecânicas obtidas.

A Ciência e a Engenharia de Materiais, e em particular a Engenharia dos Materiais Metálicos, constituem campos de conhecimento interdisciplinar que envolve inter-relações entre processos de fabricação, microestrutura, propriedades e desempenho. A correlação entre microestrutura e propriedades faz, naturalmente, parte deste conjunto de inter-relações que podem ser visualizadas por meio do tetraedro dos Materiais, proposto na década de 1950, por Cyril Stanley Smith: determinado processo de fabricação imprime ao material uma microestrutura, que por sua vez condiciona as propriedades físicas e mecânicas do material. Em função de seu comportamento mecânico o material terá certo desempenho, como material de engenharia e no conjunto para o qual foi dimensionado.

Wilson Guesser adota este partido no desenvolvimento de seu livro Propriedades Mecânicas dos Ferros Fundidos, que é resultado da experiência do autor em ministrar a disciplina de propriedades mecânicas na UDESC por anos consecutivos, sempre aprimorando o método de ensino e propondo novas questões aos alunos.

Engenheiro Metalurgista (1976), Mestre em Engenharia Metalúrgica (1983), Doutor em Engenharia Metalúrgica (1993),

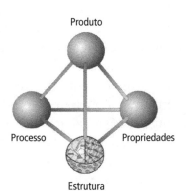

pela Escola Politécnica da USP, Wilson Guesser soube utilizar sua experiência acadêmica, de leitura da literatura publicada sobre assuntos técnicos e de pesquisa, e de sua habilidade e discernimento para elaborar projetos de pesquisa, estabelecer metodologias de trabalho experimental, de realizar experimentos decisivos para confirmação de hipóteses de trabalho e em última análise de desenvolver novos materiais (na área de ferros fundidos).

Hoje vivemos a era dos Novos Materiais, dos Nanomateriais, da Nanotecnologia, etc. Entretanto, desenvolvimentos de grande importância têm sido feitos na indústria metal-mecânica em geral e na indústria automobilística em particular, utilizando novos processos de fabricação de materiais considerados tradicionais. Cito como exemplo a utilização do ferro fundido vermicular pela indústria automobilística de ponta, fabricante de automóveis de luxo e de caminhões com motorização diesel, que trabalham com elevadas pressões de trabalho na câmara de combustão, com o fim precípuo de diminuir a emissão de gases poluentes e aliviar o peso dos veículos. A fabricação de blocos de motores em ferro fundido vermicular permite associar boa condutividade térmica a propriedades mecânicas elevadas, possibilitando a substituição de blocos de alumínio de custo muito mais elevado.

Wilson Guesser participou decisivamente no desenvolvimento e implantação da tecnologia Sintercast de fabricação de blocos de motores em ferro fundido vermicular, tecnologia dominada hoje por duas ou três fundições no mundo. Por conta do trabalho realizado recebeu em nome da Fundição Tupy o Prêmio "Inventor Inovador" – Região Sul do INPI-FINEP, pelo pioneirismo na produção de blocos de motores em ferro fundido vermicular (CGI) e pelo domínio do processo de produção. Foi premiado, também, pelas patentes que a empresa detém, relativas a inventos que permitiram a usinabilidade dos blocos fabricados em grafita vermicular.

O livro *Propriedades Mecânicas dos Ferros Fundidos* é, sem dúvida, bem-vindo, por veicular informação esparsa, constante de normas e manuais de engenharia e de catálogos de fabricantes, de uma maneira sistemática, sempre vinculada ao conhecimento do processo de fabricação e da microestrutura do material. A sistematização do conhecimento sobre as inter-relações entre processos de fabricação, microestrutura, propriedades mecânicas e desempenho vêm a claro nesta publicação de interesse para os cursos de graduação e pós-graduação em Engenharia Metalúrgica e de Materiais, e para os cursos de Engenharia Mecânica com ênfase em Materiais.

Boa parte do conhecimento incluído no livro é resultado da leitura de centenas de artigos técnicos sobre os assuntos em questão. Mas não só isso: no decorrer da leitura o leitor toma contato com resultados experimentais do próprio autor e/ou de seus colegas, obtidos no decorrer de suas pesquisas, ao longo de mais de trinta anos de trabalho na área. Não é conhecimento livresco e sim publicação de conhecimentos e desenvolvimentos próprios, que justificam a premiação recebida. O leitor será surpreendido também pelo nível de reflexões que o autor tece a respeito dos assuntos desenvolvidos em cada capítulo: os temas não necessariamente encontram-se completamente estabelecidos e há controvérsia, com diferentes correntes de pensamento a respeito. Apresentar esta polêmica em um livro didático é sem dúvida um empreendimento bastante delicado.

O último capítulo sobre Seleção de Material e Desenvolvimento de Produtos Para Alguns Componentes Automobilísticos apresenta o estado da arte e os desenvolvimentos tecnológicos mais recentes na área de blocos de motores e de outros componentes automobilísticos. A discussão feita neste capítulo visa fornecer ao leitor uma visão mais geral da área de materiais de construção mecânica e apresentar uma discussão dos critérios utilizados na área de projeto e fabricação para otimizar o rendimento dos veículos automotores e reduzir a emissão de poluentes.

Ao final da leitura do livro, o leitor terá certamente uma visão bem fundamentada não só sobre as propriedades mecânicas dos ferros fundidos, como do próprio processo de seleção de materiais e tratamentos térmicos na indústria metal-mecânica.

André Paulo Tschiptschin
Professor titular
Escola Politécnica da USP
Depto. de Engenharia Metalúrgica e de Materiais

CONTEÚDO

1. Introdução 1
2. Tipos de ferros fundidos 3
3. Fundamentos 9
   3.1 Metalurgia dos ferros fundidos 9
   3.2 Tratamentos térmicos de ferros fundidos 14
4. O processo de fratura dos ferros fundidos 27
   4.1 Ferros fundidos nodulares e maleáveis pretos – modos de fratura e mecanismos de propagação de trincas 27
   4.2 Fratura dútil em ferros fundidos nodulares e maleáveis pretos 27
   4.3 Fratura por clivagem em ferros fundidos nodulares 33
   4.4 Fratura intergranular em ferros fundidos nodulares e maleáveis pretos 36
   4.5 Fratura por fadiga em ferros fundidos nodulares 36
   4.6 Ferros fundidos cinzentos – modos de fratura e propagação de trincas 37
   4.7 Fratura por fadiga em ferros fundidos cinzentos 39
   4.8 Ferros fundidos cinzentos e nodulares – efeito da matriz e do tipo de solicitação 39
   4.9 Ferros fundidos vermiculares – modos de fratura e mecanismos de propagação de trincas 41
   4.10 Fratura por fadiga em ferros fundidos vermiculares 42
5. Normas técnicas 45
   5.1 Ferros fundidos cinzentos 45
   5.2 Ferros fundidos nodulares 51
   5.3 Ferros nodulares austemperados 58
   5.4 Ferros fundidos nodulares simo 60
   5.5 Ferros fundidos nodulares austeníticos 61
   5.6 Ferros fundidos vermiculares 61
   5.7 Ferros fundidos para aplicações especiais 65
6. Propriedades estáticas 67
   6.1 O ensaio de tração em ferros fundidos 67
   6.2 Módulo de elasticidade de ferros fundidos 71
   6.3 Propriedades estáticas de ferros fundidos cinzentos 77
   6.4 Propriedades estáticas dos ferros fundidos nodulares 90
   6.5 Propriedades estáticas dos ferros fundidos vermiculares 98
7. Resistência à fadiga dos ferros fundidos ... 107
   7.1 Conceitos iniciais 107
   7.2 Resistência à fadiga dos ferros fundidos nodulares 111
   7.3 Resistência à fadiga de ferros fundidos cinzentos 131
   7.4 Resistência à fadiga dos ferros fundidos vermiculares 139
8. Propriedades físicas dos ferros fundidos 149
   8.1 Densidade 149
   8.2 Expansão térmica 152
   8.3 Condutividade térmica 154
   8.4 Calor específico 157
   8.5 Propriedades elétricas e magnéticas 157
   8.6 Propriedades acústicas 159
   8.7 Amortecimento de vibrações 160
9. Propriedades dos ferros fundidos a altas temperaturas 167
   9.1 Introdução 167
   9.2 Oxidação 168
   9.3 Estabilidade dimensional e estabilidade da microestrutura 170
   9.4 Resistência a quente 172

9.5 Fluência 176
9.6 Fadiga térmica 179
9.7 Fadiga termomecânica 184
9.8 Desgaste a quente 185
9.9 Ferros fundidos nodulares ligados ao silício e molibdênio 186
9.10 Ferros fundidos nodulares austeníticos 189
10. Propriedades estáticas a baixas temperaturas 195
10.1 Aplicações a baixas temperaturas 195
10.2 Ferros fundidos nodulares 196
10.3 Ferros fundidos cinzentos 196
11. Resistência ao impacto dos ferros fundidos 199
11.1 A transição dútil-frágil 199
11.2 Ferros fundidos nodulares 200
11.3 Ferros fundidos vermiculares 204
11.4 Ferros fundidos cinzentos 205
12. Tenacidade à fratura de ferros fundidos ... 209
12.1 Introdução 209
12.2 Ferros fundidos nodulares 213
12.3 Ferros fundidos vermiculares 216
12.4 Ferros fundidos cinzentos 218
13. Desgaste em componentes de ferros fundidos 223
13.1 Conceitos iniciais 223
13.2 Componentes com lubrificação 227
13.3 Desgaste sem lubrificação 233
14. Ferros nodulares austemperados 237
14.1 Propriedades mecânicas estáticas 237
14.2 Propriedades mecânicas das diversas classes 240
14.3 Resistência à fadiga 241
14.4 Propriedades a baixas temperaturas 245
14.5 Resistência ao impacto e tenacidade à fratura 246
14.6 Propriedades mecânicas em peças espessas 250
14.7 Resistência ao desgaste 251
14.8 Propriedades físicas 254
14.9 Ferros nodulares austemperados – austenitização na zona crítica 254
15. Usinabilidade dos ferros fundidos 259
15.1 Conceitos iniciais 259
15.2 O processo de formação do cavaco ... 260
15.3 Mecanismos de desgaste da ferramenta 263
15.4 Zona afetada pela usinagem e a formação do cavaco em ferros fundidos 265
15.5 Usinabilidade dos ferros fundidos – efeitos da microestrutura 267
15.6 Usinabilidade dos ferros fundidos cinzentos 267
15.7 Usinabilidade dos ferros fundidos nodulares 273
15.8 Usinabilidade de ferros nodulares austemperados 276
15.9 Usinabilidade de ferros fundidos vermiculares 277
15.10 A usinagem da superfície de peças fundidas 279
16. Mecanismos de fragilização e defeitos de microestrutura dos ferros fundidos 283
16.1 Morfologias degeneradas de grafita em ferros fundidos nodulares 283
16.2 Morfologias degeneradas de grafita em ferros fundidos cinzentos 288
16.3 Distribuição inadequada de grafita em ferros fundidos 289
16.4 Presença de fases indesejáveis 290
16.5 Decoesão em contorno de grão 292
16.6 Fragilização por hidrogênio 297
16.7 Fragilização por líquidos 300
17. Discussão sobre seleção de material e desenvolvimento de produtos para alguns componentes automobilísticos 305
17.1 Tendências no uso de materiais na indústria automobilística 305
17.2 Bloco de motor 305
17.3 Cabeçote de motor 310
17.4 Pistão 312
17.5 Eixo comando de válvula 313
17.6 Coletor de exaustão 316
17.7 Disco e tambor de freio 317
17.8 Girabrequim 318
17.9 Biela 320
17.10 Cubo de roda 321
17.11 Manga de ponta de eixo e braço de suspensão 322
17.12 Exemplos adicionais de reprojeto da peça 326
Índice remissivo 333

CAPÍTULO 1

INTRODUÇÃO

Dentro do universo dos conhecimentos necessários ao desenvolvimento de produtos fundidos, o tema Propriedades Mecânicas dos Ferros Fundidos assume importância crescente para as fundições brasileiras. O seu aprendizado e domínio permitem às fundições a ocupação de um espaço importante no projeto de componentes fundidos, anteriormente plenamente ocupado pelas empresas montadoras de veículos e de subconjuntos. Esta passagem da etapa de projeto da montadora para a fundição ocorre numa sequência de passos, de complexidade crescente. Inicia-se com a simples revisão do projeto do componente, de modo a adequá-lo ao processo de fundição, segue-se a participação da fundição na equipe de projeto, e pode culminar no projeto completo da peça e das suas etapas de fabricação por parte da fundição. Quantos destes passos serão realizados pela fundição? Depende essencialmente de sua capacidade de ocupar, com competência, o espaço disponível, e isto passa necessariamente pela capacitação de sua equipe técnica em projeto de componentes mecânicos, a serem produzidos pelo processo de fundição. Neste universo o tema Propriedades Mecânicas é um dos itens importantes, e esta tem sido a motivação do curso que leciono na UDESC.

O presente livro tem como público-alvo principal o estudante de engenharia, de graduação ou de pós-graduação. Como lecionei na UDESC por mais de 30 anos e quase sempre para cursos de engenharia mecânica, o livro traz este viés, com algumas explicações talvez desnecessárias para engenheiros metalurgistas e de materiais; sugiro que você aproveite para relembrar certos conceitos. Como este livro também se destina para cursos de graduação, as referências bibliográficas em português foram privilegiadas, mesmo que algumas delas apresentem problemas de tradução. A intenção é que o aluno, quando for aprofundar o estudo de algum assunto, aproveite estas bibliografias em português, e, além disso, tome conhecimento dos diversos grupos brasileiros engajados em desenvolvimento dos ferros fundidos e de suas aplicações.

Deste modo, a estrutura do livro supõe leitura sequencial dos capítulos, utilizando-se num dado capítulo dos conceitos vistos em capítulos anteriores. Para quem consultar o livro apenas para buscar uma informação, alerto para este ponto.

O livro inicia com uma visão geral sobre os tipos de ferros fundidos e sua utilização. Segue-se uma rápida revisão sobre a metalurgia dos ferros fundidos, enfocando-se principalmente o desenvolvimento da microestrutura, que vai condicionar as propriedades mecânicas do componente. Também dentro desta visão apresenta-se um pequeno capítulo sobre tratamentos térmicos de ferros fundidos, importante ferramenta de modificação de propriedades mecânicas.

Na discussão das propriedades mecânicas, sempre que possível procurou-se apresentar os diversos ferros fundidos dentro de um mesmo capítulo, como por exemplo, no Capítulo sobre Módulo de Elasticidade. Entretanto, às vezes isto tornava a apresentação confusa, de modo que em alguns assuntos as apresentações foram separadas por tipo de ferro fundido (p. ex., Propriedades Estáticas).

Decidiu-se incluir um capítulo sobre Normas, para familiarizar o estudante com esta importante ferramenta de relacionamento fornecedor-cliente. Este capítulo não substitui a consulta à norma específica, que apresenta detalhes que não é possível incluir neste livro.

Em muitos capítulos apresentaram-se discussões sobre temas nos quais ainda não se tem uma visão clara. A intenção foi mostrar ao estudante que em muitas áreas o conhecimento deve ainda evoluir bastante, enquanto em outras ele está mais assentado. A existência de dúvidas não deve imobilizar o engenheiro, que sempre pode aplicar o conhecimento existente para resolver problemas e para efetuar previsões. Entretanto, deve também ficar atento aos novos conhecimentos que são gerados continuamente, deve sempre ter uma posição de contínuo aprendiz.

No estudo de alguma propriedade mecânica pode ser necessário consultar literatura específica adicional, dependendo da formação básica do leitor sobre o tema. Esteja atento sobre este ponto, interrompa a leitura deste livro quando sentir necessidade de reforçar algum conhecimento básico, e retorne após este estudo adicional.

O livro finaliza com uma discussão sobre seleção de material em alguns componentes automobilísticos, onde os ferros fundidos têm aplicação importante. Discute-se ali a concorrência entre materiais, que certamente não se esgotou até o presente momento. Redução de peso e aumento de desempenho são critérios sempre presentes.

Ao final de cada capítulo existe uma lista de exercícios, que consolida e amadurece a compreensão do conteúdo do capítulo. Este é o momento em que dúvidas aparecem, conceitos se solidificam. Recomendo fortemente a sua execução.

Bom proveito!

O autor

CAPÍTULO 2
TIPOS DE FERROS FUNDIDOS

Os ferros fundidos são ligas Fe-C-Si, contendo ainda Mn, S e P, podendo adicionalmente apresentar elementos de liga diversos. São ligas que apresentam na solidificação geralmente uma fase pró-eutética (austenita, grafita) e que se completa com uma solidificação eutética (austenita + grafita ou austenita + carbonetos). Os ferros fundidos contendo grafita serão o objeto principal deste livro.

Nos ferros fundidos com grafita, a microestrutura apresenta-se como uma matriz similar aos aços (ferrita, perlita, martensita, etc.) e partículas ou um esqueleto de grafita. A grafita possui resistência mecânica muito baixa (Goodrich, 2003), de modo que, sob o enfoque de propriedades mecânicas, a sua presença pode ser entendida como uma descontinuidade da matriz, exercendo um efeito de concentração de tensões (Figura 2.1). A forma desta descontinuidade, isto é, a forma da grafita, tem então profundo efeito sobre as propriedades mecânicas; a forma esférica traduz-se em menor efeito de concentração de tensões ($\sigma_{max}/\sigma_{médio} = 1,7$), enquanto formas agudas (grafita em veios) resultam em alta concentração de tensões ($\sigma_{max}/\sigma_{médio} = 5,4$) (Kohout, 2001). Por outro lado, outras propriedades podem ser influenciadas favoravelmente pela forma da grafita em veios, como a condutividade térmica, o amortecimento de vibrações e a usinabilidade.

A matriz metálica pode ser, por exemplo, constituída de ferrita; este microconstituinte resulta em baixos valores de resistência associados a altos valores de dutilidade e tenacidade. Outra alternativa é que a matriz seja de perlita, o que implica em bons valores de resistência mecânica, associados a valores relativamente baixos de dutilidade (Figura 2.2). Produzindo-se então misturas de ferrita e perlita obtém-se as diferentes classes de ferros fundidos, com diferentes combinações de propriedades, cada qual adequada para uma apli-

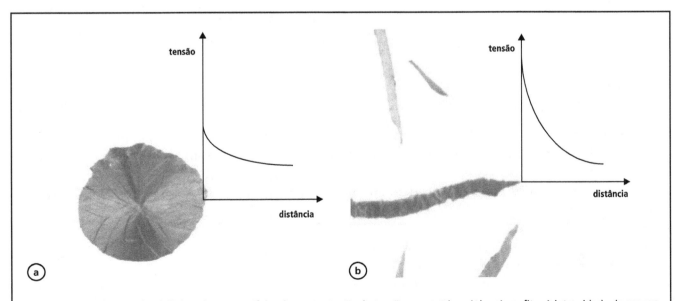

FIGURA 2.1 – A presença da grafita traduz-se em efeito de concentração de tensões na matriz próxima à grafita. A intensidade da concentração de tensões depende da forma da grafita. Ferro fundido nodular (a – 400 X) e ferro fundido cinzento (b – 200 X). Sem ataque.

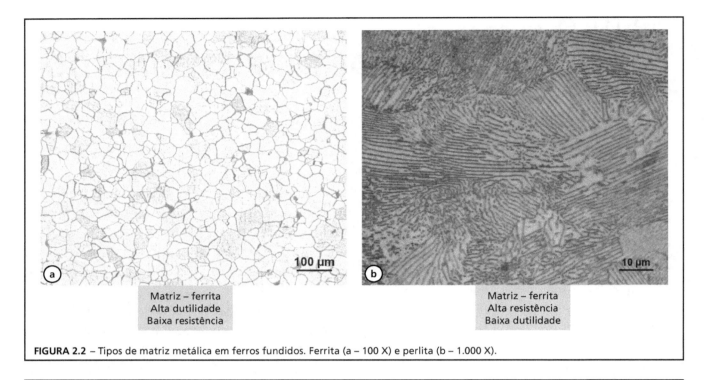

FIGURA 2.2 – Tipos de matriz metálica em ferros fundidos. Ferrita (a – 100 X) e perlita (b – 1.000 X).

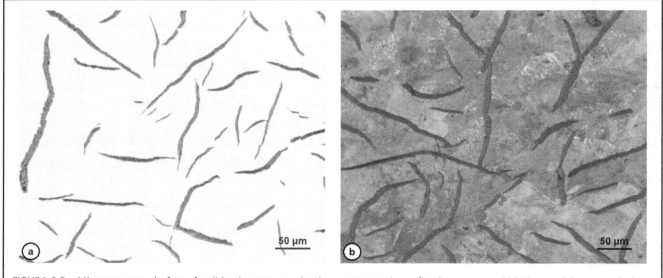

FIGURA 2.3 – Microestrutura de ferro fundido cinzento, revelando a estrutura da grafita (sem ataque, 200 X) e também a matriz (com ataque, 400 X). Classe FC 250.

cação específica. Nas classes de maior resistência a matriz pode ainda ser de martensita revenida ou de ausferrita.

Os ferros fundidos são classificados em diferentes famílias principalmente de acordo com a forma da grafita. O nome de cada família às vezes reflete a forma da grafita (nodular, vermicular), outras vezes tem relação com o aspecto da fratura (cinzento, branco) ou com alguma propriedade mecânica relevante (maleável). Os ferros fundidos brancos não contêm grafita, todo o carbono está na forma de carbonetos. Assim, as principais famílias de ferros fundidos são:

- Ferro fundido cinzento
- Ferro fundido nodular
- Ferro fundido maleável
- Ferro fundido vermicular
- Ferro fundido branco

Os *ferros fundidos cinzentos* apresentam grafita em forma de veios. Na metalografia ótica a grafita aparece como partículas isoladas, constituindo

TIPOS DE FERROS FUNDIDOS

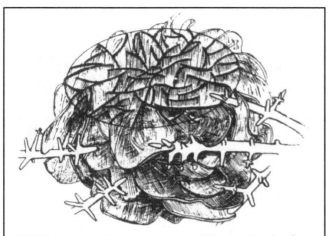

FIGURA 2.4 – Dendritas de austenita e célula eutética (grafita + austenita) em ferro fundido cinzento. A grafita é contínua na célula eutética e apresenta a forma de plaquetas (Morrogh, 1960).

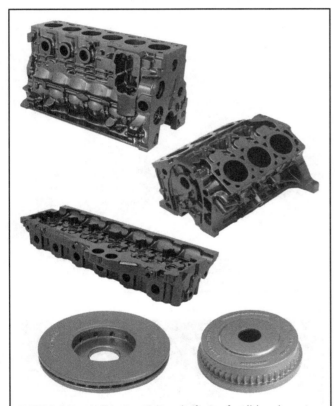

FIGURA 2.5 – Aplicações típicas de ferros fundidos cinzentos. Blocos de motor, cabeçote, disco e tambor de freio. Cortesia Tupy Fundições.

TABELA 2.1 – Propriedades de ferros fundidos cinzentos. Adaptado de Goodrich, 2003 e Rocha Vieira et al., 1974.

FC 100	FC 150	FC 200	FC 250	FC 300	FC 350	FC 400
Resistência mecânica →						
Módulo de elasticidade →						
← Capacidade de amortecimento de vibrações						
Resistência a altas temperaturas →						
← Resistência ao choque térmico						
Dureza →						
Resistência ao desgaste →						
← Usinabilidade						
Acabamento superficial em superfícies usinadas →						
← Fundibilidade						
Custo →						

TABELA 2.2 – Propriedades de ferros fundidos nodulares.

FE 38017	FE 42012	FE 50007	FE 60003	FE 70002	FE 80002	FE 90002
Limite de Resistência, Limite de Escoamento →						
← Alongamento						
Limite de Fadiga →						
← Resistência ao impacto						
Dureza →						
Resistência ao desgaste →						
← Usinabilidade						
Resposta a têmpera superficial →						
← Custo →						

porém um esqueleto contínuo em cada célula eutética (Figuras 2.3 e 2.4). A matriz pode ser ferrítica ou mais comumente perlítica. Os ferros fundidos cinzentos cobrem uma faixa de Limite de Resistência de 100 a 400 MPa (mais comumente de 150 a 300 MPa), sendo que o alongamento por ser muito pequeno não é especificado. A grafita em forma de veios fornece ainda bons valores de condutividade térmica, o que torna o ferro fundido cinzento um material muito empregado para componentes sujeitos a fadiga térmica (tambores e discos de freio, cabeçotes de motor). Outra propriedade de destaque dos ferros fundidos cinzentos é a capacidade de amortecimento de vibrações, importante para bases de máquinas e de aplicações com restrições de ruídos (bloco de motor, carcaças, discos de freio). A Tabela 2.1 apresenta uma visão geral sobre as principais propriedades dos ferros fundidos cinzentos (designados pelas classes da Norma ABNT). Aplicações típicas dos ferros fundidos cinzentos são polias, carcaças, blocos e cabeçotes de motores, volantes, discos e tambores de freio, componentes hidráulicos (Figura 2.5).

Os *ferros fundidos nodulares* apresentam a grafita em forma de nódulos (Figura 2.6), de modo que a dutilidade é uma propriedade importante deste material. Nodulares com matriz ferrítica possuem valores de Limite de Resistência de 380-450 MPa, associados a valores de alongamento de 10-22%, enquanto em nodulares de matriz perlítica o Limite de Resistência pode atingir até 900 MPa, com valores de alongamento de 2%. Devido à sua excelente

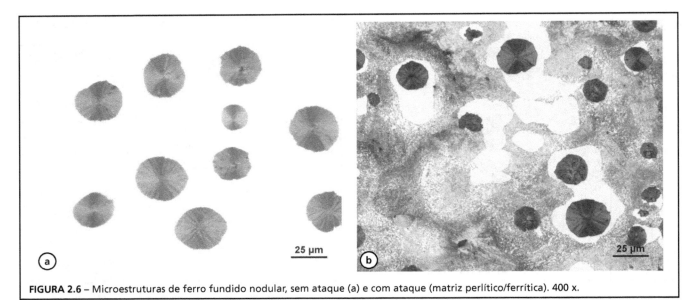

FIGURA 2.6 – Microestruturas de ferro fundido nodular, sem ataque (a) e com ataque (matriz perlítico/ferrítica). 400 x.

combinação de propriedades, a família dos ferros fundidos nodulares tem ocupado aplicação crescente na engenharia, substituindo componentes de ferro fundido cinzento, ferro fundido maleável, aço fundido e forjado, e estruturas soldadas (Warda et al., 1998, Hachenberg et al., 1988). A Tabela 2.2 mostra as diversas classes de ferro fundido nodular e suas variações de propriedades. A classe que apresenta o menor custo de fabricação é a FE 50007, por não necessitar de tratamento térmico, nem de uso de elementos de liga especiais. Aplicações típicas de ferros fundidos nodulares incluem girabrequins, eixos comando de válvulas, carcaças, componentes hidráulicos, cálipers e suportes de freio, engrenagens, coletores de exaustão, carcaças de turbocompressores, peças de suspensão de veículos (Figura 2.7).

Uma família especial dos ferros fundidos nodulares é a dos austemperados. Estes nodulares apresentam uma matriz de ausferrita, obtida com tratamento térmico de austêmpera (Figura 2.8). Este tipo de matriz proporciona altos valores de resistência mecânica (LR de 850 a 1300 MPa), associa-

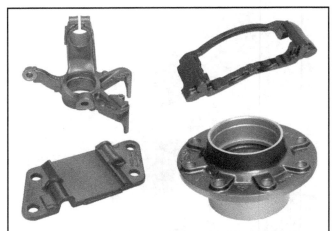

FIGURA 2.7 – Exemplos de peças em ferro fundido nodular. Manga de ponta de eixo, suporte de freio, placa de apoio ferroviária, cubo de roda. Cortesia Tupy Fundições.

TABELA 2.3 – Propriedades de ferros fundidos nodulares austemperados.

FE 85010	FE 100005	FE 120002	FE 1300
Limite de Resistência, Limite de Escoamento →				
← Alongamento				
Dureza →				
← Resistência ao impacto				
Resistência ao desgaste →				
← Usinabilidade				

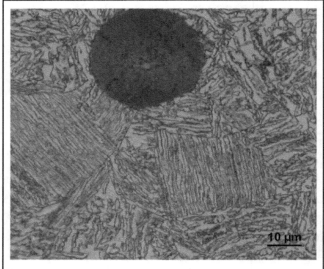

FIGURA 2.8 – Microestrutura de ferro fundido nodular austemperado. Nódulos de grafita, matriz de ausferrita. 1.000 x.

TIPOS DE FERROS FUNDIDOS

dos a bons valores de dutilidade (alongamento de 10 a 2%). A Tabela 2.3 mostra a variação de propriedades nesta família de ferros fundidos nodulares. Aplicações típicas são suportes de mola, engrenagens, braços de suspensão de veículos (Figura 2.9).

Outros grupos importantes de ferros fundidos nodulares ligados são os *nodulares Si/Mo*, ligados ao Si e Mo, e os *nodulares austeníticos*, ligados ao Ni. Este nodulares são empregados na indústria automobilística para coletores de exaustão e para carcaças de turbocompressores, peças expostas a altas temperaturas e ciclagem térmica (Melleras et al., 2003).

Os *ferros fundidos maleáveis* representaram a primeira família dos ferros fundidos com dutilidade apreciável, e daí a importância histórica destes materiais. São sempre obtidos por tratamento térmico, que pode ser de grafitização (ferro maleável preto) ou de descarbonetação (ferro maleável branco). Nos ferros maleáveis pretos a grafita apresenta-se em forma de agregados (Figura 2.10), e a matriz pode ser ferrítica, perlítica ou de martensita revenida, cobrindo classes com Limite de Resistência de 300 a 700 MPa, com valores de alongamento de 12 a 2% (Guesser & Kühl, 1984). Os ferros maleáveis brancos apresentam ainda a característica de soldabilidade, devido ao baixo teor de carbono na camada descarbonetada. Os ferros fundidos maleáveis foram em sua grande maioria substituídos pelos ferros fundidos nodulares, com vantagens técnicas e econômicas. No Brasil e na Europa, uma aplicação importante é a de conexões para transporte de fluidos, em ferro maleável branco ou preto, de matriz ferrítica.

Os *ferros fundidos vermiculares* representam a mais nova família dos ferros fundidos. A grafita apresenta-se predominantemente em forma de

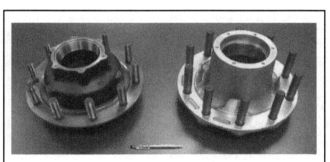

FIGURA 2.9 – Cubo de roda em ferro nodular austemperado (à esquerda), com projeto 2% mais leve que em alumínio (à direita) (Keough, 2002).

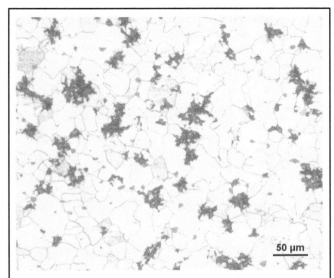

FIGURA 2.10 – Microestrutura de ferro fundido maleável preto ferrítico. 200 x.

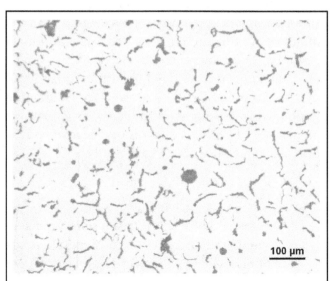

FIGURA 2.11 – Microestrutura de ferro fundido vermicular. Grafita predominantemente em forma de vermes, com alguns nódulos. 5% nodularidade, sem ataque. 100x.

TABELA 2.4 – Comparação de propriedades entre ferros fundidos cinzento, nodular e vermicular, com matriz perlítica. Norma SAE J1887/2002.

Propriedade	Cinzento	Vermicular	Nodular
Limite de Resistência	55	100	155
Limite de Escoamento 0,2	—	100	155
Módulo de Elasticidade	75	100	110
Alongamento	0	100	200
Limite de Fadiga – flexão rotativa	55	100	125
Dureza	85	100	115
Condutividade Térmica	130	100	75
Amortecimento de vibrações	285	100	65

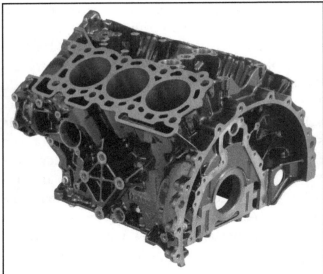

FIGURA 2.12 – Bloco de motor V6 em ferro fundido vermicular classe 450 (Guesser et al., 2004).

vermes (ou compacta) (Figura 2.11), podendo a matriz ser ferrítica, perlítica ou combinação destes microconstituintes. As propriedades destes materiais situam-se geralmente entre as dos ferros fundidos cinzentos e nodulares, conforme mostra a Tabela 2.4. Aplicações típicas dos ferros fundidos vermiculares são coletores de exaustão (normalmente ligados ao Si e Mo, com matriz ferrítica) (Guesser & Guedes, 1997) e blocos de motores diesel de novas gerações, em classe 450 (Figura 2.12).

EXERCÍCIOS

1. Por que os custos dos ferros fundidos cinzentos aumentam quando se passa para classes de Limite de Resistência crescente? Cite pelo menos duas causas.
2. Quando se aumenta a resistência dos ferros fundidos nodulares, ocorrem simultaneamente variações em outras propriedades e parâmetros, como indicado na Tabela 2.2. Os ferros nodulares austemperados seguem a mesma tendência? Como seria a tendência para o custo dos nodulares austemperados?

REFERÊNCIAS BIBLIOGRÁFICAS

Campos, M. F., Lopes, L. C. R.; Magina, P.; Tavares, F. C. L.; Kunioshi, C. T.; Goldenstein, H. Texture and microtexture studies in different types of cast iron. Materials Science and Engineering, 2005.

Goodrich, G. M. Iron Castings Engineering Handbook. AFS, 2003.

Guesser, W. L. & Kühl, R. Ferros fundidos maleáveis. Sociedade Educacional Tupy, 1984.

Guesser, W. L. & Guedes, L. C. Desenvolvimentos recentes em ferros fundidos aplicados à indústria automobilística. Seminário da Associação de Engenharia Automotiva, São Paulo, 1997.

Guesser, W. L, Duran, P. V.; Krause, W. Compacted graphite iron for diesel engine cylinder blocks. Congrès Le diesel:aujourd´hui et demain. Société des Ingénieurs de l´Automobile. Lion, 2004.

Hachenberg, K.; Kowalke, H.; Motz, J. M.; Röhrig, K.; Siefer, W.; Staudinger, P.; Tölke, P.; Werning, H.; Wolters, D. B. Gusseisen mit Kugelgraphit. Konstruiren + Giessen, v. 13. n. 1, 1988.

Keough, J. ADI developments in North America. 2nd European ADI Promotion Conference, Hannover, 2002.

Kohout, J. A simple relation for deviation of grey and nodular cast irons from Hooke's law. Materials Science and Engineering A313, p. 16-23, 2001.

Melleras, E.; Bernardini, P.; Guesser, W. L. Coletores de escape em nodular SiMo. Congresso SAE Brasil, São Paulo, 2003.

Morrogh, H. The solidification of cast iron and interpretation of results obtained from chilled test pieces. The British Foundryman, v. 53, n. 5, p. 221-242, 1960.

Norma SAE J1887/2002. Automotive compacted graphite iron castings. 2002.

Rocha Vieira, R.; Falleiros, I. G. S.; Pieske, A.; Goldenstein, H. Materiais para máquinas-ferramenta. IPT, São Paulo, 1974.

Warda, R.; Jenkis, L.; Ruff, G.; Krough, J.; Kovacs, B. V; Dubé, F. Ductile Iron Data for Design Engineers. Published by Rio Tinto & Titanium, Canada, 1998

CAPÍTULO 3

FUNDAMENTOS

Para o entendimento das propriedades mecânicas dos ferros fundidos, é necessário que se compreenda a formação da microestrutura nestes materiais, e de como as variáveis de processo e de composição química afetam a microestrutura. Este conhecimento normalmente cabe ao fabricante da peça, porém a discussão de alguns fundamentos auxilia o projetista na percepção do que é possível obter com os ferros fundidos, suas possibilidades e limitações.

3.1 METALURGIA DOS FERROS FUNDIDOS

O estudo da metalurgia dos ferros fundidos inicia-se com a solidificação, primeiramente em condições de equilíbrio. Para tanto, utiliza-se uma importante ferramenta, o diagrama de equilíbrio Ferro-Carbono (Figura 3.1). Um diagrama de equilíbrio é um mapa temperatura-composição, no qual se localizam as fases de equilíbrio e as transformações de fase. Um exercício importante é resfriar-se uma liga desde o campo líquido até a temperatura ambiente, detalhando-se as transformações de fase que ocorrem neste intervalo. Isto permite visualizar o que pode ocorrer numa peça fundida, deste o seu vazamento no molde até o resfriamento à temperatura ambiente.

Seja por exemplo um ferro fundido cinzento com 3,4% C, à temperatura de 1.400 °C. Este par de informações (3,4% C e 1.400 °C) mostra no diagrama que a fase de equilíbrio é o líquido. Resfriando-se lentamente este líquido, a solidificação inicia-se a cerca de 1.260 °C, com a formação das primeiras dendritas de austenita (Figura 3.2). Estas dendritas apresentam teor de carbono de aproximadamente 1,5%, de modo que o seu crescimento rejeita carbono para o líquido. Com a diminuição da temperatura aumenta a quantidade de austenita formada, cuja composição altera-se em direção a E', enquanto a composição do líquido movimenta-se em direção a C'.

Quando se atinge a temperatura de 1.153 °C, a austenita tem composição correspondente a 2,0% C e o líquido está com 4,3% C. Pela regra das alavancas verifica-se que as percentagens de fase são:

% austenita = (3,4 − 2,0) / (4,3 − 2,0) = 63%
% líquido = (4,3 − 3,4) / (4,3 − 2,0) = 37%

Esta é a temperatura eutética, abaixo da qual o líquido se transforma em dois sólidos, simultaneamente.

L ➙ austenita + grafita

Esta transformação (eutética) prossegue até que todo o líquido seja consumido, encerrando-se a solidificação.

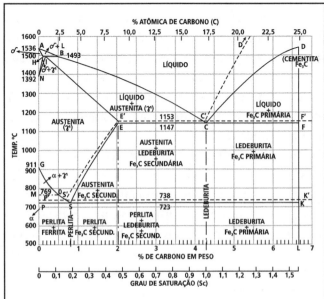

FIGURA 3.1 – Diagrama de equilíbrio Ferro-Carbono. (Pieske et al., 1976).

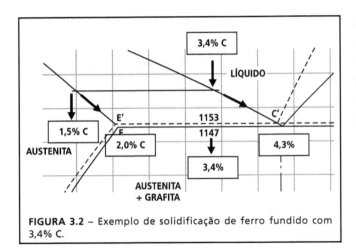

FIGURA 3.2 – Exemplo de solidificação de ferro fundido com 3,4% C.

FERRITA OU PERLITA

Após o término da solidificação, o resfriamento posterior no estado sólido resulta em diminuição do teor de carbono dissolvido na austenita, que se precipita sobre as partículas existentes de grafita. A 723 °C a austenita tem então cerca de 0,7% C dissolvido. Nesta temperatura ocorre outra transformação importante, a eutetoide, onde um sólido se transforma em dois outros sólidos, simultaneamente. Nos ferros fundidos existem duas possibilidades de reações eutetoides (Lacaze, 2001):
– reação eutetoide estável:

austenita ➡ ferrita + grafita

– reação eutetoide metaestável:

austenita ➡ ferrita + cementita (perlita)

A reação eutetoide estável ocorre em temperaturas um pouco superiores à reação eutetoide metaestável, porém envolve distâncias de difusão maiores, já que a grafita deposita-se sobre as partículas existentes, e o envólucro de ferrita formada em torno da grafita aumenta a distância para que novos átomos de carbono depositem-se sobre a grafita. A reação eutetoide metaestável é cooperativa, existindo difusão de carbono apenas na austenita em frente às lamelas de ferrita que estão crescendo, de modo que a sua velocidade é alta. A composição química tem profundo efeito sobre estas duas reações, alguns elementos favorecendo a formação de matriz ferrítica (o silício aumenta a distância entre as temperaturas eutetoides estável e metaestável, promovendo assim a reação eutetoide estável), enquanto outros elementos favorecem a presença de matriz perlítica, normalmente dificultando a reação eutetoide estável, seja por dificultarem a deposição de carbono sobre a grafita (Sn, Cu), seja por reduzirem a diferença entre as temperaturas eutetoides estável e metaestável (Mn, Cr, V). Outras variáveis importantes são ainda a velocidade de resfriamento (velocidades baixas favorecem a reação eutetoide estável) e o número de nódulos ou a ramificação da grafita lamelar (condicionando as distâncias de difusão para a ocorrência da reação eutetoide estável). Grande número de nódulos (em ferro fundido nodular) e presença de grafita tipo D (em ferro fundido cinzento) reduzem as distâncias para difusão do carbono, favorecem assim a ocorrência da reação eutetoide estável. Verifica-se assim que pode-se obter a matriz desejada atuando-se sobre este conjunto de variáveis (composição química, velocidade de resfriamento e distribuição da grafita). Esta é uma das características importantes dos ferros fundidos, permitindo a obtenção de classes com propriedades muito distintas, atuando-se sobre a formação da matriz metálica (Figura 3.3).

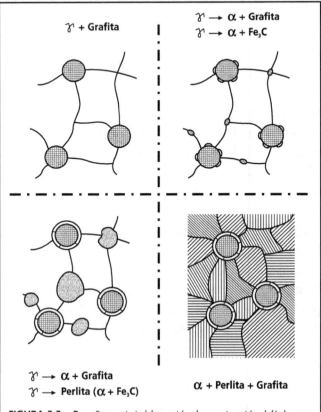

FIGURA 3.3 – Reações eutetoides estável e metaestável (Johnson & Kovacs, 1978).

FUNDAMENTOS

FERROS FUNDIDOS – LIGAS COMPLEXAS

Na realidade, os ferros fundidos são ligas complexas, contendo além do ferro e do carbono vários elementos de liga e impurezas. Para levar em conta o efeito destes elementos sobre a posição das curvas no diagrama de equilíbrio, desenvolveram-se os conceitos de Carbono Equivalente (CE) e de Grau de Saturação (Sc). O Carbono Equivalente considera os efeitos dos elementos químicos sobre o deslocamento dos pontos importantes do diagrama de equilíbrio Fe-C, e é expresso por:

CE = C + (Si + P)/3   (3.1)

O Grau de Saturação avalia o quanto a composição química se afasta da composição eutética, considerando então os vários elementos químicos (Pieske et al., 1976).

Sc = %C /(4,3 – %Si/3 – %P/3)   (3.2)

Conceitualmente ambas as abordagens são iguais e podem ser empregadas para analisar os efeitos dos elementos químicos sobre o diagrama de equilíbrio (Figura 3.1). No Brasil é mais comum o uso do Carbono Equivalente. Emprega-se então o diagrama Fe-C, substituindo-se o teor de Carbono pelo teor de Carbono Equivalente.

GRAFITA LAMELAR OU GRAFITA NODULAR

A grafita tem estrutura hexagonal, e, na solidificação, dependendo da velocidade de crescimento na direção dos planos basal e prismático (Figura 3.4), assume as formas nodular ou lamelar, respectivamente. Em ligas Fe-C puras a direção preferida para crescer é a do plano basal, porque este plano tem baixa energia interfacial com o líquido. O crescimento no plano basal resulta em grafita nodular. Entretanto, elementos tensoativos (S, O) tendem a ser adsorvidos no plano prismático, reduzindo a sua energia interfacial, que atinge valores menores que o plano basal. Resulta então grafita lamelar. Enxofre e oxigênio são elementos sempre presentes nos ferros fundidos comerciais, de modo que a estrutura de grafita lamelar é a mais usual nos ferros fundidos comuns (Labrecque & Gagné, 1998).

Para se alterar a forma da grafita introduz-se um importante elemento no ferro fundido, o magnésio. Este elemento é um forte desoxidante

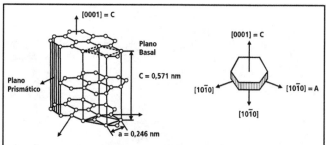

FIGURA 3.4 – Estrutura hexagonal da grafita. O crescimento preferencial na direção C (plano basal) resulta em grafita nodular, enquanto crescimento na direção A (planos prismáticos) produz grafita lamelar (Gruzleski, 2000).

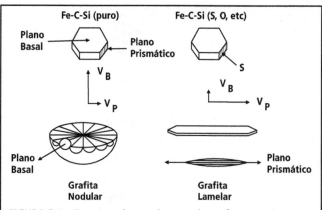

FIGURA 3.5 – Esquema do crescimento da grafita em veios e em nódulos (McSwain & Bates, 1974).

e forte dessulfurante, removendo assim oxigênio e enxofre de solução. Isto altera as energias interfaciais, favorecendo novamente o crescimento da grafita segundo o plano basal. A nodulização com magnésio é então uma das etapas importantes na produção de ferros fundidos nodulares (Labrecque & Gagné, 1998).

GRAFITA OU CARBONETOS? INOCULAÇÃO!

A solidificação, como qualquer transformação de fases, exige um certo afastamento da condição de equilíbrio para que a transformação tenha início. Isto se deve aos gastos com energias de superfície que o processo de nucleação exige, gastos estes que devem ser compensados com a energia química da transformação (que cresce com o afastamento da condição de equilíbrio). Também na natureza, é preciso ter crédito para poder gastar.

Nos ferros fundidos, existe uma complicação adicional na solidificação: em vez de se formar grafita, existe a possibilidade de se formar cementita (Fe_3C), fase de alta dureza e que tem profundo efeito

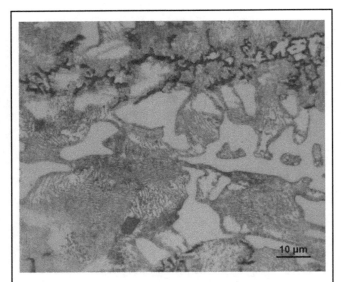

FIGURA 3.6 – Presença de cementita eutética, associada a grafita de super-resfriamento. Ferro fundido cinzento. Nital, 1.000x.

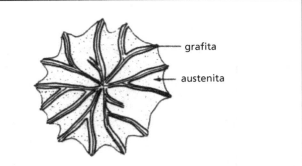

FIGURA 3.8 – Célula eutética de ferro fundido cinzento. Grafita e austenita em contato com o líquido (Loper, 1989).

sobre a usinabilidade (Figura 3.6). Assim, denomina-se de transformação eutética estável a reação:

L ➞ austenita + grafita

A transformação eutética metaestável é então:

L ➞ austenita + cementita

Também aqui a temperatura eutética estável é um pouco maior que a temperatura eutética metaestável, e os elementos de liga podem aumentar a distância entre estas temperaturas (Si) ou aproximá-las (Cr), sendo considerados então elementos grafitizantes ou formadores de carbonetos, respectivamente. A velocidade de resfriamento também tem efeito sobre a tendência à formação de carbonetos, sendo, portanto, alto o risco de presença de carbonetos em peças finas (Pieske et al., 1975).

Entretanto, a ferramenta mais poderosa que o fundidor dispõe para evitar a presença de carbonetos é a inoculação, a introdução de aditivos especiais (inoculantes) que formam partículas sobre as quais a grafita pode precipitar, reduzindo-se assim os gastos com energias de superfície. A Figura 3.7 mostra curvas de análise térmica, ferramenta que permite acompanhar o processo de solidificação, registrando-se a variação da temperatura com o tempo. Verifica-se que a inoculação diminui o afastamento do equilíbrio (super-resfriamento), diminuindo o risco da temperatura do líquido situar-se abaixo da temperatura eutética metaestável (abaixo da qual poderia formar-se cementita). Como será visto posteriormente, a inoculação afeta ainda as propriedades mecânicas dos ferros fundidos, seja devido ao aumento do número de nódulos (em ferro fundido nodular), seja evitando a formação de grafita de superresfriamento, associada a matriz ferrítica, de baixa resistência (em ferro fundido cinzento).

AUTOALIMENTAÇÃO E MICRORRECHUPES

Os ferros fundidos apresentam uma importante distinção das outras ligas fundidas, que é a ocorrência de uma etapa de expansão durante a solidificação. Em todas as ligas fundidas ocorre contração durante o resfriamento do líquido no molde e durante a passagem líquido/sólido. Nos ferros fundidos, a precipitação de grafita durante a reação eutética resulta em expansão (devido à menor densidade desta fase, comparativamente ao líquido), e isto permite a obtenção de peças sãs, muitas vezes sem a necessidade de massalotes para compensar a contração.

Entretanto, existe uma diferença entre os ferros fundidos cinzento e nodular, que se refere ao

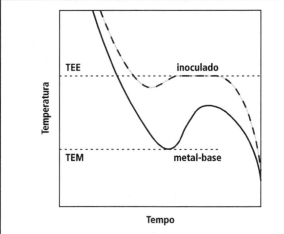

FIGURA 3.7 – Curvas de análise térmica de ferros fundidos não inoculado (metal base) e inoculado (Kanno et al., 2006).

FUNDAMENTOS

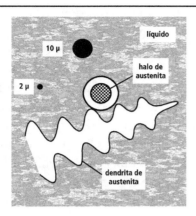

FIGURA 3.9 – Após um certo estágio do crescimento, o nódulo de grafita é envolvido por um halo de austenita (Lux et al., 1974).

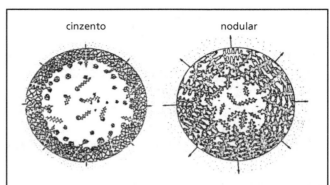

FIGURA 3.11 – Devido a diferenças na morfologia da solidificação, a expansão da grafita transmite-se principalmente ao líquido no caso do ferro fundido cinzento, enquanto no nodular esta expansão é exercida parcialmente contra o molde (Ellerbrock & Engler, 1981).

aproveitamento desta expansão para compensar a contração do líquido e da solidificação da austenita. No ferro fundido cinzento a transformação eutética se dá com as duas fases sólidas, a grafita e a austenita, em contato com o líquido (Figura 3.8). Neste caso o crescimento é cooperativo, já que esta morfologia de solidificação minimiza distâncias de difusão (de carbono e de ferro). Como a grafita está sempre em contato com o líquido, a sua expansão transmite-se diretamente ao líquido.

No ferro fundido nodular existe uma primeira etapa na qual a grafita cresce em contato com o líquido, porém logo após a grafita nodular é envolvida por um halo de austenita, e o crescimento subsequente exige a difusão do carbono, do líquido para a grafita, através deste halo de austenita (Figuras 3.9 e 3.10). Deste modo a expansão da grafita primeiro se transmite à austenita. Dependendo da geometria do esqueleto de sólido formado, parte desta expansão é então transmitida ao molde que suporta este sistema (Figura 3.11), de modo que a contração do líquido e da solidificação da austenita não é totalmente compensada (Engler & Dette, 1974, Ellerbrock & Engler, 1981, Hummer, 1984). Sem a presença de alimentadores externos (massalotes), isto pode resultar na formação de rechupes, que podem ser macro ou microscópicos, e que tem profundo efeito sobre as propriedades mecânicas, como será visto posteriormente.

EXERCÍCIOS

1. Descreva a sequência de solidificação para um ferro fundido cinzento com 3,65% C, 2,30% Si e 0,06% P. Sugestão: utilize o diagrama Fe-C da Figura 3.1, calculando o Grau de Saturação para esta composição.
2. Explique com suas palavras porque é maior a tendência a rechupes do ferro fundido nodular, comparativamente ao ferro fundido cinzento, supondo que o teor de carbono equivalente seja o mesmo.

 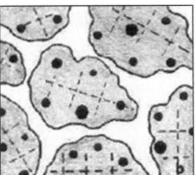 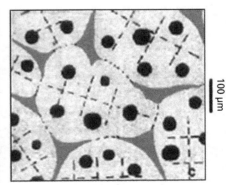

FIGURA 3.10 – Modo de solidificação de ferro fundido nodular (Rivera et al., 2003).

3. Discuta o efeito das seguintes variáveis sobre a relação ferrita/perlita de um ferro fundido nodular:
   - Aumento do número de nódulos de 120 para 280 nód/mm².
   - Aumento da espessura da peça de 15 para 43 mm.
   - Aumento do tempo de desmoldagem (tempo entre o vazamento e a desmoldagem) de 40 para 60 min.
   - Diminuição da temperatura de desmoldagem de 800 para 500 °C.

3.2 TRATAMENTOS TÉRMICOS DE FERROS FUNDIDOS

Efetuam-se tratamentos térmicos nos ferros fundidos com os seguintes objetivos:
- Eliminação de tensões residuais.
- Melhoria de usinabilidade.
- Homogeneização de propriedades na peça.
- Decomposição de carbonetos.
- Aumento de tenacidade.
- Aumento de resistência mecânica.
- Aumento de resistência ao desgaste e resistência à fadiga.

Alguns destes objetivos podem ser alcançados simultaneamente com apenas um tratamento térmico.

Os principais tipos de tratamentos térmicos são:
- Alívio de tensões
- Recozimento de decomposição de carbonetos
- Recozimento de ferritização
- Normalização
- Têmpera e revenido
- Austêmpera
- Têmpera superficial
- Nitretação

As Tabelas 3.1 a 3.6 mostram os detalhes de processo de cada tratamento térmico. Os ferros fundidos cinzentos normalmente são submetidos apenas a alívio de tensões e tratamentos superficiais (têmpera superficial, nitretação); em alguns poucos casos empregam-se normalização e ainda têmpera e revenido. Já em peças de ferro fundido nodular os tratamentos térmicos são utilizados de maneira mais ampla. A principal restrição refere-se ao custo do tratamento térmico, preferindo-se assim, sempre que possível, a obtenção das propriedades na condição bruta de fundição. Entretanto, isto nem sempre é possível, particularmente nas fundições não especializadas; neste caso, as classes FE 50007 e FE 60003 são normalmente produzidas brutas de fundição, sendo que as classes ferríticas ou as de maior resistência são obtidas por tratamento térmico.

Discutem-se a seguir as transformações de fase e as propriedades mecânicas associadas aos tratamentos térmicos.

ALÍVIO DE TENSÕES

Com este tratamento térmico objetiva-se remover as tensões residuais que foram introduzidas na peça em etapas anteriores. A principal causa da geração de tensões residuais é a diferença de temperatura entre diferentes regiões da peça, conduzindo a diferentes contrações. O caso mais comum é ilustrado por uma peça com seções grossas e finas. Durante o resfriamento, a contração da seção fina, mais fria, é restringida pela seção grossa, de modo que a seção fina fica submetida a um estado de tensões de tração, enquanto a seção grossa sofre compressão. Como esta região grossa está em maior temperatura que a seção fina, é menor o seu limite de escoamento, podendo então ocorrer deformação plástica nesta seção grossa. Após o posterior resfriamento até a temperatura ambiente, esta seção grossa está com dimensões menores que as originais, pois deformou sob compressão, de modo que a sua união com a seção fina resulta em tensões de tração na seção grossa (e compressão na seção fina). Este perfil de tensões residuais é típico em peças fundidas, verificando-se, por exemplo, num bloco de motor, tensões residuais de tração na região interna, junto aos cilindros, e tensões de compressão na região externa, como no cárter. Os fatores que restringem a livre contração, tais como machos e moldes de baixa colapsibilidade, canais de alimentação que unem regiões distantes da peça, a geometria da peça, podem aumentar as tensões residuais. É bom lembrar que as peças fundidas são sempre de geometria complexa, de modo que este fator está quase sempre presente. Outra variável importante é a temperatura de desmoldagem da

FUNDAMENTOS

TABELA 3.1 – Tratamento térmico de alívio de tensões (Taschenbuch der Giesserei-Praxis, 2002).

Alívio de tensões	Cinzento			Nodular		
	Não ligado	Baixa liga	Alta liga	Ferrítico	Perlítico não ligado	Perlítico ligado
Velocidade de aquecimento	50 a 100 °C/h					
Temperatura de recozimento (°C)	500-575	550-600	600-650	550-650	500-550	500-550
Tempo de manutenção	2 h até 25 mm de espessura + 1h por 25 mm que exceder					
Resfriamento	No forno (20 a 40 °C/h) até 250 °C, abaixo ao ar					
Ciclo térmico						

TABELA 3.2 – Tratamento térmico de recozimento de decomposição de carbonetos (Taschenbuch der Giesserei-Praxis, 2002).

Decomposição de carbonetos	Cinzento	Nodular
Velocidade de aquecimento	50 a 100 °C/h	
Temperatura de recozimento (°C)	850 a 950 °C	850 a 920 °C
Tempo de manutenção	2 h até 25 mm de espessura + 1h por 25 mm que exceder	
Resfriamento	No forno (40 a 60 °C/h, caso se deseje ferritizar) ou ar	
Ciclo térmico		

TABELA 3.3 – Tratamento térmico de recozimento de ferritização (Taschenbuch der Giesserei-Praxis, 2002).

Ferritização	Na zona crítica	Subcrítica
Velocidade de aquecimento	50 a 100 °C/h	
Temperatura de recozimento (°C)	740 a 780 °C	680 a 700 °C
Tempo de manutenção (conforme espessura da peça)	4 a 12 h	4 a 24 h
Resfriamento	Ao ar ou no forno (40 a 60 °C/h)	No forno (20 a 50 °C/h) até 580 °C, então resfriamento ao ar ou no forno (50 a 60 °C/h)
Ciclo térmico		

TABELA 3.4 – Tratamento térmico de recozimento de decomposição de carbonetos e ferritização (Taschenbuch der Giesserei-Praxis, 2002).

Decomposição de carbonetos + Ferritização	Ferritização na zona crítica	Ferritização subcrítica
Velocidade de aquecimento	50 a 100 °C/h	
Temperatura de recozimento (°C)	850 a 920 °C	
Tempo de manutenção (conforme espessura da peça)	2 h até 25 mm de espessura + 1h por 25 mm que exceder	
Resfriamento	No forno (50-100 °C/h) até iniciar a zona crítica, 30- 50 °C/h até 650 °C, resfriamento ao ar	No forno (40-60 °C/h) até 700-680 °C, manutenção por 4-24 h, resfriamento no forno (20-50 °C/h) até 580 °C, resfriamento ao ar
Ciclo térmico		

TABELA 3.5 – Tratamento térmico de normalização (Taschenbuch der Giesserei-Praxis, 2002).

Normalização	Cinzento e Nodular
Velocidade de aquecimento	50 a 100 °C/h
Temperatura	850 a 920 °C
Tempo de manutenção	2 h até 25 mm de espessura + 1h por 25 mm que exceder
Resfriamento	Ar forçado
Ciclo térmico	

TABELA 3.6 – Tratamento térmico de têmpera e revenido (Taschenbuch der Giesserei-Praxis, 2002).

Têmpera e Revenido	Cinzento e Nodular		
Velocidade de aquecimento	50 a 100 °C/h		
Temperatura	830 a 920 °C		
Tempo de manutenção (conforme espessura da peça)	2 h até 25 mm de espessura + 1h por 25 mm que exceder		
Resfriamento	até 20-100 °C – óleo de têmpera	até 100-240 °C – óleo de têmpera	até 200-450 °C – banho de sal
Revenido	400 a 600 °C, 2 a 4 h		
Ciclo térmico			

FUNDAMENTOS

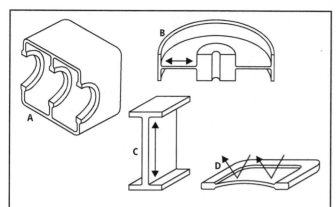

FIGURA 3.12 – Formação de tensões residuais em peças fundidas devido a diferentes velocidades de resfriamento na peça (A, B), restrição da contração pelo molde (C), jateamento com granalha (D) (Lamb, 1974).

peça, pois desmoldagem a quente impõe grandes gradientes térmicos na peça, favorecendo em grande medida a geração de tensões residuais.

Tensões residuais podem ainda ser introduzidas por jateamento com granalha (na limpeza das peças), tratamentos térmicos ou por operações de usinagem.

A presença de tensões residuais pode diminuir a resistência efetiva da peça a solicitações externas, ou ainda conduzir a deformações na usinagem, modificando as dimensões da peça.

O tratamento térmico de alívio de tensões consiste então na exposição da peça a temperaturas suficientemente altas para que as tensões residuais sejam superiores ao limite de escoamento do material, aliviando-se as tensões por deformação plástica. A Tabela 3.1 mostra temperaturas típicas de alívio de tensões para diferentes ferros fundidos. Quanto maior a quantidade de elementos de liga do

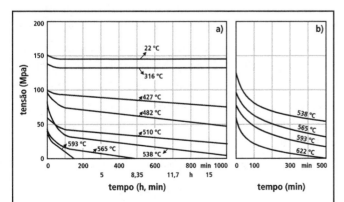

FIGURA 3.13 – Redução de tensões residuais com tratamentos térmicos de alívio de tensões (Henke, 1978).
a) Ferro fundido cinzento não ligado.
b) Ferro fundido cinzento ligado – 1,4% Ni + 0,3% Cr + 0,5% Mo.

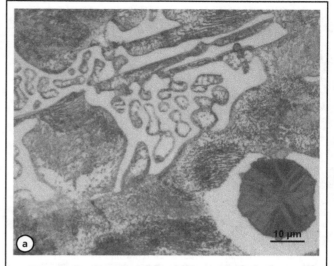

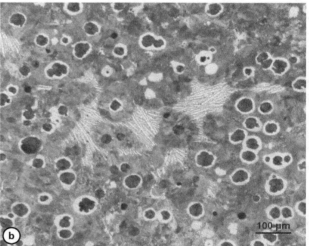

FIGURA 3.14 – Carbonetos em ferro fundido nodular.
a) Em canto da peça (1.000 X).
b) Em centro térmico (100 X).

ferro fundido, maior a temperatura de alívio de tensões a ser empregada (Figura 3.13). A velocidade de aquecimento geralmente é lenta, de modo a evitar o trincamento da peça durante esta etapa, já que ela expõe a peça a um novo gradiente térmico (Lamb, 1974). O resfriamento também é feito em velocidade lenta, até uma temperatura suficientemente baixa, para evitar nova introdução de tensões na peça.

RECOZIMENTO DE DECOMPOSIÇÃO DE CARBONETOS

Em estruturas brutas de fundição podem formar-se carbonetos, principalmente em seções finas, solidificadas rapidamente. Isto pode ocorrer tanto em ferro fundido cinzento como em nodular, sendo mais comum neste último (Figura 3.14). Ou-

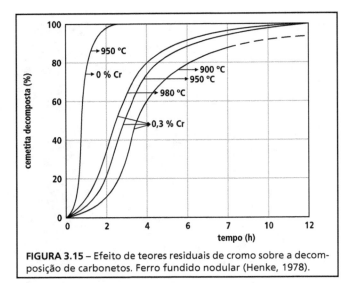

FIGURA 3.15 – Efeito de teores residuais de cromo sobre a decomposição de carbonetos. Ferro fundido nodular (Henke, 1978).

TABELA 3.7 – Equações de decomposição de carbonetos. T em °C e t em min. Ferro fundido nodular (Barton, 1974).

Seção (mm)	Equação
3	T = -148 log t + 1.169
6	T = -137 log t + 1.187
12	T = -128 log t + 1.204
25	T = -113 log t + 1.193

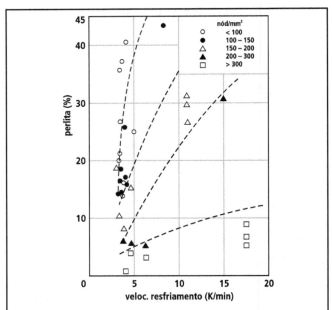

FIGURA 3.16 – Efeito da velocidade de resfriamento na região eutetoide sobre a quantidade de perlita, para ferros fundidos nodulares com diferentes números de nódulos (Askeland & Gupta, 1977).

tra possibilidade é a formação de carbonetos em centros térmicos da peça, geralmente associados com segregação de elementos de liga (Cr e Mn são os mais comuns). As consequências são redução do alongamento e redução drástica da usinabilidade. Emprega-se então um tratamento térmico de decomposição de carbonetos (Tabela 3.2).

Ocorre a seguinte transformação de fase:

$$Fe_3C \rightarrow Austenita + Grafita$$

A temperatura selecionada (850-950 °C) depende da quantidade de carbonetos e da quantidade de elementos da liga da peça (Cr, Mo, Mn aumentam a temperatura, Si diminui a temperatura necessária). Carbonetos de segregação possuem alta quantidade de elementos de liga, sendo então necessário efetuar o recozimento em altas temperaturas (ver Figura 3.15). A Tabela 3.7 mostra algumas equações que podem ser empregadas para estabelecer o tempo necessário de recozimento, em função da espessura da peça (Barton, 1974).

Este tipo de tratamento térmico é muitas vezes associado com recozimento de ferritização ou normalização, dependendo da microestrutura desejada (Barton, 1974).

RECOZIMENTO DE FERRITIZAÇÃO

O tratamento térmico de ferritização visa obter uma matriz completamente ferrítica, quando isto não foi possível realizar na peça bruta de fundição. Existem diferentes alternativas de ciclo térmico: recozimento pleno, recozimento subcrítico (Röhrig, 1988) e recozimento dentro da zona crítica (Tabela 3.3).

No recozimento pleno efetua-se austenitização, seguida de resfriamento lento através da zona crítica, de modo que ocorra a transformação eutetoide estável, resultando matriz ferrítica. A Figura 3.16 mostra o efeito da velocidade de resfriamento na região crítica sobre a quantidade de perlita na matriz, verificando-se que para a obtenção de matriz essencialmente ferrítica são necessárias baixas velocidades de resfriamento, e que baixos números de nódulos de grafita podem resultar em residuais de perlita na microestrutura.

No recozimento subcrítico decompõe-se a cementita da perlita.

$$Fe_3C \rightarrow Ferrita + Grafita$$

Este ciclo térmico é selecionado quando é baixa a quantidade de perlita a decompor, sendo usuais temperaturas de 700 a 740 °C (Figura 3.17). O tempo de recozimento é estabelecido em função

FUNDAMENTOS

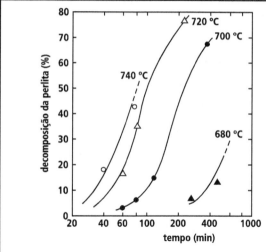

FIGURA 3.17 – Decomposição da cementita da perlita em recozimento subcrítico a diversas temperaturas. Ferro fundido nodular não ligado (Röhrig, 1988).

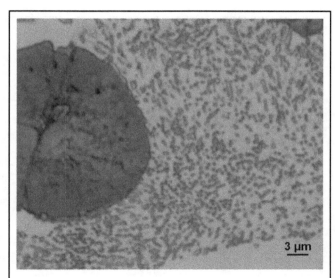

FIGURA 3.18 – Perlita esferoidizada em ferro fundido nodular classe FE 60003. 2.000 X.

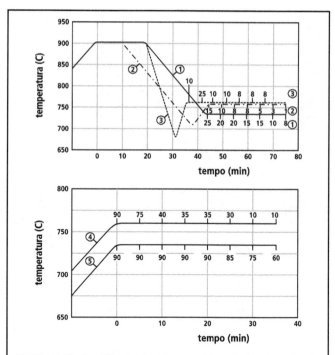

FIGURA 3.19 – Ferritização de tubos centrifugados em ferro fundido nodular. Os números sobre as curvas representam o percentual de perlita (Henke, 1976).
a) Recozimento subcrítico com austenitização prévia.
b) Recozimento subcrítico direto.

da composição química e da espessura da peça. O recozimento subcrítico pode ainda ser empregado para apenas esferoidizar a perlita, aumentando-se assim a dutilidade sem redução drástica da resistência mecânica (Figura 3.18).

A Figura 3.19 mostra resultados de recozimento de tubos centrifugados, empregando recozimento subcrítico com austenitização prévia (Figura 3.19-a) e recozimento subcrítico direto (Figura 3.19-b).

No recozimento dentro da zona crítica (Tabela 3.3) efetua-se austenitização parcial, seguido de resfriamento lento. Associa-se assim decomposição da cementita da perlita e transformação eutetoide estável.

NORMALIZAÇÃO

Com o tratamento térmico de normalização objetiva-se aumentar a resistência mecânica ou então homogeneizar as propriedades mecânicas na peça. Pode ser realizado segundo 3 diferentes ciclos térmicos (Guesser & Hilário, 2000).

a. Normalização em um estágio (ou simplesmente Normalização – ver Tabela 3.5): Efetua-se austenitização da peça, seguindo-se o resfriamento, em condições tais que atinge-se a microestrutura (e dureza) desejada. Envolve reação eutetoide estável em torno dos nódulos e reação eutetoide metaestável longe dos nódulos. Resulta uma microestrutura tipo olho-de-boi, com perlita e ferrita, numa proporção que depende da velocidade de resfriamento. Com resfriamento ao ar forçado obtém-se matriz completamente perlítica (Figura 3.20) (Bryant & Gilbert, 1974).

b. Normalização seguida de recozimento: Realiza-se austenitização, seguindo-se um resfriamento ao ar forçado, formando-se uma matriz com 100% perlita, de alta dureza. Segue-se

FIGURA 3.20 – Microestrutura de ferro fundido nodular submetido a normalização em um estágio. Matriz perlítica. 1.000 X.

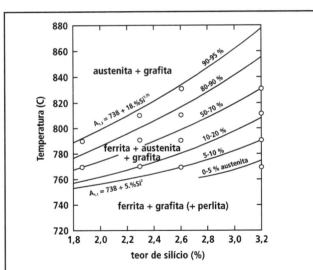

FIGURA 3.22 – Efeito do teor de silício no campo austenita + ferrita + grafita. Os números sobre as curvas representam percentuais de austenita formada (Hummer & Westerholt, 1979).

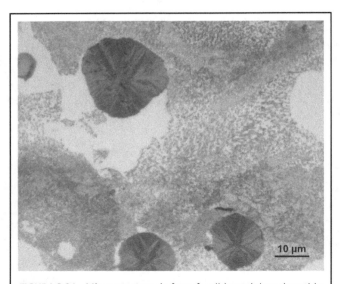

FIGURA 3.21 – Microestrutura de ferro fundido nodular submetido a normalização seguida de recozimento subcrítico. 1.000 X.

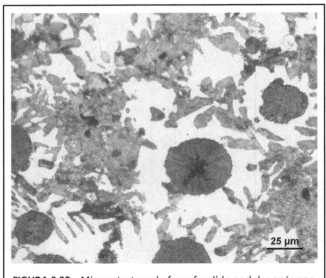

FIGURA 3.23 – Microestrutura de ferro fundido nodular após normalização de dentro da zona crítica. 400 X.

um recozimento subcrítico, onde ocorre esferoidização da perlita e decomposição da perlita em ferrita e grafita; esta última reação concentra-se em torno dos nódulos de grafita (Figura 3.21).

c. *Normalização de dentro da zona crítica:* Realiza-se austenitização parcial, dentro do campo austenita+ ferrita + grafita, seguindo-se resfriamento ao ar forçado, que transforma toda a austenita em perlita. A temperatura de austenitização determina a quantidade de austenita formada, e portanto a quantidade de perlita no resfriamento. Esta temperatura é selecionada em função do teor de silício (Figura 3.22), pois este elemento expande o campo gama + alfa (Gundlach & Whelan, 1992, Gerval & Lacaze, 2000). A Figura 3.23 mostra que, para este tipo de normalização, a distribuição de perlita e ferrita não é mais do tipo olho-de-boi (Okumoto et al., 1971, Fargues, 1993).

Nas Figuras 6.44 e 6.46 do Capítulo sobre Propriedades Estáticas dos Ferros Fundidos Nodulares são apresentados resultados de propriedades mecânicas obtidas com normalização em um estágio e normalização de dentro da zona crítica.

TÊMPERA E REVENIDO

Objetiva-se aumentar a resistência mecânica e eventualmente a resistência ao desgaste (Krause, 1979). O tratamento térmico envolve austenitização e resfriamento rápido, geralmente em óleo ou em polímero solúvel em água. A temperabilidade do material, necessária para obter têmpera plena em toda a seção, pode ser aumentada com o uso de elementos de liga, destacando-se no ferro fundido nodular o manganês, o níquel e principalmente o molibdênio (Boyes & Carter, 1966), como ilustrado na Figura 3.24.

Como os ferros fundidos apresentam altos teores de carbono em solução, a temperatura Ms geralmente é baixa, da ordem de 250 a 180 °C, com a temperatura Mf muito próxima ou abaixo da temperatura ambiente. Deste modo, é comum que os ferros fundidos apresentem alguma austenita retida nas peças temperadas. Isto tende a ocorrer principalmente em contornos de células eutéticas, regiões mais ricas em elementos de liga, em particular em Mn (Tabela 3.8). Além disso, como a transformação martensítica ocorre a baixas temperaturas, sempre existe o risco de formação de trincas. É usual então empregar-se martêmpera, em banho de óleo aquecido a 200 °C (Tabela 3.6).

No tratamento térmico de revenido ocorrem as mesmas reações que acontecem nos aços. Além disso, às temperaturas mais elevadas (>550 °C) ocorre decomposição dos carbonetos, geralmente em torno dos nódulos, formando-se ferrita. As temperaturas usuais de revenido são entre 400 a 600 °C, com tempos de 2 a 4 h. Até 550 °C tem-se martensita revenida, e em temperaturas superiores (550 a 700 °C) a microestrutura consiste em ferrita e carbonetos esferoidizados. A Tabela 3.9 mostra resultados típicos após revenimento de ferro fundido nodular (Henke, 1978).

Um problema que pode ocorrer no revenido de ferro fundido nodular é a precipitação de grafita secundária, formando-se um grande número de pequenas partículas de grafita e matriz ferrítica (Figura 3.25). Apesar desta microestrutura apresentar propriedades interessantes em condições de fragilização por hidrogênio (ver capítulo sobre Mecanismos de Fragilização), ela geralmente é indesejada em material temperado e revenido, por apresentar baixa resistência mecânica. A formação de grafita secundária é incentivada por altas temperaturas de revenido (>540 °C) e por altos teores de silício (>2,4%). Adições de molibdênio retardam esta precipitação de grafita.

AUSTÊMPERA

O tratamento térmico de austêmpera envolve a austenitização, seguida de resfriamento rápido até a temperatura de austêmpera, e manutenção nesta temperatura por um certo tempo (Figura 3.26). A microestrutura resultante é uma mistura muito fina de ferrita e de austenita estabilizada, e é denominada de ausferrita (Figura 3.27). Distingue-se da bainita por não apresentar carbonetos, o que confere propriedades mecânicas muito especiais a esta família de ferros fundidos nodulares (Röhrig, 2002).

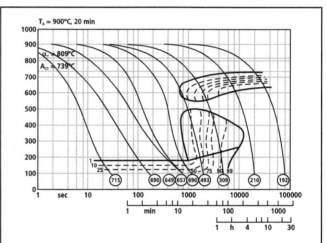

FIGURA 3.24 – Diagrama CCT para ferro fundido nodular ligado ao Ni e Mo. 3,33C – 2,40Si – 0,32Mn – 0,008S – 0,024P – 0,034Mg – 2,37Ni – 0,50Mo. Os valores sobre as curvas indicam a dureza obtida, em HV ou HB (Röhrig & Fairhust, 1979).

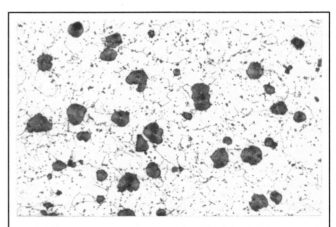

FIGURA 3.25 – Grafita secundária em ferro fundido nodular temperado e revenido (a 650 °C). Nódulos eutéticos = 350 partículas/mm². Grafita secundária = 27.000 partículas/mm2. 1.000 X (Guesser, 1993).

TABELA 3.8 – Teor de carbono dissolvido na austenita e temperatura Ms em função da temperatura de austenitização e do teor de silício. Ferros fundidos nodulares (Röhrig & Fairhust, 1979).

Temperatura (°C)	%C na austenita	Ms (°C)	Composição química (%)					
			C	Si	Mn	P	S	Mg
830	0,70	248	3,27	1,72	0,27	0,039	0,003	0,055
850	0,73	255	3,32	2,62	0,29	0,037	0,015	0,054
900	0,93	235						
1.000	1,14	180						
1.000	0,70	247	3,05	4,64	0,27	0,038	0,007	0,055

TABELA 3.9 – Revenimento de ferro fundido nodular (Henke, 1978).

Temperatura de revenido (°C)	Tempo de revenido (h)	LR (MPa)	LE (MPa)	Along (%)	HB
600	4	826	622	5	275
	2	928	700	4	297
	1	961	729	3	314
550	4	1.018	805	2	343
	2	1.030	837	1,5	349
	1	1.081	885	1	359
500	4	1.089	950	1	385
	2	1.135	981	1	387
	1	-	-	-	650 HV

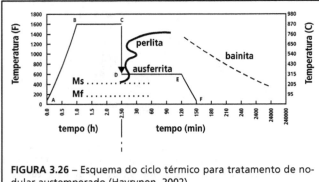

FIGURA 3.26 – Esquema do ciclo térmico para tratamento de nodular austemperado (Hayrynen, 2002).

A formação de ausferrita ocorre então durante a manutenção na temperatura de austêmpera. Ao atingir a temperatura de austêmpera, a austenita saturada em carbono começa a se transformar em ferrita. Como a solubilidade de carbono na ferrita é muito baixa, este elemento é rejeitado para a austenita ainda não transformada, estabilizando-a. Até o tempo t_1 (Figura 3.28) a austenita ainda não está estabilizada, e um posterior resfriamento até a temperatura ambiente resulta na formação de martensita, fragilizando assim a microestrutura. Após o tempo t_2 (Figura 3.28) precipitam-se carbonetos a partir da austenita supersaturada em carbono, e a austenita se transforma em bainita, resultando em diminuição de propriedades mecânicas, principalmente da tenacidade (alongamento e resistência ao impacto). A região entre os tempos t_1 e t_2 (Figura 3.28) é chamada de janela de processo, tendo-se aí os melhores valores de propriedades mecânicas e uma mistura de ferrita e austenita estabilizada. Assim, por exemplo, a classe de nodular austemperado EN-GJS-800-8 possui cerca de 40% austenita, com 2% C (Rohrig, 2002).

A transformação dentro da janela de processo pode ser indicada como:

$$\gamma \rightarrow \alpha + \gamma c$$

A principal variável para a obtenção das propriedades mecânicas é a temperatura de austêmpera, aumentando-se a resistência e diminuindo a dutilidade com o decréscimo da temperatura de austêmpera (Voigt, 1989).

Para evitar a formação de perlita durante o resfriamento entre a austenitização e a austêmpera, o ferro fundido deve possuir suficiente temperabilidade, o que é conseguido pela adição de elementos de liga, como Cu, Ni e Mo. Um aspecto importante é que todos os elementos de liga deslocam a janela de processo para tempos mais longos. Associado a

FUNDAMENTOS

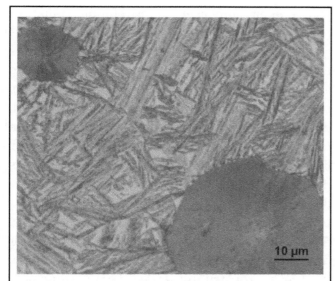

FIGURA 3.27 – Microestrutura de ferro nodular austemperado, consistindo de ferrita acicular, numa matriz de austenita de alto carbono. Esta microestrutura é denominada de ausferrita. 1.000 X.

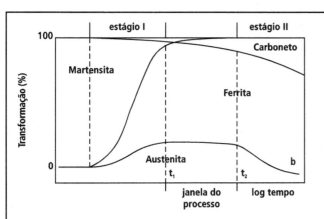

FIGURA 3.28 – Janela de processo para austêmpera de ferro fundido nodular, situada entre os tempos t1 e t2 (Bayati & Elliot, 1999).

isto, é necessário considerar o efeito da segregação dos elementos de liga que ocorre na solidificação, em particular do Mn e do Mo. O manganês segrega para o líquido, concentrando-se nas regiões de final de solidificação. Em termos práticos, é como se tivéssemos duas ligas com diferentes teores de manganês, uma na região central da célula eutética e outra nos contornos de célula, e estas duas ligas têm diferentes cinéticas de transformação na austêmpera (Figura 3.29). Para um dado tempo de austêmpera, que deveria corresponder à janela de processo, na região com baixo teor de manganês (interior da célula eutética) pode já iniciar-se a precipitação de carbonetos a partir da austenita supersaturada de carbono, enquanto na região com alto teor de manganês (contornos de célula eutética) forma-se

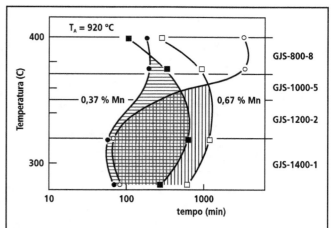

FIGURA 3.29 – Janelas de processo para a fabricação de nodular austemperado, para dois teores diferentes de manganês. São indicadas também as faixas de temperatura de austêmpera correspondentes às diversas classes de ferro nodular austemperado (de acordo com a norma EN) (Day & Röhrig, 1999).

martensita no resfriamento após a austêmpera. Ambas as ocorrências reduzem a tenacidade, de modo que a janela de processo pode ser muito pequena ou então até inexistente. Por isso, limita-se o teor de manganês em 0,3%. Outro problema associado com segregação de elementos de liga é a formação de carbonetos, principalmente de molibdênio, o que reduz o alongamento e a resistência, bem como a usinabilidade. Limita-se então o teor de molibdênio em 0,2%. Assim, são empregados teores de Ni até 2%, de Cu até 1% e de Mo até 0,2%. Estes problemas de segregação podem ser minimizados com uma boa inoculação, que aumenta o número de células eutéticas e assim distribui a segregação. Outra alternativa para diminuir a necessidade de elementos de liga é realizar a austêmpera inicialmente numa temperatura abaixo da selecionada para a classe, e depois transferir a peça para um segundo banho de sal, à temperatura mais alta. O primeiro banho de sal, por estar em menor temperatura, tem maior capacidade de resfriamento da peça, o que reduz a necessidade de elementos de liga (Röhrig, 2002).

Uma alternativa de tratamento térmico é a austenitização dentro da zona crítica, seguida de austêmpera, obtendo-se uma mistura de ferrita, ferrita bainítica e austenita estabilizada, com bons valores de tenacidade (Rousiere & Aranzabal, 2000, Druschitz & Fitzgerald, 2003).

Devido às excepcionais propriedades mecânicas dos ferros nodulares austemperados, será dedicado um capítulo especial a este assunto.

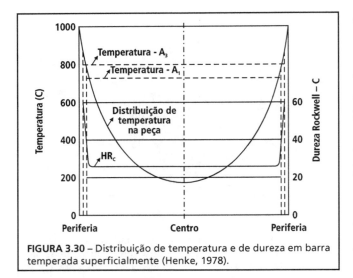

FIGURA 3.30 – Distribuição de temperatura e de dureza em barra temperada superficialmente (Henke, 1978).

TÊMPERA SUPERFICIAL

Com o tratamento de têmpera superficial consegue-se um aumento local de resistência e dureza, permitindo manter o núcleo com a tenacidade necessária. Além disso, as tensões residuais resultantes podem ser exclusivamente de compressão na superfície, o que aumenta a resistência à fadiga.

Uma pequena camada (0,5 a 2 mm) é austenitizada, normalmente com aquecimento indutivo, e resfriada em água (ou emulsão de óleo em água), formando-se assim uma camada de martensita junto à superfície (Figura 3.30). Dependendo do componente, realiza-se porteriormente um revenimento.

A espessura da camada temperada é função da espessura de penetração do calor, que depende da frequência empregada e do tempo de aquecimento. Assim,

$$d = 500 / f^{1/2} + 0,2 \times t^{1/2} \qquad (3.3)$$

f – frequência, em ciclos por s (Hz)
t – tempo (s)
d – espessura de penetração (mm)

Deste modo, a seleção do equipamento de têmpera depende da espessura de camada desejada. Esta espessura é determinada pela tensão aplicada na superfície, devendo-se evitar qualquer deformação plástica abaixo da camada temperada, o que provocaria lascamentos. Como regra geral, quanto maior a tensão aplicada na superfície, maior deve ser a espessura temperada.

Também aquecimento a laser pode ser empregado, registrando-se resultados de 50 HRc a 1,0 mm com têmpera com laser em ferro fundido cinzento (DeKock, 2005).

A têmpera superficial dos ferros fundidos exige alguns cuidados especiais, comparativamente aos aços, já que os ferros fundidos contém altos teores de silício, elemento que aumenta a temperatura de austenitização; por outro lado, a temperatura eutética não deve ser ultrapassada, de modo a evitar liquação localizada. Além disso, altas temperaturas de austenitização resultam em grande quantidade de austenita retida, devido ao contínuo suprimento de carbono oferecido pelas partículas de grafita. Assim, a faixa de temperaturas de trabalho é menor do que no caso de aços (Guedes & Guesser, 1989).

A microestrutura prévia deve possuir pelo menos 70-80% perlita (ou martensita revenida), pois em caso contrário resultam áreas de ferrita não austenitizada, de baixa dureza. Usualmente são especificadas as classes FE 60003 e FE 70002, e no caso de ferro fundido cinzento, FC 250.

NITRETAÇÃO

Os ferros fundidos nodulares podem ser nitretados pelos mesmos processos empregados para os aços.

Registram-se exemplos de carcaça de diferencial de automóvel em ferro fundido nodular classe FE 60003 (200 a 250 HB) nitretada por processo gasoso a 600 °C, com amônia, resultando camada nitretada de 11 a 15 µm.

Outro caso refere-se a nitrocementação ferrítica de engrenagens em ferro fundido nodular FE 60003, obtendo-se camada epsilon de 8 a 29 µm com tratamento gasoso a 580 °C. A baixa temperatura

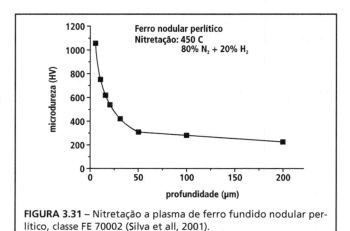

FIGURA 3.31 – Nitretação a plasma de ferro fundido nodular perlítico, classe FE 70002 (Silva et all, 2001).

deste tratamento é o seu principal atrativo, devido à baixa distorção da peça. Objetiva-se neste caso aumento da resistência ao desgaste e da resistência à fadiga.

Na Figura 3.31 pode-se observar alguns resultados de nitretação a plasma de ferro fundido nodular classe FE 70002. Na nitretação por plasma podem ser empregadas temperaturas especialmente baixas (450 °C no exemplo apresentado), o que é um atrativo do processo.

EXERCÍCIOS

1) Estimar a temperatura que uma peça de ferro fundido nodular deve ser revenida, por um tempo de 4 h, para se atingir uma dureza de 350 HB.
2) Deseja-se austemperar um ferro fundido de dentro da zona crítica, de modo a obter uma microestrututa com 50% de ausferrita. O ferro fundido nodular apresenta 2,7% Si. Qual deveria ser o ciclo térmico a ser empregado?
3) Uma peça ferro fundido nodular, com 2,6% Si, apresenta uma geometria complexa, e deve ser submetida a tratamento de têmpera, seguido de revenido. De modo a evitar a ocorrência de trincas na têmpera, decidiu-se efetuar martêmpera. A austenitização é efetuada a 870 °C. Especificar a temperatura de martêmpera.
4) Um eixo comando de válvula em ferro fundido nodular sofre têmpera superficial. Emprega-se equipamento com frequência de 50 kHz. Deseja-se uma espessura temperada de 2,8 mm. Determinar o tempo de aquecimento.
5) Deseja-se que as tensões residuais de uma determinada peça fiquem abaixo de 20 MPa. Qual deveria ser a temperatura de alívio de tensões para um ferro fundido cinzento não ligado? E no caso de um ferro fundido cinzento ligado ao CrNiMo? Considere um tempo máximo de 3 h no patamar.
6) Qual deveria ser o ciclo térmico para tratamento térmico de austêmpera de uma peça ferro fundido nodular austemperado, de classe GJS 1000-5, contendo 0,38% Mn, e que apresenta espessura de 30 mm?
7) Uma peça de ferro fundido nodular, com seção de espessura igual a 12 mm, apresentou carbonetos na condição bruta de fundição, e deve então sofrer tratamento de decomposição de carbonetos. A temperatura selecionada foi 940 °C. Determinar o tempo necessário no patamar para decompor estes carbonetos.

REFERÊNCIAS BIBLIOGRÁFICAS

Barton, R. H. Heat treatment of cast irons – annealing grey and nodular irons. BCIRA Journal, p. 370-373, Report 1156, 1974

Bayati, H. & Elliot, R. The concept of an austempered heat treatment processing window. Int. J. Cast Metals Research, v. 11, p. 413-417, 1999.

Boyes, J. W. & Carte, N. Hardenability of nodular cast irons. BCIRA Journal, p. 175-183, Report 828, 1966.

Bryant, M. D. & Gilbert, G. N. J. Heat treatment of cast irons – normalizing. BCIRA Journal, p. 443-447, Report 1158, 1974.

Cisneros, M. M.; Pérez, M. J.; Campos, R. E.; Valdés, E. The role of Cu, Mo and Ni on the kinetics of the bainitic reaction during the austempering of ductile irons. Int. J. Cast Metals Research, v. 11, p. 425-430, 1999.

Cox, J. Niedriglegierte, wärmebehandelte Gusseisen mit Kugelgraphit mit verbesserten Eigenschaften. Giesserei-Praxis, n. 7, p.101-109, 1992.

Day, S. & Röhrig, K. ADI – ein hochweriger, aber auch anspruchsvoller Gusseisenwerkstoff. Konstruiren + Giessen, v. 25, n. 4, p. 17-26, 1999.

DeKock, J. Lasers offer unique heat treating capabilities. Industrial Heating, março 2005.

Ellerbrock, R. & Engler, S. Erstarrung metallischer Schmelzen. Proceedings of the Symposium of DGM, p. 249-260, Aachen, 1981.

Engler, S. & Dette, M. Makro-Erstarrungsmorphologie und Lunkerverhalten von Unlegiertem und Legierten Gusseisen mit Lamellen– und Kugelgraphit. In: The Metallurgy of Cast Iron, p. 697-721, Geneva, 1974.

Fargues, J. Intercritical treatments of cast irons; the search for high characteristics. 60 th World Foundry Congress, paper # 22, The Hague, 1993.

Fontana, L. C.; Olah Neto, A.; Sudaia, D. P.; Guesser, W. L. Efeito da atmosfera do plasma na nitretação do ferro fundido nodular. In: SULMAT-UDESC, Joinville, 2004.

Galarreta, I. A.; Boeri, R. E. & Sikora, J. A. Free ferrite in pearlitic ductile iron – morphology and its influence on mechanical properties. International Cast Metals Research, v. 9, p. 353-358, 1997.

Gerval, V. & Lacaze, J. Critical temperature range in spheroidal graphite cast irons. ISIJ International, v. 40, n. 4, p. 386-392, 2000.

Gruzlewsky, J. E. Microstructure development during metalcasting. AFS, 2000.

Guedes, L. C. & Guesser, W L. Têmpera superficial por indução de ferros fundidos nodulares. Fundição e Matérias-Primas, v. 10, p. 94-106, 1989.

Guesser, W. L. & Hilário, D. G. A produção dos ferros fundidos nodulares perlíticos. Fundição e Serviços, p. 46-55, nov 2000.

Guesser, W. L. Fragilização por hidrogênio em ferros fundidos nodulares e maleáveis pretos. Tese de Doutoramento, EPUSP, 1993.

Gundlach, R. B. & Whelan, E. P. Critical temperatures in ferritic ductile irons. AFS Transactions, v. 100, p. 713-718, 1992.

Hasse, S. Duktiles Gusseisen: Handbuch für Gusserzeuger und Gussverwender. Berlin: Schiele und Schön, 1996.

Heck, K.; Dieterle, U.; Hauenstein, N.; Kleine, A.; Plechkanovskaja, O.; Buhrig-Polaczek, A.; Sahm, P. Herstellen von Endmassnah-Gusskurbelwellen – Innovative giesstechnologische Entwicklung. Konstruiren + Giessen, v. 23, n. 3, p. 4-12, 1998.

Henke, H. Tratamiento térmico de fundición de hierro de grafito laminar y esferoidal. Colada, v. 11, n. 6, p. 184-189; n. 7-8, p. 215-218; n. 9, p. 238-244; n. 10, p. 270-280; n. 11, p. 307-310; n. 12, p. 338-340, 1978.

Hughes, I. C. H. Heat treatment of cast irons – austempering, or isothermal heat-treatment. BCIRA Journal, p. 49-54, Report 1216, 1976.

Hummer, R. A study of the shrinkage and dilatation during solidification of nodular cast iron – it´s relation to the morphology of crystallization. In: Fredriksson, H & Hillert, M. The Physical Metallurgy of Cast Iron, p. 213-222, Stockholm, Suécia, 1984.

Hummer,R. & Westerholt, W. Untersuchungen zur Wärmebehandlung von Gusseisen mit Kugelgraphit unter besonderer Berucksichtigung der Herstellung von GGG-50. Giesserei-Praxis, n. 1/2, p. 15-20, 1979.

Johnson, W. C. & Kovacs, B.V. The effect of additives on the eutectoid transformation of ductile iron. Metallurgical Transactions 9A :219-29, feb. 1978.

Kanno, T.; Kang, I; Fukuda, Y.; Morinaka, M; Nakae, H. Prediction of chilling tendency, graphite types and mechanical properties in cast iron, using three cups thermal analysis. AFS Transactions, v. 110, paper 06-083, 2006.

Keough, J. R. & Hayrynen, K. Properties of Austempered ductile iron. Engineering Casting Solutions, p.36-37, Spring/Summer 1999.

Krause, W. Tratamentos térmicos de ferros fundidos nodulares. VII Encontro Regional de Técnicos Industriais, ATIJ-ETT, Joinville, 1979.

Labrecque, C. & Gagné, M. Ductile iron: fifty years of continuous development. Canadian Metallurgical Quarterly, v. 37, n. 5, p. 343-378, 1998.

Lacaze, J. Transformação eutetoide direta e inversa em ferros fundidos. Metalurgia & Materiais, ABM, p. 697-698, dez. 2001.

Lacaze, J.; Boudot, A.; Gerval, V.; Oquab, D.; Santos, H. The role of manganese and copper in the eutectoid transformation of spheroidal graphite cast iron. Metallurgical and Materials Transactions A, v. 28A, p. 2015-2025, 1997.

Lamb, A. D. Heat treatment of cast irons – stress relief. BCIRA Journal, p. 243-246, Report 1145, 1974

Loper Jr., C. R. Structure and property control of cast iron. In: Ohira, G; Kusakawa, T; Niyama, E. Physical Metallurgy of Cast Iron IV, p. 281-291, Tokyo, 1989.

Lux, B.; Mollard, F.; Minkoff, I. On the formation of envelopes around graphite in cast iron. In: The Metallurgy of Cast Iron, p. 371-403, Geneva, 1974.

McSwain, R. H. & Bates, C. E. Surface and interfacial energy relationships controlling graphite formation in cast iron. In: The Metallurgy of Cast Iron, p. 423-440, Geneva, Suiça, 1974.

Okumoto, T.; Hasegawa, K.; Tanikawa, M. Improving the mechanical properties of pearlitic ductile iron by two-step normalizing. AFS Transactions, v. 79, p. 473-478, 1971.

Palmer, K. B. Heat treatment of cast irons – hardening and tempering. BCIRA Journal, p. 588-594, Report 1165, 1974

Pieske, A.; Chaves Filho, L. M.; Gruhl, A. As variáveis metalúrgicas e o controle da estrutura de ferros fundidos cinzentos. Metalurgia ABM, v. 31, n. 215, p. 693-699, 1975.

Rivera, G. L.; Boeri, R. E.; Sikora, J. A. Research advances in ductile iron solidification. AFS Transaction, v. 107, paper 03-159, 2003.

Röhrig, K. & Fairhust, W. Wärmebehandlung von Gusseisen mit Kugelgraphit – ZTU-Schaubilder. VDG Taschenbuch 6, Giesserei-Verlag GmbH, Dusseldorf, 1979.

Röhrig, K. Ferritisierung und Perlitisierung in grauen Gusseisenwerkstoffen. Giesserei-Praxis, n. 8, p. 101-114, 1988.

Rousière, D. & Aranzabal, J. Development of mixed structures for spheroidal graphite irons. Metallurgical Science and Technology, v. 18, n. 1, p. 24-29, 2000.

Rundman, K. Cooperating with mother nature or attempting to fool mother nature – a story of the physical metallurgy of ductile cast iron. Keith Mills Symposium on Ductile Cast Iron, AFS, paper 1, 2003.

Silva, F. S.; Guesser, W. L.; Fontana, L. C.; Costa C. E. Plasma nitriding of ductile cast iron: Influence of the nitriding temperature and atmosphere in the formation of nitride layers. In: 22º CBRAVIC, Guaratinguetá, 2001.

Souza Santos, A. B. & Castelo Branco, C. H. Metalurgia dos ferros fundidos cinzentos e nodulares. São Paulo: IPT, 1977.

Taschenbuch der Giesserei-Praxis, Schiele & Schön, Berlin, 2002.

Voigt, R. C. Austempered ductile iron – processing and properties. Cast Metals, v. 2, n. 2, p. 71-93, 1989.

CAPÍTULO 4

O PROCESSO DE FRATURA DOS FERROS FUNDIDOS

Enquanto nos ferros fundidos cinzentos a fratura tem geralmente um caráter frágil, devido ao efeito preponderante da forma da grafita (em veios, contínua na célula eutética), nos ferros fundidos vermicular, nodular e maleável preto a fratura pode ser dútil ou frágil, dependendo das condições em que ela se processa. Deste modo, este capítulo é iniciado pela apresentação dos mecanismos de fratura nos ferros fundidos nodulares, seguindo-se o cinzento e o vermicular. A maioria das fractografias apresentadas refere-se a ensaios de tração; em alguns casos são apresentadas fraturas de ensaios de impacto e de fadiga.

4.1 FERROS FUNDIDOS NODULARES E MALEÁVEIS PRETOS – MODOS DE FRATURA E MECANISMOS DE PROPAGAÇÃO DE TRINCAS

Nos ferros fundidos nodulares, bem como nos maleáveis pretos, a fratura dútil ocorre por nucleação e crescimento de microcavidades (alvéolos), enquanto a fratura frágil pode ser por clivagem, ou em algumas circunstâncias particulares, de modo intergranular (Figura 4.1). Discute-se a seguir cada um destes modos de fratura.

4.2 FRATURA DÚTIL EM FERROS FUNDIDOS NODULARES E MALEÁVEIS PRETOS

A fratura dútil nos ferros fundidos nodulares e maleáveis pretos ocorre por formação e crescimento de microcavidades (alvéolos). A superfície de fratura apresenta aspecto rugoso e revela os alvéolos, geralmente associados a nódulos de grafita ou inclusões de MnS (no caso do ferro maleável preto). O nódulo de grafita normalmente está destacado da matriz, resultado da deformação plástica na matriz que envolve o nódulo (Figura 4.2). Regiões de perlita também apresentam fratura dútil e que revela as características deste microconstituinte (Figura 4.3).

A fratura dútil em ferros fundidos nodulares e maleáveis pretos ocorre segundo a seguinte sequência de eventos:

- Fratura na interface grafita/matriz ou na grafita.
- Deformação plástica na matriz.
- Formação de microtrincas junto à grafita.
- Propagação da trinca principal.

Na Tabela 4.1 são apresentados resultados que caracterizam a deformação necessária para ocorrer cada uma destas etapas. Estes resultados serão comentados nas discussões de cada evento, como se segue.

Fratura na interface grafita/matriz ou na própria grafita: ocorre no início do processo de deformação, devido à concentração de tensões junto à partícula de grafita, e absorve pouquíssima energia de fratura (Eldory & Voigt, 1986, Voigt & Eldory, 1986, Voigt et al., 1986, Pourladian & Voigt, 1987, Voigt, 1989). Não é considerado evento de início de fratura, mas de "pré-fratura" (Voigt, 1990). A Figura 4.4 ilustra este evento, em ferro fundido nodular. Observa-se a fratura dentro do nódulo de grafita, bem como na interface grafita/matriz. Em nodulares ferríticos tratados termicamente a fratura se concentra dentro da grafita, enquanto que em nodulares ferríticos brutos de fundição a trinca se inicia na interface grafita/matriz (Dierickx et al., 2001).

Deformação plástica da matriz: localiza-se junto às partículas de grafita, sendo devido ao efeito de concentração de tensões causado pela grafita (Mogford et al., 1967). Ocorre em deformações

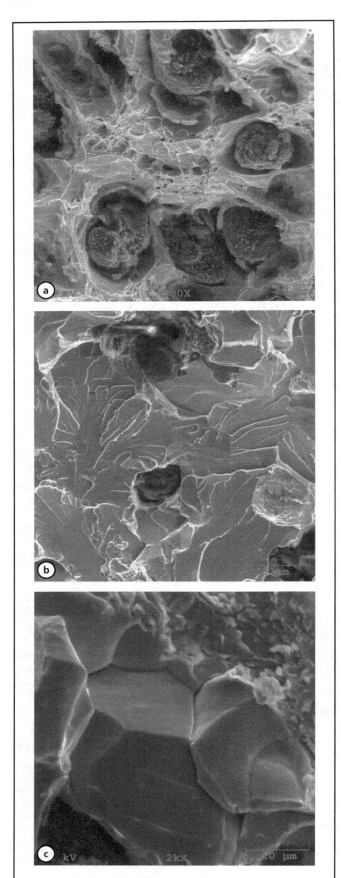

FIGURA 4.1 – Fraturas dútil (a), por clivagem (b) e intergranular (c), em ferros fundidos nodulares.

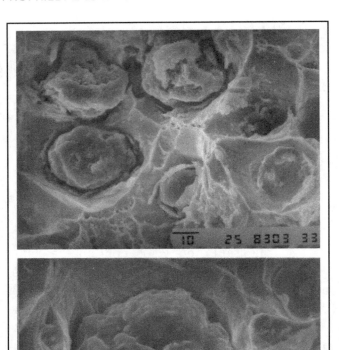

FIGURA 4.2 – Fratura dútil de ferro fundido nodular com 27% perlita. Ensaio de tração (Guesser, 1993).

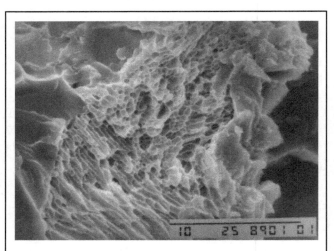

FIGURA 4.3 – Fratura alveolar (dútil) da perlita, em ferro fundido nodular com 78% perlita, normalizado (Guesser, 1993).

O PROCESSO DE FRATURA DOS FERROS FUNDIDOS

TABELA 4.1 – Propriedades mecânicas e características de fratura de ferros fundidos com diferentes matrizes (Voigt, 1990).

Ferro Fundido	LR (MPa)	A (%)	Dureza (HB)	Energia absorvida em impacto (J)	Deformação para início de microtrincas (SU)	Deformação para início de trinca primária (SU)	Velocidade média de propagação da trinca (um/SU)
Nodular ferrítico	450	20	114	18	160	520	10
Nodular perlítico	690	3	257	5	180	250	40
Nodular austemperado	900	6	270	14	220	270	20
Maleável ferrítico	330	16	140	9	-	240	10
Maleável perlítico	660	6	223	8	-	350	30
Vermicular ferrítico	210	2,1	108	5	-	200	100
Vermicular perlítico	460	1,5	228	3	-	220	310
Cinzento ferrítico	180	1	107	1	120	150	440
Cinzento perlítico	230	1	198	1	-	180	350

*(SU) – unidades de deformação arbitrárias

(macroscópicas) correspondentes ao Limite de Escoamento (Erg et al., 1992). As Figuras 4.5 e 4.6 ilustram esta etapa, em ferro fundido nodular (deformação junto ao nódulo de grafita) e em ferro maleável preto (deformação junto a uma partícula de MnS). O trincamento no interior das partículas (nódulo de grafita, sulfeto de manganês) se acentua nesta etapa.

Formação de microtrincas junto à grafita, rompendo a matriz entre partículas adjacentes de grafita (Voigt, 1990, Era et al., 1992, Adewara & Loper, 1976). Este evento é considerado o inicio do processo de fratura. Na Figura 4.7 pode-se observar trinca formada junto a nódulo de grafita.

Esta etapa depende da resistência da matriz, como mostram os resultados da Tabela 4.1. Nesta tabela estão registrados valores de deformação impostos à amostra. Verifica-se que com o aumento da resistência da matriz esta etapa é deslocada para níveis crescentes de solicitação.

Em matrizes predominantemente ferríticas (>70% ferrita), estas trincas podem ser bloqueadas quando encontram uma grande distância ao pró-

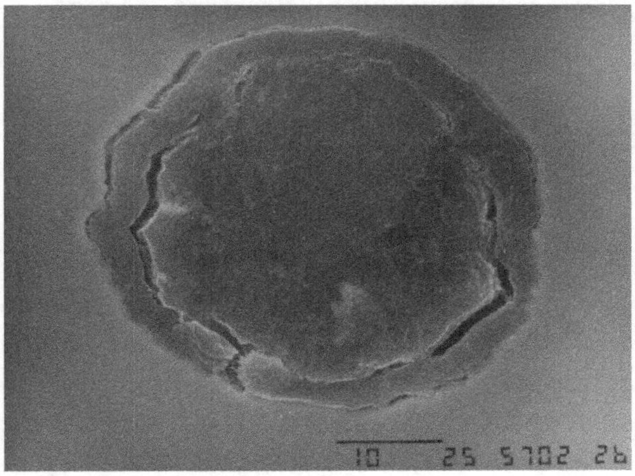

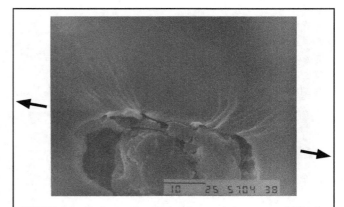

FIGURA 4.5 – Deformação plástica da matriz junto ao nódulo de grafita e formação de alvéolo em torno do nódulo. Ferro nodular ferrítico (Guesser, 1993).

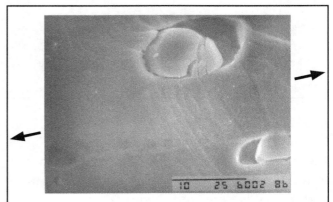

FIGURA 4.6 – Deformação plástica da matriz junto à partícula de sulfeto de manganês em ferro maleável preto. Formação de alvéolo junto ao sulfeto (Guesser, 1993).

FIGURA 4.4 – Fratura na grafita e na interface grafita/matriz em ferro nodular ferrítico (Guesser, 1993).

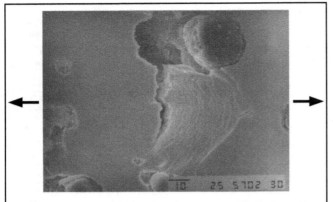

FIGURA 4.7 – Formação de trinca junto a um nódulo de grafita, crescendo associada a intensa deformação plástica da matriz. Ferro nodular ferrítico (Guesser, 1993).

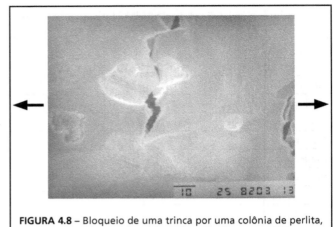

FIGURA 4.8 – Bloqueio de uma trinca por uma colônia de perlita, em ferro fundido nodular com 45% perlita (Guesser, 1993).

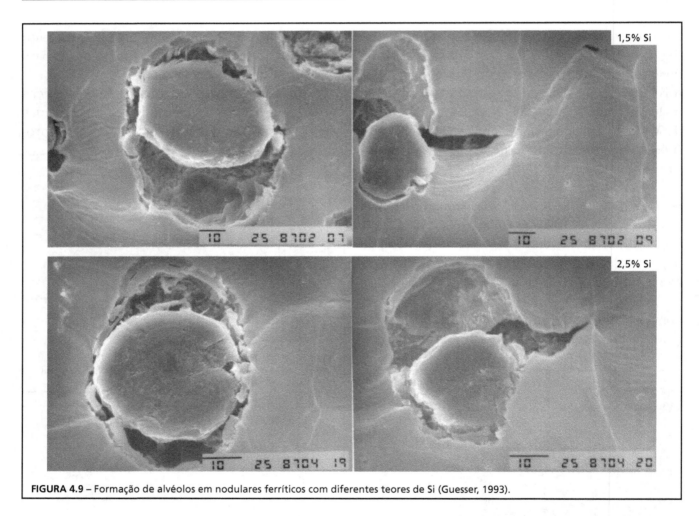

FIGURA 4.9 – Formação de alvéolos em nodulares ferríticos com diferentes teores de Si (Guesser, 1993).

ximo nódulo de grafita (Adewara & Loper, 1976), quando encontram uma região com perlita (Figura 4.8), ou ainda podem ser bloqueadas por um contorno de grão ferrítico (Figura 4.9). Nesta Figura 4.9 pode-se ainda verificar o efeito do teor de silício, sendo o alvéolo de tamanho um pouco maior para o nodular com menor teor de Si (Guesser, 1993).

A formação de trincas na matriz junto aos nódulos de grafita foi observada por uma série de autores, em diferentes condições. Em ensaios de fadiga com nodulares ferríticos e ferrítico/perlíticos verificou-se que as trincas iniciavam-se junto às partículas de grafita (Kühl, 1983, Shiota, 1990). Mesmo em microestruturas com orla de martensita revenida ou ausferrita em torno da grafita, Voigt & Eldory (1986) constataram que as trincas tinham início junto à grafita. Entretanto, este tipo de microestrutura oferece uma resistência à formação destas microtrincas muito maior do que materiais ferrítico-perlíticos, com orla de ferrita em torno da grafita.

Apenas em materiais de alta resistência constata-se efeito dos contornos de células eutéticas. Neste caso a trinca ocorre por clivagem, aspecto discutido em item posterior.

Formação da trinca principal: após o início de formação de trincas individuais, ocorre propagação entre trincas próximas, formando uma trinca principal, cuja propagação posterior irá conduzir à fratura da amostra (Figura 4.10). Esta formação da trinca principal pode ser postergada por bloqueio das trincas individuais, e este processo é afetado tanto pelas características da matriz como pela morfologia da grafita (Tabela 4.1). Observa-se nos resultados referentes ao ferro fundido nodular que, em matriz ferrítica, a formação da trinca principal ocorre apenas após intensa deformação plástica, evidenciando-se a alta capacidade deste material em bloquear as trincas individuais. O mesmo não se constata no ferro maleável preto, o que revela a importância da esferoidicidade da grafita (Voigt, 1990).

O efeito dos nódulos de grafita no bloqueio de trincas foi também verificado por Shiota et al., (1990), em ensaios de fadiga, comparando nodular ferrítico com aço de baixíssimo teor de carbono. Estes autores registraram menor velocidade de propagação de trincas no nodular do que no aço, o que é atribuído ao bloqueio das trincas pelos nódulos de grafita.

Entretanto, a distribuição das partículas de grafita tem um forte efeito sobre a formação da trinca principal (e sua propagação). Pourladian e Voigt (1987) constataram, em ferro maleável preto, que esta etapa é drasticamente facilitada quando da ocorrência de alinhamentos de nódulos.

Propagação da trinca principal: este processo ocorre por formação e coalescimento das trincas individuais com a principal. Como mostram os resultados da Tabela 4.1, esta etapa tanto em nodular como em maleável preto é afetada pela tenacidade da matriz. A velocidade de propagação da trinca é

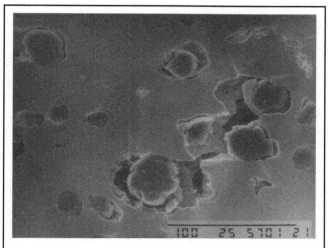

FIGURA 4.10 – Formação de trinca principal pelo coalescimento das trincas individuais. Ferro nodular ferrítico (Guesser, 1993).

crescente na seguinte ordem: ferrita, ausferrita e perlita (Voigt, 1990).

Com relação ao efeito da quantidade de grafita e do número de nódulos, algumas informações podem ser obtidas de ensaios de tenacidade à fratura e de impacto. Detalhes destes resultados são discutidos nos Capítulos 11 e 12, sobre Resistência ao Impacto dos Ferros Fundidos e sobre Tenacidade à Fratura dos Ferros Fundidos. Resultados de diversos autores (Sinátora et al., 1986, Vatavuk et al., 1990, Richards, 1971, Wolfensberger et al., 1987, Salzbrenner et al., 1987, Wojmar, 1990 Speidel et al., 1987, Mead & Bradley, 1980), com nodulares ferríticos e ferrítico-perlíticos, caracterizaram o efeito da distância entre as partículas de grafita na propagação da trinca (Figuras 11.10 e 11.11 do capítulo sobre *Resistência ao Impacto dos Ferros Fundidos*). Verifica-se que, enquanto a fratura ocorre por formação de microcavidades, um aumento do número de nódulos reduz a tenacidade, já que diminui a distância para coalescimento das microcavidades. O principal efeito do aumento do número de nódulos se reflete no deslocamento da transição dútil/frágil para menores temperaturas. Quando a fratura propaga-se por clivagem, um aumento do número de nódulos resulta em pequeno aumento da energia para fratura, provavelmente devido ao frequente arredondamento da ponta da trinca causado pelas partículas de grafita. Um caso extremo é o de ferro nodular ferrítico com grafita secundária (cuja microestrutura foi apresentada na Figura 3.25 do capítulo sobre Tratamentos Térmicos dos Ferros

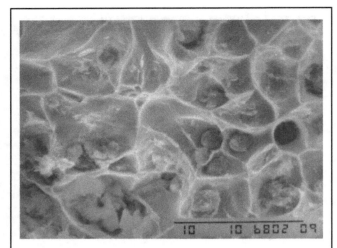

FIGURA 4.11 – Fratura em ensaio de tração de ferro fundido nodular ferrítico com grafita secundária. O alongamento foi reduzido de 20 para 18% com a presença de grafita secundária (Guesser, 1993).

TABELA 4.3 – Efeito da quantidade de perlita no modo de fratura, em ferros fundidos nodulares. Ensaio de tração sob baixas velocidades (Guesser, 1993).

Bruto de fundição		Normalizado	
% perlita	Fratura	% perlita	Fratura
30	Alvéolos, algumas áreas de clivagem	25	Alvéolos
45	Alvéolos, algumas áreas de clivagem	45	Alvéolos
56	Alvéolos, áreas de clivagem	68	Alvéolos, áreas de clivagem
84	Clivagem	78	Clivagem, fratura alveolar da perlita

Fundidos). A fratura da Figura 4.11 mostra a formação de pequenos alvéolos sobre as partículas de grafita secundária. Neste caso reduz-se a energia no patamar dútil, a temperatura de transição diminui consideravelmente (Sinátora et al., 1986, Vatavuk et al., 1990) e até o alongamento fica diminuído pela facilidade de formação da fratura dútil.

Em nodulares perlíticos os resultados da literatura (Bradley & Srinivasan, 1990) indicam que o patamar superior em ensaios de tenacidade à fratura é aumentado com o aumento do número de nódulos de grafita (Figura 12.13 do capítulo sobre *Tenacidade à Fratura dos Ferros Fundidos*). Apesar da diminuição da distância entre os nódulos, os efeitos preponderantes parecem ser a minimização de segregações de solidificação e a diminuição do tamanho da colônia de perlita, com o aumento do número de nódulos.

A fração volumétrica de grafita e o grau de perfeição das esferas de grafita, em nodular ferrítico, também afetam a propagação da trinca (Figuras 11.12 e 11.9 do capítulo sobre *Resistência ao Impacto dos Ferros Fundidos*), verificando-se em ensaios de impacto que o patamar superior da energia absorvida é diminuído com o aumento da fração volumétrica de grafita e com a diminuição do grau de nodulização (Warda et al., 1998). Hornbogen & Motz (1977) determinaram, para ferros fundidos cinzentos, vermicular e nodular, os fatores de concentração de tensão (Tabela 4.2), que foram utilizados para estimativas de valores de K_{IC}, com boa aderência aos resultados experimentais. Valores similares são apresentados por Krause (1978).

O efeito da matriz nesta etapa foi também caracterizado por trabalhos de Adewara & Loper (1976) e Guesser (1993), Tabela 4.3. Enquanto com matriz ferrítica a fratura é dútil e seu percurso conecta o máximo número de nódulos possível, com cerca de 30% perlita (bruto de fundição) já se verifica a ocorrência de áreas com clivagem, cujas facetas não se restringem apenas às áreas de perlita, mas envolvem também alguns grãos de ferrita. Em materiais com 80% perlita (bruto de fundição), a fratura ocorre predominantemente por clivagem,

TABELA 4.2 – Concentração de tensões junto a partículas de grafita (Hornbogen & Motz, 1977).

Tipo de ferro fundido	Cinzento, contaminado com Pb	Cinzento FC 200	Vermicular FV-250	Nodular FE-40015
Tamanho médio das partículas de grafita (µm) 2R	300	300	90	40
Média do menor raio das partículas de grafita (µm) – ρ	0,2	1,5	6	16
Fator de concentração de tensões (2R/ρ) *	1500	200	15	2,5
(*) $\sigma_{max}/\sigma = (1 + 2R/\rho)$				

envolvendo tanto a perlita como a ferrita. Neste caso a fratura tende a acompanhar os contornos de células eutéticas. Comportamento similar é verificado com material submetido à normalização (100% perlita), ocorrendo a fratura por clivagem. Com normalização seguida de recozimento a 510 °C, mesmo sem ocorrer ferritização (diminuição da dureza de 260 para 252 HB), constata-se que a fratura tende a apresentar uma proporção significativa de clivagem, e com recozimento a 570 °C (6% ferrita, dureza de 237 HB) observa-se que ocorrem microcavidades em torno da grafita bem como fratura alveolar da perlita, e as facetas de clivagem são menores do que no caso anterior (Adewara & Loper, 1976). Estes resultados são similares aos obtidos por Bradley (1981), em ensaios de K_{IC} em nodulares e maleáveis pretos. Em ensaios de impacto o efeito da quantidade de perlita é ainda mais acentuado, registrando-se a presença de áreas com clivagem já com apenas 10% perlita (Petry & Diehl, 1998).

4.3 FRATURA POR CLIVAGEM EM FERROS FUNDIDOS NODULARES

A fratura por clivagem é reconhecida pela presença de facetas de clivagem, aspecto pouco rugoso da fratura e nódulos de grafita não destacados da matriz (características de ausência ou pouca deformação plástica no processo de fratura), como pode ser visto na Figura 4.12. Os rios na faceta de clivagem indicam a direção de propagação da trinca, de modo que é possível determinar então a origem da trinca, como será visto nos exemplos.

Os modos frágeis de fratura geralmente estão associados a grande velocidade de propagação da fratura, de sorte que aqui a sequência de eventos se resume a:

- nucleação da trinca
- propagação da trinca de clivagem

Em nodulares de alta resistência, como já visto, a nucleação da trinca de clivagem tende a ocorrer em regiões intercelulares; inclusões, carbonetos, martensita, grafitas imperfeitas ou ainda microrrechupes podem servir de local de início de trincas. Em nodular austemperado, Voigt (1990) verificou que, quando da presença de regiões de martensita em contornos de células, ocorria também início de formação de trincas nestas regiões. Observação similar foi registrada por Rocha Vieira et al. (1979) em nodulares martensíticos e perlíticos, e por Guesser (1993), por Adewara e Loper (1975) e por Verdesoto e Sikora (1989), em nodulares perlíticos apresentando intensa segregação e carbonetos intercelulares. Na Figura 4.13 pode-se observar a formação e propagação de trincas intercelulares em nodular perlítico com carbonetos de segregação (Guesser, 1993). Kuroda & Takada (1970) verificaram que, neste tipo de matriz, inclusões intercelulares, ricas em Mg e Ti, também se revelaram locais de início de trincas, ocorrendo a propagação preferencialmente pelos contornos de células eutéticas.

Kühl (1983), em ensaios de fadiga em ferro fundido nodular, também constatou que microrrechupes apenas se mostraram locais preferenciais de início de formação de trincas quando a matriz era completamente perlítica.

A Figura 4.14 mostra alguns exemplos de início de formação de trincas por clivagem em regiões intercelulares, inclusive junto a microrrechupes (Figura 4.14-b)

Outro exemplo de trincamento de regiões intercelulares em nodular perlítico pode ser visto na Figura 4.15, que mostra trincas formadas em operação de têmpera superficial por indução, devido à geração de tensões residuais. Neste caso registra-se o efeito importante de grafitas intercelulares degeneradas e inclusões intercelulares.

Na propagação de trincas por clivagem, os nódulos de grafita exercem um efeito de retarda-

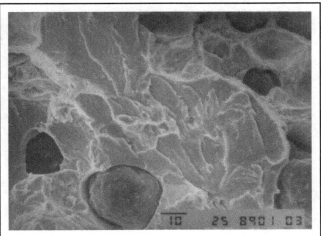

FIGURA 4.12 – Fratura por clivagem em nodular perlítico com 75% perlita.

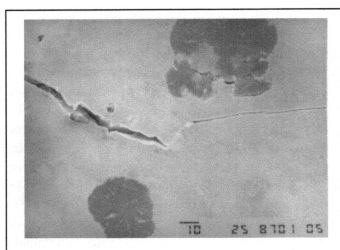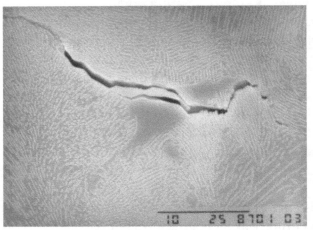

FIGURA 4.13 – Início de formação de trincas em nodular perlítico com presença de carbonetos e fosfetos intercelulares (0,70% Mn – 0,10% Mo – 0,16% P) (Guesser, 1993).

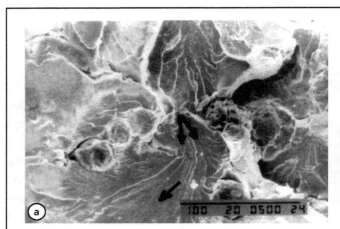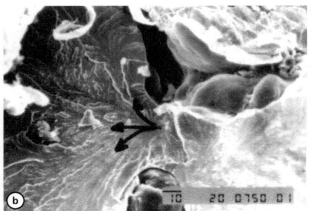

FIGURA 4.14 – Início da trinca em região intercelular (a) e junto a microrrechupe (b), em nodular perlítico. Ensaio de K_{IC} (Froehlich, 1995).

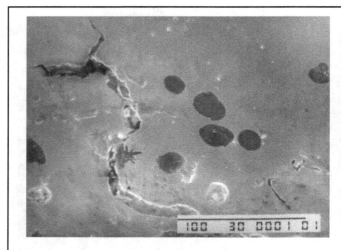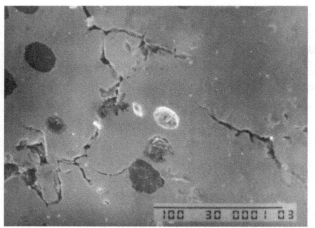

FIGURA 4.15 – Nucleação de trincas junto a grafita "spiky", em nodular perlítico. Têmpera superficial.

O PROCESSO DE FRATURA DOS FERROS FUNDIDOS

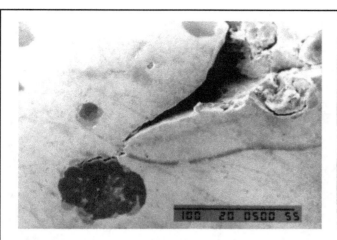
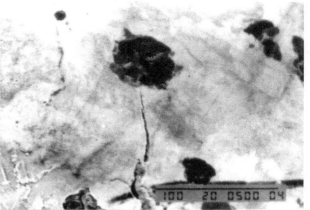

FIGURA 4.16 – Cegamento de trinca de clivagem por nódulo, em nodular perlítico. Ensaio de KIC (Froelich, 1995).

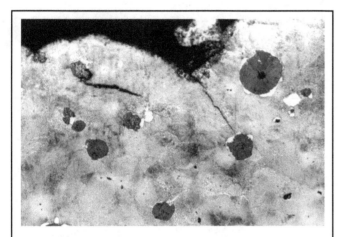

FIGURA 4.17 – Trinca de clivagem bloqueada por nódulo, em nodular perlítico (Froehlich, 1995).

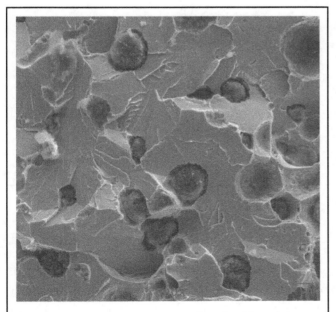

FIGURA 4.18 – Fratura por clivagem em ferro fundido nodular com matriz predominatemente ferrítica (9% perlita). Ensaio de impacto a -40 °C (Brzostek & Guesser, 2002).

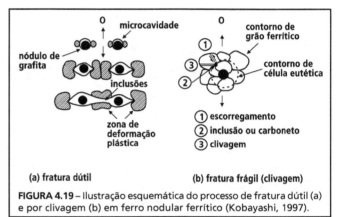

FIGURA 4.19 – Ilustração esquemática do processo de fratura dútil (a) e por clivagem (b) em ferro nodular ferrítico (Kobayashi, 1997).

mento da propagação da trinca, por arredondarem a ponta da trinca que os atinge (Figuras 4.16 e 4.17). Esta seria a principal razão para a diminuição da temperatura de transição dútil/frágil causado pelo aumento de número de nódulos.

Nos nodulares ferríticos, ressaltam-se os efeitos do Si e do P, elementos que endurecem a ferrita por solução sólida e causam aumento apreciável da temperatura de transição frágil/dútil, favorecendo a fratura por clivagem, em especial em ensaios de impacto (Figura 4.18).

Nos nodulares ferrítico/perlíticos destaca-se a influência da quantidade de perlita, favorecendo a formação de trincas por clivagem (Tabela 4.3).

Os efeitos de variáveis podem ser vistos em detalhes no capítulo referente à Resistência ao Impacto dos Ferros Fundidos.

A Figura 4.19 ilustra esquematicamente os processos de nucleação e crescimento de trincas dúteis e por clivagem, nos ferros fundidos nodulares ferríticos (Kobayashi, 1997).

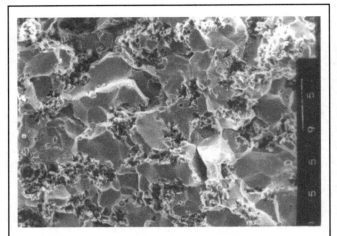

FIGURA 4.20 – Fratura intergranular em ferro maleável preto, fragilizado por segregação de fósforo. Ensaio de impacto à temperatura ambiente (Guesser, 1984).

4.4 FRATURA INTERGRANULAR EM FERROS FUNDIDOS NODULARES E MALEÁVEIS PRETOS

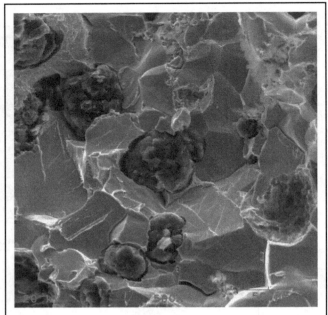

FIGURA 4.21 – Fratura intergranular e por clivagem em ferro fundido nodular ferrítico com 0,20% P, mantido a 450 °C por 4 h. Ensaio de impacto à temperatura ambiente.

A fratura intergranular pode ser facilmente reconhecida pela exposição dos grãos na superfície de fratura examinada em MEV (Figuras 4.20 e 4.21). Em alguns casos a fratura intergranular aparece apenas em algumas regiões da fratura, associada a clivagem (Guedes, 1996) ou então a fratura dútil (Guesser, 1993, Kühl, 1983). A ocorrência de fratura intergranular é mais comum em ensaios de impacto.

Como um mecanismo frágil, a fratura intergranular em geral se processa muito rapidamente, pouco se conhecendo sobre locais especiais de nucleação da trinca. Os efeitos principais parecem estar relacionados à contaminação de contornos de grão, em especial por fósforo, cuja segregação para contornos de grão é particularmente incentivada por exposições a temperaturas em torno de 450 °C (Guesser, 1984). Estes aspectos são vistos em detalhes no capítulo referente aos Mecanismos de Fragilização dos Ferros Fundidos.

Em ensaios de fadiga, Kühl (1983) também registrou regiões da superfície com fratura intergranular, em nodulares ferríticos submetidos a tratamentos térmicos que incentivaram a segregação de fósforo para contorno de grão. Verifica-se assim a ocorrência deste tipo de fratura também em ensaios de longa duração.

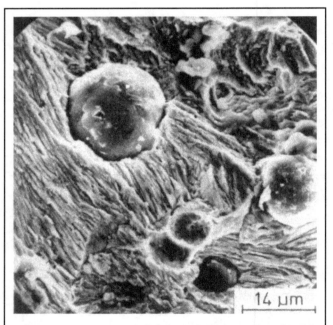

FIGURA 4.22 – Fratura por fadiga de girabrequim em ferro fundido nodular (Sidanin et al., 1991).

4.5 FRATURA POR FADIGA EM FERROS FUNDIDOS NODULARES

A fratura por fadiga apresenta características próprias, distintas da fratura em ensaios de tração ou impacto. Em nodulares predominantemente ferríticos, Kühl (1983) verificou a predominância de microcizalhamentos na superfície de fratura,

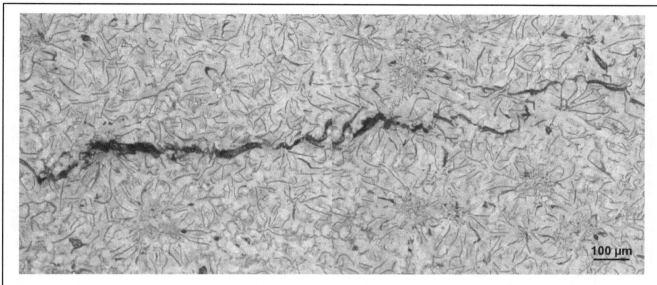

FIGURA 4.23 – Propagação de trinca em ferro fundido cinzento perlítico. 100 x.

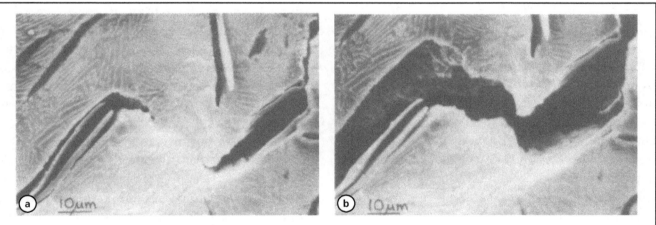

FIGURA 4.24 – Propagação de trinca em contorno de célula de ferro fundido cinzento perlítico. 850 x (Voigt, 1990). a – 220 SU; b – 230 SU (ver resultados em SU na Tabela 4.1).

enquanto em nodulares perlíticos a presença de estrias de fadiga era evidente.

Um exemplo de fratura por fadiga de nodular perlítico é apresentado na Figura 4.22, que mostra as estrias típicas de fadiga.

As trincas de fadiga propagam-se de nódulo em nódulo, sendo importante então a distância entre os nódulos de grafita. Na passagem por cada nódulo de grafita a trinca pode ocorrer por separação da interface grafita/matriz (em nodulares brutos de fundição), ou então por fratura da grafita no nódulo (em nodulares ferritizados em tratamento térmico), geralmente entre a grafita formada na solidificação e a depositada em tratamento térmico (Dierickx et al., 2001).

4.6 FERROS FUNDIDOS CINZENTOS – MODOS DE FRATURA E PROPAGAÇÃO DE TRINCAS

Os ferros fundidos cinzentos apresentam modo de fratura essencialmente frágil, devido à forma da grafita, formando um esqueleto contínuo dentro de cada célula eutética. Menciona-se (Voigt & Holmgren, 1997) que o processo de fratura em cinzento é dominado pela estrutura da grafita, em vez de ser pelo tipo de matriz. Não se conseguem distinguir crescimento de microtrincas do crescimento da trinca principal; acontecem simultaneamente. O processo de fratura exibe crescimento instável da trinca e ocorre sem o desenvolvimento

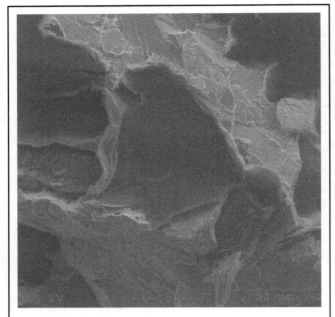

FIGURA 4.25 – Fratura de corpo de prova de tração de ferro fundido cinzento classe FC 250. As áreas escuras correspondem à fratura da grafita.

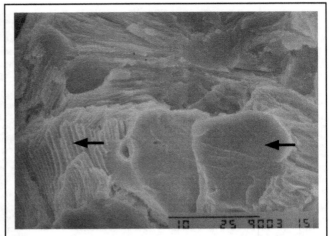

FIGURA 4.27 – Fratura de ferro fundido cinzento (classe FC 250). Clivagem e rompimento dútil da perlita.

de uma grande região deformada plasticamente à frente da trinca, como no nodular (Figura 4.23). A deformação plástica precedendo a fratura restringe-se a regiões limitadas da matriz, entre as células eutéticas (Figura 4.24), de modo que a espessura e o número de contornos de células eutéticas é que determinam a resistência à fratura. O tipo de matriz afeta pouco o processo de fratura, conforme se observa na Tabela 4.1 (Voigt, 1990).

Na superfície de fratura observam-se principalmente grandes placas de grafita e pequenas regiões de fratura da matriz (Figuras 4.25 e 4.26). Dentro da célula eutética a trinca segue o esqueleto de grafita, que tem a mesma estrutura bidimensional da trinca. Nos contornos de células eutéticas, a fratura deve romper a matriz, o que exige aumento da energia de fratura e é responsável pela resistência do ferro fundido cinzento.

Verifica-se assim a grande importância do tamanho das partículas de grafita e da quantidade de grafita sobre a resistência à propagação da trinca.

Outro aspecto a ressaltar é que a ruptura da perlita, em ensaio de tração, muitas vezes revela a

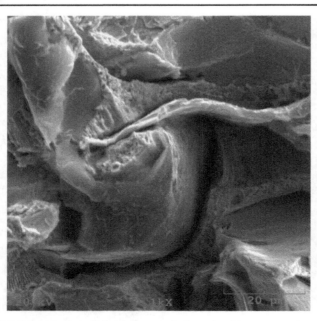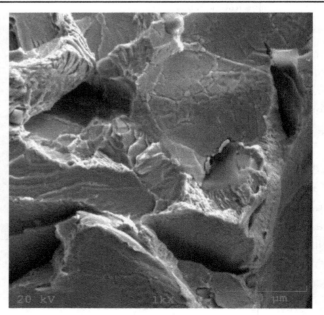

FIGURA 4.26 – Superfícies de fratura de ferro fundido cinzento classe FC 250. Ensaio de tração.

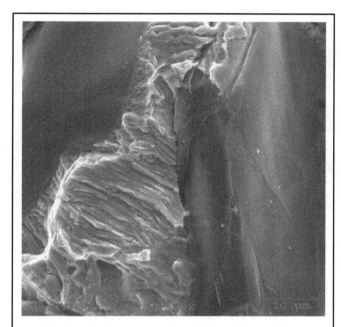

FIGURA 4.28 – Superfície de fratura sob fadiga de ferro fundido cinzento classe FC 250. Fratura da matriz perlítica (parte central da Figura) entre partículas de grafita. Tração/compressão, R =-1, 100.000 ciclos.

estrutura lamelar da perlita, devido à deformação envolvida no processo de fratura (Figura 4.27), aspecto distinto da fratura por fadiga, como é visto a seguir.

4.7 FRATURA POR FADIGA EM FERROS FUNDIDOS CINZENTOS

A fratura por fadiga dos ferros fundidos cinzentos apresenta em sua superfície as estrias de fadiga (marcas de praia), isto é, as marcas dos ciclos de tensão (Figura 4.28), que muitas vezes são confundidas com a estrutura da perlita. Um aspecto que distingue as duas superfícies de fratura é a direção das estrias de fadiga, impostas pela direção da solicitação mecânica.

Abaixo da superfície, peças submetidas à fadiga apresentam pequenas trincas, localizadas junto às extremidades dos veios de grafita (Figura 4.29), devido ao efeito de concentração de tensões.

4.8 FERROS FUNDIDOS CINZENTOS E NODULARES – EFEITO DA MATRIZ E DO TIPO DE SOLICITAÇÃO

As Figuras 4.30 a 4.32 mostram os resultados de estudo conduzido por Bermont & Castillo (2003), determinando a área da fratura produzida segundo os diferentes mecanismos, para ferros fundidos nodulares e cinzentos com diferentes matrizes. Foram efetuados ensaios de tração, impacto, tenacidade à fratura (abertura por rasgamento) e fadiga.

A Figura 4.30-a refere-se a um ferro fundido nodular ferrítico, recozido. Cerca de 40% da área da fratura é ocupada pela grafita (em forma de nódulos), revelada pela decoesão dos nódulos com a matriz ferrítica e por fratura dos nódulos. A fratura da matriz é dútil, revelando alvéolos e gumes de cizalhamento. O aumento da velocidade de solicitação, de ensaio de tração para impacto, faz reduzir

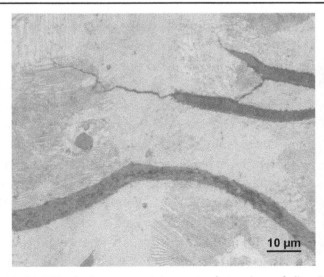 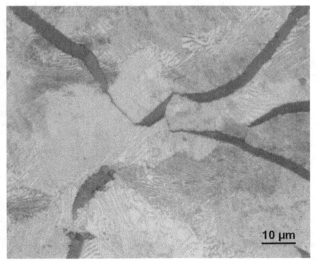

FIGURA 4.29 – Seção transversal de amostra fraturada por fadiga. Regiões logo abaixo da superfície de fratura. Ferro fundido cinzento classe FC 250. 100x.

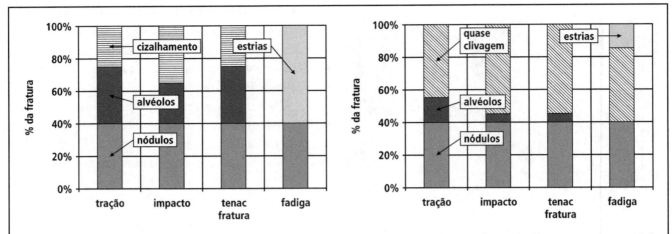

FIGURA 4.30 – Participação dos mecanismos de fratura na área de superfície revelada pela fratura. Ensaios de tração, impacto, tenacidade à fratura e fadiga. Ferros fundidos nodulares ferrítico (a) e perlítico (b) (Adaptado de Bermont & Castillo, 2003).

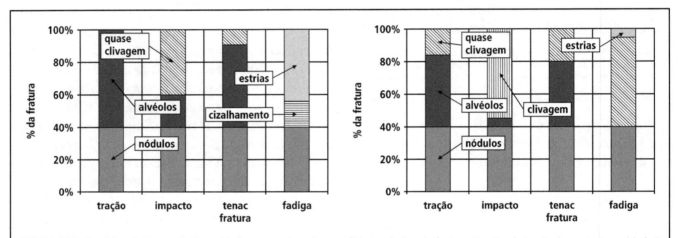

FIGURA 4.31 – Participação dos mecanismos de fratura na área de superfície revelada pela fratura. Ensaios de tração, impacto, tenacidade à fratura e fadiga. Ferros fundidos nodulares austemperados a 360 °C, classe 2 ASTM.(a) e a 280 °C, classe 4 ASTM (b) (Adaptado de Bermont & Castillo, 2003).

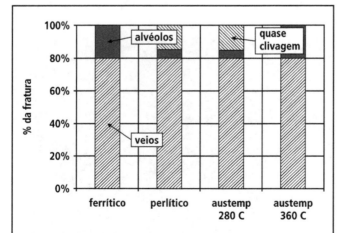

FIGURA 4.32 – Participação dos mecanismos de fratura na área de superfície revelada pela fratura. Ensaios de tração, impacto, tenacidade à fratura e fadiga. Ferros fundidos cinzentos ferrítico, perlítico e austemperados a 360 e a 280 °C (Adaptado de Bermont & Castillo, 2003).

a área de alvéolos. No ensaio de fadiga aparecem as estrias típicas deste tipo de solicitação. Para o ferro fundido nodular perlítico (Figura 4.30-b) aparecem áreas de fratura frágil (quase clivagem), intensificadas pelo ensaio de impacto. Nos nodulares austemperados, solicitação de impacto faz aparecer áreas de quase clivagem (Figura 4.31-a), ou mesmo de clivagem (Figura 4.31-b), enquanto nos ensaios de fadiga ressaltam-se as áreas com estrias típicas de fadiga. O ferro nodular austemperado classe 4 ASTM, de alta resistência e dureza (Figura 4.31-b), apresenta predominância de mecanismos frágeis de fratura (quase clivagem e clivagem).

A Figura 4.32 mostra os resultados referentes aos ferros fundidos cinzentos. Neste caso, em todos os ensaios (tração, impacto e tenacidade à fratura) obtiveram-se, para cada material, as mesmas áreas

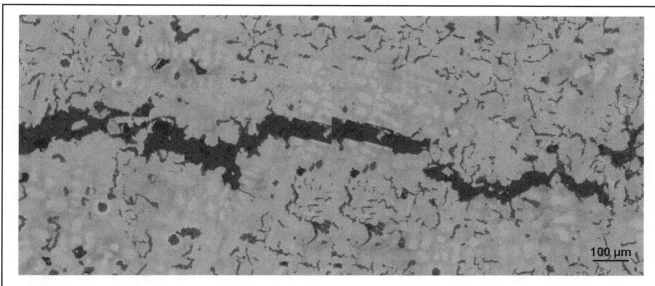

FIGURA 4.33 – Propagação de trinca em ferro fundido vermicular perlítico. 70x. (Voigt, 1990)

de fratura. Ressalta a grande proporção de fratura expondo a grafita lamelar (80%), o que mostra novamente que nos ferros fundidos cinzentos a fratura é comandada primeiramente pelo esqueleto de grafita, contínuo na célula eutética. Nos ferros fundidos cinzentos perlítico e austemperado a baixas temperaturas (280 °C) aparecem os mecanismos de fratura frágil da matriz (quase clivagem).

4.9 FERROS FUNDIDOS VERMICULARES – MODOS DE FRATURA E MECANISMOS DE PROPAGAÇÃO DE TRINCAS

O processo de fratura em ferro fundido vermicular é similar ao do ferro fundido cinzento, porém envolve fratura da matriz em maior extensão (Figura 4.33). A fratura inicia na grafita ou por decoesão da interface grafita/matriz. A propagação da trinca pela célula eutética envolve deformação plástica e fratura da matriz, já que o esqueleto de grafita não é continuamente bidimensional, mas apresenta regiões com características unidimensionais (a célula eutética assemelha-se a uma mão, com a região entre os dedos representando a matriz), o que é distinto do ferro fundido cinzento. Além disso, a ruptura dos contornos de célula eutética requer muito mais energia do que no cinzento; em geral as duas células adjacentes já haviam

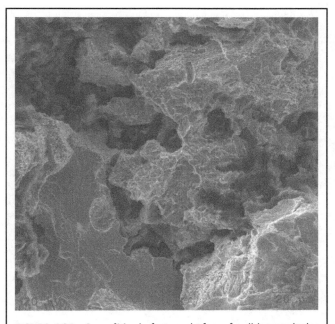

FIGURA 4.34 – Superfície de fratura de ferro fundido vermicular classe 450. Ensaio de tração. Clivagem e fratura dútil da matriz.

fraturado antes da ruptura do contorno de célula. Devido a esta maior participação da matriz no processo de fratura, o tipo de matriz afeta bastante o crescimento da trinca em ferro fundido vermicular (Tabela 4.1).

Na superfície de fratura em ensaio de tração, pode-se observar a presença de grafita, porém em menor quantidade que em ferro fundido cinzento (Figura 4.34). A fratura da perlita apresenta-se de forma dútil ou então como clivagem (Figura 4.35).

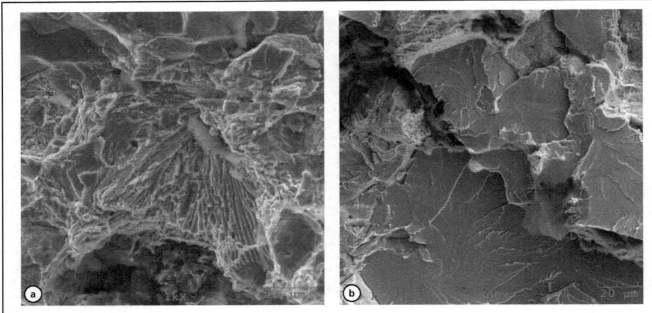

FIGURA 4.35 – Fratura da perlita em ferro fundido vermicular classe 450. Ensaio de tração. Fratura dútil (a) e clivagem (b).

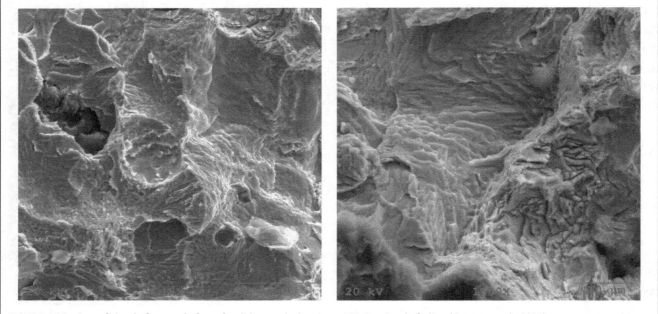

FIGURA 4.36 – Superfícies de fratura de ferro fundido vermicular classe 450. Ensaios de fadiga (Guesser et al., 2004).

4.10 FRATURA POR FADIGA EM FERROS FUNDIDOS VERMICULARES

Na Figura 4.36 apresentam-se fractografias obtidas de ensaios de fadiga em ferro fundido vermicular de classe 450. A fratura apresenta em sua superfície as estrias típicas do processo de fadiga. As diferenças entre a fratura sob fadiga e a fratura da perlita em ensaio de tração são similares ao caso do ferro fundido cinzento, e podem ser vistas comparando-se as Figuras 4.35 e 4.36 Também em seções transversais à fratura existem diferenças significativas entre fraturas em ensaio de tração e sob fadiga (Figura 4.37). Na amostra do ensaio de tração (Figura 4.37-a) existem algumas trincas conectadas à superfície de fratura, enquanto na amostra fraturada sob fadiga (Figura 4.37-b) existem numerosas trincas abaixo da superfície de fratura.

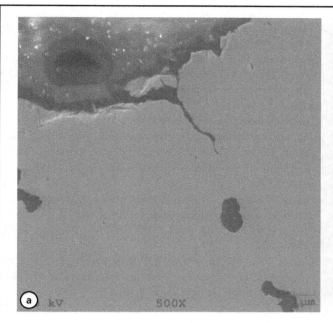 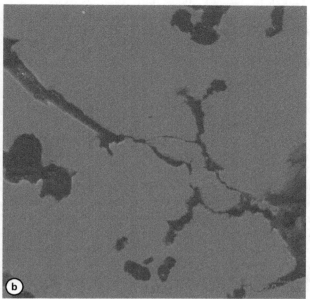

FIGURA 4.37 – Seções longitudinais junto à superfície de fratura de amostras de fraturas em ensaios de tração (a) e fadiga (b). Ferro fundido vermicular classe 450 (Guesser et al., 2004).

EXERCÍCIOS

1) Discuta as principais diferenças entre o processo de fratura de ferro fundido cinzento e ferro fundido vermicular.
2) Quais são as principais diferenças entre o processo de fratura de nodular perlítico e nodular ferrítico?
3) Discuta as condições em que ocorre fratura intergranular e fratura por clivagem, em ferro fundido nodular ferrítico.
4) Compare os processos de fratura de nodular ferrítico, nodular perlítico e nodular austemperado, nas etapas de início de formação de microtrincas, formação de trinca primária e propagação da trinca primária. Quais são os fatores que explicam estas diferenças?
5) Num ferro fundido cinzento, quando a matriz é alterada de perlita para ferrita, o que acontece, no processo de fratura, com as etapas de formação de trinca primária e propagação da trinca primária?
6) Num ferro fundido vermicular, quando a matriz é alterada de perlita para ferrita, o que acontece, no processo de fratura, com as etapas de formação de trinca primária e propagação da trinca primária? Discutir as diferenças de comportamento com o caso de exercício anterior.

REFERÊNCIAS BIBLIOGRÁFICAS

Adewara, J. O. T. & Loper Jr. C. L. Mechanism of crack initiation in as-cast ductile iron. *AFS Cast Metals Research Journal*, v. 11, n. 4, p. 104-108, 1975.

Adewara, J. O. T. & Loper Jr., C. L. Crack initiation and propagation in fully ferritic ductile iron. *AFS Transactions*, v. 84, p. 527-534, 1976.

Adewara, J. O. T. & Loper Jr., C. L. Effect of pearlite on crack initiation and propagation in ductile iron. *AFS Transactions*, v. 84, p. 513-526, 1976.

Bermont, V. M. & Castillo, R. N. Qualitative and quantitative studies of fracture surfaces in ductile and grey cast irons. *International Journal of Cast Metals Research*, v. 16, n. 2, p. 257-262, 2003.

Bradley, W.L. Fracture toughness studies of gray, malleable and ductile cast iron. *AFS Transactions*, v. 89, p. 837-848, 1981.

Bradley, W. L. & Srinivasan, M. N. Fracture and fracture toughness of cast irons. *International Materials Reviews*, v. 35, n. 3, p. 129-161, 1990.

Brzostek, J. A. & Guesser, W. L. Producing as-cast ferritic nodular iron for safety applications. *World Foundry Congress*, Korea, 2002.

Dierickx, P.; Verdu, C.; Fougeres, R.; Reynaud, A; Parent-Simonin, S. Os mecanismos de ruptura do ferro fundido nodular ferrítico no estado bruto de fundição. *Fundição e Serviços*, v. 12, n. 104, p.18-37, 2001.

Eldory, L. M. & Voigt, R. C. Fracture of ferritic ductile cast iron. *AFS Transactions*, v. 94, p. 621-630, 1986.

Era, H.; Kishitake, K.; Nagai, K; Zhang, Z. Z. Elastic modulus and continuous yielding behaviour of ferritic spheroidal graphite cast iron. *Materials Science and Technology*, v. 8, p. 257-261, mar. 1992.

Froehlich. A. R. *Avaliação da tenacidade à fratura e dos mecanismos de fratura de feros fundidos nodulares perlíticos*. Dissertação de mestrado. UFRGS-EMM. 1995.

Guedes, L. C. *Fragilização por fósforo de ferros fundidos nodulares austemperados*. Tese de Doutoramento. EPUSP, 1996.

Guesser, W. L. *Fragilização por hidrogênio em ferros fundidos nodulares e maleáveis pretos*. Tese de doutoramento. EPUSP, 1993.

Guesser, W. L.; Krause. W.; Pieske, A. Fragilização intergranular de ferros fundidos de alta dutilidade. *Metalurgia-ABM*, v. 40, n. 322, p. 485-490, 1984.

Guesser, W. L.; Masiero, I.; Melleras, E.; Cabezas, C. Fatigue strength of gray iron and compacted graphite iron used for engine cylinder blocks. SAE Brasil, São Paulo, 2004.

Hornbogen, E. & Motz, J.M. *Über die Bruchzähigkeit von graphithaltigen Eisen Kohlenstoff Gusswerstoffen*. *Giessereiforschung*, v. 29, n. 4, p. 115-120, 1997.

Kobayashi, T. Fracture characteristics and fracture toughness of spheroidal graphite cast iron. Physical Metallurgy of Cast Iron V. In: *Advanced Materials Research*, v. 4-5, p. 46-60, 1997 (http://www.scientific.net).

Kühl, R. *Estudo sobre o mecanismo de fratura por fadiga em ferros fundidos nodulares ferrítico perliticos*. Dissertação de Mestrado, EPUSP, 1983.

Kuroda, Y. & Takada, H. Study of cast iron fracture using the scanning type electron microscope. *AFS Cast Metals Research Journal*, v. 6, n. 2, p, 63-74, 1970.

Mead, H. E. Jr. & Bradley, W. L. Fracture toughness studies of ductile cast iron using a J. integral approach. *AFS Transactions*, v. 88, p. 265-276, 1980.

Mogford, I. L.; Brown, I. L.; Hull, D. Fracture of nodular cast iron. *Journal of the Iron and Steel Institute*, p. 729-7332, July 1967.

Petry, C C M & Diehl, M D. Influência do número de nódulos e do teor residual de perlita nos mecanismos de fratura de ferros nodulares ferríticos. In: 53º Congresso de Metalurgia e Materiais – ABM, Belo Horizonte, 1998.

Pohl, M. & Lange, G. A. *Analysis of Technical Failures*. Curso de Pós-graduação, EPUSP, 1988.

Pourladian, B. & Voigt, R. C. Fracture of malleable iron, Part I: Ferritic malleable iron. *AFS Transactions*, v. 95, p. 515-522, 1987.

Pourladian, B. & Voigt, R. C. Fracture of malleable iron, Part II: Pearlitic malleable iron. *AFS Transactions*, v. 95, p. 681-688, 1987.

Richards, P. J. Ductile and brittle fracture in ferritic nodular graphite irons. *Journal of the Iron and Steel Institute*, p. 190-196, march 1971.

Rocha Vieira, R.; Bong Lee, K.; Stuart Nogueira, M. A. Interpretação de ensaios de inicio de fissuramento em ferro fundido nodular. In: Simpósio sobre Defeitos em Peças Fundidas, ABM, Joinville, 1979. *Revista Fundição*, p. 50-52, nov./dez. 1979.

Salzbrenner, R. & Sorenson, K. Relationship of fracture toughness to microstructure in ferritic ductile cast iron. *AFS Transactions*, v. 95, p. 757-764, 1987.

Sidanin, L.; Milicev, S.; Matovic, N. Fatigue failure of ductile iron crankshafts. *Cast Metals*, v. 4, n. 1, p. 50-54, 1991.

Sinátora, A.; Albertin, E.; Goldenstein, H.; Vatawuk, J.; Fuoco, R. Contribuição para o estudo da fratura frágil de ferros fundidos nodulares ferríticos. Metalurgia ABM, v. 42, n. 339, p. 59-63, 1970.

Shiota, T. Fatigue crack initiation and propagation behaviors in ferritized spheroidal graphite cast iron and extremely low carbon steel. In: *BCIRA Abstracts*, p. 45-46, may 1990.

Speidel, M. O.; Wolfensberger, S.; Uggowitzer, P. J. *Fracture toughness of cast iron*. In: 54th International Foundry Congress, New Delhi, paper 31, 1987.

Vatavuk, J.; Sinátora, A.; Goldenstein; Albertin, E.; Fuoco, R. Efeito da morfologia e do número de partículas de grafita na fratura de ferros fundidos com matriz ferrítica. *Metalurgia ABM*, v. 46, n. 386, p. 66-70, 1990.

Verdesoto, W. J. V. & Sikora, J. A. Crack initiation and propagation in spheroidal graphite cast iron with different micromorphologies. *Cast Metals*, v. 1, n. 4, p. 210-214, 1989.

Voigt, R. C. & Eldory, L. M. Crack initiation and propagation in as-cast and fully pearlitic ductile cast irons. *AFS Transactions*, v. 94, p. 637-644, 1986.

Voigt, R. C. & Eldory, L. M. Crack initiation and propagation in quenched and tempered ductile cast irons. *AFS Transactions*, v. 94, p. 631-636, 1986.

Voigt, R. C.; Eldory, L. M.; Chiou, H. S. Fracture of ductile cast irons with dual matrix structures. *AFS Transactions*, v. 94, p. 645-656, 1986.

Voigt, R C. Austempered ductile iron – processing and properties. Cast Metals, v. 2, n. 2, p. 71-93, 1989.

Voigt, R. C. *Fracture of cast irons*. In: 57th World Foundry Congress, paper n. 5, Osaka, 1990.

Voigt, R. C. & Holmgren, S. D. Os mecanismos da propagação de trincas em ferros fundidos. *Fundição e Serviços*, v. 7, n. 49, p.42-56, 1997.

Warda, R.; Jenkis, L.; Ruff, G.; Krough, J.; Kovacs, B. V.; Dubé, F. *Ductile Iron Data for Design Engineers*. Published by Rio Tinto & Titanium, Canada, 1998.

Wolfensberger, S.; Uggowitzer, P.; Speidel, M. O. Die Bruchzähigkeit von Gusseisen. Teil II: Gusseisen mit Kugelgraphit. *Giesserei Forschung*, v. 39, n. 2, p. 71-80, 1987.

Wojmar, L. Der Einfluss des Gefüge und der Temperatur auf das Bruchverhalten von Gusseisen mit Lamellen – und Kugelgraphit. *Giessereitechnik*, v. 36, n. 4, p. 105-108, 1990.

CAPÍTULO 5

NORMAS TÉCNICAS

A maioria dos países desenvolveu as suas normas técnicas, objetivando assim o estabelecimento de padrões mínimos de qualidade e a redução de custos, por permitir escalas crescentes de produção. Atualmente os países se unem para produzir normas internacionais, como as Normas Européias e as Normas ISO, facilitando assim o comércio internacional. Muitos consumidores de fundidos, insistindo em usar suas normas particulares, ainda não perceberam as vantagens destas normas internacionais, pois além de lhes garantir um nível de qualidade, permitem também alternativas de fornecimento de diversas fontes. De qualquer modo, a fundição deve atender as exigências de seu cliente, e, portanto, seja fornecendo para consumidores no Brasil, seja exportando, deve utilizar normas técnicas de diferentes países. Apresentam-se a seguir os principais aspectos das normas de materiais referentes a ferros fundidos.

5.1 FERROS FUNDIDOS CINZENTOS

NORMAS ABNT
(NBR 6589/1986 E NBR 8583/1984)

A Tabela 5.1 apresenta as classes de ferro fundido cinzento, previstas na norma ABNT, bem como as dimensões da barra para determinação das propriedades mecânicas e do corpo de prova usinado, e o Limite de Resistência (à tração) mínimo especificado. A designação da Norma ABNT já indica o LR mínimo. Estão previstas classes desde FC-100 (LR = 100 a 150 MPa) até FC-400 (LR = 400 a 500 MPa). A classe FC-100 é empregada principalmente para aplicações envolvendo choque térmico ou ainda alta capacidade de amortecimento de vibrações. Discos e tambores de freio podem ser fabricados nas classes FC-150 a FC-250, dependendo do projeto da peça e dos requisitos de condutividade térmica (Guesser et al., 2003). Blocos de motores normalmente são especificados na classe FC-250, enquanto cabeçotes de motores podem ser especificados nas classes FC-250 e FC-300.

As classes FC-350 e FC-400 são empregadas para aplicações muito específicas, como alguns eixos comandos de válvulas; sua utilização tem decrescido, substituídas por ferros fundidos nodulares, com menor utilização de elementos de liga e melhor usinabilidade.

Observa-se ainda na Tabela 5.1 que a norma prevê a diminuição da resistência com o aumento do diâmetro da barra fundida, tendência que toda liga fundida apresenta, e que deve ser considerada no projeto da peça.

A Tabela 5.2 apresenta a correlação entre as dimensões das barras de ensaio vazadas separadamente e a espessura representativa da peça. Da combinação destas duas Tabelas podem-se estimar as propriedades mecânicas em qualquer ponto da peça, para uma dada classe.

A Norma ABNT NBR 8583/1984 prevê ainda classes de ferro fundido cinzento de acordo com a dureza (Tabela 5.3). O ensaio de dureza Brinell é efetuado na própria peça, ou então em corpo de prova apenso à peça (tronco de cone de diâmetros de 30 e 35 mm, e altura de 30 mm). Na Norma ABNT NBR 8583/1984 não estão previstas variações de dureza com variação da espessura da peça; como visto a seguir, este aspecto é detalhado na Norma ISO 185/2005 e na Norma Europeia EN 1561/1997. As classes de ferro fundido cinzento segundo a dureza (Tabela 5.3) são utilizadas para especificação quando não existirem requisitos de resistência para a peça em questão; usinabilidade e resistência ao desgaste são os enfoques principais.

A classificação dos ferros fundidos cinzentos segundo a resistência (Tabela 5.1) ou segundo

TABELA 5.1 – Classes de ferro fundido cinzento previstas na norma ABNT NBR 6589/1986, conforme a resistência à tração.

Classe	D (mm) (*)	d (mm) (**)	LR mínimo (MPa)
FC-100	20	20,0	100
FC-150	13	8,0	230
	20	12,5	180
	30	20,0	150
	45	32,0	110
FC-200	13	8,0	280
	20	12,5	230
	30	20,0	200
	45	32,0	160
FC-250	13	8,0	330
	20	12,5	280
	30	20,0	250
	45	32,0	210
FC-300	20	12,5	330
	30	20,0	300
	45	32,0	260
FC-350	20	12,5	380
	30	20,0	350
	45	32,0	310
FC-400	30	20,0	400
	45	32,0	360

D – diâmetro da barra no estado bruto de fundição / d – diâmetro do cp usinado
Nota – Os valores do LR podem exceder os valores indicados na Tabela no máximo em 100 MPa, com exceção do valor da classe FC-100, que pode exceder em no máximo 50 MPa.

TABELA 5.2 – Barras de ensaio vazadas separadamente e espessura da peça (norma ABNT NBR 6589/1986).

Espessura da parede e da seção principal da peça fundida – e (mm)	Barra de ensaio vazada. Diâmetro nominal – D (mm)
e ≤ 6	13
6 < e ≤ 13	20
13 < e ≤ 25	30
25 < e ≤ 50	45
50 < e	(A)

(A) – todas as dimensões da barra especial são estabelecidas entre produtor e comprador.

a dureza (Tabela 5.3) representa uma separação das duas especificações, de modo excludente. Isto foi feito na Norma ABNT e também na Norma Europeia. Porém, o que se observa na prática da relação cliente-fornecedor é a especificação conjunta da resistência e da dureza, para uma mesma peça, e isto é decorrente da necessidade de especificar valores mínimos de resistência para a maioria dos componentes, bem como prever um comportamento na usinagem (dado pela dureza da peça). Esta

TABELA 5.3 – Norma ABNT (NBR 8583/1984) – Peças de ferro fundido cinzento classificadas conforme a dureza Brinell.

Classe	Faixa de dureza Brinell
FCHB 158	145-170
FCHB 175	150-200
FCHB 200	170-230
FCHB 225	190-260
FCHB 265	240-290
FCHB 295	270-320

especificação conjunta de limite de resistência e de dureza é prevista na Norma ISO 185/2005.

NORMA ISO 185/2005

Na Tabela 5.4 são apresentadas as classes de ferro fundido cinzento previstas na Norma ISO 185/2005. Junto com Norma Europeia EN 1561/1997, ela representa hoje a norma com visão mais madura e abrangente sobre ferros fundidos cinzentos, como será visto a seguir.

Estão previstas classes com limite de resistência mínimo desde 100 até 350 MPa. A determinação do limite de resistência pode ser feita em corpo de prova separado, corpo de prova fundido anexo à peça, ou ainda em amostra retirada da própria peça, dependendo do que for acordado entre cliente e fornecedor.

Também a Norma ISO 185/2005 prevê classes de ferro fundido cinzento a serem especificadas segundo a dureza Brinell (Tabela 5.5). Neste caso os requisitos de resistência não são importantes, sendo usinabilidade e resistência ao desgaste as propriedades relevantes. Esta Norma ISO 185/2005 prevê a variação da dureza com a espessura da peça.

Se for acordado entre fabricante e usuário, pode ser especificada uma combinação de limite de resistência e de dureza. Para o estabelecimento desta combinação, sugere-se empregar os anexos da Norma ISO 185-2005, que fornecem indicativos sobre a relação entre dureza e limite de resistência, como se segue.

HB = RH (100 + 0,44LR)　　　　　(5.1)
RH – dureza relativa

O valor de dureza relativa normalmente situa-se entre 0,8 a 1,2, e depende das matérias-primas empregadas, do processo de fusão e do processamento metalúrgico do metal. Estas variáveis podem

NORMAS TÉCNICAS

TABELA 5.4 – Norma ISO 185/2005. Classes de ferro fundido cinzento de acordo com o Limite de Resistência.

Designação	Espessura de parede (mm) (1)	LR – valor mandatório (2) Em corpo de prova separado (MPa) (3)	LR – valor mandatório (2) Em corpo de prova junto com a peça (MPa)	LR – valores previstos na peça (MPa) (5) (6)
ISO 185/JL/**100**	5-40	**100**		
ISO 185/JL/**150**	2,5-5	**150**		180
	5-10			155
	10-20			130
	20-40		120	110
	40-80		110	95
	80-150		100	80
	150-300		90 (6)	
ISO 185/JL/**200**	2,5-5	**200**		230
	5-10			205
	10-20			180
	20-40		170	155
	40-80		150	130
	80-150		140	115
	150-300		130 (6)	
ISO 185/JL/**225**	5-10	**225**		230
	10-20			205
	20-40		190	170
	40-80		170	150
	80-150		155	135
	150-300		145 (6)	
ISO 185/JL/**250**	5-10	**250**		250
	10-20			225
	20-40		210	195
	40-80		190	170
	80-150		170	155
	150-300		160 (6)	
ISO 185/JL/**275**	10-20	**275**		270
	20-40		230	240
	40-80		205	210
	80-150		190	195
	150-300		175 (6)	
ISO 185/JL/**300**	10-20	**300**		270
	20-40		250	240
	40-80		220	210
	80-150		210	195
	150-300		190 (6)	
ISO 185/JL/**350**	10-20	**350**		315
	20-40		290	280
	40-80		260	250
	80-150		230	225
	150-300		210 (6)	

1) Quando se emprega corpo de prova fundido junto com a peça, deve ser acordado qual a espessura representativa.
2) Na aceitação do pedido deve-se definir o tipo de corpo de prova (separado ou não)
3) Estes valores referem-se a barras brutas de fundição com diâmetro de 30 mm; isto corresponde a uma espessura de 15 mm.
4) Classe ISO 185/JL/100 – para alta capacidade de amortecimento de vibrações e alta condutividade térmica.
5) Esta coluna fornece a variação do Limite de Resistência com a espessura, para peças com espessura uniforme. Para peças de espessura variada e contendo machos, estes valores servem apenas como guias indicativos; o projeto deve ser feito com base em valores de Limite de Resistência medidos nos locais críticos.
6) Valores orientativos, não mandatórios.
7) Os números em negrito indicam os valores mínimos de Limite de Resistência a que cada classe se refere. Os valores máximos de Limite de Resistência são os valores mínimos mais 100 MPa.

TABELA 5.5 – Norma ISO 185-2005. Classes de ferro fundido cinzento de acordo com a Dureza Brinell.

Designação	Espessura da peça (mm)	HB 30 (1)
ISO 185/JL/HBW **155**	**40 (2) – 80**	**155 máx**
	20-40	160 máx
	10-20	170 máx
	5-10	185 máx
	2,5-5	210 máx
ISO 185/JL/HBW **175**	**40 (2) – 80**	**100-175**
	20-40	110-185
	10-20	125-205
	5-10	140-225
	2,5-5	170-260
ISO 185/JL/HBW **195**	**40 (2) – 80**	**120-195**
	20-40	135-210
	10-20	150-230
	5-10	170-260
	4-5	190-275
ISO 185/JL/HBW **215**	**40 (2) – 80**	**145-215**
	20-40	160-235
	10-20	180-255
	5-10	200-275
ISO 185/JL/HBW **235**	**40 (2) – 80**	**165-235**
	20-40	180-255
	10-20	200-275
ISO 185/JL/HBW **255**	**40 (2) – 80**	**185-255**
	20-40	200-275

1) Se acordado entre as partes, a faixa de dureza pode ser reduzida para um dado local de controle na peça, desde que a faixa não seja menor que 40 HB.
2) Espessura de referência para a classe
3) Os resultados em negrito indicam os valores máximo e mínimo de dureza Brinell correspondentes à designação da classe, bem como indicam os limites da espessura de referência para esta classe.
4) Se a ordem de compra for feita com base nas classes de dureza desta Tabela, deve haver acordo sobre a espessura relevante e a posição de ensaio.
5) Para espessuras maiores que 80 mm, as classes de ferro fundido cinzento não são classificadas de acordo com a dureza.

ser mantidas em estreitas faixas numa dada fundição (ISO 185-2005).

NORMA EUROPEIA EN 1561/1997

A Norma Europeia EN 1561/1997 deu origem à norma ISO 185-2005, de modo que elas são muito semelhantes. Também estão previstas classes de ferro fundido cinzento de acordo com o limite de resistência e de acordo com a dureza. A Tabela 5.6 mostra as classes EN que correspondem às classes ISO, e todas as especificações das classes ISO, constantes da Tabela 5.4, se aplicam às classes EN. Na Norma Europeia EN 1561/1997 não estão previstas as classe de limite de resistência mínimo de 225 e de 275 MPa.

Na Tabela 5.7 são apresentadas as classes de ferro fundido cinzento classificadas de acordo com a dureza, bem como as designações ISO que correspondem a estas classes. Também aqui todas as especificações das classes ISO, constantes da Tabela 5.5, se aplicam às classes EN, inclusive a variação da dureza com a espessura da amostra.

NORMAS ASTM A 48-94a E ASTM A 48M-94

Na Tabela 5.8 são apresentadas as classes de ferro fundido cinzento previstas na Norma ASTM A 48-94a, envolvendo valores de Limite de Resistência de 20 a 60 ksi (138 a 414 MPa). O equivalente métrico desta norma é encontrado na Norma ASTM A 48M-94, com classes de 150 MPa até 400 MPa (Tabela 5.9). As classes são subdivididas com letras de A até D, de acordo com o diâmetro do corpo de prova onde a resistência deve ser determinada. Na Tabela 5.10 correlacionam-se estes diâmetros com faixas de espessuras de peça. Verifica-se aqui uma abordagem diferente da adotada nas normas ABNT, ISO e Europeia, onde a classe de ferro fundido cinzento é sempre referenciada a um dado diâmetro de corpo de prova (30 mm), atribuindo-se a diâmetros

TABELA 5.6 – Designações de classes de ferro fundido cinzento nas Normas ISO 185-2005 e EN 1561/1997, de acordo com o limite de resistência.

Classe na Norma EN 1561/1997	Classe na Norma ISO 185-2005
EN-GJL-100	ISO 185/JL/100
EN-GJL-150	ISO 185/JL/150
EN-GJL-200	ISO 185/JL/200
EN-GJL-250	ISO 185/JL/250
EN-GJL-300	ISO 185/JL/300
EN-GJL-350	ISO 185/JL/550

TABELA 5.7 – Designações de classes de ferro fundido cinzento nas Normas ISO 185-2005 e EN 1561/1997, de acordo com a dureza.

Classe na Norma EN 1561/1997	Classe na Norma ISO 185-2005
EN-GJL-HB155	ISO 185/JL/HBW 155
EN-GJL-HB175	ISO 185/JL/HBW 175
EN-GJL-HB195	ISO 185/JL/HBW 195
EN-GJL-HB215	ISO 185/JL/HBW 215
EN-GJL-HB235	ISO 185/JL/HBW 235
EN-GJL-HB255	ISO 185/JL/HBW 255

NORMAS TÉCNICAS

TABELA 5.8 – Classes de ferro fundido cinzento previstas na Norma ASTM (A 48-94a).

Classe	Limite de Resistência min. ksi	Limite de Resistência min. MPa	Diâmetro nominal do corpo de prova (mm)
20 A	20	138	22,4
20 B			30,5
20 C			50,8
20 S			barra S
25 A	25	172	22,4
25 B			30,5
25 C			50,8
25 S			barra S
30 A	30	207	22,4
30 B			30,5
30 C			50,8
30 S			barra S
35 A	35	241	22,4
35 B			30,5
35 C			50,8
35 S			barra S
40 A	40	276	22,4
40 B			30,5
40 C			50,8
40 S			barra S
45 A	45	310	22,4
45 B			30,5
45 C			50,8
45 S			barra S
50 A	50	345	22,4
50 B			30,5
50 C			50,8
50 S			barra S
55 A	55	379	22,4
55 B			30,5
55 C			50,8
55 S			barra S
60 A	60	414	22,4
60 B			30,5
60 C			50,8
60 S			barra S

Barra S – dimensão a acordar entre as partes

TABELA 5.9 – Classes de ferro fundido cinzento previstas na Norma ASTM (A 48M-94), sistema métrico.

Classe	Limite de Resistência min (MPa)	Diâmetro nominal do corpo de prova (mm)
150 A	150	20 a 22
150 B		30
150 C		50
150 D		Barra S
175 A	175	20 a 22
175 B		30
175 C		50
175 D		Barra S
200 A	200	20 a 22
200 B		30
200 C		50
200 D		Barra S
225 A	225	20 a 22
225 B		30
225 C		50
225 D		Barra S
250 A	250	20 a 22
250 B		30
250 C		50
250 D		Barra S
275 A	275	20 a 22
275 B		30
275 C		50
275 D		Barra S
300 A	300	20 a 22
300 B		30
300 C		50
300 D		Barra S
325 A	325	20 a 22
325 B		30
325 C		50
325 D		Barra S
350 A	350	20 a 22
350 B		30
350 C		50
350 D		Barra S
375 A	375	20 a 22
375 B		30
375 C		50
375 D		Barra S
400 A	400	20 a 22
400 B		30
400 C		50
400 D		Barra S

Barra S – dimensão a acordar entre as partes

diferentes valores diferentes de resistência mecânica; na Norma ASTM, a classe especificada pode determinar um diâmetro do corpo de prova diferente para cada caso, porém o valor mínimo de Limite de Resistência referente à classe é atingido no diâmetro correspondente à seção da peça em questão. A Norma ASTM A 48M-94 não estabelece requisitos de dureza para as classes de ferro fundido cinzento.

NORMA SAE (J431, REVISÃO DE DEZ 2000)

A Norma SAE J431/2000 introduz uma abordagem completamente diferente para a especificação de ferros fundidos cinzentos. Nesta norma, a classe é especificada pela Dureza mínima e pela relação entre Limite de Resistência e Dureza (Tabela 5.11). Assim, a classe G9H12 designa a classe de ferro fundido cinzento com:

TABELA 5.10 – Norma ASTM (A 48M) – Correlação entre espessura da peça e corpo de prova fundido separado.

Espessura da peça (mm)	Corpo de prova	
	Tipo	Diâmetro (mm)
Abaixo de 5	S	A definir
5 a 14	A	22,4
15 a 25	B	31,3
26 a 50	C	51,0
Acima de 50	S	A definir

TABELA 5.11 – Classes de ferro fundido cinzento segundo a Norma SAE J431/2000.

Classe SAE	Designação SAE 1966	HB min	LR min (MPa)
G9H12	G1800	122	108
G9H17	G2500	173	153
G10H18	G3000	184	180
G11H18	G3000	184	202
G11H20	G3500	204	220
G12H21	G4000	214	252
G13H19	G4000	194	247

TABELA 5.12 – Classes de ferro fundido cinzento com requisitos especiais, segundo a Norma SAE J431/2000.

Classe SAE	Designação SAE 1966	HB min	LR min (MPa)
G7H16 c	G1800 h	163	114
G9H17 a	G2500 a	173	156
G10H21 c	G3500 c	214	214
G11H20 b	G3500 b	204	224
G11H24 d	G4000 d	245	269

TABELA 5.13 – Requisitos especiais – Norma SAE J431/2000.

Designação	Aplicação	Requisitos
a	Discos e tambores de freio, placas de embreagem para aplicações especiais	1 – C total = 3,4% min 2 – Perlita lamelar. Ferrita < 15%
b	Discos e tambores de freio, placas de embreagem para aplicações especiais	1 – C total = 3,4% min 2 – Perlita lamelar. Ferrita ou carbonetos < 5%
c	Discos e tambores de freio, placas de embreagem para aplicações especiais	1 – C total = 3,5% min 2 – Perlita lamelar. Ferrita ou carbonetos < 5%
d	Eixos comandos automotivos em ferro cinzento ligado para têmpera superficial	1 – Cr = 0,85-1,50 2 – Mo = 0,40-0,60% 3 – Microestrutura do came: carbonetos primários e grafita, em matriz de perlita fina, até uma espessura mínima de 3,2mm da superfície (1)

1) Requisitos na peça bruta. Pode ser efetuada têmpera superficial.

- H12 – Dureza mínima de 1.200 MPa (= 122 HB, divisão por 9,807)
- G9 – Relação LR/Dureza = 0,090. Deste modo, tem-se LR min = 1.200 x 0,090 = 108 MPa.

O conceito em que esta Norma se baseia é de especificar a microestrutura, através da quantidade de grafita e da dureza da matriz. Assim, a relação LR/Dureza é proporcional ao teor de Carbono Equivalente (CE = C + Si/3), que determina a quantidade de grafita na microestrutura. Deste modo, classes com o mesmo valor de G representam ferros fundidos com a mesma quantidade de grafita. De modo semelhante, a dureza refletiria as propriedades da matriz (o que não é absolutamente correto, já que a quantidade de grafita afeta também a dureza); assim, classes com o mesmo valor de H apresentariam matrizes com propriedades muito semelhantes. Ainda segundo a Norma SAE J431/2000, a dureza da matriz relacionar-se-ia com a dureza média do material de acordo com a expressão:

$$H_{matriz} = \frac{Dureza}{[1 - k^*\{1 - (LR/Dureza)/(0,35 \times 9,807)\}]} \quad (5.2)$$

k* – constante relacionada à estrutura da grafita, que para fundição em areia assume valores entre 0,60-0,65.

Estão ainda previstas nesta norma classes com requisitos especiais, conforme as Tabelas 5.12 a 5.14, para discos e tambores de freio, placas de embreagem e eixos comando de válvulas. Neste caso é especificado um teor mínimo de carbono para garantir bons valores de condutividade térmica.

A Norma SAE J431/2000 não apresenta especificações para diferentes espessuras de peças, referindo-se sempre ao corpo de prova de 30 mm de diâmetro para determinação da resistência e da dureza. Casos diferentes devem ser acordados entre fornecedor e cliente.

Apenas a título de registro, apresenta-se na Tabela 5.11 a antiga revisão da Norma SAE J431, de 1996. Algumas normas da indústria automobilística ainda se referenciam a esta norma.

ESPECIFICAÇÃO DE COMPOSIÇÃO QUÍMICA E DE MICROESTRUTURA

Algumas normas de clientes de produtos fundidos procuram estabelecer requisitos de composição química e de microestrutura, além dos valores

NORMAS TÉCNICAS

TABELA 5.14 – Norma SAE J431/1996. Ferros fundidos cinzentos de classe automotiva.

Classe	Dureza HB	Limite de resistência mínimo (MPa)	Outras exigências
G1800	187 máx	124	
G2500	170-229	173	
G25000a (*)	170-229	173	Mín 3,4% C e microestrutura especificada
G3000	187-241	207	
G3500	207-255	241	
G3500b (*)	207-255	241	Mín 3,4% C e microestrutura especificada
G3500c (*)	207-255	241	Mín 3,5% C e microestrutura especificada
G4000	217-269	276	

(*) para aplicações em tambores de freio, discos de freio e placas de embreagem, para resistir a choques térmicos

especificados de Limite de Resistência e Dureza. Normalmente estas especificações documentam uma antiga situação de sucesso, procurando-se transportá-la para outros fornecedores. Este conjunto de restrições pode funcionar muito bem para uma fundição, porém pode levar a um conjunto vazio (situação impossível de obter o produto) em outra fundição. Vejamos a razão disto. Para a obtenção das propriedades mecânicas contribuem uma série de variáveis da fundição: tempo de desmoldagem (afeta a quantidade de perlita), número de peças no molde (afeta a quantidade de perlita), prática de inoculação – na panela, no jato, no molde (afeta o tamanho das partículas de grafita), materiais de carga do forno de fusão (afeta o tamanho das partículas de grafita e a presença de elementos residuais), composição química base – C, Si, S, P. Estes parâmetros são otimizados para atender a maioria das peças da linha de moldagem, empregando-se os elementos perlitizantes (Cr, Mn, Cu, Sn, Sb) para efetuar os ajustes para cada peça.

Assim, por exemplo, seja uma fundição especializada em peças pequenas e de espessura fina, com linha de moldagem com partição vertical, placa pequena, pequeno tempo de desmoldagem. Nesta fundição consegue-se naturalmente grande quantidade de perlita com baixos teores de elementos perlitizantes e deve-se trabalhar com uma prática de fusão e de inoculação que garanta ausência de carbonetos, o que traz como consequência um pequeno tamanho das partículas de grafita. Nesta fundição, os teores de Cr, Cu, Sn e Mn podem ser mantidos em níveis relativamente baixos.

Uma outra fundição com as mesmas características da mencionada, porém com uma linha de moldagem com longo tempo de resfriamento, precisaria trabalhar com maiores teores de elementos perlitizantes para obter o mesmo resultado de propriedades mecânicas. Além disso, a perlita formada nas peças desta fundição seria de maior espaçamento interlamelar que na fundição anterior, de modo que aqui seria necessário trabalhar com maior quantidade de perlita que no caso anterior, para obter a mesma resistência mecânica. Verifica-se assim que não faz sentido especificar a mesma composição química para estas duas fundições.

Entretanto, quando se objetiva especificar outras propriedades não cobertas pelos ensaios mecânicos usuais (LR e HB), pode ser necessário fixar certos parâmetros de composição química ou de microestrutura. Por exemplo, na Tabela 5.13 (Norma SAE) é especificado o teor de carbono para certas classes, objetivando aqui garantir o nível mínimo de condutividade térmica. Também as exigências de microestrutura (perlita lamelar e limitação da quantidade de ferrita) objetivam garantir a resistência ao desgaste (a dureza aqui não é especificação suficiente). Ambas as propriedades (condutividade térmica e resistência ao desgaste) são importantes para o desempenho de discos e tambores de freio, e placas de embreagem. Como será visto posteriormente, para alguns componentes é importante a resistência a altas temperaturas, o que pode ser garantido com a especificação de alguns elementos químicos, como o cromo, níquel e molibdênio.

5.2 FERROS FUNDIDOS NODULARES

NORMAS ABNT (NBR 6916/1981, NBR 8650/1984 E NBR 8582/1984)

Na Tabela 5.15 são apresentadas as classes de ferro fundido nodular previstas na Norma ABNT

NBR 6916/1981. A designação da classe indica os valores mínimos do Limite de Resistência e do Alongamento. Estas propriedades são determinadas em corpo de prova obtido de bloco Y ou de bloco em U (ver dimensões na Norma ABNT NBR 6916). A espessura do bloco Y pode ser de 25 a 140 mm, sendo selecionada em função da espessura principal da peça; valores menores que 25 mm não estão previstos na Norma ABNT NBR 6916/1981, o que deveria merecer estudos numa nova revisão desta Norma, dada a tendência da indústria em diminuição de peso (e espessura) de componentes. Apesar das propriedades do ferro fundido nodular serem menos sensíveis à espessura do que no caso do ferro fundido cinzento, esta dependência sempre existe e deve ser considerada na especificação e controle do componente.

Os valores de dureza e a microestrutura indicada na Tabela 5.15 são informativos; se for acordado entre cliente e fornecedor como especificação a faixa de dureza indicada na Tabela 5.15, estes valores devem ser determinados na cabeça do corpo de prova de tração. Valores de dureza na peça não estão previstos na Norma ABNT NBR 6916/1981.

Para componentes automotivos, a Norma ABNT NBR 8650/1984 prevê, adicionalmente às exigências de propriedades mecânicas (Tabela 5.15), especificações de composição química, conforme a Tabela 5.16. Esta Norma indica também algumas aplicações típicas para cada classe; talvez pelo longo tempo sem revisão desta Norma, estas indicações não correspondem ao que atualmente é praticado nas indústrias, de um modo geral escolhendo-se classes de maior resistência que as indicadas na Tabela. Assim, peças automotivas sujeitas a impactos, como mangas de ponta de eixo e braços de suspensão, são especificados em classe FE 38017. Carcaças e suportes de freio são geralmente especificados na classe FE 50007, que por ser a classe de menor custo de fabricação, é a mais comumente especificada para peças de ferro fundido nodular. Girabrequins são especificados nas classes FE 60003 a FE 80002, dependendo da solicitação mecânica da peça. Esta norma prevê ainda composições químicas para cada classe, o que, como discutido no caso dos ferros fundidos cinzentos, deve ser otimizado segundo as características de cada fundição.

TABELA 5.15 – Classes de ferro fundido nodular previstas na Norma ABNT NBR 6916/1981.

Classe	LR min (MPa)	LE min (MPa)	Along min (%)	A título informativo	
				Dureza HB	Microestrutura predominante
FE38017	380	240	17,0	140-180	Ferrítica
FE42012	420	280	12,0	150-200	Ferrítica
FE50007	500	350	7,0	170-240	Ferrítico-perlítica
FE60003	600	400	3,0	210-280	Perlítica
FE70002	700	450	2,0	230-300	Perlítica
FE80002	800	500	2,0	240-310	Perlítica
FE38017-RI (*)	380	240	17,0	140-180	Ferrítica

(*) Classe com requisito de impacto.

TABELA 5.16 – Classes e requisitos de composição química para peças de ferro fundido nodular de aplicação automotiva. Norma ABNT NBR 8650/1984.

Classe	Aplicação	C %	Si %	Mn max %	P max %	S max %	Cu %	Mg %
FE 38017	Fundidos submetidos à pressão, corpos de válvulas e de bombas, mecanismos de direção, flanges	3,4-3,8	2,1-2,8	0,30	0,09	0,02	-	0,04-0,06
FE 42012	Fundidos para máquinas submetidas a cargas de choque e fadiga, discos de freio	3,4-3,8	2,1-2,5	0,30	0,09	0,02	-	0,04-0,06
FE 50007	Girabrequins, engrenagens	3,4-3,8	2,3-2,8	0,50	0,09	0,02	0,20-0,70	0,04-0,06
FE 60003	Engrenagens de alta resistência, componentes de máquinas, peças automotivas	3,4-3,8	2,5-2,8	0,50	0,09	0,02	0,50-1,00	0,04-0,06
FE 70002	Idem	3,4-3,8	2,3-2,8	1,0	0,09	0,02	0,50-1,00	0,04-0,06
FE 80002	Pinhões, engrenagens, trilhos	3,4-3,8						0,04-0,06

NORMAS TÉCNICAS

A classe FE 38017-RI apresenta requisitos adicionais de resistência ao impacto (ensaios à temperatura ambiente). São efetuados 3 ensaios de impacto, devendo os valores individuais e a média respeitar os requisitos mínimos da Tabela 5.17.

Quando a dureza for o critério mais importante para uma dada peça (resistência ao desgaste, usinabilidade), emprega-se a Norma ABNT NBR 8582/1984 para a seleção da classe de ferro fundido nodular (Tabela 5.18). Para estas classes não estão previstos valores mínimos de resistência e alongamento.

NORMA ISO 1083/2004

A Norma ISO 1083/2004 prevê classes de ferro fundido nodular com limite de resistência (crescente) de 350 até 900 MPa, e com alongamento (decrescente) de 22 até 2%. As propriedades mecânicas podem ser determinadas em corpo de prova separado (bloco em U, bloco Y, barra cilíndrica), em corpo de prova fundido anexo à peça, ou ainda na própria peça, conforme acordado entre a fundição e o cliente. Na Tabela 5.19 são apresentadas as exigências de propriedades mecânicas em blocos fundidos separados da peça.

Estão previstas também 4 classes com requisitos de resistência ao impacto, também em corpos de prova fundidos em separado (Tabela 5.20). Algumas classes apresentam especificações de resistência ao impacto a baixas temperaturas (designação LT).

Para corpos de prova fundidos anexos à peça, as Tabelas 5.21 e 5.22 apresentam os requisitos de propriedades mecânicas. Esta situação, de corpos de prova fundidos em anexo, reflete melhor a situação de peças grandes, enquanto as barras fundidas em separado são mais relevantes para peças pequenas. Aqui também é considerado o efeito

TABELA 5.17 – Requisitos de resistência ao impacto da classe FE 38017-RI (Norma ABNT NBR 6916/1981). Detalhes do ensaio segundo ABNT NBR 6157.

	Energia absorvida em ensaio de impacto (MPa.m), valores mínimos	
	Da média de três ensaios	De cada corpo de prova
Entalhe em V	0,17	0,15
Entalhe em U (entalhe de 2 mm, raio de 1 mm)	0,19	0,16

TABELA 5.18 – Classes de ferro fundido nodular de acordo com a dureza, segundo a Norma ABNT NBR 8582/1984.

Classe	Faixa de dureza Brinell
FEHB 160	140-180
FEHB 175	150-200
FEHB 205	170-240
FEHB 245	210-280
FEHB 265	230-300
FEHB 311	272-350

TABELA 5.19 – Classes de ferro fundido nodular e propriedades mecânicas em corpos de prova usinados de amostras fundidas em separado (bloco em U, bloco Y, barra cilíndrica). Norma ISO 1083/2004.

Classe	LR min (MPa)	LE min (MPa)	Along min (%)
ISO1083/JS/350-22-LT/S	350	220	22
ISO1083/JS/350-22-RT/S	350	220	22
ISO1083/JS/350-22/S	350	220	22
ISO1083/JS/400-18-LT/S	400	240	18
ISO1083/JS/400-18-RT/S	400	240	18
ISO1083/JS/400-18/S	400	240	18
ISO1083/JS/400-15/S	400	250	15
ISO1083/JS/450-10/S	450	310	10
ISO1083/JS/500-7/S	500	320	7
ISO1083/JS/550-5/S	550	350	5
ISO1083/JS/600-3/S	600	370	3
ISO1083/JS/700-2/S	700	420	2
ISO1083/JS/800-2/S	800	480	2
ISO1083/JS/900-2/S	900	600	2

LT – baixa temperatura (-20 °C ou -40 °C) / RT – temperatura ambiente (23 °C) / S – corpo de prova fundido em separado

TABELA 5.20 – Valores mínimos de resistência ao impacto em corpo de prova com entalhe em V, usinados de blocos fundidos em separado. Norma ISO 1083/2004.

	Valores mínimos de resistência ao impacto, em Joules					
	À temperatura ambiente 18-28°C		a –20°C		a –40°C	
	média de 3 ensaios	Valor mínimo	média de 3 ensaios	Valor mínimo	média de 3 ensaios	Valor mínimo
ISO1083/JS/350-22-LT/S	-	-	-	-	12	9
ISO1083/JS/350-22-RT/S	17	14	-	-	-	-
ISO1083/JS/400-18-LT/S	-	-	12	9	-	-
ISO1083/JS/400-18-RT/S	14	11	-	-	-	-

TABELA 5.21 – Propriedades mecânicas (mínimas) determinadas em corpos de prova fundidos anexos às peças. Norma ISO 1083/2004.

Designação da classe	Espessura de parede relevante (mm)	LR min MPa	LE$_{0,2}$ min MPa	Along min %
ISO1083/JS/350-22-LT/U	t ≤ 30	350	220	22
	30 < t ≤ 60	330	210	18
	60 < t ≤ 200	320	200	15
ISO1083/JS/350-22-RT/U	t ≤ 30	350	220	22
	30 < t ≤ 60	330	210	18
	60 < t ≤ 200	320	200	15
ISO1083/JS/350-22U	t ≤ 30	350	220	22
	30 < t ≤ 60	330	210	18
	60 < t ≤ 200	320	200	15
ISO1083/JS/400-18-RT/U	t ≤ 30	400	240	18
	30 < t ≤ 60	390	230	15
	60 < t ≤ 200	370	220	12
ISO1083/JS/400-18-LT/U	t ≤ 30	400	240	18
	30 < t ≤ 60	390	230	15
	60 < t ≤ 200	370	220	12
ISO1083/JS/400-18U	t ≤ 30	400	240	18
	30 < t ≤ 60	390	230	15
	60 < t ≤ 200	370	220	12
ISO1083/JS/400-15U	t ≤ 30	400	240	15
	30 < t ≤ 60	390	230	14
	60 < t ≤ 200	370	220	11
ISO1083/JS/450-10U	t ≤ 30	450	310	10
	30 < t ≤ 60	A ser acordado entre fabricante e cliente		
	60 < t ≤ 200			
ISO1083/JS/500-7U	t ≤ 30	500	320	7
	30 < t ≤ 60	450	300	7
	60 < t ≤ 200	420	290	5
ISO1083/JS/550-5U	t ≤ 30	550	350	5
	30 < t ≤ 60	520	330	4
	60 < t ≤ 200	500	320	3
ISO1083/JS/600-3U	t ≤ 30	600	370	3
	30 < t ≤ 60	600	360	2
	60 < t ≤ 200	550	340	1
ISO1083/JS/700-2U	t ≤ 30	700	420	2
	30 < t ≤ 60	700	400	2
	60 < t ≤ 200	660	380	1
ISO1083/JS/800-2U	t ≤ 30	800	480	2
	30 < t ≤ 60	A ser acordado entre fabricante e cliente		
	60 < t ≤ 200			
ISO1083/JS/900-2U	t ≤ 30	900	600	2
	30 < t ≤ 60	A ser acordado entre fabricante e cliente		
	60 < t ≤ 200			

1) As propriedades dos corpos de prova fundidos em anexo podem não refletir exatamente as propriedades da peça, porém são uma melhor aproximação do que das barras fundidas em separado.
2) U – corpo de prova fundido em anexo.

da espessura da peça, que afeta principalmente o alongamento.

Para corpos de prova retirados da peça, ainda segundo a Norma ISO 1083/2004, deve existir concordância entre fabricante e cliente com respeito a local de retirada da amostra e valores de propriedades mecânicas. Deve-se ter em conta que as propriedades não são uniformes devido à complexidade e variação de espessura da seção. Os valores das Tabelas 5.19 a 5.22 podem ser usados como uma aproximação, sendo que os valores das Tabelas 5.19 e 5.20 aplicam-se principalmente a peças pequenas,

NORMAS TÉCNICAS

TABELA 5.22 – Valores mínimos de resistência ao impacto em corpo de prova com entalhe em V, usinados de corpos de prova fundidos em anexo. Norma ISO 1083/2004.

Classe	Espessura de parede relevante (mm)	Valores mínimos de resistência ao impacto, em Joules					
		À temperatura ambiente 18-28°C		a –20°C		a –40°C	
ISO1083/JS/350-22-LT/U	t ≤ 60	-	-	-	-	12	9
	60 < t ≤ 200					10	7
ISO1083/JS/350-22-RT/U	t ≤ 60	17	14	-	-	-	-
	60 < t ≤ 200	15	12				
ISO1083/JS/400-18-LT/U	t ≤ 60	-	-	12	9	-	-
	60 < t ≤ 200			10	7		
ISO1083/JS/400-18-RT/U	t ≤ 60	14	11	-	-	-	-
	60 < t ≤ 200	12	9				

(*) – ensaios a baixas temperaturas + 2°C. / (**) – os valores de resistência ao impacto para estas classes aplicam-se normalmente a peças com espessura relevante entre 30 a 200 mm, e peso maior que 2.000 kg.

TABELA 5.23 – Valores orientativos de Limite de Escoamento 0,2% em função da espessura da peça, para corpos de prova retirados da peça. Norma ISO 1083/2004.

Classe	Limite de Escoamento 0,2% (MPa)			
	Até 50 mm	50-80 mm	80-120 mm	120-200 mm
ISO1083/JS/400-15/C	250	240	230	230
ISO1083/JS/500-7/C	290	280	270	260
ISO1083/JS/600-3/C	360	340	330	320
ISO1083/JS/700-2/C	400	380	370	360

C – corpo de prova retirado da peça

TABELA 5.24 – Classes de ferro fundido nodular de acordo com a dureza. Norma ISO 1083/2004.

Classe	Faixa de dureza Brinell (HB)	Outras propriedades (somente informativas)	
		LR (MPa)	$LE_{0,2}$ (MPa)
ISO1083/JS/HBW130	< 160	350	220
ISO1083/JS/HBW150	130-175	400	250
ISO1083/JS/HBW155	135-180	400	250
ISO1083/JS/HBW185	160-210	450	310
ISO1083/JS/HBW200	170-230	500	320
ISO1083/JS/HBW215	180-250	550	350
ISO1083/JS/HBW230	190-270	600	370
ISO1083/JS/HBW265	225-305	700	420
ISO1083/JS/HBW300	245-335	800	480
ISO1083/JS/HBW330	270-360	900	600

1) As classes ISO1083/JS/HBW300 e ISO1083/JS/HBW330 não são recomendadas para peças espessas.
2) Por acordo entre cliente e fornecedor, pode ser estabelecida uma faixa menor de dureza. São aceitáveis faixas de 30 a 40 HB; esta faixa de dureza deve ser maior para as classes com matriz ferrítico-perlítica.

enquanto os valores das Tabelas 5.21 e 5.22 são especialmente relevantes para peças grandes.

Para peças espessas, a Norma ISO 1083/2004 traz ainda indicações do efeito da espessura da peça sobre o Limite de Escoamento, conforme mostra a Tabela 5.23.

Valores de dureza podem ser especificados com a concordância do fabricante e do cliente, conforme as classes da Tabela 5.24. Quando for necessário especificar além da dureza também a resistência e o alongamento, a Norma ISO 1083/2004 apresenta um procedimento para estabelecer os valores de dureza de modo a atingir os valores mínimos de resistência e de alongamento. A Figura 5.1, apresentada no anexo da Norma ISO 1083/2004, mostra um exemplo de relação entre Limite de Resistência e Dureza.

A Norma ISO 1083/2004 prevê ainda uma classe especial de ferro fundido nodular (ISO 1083/

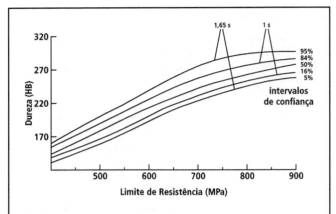

FIGURA 5.1 – Exemplo de relação entre Dureza Brinell e Limite de Resistência, em ferro fundido nodular. Norma ISO 1083/2004. s = desvio padrão.

JS/500-10), denominada de alto silício (3,7% Si), e que apresenta usinabilidade maior que a classe 1083/JS/500-7. Suas especificações de propriedades mecânicas e de dureza constam das Tabelas 5.25 e 5.26, respectivamente. A microestrutura desta classe deve apresentar matriz com no máximo 5% perlita e cementita livre inferior a 1%. Esta classe seria indicada então quando usinabilidade for uma propriedade importante; entretanto, devido ao seu alto teor de silício, aplicações envolvendo qualquer solicitação de impacto, mesmo que moderada, deveriam ser evitadas.

NORMA EUROPEIA EN 1563/1997

A exemplo do que ocorreu no ferro fundido cinzento, também no caso do ferro fundido nodular a Norma Europeia EN 1563/1997 deu origem à norma ISO 1083/2004, e portanto elas são muito semelhantes. Estão previstas classes de ferro fundido nodular com limite de resistência de 350 a 900 MPa, e alongamento de 22 a 2%; na norma EN 1563/1997 não estavam previstas as classes 550-5 e 550-10. A Tabela 5.27 mostra as classes EN que correspondem às classes ISO, e todas as especificações das classes ISO, constantes das Tabelas 5.19 a 5.23, se aplicam às classes EN, inclusive aquelas com requisitos de resistência ao impacto.

Na Tabela 5.28 são apresentadas as classes de ferro fundido nodular ordenadas de acordo com a dureza, bem como as designações ISO que correspondem a estas classes. Também aqui todas as especificações das classes ISO, constantes da Tabela 5.24, se aplicam às classes EN.

NORMA ASTM A 536/1993

A Norma ASTM A 536/1993 foi elaborada originalmente em 1984 (alguns textos trazem a designação A 536/84), porém foi reavaliada e reaprovada em 1993. As classes de ferro fundido nodular para aplicação geral, previstas nesta Norma, estão na Tabela 5.29. As classes listadas na Tabela 5.30 são utilizadas para aplicações especiais, como tubos, conexões, etc. As propriedades mecânicas previstas nas Tabelas 5.29 e 5.30 devem ser determinadas em bloco U ou em bloco Y, fundidos em separado. A escolha do bloco Y que melhor representa a peça deve ser estabelecida no pedido ou então decidida pelo fabricante. Na Tabela 5.31 constam algumas

TABELA 5.25 – Propriedades mecânicas da classe ISO 1083/JS/500-10. Ferro fundido nodular de alto teor de silício.

Designação	Espessura de parede relevante (mm)	LR min MPa	$LE_{0,2}$ min MPa	Along min %
Corpo de prova fundido em separado			
ISO 1083/JS/500-10/S	-	500	360	10
Corpo de prova fundido anexo à peça			
ISO 1083/JS/500-10/U	t ≤ 30	500	360	10
	30 < t ≤ 60	490	360	9
	60 < t ≤ 200	470	350	7

TABELA 5.26 – Especificações de dureza para a classe ISO 1083/JS/500-10. Ferro fundido nodular de alto teor de silício.

Designação	HB	LR min (b) (MPa)	$LE_{0,2}$ min (b) (MPa)
ISO 1083/JS/HBW/200/Z (a)	185-215	500	360

a) Foi colocada a designação Z para diferenciar da classe ISO 1083/JS/HBW/200.
b) A título informativo.

NORMAS TÉCNICAS

TABELA 5.27 – Designações de classes de ferro fundido nodular nas Normas ISO 1083/2004 e EN 1563/1997, de acordo com as propriedades mecânicas.

Classe na Norma EN 1563/1997	Classe na Norma ISO 1083-2004
EN-GJS-350-22-LT	ISO1083/JS/350-22-LT
EN-GJS-350-22-RT	ISO1083/JS/350-22-RT
EN-GJS-350-22	ISO1083/JS/350-22
EN-GJS-400-18-LT	ISO1083/JS/400-18-LT
EN-GJS-400-18-RT	ISO1083/JS/400-18-RT
EN-GJS-400-18	ISO1083/JS/400-18
EN-GJS-400-15	ISO1083/JS/400-15
EN-GJS-450-10	ISO1083/JS/450-10
EN-GJS-500-7	ISO1083/JS/500-7
EN-GJS-600-3	ISO1083/JS/600-3
EN-GJS-700-2	ISO1083/JS/700-2
EN-GJS-800-2	ISO1083/JS/800-2
EN-GJS-900-2	ISO1083/JS/900-2

TABELA 5.28 – Designações de classes de ferro fundido nodular nas Normas ISO 1083/2004 e EN 1563/1997, de acordo com a dureza.

Classe na Norma EN 1563/1997	Classe na Norma ISO 1083-2004
EN-GJS-HB130	ISO1083/JS/HBW130
EN-GJS-HB150	ISO1083/JS/HBW150
EN-GJS-HB155	ISO1083/JS/HBW155
EN-GJS-HB185	ISO1083/JS/HBW185
EN-GJS-HB200	ISO1083/JS/HBW200
EN-GJS-HB230	ISO1083/JS/HBW230
EN-GJS-HB265	ISO1083/JS/HBW265
EN-GJS-HB300	ISO1083/JS/HBW300
EN-GJS-HB330	ISO1083/JS/HBW330

indicações de relação entre dimensões do bloco Y e espessura da peça.

Na Norma ASTM A 536/93 não são estabelecidos requisitos de dureza, composição química e microestrutura. Menciona-se que tais requisitos podem ser estabelecidos no contrato de fornecimento, incluindo também ensaios de controle não destrutivos. A Norma ASTM A 536/93 prevê que as classes 60-40-18, 100-70-03 e 120-90-02 podem sofrer tratamento térmico.

NORMA SAE J434/2004

A Norma SAE J434/2004, especializada para aplicações automotivas, prevê as classes de ferro fundido nodular constantes da Tabela 5.32. Esta norma foi revista em 2004, e novas classes foram incluídas para tornar menos abruptas as transições (Dorn et al., 2003). A Norma considera variação de propriedades com a espessura da peça apenas para o Limite de Escoamento. Os valores de dureza Brinell são apenas orientativos e devem ser estabelecidos entre cliente e fornecedor.

A grafita deve ser no mínimo 80% dos tipos I e II (classificação segundo a Norma ASTM A247).

A Norma prevê que todas as classes poderiam ser obtidas com tratamento térmico, em especial as classes D400 e DQ&T. Entretanto, para a realização

TABELA 5.29 – Classes de ferro fundido nodular previstas na Norma ASTM A 536/93.

Classe	Limite de Resistência min psi	Limite de Resistência min MPa	Limite de Escoamento 0,2% min psi	Limite de Escoamento 0,2% min MPa	Along. Min %
60-40-18	60.000	414	40.000	276	18
65-45-12	65.000	448	45.000	310	12
80-55-06	80.000	552	55.000	379	6,0
100-70-03	10.000	689	70.000	483	3,0
120-90-02	120.000	827	90.000	621	2,0

TABELA 5.30 – Classes de ferro fundido nodular para aplicações especiais. Norma ASTM A 536/93.

Classe	Limite de Resistência min psi	Limite de Resistência min MPa	Limite de Escoamento 0,2% min psi	Limite de Escoamento 0,2% min MPa	Along. Min %
60-42-10	60.000	415	42.000	290	10
70-50-05	70.000	485	50.000	345	5
80-60-03	80.000	555	60.000	415	3

TABELA 5.31 – Dimensões de bloco Y e espessura da peça. Norma ASTM A 536/93.

Dimensão do bloco Y	Peças com espessura menor que 13 mm	Peças com espessura entre 13 e 38 mm	Peças com espessura acima de 38 mm
Espessura (mm)	13	25	75
Altura útil (mm)	50	75	100

TABELA 5.32 – Classes de ferro fundido nodular previstas na Norma SAE J434/2004.

Classe	Faixa de dureza típica HB	matriz	Espessura da peça mm	LR min MPa	LR min ksi	LE min MPa	LE min ksi	Along min %
D400	143-170	Ferrita	<20 20-40 40-60	400	58	275 260 250	40	18
D450	156-217	Ferrita-perlita	<20 20-40 40-60	450	65	310 295 285	45	12
D500	187-229	Ferrita-perlita	<20 20-40 40-60	500	73	345 330 320	50	6
D550	217-269	Perlita-ferrita	<20 20-40 40-60	550	80	380 365 350	55	4
D700	241-302	Perlita	<20 20-40 40-60	700	102	450 435 425	65	3
D800	255-311	Perlita ou Martens rev	<20 20-40 40-60	800	118	480 465 455	70	2
DQ&T		Martens rev	A ser acordado entre cliente e fornecedor					

de tratamento térmico, deve haver expressa autorização do cliente.

A Norma SAE J434/2004 fornece ainda alguns indicativos de composição química, apenas para fins orientativos.

Na Figura 5.2 são apresentados valores típicos de resistência ao impacto para as diversas classes.

A Norma SAE J434/2004 fornece ainda algumas indicações para a seleção da classe adequada, como se segue:

- Classe D400 – empregada quando são exigidas tensões moderadas, associadas a alta dutilidade e boa usinabilidade.
- Classe D450 – empregada em situações de tensões moderadas, onde a usinabilidade é menos importante do que no caso anterior.
- Classe D500 – utilizada em situações de tensões moderadas, onde a usinabilidade é menos importante.
- Classe D550 – é empregada para peças com maiores níveis de tensão.
- Classe D700 – é utilizada quando é necessária alta resistência ou alta resistência ao desgaste, e onde será efetuada têmpera superficial.
- Classe D800 – usada quando é necessária alta resistência ou alta resistência ao desgaste, e onde será efetuada têmpera superficial.

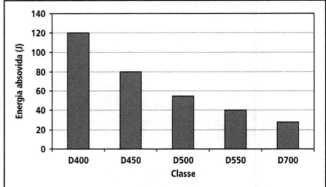

FIGURA 5.2 – Valores típicos de resistência ao impacto à temperatura ambiente, fornecidos na Norma SAE J434/2004 para as classes de ferro fundido nodular. Ensaio Charpy sem entalhe (ASTM E 23). Corpos de prova fundidos em separado.

- Classe Q&T – é utilizada quando é necessário homogeneidade de microestrutura para controlar a faixa de propriedades mecânicas e a usinabilidade.

5.3 FERROS NODULARES AUSTEMPERADOS

Os ferros nodulares austemperados, também denominados de bainíticos ou ainda de ausferríticos, representam uma família destacada dos ferros fundidos nodulares, pois são obtidos por tratamento térmico de austêmpera e apresentam valores de pro-

NORMAS TÉCNICAS

TABELA 5.33 – Classes de ferro nodular austemperado. Norma Europeia EN 1564/1997.

Classe	LR min (MPa)	LE 0,2 min (MPa)	Along min (%)	Energia absorvida min (J) (1)	Dureza (HB) valores típicos
EN-GJS-800-8	800	500	8	9	260-320
EN-GJS-1000-5	1.000	700	5	-	300-360
EN-GJS-1200-2	1.200	850	2	-	340-440
EN-GJS-1400-1	1.400	1.100	1	-	380-480

1) Mín. 9J, média 10J em 3 ensaios. Corpo de prova entalhado.

TABELA 5.34 – Classes de ferro nodular austemperado. Norma ASTM A897/1990.

Classe	LR min (MPa)	LE 0,2 min (MPa)	Along min (%)	Energia absorvida min (J) (*)	Dureza (HB) valores típicos
1	850	550	10	100	269-321
2	1.050	700	7	80	302-363
3	1.200	850	4	60	341-444
4	1.400	1.100	1	35	366-477
5	1.600	1.300	-	-	444-555

(*) – não entalhado, temperatura ambiente, média dos 3 maiores valores em 4 ensaios.

TABELA 5.35 – Classes de ferro nodular austemperado. Norma SAE J2477/2001.

Classe	Dureza HB	LR min (MPa) (1,2)	LE min (MPa) (1,2)	Along min (%) (1,2)	Módulo de Elasticidade min (GPa) (1,2)	Energia absorvida min (J) (3)
AD 900	269-341	900	650	9	148	100
AD 1050	302-375	1.050	750	7	148	80
AD 1200	341-444	1.200	850	4	148	60
AD 1400	388-477	1.400	1.100	2	148	35
AD 1600	402-512	1.600	1.300	1	148	20

1) As propriedades mecânicas aplicam-se a espessuras equivalentes a 64 mm. Para espessuras maiores deve haver acordo mútuo entre fornecedor e cliente.
2) As propriedades foram obtidas em corpo de prova fundido em separado, podendo variar com a espessura da seção, dependendo da composição química e da velocidade de resfriamento.
3) Valores obtidos em ensaio Charpy não entalhado, testado a 17-25°C. Média dos 3 maiores valores em 4 ensaios (ASTM E23).
4) O local para ensaio de dureza na peça deve ser acordado entre fornecedor e cliente.

priedades mecânicas completamente distintos dos nodulares ferríticos, perlíticos e martensíticos.

NORMA EUROPEIA EN 1564/1997

A Tabela 5.33 mostra as classes de ferro nodular austemperado previstas na Norma Europeia EN 1564/1997. Os valores de dureza Brinell da Norma EN 1564/1997 são apenas informativos. A classe GJS-800-8 é destinada principalmente para aplicações envolvendo impacto, enquanto as classes GJS-1200-2 e GJS-1400-1 são empregadas para solicitações de desgaste.

NORMA ASTM A897/1990

A Norma ASTM A897/1990 prevê as classes de ferro nodular austemperado constantes da Tabela 5.34. Os valores de dureza indicados são apenas orientativos. Esta Norma prevê valores de resistência ao impacto para a maioria das classes. Para a Classe 5 não são previstas especificações de alongamento e resistência ao impacto, já que esta classe é empregada principalmente em aplicações envolvendo desgaste.

NORMA SAE J2477/2003

Na Tabela 5.35 são apresentadas as classes previstas na Norma SAE J2477/2001. A microestrutura, obtida por tratamento térmico, deve ser predominantemente de ferrita acicular e austenita (ausferrita). Em algumas seções mais espessas pode formar-se perlita e neste caso a máxima quantida-

TABELA 5.36 – Classes de ferro nodular austemperado. Norma ISO 17804/2005.

Classe	LE (MPa)	LR (MPa)			Alongamento (%)		
		t≤30	30<t≤60	60<t≤100	t≤30	30<t≤60	60<t≤100
800-10/C	500	790	740	710	8	5	4
900-8/C	600	880	830	800	7	4	3
1050-6/C	700	1020	970	940	5	3	2
1200-3/C	850	1170	1140	1110	2	1	1
1400-1/C	1100	1360	A ser acordado entre cliente e fornecedor					

t – espessura da peça (mm)

TABELA 5.37 – Classes de ferro fundido nodular SiMo. Norma SAE J2582/2004.

Classe	Dureza HB	Silício (%)	Molibdênio (%)
1	187-241	3,50-4,50	0,50 max
2	187-241	3,50-4,50	0,51-0,70
3	196-269	3,50-4,50	0,71-1,00

de de perlita deve ser acordada entre fornecedor e cliente. Também se prevê que nas classes AD 1400 e AD 1600 pode existir alguma martensita, cuja quantidade deve ser objeto de acordo entre fornecedor e cliente.

Estabelecem-se ainda como exigência de microestrutura número de nódulos superior a 100 nod/mm² e nodularidade superior a 85%.

NORMA ISO 17804

Na Tabela 5.36 são apresentadas as classes previstas na Norma ISO 17804/2005. Esta norma prevê variações no limite de resistência e no alongamento conforme a espessura da peça, e que podem ser utilizadas para projeto de peças, considerando-se então as diferentes espessuras de seção (Röhrig, 2003).

5.4 FERROS FUNDIDOS NODULARES SiMO

NORMAS SAE J2515/1999 E J2582/2004

Ferros fundidos nodulares ligados ao Si e Mo são empregados para aplicações a altas temperaturas (até cerca de 870-900 °C, conforme SAE J2515/1999). Aplicações automotivas típicas são coletores de exaustão e carcaças de turbocompressores.

A Norma SAE J2582/2004 estabelece 3 classes de ferros fundidos nodulares ligados ao Si e Mo (Tabela 5.37). Estas classes diferenciam-se pelo teor crescente de Mo. Os teores de Si e Mo representam exigências da Norma; valores orientativos de outros elementos (C, Mn, P, S, Mg) são também

TABELA 5.38 – Propriedades mecânicas típicas de nodulares SiMo. Norma SAE J2582.

Classe	Dureza HB	LR (MPa)	LE (MPa)	Along (%)	Módulo de Elasticidade (GPa)
1	187-241	450	275	8	152
2	187-241	485	380	6	152
3	196-269	515	415	4	152

TABELA 5.39 – Requisitos de composição química das classes de ferros fundidos nodulares austeníticos previstas na Norma ASTM A 439/84 (Warda et al., 1998).

Classe	Composição química (%)					
	C max	Si	Mn	P max	Ni	Cr
D-2	3,00	1,50-3,00	0,70-1,25	0,08	18,00-22,00	1,75-2,75
D-2B	3,00	1,50-3,00	0,70-1,25	0,08	18,00-22,00	2,75-4,00
D-2C	2,90	1,00-3,00	1,80-2,40	0,08	21,00-24,00	0,50 max
D-3	2,60	1,00-2,80	1,00 max	0,08	28,00-32,00	2,50-3,50
D-3A	2,60	1,00-2,80	1,00 max	0,08	28,00-32,00	1,00-1,50
D-4	2,60	5,00-6,00	1,00 max	0,08	28,00-32,00	4,50-5,50
D-5	2,40	1,00-2,80	1,00 max	0,08	34,00-36,00	0,10 max
D-5B	2,40	1,00-2,80	1,00 max	0,08	34,00-36,00	2,00-3,00
D-5S	2,30	4,90-5,50	1,00 max	0,08	34,00-37,00	1,75-2,25

TABELA 5.40 – Propriedades mecânicas das classes de ferro fundido nodular austenítico previstas na Norma ASTM A 439/84 (Warda et al., 1998).

Classe	LR min (MPa)	LE min (MPa)	Along min(%)	HB
D-2	400	207	8,0	139-202
D-2B	400	207	7,0	148-211
D-2C	400	193	20,0	121-171
D-3	379	207	6,0	139-202
D-3A	379	207	10,0	131-193
D-4	414	-	-	202-273
D-5	379	207	20,0	131-185
D-5B	379	207	6,0	139-193
D-5S	449	207	10,0	131-193

TABELA 5.41 – Classes de ferro fundido vermicular previstas na Norma VDG – Merkblatt W50/2002. Valores mínimos de propriedades mecânicas.

Classe	LR (MPa)	LE 0,2% (MPa)	Along (%)	HB 30 (faixa típica)
GJV-300	300-375	220-295	1,5	140-210
GJV-350	350-425	260-335	1,5	160-220
GJV-400	400-475	300-375	1,0	180-240
GJV-450	450-525	340-415	1,0	200-250
GJV-500	500-575	380-455	0,5	220-260

TABELA 5.42 – Classes de ferro fundido vermicular. Norma ASTM A 842/2004.

Classe	LR min (MPa)	LE min (MPa)	Along min (%)	Dureza típica (HB)
CGI 250	250	175	3,0	<179
CGI 300	300	210	1,5	143-207
CGI 350	350	245	1,0	163-229
CGI 400	400	280	1,0	197-255
CGI 450	450	315	1,0	207-269

fornecidos na Norma.

O local de medida de dureza deve ser estabelecido em acordo entre fornecedor e cliente.

A Norma SAE J2582/2004 ressalta que a temperatura de transição dútil/frágil destas ligas está em torno ou acima da temperatura ambiente, de modo que a fratura destas ligas tende a ser frágil, o que exige cuidados no manuseio das peças.

A microestrutura deve conter no mínimo 80% de grafita nodular (tipos I e II da norma ASTM A 247, equivalentes aos tipos V e VI da norma ISO 945, ver Figura 6.37 do capítulo sobre Propriedades Estáticas dos Ferros Fundidos Nodulares). A matriz pode conter ferrita e no máximo 25% perlita, com quantidade de carbonetos menor que 5%.

As peças podem ser fornecidas brutas de fundição ou com tratamento térmico, com acordo prévio entre fornecedor e cliente. A Norma SAE J2582/2004 fornece ainda informações sobre as propriedades mecânicas típicas destas classes de nodulares SiMo (Tabela 5.38), obtidas em corpos de prova fundidos em separado (ASTM A 536).

5.5 FERROS FUNDIDOS NODULARES AUSTENÍTICOS

Os ferros fundidos nodulares austeníticos são considerados de alta liga, por conterem teores de níquel geralmente acima de 20%. São utilizados em aplicações a quente e em ambientes corrosivos.

NORMA ASTM A 439/84

A Tabela 5.39 mostra as classes de nodulares austeníticos previstas na Norma ASTM A 439/84, com suas especificações de composição química. Na Tabela 5.40 são apresentados os requisitos de propriedades mecânicas (à temperatura ambiente) (Warda et al., 1998).

5.6 FERROS FUNDIDOS VERMICULARES

Os ferros fundidos vermiculares representam uma nova família dos ferros fundidos, com propriedades mecânicas e físicas entre os ferros fundidos cinzentos e os nodulares (ver Capítulo sobre Tipos de Ferros Fundidos, Tabela 2.4).

NORMA ALEMÃ VDG MERKBLATT W50/2002

A Tabela 5.41 apresenta as classes de ferro fundido vermicular previstas na norma alemã VDG Merkblatt W50/2002. Trata-se de uma norma da associação dos fundidores alemães (VGD). Estão previstas classes com Limite de Resistência de 300 MPa até 500 MPa, determinados em corpos de prova fundidos em separado. Esta Norma prevê ainda a variação das propriedades mecânicas com a espessura da peça, como ilustrado na Figura 5.3 (Steller, 2002).

NORMA ASTM A 842/2004

A Tabela 5.42 apresenta as classes de ferro

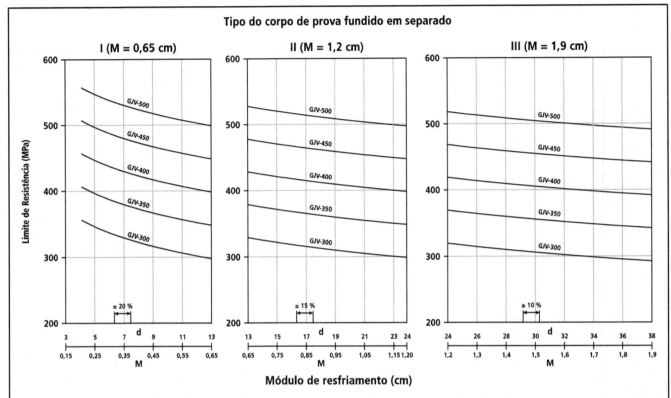

FIGURA 5.3 – Variação do Limite de Resistência com a espessura da peça d (em mm) e com o módulo de resfriamento (M = V/S, em cm), para ferros fundidos vermiculares. A escolha do tipo de corpo de prova (I, II, ou III) fundido em separado (blocos Y ou blocos em U) depende do módulo de resfriamento da seção representativa da peça. Norma VDG W50/2002.

fundido vermicular previstas na Norma ASTM A 842/2004. As propriedades mecânicas especificadas são determinadas em corpos de prova fundidos em separado (barra cilíndrica diâmetro 30 mm ou bloco em U de 12,7 ou 25,4 mm).

NORMA SAE J1887/2002

Na Tabela 5.43 são apresentadas as classes de ferro fundido vermicular previstas na Norma SAE J1887/2002. Observa-se que a Norma SAE prevê duas classes com valores de nodularidade maiores que os usuais (max 20%), uma classe ferrítica e outra perlítica. Para a determinação da nodularidade, é apresentada na Norma SAE J1887/2002 uma série de micrografias com valores crescentes de nodularidade, e que pode ser adotada como padrão comparativo. Alternativamente, pode ser empregado um analisador de imagens. Os valores de dureza da Norma SAE são considerados orientativos, e são iguais aos da Norma ASTM. A Norma VDG estabelece faixas mais estreitas de dureza, principalmente para as classes de maior resistência.

A Norma SAE J1887/2002 não estabelece o corpo de prova para a determinação das propriedades mecânicas, nem o seu modo de obtenção (da peça, anexo, em separado).

Se for realizado tratamento térmico, deve ha-

TABELA 5.43 – Classes de ferro fundido vermicular. Norma SAE J1887/2002.

Classe	Dureza típica (HB)	LR min (MPa)	LE min (MPa)	Along min (%)	matriz típica	nodularidade (%)
C250	121-179	250	175	3,0	ferrita	< 20
C300HN	131-189	300	175	3,0	ferrita	20-50
C300	143-207	300	210	2,5	ferrita-perlita	< 20
C350	163-229	350	245	2,0	ferrita-perlita	< 20
C400	197-255	400	280	1,5	perlita-ferrita	< 20
C450	207-269	450	315	1,0	perlita	< 20
C500HN	207-269	500	315	1,5	perlita	20-50

NORMAS TÉCNICAS

TABELA 5.44 – Propriedades mecânicas e físicas de ferros fundidos vermiculares. Valores orientativos. Norma SAE J1887/2002.

Propriedade	Método de teste	Temperatura °C	Ferro fundido vermicular com 70% perlita	Ferro fundido vermicular com 100% perlita
LR (MPa)	ASTM E 8M (25°C)	25	420	450
	ASTM E 21 (100 e 300°C)	100	415	430
		300	375	410
LE $_{0,2}$ (MPa)	ASTM E 8M (25°C)	25	315	370
	ASTM E 21 (100 e 300°C)	100	295	335
		300	284	320
Módulo de Elasticidade (MPa)	ASTM E 8M (25°C)	25	145	145
	ASTM E 21 (100 e 300°C)	100	140	140
		300	130	130
Along (%)	ASTM E 8M (25°C)	25	1,5	1,0
	ASTM E 21 (100 e 300°C)	100	1,5	1,0
		300	1,0	1,0
Limite Fadiga não entalhado (MPa)	Flexão rotativa, 3000 rpm	25	195	210
		100	185	190
		300	165	175
Relação LF/LR	LF/LR	25	0,46	0,44
		100	0,45	0,44
		300	0,44	0,43
Condutividade térmica (W/m.C)	Fluxo de calor axial, comparativo com ferro eletrolítico	25	37	36
		100	37	36
		300	36	35
Coeficiente expansão térmica (υm/m.°C)	Dilatometria em barra, referência Platina	25	11,0	11,0
		100	11,5	11,5
		300	12,0	12,0
Relação de Poisson	ASTM E 132	25	0.26	0.26
		100	0.26	0.26
		300	0.27	0.27
LE $_{0,2}$ Compressão (MPa)	ASTM E 9	25	400	430
		400	300	370
Densidade (g/cm^3)	Barra 750 x 25 x 25 mm	25	7,0-7,1	7,0-7,1
Dureza (HB)	3000 kg – 10 mm	25	183-235	192-255

TABELA 5.45 – Classes de ferro fundido vermicular previstas na norma ISO 16112/2006. Corpos de prova fundidos em separado.

Classe ISO 161112	LR min (MPa)	LE $_{0,2}$ min (MPa)	Along min (%)	HB 30 (faixa típica)
JV-300/S	300	210	2,0	140-210
JV-350/S	350	245	1,5	160-220
JV-400/S	400	280	1,0	180-240
JV-450/S	450	315	1,0	200-250
JV-500/S	500	350	0,5	220-260

ver acordo prévio entre fornecedor e cliente.

A Tabela 5.44, da Norma SAE J1887/2002, apresenta ainda valores típicos de propriedades mecânicas e físicas de ferros fundidos vermiculares, e que podem ser úteis para projeto.

NORMA ISO 16112/2006

A norma ISO 16112/2006 prevê as classes de ferro fundido vermicular apresentadas na Tabela 5.45. Estes valores referem-se a corpos de prova fundidos em separado (bloco em U ou bloco Y). A espessura do corpo de prova em separado deve corresponder à espessura da peça, sendo previstas na norma ISO três espessuras de corpos de prova (12,5 – 25 – 50 mm).

Para corpos de prova fundidos em anexo à peça, a Tabela 5.46 mostra a variação de propriedades mecânicas em função da espessura da peça. A escolha das dimensões do corpo de prova em anexo deve ser feita de acordo com a espessura da peça, conforme prevê a norma ISO.

Para corpos de prova retirados da peça, devem ser acordados entre o fabricante e o cliente os locais de retirada dos corpos de prova, bem como os valores de propriedades mecânicas. A norma ISO sugere como guia os valores constantes da Tabela 5.47.

TABELA 5.46 – Propriedades mecânicas (mínimas) de ferros fundidos vermiculares determinadas em corpos de prova fundidos anexos às peças. Norma ISO 16112/2006.

Designação da classe	Espessura de parede relevante (mm)	LR min MPa	LE$_{0,2}$ min MPa	Along min %	Dureza HB (típica)
ISO 16112/JV/300/U	t ≤ 12,5	300	210	2,0	140-210
	12,5 < t ≤ 30	300	210	2,0	140-210
	30 < t ≤ 60	275	195	2,0	140-210
	60 < t ≤ 200	250	175	2,0	140-210
ISO 16112/JV/350/U	t ≤ 12,5	350	245	1,5	160-220
	12,5 < t ≤ 30	350	245	1,5	160-220
	30 < t ≤ 60	325	230	1,5	160-220
	60 < t ≤ 200	300	210	1,5	160-220
ISO 16112/JV/400/U	t ≤ 12,5	400	280	1,0	180-240
	12,5 < t ≤ 30	400	280	1,0	180-240
	30 < t ≤ 60	375	260	1,0	180-240
	60 < t ≤ 200	325	230	1,0	180-240
ISO 16112/JV/450/U	t ≤ 12,5	450	315	1,0	200-250
	12,5 < t ≤ 30	450	315	1,0	200-250
	30 < t ≤ 60	400	280	1,0	200-250
	60 < t ≤ 200	375	260	1,0	200-250
ISO 16112/JV/500/U	t ≤ 12,5	500	350	0,5	200-260
	12,5 < t ≤ 30	500	350	0,5	200-260
	30 < t ≤ 60	450	315	0,5	200-260
	60 < t ≤ 200	400	280	0,5	200-260

TABELA 5.47 – Valores orientativos de propriedades físicas e mecânicas de ferros fundidos vermiculares. Norma ISO 16112/2006.

Propriedade	Temp (°C)	JV 300	JV 350	JV 400	JV 450	JV 500
Limite de resistência (MPa) (a)	23	300-375	350-425	400-475	450-525	500-575
	100	275-350	325-400	375-450	425-500	475-550
	400	225-300	275-350	300-375	350-425	400-475
Limite de escoam 0,2 (MPa) (a)	23	210-260	245-295	280-330	315-365	350-400
	100	190-240	220-270	255-305	290-340	325-375
	400	170-220	195-245	230-280	265-315	300-350
Alongam (%)	23	2,0-5,0	1,5-4,0	1,0-3,5	1,0-2,5	0,5-2,0
	100	1,5-4,5	1,5-3,5	1,0-3,0	1,0-2,0	0,5-1,5
	400	1,0-4,0	1,0-3,0	1,0-2,5	0,5-1,5	0,5-1,5
Módulo de elasticidade (GPa) (b)	23	130-145	135-150	140-150	145-155	145-160
	100	125-140	130-145	135-145	140-150	140-155
	400	120-135	125-140	130-140	135-145	135-150
LF/LR – Flexão rotativa	23	0,50-0,55	0,47-0,52	0,45-0,50	0,45-0,50	0,43-0,48
LF/LR – Tração-compressão	23	0,30-0,40	0,27-0,37	0,25-0,35	0,25-0,35	0,20-0,30
LF/LR – Flexão 3 pontos	23	0,65-0,75	0,62-0,72	0,60-0,70	0,60-0,70	0,55-0,65
Relação de Poisson		0,26	0,26	0,26	0,26	0,26
Densidade (g/cm³)		7,0	7,0	7,0-7,1	7,0-7,2	7,0-7,2
Condutividade térmica (W/m.K)	23	47	43	39	38	36
	100	45	42	39	37	35
	400	42	40	38	36	34
Coeficiente expansão térmica (μm/m.K)	100	11	11	11	11	11
	400	12,5	12,5	12,5	12,5	12,5
Capacidade térmica específica (J/g.K)	100	0,475	0,475	0,475	0,475	0,475
Matriz		Predomin ferrítica	Ferrítica-perlítica	Perlítica-ferrítica	Predomin perlítica	Perlítica

a) espessura de 15 mm, módulo de 0,75 cm
b) Módulo secante, a 200 e 300 MPa.

NORMAS TÉCNICAS

TABELA 5.48 – Normas técnicas para aplicações especiais de ferros fundidos.

Norma	Ferro fundido – aplicação
ASTM A74	Tubos e conexões de ferro fundido cinzento para uso em solo
ASTM A126	Peças de ferro fundido cinzento para válvulas, flanges e conexões
ASTM A159, SAE J431	Peças automobilísticas de ferro fundido cinzento
ASTM A278, ASME SA278	Peças de ferro fundido cinzento para aplicação sob pressão até 343 °C
ABNT NBR 7836/1983	Peças de ferro fundido cinzento para uso em temperaturas inferiores a 760°C
ASTM A319	Peças de ferro fundido cinzento para temperaturas elevadas, sem aplicação de pressão
ASTM A823	Peças fundidas em moldes permanentes
ASTM A824	Requisitos usuais para peças de ferros fundidos para uso geral na indústria
ASTM A436	Peças de ferro fundido cinzento austenítico
ASTM A518	Peças de ferro fundido alto Si resistente à corrosão
ASTM A532, EN 12513/2000	Ferros fundidos brancos resistente ao desgaste
EN 1562/1997, ISO 5922/1981	Ferro fundido maleável
ASTM A47, ASME SA47	Peças de ferro maleável preto ferítico
ASTM A197	Ferro fundido maleável de cubilô
ASTM A220	Ferro maleável preto perlítico
ASTM A338	Ferro maleável preto – Flanges, conexões e peças de válvulas para ferrovias, aplicação marinha e outros usos pesados até 650 F
SAE J158	Peças automotivas de ferro maleável preto
ASTM A395, ASME SA395	Ferro nodular ferrítico – aplicações em vasos de pressão
ASTM A439, EN 13835/2000. ISO 2892/1973	Ferro nodular austenítico
ASTM A476, ASME AS 476	Peças de ferro fundido nodular para rolos em indústria de papel
ASTM A571, ASME SA571	Peças de ferro nodular austenítico para vasos de pressão para baixa temperatura
ASTM A874	Peças de ferro nodular ferrítico para baixa temperatura
ABNT NBR 6846/1985	Ferro fundido – Avaliação da tendência ao coquilhamento
EN ISO 945/1994	Ferros fundidos – designação da grafita
EN 1559-3/1997	Fundição – condições técnicas de fornecimento – ferros fundidos

A norma ISO 16112/2006 apresenta ainda um procedimento metalográfico para determinação da nodularidade do ferro fundido vermicular.

5.7 FERROS FUNDIDOS PARA APLICAÇÕES ESPECIAIS

Na Tabela 5.48 estão relacionadas algumas normas referentes a ferros fundidos para aplicações específicas.

EXERCÍCIOS

1) Encontrar na Norma ABNT NBR 6589/1986 a classe equivalente à G13H19 da Norma SAE J431/2000, para ferros fundidos cinzentos.

2) Encontrar na Norma ABNT NBR 6916/1981 a classe equivalente à EN-GJS-400-18 LT da Norma EN 1563/1997, para ferros fundidos nodulares.

3) Encontrar na Norma ABNT NBR 6916/1981 a classe equivalente à 100-70-03 da Norma ASTM A536/1993, para ferros fundidos nodulares.

4) Encontrar na Norma ABNT NBR 6916/1981 a classe equivalente à 80-55-06 da Norma ASTM A536/1993, para ferros fundidos nodulares.

5) Uma peça de ferro fundido cinzento apresenta, num local, seção com espessura de 48 mm. O estudo de tensões mostrou ser necessário que esta peça apresente, neste local, um valor mínimo de Limite de Resistência de 200 MPa. Qual deve ser a classe selecionada, segundo a Norma Europeia? Que valor de resistência se pode esperar em outro local da peça, com espessura de 16 mm? Estime ainda os valores de dureza nestes dois locais.

6) Repita o exercício anterior empregando as Normas ABNT e ASTM. Discuta as diferenças obtidas.

7) Estimar a dureza da matriz para uma peça de ferro fundido cinzento, fundida em molde de areia, e que apresentou LR = 270 MPa e HB = 220.

8) No controle de qualidade de um lote de uma peça de ferro fundido nodular resistente ao impacto classe FE 38017-RI, para aplicação em suspensão de veículo automotivo, encontraram-se os seguintes valores:

- LR = 400 MPa
- LE = 255 MPa
- Along = 18,3%
- Impacto (c.p. com entalhe em U, 20 °C) = 0,23 – 0,20 -0,15 MPa.m

Este lote de peças estaria aprovado?

REFERÊNCIAS BIBLIOGRÁFICAS

Dorn, T.; Keough, J. R.; Schroeder, T.; Thoma, T. *The current state of worldwide standards for ductile iron*. Keith Millis Symposium on Ductile Cast Iron. 2003, USA.

Guesser, W. L.; Baumer, I.; Tschipstchin, A.; Cueva, G.; Sinátora, A. *Ferros fundidos empregados para discos e tambores de freio*. Brake Colloquium, SAE Brasil, Gramado, 2003.

Norma ABNT NBR 6916/1981. Ferro fundido nodular ou ferro fundido com grafita esferoidal. 1981.

Norma ABNT NBR 8583/1984. Peças em ferro fundido cinzento classificadas conforme a dureza brinell. 1984.

Norma ABNT NBR 8650/1984. Emprego de ferro fundido nodular para produtos automotivos. 1984.

Norma ABNT NBR 8582/1984. Peças em ferro fundido nodular ou ferro fundido com grafita esferoidal classificadas conforme a dureza Brinell. 1984.

Norma ABNT NBR 6589/1986. Peças em ferro fundido cinzento classificadas conforme a resistência à tração. 1986.

Norma ASTM A 48M-94. Standard specification for gray iron castings. 1994.

Norma ASTM A 536/1993. Standard specification for ductile iron castings. 1993.

Norma ASTM A897/1990. Standard specification for austempered ductile iron castings. 1990

Norma ASTM A 842/1991. Standard specification for compacted graphite iron castings. 2004

Norma Europeia EN 1561/1997. Grey cast iron. 1997.

Norma Europeia EN 1563/1997. Spheroidal graphite cast iron. 1997.

Norma Europeia EN 1564/1997. Austempered ductile iron. 1997.

Norma ISO 1083/2004. Spheroidal graphite cast irons – Classification. 2004.

Norma ISO 185/2005. Grey cast irons – Classification. 2005.

Norma ISO 17804/2005. Ausferritic spheroidal graphite cast irons – Classification. 2005.

Norma ISO 16112/2006. Compacted (vermicular) graphite cast irons – Classification. 2006.

Norma SAE J2515/1999. High temperature materials for exhaust manifolds. 1999.

Norma SAE J431/2000. Automotive gray iron castings. 2000.

Norma SAE J1887/2002. Automotive compacted graphite iron castings. 2002.

Norma SAE J2477/2003. Automotive austempered ductile (nodular) iron castings (ADI). 2003.

Norma SAE J434/2004. Automotive ductile (nodular) iron castings. 2004.

Norma SAE J2582/2004. Automotive ductile iron castings for high temperature applications. 2004.

Norma VDG – Merkblatt W50/2002. Gusseisen mit Vermiculargraphit. 2002.

Röhrig, K. 2. Europäische ADI-Entwicklungskonferenz – Eigenschaften, Bauteilentwicklung und Anwendungen. *Konstruiren und Giessen*, v. 28, n. 1, p. 2-14, 2003.

Steller, I. Das neue VDG-Merkblatt W 50 Gusseisen mit Vermiculargraphit. *Giesserei*, v. 89, n. 11, p. 48-50, nov. 2002.

Warda, R.; Jenkis, L.; Ruff, G.; Krough, J.; Kovacs, B. V.; Dubé, F. *Ductile Iron Data for Design Engineers*. Published by Rio Tinto & Titanium, Canada, 1998.

Wolters, D. B. & Herfurth, K. Europäische Normung: Gusseisen mit Kugelgraphit – von DIN 1693 zu DIN EN 1563 und die neue Norm DIN EN 1564. *Giesserei*, v. 84, n. 21, nov. 1997, p. 32-39.

CAPÍTULO 6

PROPRIEDADES ESTÁTICAS

São denominadas de propriedades estáticas aquelas onde o tempo não é uma variável importante, sendo obtidas em ensaios progressivos, como o ensaio de tração, dureza, flexão, compressão, etc. Elas permitem uma primeira visão sobre a relação entre microestrutura e as propriedades mecânicas. Apesar da maior parte dos componentes estar solicitada a esforços dinâmicos, em especial a esforços de fadiga (Scholes, 1970), o estudo das propriedades estáticas representa o início do conhecimento do comportamento mecânico do material. Além disso, todas as normas técnicas se referem às propriedades estáticas, em particular às obtidas em ensaio de tração e dureza, de modo que a sua determinação é usual no controle de qualidade na fabricação de produtos fundidos.

6.1 O ENSAIO DE TRAÇÃO EM FERROS FUNDIDOS

O ensaio de tração é uma caracterização muito simples de um material, porém fornece informações valiosas para prever o comportamento mecânico deste material em serviço. É utilizado também para controle de qualidade, já que a maioria das especificações de materiais inclui itens como resistência e dutilidade. Para as ligas fundidas normalmente se emprega um corpo de prova de seção cilíndrica, com as extremidades preparadas para fixação na máquina de tração (rosca, por exemplo) e uma parte central de diâmetro menor, de modo a concentrar nesta região as deformações. É usual adaptar a esta parte central um extensômetro, para medir com precisão as variações de comprimento durante o ensaio. A carga, imposta pela máquina, é acrescida progressivamente, sendo padronizada a sua velocidade de aplicação, conforme segue:

- Para a determinação do Limite de Escoamento, a velocidade de aplicação da carga deve ser inferior a 10 MPa/s (Norma ABNT NBR 6152/1992), ou ainda de 1,1 a 11 MPa/s (Norma ASTM E8/2000), ou 6 a 30 MPa/s (Norma EN 10.002-1/1990), ou 6 a 60 MPa/s (Norma ISO 6892/1998).
- Para a determinação do Limite de Resistência, a velocidade de alongamento deve ser inferior a 0,007mm/mm.s (Norma ABNT NBR 6152/1992), ou ainda de 0,0008 a 0,008 mm/mm.s (Norma ASTM E8/2000), ou então inferior a 0,008 mm/mm.s (Normas EN 10.002-1/1990 e ISO 6892/1998)

Utilizando-se as dimensões da parte útil do corpo de prova (área da seção inicial – A_0 e comprimento inicial – l_0) e medindo-se continuamente a carga aplicada (F) e a deformação da parte útil do corpo de prova (Δl), grafica-se a tensão ($\sigma = F/A$) em função da deformação ($\varepsilon = \Delta l/l_0$), obtendo-se uma curva como apresentada na Figura 6.1, para um ferro fundido nodular.

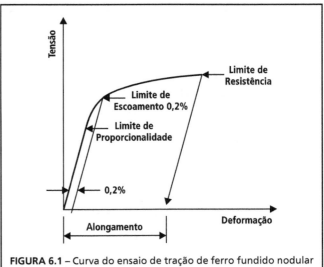

FIGURA 6.1 – Curva do ensaio de tração de ferro fundido nodular ferrítico.

Esta curva do ensaio de tração apresenta duas regiões distintas, uma elástica e outra plástica. No trecho inicial linear, a remoção da carga resulta em que o corpo de prova volte às suas dimensões originais, não permanecendo nenhuma deformação residual. Este trecho é chamado de região elástica, pois toda a deformação que ocorre aqui é recuperada elasticamente. Após um certo nível de tensão a curva desvia-se da reta, e a partir daí este trecho é chamado de região plástica. Nesta região, a remoção da carga se processa segundo a Figura 6.2, paralelamente à reta elástica, resultando, entretanto, uma deformação permanente mesmo após toda a remoção da carga. Esta deformação é chamada de deformação plástica. Esta região plástica termina na fratura do corpo de prova. Nos ferros fundidos não ocorre o fenômeno de escoamento descontínuo, comum em aços de baixo carbono (ver discussão em Souza, 1974). A estricção, deformação não uniforme um pouco antes da fratura, e também comum em aços de baixo carbono, ocorre apenas para os ferros fundidos nodulares ferríticos, recozidos, de elevado alongamento; nas outras classes de ferros fundidos a estricção não é observada.

A região elástica pode ser descrita pela Lei de Hooke:

$$\sigma = E \times \varepsilon \tag{6.1}$$

onde:
E é o Módulo de Young ou Módulo de Elasticidade, e representa a inclinação da reta.

A tensão limite entre as regiões elásticas e plásticas é denominada de Limite de Proporcionalidade, representando o final da reta elástica. Em ferros fundidos nodulares, o Limite de Proporcionalidade é definido como a tensão que causa um desvio do comportamento elástico de 0,005%. Experimentalmente sua determinação exige um procedimento elaborado, de modo que normalmente utiliza-se o Limite de Escoamento para caracterizar o início da região plástica. A determinação de Limite de Escoamento é feita traçando-se uma reta paralela à reta elástica (Figura 6.3), correspondendo a uma deformação residual (sem carga) de 0,2%. Em alguns poucos casos este valor é diminuído para 0,1%. O Limite de Proporcionalidade é o principal parâmetro de projeto, pois tensões acima deste valor representam situações de elevada deformação plástica. A relação entre Limite de Proporcionalidade e Limite de Escoamento 0,2 é em torno de 0,71 para os ferros nodulares ferríticos, decrescendo para cerca de 0,56 para os nodulares temperados e revenidos (Warda et al., 1998).

O Limite de Resistência representa a máxima tensão que o material pode suportar antes da fratura. Para materiais frágeis, como o ferro fundido cinzento, é utilizado como parâmetro para projeto.

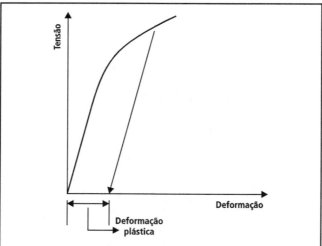

FIGURA 6.2 – Na região plástica, a retirada da carga resulta em deformação permanente na amostra.

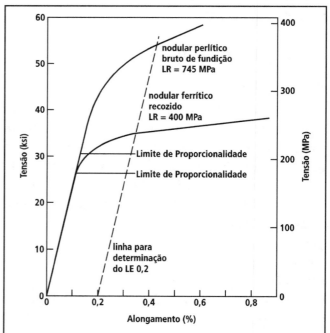

FIGURA 6.3 – Determinação do Limite de Escoamento 0,2%. Traça-se uma reta paralela à linha elástica, a partir de 0,2% alongamento no eixo horizontal. A Figura ilustra curvas de dois ferros fundidos nodulares, um perlítico bruto de fundição (LR = 745 MPa) e outro ferrítico recozido (LR = 400 MPa). Estão indicados também os valores do limite de proporcionalidade para os dois ferros fundidos (Goodrich, 2003).

O alongamento é definido como o aumento permanente no comprimento, expresso como percentagem do comprimento útil inicial, quando o corpo de prova é ensaiado até a fratura. Materiais frágeis como o ferro fundido cinzento não apresentam alongamento significativo, porém os ferros fundidos nodulares podem mostrar alongamentos de até 25% (Warda et al., 1998).

CURVA REAL E CONVENCIONAL

Durante o ensaio de tração a área da seção transversal do corpo de prova vai sendo reduzida, e o comprimento da parte útil vai aumentando. Deste modo, a adoção da área inicial (A_0) e do comprimento inicial (l_0) para o cálculo dos parâmetros da curva introduz um erro, que não é acentuado na região elástica (o valor do módulo de elasticidade praticamente não é afetado por este erro), mas que é considerável na região plástica. Deste modo, em estudos onde a precisão é particularmente importante, calcula-se a curva de tração real, a partir da curva convencional. Em ensaios de controle de materiais, isto normalmente não é exigido pelas normas.

A curva real é então determinada a partir das equações:

$\sigma_R = \sigma (1 + \varepsilon)$ (6.2)
$\delta = \ln (1 + \varepsilon)$ (6.3)

(ver dedução em Souza, 1974)

Para a curva real, a região plástica pode ser representada pela equação:

$\sigma = \sigma_0 \times \varepsilon^n$ (6.4)

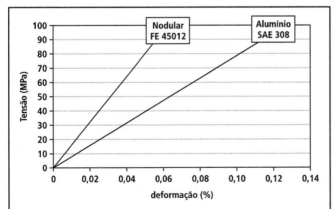

FIGURA 6.4 – A deformação elástica causada pela aplicação de uma tensão depende do módulo de elasticidade. Uma tensão de 80 MPa causa uma deformação elástica no alumínio (E = 70 GPa) de 0,11%, enquanto no nodular ferrítico (E = 160 GPa) esta deformação elástica é de apenas 0,05%.

onde σ_0 é uma constante denominada de Coeficiente de Resistência e n (o expoente do alongamento) é o Coeficiente de Encruamento (Souza, 1974).

O Coeficiente de Encruamento fornece a medida da habilidade do material poder distribuir a deformação uniformemente, sendo de particular importância em estampagem. Quanto maior for o valor de n de um material, mais íngreme será a curva real desse material e mais uniforme a distribuição de deformações na presença de um gradiente de tensões (Souza, 1974).

SIGNIFICADO PRÁTICO DOS PARÂMETROS OBTIDOS DO ENSAIO DE TRAÇÃO

Resistência: para a maioria dos materiais metálicos, o Limite de Proporcionalidade é o principal parâmetro de resistência utilizado em projeto, já que na maioria dos componentes é inadmissível qualquer deformação plástica. Para materiais frágeis, como o ferro fundido cinzento, o Limite de Resistência é o parâmetro empregado. É claro que a utilização destes parâmetros de resistência sempre é feita associada aos coeficientes de segurança aplicáveis em cada tipo de componente.

Deformação elástica e módulo de elasticidade: a intensidade de deformação causada pela aplicação de uma certa tensão é governada pelo Módulo de Elasticidade ($\Delta l = l_0 \sigma / E$), ver Figura 6.4. Assim, o Módulo de Elasticidade mede a rigidez do material e quanto maior o seu valor, menor será a deformação elástica resultante da aplicação de uma tensão. Para aplicações onde a deformação elástica deve ser baixa, o Módulo de Elasticidade certamente é uma propriedade importante a ser considerada na seleção do material (Souza, 1974).

Alongamento total: o alongamento até a ruptura, ou alongamento total, é uma medida da dutilidade do material. A dutilidade pode ser definida como a habilidade do material em acomodar deformações não elásticas sem ruptura (Dowling, 1998). Uma das importantes funções da dutilidade é permitir a redistribuição de tensões por deformação plástica localizada, sem ruptura. Um dos exemplos deste efeito ocorre em parafusos, onde o primeiro filete a encostar na porca deve sofrer deformação plástica localizada, permitindo assim que os outros filetes encostem na porca, redistribuindo assim a tensão e evitando a ruptura do primeiro filete. Além disso, apesar da maioria dos componentes ficar inutilizada com deformações plásticas consideráveis, para peças de segurança é altamente desejável que ocorra deformação plástica acentuada antes da ruptura, de modo que o alongamento total é uma propriedade extremamente importante neste tipo de componente.

EXERCÍCIOS

1) Ilustre uma peça na qual a redistribuição de tensões (por deformação) seja importante na sua aplicação. O que acontecerá se não ocorrer a redistribuição de tensões? Qual região desta peça deve sofrer a deformação plástica inicial? (se você não lembrar de nenhuma peça, discuta com o mecânico de seu carro).

2) A partir dos seguintes dados experimentais de uma peça em FE 60003, determine o módulo de elasticidade, o limite de escoamento 0,2, o limite de resistência e o alongamento total. Construa a curva tensão-deformação real e calcule o coeficiente de encruamento. Estime também o limite de proporcionalidade. Qual o índice de qualidade desta peça? (ver Propriedades Estáticas de Ferros Fundidos Nodulares). Comprimento útil do corpo de prova = 15 mm. Diâmetro do corpo de prova = 6,06 mm.

Δl (mm)	F (N)
0,025	2000
0,033	4000
0,042	6000
0,053	8000
0,067	10000
0,083	11000
0,100	12000
0,125	13000
0,167	14000
0,250	15000
0,342	16000
0,433	17000
0,583	18000

3) Uma carcaça, especificada em FE 50007, apresentou em ensaio de tração os resultados da Tabela a seguir. Determine o módulo de elasticidade, o limite de proporcionalidade, o limite de escoamento, o limite de resistência e o alongamento total. Construa a curva tensão-deformação real e calcule o coeficiente de encruamento. Comprimento útil do cp = 30,0 mm. Diâmetro do cp = 6,07 mm.

Δl (mm)	F (N)
0,007	2000
0,011	4000
0,022	6000
0,033	8000
0,044	10000
0,055	11000
0,077	12000
0,121	13000
0,242	14000
0,375	15000
0,606	16000
0,859	17000
1,124	18000
1,829	19000
2,710	19938

4) Um bloco de motor, especificado em FV 450, apresentou em ensaio de tração os resultados da Tabela a seguir. Determine o módulo de elasticidade (tangente e secante), o limite de proporcionalidade, o limite de escoamento, o limite de resistência e o alongamento total. Construa a curva tensão-deformação real e calcule o coeficiente de encruamento. Comprimento útil do cp = 15,0 mm. Diâmetro do cp = 7,95 mm.

Δl (mm)	F (N)
0,004	2000
0,011	4000
0,018	6000
0,025	8000
0,036	10000
0,039	11000
0,043	12000
0,048	13000
0,057	14000
0,068	15000
0,079	16000
0,093	17000
0,111	18000
0,139	19100
0,179	20300
0,250	22000
0,364	24127

5) Um cabeçote de motor, especificado em FC 250, apresentou em ensaio de tração os resultados da Tabela a seguir. Determine o módulo de elasticidade (tangente e secante), o limite

PROPRIEDADES ESTÁTICAS

de proporcionalidade, o limite de escoamento 0,1%, o limite de resistência e o alongamento total. Construa a curva tensão-deformação real e calcule o coeficiente de encruamento. Comprimento útil do cp = 50,0 mm. Diâmetro do cp = 10,08 mm.

Δl (mm)	F (N)
0,013	1800
0,026	4000
0,034	6000
0,045	8000
0,054	10000
0,060	11000
0,067	12000
0,073	13000
0,081	14000
0,090	15000
0,101	16000
0,114	17000
0,129	18000
0,146	19000
0,169	20000
0,210	21316

6.2 MÓDULO DE ELASTICIDADE DE FERROS FUNDIDOS

O módulo de elasticidade dos ferros fundidos cobre uma ampla faixa de valores, de 60 até 180 GPa, dependendo principalmente da grafita (forma, tamanho, quantidade) (Wolfensberger et al., 1987). O efeito das características da grafita poderia ser considerado através do seguinte parâmetro adimensional:

$$W_G = (S_{max})^2 \times N_A \tag{6.5}$$

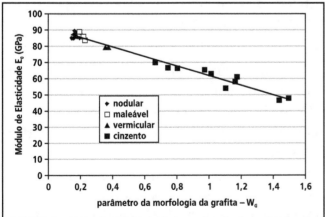

FIGURA 6.5 – Módulo de elasticidade em função do parâmetro de morfologia da grafita (W_G), para diversos tipos de ferros fundidos (Wolfensberger et al., 1987)

onde S_{max} é a média da maior dimensão das partículas de grafita e N_A é o número de partículas de grafita por unidade de área.

Este efeito pode ser visto na Figura 6.5, para diversos tipos de ferros fundidos (nodular, maleável preto, vermicular, cinzento), com diferentes matrizes, e pode ser descrito pela equação (Wolfensberger et al., 1987):

$$E_0 = 190 - 60\ W_G\ (\text{em GPa}) \tag{6.6}$$

FERROS FUNDIDOS CINZENTOS

A grafita presente nos ferros fundidos reduz o seu módulo de elasticidade para valores abaixo dos de aços com matrizes similares. Nos ferros fundidos cinzentos, a interrupção da matriz provocada pela grafita lamelar diminui consideravelmente o módulo de elasticidade (BCIRA, 1984). Além disso, a curva tensão-deformação em ferros fundidos cinzentos não apresenta um trecho linear como nos aços, ou seja, a relação entre tensão e deformação em ferro fundido cinzento não é constante, mas uma curva com inclinação continuamente decrescente (Figura 6.6). Este comportamento não linear e a histerese associada são causados, em parte, pela energia absorvida por fricção entre a partícula de grafita e a matriz (Figura 6.7), assim como pela microplasticidade nas redondezas da partícula de grafita. O efeito da microplasticidade diminui após sucessivos recarregamentos abaixo do limite de escoamento. Ocorre encruamento nas áreas submetidas a concentrações de tensão em torno da partícula de grafita, de modo que aumenta o limite de escoamento local e diminui o efeito da microplasticidade em novos carregamentos (Metzloff & Loper, 2000). Este comportamento é particularmente evidente nos ferros fundidos cinzentos e vermiculares, sendo de menor importância para os ferros fundidos nodulares.

Deste modo, nos ferros fundidos cinzentos e vermiculares o módulo de elasticidade pode ser determinado como o módulo tangente (para tensão igual a zero) ou como o módulo secante (entre dois pontos da curva tensão-deformação, normalmente correspondente a tensões zero e 25% do LR) (Figura 6.8). O módulo tangente pode ser determinado por ciclagem tração-compressão em torno do ponto zero (Metzloff & Loper, 2002), por extrapolação da curva módulo secante x tensão para tensão igual

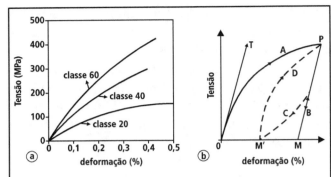

FIGURA 6.6 – (a) Diagrama tensão-deformação para diversas classes de ferro fundido cinzento (classes segundo a Norma ASTM) (Mampaey et al., 2003). (b) Diagrama tensão-deformação esquemático, para um aço (linha cheia), mostrando um comportamento linear no carregamento e descarregamento. O ferro fundido cinzento (linha tracejada) mostra uma recuperação não linear da deformação e a formação de um loop de histerese no recarregamento. O loop de histerese seria o resultado do atrito sólido entre a grafita e a matriz (Metzloff & Loper, 2002).

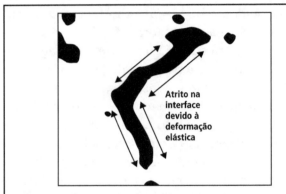

FIGURA 6.7 – O amortecimento de vibrações ocorre devido ao atrito entre as partículas de grafita e a matriz (Metzloff & Loper, 2002).

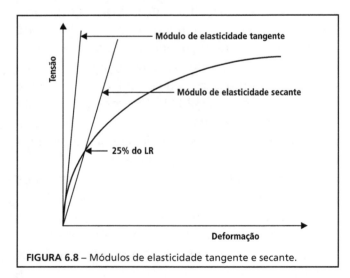

FIGURA 6.8 – Módulos de elasticidade tangente e secante.

TABELA 6.1 – Módulo de elasticidade para 5 ferros fundidos cinzentos com limite de resistência entre 207 e 340 MPa (Walton & Opar, 1981).

Amostra	Módulo de elasticidade (GPa)	
	Secante (0-25% LR)	Tangente (freq. ressonância)
1	90	130
2	101	134
3	109	137
4	126	150
5	131	151

TABELA 6.2 – Módulo de elasticidade para ferros fundidos cinzentos (BCIRA Broadsheet 232, 1984).

Limite de Resistência (MPa)	Módulo de Elasticidade E_0 (GPa)	Taxa m de decréscimo de E com o aumento da tensão
150	100	0,535
180	109	0,466
220	120	0,385
260	128	0,315
300	135	0,250
350	140	0,200
400	145	0,165

a zero (DeLa´O et al., 2003), ou ainda por determinação da frequência de ressonância ou velocidade sônica (Walton & Opar, 1981), e reflete situações de baixos níveis de tensão. O módulo secante representa situações onde a tensão atuante alcança até 25% do Limite de Resistência. Na Tabela 6.1 podem ser observados valores de módulo de elasticidade segundo estes dois métodos.

Uma maneira de estimar o módulo secante a partir do módulo tangente e da tensão aplicada é utilizando-se a seguinte equação:

$$E_{sec\,em\,x} = E_0 - m \cdot \sigma_{em\,x} \qquad (6.7)$$

A Tabela 6.2 apresenta valores de E_0 e de m em função do Limite de Resistência do ferro fundido cinzento (BCIRA Broadsheet 232, 1984). Assim por exemplo, para um ferro fundido cinzento com LR = 150 MPa, o módulo de elasticidade secante para uma tensão aplicada de 25 MPa, será:

$$E_{sec} = 100 - 25 \times 0,535 = 86,6 \text{ GPa}$$

Para ferros fundidos cinzentos existe uma relação entre o módulo de elasticidade (tangente) e limite de resistência (Felix, 1963):

$$LR = [133.000/(320-E_0)] - 418 \qquad (6.8)$$

(LR em MPa, E_0 em GPa)

Para o estabelecimento desta equação, foram efetuadas medidas de velocidade sônica para a determinação do módulo de elasticidade. As propriedades foram obtidas em barra de 30 mm de diâmetro (Felix, 1963).

PROPRIEDADES ESTÁTICAS

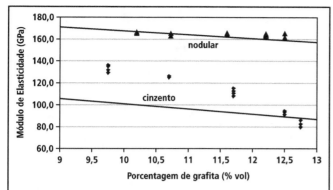

FIGURA 6.9 – Efeito da quantidade de grafita (nodular, lamelar) sobre o módulo de elasticidade (determinado por frequência de ressonância). A reta para o nodular foi calculada supondo as partículas de grafita como esferas, enquanto a reta para o cinzento foi calculada com partículas em forma de discos (Silva Neto, 1978).

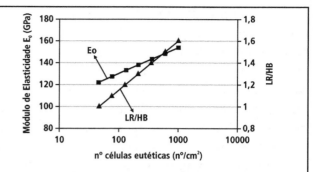

FIGURA 6.10 – Efeito do número de células eutéticas sobre o módulo de elasticidade e sobre a relação Limite de Resistência/Dureza (denominada por Czikel de Parâmetro de Qualidade m). Adaptado de Czikel & Hummer (1992).

O efeito da quantidade de grafita sobre o módulo de elasticidade pode ser visto na Figura 6.9. Classes de ferro fundido cinzento de maior resistência possuem menores quantidades de grafita, resultando em aumento do módulo de elasticidade. Este efeito é pouco importante quando a grafita é nodular. Nesta Figura são apresentadas ainda retas que correspondem a modelos que aproximam as partículas de grafita a uma dada geometria. No caso de nódulos, o modelo corresponde à realidade, enquanto que a suposição de que as partículas de grafita em cinzento assemelham-se a discos resultou em grandes desvios.

Em ferros fundidos cinzentos o módulo de elasticidade aumenta com a diminuição do tamanho das partículas de grafita, o que é conseguido com o aumento do número de células eutéticas (Figura 6.10).

O módulo de elasticidade ainda decresce com o aumento da seção da peça (devido ao aumento do tamanho das partículas de grafita) e pode ser aumentado com o uso de elementos de liga (do mesmo modo que aumenta o limite de resistência) (Walton & Opar, 1981).

Ferros fundidos cinzentos com alto módulo de elasticidade são selecionados para estruturas onde rigidez é importante e devem ser minimizadas deformações devido ao carregamento mecânico. Por outro lado, ferros fundidos cinzentos com baixo módulo de elasticidade são preferidos para aplicações onde amortecimento de vibrações é importante, e onde existem solicitações de choque térmico severo (Walton & Opar, 1981).

A Norma ISO 185/2005 apresenta, a título informativo, faixas de valores de módulo de elasticidade para cada classe de ferro fundido cinzento (Tabela 6.3), em barras de 30 mm de diâmetro.

FERROS FUNDIDOS NODULARES

Como discutido anteriormente, os ferros fundidos nodulares apresentam uma relação tensão-deformação aproximadamente linear, de modo que aqui se pode falar de módulo de elasticidade em seu conceito usual, isto é, inclinação da reta na região elástica (Warda et al., 1998). São usuais valores entre 169 GPa (classes ferríticas) e 176 GPa (classes perlíticas) (BCIRA, 1974), ou ainda de 160 a 180 GPa (Hachenberg, 1988).

TABELA 6.3 – Valores de módulo de elasticidade para as classes de ferro fundido cinzento previstas na Norma ISO 185/2005, obtidas em corpo de prova de 30 mm de diâmetro, fundido em separado. A classe ISO 185/JL/100 não é listada nesta Tabela.

Propriedade	Unid.	Classe ISO 185/JL/						
		150	200	225	250	275	300	350
Limite de resistência à tração	MPa	150-250	200-300	225-325	250-350	275-375	300-400	350-450
Limite de Escoamento 0,1%	MPa	98-165	130-195	150-210	165-228	180-245	195-260	228-285
Alongamento	%	0,3-0,8	0,3-0,8	0,3-0,8	0,3-0,8	0,3-0,8	0,3-0,8	0,3-0,8
Módulo de Elasticidade (1)	GPa	78-103	88-113	95-115	103-118	105-128	108-137	123-143
Relação de Poisson	-	0,26	0,26	0,26	0,26	0,26	0,26	0,26

(1) depende da quantidade de grafita e do nível de tensão

Trabalhos de Metloff & Loper (2001) mostram que esta relação entre tensão e deformação também se desvia da reta, decrescendo o módulo de elasticidade de 177 para 174 GPa quando a tensão é aumentada de zero para 175 MPa; de qualquer modo, trata-se de um decréscimo bem menor do que no caso do ferro fundido cinzento. Na Figura 6.11 pode-se verificar que o módulo de elasticidade do ferro fundido nodular mantém-se constante para uma ampla faixa de tensões (Goodrich, 2003).

Além da matriz, influenciam o módulo de elasticidade a quantidade de grafita (conforme mostrado na Figura 6.9) e a perfeição dos nódulos de grafita (Figura 6.5). À medida que decresce a nodularidade, aumentam os efeitos de microplasticidade mesmo com baixos níveis de tensão, como descrito para os ferros fundidos cinzentos, reduzindo-se o módulo de elasticidade (Walton & Opar, 1981, Metzloff & Loper, 2002).

Tratamentos térmicos, que normalmente afetam a interação da grafita com a matriz, tendem a reduzir o módulo de elasticidade. Assim, o recozimento de ferritização diminui o valor do módulo de elasticidade devido à precipitação de carbono sobre a grafita causando uma região de mistura de ferrita e grafita. Tratamento térmico de normalização a partir de matriz ferrítica reduz ainda mais o módulo de elasticidade, devido à criação de vazios na interface nódulo/matriz durante a solubilização do carbono na austenitização (Merkloff & Loper, 2001).

A Tabela 6.4 mostra valores de módulo de elasticidade (tração e compressão) para as diversas classes de ferro fundido nodular, conforme indicações da Norma ISO 1083/2004.

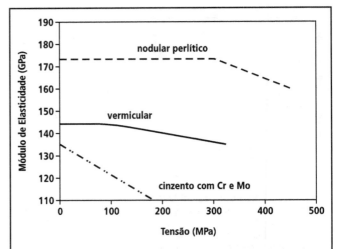

FIGURA 6.11 – Alteração do módulo de elasticidade com a tensão aplicada, para ferro fundido nodular perlítico, ferro fundido vermicular e ferro fundido cinzento ligado ao Cr e Mo (Goodrich, 2003).

O Módulo de Rigidez à Flexão (G) relaciona-se com o Módulo de Elasticidade (E) segundo a equação (BCIRA, 1974):

$$E = 2G(1+\nu) \qquad (6.9)$$

Onde:
- E – módulo de elasticidade
- G – módulo de rigidez à flexão
- ν – coeficiente de Poisson (= 0,275)

Deste modo, a equação (6.9) reduz-se a:

$$G = 0,39 E \qquad (6.10)$$

TABELA 6.4 – Propriedades típicas de ferros fundidos nodulares. Norma ISO 1083/2004.

Característica	Unid.	Classe ISO 1083/JS/									
		350-22	400-18	450-10	500-7	550-5	600-3	700-2	800-2	900-2	500-10
LR min	MPa	350	400	450	500	550	600	700	800	900	500
LE min	MPa	220	240	310	320	350	370	420	480	600	360
Along min	%	22	18	10	7	5	3	2	2	2	10
Módulo de elasticidade – E (tração e compres)	GPa	169	169	169	169	172	174	176	176	176	170
Relação de Poisson – ν	-	0,275	0,275	0,275	0,275	0,275	0,275	0,275	0,275	0,275	0,28-0,29
Microestrutura predominante		ferrita	ferrita	ferrita	Ferrita-perlita	Ferrita-perlita	Perlita-ferrita	Perlita	Perl ou mart rev	Mart rev (1) (2)	ferrita

(1) Ou ausferrita.
(2) Para peças grandes pode ser também perlita.

FERROS FUNDIDOS VERMICULARES

Os ferros fundidos vermiculares apresentam módulo de elasticidade com valores entre 130 a 160 GPa. A curva tensão-deformação, a exemplo dos ferros fundidos cinzentos, desvia-se da reta desde a origem, de modo que o módulo de elasticidade pode ser determinado como a tangente na origem ou então pelo método secante. Na Figura 6.12 constam resultados obtidos com o método secante, variando-se a posição da reta secante na curva tensão-deformação, bem como o diâmetro do corpo de prova. As menores dispersões de resultados foram obtidas tomando-se a secante a 5 e 25% do limite de escoamento. Além disso, a dispersão também foi menor com o corpo de prova de diâmetro maior (10 mm), situação menos sensível a pequenos desalinhamentos do conjunto corpo de prova/máquina.

Outro conjunto de resultados é apresentado na Figura 6.13, para ferro vermicular de classe FV 400. Neste caso o módulo de elasticidade (tangente) situou-se em torno de 150 GPa, tanto no bloco de motor 12 L (amostras dos mancais de apoio) como em barras fundidas em separado. Para este bloco de motor produzido em ferro fundido cinzento (classe FC 250), o módulo de elasticidade (tangente) é de 100-110 GPa (amostras dos mancais de apoio). Em bloco de motor 2,0 L, Reese & Evans (1998) encontraram valores de módulo de elasticidade de 83 a 98 GPa para ferro fundido cinzento, e de 145 a 152 para ferro fundido vermicular com 40-60% perlita. Tholl et al., (1996) verificaram em bloco de motor V8 (Opel Calibra) valores de 105-110 GPa para o ferro fundido cinzento e 140-150 GPa para ferro fundido vermicular com 100% perlita.

O efeito da percentagem de grafita nodular na microestrutura sobre o módulo de elasticidade pode ser visto nas Figuras 6.14 e 6.15, verificando-se um aumento do módulo de elasticidade com o aumento da nodularidade (Hughes & Powell, 1985). Como a maioria das normas limita a nodularidade

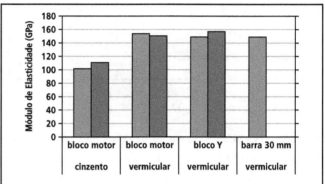

FIGURA 6.13 – Resultados de módulo de elasticidade (tangente) de ferro fundido cinzento (classe FC 250) e de ferro vermicular (classe FV 400). Amostras retiradas de mancal de apoio de bloco de motor de 12 L, de bloco Y 25 mm e de barra φ 30 mm.

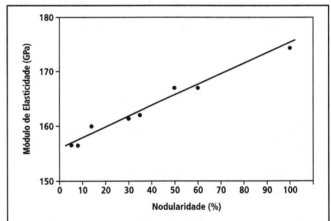

FIGURA 6.14 – Efeito da percentagem de grafita nodular sobre o módulo de elasticidade (tangente) de ferro fundido vermicular (Horsfall & Sergeant, 1983).

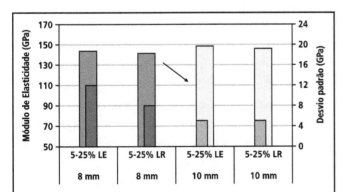

FIGURA 6.12 – Determinação de módulo de elasticidade pelo método secante em ferro fundido vermicular classe FV 450. O método com a menor dispersão foi o que adotou como pontos da secante os correspondentes a 5 e 25% do Limite de Escoamento, em corpo de prova com diâmetro de 10 mm. Amostras obtidas de mancal de apoio de bloco de motor V6 2,7L.

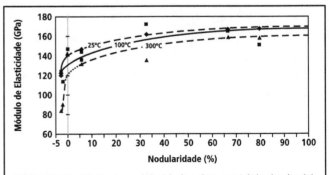

FIGURA 6.15 – Efeito da nodularidade sobre o módulo de elasticidade em ferro fundido vermicular perlítico (Shao et al., 1997).

TABELA 6.5 – Valores orientativos de propriedades físicas e mecânicas de ferros fundidos vermiculares. Norma ISO 16112/2006.

Propriedade	Temperatura (°C)	Classe ISO 166112				
		JV 300	JV 350	JV 400	JV 450	JV 500
Limite de resistência (MPa) (a)	23	300-375	350-425	400-475	450-525	500-575
	100	275-350	325-400	375-450	425-500	475-550
	400	225-300	275-350	300-375	350-425	400-475
Limite de escoam 0,2 (MPa) (a)	23	210-260	245-295	280-330	315-365	350-400
	100	190-240	220-270	255-305	290-340	325-375
	400	170-220	195-245	230-280	265-315	300-350
Alongam (%)	23	2,0-5,0	1,5-4,0	1,0-3,5	1,0-2,5	0,5-2,0
	100	1,5-4,5	1,5-3,5	1,0-3,0	1,0-2,0	0,5-1,5
	400	1,0-4,0	1,0-3,0	1,0-2,5	0,5-1,5	0,5-1,5
Módulo de elasticidade (GPa) (b)	23	130-145	135-150	140-150	145-155	145-160
	100	125-140	130-145	135-145	140-150	140-155
	400	120-135	125-140	130-140	135-145	135-150

(a) para espessura de parede de 15 mm, módulo M = 0,75 cm.
(b) módulo secante (200 a 300 MPa).

em 20%, os valores de módulo de elasticidade ficam limitados a no máximo 160 GPa. Valores de 150-160 GPa são também mencionados como típicos por Röhrig (1990).

Outros fatores que também afetam o módulo de elasticidade dos ferros fundidos vermiculares são a espessura da peça e a quantidade de perlita na matriz (Walton & Opar, 1981), similarmente aos ferros fundidos cinzentos.

A Tabela 6.5 apresenta valores típicos de módulo de elasticidade para as diversas classes de ferro fundido vermicular, conforme a Norma ISO 16112/2006.

> **EM RESUMO**
>
> **Variáveis metalúrgicas importantes:**
> - Forma da grafita
> - Quantidade de grafita
> - Espessura da peça
> - Matriz
> - Tratamentos térmicos
>
> Ferros fundidos cinzentos: E = 80 a 140 GPa
> Ferros fundidos vermiculares: E = 130 a 160 GPa
> Ferros fundidos nodulares: E = 160 a 180 GPa
> (deve ser sempre especificado como foi medido o módulo de elasticidade)

EXERCÍCIOS

1) Discutir o efeito da forma da grafita sobre o módulo de elasticidade.

2) Calcular a deformação elástica para a aplicação de uma tensão de 50 MPa para os ferros fundidos (utilize os dados dos exercícios 3 a 5 referentes ao capítulo sobre Ensaio de Tração em Ferros Fundidos):
   a) Ferro fundido cinzento classe FC 250
   b) Ferro fundido nodular classe FE 50007
   c) Ferro fundido vermicular classe FV 450

3) Comparar os resultados calculados pela equação (6.8) abaixo (Felix, 1963) com os valores da Norma ISO 185/2005 (Tabela 6.3), para ferros fundidos cinzentos. Discutir as razões para possíveis diferenças.

$$LR = 133.000/(320-E_0) - 418 \qquad (6.8)$$

4) Calcule os valores de módulo de elasticidade (secante) para ferros fundidos cinzentos com limite de resistência de 260 e 350 MPa, respectivamente, para tensões aplicadas de ¼ do limite de resistência. Empregue os dados da Tabela 6.2. Compare o desvio com relação ao módulo tangente para os dois casos e discuta as razões de possíveis diferenças.

5) O ferro fundido vermicular da Figura 2.11 do capítulo sobre Tipos de Ferros Fundidos tem 265 partículas/mm² e tamanho médio de 50 microns. Estime o módulo de elasticidade utilizando a equação de Wolfensberger (Figura 6.5). Como este valor se compara com os resultados típicos de ferro fundido vermicular com este grau de nodulização?

6) Por que a reta teórica para ferros fundidos cinzentos não se ajustou aos resultados da Figura 6.9, enquanto para ferro fundido nodular a concordância foi boa?

6.3 PROPRIEDADES ESTÁTICAS DE FERROS FUNDIDOS CINZENTOS

Como visto em capítulo anterior, a Norma ABNT NBR 6589/1986 estabelece classes de ferro fundido cinzento de acordo com o Limite de Resistência, desde FC 100 até FC 400 (Tabela 5.1 do capítulo sobre Normas). A designação de cada classe indica o valor mínimo do Limite de Resistência, sendo que o valor de LR obtido não pode exceder em 100 MPa o valor mínimo especificado. Assim, peças especificadas na classe FC 250 devem apresentar valores de LR entre 250 e 350 MPa (corpo de prova em separado, anexo ou da peça, ver capítulo de Normas sobre a seleção do local do corpo de prova). Para a classe FC 100, a faixa de LR é menor, de 100 a 150 MPa. Na Figura 6.16 pode-se observar a relação entre Limite de Resistência e Dureza, associando-se as classes de resistência com as de dureza, previstas nas Normas ABNT NBR6589/1986 e 8583/1984.

A resistência mecânica dos ferros fundidos cinzentos depende da grafita e da matriz (Figura 6.17). Como foi visto no Capítulo sobre Fratura, a grafita não oferece resistência mecânica apreciável, de modo que quanto maiores as partículas de grafita e quanto maior a quantidade de grafita, menor é a resistência mecânica, particularmente à tração (Souza Santos & Branco, 1977). Com relação à matriz, a resistência é aumentada com teores crescentes de perlita (em substituição à ferrita) e com diminuição do espaçamento interlamelar da perlita. Uma complicação adicional nos ferros fundidos cinzentos é que o tipo de grafita afeta a quantidade de perlita na matriz; grafitas de super-resfriamento (tipo D, ver Figura 6.18) facilitam a formação de ferrita devido à baixa distância para difusão do carbono.

Como mostra o diagrama da Figura 6.17, as principais variáveis que afetam a microestrutura (e, portanto, as propriedades mecânicas) são o teor de carbono equivalente, os teores de elementos de liga, a inoculação e a velocidade de resfriamento da peça.

Na Figura 6.19 pode-se observar como o aumento do teor de carbono equivalente diminui o limite de resistência, e este efeito é devido ao aumento da quantidade e principalmente do tamanho das partículas de grafita. O efeito do tamanho das partículas de grafita pode ser visto na Figura 6.20, onde a variação no tamanho da grafita foi obtida com variações no teor de carbono e no diâmetro da

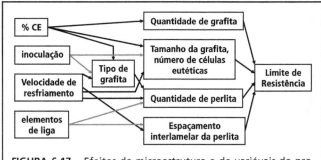

FIGURA 6.17 – Efeitos da microestrutura e de variáveis de processo sobre o Limite de Resistência à Tração em ferro fundido cinzento.

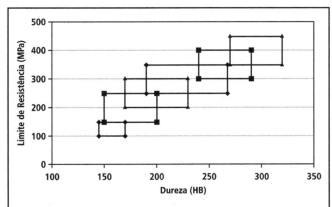

FIGURA 6.16 – Relação entre Dureza e Limite de Resistência para as classes de ferros fundidos cinzentos previstas na Norma ABNT NBR 6589/1986. Os retângulos representam as propriedades (mínimas e máximas) previstas na Norma ABNT.

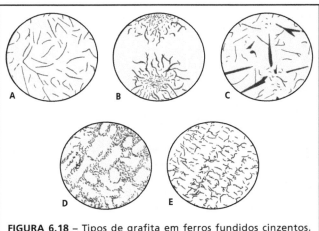

FIGURA 6.18 – Tipos de grafita em ferros fundidos cinzentos. Norma ISO 945/1975.

barra fundida. Alterações no teor de silício conduziram a efeito similar às do teor de carbono, produzindo resultados praticamente sobre a mesma curva da Figura 6.20. É interessante observar que a equação que representa a curva da Figura 6.20 é do mesmo tipo da desenvolvida por Griffith, no modelamento da teoria da fratura.

$$\sigma_f = 2E\gamma/(\pi c)^{1/2} \qquad (6.11)$$

onde:
- σ_f – tensão de fratura
- E – módulo de elasticidade
- γ – energia necessária para produzir uma nova superfície
- c – tamanho da trinca

Neste caso, o tamanho da trinca seria aproximado pelo tamanho da maior partícula de grafita presente na microestrutura (Bates, 1986), de modo que:

$$\sigma_f = 4603/c^{1/2} \qquad (6.12)$$
(ver unidades na Figura 6.20)

A inoculação é outra variável importante, pois além de evitar a presença de carbonetos, aumenta o número de células eutéticas (Pieske et al., 1975), refinando assim as partículas de grafita e aumentando a quantidade de regiões intercelulares que devem ser rompidas pelo processo de fratura. A inoculação evita ainda a presença de grafita tipo D, formada em grandes super-resfriamentos e extremamente refinada, que está geralmente associada a matriz ferrítica, de baixa resistência mecânica (Figura 6.21). Na Figura 6.22 pode-se verificar o efeito do número de células eutéticas sobre o limite de resistência (Patterson et al., 1968), cada contorno de célula representando uma porção de matriz que deve ser rompida no processo de fratura.

As características da matriz, em particular a quantidade de perlita, são influenciadas primeiramente pelo tipo de grafita (Figura 6.18), pois grafitas de super-resfriamento (tipo D, núcleo da célula do tipo B), por apresentarem pequenas distâncias para difusão do carbono, promovem a formação de fer-

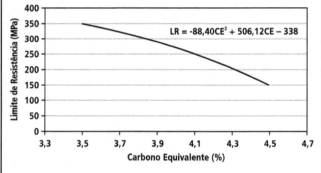

FIGURA 6.19 – Efeito do Carbono Equivalente sobre o Limite de Resistência de ferros fundidos cinzentos. Barras de 30 mm de diâmetro (Walton & Opar, 1981).

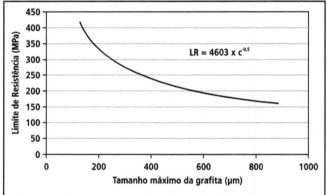

FIGURA 6.20 – Efeito do tamanho das partículas de grafita no limite de resistência de ferros fundidos cinzentos. 3,1 a 3,5% C- 2%Si – barras com diâmetros de 22-30-51 mm (Bates, 1986).

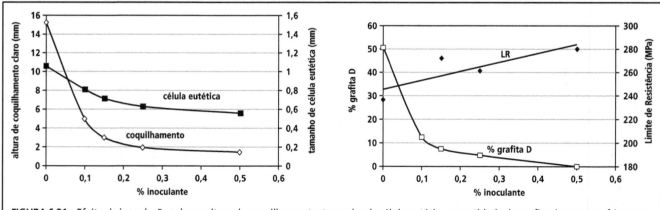

FIGURA 6.21 – Efeito da inoculação sobre a altura de coquilhamento, tamanho de célula eutética, quantidade de grafita de super-resfriamento e limite de resistência, em ferro fundido cinzento. Inoculante Si-Sr (Chaves Filho et al., 1975).

PROPRIEDADES ESTÁTICAS

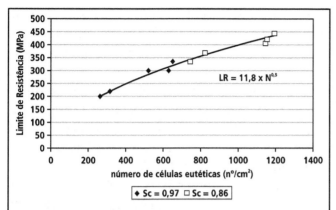

FIGURA 6.22 – Relação entre limite de resistência e número de células eutéticas em ferros fundidos cinzentos com diferentes graus de saturação (Sc). Barras de 30 mm de diâmetro. Adaptado de Patterson et al. (1968).

rita na matriz. A presença deste tipo de grafita é favorecida por baixos teores de carbono equivalente e altas velocidades de resfriamento na solidificação (baixa temperatura de vazamento e peça de espessura fina), porém estes efeitos podem ser contrabalançados por uma boa inoculação, que promove a formação de grafita tipo A, geralmente associada a matriz perlítica. Este aspecto é determinante na resistência dos ferros fundidos cinzentos, de modo que para a obtenção das classes de alta resistência (» 200 MPa) é necessário que a grafita seja do tipo A. A Tabela 6.6 mostra este efeito do tipo de grafita sobre a matriz, afetando o limite de resistência (Mroczek et al., 2000). A quantidade de perlita, e o seu espaçamento interlamelar, é ainda influenciada pela velocidade de resfriamento no estado sólido (aumentando a quantidade de perlita e refinando-a)

TABELA 6.6 – Efeito do tipo de grafita sobre o limite de resistência de ferro fundido cinzento com 3,8% CE, barra de ϕ 30 mm (Mroczek et al., 2000).

Barra n.	Tipo de grafita	Matriz	LR (MPa)
1	A	Perlita média/grossa	266
2	B	Perlita grossa e ferrita	231
3	D	Principalmente ferrita	175

e pela presença e teor de elementos de liga (Cu, Sn, Cr e Mn são os mais usuais). Uma visão dos efeitos de elementos de liga em ferro fundido cinzento é apresentada na Tabela 6.7 (Röhrig, 1981).

A Figura 6.17 ilustra apenas o efeito das principais variáveis sobre a microestrutura; outras variáveis podem ainda ter influência considerável (teores de Mn e S, tipo de inoculante e técnica de inoculação, tipo de carga na fusão, procedimentos na fusão, etc.), dependendo da situação em particular.

Apresenta-se a seguir o efeito da espessura da seção sobre as propriedades mecânicas, importante relação que deve ser compreendida tanto pelo fundidor como pelo projetista de peças fundidas.

RELAÇÃO ENTRE RESISTÊNCIA E ESPESSURA DA PEÇA EM FERROS FUNDIDOS CINZENTOS

Os ferros fundidos cinzentos, assim como todas as ligas fundidas, tem suas propriedades mecânicas dependentes da velocidade de solidificação. Solidificação lenta significa dendritas e células eutéticas grandes, e longo tempo disponível para segregação. Partículas grosseiras resultam em concentração de tensão durante a solicitação mecânica, facilitando os fenômenos de nucleação e de crescimento de trincas. Além disso, segregações de elementos de liga e de impurezas implicam em heterogeneidade de propriedades mecânicas ao longo da microestrutura, o que também facilita a nucleação de trincas. Nos ferros fundidos cinzentos, a diminuição da velocidade de solidificação resulta principalmente em maiores partículas de grafita (Figura 6.23) e segregação mais intensa, em especial dos elementos P, Mn, Cr, Sn e Mo (Tabela 6.8); dependendo da concentração alcançada durante a segregação, alguns destes elementos podem formar partículas intercelulares, como fosfetos (P) ou carbonetos (Cr, Mo, Mn).

TABELA 6.7 – Efeitos dos elementos de liga sobre a microestrutura e propriedades de ferros fundidos cinzentos. Os números representam posições relativas (Röhrig, 1981).

	Ação dos elementos de liga					
	Cu	Cr	Mo	Ni	Sn	V
Aumento da tendência ao coquilhamento	-0,4	1	0,3	0,3		2
Número de células eutéticas		+	+			+
Endurecimento da ferrita por solução sólida	1	1	1,9	0,8	1,1	2
Formação de perlita	1	2	-1 a +0,5	0,2	12	1
Temperabilidade	8	3	19	10		3

A velocidade de solidificação pode ser reduzida com aumento da espessura da seção da peça e diminuição da condutividade térmica do molde e machos (moldes de areia extraem calor mais lentamente que moldes metálicos). Como as peças fundidas são quase sempre de geometria complexa, e portanto de seções com espessura variável, é normal que as propriedades mecânicas variem ao longo da peça. O importante é que o projetista conheça esta variação e possa projetar sua peça considerando este fato. As normas técnicas de ferro fundido cinzento prevêem esta variação de forma quantitativa, o que facilita o trabalho de seleção de material. Vejamos um exemplo:

Um bloco de motor é uma peça de seções bem variadas. Examinemos duas delas: a região em torno dos mancais de apoio do girabrequim e as paredes dos cilindros que acomodam os pistões (Figura 6.24). Vamos supor que num bloco V6 as espessuras (não usinadas) destas seções sejam de 30 e de 6 mm, respectivamente. Além disso, o projeto da peça e seu modelamento de tensões mostrou que o limite de resistência mínimo nestes locais deveria ser de 240 e 220 MPa, respectivamente (já considerados os coeficientes de segurança). Qual classe de ferro fundido cinzento deveria ser escolhida para esta peça?

A Figura 6.25 mostra os valores (mínimos) de Limite de Resistência previstos na Norma Euro-

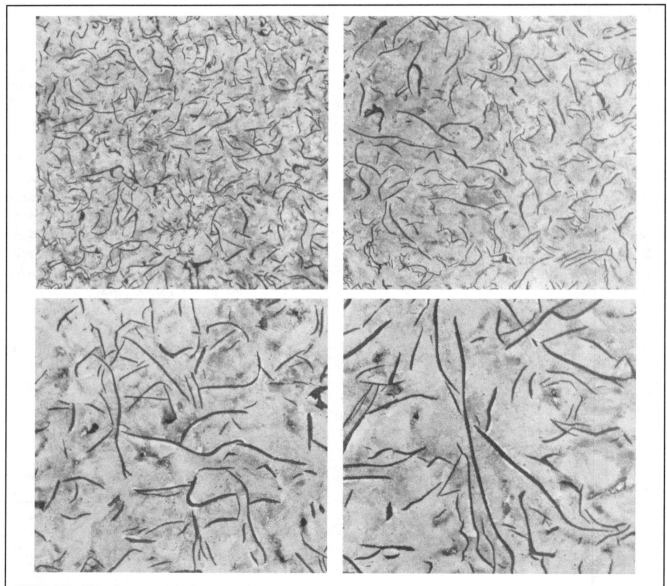

FIGURA 6.23 – Efeito do aumento do diâmetro da barra cilíndrica (15 – 22 – 41 – 53 mm) sobre o tamanho das partículas de grafita. 100 X, Picral (IBF, 1981).

PROPRIEDADES ESTÁTICAS

TABELA 6.8 – Segregação de elementos de liga na solidificação de ferros fundidos. O fator de segregação representa a relação de concentração entre o líquido e a austenita (Hasse, 1999).

Elemento	Fator de segregação
Mo	25,3
Ti	25,0
V	13,2
Cr	11,6
Mn	1,7-3,5
P	2,0
Si	0,7
Ni	0,3
Cu	0,1

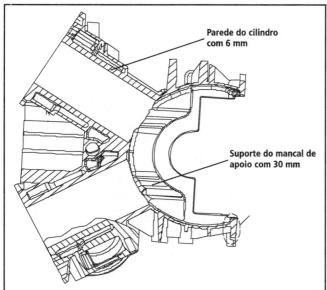

FIGURA 6.24 – Seção de um bloco de motor V6 ilustrando as espessuras de parede na região dos cilindros e no suporte do mancal de apoio.

peia EN 1561/1997 e na Norma ISO 185/2005. Para uma espessura de 6 mm e LR > 220 MPa, a classe escolhida seria a EN-GJL-200, enquanto que para a espessura de 30 mm e LR > 240 MPa a classe a ser escolhida deveria ser a EN-GJL-300. Como ambas as condições devem ser satisfeitas simultaneamente, a classe selecionada é a EN-GJL-300.

Também a dureza varia com a espessura da seção (pelas mesmas razões apresentadas para a resistência), como pode ser visto na Figura 6.26. A classe EN-GJL-300 corresponde em dureza à classe EN-GJL-HB-235. Deste modo, podem-se estimar valores de dureza de 260 HB para a parede do cilindro e de cerca de 220 HB para o suporte do mancal de apoio. Estes valores podem ser usados para planejar as operações de usinagem da peça.

Verifica-se assim que é possível prever os valores de propriedades mecânicas nos diversos locais da peça, utilizando-se tais previsões para o projeto da peça fundida.

A correlação entre o diâmetro da barra fundida e a espessura da peça se faz utilizando-se o conceito de módulo de resfriamento, relação entre o volume de metal a ser resfriado com a área das superfícies de resfriamento.

$$M = V/S \tag{6.13}$$

Assim para um cilindro de raio r esta relação vale:

$$M = (\pi r^2 \times L)/(2\pi r \times L) \tag{6.14}$$

ou seja

$$M = r/2 \tag{6.15}$$

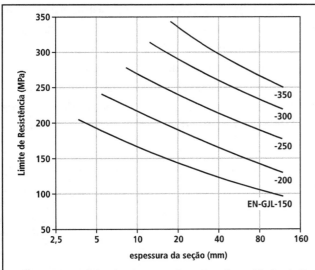

FIGURA 6.25 – Efeito da espessura da seção sobre o Limite de Resistência de ferros fundidos cinzentos (Deike et al., 2000).

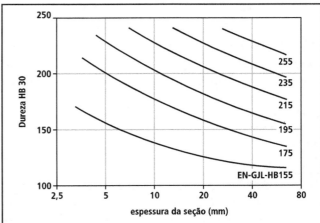

FIGURA 6.26 – Efeito da espessura da seção sobre a dureza Brinell em ferros fundidos cinzentos (Deike et al., 2000).

Para uma placa infinita de espessura e tem-se para um elemento de volume e x e x e:

$$M = (e^3)/(2 \times e^2) \qquad (6.16)$$

ou seja

$$M = e/2 \qquad (6.17)$$

Deste modo, para iguais módulos de resfriamento: e = r = d/2. Assim, a espessura da seção da peça corresponde à metade do diâmetro da barra fundida. No caso padrão de barra de 30 mm de diâmetro, a espessura correspondente seria de 15 mm.

SELEÇÃO DO LOCAL DE RETIRADA DO CORPO DE PROVA PARA ENSAIO DE TRAÇÃO

Como critério básico, o local de retirada do corpo de prova de tração deveria ser o local mais solicitado da peça. Os modelamentos de tensões servem de ferramenta para a identificação destes locais. Entretanto, em outros locais, de seção mais espessa, a situação pode ser mais crítica, com a resistência da peça mais próxima do nível de tensão aplicado. Deste modo, tanto o mapa de tensões como o de resistência na peça devem ser examinados para a definição do local de retirada do corpo de prova.

Outro aspecto a ser considerado é utilizar corpo de prova fundido em separado ou não. Quando se conhece bem a correlação das propriedades mecânicas neste local crítico da peça e as propriedades em corpo de prova fundido em separado, esta segunda opção poderia então ser adotada. De qualquer modo, resultados de amostras retiradas da peça são sempre mais representativos do processo, como será visto nos casos que se seguem.

Um exemplo é apresentado na Figura 6.27 e Tabela 6.9, para uma placa de embreagem. Neste caso a espessura da peça é de 15 mm, o que corresponde em termos de módulo de resfriamento a

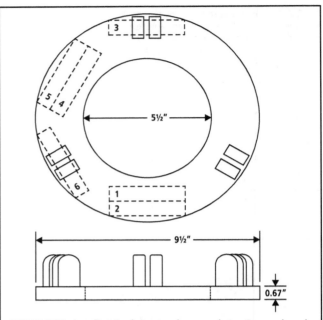

FIGURA 6.27 – Localização de corpos de prova de tração em placa de embreagem. Os resultados estão na Tabela 6.9 (Goodrich, 2003).

uma barra de diâmetro de 30 mm, ou seja, à barra padrão. Verifica-se na Tabela 6.9 que o local de menor resistência na peça é o de número 6, local que apresenta uma pequena concentração de massa. Os resultados obtidos na barra de diâmetro de 30 mm são cerca de 10% acima dos obtidos no local de número 6, e isto deveria ser então considerado se a decisão for adotar o corpo de prova em separado (Goodrich, 2003).

A Figura 6.28 mostra resultados referentes a uma peça de ferro fundido cinzento, determinando-se o limite de resistência em região com espessura de 15 mm, e em barra de 30 mm fundida em separado. Neste caso o tempo de desmoldagem da barra fundida em separado foi fixado em 1h, enquanto para a peça o tempo mínimo de desmoldagem era de 3 h, podendo variar com a quantidade de paradas da linha de moldagem. As médias dos valores de limite de resistência são muito próximas (ver le-

TABELA 6.9 – Relação entre limite de resistência na peça e em corpo de prova fundido em separado (Goodrich, 2003).

Placa de embreagem – 192-197 HB						
Localização do cp	1	2	3	4	5	6
Diâmetro do cp (mm)	12,8	12,8	12,8	9,1	9,1	9,1
LR (MPa) – peça #1	219	212	206	216	213	199
LR (MPa) – peça #2	197	208	206	212	217	200
Resultados na barra φ 30 mm						
Diâmetro do cp (mm)	19,1	9,1	9,1	12,8	19,1	Média LR (MPa)
LR (MPa)	215	213	232	214	232	221

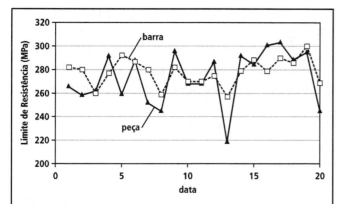

FIGURA 6.28 – Valores de limite de resistência em barra de 30 mm fundida em separado e na peça (#1), em seção com espessura de 15 mm. Média dos valores na peça = 274 MPa. Média dos valores na barra de 30 mm = 278 MPa.

genda da Figura 6.28). Observa-se ainda na Figura 6.28 que o corpo de prova retirado da peça é mais sensível a variações de processo do que a barra fundida em separado.

Outro conjunto de resultados é apresentado na Figura 6.29, também para uma peça de ferro fundido cinzento. Verifica-se que ambas as amostragens (LR na peça e LR na barra em separado) revelam aproximadamente as mesmas tendências; além disso, as médias dos resultados de LR são também bastante próximas (ver legenda da Figura 6.29).

Na Tabela 6.10 apresentam-se ainda médias de resultados de LR em amostras retiradas da peça e em barras fundidas em separado, para quatro peças. A aplicação do conceito de módulo de resfriamento aplica-se a estas comparações, já que a barra de 30 mm de diâmetro solidificaria com velocidade similar a uma seção com espessura de 15 mm. Observa-se que os valores de LR na capa de mancal

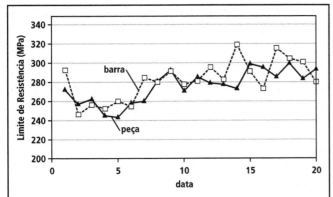

FIGURA 6.29 – Valores de limite de resistência em barra fundida em separado e na peça (#2), em seção com espessura de 15 mm. Média dos valores na peça = 276 MPa. Média dos valores na barra de 30 mm = 283 MPa.

TABELA 6.10 – Resultados de limite de resistência (média de 20 valores) em amostra retirada da peça e em barra fundida em separado (ϕ 30 mm).

	Espessura da peça no local do corpo de prova (mm)	LR peça (MPa)	LR barra (MPa)
Peça #1	15,5	274	278
Peça #2	15,6	276	283
Disco de freio ventilado	11,5	247	239
Capa de mancal ("stick")	20,0	253	292

são inferiores aos obtidos na barra em separado, o contrário acontecendo com os resultados no disco de freio. Neste caso é sempre necessário conhecer a correlação entre os resultados na peça com os da barra de 30 mm de diâmetro.

EQUAÇÕES PARA ESTIMATIVA DO LIMITE DE RESISTÊNCIA

Encontram-se na literatura diversas equações para estimativa das propriedades mecânicas, em particular do limite de resistência, equações estas baseadas na dureza, na espessura da peça, na composição química ou ainda em parâmetros da microestrutura. Cada uma destas abordagens tem a sua utilidade específica, como será visto a seguir.

Um dos principais objetivos destas equações é a estimativa do LR a partir de ensaios não destrutivos realizados em peças, como a dureza e a frequência de ressonância (determinando o módulo de elasticidade) (Norma EN 1561/1997, Deike et al., 2000, Patterson et al., 1968, Gilbert, 1976). Estas equações são supostas válidas para qualquer espessura da peça, sendo então usadas no controle de qualidade de peças nas fundições e no recebimento em clientes.

As Normas EN 1561/1997 e ISO 185/2005 mostram em seus anexos uma relação entre valores usuais de dureza e resistência:

$$HB = 100 + 0{,}44\, LR \qquad (6.18)$$

ou seja,

$$LR = 2{,}27\, HB - 227 \qquad (6.19)$$

Relação muito parecida é apresentada por Deike et al., (2000):

$$LR = 2{,}33\, HB - 234 \qquad (6.20)$$

Estas relações apresentam sempre uma grande dispersão (Patterson et al., 1968), pois os fatores que afetam a resistência nem sempre o fazem com a mesma intensidade sobre a dureza; um exemplo é o efeito do teor de carbono equivalente, aumentando a quantidade e o tamanho das partículas de grafita, o que reduz acentuadamente o limite de resistência e diminui apenas em pequena escala a dureza. Mesmo assim, as relações entre HB e LR têm uma grande utilidade no controle de peças fundidas, estimando-se a resistência a partir de um ensaio não destrutivo. Esta relação é particularmente útil quando os parâmetros da equação são adaptados às condições de uma dada fundição, diminuindo-se assim a dispersão nas estimativas do limite de resistência.

Gilbert (1976) incluiu na equação também o módulo de elasticidade, como se segue:

$$LR = 10{,}2 \times 10^{-6} \times HB \times E_0 \quad (6.21)$$

(E_0, o módulo de elasticidade tangente, expresso em MPa)

O módulo de elasticidade é bastante sensível às características e quantidade de grafita, o que melhoraria as estimativas de LR. Além disso, o módulo de elasticidade poderia ser determinado por ensaio de frequência de ressonância, de modo que o limite de resistência continuaria a ser estimado a partir de ensaios não destrutivos (Gilbert, 1976).

Outra maneira de estimar o LR baseia-se na dureza e na composição química, considerados controles normais na fundição (Deike et al., 2000, Björkegren, 1991). Também estas equações orientam-se para o controle de qualidade de peças fundidas.

Assim, um primeiro conjunto de equações inclui diretamente os efeitos da composição química (Deike et al., 2000).

$$LR = 258{,}4 + 1{,}24 \times HB - 63{,}8 \times C - 25{,}1 \times Si - 31{,}3 \times P \quad (6.22)$$

$$HB = 444 - 71{,}2 \times C - 13{,}9 \times Si + 21 \times Mn + 170 \times S \quad (6.23)$$

$$E_0 = 313 - 49 \times C - 14{,}1 \times Si$$
(C, Si, P, Mn e S em %) (6.24)

Uma relação desenvolvida dentro dos comitês do CIATF, e, portanto, testada em diferentes fundições, é a seguinte (Björkegren, 1991):

$$LR = 3{,}31 \times HB - 0{,}52 \times HB \times CEL + 2{,}5 \quad (6.25)$$

Onde CEL = C + Si/4 + P/2, em % (6.26)

Esta equação é válida para LR = 111 a 409 MPa, HB = 122 a 249 e CEL = 3,29 a 4,57%, e foi desenvolvida com informações de 14 fundições, com fusão elétrica e cubilô. Nesta abordagem o limite de resistência seria estimado a partir de uma medida de análise térmica (CEL) e de uma determinação de dureza (Björkegren, 1991).

Uma outra alternativa é a estimativa do LR a partir da composição química e da espessura da peça (Czikel-1979, Bates-1986, Goodrich & Shaw, 1992, Yang et al., 1990). Estas equações são empregadas para a previsão das propriedades nos diversos locais da peça, sendo utilizadas então para projeto de peças fundidas. Uma variante desta abordagem são as equações que relacionam LR e composição química, determinadas apenas para a barra padrão de 30 mm (Shturmakov & Loper, 1999). Estas equações permitem selecionar a composição química adequada para cada classe, bem como examinar a contribuição de cada elemento de liga.

Dentro desta abordagem, algumas equações são apresentadas por Czikel (1979), para ferros fundidos cinzentos não ligados, relacionando o limite de resistência (e a dureza) com a composição química (Sc) e com o diâmetro da barra (em mm).

$$LR = (2.709 \times Sc - 1.505) \times D^{(1{,}33 - 1{,}875 \times Sc)} \quad (6.27)$$

$$HB = (501 - 93 \times Sc) \times D^{(0{,}169 - 0{,}402 \times Sc)} \quad (6.28)$$

O grau de saturação Sc é muito utilizado nos países de língua alemã, e representa o afastamento da composição com relação ao ponto eutético. Conceitualmente é similar ao carbono equivalente.

$$Sc = C/(4{,}3 - Si/3 - P/3) \quad (C, Si \text{ e } P \text{ em \%}) \quad (6.29)$$

Esta equação é válida para Sc = 0,72 a 1,08 e D = 15 a 60 mm. O diâmetro da barra, em mm, representa duas vezes a espessura da peça (Czikel, 1979).

O efeito da composição química e do diâmetro da barra fundida foi também detalhado em trabalhos de Bates (Bates-1986, Goodrich & Shaw-1992), que resultou na seguinte equação:

$$LR = [71{,}1 - 14{,}29 (C + Si/4 + P/2) + 156{,}73/D] \times [1{,}000 + 0{,}1371Si - 0{,}0021 (Mn - 1{,}7S) - 0{,}3132S + 0{,}3562Cr + 0{,}0282Ni + 0{,}1107Cu + 0{,}6297Mo - 5{,}2985Ti - 0{,}2305Sn]$$

(composição química em % e D em mm) (6.30)

A Tabela 6.11 apresenta o intervalo de composição química e de diâmetros de barra onde a

TABELA 6.11 – Intervalos de condições onde é aplicável a equação (6.30) (Goodrich & Shaw, 1992).

C (%)	3,04-3,58
Si (%)	1,59-2,46
Mn (%)	0,21-0,98
Cr (%)	0,02-0,55
Ni (%)	0,03-1,62
Cu (%)	0,05-0,85
Mo (%)	0,01-0,78
Sn (%)	0,008-0,114
S (%)	0,027-0,164
P (%)	0,021-0,14
Ti (%)	0,004-0,050
D (mm)	22-51

equação é válida. Como a equação não considera efeitos de inoculação, sua aplicação só fornece boa aproximação para ferros fundidos cinzentos com tamanhos de grafita no intervalo da curva da Figura 6.20.

Yang et al. (1990) também estudaram o efeito da composição química sobre a dureza e o limite de resistência, incluindo na correlação um parâmetro estimado em estudos de simulação de solidificação e resfriamento, como se segue:

$$HB = 106,7 + 111,1Cr + 15,8Cr^2 + 150,8V - 9,6V^2 - 93,7Mo + 167,4Mo^2 + 20Cu - 10,6Ni + 74,1v_{900} - 15,3(v_{900})^2 \quad (6.31)$$

onde:

v_{900} = velocidade de resfriamento a 900°C, em °C/s.

$$LR = -3,3 + 1,4335HB \quad (6.32)$$

Outro estudo relacionando as propriedades mecânicas com a composição química é o de Shturmakov & Loper (1999), envolvendo as classes de ferros fundidos 30B, 35B e 40B da Norma ASTM (207-241-276 MPa, respectivamente). Para ferros fundidos compreendidos entre 207 a 276 MPa, para valores em barra de 30 mm de diâmetro e tempo de desmoldagem de 30 min, e teores de C entre 3,30 a 3,45% e de Si entre 1,75 a 2,0%, valem as seguintes equações:

$$HB = 470 - 77,6C - 15,8Si + 52,7Mn + 65,2S + 69,3P + 45,8Cr - 5,2Ni + 28,8Cu + 102Al - 971Ti - 109V + 71,6Sn + 101Mo \quad (6.33)$$

$$LR = 110 - 22,5C - 3,08Si - 1,0Mn + 11,7S - 2,48P + 6,8Cr - 2,65Ni + 1,7Cu + 48,6Al - 154,9Ti - 21,3V - 6,69Sn + 9,57Mo \quad (6.34)$$

$$LR/HB = 364 - 59,2C - 5,1Si - 35,2Mn + 14,4S - 51,5P + 5,1Cr - 12,9Ni - 8,5Cu + 155Al - 151Ti - 36,6V - 65,0Sn - 10,0Mo \quad (6.35)$$

(composição química expressa em %)

Estas equações são muito úteis para estabelecer a composição química para cada classe de ferro fundido cinzento (propriedades em barra de 30 mm), bem como para simular o efeito de variações de teores de elementos de liga (Shturmakov & Loper, 1999).

Ainda outro enfoque é a estimativa do LR a partir de parâmetros microestruturais (Catalina et al., 1990). Estas equações seriam úteis principalmente no estudo de problemas, permitindo avaliar qual o parâmetro microestrutural que se afasta do comportamento usual, o que possibilita a identificação de possíveis causas do problema. Também são empregadas para previsão de propriedades mecânicas em estudos de simulação de solidificação.

Assim, determina-se a dureza e o limite de resistência a partir de parâmetros microestruturais, como espaçamento interlamelar da perlita e tamanho da maior partícula de grafita, bem como percentagens de fases e microconstituintes (Catalina et al., 1990).

$$HB = 100f_{gr} + HB_\alpha \times f_\alpha + HB_p \times f_p \quad (6.36)$$

onde:

$$HB_\alpha = 54 + 37Si \quad (6.37)$$

$$HB_p = 110 + 87/(\lambda_p)^{1/2} \quad (6.38)$$

f_{gr} – fração de grafita
f_α – fração de ferrita
f_p – fração de perlita
HB_α – dureza da ferrita
HB_p – dureza da perlita
λ_p – espaçamento interlamelar da perlita (um)

Para ferros fundidos cinzentos perlíticos vale (Catalina et al., 1990):

$$LR = 80 + 2,25 \times 10^3/(L_{max})^{1/2} + 1,98 \times 10^3/(L_{max} \times \lambda_p)^{1/2} \quad (6.39)$$

onde:

- λ_p – espaçamento interlamelar da perlita (µm) – determinado em 20 amostras de cada material, com pelo menos 4 campos metalográficos de cada amostra e 5 colônias de perlita.

Mede-se o número de intersecções de lamelas sobre uma linha.

- L_{max} – comprimento da maior partícula de grafita (µm) – determinado tomando-se as 5 maiores partículas em cada campo metalográfico, a 50x.

PARÂMETRO DE AVALIAÇÃO DE QUALIDADE

Ao longo do tempo diversos parâmetros tem sido sugeridos para avaliar a qualidade metalúrgica dos ferros fundidos cinzentos, tais como grau de maturação, grau de dureza, parâmetro m de Czikel (ver Figura 6.10 do capítulo sobre Módulo de Elasticidade) e dureza relativa (Pieske et al., 1976). O parâmetro que permaneceu e teve o seu uso expandido foi a dureza relativa (Goodrich, 2003), constando inclusive dos anexos das Normas EN 1561/1997 e ISO 185/2005.

Dureza Relativa (RH) = HB/(100 + 0,44LR)   (6.40)

Este parâmetro avalia quanto a dureza medida se distancia da dureza estimada a partir da resistência do material (Figura 6.30). De um modo geral, deseja-se que RH seja menor que 1, o que significaria um material de boa usinabilidade, para a classe em questão (Goodrich, 2003), ou ainda, um material de alta resistência para a dureza obtida (Pupava et al., 2003).

Os efeitos do teor de carbono equivalente e do tempo de desmoldagem podem ser vistos na Figura 6.31, para duas peças automotivas de ferro fundido cinzento, verificando-se que valores de dureza relativa menores que 1 são obtidos com baixo teor de carbono equivalente e com alto tempo de desmoldagem.

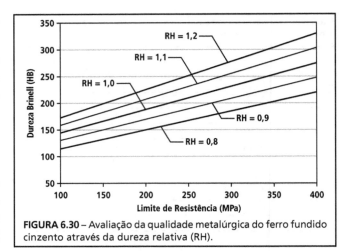

FIGURA 6.30 – Avaliação da qualidade metalúrgica do ferro fundido cinzento através da dureza relativa (RH).

A dureza relativa pode ser assim utilizada para comparar diferentes condições de processo, avaliando o seu efeito conjunto sobre a resistência e sobre a dureza.

RESISTÊNCIA À COMPRESSÃO, À FLEXÃO, AO CIZALHAMENTO E À TORÇÃO

Além do Limite de Resistência à tração, outras propriedades estáticas podem ainda ser relevantes para projeto (torção, compressão, flexão). As Normas ISO 185/2005 e EN 1561/1997 apresentam algumas informações sobre valores destas propriedades para cada classe (Tabela 6.12).

A resistência à compressão é cerca de 3 a 4 vezes maior do que a resistência à tração, e isto se deve ao fato da grafita suportar melhor esforços de

TABELA 6.12 – Informações sobre propriedades estáticas de ferros fundidos cinzentos, obtidas em corpo de prova de 30 mm de diâmetro, fundido em separado. Norma ISO 185/2005. A classe ISO 185/JL/100 não é listada nesta Tabela.

propriedade	unid	Classe ISO 185/JL/						
		150	200	225	250	275	300	350
Limite de resistência à tração	MPa	150-250	200-300	225-325	250-350	275-375	300-400	350-450
Limite de Escoamento 0,1%	MPa	98-165	130-195	150-210	165-228	180-245	195-260	228-285
Alongamento	%	0,3-0,8	0,3-0,8	0,3-0,8	0,3-0,8	0,3-0,8	0,3-0,8	0,3-0,8
Resistência à compressão	MPa	600	720	780	840	900	960	1080
Limite de Escoamento à compressão 0,1%	MPa	195	260	290	325	360	390	455
Resistência à flexão	MPa	250	290	315	340	365	390	490
Resistência ao cizalhamento	MPa	170	230	260	290	320	345	400
Resistência à torção (1)	MPa	170	230	260	290	320	345	400
Módulo de Elasticidade (2)	GPa	78-103	88-113	95-115	103-118	105-128	108-137	123-143
Relação de Poisson	-	0,26	0,26	0,26	0,26	0,26	0,26	0,26

(1) resistência à torção = 0,42 x LR (tração)
(2) depende da quantidade de grafita e do nível de tensão

PROPRIEDADES ESTÁTICAS

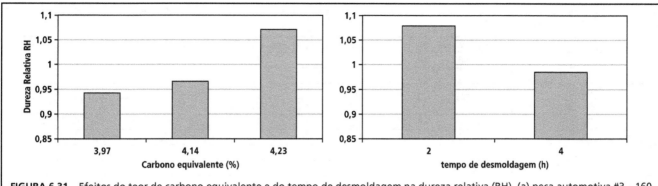

FIGURA 6.31 – Efeitos do teor de carbono equivalente e do tempo de desmoldagem na dureza relativa (RH). (a) peça automotiva #3 – 160 kg (b) peça automotiva #4 – 45 kg. Corpos de prova retirados das peças.

compressão do que de tração (Deike et al., 2000, Goodrich-2003). Deste modo, os efeitos da quantidade e tamanho da grafita são muito menores na compressão do que em tração.

A Figura 6.32 mostra curvas obtidas em ensaios de tração e de compressão, para duas classes de ferros fundidos cinzentos. Observa-se (para a classe 20) que o alongamento até a ruptura é maior sob compressão do que sob tração. O Limite de Escoamento 0,1% é cerca de 2 vezes maior em compressão do que em tração. Além disso, as diferenças de limite de resistência sob compressão e sob tração são relativamente maiores quanto menor a classe de ferro fundido cinzento (Goodrich, 2003).

A Tabela 6.13 mostra outro conjunto de resultados com ensaios de compressão e tração. Verifica-se que a relação entre resistência à tração e à compressão é de 3 a 4, e que o módulo de elasticidade à compressão (tangente) é aproximadamente constante para as diversas classes de ferro fundido cinzento (Goodrich, 2003).

Como comentado anteriormente, a grafita não é o fator de maior influência sobre a resistência à compressão, sendo a estrutura da matriz o fator determinante. A Figura 6.33 mostra o efeito da dureza sobre a resistência à compressão. Na Tabela 6.14 pode-se ver como a alteração da resistência da matriz, de perlita para martensita, tem efeito mais pronunciado sobre a resistência à compressão do que sobre a resistência à tração (Goodrich, 2003). Comenta-se que os elementos de liga formadores de carbonetos, como o vanádio, cromo e molibdênio aumentariam mais significativamente a resistência à compressão do que o cobre e níquel (Deike, 2000).

A resistência à flexão correlaciona-se com a resistência à tração, como pode ser visto na Figura 6.34. Relação similar é apresentada por Patterson

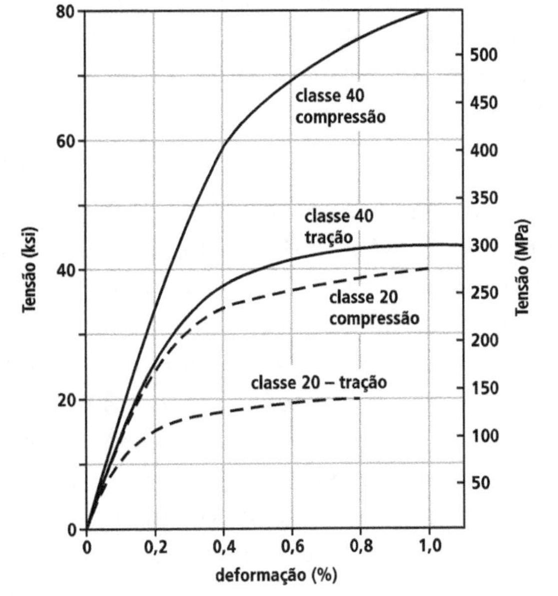

FIGURA 6.32 – Comparação de curvas tensão-deformação em tração e em compressão para ferros fundidos de classes ASTM 20 e 40 (138 e 276 MPa, respectivamente) (Goodrich, 2003).

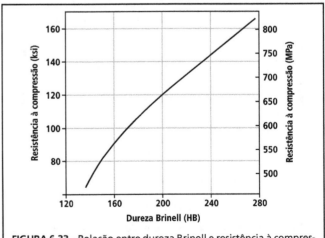

FIGURA 6.33 – Relação entre dureza Brinell e resistência à compressão de ferros fundidos cinzentos (Goodrich, 2003).

TABELA 6.13 – Comparação de propriedades sob tração e sob compressão, para as classes ASTM 25 (172 MPa), 30 (207 MPa), 35 (241 MPa) e 40 (276 MPa) (Goodrich, 2003).

Propriedade	Classe 25, BF(1)	Classe 30, BF(1)	Classe 30, R(2)	Classe 35, BF(1)	Classe 40, BF(1)
Dureza (HB)	187	207	109	212	235
Tração:					
LR (MPa)	206	232	142	240	289
E_0 (GPa)	114	117	100	124	126
E_{sec} (GPa) (3)	82	95	85	88	101
Relação de Poisson	0,29	0,19	0,21	0,22	0,24
Compressão					
LR (MPa)	759	893	576	869	1069
E_0 (GPa)	101	119	100	110	126
E_{sec} (GPa) (3)	81	93	70	92	101
Relação de Poisson	0,27	0,28	0,26	0,28	0,23
LR comp/LR tração	3,68	3,84	4,05	3,63	3,71

(1) BF = bruto de fundição
(2) R = recozido
(3) O módulo secante foi tomado entre os pontos 0 e ¼ do Limite de Resistência.

TABELA 6.14 – Efeito da matriz sobre a resistência à tração e à compressão de diversos ferros fundidos cinzentos (Goodrich, 2003).

Grafita	LR tração (MPa)		LR Compressão (MPa)	
	Matriz perlítica	Matriz martensítica	Matriz perlítica	Matriz martensítica
100% tipo A, tamanho 3-4	193	248	621	1.379
50% tipo A, tamanho 4-5 e 50% tipo A, tamanho 7	276	366	828	1.586
60% tipo A, tamanho 4-5 e 40% tipo D	262	434	869	1.828

et al., (1968). Na Tabela 6.12 podem-se observar valores orientativos para cada classe de ferro fundido cinzento. Alguns autores defendem este método de ensaio como mais representativo da solicitação em serviço, além de se considerar no ensaio o efeito da superfície bruta de fundição (Goodrich, 2003).

A *resistência ao cizalhamento* é cerca de 1,1 a 1,5 vezes o limite de resistência à tração (Tabela 6.12), sendo as maiores relações para as classes de menor resistência (Goodrich, 2003). Como nas solicitações de tração e de compressão, também em cizalhamento existe uma faixa na qual a tensão de cizalhamento é proporcional à deformação, e a constante de proporcionalidade é conhecida como módulo de elasticidade ao cizalhamento ou módulo de rigidez (G), relacionando-se com o módulo de elasticidade à tração (E) e com a relação de Poisson (ν) segundo a equação:

$$G = E/(2(1+\nu)) \qquad (6.41)$$

Assumindo-se um valor de 0,26 para a relação de Poisson, o módulo de elasticidade ao cizalhamento é cerca de 0,4 vezes o módulo de elasticidade à tração (Goodrich, 2003).

Também a *resistência à torção* relaciona-se com a resistência à tração, sendo 1,20 a 1,45 vezes maior, as maiores relações ocorrendo para as classes de maior resistência (Tabela 6.12). Na Tabela 6.15 são apresentados alguns resultados de ensaio de torção em ferro fundidos cinzentos de diversas classes, verificando-se o aumento da resistência à torção com o aumento da resistência à tração.

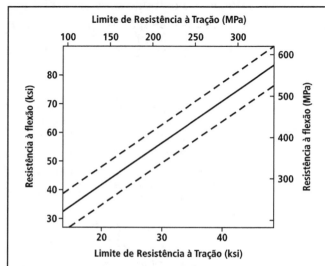

FIGURA 6.34 – Relação entre resistência à tração e resistência à flexão, para barras de ferro fundido cinzento de 15 a 40 mm de diâmetro (Goodrich, 2003).

PROPRIEDADES ESTÁTICAS

TABELA 6.15 – Testes de torção em diversos ferros fundidos cinzentos. Barras de 20 mm de diâmetro (Goodrich, 2003).

propriedade	Classe 25, BF (1)	Classe 30, BF (1)	Classe 30, R(2)	Classe 35, BF (1)	Classe 40, BF (1)
Dureza (HB)	187	207	137	212	235
LR tração (MPa)	206	232	142	240	289
E_0 (GPa)	114	117	100	124	126
Resistência ao cizalhamento sob torção (MPa)	303	338	203	352	421
Módulo de rigidez (GPa)	41	43	37	42	46

(1) BF = bruto de fundição
(2) R = recozido

EM RESUMO

Variáveis metalúrgicas importantes:
- Quantidade de grafita – % CE
- Tamanho da grafita – %CE, inoculação, veloc resfriamento
- Tipo de grafita – %CE, inoculação, veloc resfriamento
- % perlita – elementos de liga, velocidade de resfriamento, tipo de grafita
- Espaçamento interlamelar da perlita – elementos de liga.

EXERCÍCIOS

1) Um volante de motor é fornecido por 3 fundições, que apresentaram os resultados da Tabela a seguir. Qual das fundições fornece volantes com a menor dureza relativa? O que isto significa para a montadora?

Fornecedor		A	B	C
% perlita		100	100	95
Tipo de grafita		A e C	A e C	A e C
Tamanho da grafita		4 – 5	4 – 5	4 – 5
Dureza núcleo (HB)	Ponto 1	197	201	189
	Ponto 2	203	203	195
Dureza superfície (HB)	Ponto 3	222	205	189
Limite de Resistência (MPa)	Ponto 1	223	212	213
	Ponto 2	229	242	233

2) Um motor foi reprojetado para aumentar a sua potência. A especificação do cárter do motor passou de FC 200 para FC 250, indicando-se na Tabela a seguir os valores típicos de propriedades mecânicas obtidas. O que esta alteração significou em termos de dureza relativa? O que isto significou na usinagem deste cárter? Estime a resistência à flexão no novo projeto.

	Dureza Brinell (5/750)	Dureza Vickers (100 g)	Limite de Resistência (MPa)
Projeto anterior	189	280	210
Novo projeto	205	330	276

3) O bloco de motor da Figura 6.24 é produzido em ferro fundido cinzento com CE = 4,1% (3,4% C – 2,1% Si) (aproximadamente 9% grafita), e matriz completamente perlítica. Esta peça apresenta, na região entre os cilindros e nos mancais de apoio, valores de espaçamento interlamelar da perlita de 0,40 e 0,50 μm, e tamanho máximo de grafita de 580 e 730 μm, respectivamente. Estimar a dureza Brinell, o limite de resistência e a dureza relativa (RH) nestas duas regiões.(a quantidade de grafita pode ser melhor estimada do diagrama de equilíbrio, aplicando a regra das alavancas). Discutir as razões das diferenças encontradas e comparar com as diferenças previstas na Norma ISO.

4) Refazer o exercício anterior calculando a quantidade de grafita eutética (em volume) a partir da composição química, segundo Wimber (1980).

% grafita (peso) =
G = %C – 2,10 + 0,217 %Si   (6.42)

% grafita (volume) =
$100*(G/\rho_g)/[(G/\rho_g) + (100 - G)/\rho_m]$ (6.43)

ρ_g = densidade da grafita = 2,26 g/cm3
ρ_m = densidade da matriz = 7,83 g/cm3

5) Seja um ferro fundido cinzento com a seguinte composição química (em %):

C	Si	Mn	Cr	Ni	Cu	Mo	Sn	S	P	Ti
3,44	2,05	0,5	0,325	0,04	0,8	0,02	0,07	0,10	0,05	0,007

Utilizando a equação desenvolvida por Bates (1986), estime o limite de resistência para uma seção de espessura de 20 mm (empregue o conceito de módulo de resfriamento). Estime ainda a sua resistência à compressão.

Supondo ainda que a dureza Brinell seja de 200 HB, estime o limite de resistência utilizando a equação do CIATF.

Qual seria o limite de resistência previsto pela equação de Czikel?

Discuta a razão de possíveis diferenças entre as estimativas.

6) Discuta com suas próprias palavras como a inoculação pode afetar as propriedades mecânicas de uma peça de ferro fundido cinzento. O que ela altera na microestrutura?

6.4 PROPRIEDADES ESTÁTICAS DOS FERROS FUNDIDOS NODULARES

A Norma ABNT NBR 6916/1981 prevê classes de ferro fundido nodular com limite de resistência de 380 a 800 MPa, limite de escoamento de 240 a 500 MPa e alongamento de 17 a 2%, cobrindo assim uma ampla faixa de variação de propriedades. A designação da classe indica os valores mínimos de limite de resistência e alongamento, por exemplo, FE 50007 (LR ⩾ 500 MPa e along ⩾ 07 %). Na Figura 6.35 apresentam-se as diversas classes correlacionando-se as suas propriedades com a faixa de dureza informada na Norma ABNT NBR 6916/1981. Neste capítulo discute-se em detalhes as variáveis que condicionam estas propriedades.

As propriedades mecânicas dos ferros fundidos nodulares com matriz de ferrita + perlita são influenciadas principalmente pelas variáveis da Figura 6.36. Para os ferros fundidos nodulares, a forma da grafita é a primeira variável a ser considerada. Formas de grafita diferentes da esfera, em particular diferentes das formas V e VI da Norma ISO 945 (Figura 6.37), conduzem à diminuição da resistência mecânica, e principalmente do alongamento. A Figura 6.38 mostra os efeitos de quantidades crescentes de grafita vermicular (forma III) e grafita em grumos (ver Figuras 16.4 e 16.6 do capítulo sobre Mecanismos de Fragilização), em ferros nodulares ferríticos. Na Figura 6.39b utiliza-se a nodularidade,

ou seja, o percentual de partículas com forma esférica, como modo de avaliação da forma da grafita, procedimento usual em controle de qualidade em fundições. A forma da grafita é condicionada principalmente pelo tratamento de nodulização com magnésio em banhos de baixo enxofre, sendo ainda fatores importantes os teores de impurezas (Pb, Ti, Sb, Bi) e de cério/terras raras (estes efeitos são discutidos em detalhes no capítulo sobre Mecanismos de Fragilização). Devido à forma esferoidal da grafita, a quantidade de grafita tem pouco efeito sobre as propriedades mecânicas estáticas, ao contrário do que ocorre com os ferros fundidos cinzentos.

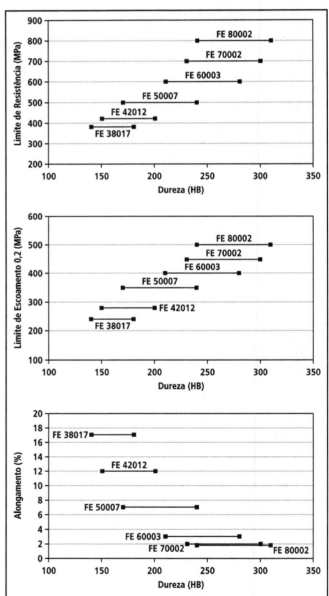

FIGURA 6.35 – Valores mínimos de limite de resistência, limite de escoamento e alongamento das classes da Norma ABNT NBR 6916/1981, em função da dureza.

PROPRIEDADES ESTÁTICAS

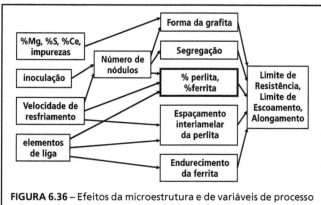

FIGURA 6.36 – Efeitos da microestrutura e de variáveis de processo sobre as propriedades mecânicas em ferros fundidos nodulares com matriz de perlita e ferrita.

Uma boa inoculação aumenta o número de nódulos de grafita, o que favorece a formação de nódulos esféricos, distribui a segregação de elementos de liga e impurezas, e promove a formação de ferrita (em detrimento à perlita), devido à diminuição da distância de difusão. O número de nódulos é afetado ainda pela velocidade de resfriamento na solidificação. Entretanto, o efeito da espessura da peça sobre as propriedades mecânicas é bem menor no nodular do que no ferro fundido cinzento. O efeito do número de nódulos em aumentar a resistência mecânica é mais evidente nos ferros fundidos nodulares de maior resistência (Figura 6.39-a) (Sofue et al., 1978), devido ao efeito preponderante da distribuição de segregações.

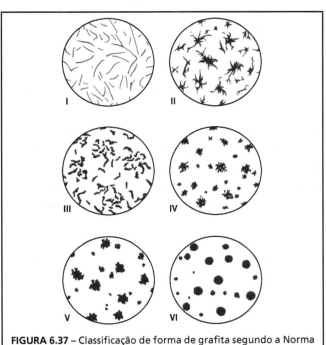

FIGURA 6.37 – Classificação de forma de grafita segundo a Norma ISO 945-1975.

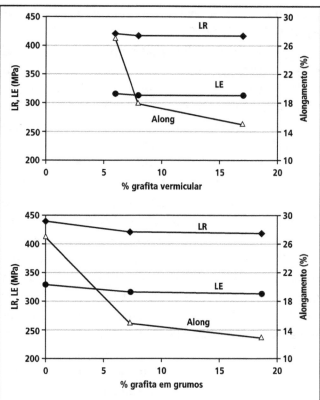

FIGURA 6.38 – Efeito da forma da grafita sobre as propriedades mecânicas de ferros fundidos nodulares ferríticos. Adaptado de Souza Santos & Albertin (1977).

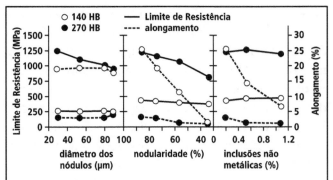

FIGURA 6.39 – Relação entre propriedades mecânicas e parâmetros de microestrutura em ferros fundidos nodulares (Sofue et al., 1978).

Quando a forma da grafita é predominantemente nodular (>85%), a variável mais importante sobre as propriedades mecânicas dos ferros fundidos nodulares é a relação perlita/ferrita, e seu efeito pode ser visto na Figura 6.40. É principalmente pela alteração da relação perlita/ferrita que as diversas classes de ferros fundidos nodulares são obtidas.

O refinamento da perlita é um mecanismo de endurecimento importante apenas para as classes FE 70002 e superiores. Por outro lado, o endurecimento da ferrita é importante em nodulares com predominância de matriz ferrítica, como as classes FE 38017 a FE 50007.

Elementos de liga podem promover a formação de perlita e reduzir o seu espaçamento interlamelar (Sn, Cu, Mn), como ilustram as Figuras 6.40 e 6.41, ou ainda promover a formação de ferrita (Si) e endurecê-la por solução sólida (Si, Mn, Cu) (Hasse, 1996). A Figura 6.42 mostra os efeitos do Mn e do Cu de endurecimento da ferrita por solução sólida.

Um aspecto importante a considerar é que o efeito de elementos de liga depende da matriz inicial. Assim, por exemplo, em matriz ferrítica, obtida por tratamento térmico de recozimento, um aumento do teor de Si resulta em aumento da resistência mecânica (e diminuição do alongamento), devido ao seu efeito de endurecimento da ferrita por solução sólida. Por outro lado, em nodulares brutos de fundição um acréscimo do teor de Si diminui a quantidade de perlita na microestrutura, reduzindo assim a resistência mecânica e aumentando a dutilidade (Brzostek & Guesser, 2002). Elementos perlitizantes como o Cu e o Mn também podem apresentar efeito diverso, dependendo da matriz inicial. Em matrizes ferrítico-perlíticas um aumento nos teores de Cu e Mn promove a presença de perlita (Figura 6.41), aumentando a resistência mecânica e diminuindo o alongamento (Souza Santos, 2000). Já em matriz completamente perlítica, um aumento dos teores de Cu e Mn resulta em refino da perlita, o que contribui um pouco para o aumento da resistência mecânica (Venugopalan &Alagarsamy, 1990). Em nodulares submetidos a tratamento térmico de ferritização, aumento nos teores de Cu e Mn resulta em aumento do limite de resistência, devido ao endurecimento da ferrita (Figura 6.42).

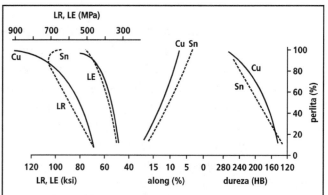

FIGURA 6.40 – Efeitos da quantidade de perlita (aumentada por teores crescentes de Cu e Sn) sobre as propriedades mecânicas de ferros fundidos nodulares brutos de fundição (Warda et al., 1998).

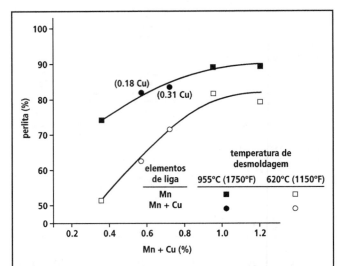

FIGURA 6.41 – Efeito dos teores de Mn e Cu e da temperatura de desmoldagem sobre a quantidade de perlita em ferro fundido nodular (Shea, 1978).

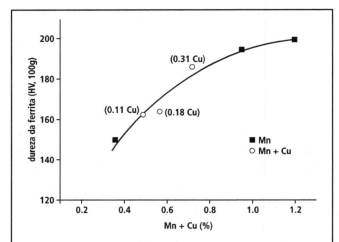

FIGURA 6.42 – Endurecimento da ferrita por solução sólida, devido ao Mn e ao Cu. Amostras ferritizadas a 807 °C por 1 h, resfriamento no forno (Shea, 1978).

A matriz é ainda influenciada pela velocidade de resfriamento após a solidificação. Um aumento da velocidade de resfriamento dificulta a formação de ferrita (por diminuição do tempo para difusão do carbono até o nódulo de grafita, promovendo assim a perlita), e resulta em perlita de menor espaçamento interlamelar. A utilização de elevadas velocidades de resfriamento no estado sólido para promover perlita sem o uso de elementos de liga é uma alternativa que pode ser utilizada em alguns casos, desde que a presença de tensões residuais não seja um problema para a peça em questão.

O efeito conjunto dos mecanismos de endurecimento por aumento do percentual de perlita, endurecimento da perlita por diminuição da distância interlamelar e endurecimento da ferrita por solução sólida é ilustrado nos resultados de trabalho de Venugopalan & Alagarsamy (1990). As propriedades mecânicas são correlacionadas à microdureza da matriz, que por sua vez é determinada pelo percentual de ferrita e de perlita, e pela microdureza destes microconstituintes.

MDM = (DF x %F + DP x %P)/100   (6.44)
MDM – microdureza da matriz (HV)
DF, DP – microdureza da ferrita e da perlita, respectivamente (HV)
%F, %P – percentual de ferrita e perlita, respectivamente

LR = 0,7 + 2,53 x MDM   (6.45)

LE = 84,4 + 1,27 x MDM   (6.46)

Along = 37,8 – 0,093 x MDM   (6.47)

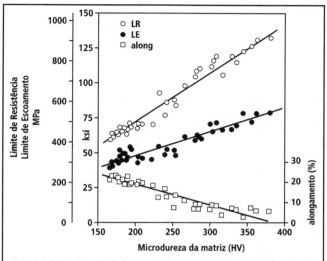

FIGURA 6.43 – Propriedades mecânicas em bloco em U em função da microdureza da matriz. Ferros fundidos nodulares brutos de fundição, recozidos e normalizados (Venugopalan & Alagarsamy, 1990).

A Figura 6.43 mostra o efeito da microdureza da matriz (MDM) sobre as propriedades mecânicas de ferros fundidos nodulares de matriz ferrita+perlita.

O efeito do tamanho de grão ferrítico sobre a resistência é relativamente pequeno, verificando-se que uma diminuição do tamanho de grão ferrítico de 40 para 15 µm resulta em acréscimo do Limite de Escoamento em apenas 10% (Löhe et al., 1985).

EFEITO DA ESPESSURA DA SEÇÃO SOBRE AS PROPRIEDADES DE FERROS FUNDIDOS NODULARES

Como comentado anteriormente, nos ferros fundidos nodulares é muito menor o efeito da espessura da seção sobre as propriedades mecânicas, quando comparado com este efeito nos ferros fundidos cinzentos. Com o aumento da espessura da seção, portanto, com a diminuição da velocidade de resfriamento na solidificação, os nódulos de grafita tornam-se maiores, porém devido à sua forma esférica, isto tem pouco efeito sobre as propriedades mecânicas. Entretanto, ocorre segregação de elementos de liga, tornando heterogêneas as propriedades na microestrutura, e principalmente segregação de impurezas, diminuindo a nodularidade das partículas de grafita em particular nos centros térmicos da peça. A segregação de Mg e de elementos formadores de carbonetos (Cr, Mo, Mn) pode ainda conduzir à formação de carbonetos intercelulares, diminuindo principalmente o alongamento.

As Normas EN 1563 e ISO 1083/2004 prevêm a variação das propriedades mecânicas (LR, LE, alongamento) com o aumento da espessura, para corpos de prova fundidos em anexo. A Tabela 5.21 do capítulo de Normas mostra que a principal propriedade afetada com o aumento da espessura é o alongamento, principalmente para as classes ferríticas. Para peças espessas, de 50 a 200 mm, as Normas EN 1563 e ISO 1083/2004 estabelecem a variação do limite de escoamento com a espessura da peça, conforme mostra a Tabela 5.23 do capítulo sobre Normas, verificando-se a diminuição da resistência com o aumento da seção da peça.

Para peças finas, deve-se tomar cuidado com espessuras abaixo de 6 mm, nas quais podem formar-se carbonetos na solidificação, alterando localmente as propriedades mecânicas, em particular a dureza e a usinabilidade (DI Marketing Group, 1999).

EQUAÇÕES E GRÁFICOS PARA ESTIMATIVA DAS PROPRIEDADES MECÂNICAS

Basaj et al. (1999) estabeleceram equações de regressão entre dureza Brinell e limite de resistência, limite de escoamento e alongamento, com resultados obtidos de fundições com cubilô e com fusão elétrica, que empregam como elemento de liga principalmente o cobre (elemento que segrega pouco na solidificação). As equações obtidas em blocos Y são:

LR = 3,18 x HB + 33,2   (r^2 = 0,93)   (6.48)

LE = 1,58 x HB + 58,0   (r^2 = 0,87)   (6.49)

A = 0,0003 x $(HB)^2$ – 0,2401 x HB + 48,6
    (r^2 = 0,86)   (6.50)

Krause (1979) estudou nodulares tratados termicamente por normalização, e obteve as seguintes equações para amostras em bloco Y:

LR = 4,2 HB – 180   (6.51)

LE = 2,3 HB – 25   (6.52)

HB = 1,25 x (% perlita) + 145   (6.53)

Estas equações fornecem resultados superiores às de Basaj et al. (1999), pois foram obtidas em amostras com tratamento térmico.

Outras relações entre dureza Brinell e propriedades mecânicas são apresentadas nas Figuras 6.44 e 6.45 (Goodrich, 2003), para ferros fundidos com matriz de ferrita + perlita (Figura 6.44), ou com matriz de martensita revenida (Figura 6.45). As equações de Basaj et al. (1999), apresentadas anteriormente, e também desenvolvidas para nodulares com matriz de ferrita + perlita, fornecem resultados muito similares aos da Figura 6.44.

As Normas EN 1563 e ISO 1083/2004 apresentam em seus anexos um exemplo de relação entre dureza Brinell e Limite de Resistência (ver Figura 5.1 do capítulo sobre Normas), com resultados bastante próximos aos da Figura 6.44.

Para ferros fundidos nodulares normalizados de dentro da zona crítica, a Figura 6.46 mostra relações entre as propriedades mecânicas e dureza ou percentual de perlita. Estas relações fornecem valores de propriedades mecânicas junto aos limites superiores da Figura 6.44, devido à distribuição das áreas de ferrita, não concentradas apenas junto aos nódulos (ver Figura 3.23 do capítulo sobre Tratamentos Térmicos). Esta mesma distribuição de ferrita, ao longo de contornos de grão de austenita, pode ser obtida com austenitização em baixa temperatura (820 °C) e resfriamento ao ar calmo, registrando-se resultados de Limite de Resistência igual a 950 MPa, associado a alongamento de 8,3% (Galarreta et al., 1997).

PARÂMETROS DE AVALIAÇÃO DE QUALIDADE

Siefer e Orths (1970) sugeriram que a análise conjunta do limite de resistência e alongamento permite uma avaliação de qualidade do ferro fundido nodular. Sua referência foi um levantamento estatístico de propriedades, conduzindo a uma equação do tipo:

A x LR^2 = constante   (6.54)

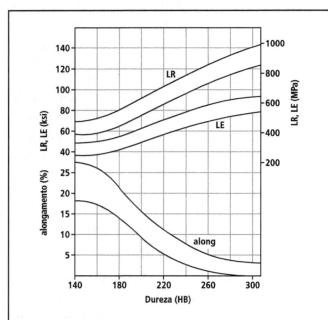

FIGURA 6.44 – Relação entre dureza e propriedades mecânicas em ferros fundidos nodulares com matriz de ferrita – perlita (brutos-de-fundição, recozidos, normalizados) (Goodrich, 2003).

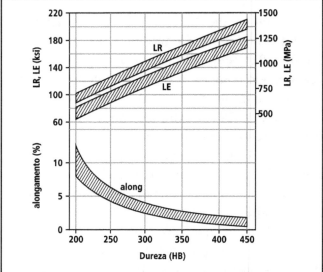

FIGURA 6.45 – Relação entre dureza e propriedades mecânicas em ferros fundidos nodulares temperados e revenidos (Isleib & Savage, 1957).

PROPRIEDADES ESTÁTICAS

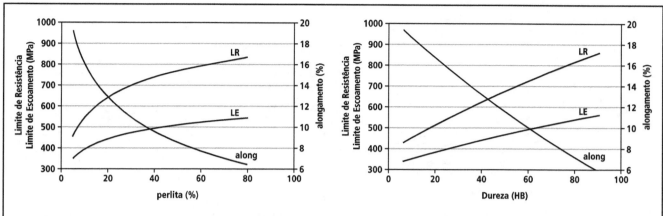

FIGURA 6.46 – Relações entre percentual de perlita e dureza com limite de resistência, limite de escoamento e alongamento, para ferros fundidos nodulares normalizados de dentro da zona crítica (região de austenita + ferrita). Bloco Y 25 mm (Guesser & Hilário, 2000).

O valor da constante dependeria da referência adotada, se a média dos valores de alongamento do levantamento estatístico (Wu = 50%), ou se Wu = 90%. Abordagem semelhante foi desenvolvida por Albertin (1985), também adotando como referência um levantamento estatístico de propriedades mecânicas, resultando a modificação do expoente do LR para 1,5.

Loper & Kotschi (1974) sugerem que a referência sejam os valores mínimos da Norma ASTM A-536, de modo que os índices de qualidade representam percentuais que excedem os valores mínimos da norma. Como a norma representa a ferramenta comum entre fundições e clientes, esta abordagem parece ser a mais indicada. Este tipo de análise foi utilizado por Javaid & Loper (1995) para examinar a qualidade de nodulares em peças espessas.

Para unidades métricas (MPa), as diferentes normas resultam nas equações da Tabela 6.16. As equações referentes às normas ISO, EN e ABNT são praticamente coincidentes, e muito próximas das equações fornecidas pelas normas SAE e ASTM. Nas discussões que se seguem, adotou-se então como referência a equação fornecida pelos valores mínimos da norma ABNT.

Na Figura 6.47 são apresentadas linhas de índice de qualidade para ferros fundidos nodulares. A curva com índice de qualidade de, por exemplo, 110% foi obtida tomando-se os valores mínimos da Norma (along e LR) e multiplicando-se por 1,1. Isto resulta na seguinte equação para a determinação do Índice de Qualidade:

$$IQ = 0,857 \times A^{0,197} \times LR^{0,708} \qquad (6.55)$$

Registra-se na Figura 6.48 um exemplo de análise de resultados, referentes a adições crescentes de elementos perlitizantes. Verifica-se que a utilização de cobre como elemento de liga conduz aos melhores índices de qualidade; os piores resultados do Sn provavelmente são devidos à segregação deste elemento para contornos de célula. Na Figura 6.49 são apresentados resultados de algumas peças, produzidas em diferentes classes. De um

TABELA 6.16 – Equações que relacionam os valores mínimos de limite de resistência (MPa) e alongamento (%).

Norma	Equação dos valores mínimos
ASTM A-536	$A \times LR^{3,15} = 2,91 \times 10^9$
SAE J434	$A \times LR^{3,06} = 1,33 \times 10^9$
EN 1563	$A \times LR^{3,71} = 6,78 \times 10^{10}$
ISO 1083	$A \times LR^{3,68} = 5,62 \times 10^{10}$
ABNT NBR 6916	$A \times LR^{3,60} = 3,33 \times 10^{10}$

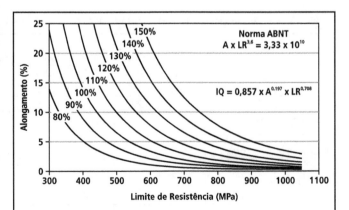

FIGURA 6.47 – Linhas de índice de qualidade para ferros fundidos nodulares. O índice de qualidade igual a 100% corresponde aos valores mínimos da Norma ABNT NBR 6916, e apresentam a equação mostrada no gráfico. A curva com índice de qualidade de por exemplo 110% foi obtida tomando-se os valores mínimos da Norma (along e LR) e multiplicando-se por 1,1. Propriedades em bloco Y de 25 mm.

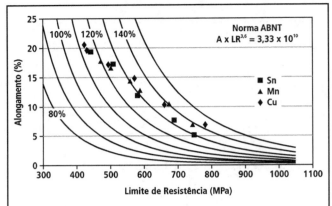

FIGURA 6.48 – Efeitos de adições crescentes de cobre, manganês e estanho sobre as propriedades mecânicas de ferro fundido nodular bruto de fundição. As diferenças entre os efeitos dos elementos de liga acentuam-se com altos teores (alto LR, baixo along). Cu = 0,05 a 0,76% – Sn = 0,006 a 0,072% – Mn = 0,13 a 1,02% (Adaptado de Krüger et al., 1998).

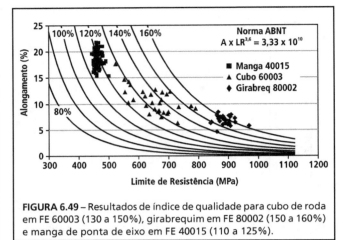

FIGURA 6.49 – Resultados de índice de qualidade para cubo de roda em FE 60003 (130 a 150%), girabrequim em FE 80002 (150 a 160%) e manga de ponta de eixo em FE 40015 (110 a 125%).

modo geral, é mais difícil atingir elevados índices de qualidade em classes ferríticas.

RESISTÊNCIA À COMPRESSÃO, À TORÇÃO E AO CIZALHAMENTO

Além do Limite de Resistência à tração, outras propriedades estáticas podem ainda ser importantes para projeto (torção, compressão, flexão, cizalhamento). A Norma ISO 1083/2004, bem como a Norma EN 1563/1997, apresentam algumas informações sobre valores destas propriedades para cada classe (Tabela 6.17).

A *resistência à compressão* também para os ferros fundidos nodulares é superior à resistência à tração (Tabela 6.17), e este efeito é devido às partículas de grafita. Entretanto, a fratura sob compressão em nodulares ocorre sempre sob altos valores de deformação, de modo que estes valores de resistência à compressão são de pouca utilidade em projeto (Gilbert, 1974). A figura 6.50 mostra as relações entre Limite de Escoamento à tração, à compressão e à torção.

O limite de escoamento à compressão pode ainda ser estimado a partir da dureza Brinell (Figura 6.51).

O limite de proporcionalidade à compressão é de cerca de 0,8 vezes o limite de escoamento 0,1% à compressão, tanto para os nodulares ferríticos com perlíticos (Gilbert, 1974).

O limite de *resistência à torção ou ao cizalhamento* é cerca de 90% do limite de resistência à tra-

TABELA 6.17 – Propriedades típicas de ferros fundidos nodulares. Norma ISO 1083/2004.

característica	unid	Classe ISO 1083/JS/									
		350-22	400-18	450-10	500-7	550-5	600-3	700-2	800-2	900-2	500-10
LR min	MPa	350	400	450	500	550	600	700	800	900	500
LE min	MPa	220	240	310	320	350	370	420	480	600	360
Along min	%	22	18	10	7	5	3	2	2	2	10
Módulo de elasticidade – E (tração e compressão)	GPa	169	169	169	169	172	174	176	176	176	170
Resistência à compressão	MPa	-	700	700	800	840	870	1.000	1.150	-	-
Resistência ao cizalhamento	MPa	315	360	405	450	500	540	630	720	810	-
Resistência à torção	MPa	315	360	405	450	500	540	630	720	810	-
Relação de Poisson - v	-	0,275	0,275	0,275	0,275	0,275	0,275	0,275	0,275	0,275	0,28-0,29
Microestrut predominante		ferrita	ferrita	ferrita	Ferr-perl	Ferr-perl	Perl-ferrita	Perlita	Perl ou mart rev	Martens rev (1)(2)	ferrita

(1) Ou ausferrita.
(2) Para peças grandes pode ser também perlita.

PROPRIEDADES ESTÁTICAS

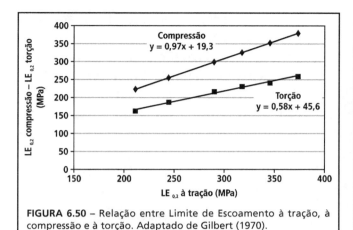

FIGURA 6.50 – Relação entre Limite de Escoamento à tração, à compressão e à torção. Adaptado de Gilbert (1970).

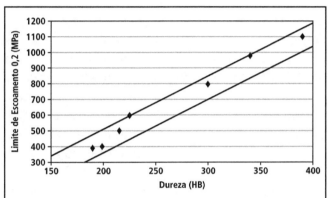

FIGURA 6.51 – Relação entre dureza Brinell e o Limite de Escoamento 0,2 sob compressão (Flinn et al., 1960).

FIGURA 6.52 – Peça de ferro fundido nodular para geração de energia elétrica em usina hidroelétrica. 52 t (Ductile Iron Marketing Group, 2003)

ção (Tabela 6.17), enquanto o limite de escoamento e o limite de proporcionalidade são aproximadamente 75% do valor em tração (Gilbert, 1970).

> **EM RESUMO**
>
> **Variáveis metalúrgicas importantes:**
> - Forma da grafita (% nodularidade)
>   % Mg, %S, % impurezas, % Ce
>   Inoculação
>   Velocidade de resfriamento
> - % perlita
>   Mn, Sn, Cu
>   Velocidade de resfriamento
>   inoculação
> - Espaçamento interlamelar da perlita – Mn, Sn, Cu
> - Endurecimento por solução sólida – Si

EXERCÍCIOS

1) Uma peça em ferro fundido nodular classe FE 50007 apresenta espessuras de 55 e 145 mm em dois locais. Quais diferenças de propriedades mecânicas se pode esperar entre estes locais?

2) Utilizando as equações determinadas por W. Krause (1979) e apresentadas anteriormente, determinar a microestrutura da matriz para a produção de nodulares das seguintes classes: FE 60003 – FE 70002 – FE 80002. Quais serão os valores de dureza típicos para estas classes? Comparar estes resultados com os da Figura 6.44. Discutir as possíveis causas das diferenças.

3) Uma carcaça de ferro fundido nodular apresenta a seguinte microestrutura:

   65% ferrita, com microdureza de 178 HV
   35% perlita, com microdureza de 321 HV
   340 nódulos/mm^2

   Estimar as propriedades mecânicas deste ferro fundido nodular, à tração, à compressão e ao cizalhamento. Qual o seu Índice de Qualidade?

4) Utilizando a Figura 5.1 do capítulo sobre Normas (Norma ISO 1083/2004), estimar a faixa de dureza para um ferro fundido nodular com limite de resistência de 700 MPa, num intervalo de confiança de 84% (2 desvios padrões). Repetir a estimativa para um intervalo de confiança de 95% (3,3 desvios padrões).

5) Numa carcaça de ferro fundido nodular, uma melhoria no processo de inoculação resultou num aumento no número de nódulos de 185 para 230 nód/mm². Quais os efeitos que esta alteração deve provocar na microestrutura, na dureza, no limite de resistência, no limite de escoamento e no alongamento?

6) Numa peça de nodular ferrítico, recozida, ocorreu uma alteração das propriedades mecânicas, como se segue:

Aumento da dureza de 148 para 179 HB
Aumento do LR de 454 para 500 MPa
Aumento do LE de 287 para 370 MPa
Diminuição do alongamento de 22 para 19%
Aumento da microdureza da ferrita de 170 para 193 HV

Quais alterações de processo ou composição química poderiam ter causado esta mudança? Como se alterou o Índice de Qualidade com esta mudança?

7) Uma peça de ferro fundido nodular apresentou dureza núcleo de 200 HB. Estime os valores de LR, LE e alongamento utilizando as Figuras 6.44, 6.45 e 6.46. Empregue também as equações de Basaj et al., (1999) e de Krause (1979), apresentadas no texto. Discuta os resultados obtidos.

8) Uma peça de ferro fundido nodular apresentou microestrutura de 30% perlita e 70% ferrita. A microdureza da perlita é de 290 HV e a da ferrita de 165 HV. Estimar as propriedades mecânicas desta peça. Qual seria a sua classe na norma ABNT?

6.5 PROPRIEDADES ESTÁTICAS DOS FERROS FUNDIDOS VERMICULARES

As normas referentes a ferros fundidos vermiculares (SAE, ASTM, VDG, ISO) estabelecem classes com limite de resistência mínimo de 250 (ou 300) a 500 MPa. Na Figura 6.53 pode-se observar a relação entre a dureza e o limite de resistência, segundo a norma ISO 16112/2006. As outras normas (VDG, SAE, ASTM) fornecem valores muito semelhantes.

A resistência mecânica dos ferros fundidos vermiculares, similarmente aos outros ferros fundidos, depende da matriz e da grafita. O efeito da grafita, no caso dos vermiculares, é complicado pelo fato deste material conter sempre uma quantidade de grafita nodular, junto com a grafita vermicular. A maioria das especificações (VDG, ISO, ASTM) limita esta quantidade de grafita nodular em 20%, existindo entretanto classes previstas na Norma SAE com até 50% grafita nodular (Tabela 5.43 do capítulo de Normas), sendo clássico o uso de vermicular SiMo com esta especificação para coletores de escape de motores ciclo Oto (Horle et al., 1989). A limitação da percentagem de nódulos é devido à diminuição

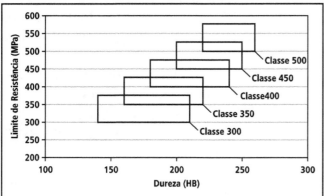

FIGURA 6.53 – Relação entre Dureza e Limite de Resistência para as classes de ferros fundidos vermiculares previstas na Norma ISO 16112/2006. Os retângulos representam as propriedades (mínimas e máximas) previstas na norma.

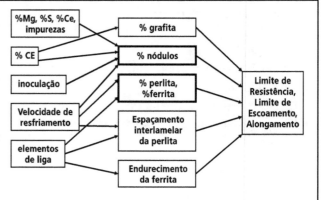

FIGURA 6.54 – Efeitos da microestrutura e de variáveis de processo sobre as propriedades mecânicas em ferros fundidos vermiculares.

PROPRIEDADES ESTÁTICAS

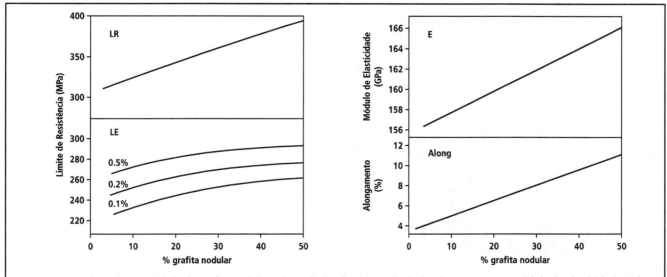

FIGURA 6.55 – Efeito da quantidade de grafita nodular sobre o limite de resistência, limite de escoamento, módulo de elasticidade e alongamento de ferro fundido vermicular (Horsfall & Sergeant, 1983).

da usinabilidade, aumento da tendência a rechupes e diminuição do amortecimento de vibrações causado pelo aumento do percentual de nódulos. Deste modo, a percentagem de grafita nodular presente no ferro fundido vermicular é sempre um parâmetro importante da microestrutura. A Figura 6.54 apresenta as principais variáveis que afetam a microestrutura e, portanto, as propriedades mecânicas dos ferros fundidos vermiculares. Dos parâmetros microestruturais, os que mais afetam a resistência mecânica são a percentagem de nódulos e a quantidade de perlita na matriz.

O efeito da nodularidade (percentual de nódulos) pode ser visto nas Figuras 6.55 e 6.56, verificando-se que a substituição de grafita vermicular por grafita nodular resulta em aumento sensível da resistência mecânica (Horsfall & Sergeant-1983, Pieske et al. 1976, Monroe & Bates-1982, Dawson & Schroeder-2000). Em ferros fundidos vermiculares de matriz predominantemente perlítica, o aumento da nodularidade traduz-se também em pequeno aumento da quantidade de ferrita na matriz, já que os nódulos tendem a apresentar-se com um halo de ferrita (Figura 6.57); mesmo assim, ocorre aumento da resistência mecânica, devido ao efeito preponderante da diminuição da concentração de tensões na matriz em torno da grafita.

A nodularidade depende principalmente da quantidade de elementos nodulizantes (Mg, Ce) e de elementos deletérios (S, Ti, etc.) (Sergeant-1980,

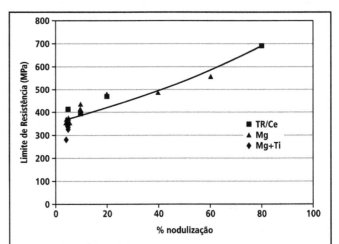

FIGURA 6.56 – Aumento do limite de resistência com o aumento do percentual de grafita nodular, independente do tipo de processo para obtenção de grafita vermicular. Bloco Y 25 mm, 50-80% perlita (Adaptado de Pieske et al., 1976).

Scheinert & Liesenberg, 1978). Também um aumento do teor de carbono equivalente aumenta a nodularidade, como pode ser visto na Figura 6.58. A nodularidade é ainda influenciada pela velocidade de resfriamento na solidificação (Hrusovsky & Wallace, 1985). Na Figura 6.59 registra-se a percentagem de nódulos a partir da superfície de resfriamento de uma peça, verificando-se que a nodularidade decresce em direção ao núcleo da peça, devido à diminuição da velocidade de resfriamento. Também a quantidade de ferrita segue esta variação, conforme discutido anteriormente (Figura 6.57).

A quantidade de grafita pouco afeta o limite de resistência (Figura 6.60) porque a solidificação

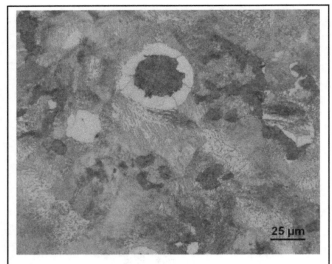

FIGURA 6.57 – Em ferros fundidos vermiculares, a ferrita ocorre associada principalmente a nódulos de grafita. 400 x (Guesser, 2003).

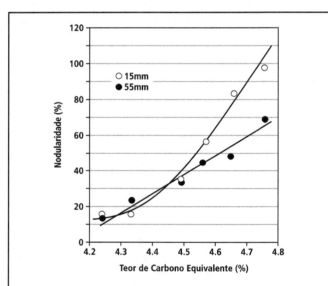

FIGURA 6.58 – Efeito do teor de carbono equivalente sobre a formação de grafita nodular em ferros fundidos vermiculares (Goodrich, 2003).

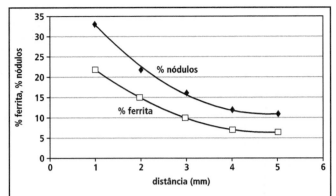

FIGURA 6.59 – Variação da nodularidade e da quantidade de ferrita a partir da superfície da peça de ferro fundido vermicular classe 450.

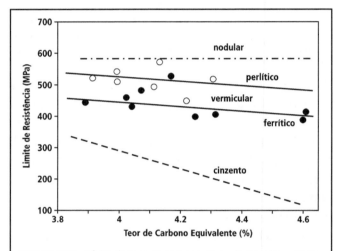

FIGURA 6.60 – Efeito do teor de carbono equivalente sobre o limite de resistência de ferros fundidos nodular, vermicular e cinzento (Sergeant & Evans, 1978).

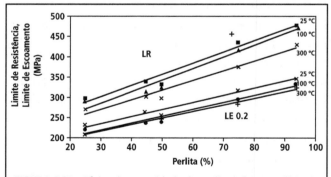

FIGURA 6.61 – Efeito da quantidade de perlita sobre a resistência mecânica de ferros fundidos vermiculares com até 10% nodularidade (Shao et al., 1997).

de grafita primária em ferros fundidos vermiculares ocorre com a formação de nódulos (hipereutéticos), de modo que o aumento da quantidade de grafita reflete-se principalmente sobre o aumento do percentual de nódulos (e não de vermes).

A quantidade de perlita na matriz é outra variável de extrema importância sobre a resistência mecânica (Figura 6.61). Seu controle é feito principalmente pela adição de elementos perlitizantes, como estanho, cobre e manganês (Courderc, 1965, Fowler, 1984, Fowler et al., 1984), obtendo-se assim as diferentes classes de ferro fundido vermicular (Figuras 6.62 e 6.63).

Quantidades adicionais de elementos perlitizantes à necessária para obter 100% perlita promovem o refino da perlita (diminuição do espaçamento interlamelar), resultando em acréscimo adicional de resistência, como mostra a Figura 6.64. Também o endurecimento da ferrita por solução sólida promo-

PROPRIEDADES ESTÁTICAS

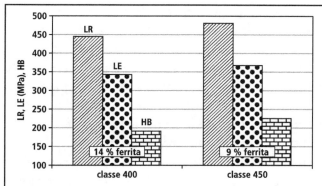

FIGURA 6.62 – Propriedades mecânicas obtidas em mancal de apoio de blocos de motores, produzidos em 2 classes de ferro fundido vermicular (FV 400 e FV 450). Nodularidade = 10-13%.

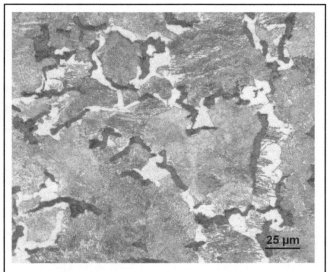

FIGURA 6.63 – Microestrutura de ferro fundido vermicular classe FV 400, com 15-20% ferrita na matriz. 400 X.

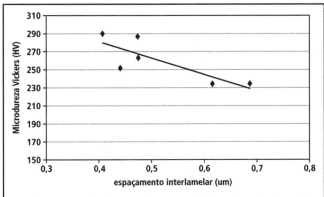

FIGURA 6.64 – Relação entre espaçamento interlamelar da perlita e microdureza da matriz. Ferro fundido vermicular classe 450.

ve um pequeno aumento da resistência, como ilustra a Figura 6.65, para teores crescentes de silício (Stefanescu & Loper, 1981). Estes efeitos não são tão importantes como o aumento da quantidade de perlita, principal mecanismo de endurecimento da matriz.

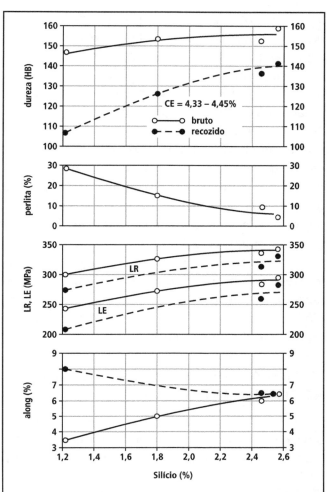

FIGURA 6.65 – Efeitos do silício na microestrutura e nas propriedades mecânicas de ferro fundido vermicular bruto de fundição (linhas cheias) e recozido (linhas tracejadas) (Stefanescu & Loper, 1981).

EFEITO DA ESPESSURA DA SEÇÃO SOBRE AS PROPRIEDADES DE FERROS FUNDIDOS VERMICULARES

Nos ferros fundidos vermiculares o efeito da espessura da seção sobre as propriedades mecânicas é bastante importante, principalmente pelo aumento da nodularidade em seções finas. A Figura 5.3 do capítulo de Normas já mostrava esta relação entre espessura da seção (módulo de resfriamento) e limite de resistência. Na Figura 6.66 podem ser vistos resultados adicionais, para ferros fundidos vermiculares com diferentes teores de carbono equivalente e diferentes matrizes (Sergeant & Evans, 1978).

Outro conjunto de resultados é apresentado nas Figuras 6.67 e 6.68. Neste caso foram fundidos corpos de prova escalonados, com espessuras de

57 a 2 mm, otimizando-se o processo para garantir baixos valores de nodularidade nas seções mais espessas (Figura 6.67). A matriz sempre foi predominantemente perlítica. Verifica-se que, com a diminuição da espessura, ocorre aumento da nodularidade e diminuição do tamanho das partículas de grafita vermicular (Figura 6.67). Como resultado destas alterações microestruturais, os limites de resistência e de escoamento aumentam com a diminuição da espessura; o alongamento segue a mesma tendência, até o aparecimento de partículas de cementita, que provocam diminuição desta propriedade (Figura 6.68) (Scheib et al., 2007).

A norma ISO 16112/2000 também prevê as variações de propriedades com o aumento da espessura da seção (Tabela 5.46 do capítulo sobre Normas) e estas informações podem ser utilizadas em projeto de componentes.

RESISTÊNCIA À COMPRESSÃO, À TORÇÃO E AO CIZALHAMENTO

Na Figura 6.69 pode-se observar curvas tensão-deformação sob tração e sob compressão, para um ferro fundido vermicular de matriz perlítica (Goodrich, 2003), verificando-se o aumento do limite de proporcionalidade, do limite de escoamento e do limite de resistência para ensaios sob compressão.

A *resistência à compressão* de ferros fundidos tem especial importância na vida sob fadiga térmica de componentes com contração restringida, em particular na área da ponte entre as válvulas de cabeçotes de motores diesel (Shao et al., 1997). Na Tabela 6.18 são apresentados resultados de limite de escoamento e de módulo de elasticidade sob compressão, para um ferro fundido cinzento utilizado em cabeçotes de motores diesel (com Cr), bem como para diversos ferros fundidos vermiculares, inclusive ligados com Mo e Cr-Mo. Verifica-se que o limite de escoamento sob compressão correlaciona-se com a quantidade de perlita na matriz (Shao et al., 1997). Na Tabela 6.19 são apresentados valores de limite de escoamento em diversas temperaturas, sob tração e sob compressão.

Os valores de módulo de elasticidade sob compressão são similares aos obtidos em tração (Tabela 6.18) (Shao et al., 1997).

A *resistência ao cizalhamento*, para ferros fundidos vermiculares ferríticos, é de 0,97 x LR à tração (Palmer, 1976).

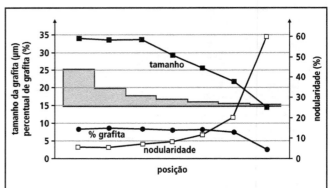

FIGURA 6.67 – Variação das características da grafita (quantidade de grafita, nodularidade, tamanho das partículas) em função da espessura do corpo de prova. Espessuras de 57-30-17-11-7-4-2 mm (Scheib et al., 2007).

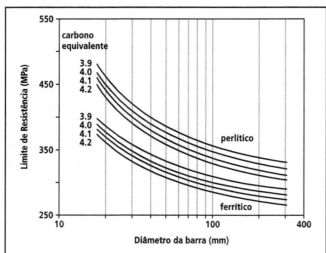

FIGURA 6.66 – Variação do limite de resistência com o diâmetro da barra fundida, para ferros fundidos vermiculares com diferentes teores de carbono equivalente e diferentes matrizes (Sergeant & Evans, 1978).

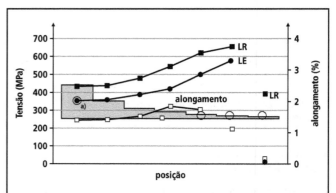

FIGURA 6.68 – Variação das propriedades mecânicas em função da espessura do corpo de prova. Espessuras de 57-30-17-11-7-4-2 mm (Scheib et al., 2007).

PROPRIEDADES ESTÁTICAS

TABELA 6.18 – Limite de escoamento 0,2 e módulo de elasticidade sob compressão para ferros fundidos vermiculares. Média de 3 ensaios (Shao et al., 1997).

Ferro fundido	Perlita (%)	Cu (%)	Sn (%)	Cr (%)	Mo (%)	Dureza (HB)	LE $_{0,2}$ a 20°C (MPa)	LE $_{0,2}$ a 400°C (MPa)	Módulo de elastic (GPa)
FC 300	100	0,20	0,003	0,12	0,01	190	349	297	119
Vermicular	70	0,55	0,04	0,03	0,001	207	409	332	136
Vermicular	98	0,67	0,07	0,02	0,001	240	437	370	156
Vermic Mo	60	0,55	0,03	0,03	0,27	190	385	312	146
Vermic Mo	100	0,56	0,18	0,03	0,26	255	478	394	148
Vermic CrMo	90	0,42	0,04	0,24	0,28	235	432	360	150

TABELA 6.19 – Propriedades estáticas de ferros fundidos vermiculares (Norma SAE J1887/2002).

Propriedade	Temperatura (°C)	70% Perlita	100% Perlita
Limite de Resistência (MPa)	25	420	450
	100	415	430
	300	375	410
Limite de Escoamento 0.2% (MPa)	25	315	370
	100	295	335
	300	284	320
Módulo de Elasticidade (GPa)	25	145	145
	100	140	140
	300	130	130
Alongamento (%)	25	1.5	1.0
	100	1.5	1.0
	300	1.0	1.0
Relação de Poisson	25	0.26	0.26
	100	0.26	0.26
	300	0.27	0.27
Limite de Escoamento 0.2% sob compressão (MPa)	25	400	430
	400	300	370
Dureza Brinell (HB)	25	190-225	207-255

EM RESUMO

Variáveis metalúrgicas importantes:
- % nódulos:
    % CE, % Mg, % S
    Inoculação
    Velocidade de resfriamento
- % perlita
    Mn, Sn, Cu
    Velocidade de resfriamento
- Espaçamento interlamelar da perlita – Mn, Sn, Cu
- Endurecimento por solução sólida – Si

EXERCÍCIOS

1) Construir um gráfico relacionando o Limite de Escoamento sob compressão a 20°C e a 400°C com o percentual de perlita, utilizando os dados de Shao et al., da Tabela 6.18. Discuta as conclusões obtidas com este gráfico.

2) Considere ainda os resultados da Tabela 6.18. Pode-se afirmar que o molibdênio afeta a resistência do ferro fundido vermicular à temperatura ambiente? E a 400°C? (sugestão: construa um gráfico de LE x % perlita, estratificando os dados por temperatura e pela adição de Mo).

3) Considere as seguintes variações de espessura de peça:
   a. de 5 para 11 mm
   b. de 15 para 21 mm
   c. de 25 para 31 mm

   Examine a variação de propriedades mecânicas (LR) provocadas por estas variações de espessura de peça na classe 450 de ferro fundido vermicular. Utilize a Figura 5.3 do capítulo de Normas (Norma VDG).

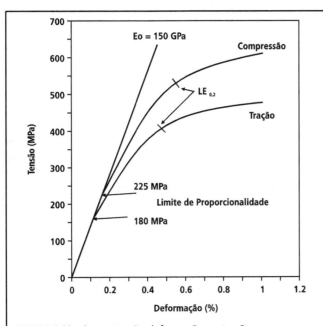

FIGURA 6.69 – Curvas tensão-deformação em tração e em compressão para ferro fundido vermicular perlítico (Goodrich, 2003).

4) O que é mais importante sobre o limite de resistência de um ferro fundido vermicular, uma variação de 20% no percentual de perlita ou uma variação de 20% no percentual de nódulos? Utilize as Figuras deste capítulo para fazer suas estimativas.

5) Considere os resultados da Figura 6.65. Por que um aumento do teor de silício resulta em aumento do alongamento na condição bruta de fundição e, ao mesmo tempo, em decréscimo do alongamento para a condição recozida?

REFERÊNCIAS

Albertin, E. *Obtenção de ferro fundido nodular ferrítico de alta qualidade no estado bruto de fundição*. Dissertação de mestrado, EPUSP, 1985.

Basaj, L. J.; Dorn, T. A.; Headington, F. C.; Rothwell, M D; Johnson, B. D.; Heine, R. W. Tensile properties continuum with brinell hardness of as-cast ductile iron. *AFS Transactions*, v. 107, p. 671-677, 1999.

Bates, C. E. Alloy element effects on gray iron properties: Part II. *AFS Transactions*, v. 94, p. 889-912, 1986.

BCIRA Broadsheet 180. Compacted graphite cast irons, 1980.

BCIRA Broadsheet 232. Young's modulus of elasticity, E–values used in the design of engineering castings. BCIRA, 1984

BCIRA Broasheet 253. Effects of nodular graphite in compacted graphite irons, 1986.

BCIRA. *Engineering data on nodular cast irons*. Birmingham, 1974.

Björkegren, L. E. Berechnung der Gussstückfestigkeit aus chemischer Zusammensetzung und Brinellhärte von unlegiertem Guseisen mit Lamellengraphit. *Giesserei*, v. 78, n. 18, p. 652-655, 1991.

Brzostek, J. A. & Guesser, W. L. Producing as-cast ferritic nodular iron for safety applications. World Foundry Congress, Korea, 2002.

Castelo Branco, C. H. & Souza Santos, A. B. Efeitos de adições de cobre em ferro fundido nodular hipereutético. *Metalurgia ABM*, v. 31, n. 216, p. 737-747, 1975.

Catalina, A.; Guo, X.; Stefanescu, D. M.; Chuzhoy, L.; Pershing, M. A. Prediction of room temperature microstructure and mechanical properties of gray iron castings. *AFS Transactions*, v. 108, p. 247-257, 2000.

Chaves Filho, L. M.; Pieske, A.; Castro, C. P. *Avaliação do comportamento de alguns inoculantes para ferros fundidos cinzentos*. FINEP-Soc Educ Tupy, 1975.

Couderc, P. La fonte à graphite vermiculaire – une première expérience industrielle. *Fonderie-Fondeur D´Aujourd´Hui*, v. 44, p. 27-32, abril 1965.

Crews, D. L. Quality and specifications of ductile iron. *AFS Transactions*, v. 82, p. 223-226, 1974.

Czikel, J. & Hummer, R. Qualitätsdiagramm für Gusseisen mit Lamellengraphit. In: Röhrig, K & Brunhuber, E. Taschenbuch der Giesserei-Praxis. Schiele & Schön GmbH, 1992.

Czikel, J. Influencia del espesor de pared en las piezas de fundición de grafito laminar. Representación moderna. *Colada*, v. 12, n. 3, p. 35-44, 1979.

Dawson, S. & Schroeder, T. Compacted graphite iron offers a viable design alternative. *Engineered Casting Solutions*, p. 42-45, Spring 2000

Deike, R.; Engels, A.; Hauptvogel, F.; Henke, P.; Röhrig, K.; Siefer, W.; Werning, H.; Wolters, D. Gusseisen mit Lamellengraphit – Eigenschaften und Anwendung. *Konstruiren + Giessen*, v. 25, n. 2, 2000.

DeLa´O, J. D.; Gundlach, R. B.; Tartaglia, J. M. Strain-life fatigue properties database for cast iron. AFS Research Report, 2003.

Diószegi, A. *On microstructure formation and mechanical properties in grey cast iron*. Linköping Studies in Science and Technology. Dissertation n. 871. Linköping Univerty, Sweden, 2004.

Dowling, N.E. *Mechanical behaviour of materials*. 2ª ed. Prentice-Hall, Londres, 1998

Ductile Iron Marketing Group-AFS. Designing with ductile iron to achieve strength and economy. *Engineered Casting Solutions*, p. 47-50, Winter 1999.

Ductile Iron Marketing Group-AFS. Designing with ductile iron to achieve strength and economy. In: Cost-Effective Casting Design. AFS, 2003.

Felix, W. Der Elastizitätsmodul als Hilfsmittel bei der Qualitätsbeurteilung von Gusseisen. *Giesserei*, v. 10, n. 1, p. 6-11, 1963.

Flinn, R. A.; Trojan, P. K.; Reese, D. J. The behavior of ductile iron under compressive stresses. *ASTM Transactions*, 1960.

Fowler, J. T. *Experiments on producing compacted/vermicular graphite cast iron by the in-mold process*. Master of Science Thesis, The University of Alabama, USA, 1984.

Fowler, J.; Stefanescu, D. M.; Prucha, T. Production of ferritic and pearlitic grades of compacted graphite cast iron by the in-mold process. *AFS Transactions*, v. 92, p. 361-372, 1984.

Fuller, A. G. & Souza Santos, A. B. Ferros fundidos com grafita compacta. CONAF-ABIFA 95, p. 15-26, 1995.

Galarreta, I. A.; Boeri, R. E.; Sikora, J. A. Free ferrite in pearlitic ductile iron – morphology and its influence on mechanical properties. *International Journal of Cast Metals Research*, n. 9, p. 353-358, 1997.

Gilbert, G N J. Behavior of cast irons under stress. In: Engineering Properties and Performance of Modern Iron Castings. BCIRA, p. 41, 1970.

Gilbert, G. N. J. *Engineering data on nodular cast irons – SI units*. BCIRA Report 1160, 1974.

Gilbert, G. N. J. Factors affecting the basic mechanical properties of flake graphite cast iron. *BCIRA Journal*, p. 401-411, jul., 1976.

Goodrich, G. M. & Shaw, W. F. New formula equates tensile strength of gray iron. *Modern Casting*, p. 35, out 1992.

Goodrich, G. M. *Iron Castings Engineering Handbook*. AFS, 2003

Guesser, W. L. & Hilário, D. G. A produção dos ferros fundidos nodulares perlíticos. *Fundição e Serviços*, p. 46-55, nov. 2000.

Guesser, W. L. Building a manufacturing competence in CGI cylinder blocks and heads. 5th CGI Machining Workshop, Darmstadt, Alemanha, set. 2003.

Guesser, W. L. Ferro fundido com grafita compacta. *Metalurgia e Materiais ABM*, p. 403-405, junho 2002.

Guesser, W. L.; Schroeder, T.; Dawson, S. Production experience with compacted graphite iron automotive components. *AFS Transactions*, v. 109, p. 63-73, 2001.

Guesser, W. L. *Fragilização por hidrogênio em ferros fundidos nodulares e maleáveis pretos*. Tese de doutoramento, EPUSP, 1993.

Hachenberg, K.; Kowalke, H.; Motz, J. M.; Röhrig, K.; Siefer, W.; Staudinger, P.; Tölke, P.; Werning, H.; Wolters, D. B. Gusseisen mit Kugelgraphit. *Konstruiren + Giessen*, v. 13. n. 1, 1988.

Hasse, S. *Duktiles Gusseisen: Handbuch für Gusserzeuger und Gussverwender*. Berlin: Schiele und Schön, 1996.

Hasse, S. *Guss- und Gefügefehler*. Berlin, Schiele und Schön, 1999.

Henke, F. Hinweise zur Impfbehandlung von Guseisenschmelzen. Taschenbuch der Giesserei-Praxis, 1979.

Horle, G.; Schmidt, G.; Muller, H. W. Funktionsgerecht Fertigen aus Gusseisen mit Vermiculargraphit – Erfahrungen der Buderus Kundenguss GmbH. *Giesserei-Praxis*, n. 8, p. 120-132, 1989.

Horsfall, M. A. & Sergeant, G. F. The effect of different amounts of nodular graphite on the properties of compacted graphite irons. *BCIRA Journal*, p. 212-221, Report 1532, 1983.

Hrusovsky, J. P. & Wallace, J. F. Effect of composition on solidification of compacted graphite iron. *AFS Transactions*, v. 93, p. 55-86, 1985.

IBF Working Group P9. *Typical microstructures of cast metals*. Institute of British Foundryman, 1981.

Isleib, C. e Savage, R. Ductile iron alloyed and normalized. *AFS Transactions*, v. 65, p. 75-83, 1957.

Javaid, A & Loper Jr., C. R. Quality control of heavy section ductile cast irons. *AFS Transactions*, v. 103, p. 119-134, 1995.

Krause, W. Tratamentos térmicos de ferros fundidos. Encontro Regional de Técnicos Industriais, ETT, Joinville, 1979.

Krüger, M.; Luckow, I. C.; Bergmann, S. J.; Souza Santos, A. B. Efeitos de elementos de liga na formação de ferrita e perlita em ferros fundidos nodulares. 53º Congresso da ABM, Belo Horizonte, 1998.

Löhe, D. Properties of vermicular cast iron at mechanical and thermal-mechanical loading. 8th Machining Workshop for Powertrain Materials. Darmstadt, 2005.

Löhe, D.; Vöhringer, O.; Macherauch, E. Temperaturabhängigkeit der 0,2%-Dehngrenzen und 0,2%-Stauchgrenzen ferristischer Gusseisen zwischen 77 and 623 K. Giesserei-Forschung, v. 37, n. 3, p. 103-111, 1985.

Loper Jr., C. R. & Kotschi, R. M. A new quality index for ductile iron. *AFS Transactions*, v. 82, p. 226-228, 1974.

Mampaey, F.; Li, P. Y.; Wettinck, E. Variation of gray iron strength along the casting diameter. *AFS Transactions*, v. 111, paper 03-056, 2003.

Metzloff, K. E. & Loper, C. R. Jr. Measurement of elastic modulus of DI, using a sinusoidal loading method and quantifying factors that affect elastic modulus. *AFS Transactions*, v. 108, p. 207-218, 2000.

Metzloff, K. E. & Loper, C. R. Jr. Effect of nodularity, heat treatment and cooper on the elastic modulus of ductile and compacted graphite irons. *AFS Transactions*, v. 109, paper 01-088, 2001.

Metzloff, K. E. & Loper, C. R. Jr. Effect of nodule-matrix interface on stress/strain relationship and damping in ductile and compacted graphite irons. *AFS Transactions*, v. 110, paper 02-086, 2002.

Monroe, R. W. & Bates, C. E. Some thermal and mechanical properties of compacted graphite iron. *AFS Transactions*, v. 90, p. 615-624, 1982.

Mroczek, M.; Ward, J.; Goodrich, G. Callison, C.; Helm, L; Shturmakov, A.; Way, J. *Introduction to gray cast iron processing*. 97p., AFS, 2000.

Norma ABNT NBR 6152/1992. Materiais metálicos – determinação das propriedades mecânicas à tração. 1992.

Norma ASTM E8/2000. Standard methods for tension testing of metallic materials. 2000.

Norma EN 10.002-1/1990. Tensile testing of metallic materials – method of test at ambient temperature. 1990.

Norma Europeia EN 1561/1997. Grey cast iron. 1997.

Norma Europeia EN 1563/1997. Spheroidal graphite cast iron. 1997.

Norma ISO 1083/2004. Spheroidal graphite cast irons – Classification. 2004.

Norma ISO 16112/2006. Compacted (vermicular) graphite cast irons – Classification. 2006.

Norma ISO 185/2005. Grey cast irons – Classification. 2005.

Norma ISO 6892/1998. Metallic materials – tensile testing at ambient temperature. 1998.

Norma ISO 945/1975. Cast iron – Designation of microstructure of graphite. 1975.

Norma SAE J1887/2002. Automotive compacted graphite iron castings. 2002.

Palmer, K. B. Mechanical properties of compacted-graphite irons. *BCIRA Journal*, p. 31-37, Report 1213, 1976.

Patterson, W.; Engler, S.; Wolters, D. Beeinflussung der Normaleigenschaften von Gusseisen mit Lamellengraphit durch Molybdän und Chrom. *Giesserei-Forschung*, v. 20, n. 4, p. 171-186, 1968.

Pieske, A.; Chaves Filho, L. M.; Reimer, J. F. *Ferros fundidos cinzentos de alta qualidade*. SOCIESC, 1976.

Pieske, A.; Chaves Filho, L. M.; Assada, F.. Obtenção de ferros fundidos com grafita vermicular. Congresso ILAFA, nov./76, Rio de Janeiro. Publicado em *Fundicion*, n. 211, março 1978.

Pieske, A.; Chaves Filho, L. M.; Gruhl, A. As variáveis metalúrgicas e o controle da estrutura de ferros fundidos cinzentos. *Metalurgia ABM*, v. 31, n. 215, p. 693-699, 1975.

Pupava, J.; Döpp, R.; Neumann, F. Beitrag zur metallurgischen Bewertung von elektrisch erschmolzenem Gusseisen mit Lamellengraphit für Automobilguss. *Giesserei-Praxis*, n. 12, p. 489-497, 2003.

Reese, C. R. & Evans, W. J. Development of an in-the-mold treatment process for compacted graphite iron cylinder blocks. *AFS Transactions*, v. 106, p. 673-685, 1998

Röhrig, K. Niedriglegierte graphitische Gusseisenwerkstoffe – Eigenschaften und Anwendung. *Konstruiren + Giessen*, v. 6, n. 3, p. 4-21, 1981.

Röhrig, K. Taschenbuch der Giesserei-Praxis, 1990.

Scheib, H.; Weisskopf, K L; Bäher, R. Eigenschaften dünnwandiger Gussteile aus GJV – Untersuchungen am Stufenkeil. *Giesserei*, v. 94, n. 6, p. 180-189, 2007.

Scheinert, H. & Liesenberg, O. Gusseisen mit Vermiculargraphit – Eigenschaften, Herstellung und Einsatz. *Giessereitechnik*, v. 24, n. 4, p. 108-112, 1978.

Scholes, J. P. Properties affecting the performance of iron castings under static loads. BCIRA Conference on Engineering Properties and Performance of Modern Iron Castings, Loughborough, 1970.

Sergeant, G F & Evans, E R. The production and properties of compacted graphite irons. *The British Foundryman*, v. 71, n. 5, p. 115-124, 1978.

Sergeant, G. F. Effect of small variations in composition on the structure of thin-section compacted graphite iron castings. *BCIRA Journal*, p. 153-159, Report 1369, 1980.

Shao, S.; Dawson, S; Lampic, M. The mechanical and physical properties of compacted graphite iron. Conference on Materials for Lean Weigth Vehicles, England, The Institute of Materials, p. 1-22, 1997.

Shea, M M. Influence of cooling rate and manganese and cooper content on hardness of as-cast ductile iron. *AFS Transactions*, v. 86, p. 7-12, 1978.

Silva Neto, E. *Relação entre propriedades e a microestrutura de materiais bifásicos – caracterização específica para os ferros fundidos ferríticos nodular e cinzento*. Dissertação de mestrado, UFSC, 1978.

Sofue, M.; Okada, S.; Sasaki, T. High-quality ductile cast iron with improved fatigue strength. *AFS Transactions*, v. 86, p. 173-182, 1978.

Souza Santos, A. B. & Albertin, E. Ferros fundidos nodulares em seções espessas. V Encontro Regional de Técnicos Industriais, ATIJ-ETT, Joinville, 1977.

Souza Santos, A. B. Alguns efeitos do manganês em ferros fundidos nodulares. *Fundição & Matérias-Primas*. ABIFA, v. 5, n.37, p. 17A-P, 2000.

Souza, S. A. *Ensaios mecânicos de materiais metálicos*. São Paulo, EBlücher, 1974.

Stefanescu, D. M. & Loper Jr., C. R. Recent progress in the compacted/vermicular graphite cast iron field. *Giesserei-Praxis*, n. 5, p. 73-96, 1981.

Tholl, M.; Magata, A.; Dawson, S. Practical experience with passenger car engine blocks produced in high quality compacted graphite iron. SAE paper n. 960297, Detroit, 1996.

Venugopalan, D. & Alagarsamy, A. Effects of alloy additions on the microstructure and mechanical properties of comercial ductile iron. *AFS Transactions*, v. 98, p. 395-400, 1990.

Walton, C F & Opar, T J. *Iron Castings Handbook*. Iron Casting Society, Inc. 1981.

Warda, R.; Jenkis, L.; Ruff, G.; Krough, J.; Kovacs, B. V.; Dubé, F. *Ductile Iron Data for Design Engineers*. Published by Rio Tinto & Titanium, Canada, 1998.

Wimber, R T. The relationship of hardness to composition for pearlitic gray cast iron. *AFS Transactions*, v. 88, p. 717-726, 1980.

Wolfensberger, S; Uggowitzer, P; Speidel, M O. Ein Beitrag zum Einfluss der Graphitmorphologie auf den Elastizitätsmodul von Gusseisen. *Giesserei-Forschung*, 1987, v. 39, n. 3, p. 129-132.

Yang, Y.; Louvo, A.; Rantala, T. The effects of alloying and cooling rate on the microstructure and mechanical properties of low-alloy gray iron. 57° Congresso Mundial de Fundição, Osaka, Japão, paper 21, 1990.

CAPÍTULO 7

RESISTÊNCIA À FADIGA DOS FERROS FUNDIDOS

7.1 CONCEITOS INICIAIS

Componentes de máquinas, veículos e estruturas são frequentemente submetidos a carregamentos repetitivos, e as tensões cíclicas resultantes podem conduzir a danos microscópicos no material. Mesmo sob tensões bem abaixo do limite de escoamento do material, estes danos microscópicos podem se acumular com a ciclagem continuada até que se desenvolve uma trinca, que conduz à ruptura do componente. Este processo de dano e fratura devido a carregamentos cíclicos é denominado de fadiga (Dowling, 1998). Uma trinca por fadiga inicia em locais de concentração de tensões após um certo número de ciclos. Ela é sempre de natureza frágil, mesmo ocorrendo em materiais dúteis. À medida que a trinca se desenvolve, aumenta a concentração de tensões, o que resulta em aumento da velocidade de propagação da trinca (Goodrich, 2003). Quando a trinca atinge um tamanho crítico, ocorre a sua propagação final.

A fratura causada por fadiga apresenta duas zonas distintas: uma região rompida por fadiga, normalmente plana e com as "marcas de praia", características da ciclagem de tensões, indicando ainda a origem do processo de fratura; apresenta ainda outra região de ruptura final, geralmente com fratura frágil e grosseira, que conduziu à fratura final do componente (Hachenberg et al., 1988).

A ocorrência de uma fratura por fadiga é diretamente influenciada pelo nível de tensão e pelo número cumulativo de ciclos em que esta tensão é aplicada; quanto maior a tensão aplicada, menor o número de ciclos que a peça resiste até sua fratura. Esta relação é expressa numa curva denominada de S-N (Figura 7.1), relacionando a tensão aplicada com o logaritmo do número de ciclos até a fratura.

Quando o número de ciclos sem fratura excede 10 milhões, a vida é considerada infinita, e a máxima tensão correspondente a esta situação é denominada de Limite de Fadiga.

A ruptura por fadiga pode ser evitada, com base no conhecimento da solicitação do componente e do comportamento do material em solicitações cíclicas. A Figura 7.2 mostra que, dependendo da tensão aplicada e de sua ciclagem, as solicitações de fadiga podem ser classificadas em fadiga de baixo ciclo (vida finita), fadiga sob vida infinita e dano cumulativo. Para cada uma destas solicitações ado-

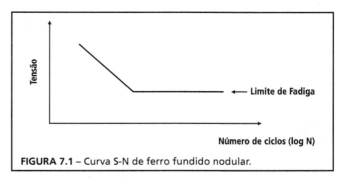

FIGURA 7.1 – Curva S-N de ferro fundido nodular.

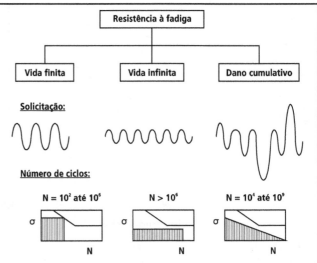

FIGURA 7.2 – Classificação dos tipos de solicitação de fadiga: vida finita (fadiga de baixo ciclo), vida infinita e dano cumulativo (Hachenberg et al., 1988).

ta-se uma abordagem específica para dimensionamento do componente (Hachenberg et al., 1988).

A maior parte das discussões deste capítulo vai se concentrar na situação de vida infinita, examinando o efeito de variáveis metalúrgicas e do meio ambiente sobre o limite de fadiga.

A relação entre a tensão máxima e tensão mínima ($R = \sigma_{max}/\sigma_{min}$) é uma característica importante do ensaio de fadiga. A maior parte dos ensaios são conduzidos com solicitação de tração-compressão, com tensão média igual a zero, de modo que então R = -1.

Para situações em que a tensão média é diferente de zero, foram desenvolvidas algumas abordagens para estimar as tensões que o componente pode suportar. O diagrama de Goodman modificado (ou diagrama de Haigh) foi desenvolvido considerando-se a seguinte Equação:

$$\sigma_a = \sigma_{LF}(1 - \sigma_m / \sigma_{LR}) \qquad (7.1)$$

onde:

σ_a – máxima amplitude de tensão alternante que pode ser suportada

σ_{LF} – Limite de Fadiga para tensão média = 0.

σ_m – tensão média

σ_{LR} – Limite de Resistência

A Figura 7.3 mostra graficamente esta Equação, de modo que a reta do gráfico representaria a situação limite de resistência à fadiga, para cada nível de tensão média. Pontos abaixo da reta corresponderiam a vida infinita. Este modelo nem sempre representa a situação real, como verificado por Kawakami & Deguichi (2003) para um ferro fundido nodular de classe FE 70002. A maioria dos diagramas é então construída com base em resultados experimentais de resistência à fadiga.

Outra abordagem é apresentada na Figura 7.4, considerando-se que o limite de escoamento nunca deve ser ultrapassado. Neste caso a situação de vida infinita é apresentada pela área compreendida entre as duas curvas. Deste modo, para cada valor de tensão média, a tensão alternante fica confinada entre as duas curvas (tensões máxima e mínima, respectivamente) (Krause, 1978). A utilização deste segundo tipo de diagrama (denominado de Goodman-Smith) é muito comum na engenharia; nos capítulos que se seguem serão apresentados diagramas correspondentes às várias classes de ferros fundidos.

No processo de fratura na situação de vida finita, para ferros fundidos cinzento, vermicular e

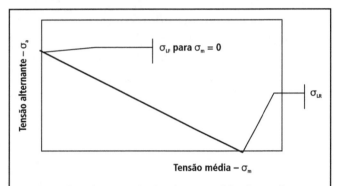

FIGURA 7.3 – Diagrama de Goodman modificado ou diagrama de Haigh. Tensões abaixo da reta representam situações de vida infinita (BCIRA Broadsheet 257-1, 1986).

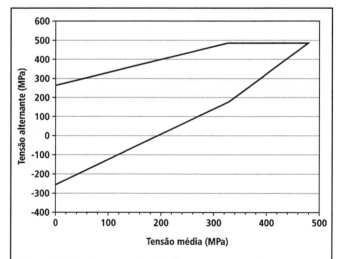

FIGURA 7.4 – Diagrama de Goodman-Smith para ferro fundido nodular classe FE 80002, tração-compressão. Construído conforme dados das Normas ISO 1083/2004 e EN 1563/1997, considerando ainda que LF (axial) = 0,85 x LF (flexão rotativa). LE = 480 MPa e LF (axial) = 258 MPa.

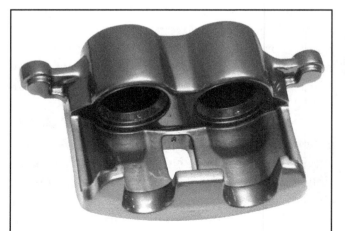

FIGURA 7.5 – Carcaça de freio produzida em ferro fundido nodular classe FE 50007. Esta peça deve suportar esforços de fadiga em serviço. Cortesia Tupy Fundições.

nodular, a nucleação da trinca de fadiga está geralmente associada à grafita (ver Figura 4.29 do capítulo sobre Fratura em Ferros Fundidos); apenas em ferros fundidos nodulares a nucleação também ocorre junto a pequenos defeitos, como microrrechupes, aglomerados de nódulos, drosses superficiais e grafita lamelar na superfície (Socie & Fash – 1982, Bauer – 2003, Mörtsell et al., 2003). As Figuras 7.6 a 7.8 mostram resultados de crescimento de trincas neste trecho de tensões correspondente à vida finita. Verifica-se que a maior parte da vida do componente é gasta no crescimento de microtrincas (em grande número) até atingir cerca de 1 a 2 mm de comprimento; a partir daí, poucos ciclos são necessários para propagar uma destas trincas e conduzir à fratura (Figuras 7.6 a 7.8). Afirma-se inclusive que a etapa de nucleação de microtrincas não existe em ferros fundidos, e que o limite de fadiga é a condição na qual trincas de fadiga não conseguem propagar-se devido a barreiras microestruturais (Mörtsell et al., 2003). Estes autores constataram a existência de micro-trincas mesmo em tensões abaixo do limite de fadiga, em ferros fundidos nodulares ferrítico-perlíticos.

Neste trecho de vida finita, a relação entre a tensão alternante (σ_a) e o número de ciclos até a ruptura (N) pode ser descrita por (Heuler et al., 1992; Hück et al., 1985):

$$\sigma_a = \sigma_{LF} \cdot N_{LF}^{1/k} \cdot N^{-1/k} \qquad (7.2)$$

onde:
σ_a – tensão alternante
σ_{LF} – Limite de Fadiga
N_{LF} – número de ciclos utilizado para a determinação do Limite de Fadiga
k – inclinação da curva σ_a x N no trecho de vida finita
N – número de ciclos até a ruptura

Outros autores preferem empregar a seguinte Equação (Gilbert, 1984):

$$\sigma_a = \sigma_f' \cdot (N)^b \qquad (7.3)$$

onde:
σ_f' – coeficiente de resistência à fadiga
b – expoente de resistência à fadiga

Estas Equações permitem então a estimativa da vida da peça no trecho de vida finita. Valores para

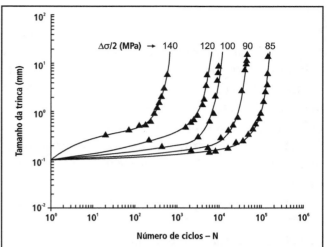

FIGURA 7.6 – Desenvolvimento de trinca sob fadiga em ferro fundido cinzento perlítico. LR = 228 MPa, LF axial = 75 MPa (Socie & Fash, 1982).

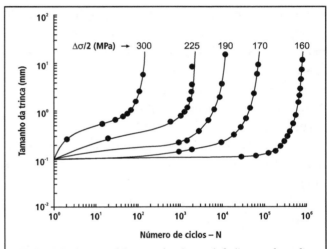

FIGURA 7.7 – Desenvolvimento de trinca sob fadiga em ferro fundido vermicular. LR = 438 MPa, LE = 345 MPa, LF axial = 150 MPa (Socie & Fash, 1982).

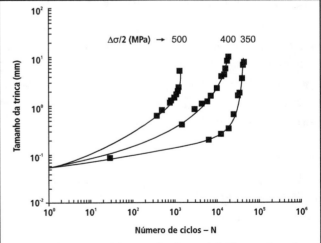

FIGURA 7.8 – Desenvolvimento de trinca sob fadiga em ferro fundido nodular. LR = 665 MPa, LE = 440 MPa, along = 4,9% (Socie & Fash, 1982).

os parâmetros destas Equações serão vistos nos capítulos referentes aos diversos ferros fundidos.

Outra abordagem é a caracterização da vida sob fadiga em condições de ciclo de deformação. O ensaio de fadiga é comandado por um ciclo de deformação, determinando-se o número de ciclos até a ocorrência de alguma falha, que pode ser a fratura, o início de trincamento, ou então uma queda no nível de tensão. Constroem-se então curvas de deformação (total ou plástica) versus número de ciclos até a falha. A fadiga controlada por deformação pode ser um enfoque muito importante no projeto de produtos industriais. É importante em situações nas quais o componente é submetido a deformações plásticas cíclicas, induzidas mecânica ou termicamente, e que causam falhas com relativamente baixo número de ciclos ($<10^5$) (Norma ASTM E606, 2004). Deste modo, este tipo de solicitação é caracterizado por fadiga de baixo ciclo, e os resultados deste ensaio são empregados para o dimensionamento de componentes no trecho de vida finita. A Figura 7.9 mostra um conjunto de resultados para diversas classes de ferro fundido cinzento.

As curvas da Figura 7.9 representam a deformação total. Muitas vezes é necessário conhecer apenas a deformação plástica, utilizando-se então a Equação abaixo (DeLa´O et al., 2003):

$$(\Delta\varepsilon_t/2) = (\Delta\varepsilon_e/2) + (\Delta\varepsilon_p/2) \quad (7.4)$$

onde:
$(\Delta\varepsilon_t/2)$ – amplitude de deformação total
$(\Delta\varepsilon_e/2)$ – amplitude de deformação elástica
$(\Delta\varepsilon_p/2)$ – amplitude de deformação plástica

A componente elástica da deformação é determinada pela lei de Hooke, dividindo-se a amplitude de tensões (correspondente à metade da vida) pelo módulo de elasticidade. A amplitude de deformação plástica é então determinada pela diferença entre a amplitude de deformação total e a amplitude de deformação elástica.

A amplitude de deformação plástica é empregada nas seguintes Equações, que permitem estimar a vida sob fadiga (DeLa´O et al., 2003):

$$-\Delta\sigma/2 = K'(\Delta\varepsilon_p/2)^{n'} \quad (7.5)$$

$$-\Delta\sigma/2 = \sigma_f'(2N_f)^b \quad (7.6)$$

(Obs.: esta Equação é idêntica à 7.3, apenas referenciada a cada reversão da tensão)

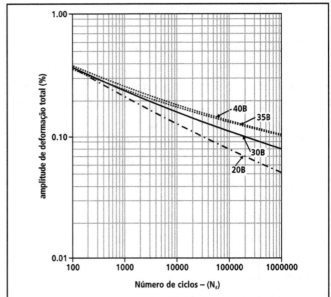

FIGURA 7.9 – Curva de deformação x número de ciclos para diversas classes de ferro fundido cinzento (Norma ASTM). Blocos Y 25 mm, brutos de fundição (DeLa´O et al., 2003).

$$-\Delta\varepsilon_p/2 = \varepsilon_f'(2N_f)^c \quad (7.7)$$

onde:
$\Delta\sigma/2$ – amplitude de tensão
$2N_f$ – número de reversões até a fratura (1 reversão = ½ ciclo)
$\Delta\varepsilon_p/2$ – amplitude de deformação plástica
K' – coeficiente de encruamento cíclico
n' – expoente de encruamento cíclico
σ_f' – coeficiente de resistência à fadiga
b – expoente de resistência à fadiga
ε_f' – coeficiente de dutilidade à fadiga
c – expoente de dutilidade à fadiga

Deste modo, pode-se escrever:

$$(\Delta\varepsilon_t/2) = (\Delta\varepsilon_e/2) + (\Delta\varepsilon_p/2) = (\sigma_f'/E)(2N_f)^b + \varepsilon_f'(2N_f)^c \quad (7.8)$$

Esta Equação é denominada de relação deformação-vida (Angeloni, 2005). Valores dos parâmetros desta Equação são apresentados nos capítulos referentes aos tipos de ferros fundidos.

EXERCÍCIOS

1) Construir um diagrama de Haigh para um ferro fundido cinzento com as seguintes propriedades mecânicas:
   Limite de resistência à tração: 230 MPa
   Limite de resistência à flexão: 420 MPa
   Limite de fadiga (flexão): 102 MPa

RESISTÊNCIA À FADIGA DOS FERROS FUNDIDOS

FIGURA 7.10 – Girabrequim em ferro fundido nodular classe FE 70002. Cortesia Tupy Fundições.

2) Com base nos dados da Tabela 7.1 do capítulo sobre Resistência à Fadiga dos Ferros Fundidos Nodulares, referente à norma ISO 1083/2004, construir um diagrama de Goodman-Smith para o ferro fundido nodular classe ISO 1083/JS/450-10, para a solicitação de tração-compressão. Considere ainda que:
Limite de Fadiga Axial = 0,85 x Limite de Fadiga por Flexão Rotativa.

3) Considere os resultados da Figura 7.8, referentes a fadiga de baixo ciclo em ferro fundido nodular. Para uma solicitação de 350 MPa, quantas vezes a trinca deve dobrar o seu tamanho inicial até que ocorra a fratura?

4) Compare as Equações 7.2 e 7.3, para fadiga de baixo ciclo. Mostre como se relacionam os coeficientes das duas Equações.

5) Um ferro nodular austemperado apresenta os seguintes valores para os coeficientes de fadiga de baixo ciclo (trecho de vida finita):
σ_f = 1455 MPa
b = -0,090

Calcular a tensão alternante que pode ser aplicada de modo que a peça tenha uma vida de pelo menos 100.000 ciclos.

7.2 RESISTÊNCIA À FADIGA DOS FERROS FUNDIDOS NODULARES

GENERALIDADES

Uma peça típica de ferro fundido nodular submetida a esforços de fadiga é o girabrequim de motor de combustão interna (Figura 7.10). Esta peça é solicitada à torção e à flexão, sendo este último esforço o mais importante. Por esta razão, muitos girabrequins são submetidos a roletagem nos raios de concordância dos mancais (de apoio e de biela), de modo a aumentar localmente a resistência à fadiga, por encruamento da região e pela introdução de tensões residuais de compressão na superfície.

FATORES METALÚRGICOS

Os aspectos microestruturais que afetam a resistência estática dos ferros fundidos nodulares, apresentados na Figura 6.36 do capítulo sobre Propriedades Estáticas dos Ferros Fundidos Nodulares, também influenciam a sua resistência à fadiga. Entretanto, alguns fatores afetam mais fortemente a resistência estática, enquanto outros tem um papel mais importante na resistência à fadiga (Figura 7.11). Em fadiga assumem especial importância os fatores microestruturais relacionados à concentra-

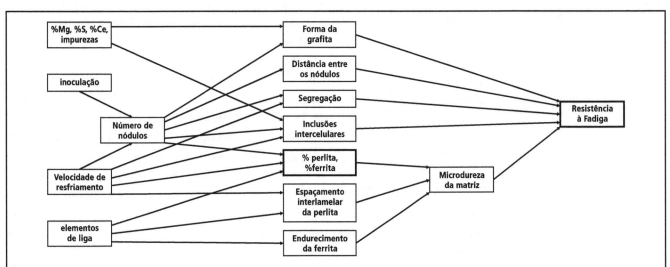

FIGURA 7.11 – Efeitos da microestrutura e de variáveis de processo sobre a resistência à fadiga em ferros fundidos nodulares com matriz de perlita e ferrita.

FIGURA 7.12 – Efeitos da geometria do componente, de defeitos e do meio ambiente sobre a resistência à fadiga em ferros fundidos nodulares.

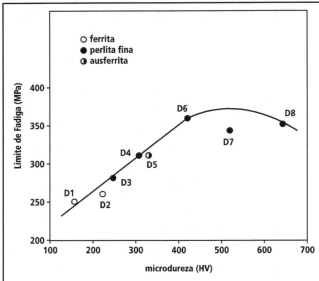

FIGURA 7.13 – Relação entre limite de fadiga (flexão rotativa) e microdureza da matriz, em ferro fundido nodular (Sofue et al., 1978).

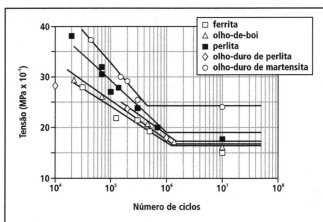

FIGURA 7.14 – Efeitos de orla dura (martensita) e orla mole (ferrita) em torno da grafita sobre a resistência à fadiga (Tsujikawa et al., 1989).

ção de tensões e de deformações, tais como formas irregulares de grafita, inclusões intercelulares (concentrando tensões) e pequenas áreas de ferrita junto a nódulos de grafita (concentrando deformação). A Figura 7.12 ressalta ainda a importância de fatores de geometria, de defeitos e de meio ambiente que conduzam à concentração de tensões. Também será visto que sob certas circunstâncias, em particular sob entalhes externos, o aumento da resistência estática praticamente não aumenta a resistência à fadiga, sendo necessário então lançar mão de outras ferramentas, como a introdução de tratamentos que provoquem tensões residuais de compressão na superfície (Figura 7.12).

De um modo geral, a resistência à fadiga aumenta com o endurecimento da matriz, em particular com o aumento da quantidade de perlita (Janowak et al., 1992). A Figura 7.13 ilustra este efeito, mostrando que até cerca de 500 HV ocorre aumento do limite de fadiga, e que para valores acima deste limite a resistência à fadiga tende inclusive a decrescer (Sofue et al., 1978). Este comportamento de decréscimo do limite de fadiga para altos valores de microdureza da matriz é registrado em trabalhos de vários autores (Sofue et al., 1978, Hachenberg et al., 1988), não havendo entretanto concordância na literatura, verificando-se em muitos trabalhos uma tendência sempre crescente do limite de fadiga com o aumento da resistência e dureza da matriz (Goodrich, 2003, Fuller, 1977, Gilbert, 1974). A presença de entalhes, devido a defeitos microestruturais ou mesmo a descontinuidades, pode ter contribuído para o decréscimo do limite de fadiga em nodulares de alta resistência, podendo pelo menos parcialmente explicar estas diferenças de comportamento. Apesar de alguns autores sugerirem que é benéfica a presença de pequenos halos de ferrita em torno dos nódulos de grafita para a resistência à fadiga (Hachenberg et al., 1988), existem fortes evidências de que estas áreas de ferrita concentram a deformação plástica e contribuem para a nucleação de trincas de fadiga (Kühl, 1983, Tsujikawa, 1989). Na Figura 7.14 constam resultados de Tsujikawa (1989), onde a austenitização parcial (e posterior resfriamento rápido) produziu uma orla de martensita em torno dos nódulos, resultando em aumento considerável do limite de fadiga. Aparentemente, apenas na presença de pequenos defeitos de fundição, como microrrechupes, a deformação destas pequenas áreas de ferrita apresenta efeito favorável no bloqueio de trincas de fadiga.

O efeito de imperfeições dos nódulos de grafita pode ser visto na Figura 7.15 verificando-se com-

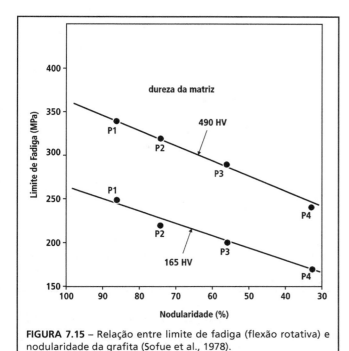

FIGURA 7.15 – Relação entre limite de fadiga (flexão rotativa) e nodularidade da grafita (Sofue et al., 1978).

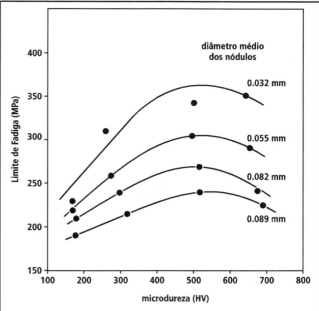

FIGURA 7.17 – Efeito da microdureza da matriz e do tamanho dos nódulos de grafita sobre o limite de fadiga (flexão rotativa) (Sofue et al., 1978).

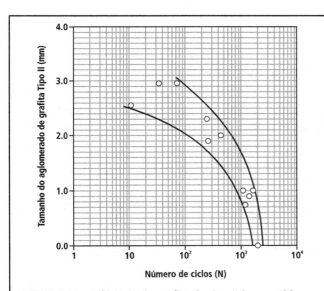

FIGURA 7.16 – Influência de grafita do tipo II (norma ISO – ver Figura 6.37 do capítulo sobre Propriedades Estáticas dos Ferros Fundidos Nodulares) sobre a vida em fadiga de baixo ciclo. Ferros fundidos predominantemente ferríticos (Farrel, 1983).

portamento sempre decrescente do limite de fadiga com a diminuição da nodularidade, para matrizes ferríticas ou perlíticas (Sofue et al., 1978). Comportamento similar foi reportado por Fuller (1977). O efeito da forma da grafita é particularmente crítico em fadiga de baixo ciclo. Na Figura 7.16 pode-se verificar a influência de regiões de grafita tipo II (Norma ISO, ver Figura 6.37 do capítulo sobre Propriedades Estáticas dos Ferros Fundidos Nodulares), também denominada de grafita "spiky",

sobre o número de ciclos até a fratura. Neste caso foi caracterizado o tamanho das regiões com grafita "spiky" e sua influência sobre a vida em fadiga de baixo ciclo. Este tipo de grafita (ver Figura 16.9 do capítulo sobre Mecanismos de Fragilização) tende a ocorrer em peças espessas, geralmente acima de 100 mm de espessura (Farrel, 1983).

A influência do tamanho dos nódulos de grafita, e portanto do número de nódulos, pode ser vista na Figura 7.17, verificando-se que quanto maior o número de nódulos (de tamanho menor) maior o limite de fadiga. Isto é particularmente importante para nodulares perlíticos, com microdureza da matriz em torno de 500 HV, onde a distribuição de segregações na solidificação assume especial importância (Sofue et al., 1978), porém foi verificado também em nodular ferrítico (Lin et al., 2000). O bloqueio frequente de trincas de fadiga pelos nódulos de grafita deve explicar, pelo menos parcialmente, este efeito.

Na Figura 7.18 pode-se verificar o efeito de inclusões intercelulares sobre o limite de fadiga. Sofue et al. (1978) identificaram dois tipos de inclusões, brancas e pretas. As inclusões brancas seriam partículas de TiC, enquanto nas inclusões pretas constatou-se presença de Mg, Al e O (Sofue et al., 1978). Em outros trabalhos verificou-se a presença de inclusões ricas em P, Mg, O e S (Guedes et al.,

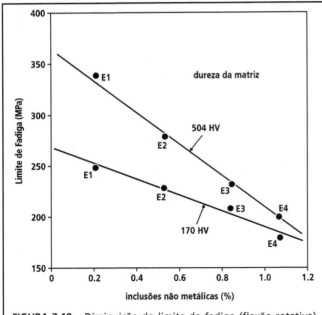

FIGURA 7.18 – Diminuição do limite de fadiga (flexão rotativa) devido à presença de inclusões intercelulares (Sofue et al., 1978).

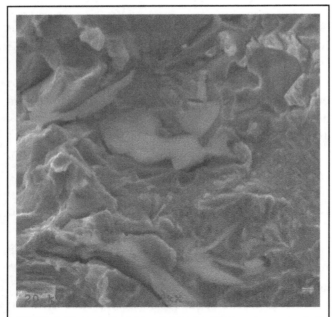

FIGURA 7.19 – Inclusões intercelulares (partículas esbranquiçadas) em superfície de fratura de ferro fundido nodular.

1990-1992, Petry & Guesser, 2000), e ainda Ti e Ce (Guedes, 1996). Estas inclusões atuam como concentradores de tensões, favorecendo a nucleação de trincas sob fadiga, particularmente em nodulares de alta resistência (Figura 7.18). Também em nodular ferrítico verificou-se início de formação de trincas sob fadiga junto a inclusões intercelulares (Lin et al., 2000). Na Figura 7.19 pode-se observar a presença de inclusões na superfície de fratura.

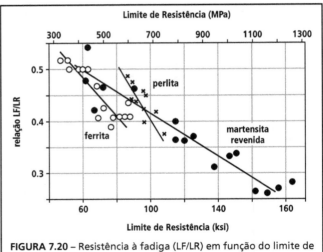

FIGURA 7.20 – Resistência à fadiga (LF/LR) em função do limite de resistência, para ferros fundidos nodulares com diferentes matrizes (Warda et al., 1998).

Stets (2007) ilustra ainda um caso de fratura por fadiga de peça espessa, de motor de navio, em nodular classe EN-GJS-500-7, em que a nucleação da trinca foi provocada por uma inclusão de drosses junto à superfície, e o crescimento da trinca foi incentivado pela presença de grande quantidade de inclusões intercelulares.

O efeito benéfico de alto número de nódulos, anteriormente mencionado (Figura 7.17), pode estar também associado à melhor distibuição das segregações e assim menor presença destas inclusões intercelulares.

RESISTÊNCIA À FADIGA DAS DIVERSAS CLASSES

Nas Tabelas 7.1 e 7.2 são apresentados resultados típicos de limite de fadiga para as diversas classes de ferros fundidos nodulares, obtidos em ensaios de flexão rotativa. Na Tabela 7.3 constam Equações que permitem calcular o limite de fadiga a partir do limite de resistência do ferro fundido nodular. Estas Equações fornecem melhores resultados do que a utilização apenas da relação LF/LR, já que esta relação decresce com o aumento da classe do ferro fundido nodular (Figura 7.20).

Para ferros fundidos nodulares ligados com 4% Si, recozidos, o limite de fadiga sob flexão rotativa seria de 240 MPa, em corpo de prova sem entalhe (Palmer, 1970).

Para solicitações de tração-compressão e de torção, empregam-se as seguintes relações (BCIRA Broadsheet 257-1, 1986):

RESISTÊNCIA À FADIGA DOS FERROS FUNDIDOS

TABELA 7.1 – Propriedades típicas de ferros fundidos nodulares. Norma ISO 1083/2004.

Característica	unid	Classe ISO 1083/JS/								
		350-22	400-18	450-10	500-7	550-5	600-3	700-2	800-2	900-2	500-10
LR min	MPa	350	400	450	500	550	600	700	800	900	500
LE min	MPa	220	240	310	320	350	370	420	480	600	360
Along min	%	22	18	10	7	5	3	2	2	2	10
Limite de fadiga, flexão rotativa, sem entalhe (1)	MPa	180	195	210	224	236	248	280	304	304	225
Limite de fadiga, flexão rotativa, com entalhe (2)	MPa	114	122	128	134	142	149	168	182	182	140
Microestrutura predominante		Ferrita	ferrita	ferrita	Ferrita perlita	Ferrita perlita	Perlita ferrita	Perlita	Perlita ou martensita revenida	Martensita revenida (3)(4)	ferrita

(1) em nodular ferrítico recozido o limite de fadiga é aproximadamente 0,5xLR quando o LR é 370 MPa. Esta relação decresce com aumento da resistência à tração, e em nodulares perlíticos e com martensita revenida o limite de fadiga é aprox. 0,4xLR. Esta relação decresce ainda mais quando o LR excede 740 MPa.

(2) Em corpo de prova com 10,6 mm de diâmetro e entalhe circunferencial em V a 45°, com raio de 0,25 mm, o limite de fadiga em nodular ferrítico recozido (LR = 370 MPa) é de 0,63x o limite de fadiga sem entalhe. Esta relação decresce com o aumento do Limite de Resistência. Em nodulares com níveis intermediários de resistência e com matrizes de perlita ou de martensita revenida, o Limite de Fadiga com entalhe é aproximadamente 0,6 x o Limite de Fadiga sem entalhe.

(3) Ou ausferrita.

(4) Para peças grandes pode ser também perlita.

TABELA 7.2 – Resistência à fadiga de algumas classes de ferro fundido nodular. Flexão rotativa (Walton & Opar, 1981).

Classe ASTM	Limite Resistência (MPa)	Fadiga sem entalhe		Fadiga com entalhe em V – 44°		
		Limite de Fadiga (MPa)	LF/LR	Limite de Fadiga (MPa)	LF/LR	Fator de sensibilidade a entalhes (1)
60-45-12	490	210	0,43	145	0,30	1,4
80-55-06	621	276	0,44	166	0,27	1,7
120-90-02	931	338	0,36	207	0,22	1,6

(1) relação entre limite de fadiga sem entalhe e limite de fadiga com entalhe.

TABELA 7.3 – Valores de limite de fadiga. Flexão rotativa. Classes de ferros fundidos nodulares de acordo com a Norma BS 2789/1973 (Gilbert, 1974).

Classe (Norma BS 2789/73)	Limite de Fadiga – flexão rotativa (MPa)	
	Sem entalhe (*)	Com entalhe (**)
370/17	0,30 (LR – 370) + 186	0,128 (LR – 370) + 117
420/12	0,030 (LR – 420) + 201	0,128 (LR – 420) + 124
500/7	0,245 (LR – 500) + 224	0,6 (LF sem entalhe)
600/3	0,245 (LR – 600) + 248	0,6 (LF sem entalhe)
700/2 LR < 740	0,40 (LR)	0,6 (LF sem entalhe)
LR > 740	0,129 (LR – 700) + 291	0,6 (LF sem entalhe)
800/2	0,129 (LR – 800) + 304	0,6 (LF sem entalhe)
900	317	

(*) Corpo de prova sem entalhe, com diâmetro de 10,6 mm

(**) Corpo de prova cilíndrico entalhado circunferencialmente, com entale de 45° de profundidade 3,6 mm e raio da ponta de 0,25 mm. Diâmetro sob o entalhe de 10,6 mm.

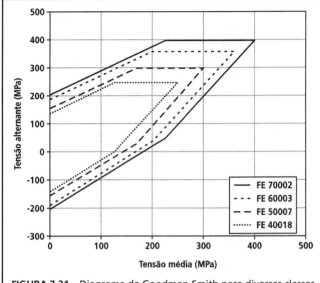

FIGURA 7.21 – Diagrama de Goodman-Smith para diversas classes de ferro fundido nodular, solicitações de tração-compressão (Matek, 1987).

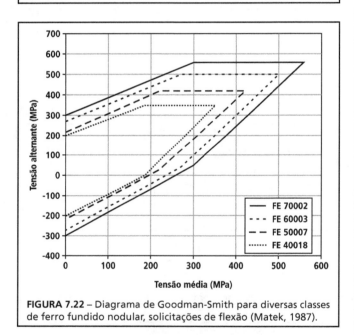

FIGURA 7.22 – Diagrama de Goodman-Smith para diversas classes de ferro fundido nodular, solicitações de flexão (Matek, 1987).

Limite de Fadiga Axial =
0,85 x Limite de Fadiga por Flexão Rotativa   (7.9)

Limite de Fadiga por Torção =
0,7 x Limite de Fadiga por Flexão Rotativa   (7.10)

Nas Figuras 7.21 a 7.23 são apresentados diagramas de Goodman-Smith para ferros fundidos nodulares de diversas classes, para solicitação de tração-compressão (Figura 7.21), flexão (Figura 7.22) e torção (Figura 7.23) (Matek, 1987). Estes diagramas foram construídos baseados em propriedades muito similares às das Normas EN 1563 e ISO

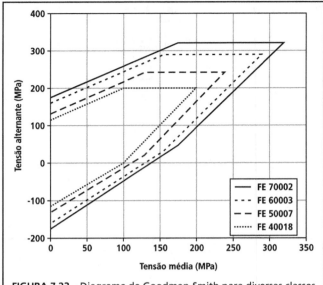

FIGURA 7.23 – Diagrama de Goodman-Smith para diversas classes de ferro fundido nodular, solicitações de torção (Matek, 1987).

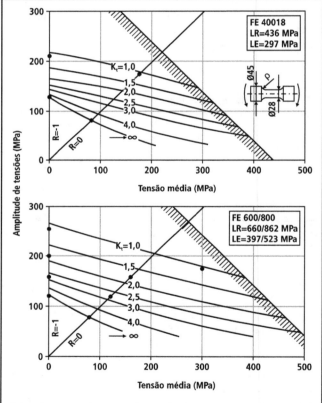

FIGURA 7.24 – Diagrama de Haigh de resistência à fadiga para ferros fundidos nodulares. As linhas representam os valores máximos admissíveis de amplitude de tensão alternante, em função da tensão média e do fator de concentração de tensões do entalhe – k_t. Flexão (Hüch et al., 1985).

1083/2004, e se distinguem dos apresentados por Nechtelberger (1980), por Walton & Opar (1981) e por Goodrich (2003), que estão baseados em publicações muito antigas, de 1963 (Modl & Briner, 1970). Como

TABELA 7.4 – Resultados de parâmetros das curvas de fadiga, para ferros fundidos nodulares ferríticos. Tração-compressão. Bloco Y 25 mm. Ver Equações no capítulo sobre Resistência à Fadiga de Ferros Fundidos (DeLa´O et al., 2003).

Classe ASTM	60-40-18			65-45-12	
Condição	Recoz pleno	Rec sub critico	Bruto	Recoz pleno	Bruto
matriz	100% ferrita	100% ferrita	81% ferrita	50-60% ferrita	60-65% ferrita
Dureza – HB	150	154	161	188	175
LR (MPa)	443	459	480	590	513
LE (MPa)	288	320	323	368	321
Along (%)	25	21	21	11,2	15,7
Expoente de encruamento cíclico – n´	0,053	0,074	0,073	0,108	0,072
Coeficiente de encruamento cíclico – K´ (MPa)	587	674	681	924	667
Coeficiente de resistência à fadiga – σ_f'	0,9632	0,6016	0,5148	0,1088	0,299
Expoente de resistência à fadiga – b	-0,7602	-0,7177	-0,6827	-0,6014	-0,7139
Coeficiente de dutilidade à fadiga – ε_f' (MPa)	686	712	704	756	811
Expoente de dutilidade à fadiga – c	-0,0606	-0,0653	-0,0596	-0,0688	-0,0890

TABELA 7.5 – Resultados de parâmetros das curvas de fadiga, para ferros fundidos nodulares perlítico-ferríticos e perlíticos. Tração-compressão. Bloco Y 25 mm. Ver Equações no capítulo sobre Resistência à Fadiga de Ferros Fundidos (DeLa´O et al., 2003).

Classe ASTM	80-55-06		100-70-03		120-90-02
Condição	Bruto	Normaliz	Bruto	Normaliz	Temp + Rev
matriz	35 % ferrita	10 % ferrita	9 % ferrita	8 % ferrita	Martens rev
Dureza – HB	232	248	259	269	296
LR (MPa)	743	821	836	883	922
LE (MPa)	447	383	487	513	750
Along (%)	12,7	8,4	8,1	8,2	6,8
Expoente de encruamento cíclico – n´	0,110	0,148	0,087	0,105	0,091
Coeficiente de encruamento cíclico – K´ (MPa)	1030	1240	945	1080	1190
Coeficiente de resistência à fadiga – σ_f'	0,8019	0,1231	0,5855	0,6648	0,3694
Expoente de resistência à fadiga – b	-0,8236	-0,5527	-0,7198	-0,6679	-0,7035
Coeficiente de dutilidade à fadiga – ε_f' (MPa)	1500	913	926	1130	1320
Expoente de dutilidade à fadiga – c	-0,1386	-0,0826	-0,0669	-0,0880	-0,0909

visto anteriormente, os diagramas de Goodman-Smith mostram a amplitude de tensão que o material suporta para tensão média diferente de zero.

Os diagramas de Haigh também são ferramentas utilizadas para considerar o efeito da tensão média, mostrando-se na Figura 7.24 diagramas para algumas classes de ferro fundidos nodulares, e que podem ser utilizados para fornecer dados para projetos (Hück et al., 1985, Hasse, 1996).

Resultados de vida sob fadiga em solicitações governadas por ciclos de deformação são apresentados nas Tabelas 7.4 e 7.5. Nestas Tabelas registram-se os coeficientes das Equações que permitem estimar a vida sob fadiga, empregando-se as Equações apresentadas no capítulo sobre Resistência à Fadiga de Ferros Fundidos (DeLa´O et al., 2003).

EFEITO DE ENTALHES

Nos diagramas de Haigh apresentados na Figura 7.24 também estão indicadas curvas para situações com entalhes. O fator de concentração de tensões elásticas (k_t) representa a relação entre a tensão máxima local e a tensão média, representando assim a intensidade do efeito do entalhe (Dowling-1998, Krause-1978). O valor de k_t depende basicamente da geometria do entalhe e do tipo de esforço (Haase, 1996). Um exemplo de como k_t varia com a geometria da peça pode ser visto na Figura 7.25. Verifica-se na Figura 7.24 que à medida que aumenta o valor de k_t reduz-se a tensão alternante que o material suporta.

Os resultados das Tabelas 7.1, 7.2 e 7.3 mostram também o efeito de entalhes, reduzindo o limite de fadiga, principalmente para as classes de maior resistência. Nestas classes o LF com entalhe é de cerca de 0,6 vezes o LF sem entalhe (Gilbert, 1974). Palmer (1983) verificou que o limite de fadiga de nodular perlítico decresce continuamente com a diminuição da relação raio do entalhe / diâmetro do corpo de prova. Para relações r/d maiores que 0,5

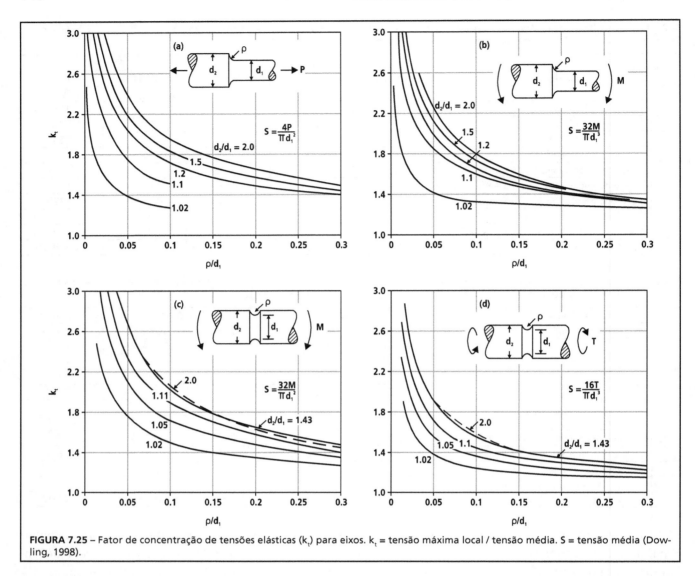

FIGURA 7.25 – Fator de concentração de tensões elásticas (k_t) para eixos. k_t = tensão máxima local / tensão média. S = tensão média (Dowling, 1998).

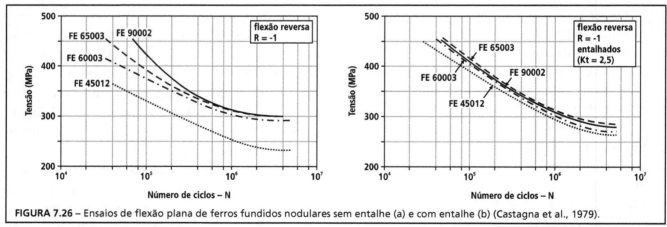

FIGURA 7.26 – Ensaios de flexão plana de ferros fundidos nodulares sem entalhe (a) e com entalhe (b) (Castagna et al., 1979).

o limite de fadiga é praticamente igual ao de corpo de prova não entalhado (Palmer, 1983).

Resultados adicionais referentes a entalhes podem ser vistos na Figura 7.26, em ensaios de flexão com corpo de prova plano. Neste caso, a introdução de entalhe com k_t = 2,5 resultou em limite de fadiga praticamente igual para as diferentes classes de ferro fundido nodular (Castagna et al., 1979).

Recomenda-se então que quando k_t for superior a 2 não se aumente a resistência do ferro fundido nodular, mas trabalhe-se em alteração do projeto para diminuir o efeito de entalhe, ou então que se realizem tratamentos superficiais para introduzir tensões residuais de compressão ("shot peening", roletagem) e assim aumentar o limite de fadiga (Hachenberg et al., 1988).

EFEITO DA ESPESSURA DA PEÇA SOBRE A RESISTÊNCIA À FADIGA

A Tabela 7.6 apresenta resultados de ensaios de fadiga para peças com diferentes espessuras, verificando-se que o limite de fadiga pode decrescer em até 20% para espessuras acima de 25 mm (Gilbert, 1974). Resultados adicionais, para espessuras maiores, são apresentados na Figura 7.27, adaptada de Murrel (1993). Neste caso o decréscimo do limite de fadiga é da mesma intensidade do decréscimo do limite de resistência, de modo que a relação LF/LR permanece aproximadamente constante, o que sugere que os danos à microestrutura causados pelo aumento da espessura (segregações, formação de inclusões, diminuição do número de nódulos e da nodularidade) provocam igual decréscimo nestas duas propriedades.

Resultados de peças grandes (até 87 t) podem ser vistos na Tabela 7.7, com e sem entalhe, para solicitações de flexão e tração-compressão, para diversos tipos de ferros fundidos (Sternkopf, 1994). Os resultados referentes aos ferros fundidos nodulares, mesmo que obtidos em bloco Y de 25 mm, representam as ligas efetivamente empregadas para peças grandes.

QUALIDADE DA SUPERFÍCIE, DEFEITOS SUPERFICIAIS E DEFEITOS INTERNOS

A Figura 7.28 mostra uma visão sobre os principais fatores que afetam a resistência à fadiga de um componente, envolvendo aspectos do material, da superfície e de sua qualidade, e da introdução de tensões residuais compressivas na superfície. A presença de defeitos superficiais é reconhecida com um dos principais fatores que reduzem a resistência à fadiga dos ferro fundidos nodulares, e é particularmente crítica neste material, dada a sua tendência à formação de "drossses" e "pinholes". Estes defeitos são importantes em superfícies

TABELA 7.6 – Efeito da espessura da peça e do limite de resistência sobre o limite de fadiga (ensaio de flexão rotativa) (Gilbert, 1974).

Limite de resistência (MPa)	Limite de Fadiga – flexão rotativa (MPa)		
	Espessura até 12 mm	12-25 mm (0,9 x LF 12 mm)	Acima de 25 mm (0,8 x LF 12 mm)
350	180	162	144
400	195	176	156
420	201	181	161
450	210	189	168
500	224	202	179
600	248	223	198
700	280	252	224
800	304	274	243
900	317	285	254

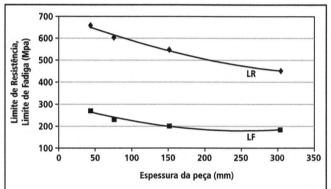

FIGURA 7.27 – Decréscimo do limite de fadiga e do limite de resistência com o aumento da espessura da peça. Flexão rotativa. Ferro fundido nodular perlítico, bruto de fundição. Adaptado de Murrel (1993).

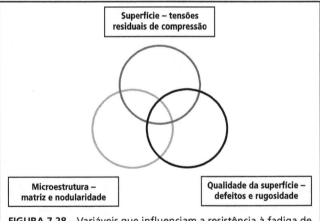

FIGURA 7.28 – Variáveis que influenciam a resistência à fadiga de peças de ferro fundido nodular (Bauer, 2004).

não usinadas, já que sua exposição em superfícies usinadas resulta ou na remoção do defeito, ou na segregação e inutilização da peça.

Na Tabela 7.8 são apresentados defeitos superficiais, agrupados em diferentes categorias com diferentes efeitos sobre a resistência à fadiga. Os defeitos mais danosos são os "pinholes" superfi-

TABELA 7.7 – Resultados de resistência à fadiga para diversos ferros fundidos empregados na produção de peças grandes, de 280 kg até 87 t (Sternkopf, 1994).

Material	Peça corpo de prova	Elemento de liga	LR (MPa)	LE$_{0,2}$ (MPa)	A (%)	Corpo de prova de fadiga	LF$_f$ flexão (MPa)	LF$_{tc}$ tração-compr. (MPa)	LF$_f$/LR	LF$_{tc}$/LR
	Ferro fundido cinzento										
GGL340	Φ40	3,3C-1,16P-0,7Mo-0,35Cr	198	197	«1	Sem entalhe / Ent redondo / Ent agudo	90 / 80 / 70		0,45 / 0,40 / 0,35	
GGL-20	Φ30	3,5C	211	196	0,5	Sem entalhe / Ent redondo / Ent agudo	105 / 85 / 80		0,50 / 0,40 / 0,38	
GGL-20	peças grandes	2,85C	240	220	1,5	Sem entalhe	105	65	0,44	0,27
GGL-25	peças grandes	2,85C	266	242	1,5	Sem entalhe	120	80	0,45	0,30
GGL320	camisas motor de navio	2,9C 0,5Mo 0,36Cr	281		0,4	Sem entalhe / Ent redondo	162,5 / 132,5	100	0,58 / 0,47	0,36
	Ferro fundido vermicular										
GGV-40 ferrítico	bloco Y 25 mm	0,21Ce	397	325	6	Sem entalhe / Ent redondo / Ent agudo	180 / 130 / 85	150 / 90 / 80	0,45 / 0,33 / 0,21	0,37 / 0,23 / 0,20
GGV-40 ferrítico	bloco Y 25 mm		427	310	6	Sem entalhe	203 a 218		0,48 a 0,51	
	Ferro fundido nodular										
GGG-40	bloco Y 25 mm		432	300	27	Sem entalhe	190		0,44	
GGG-40.15 recozido	bloco Y 25 mm	O,1Ni	448	307	23	Sem entalhe / Ent Redondo	230 / 150		0,51 / 0,33	
GGG-40	bloco Y 25 mm		484	353	23	Sem entalhe / Ent redondo / Ent agudo	245 / 145 / 155		0,51 / 0,30 / 0,32	
GGG-60	bloco Y 25 mm		647	434	7	Sem entalhe / Ent agudo	285 / 160		0,44 / 0,25	

TABELA 7.8 – Defeitos superficiais que afetam a resistência à fadiga de ferro fundido nodular (Bauer, 2004).

Topografia da superfície	Microestrutura da região superficial	Defeitos na região superficial
Rugosidade. Depressões locais na superfície da peça, por exemplo, porosidades de inclusões de escória e areia expostas pelo jateamento. Bolhas de gases abertas para a superfície "Pinholes"	Diminuição da nodularidade, até formação de zona completamente lamelar, região ferrítica (em nodular de matriz perlítica), oxidação da superfície e descarbonetação	Inclusões de areia, de escória ("drosses"), de carbono vítreo, de inoculante e seus produtos de dissolução. Macro e microporosidades

ciais, que resultam em redução da resistência à fadiga para níveis iguais a corpos de prova entalhados (Palmer, 1984).

De um modo geral os defeitos superficiais são mais importantes que os defeitos internos, mesmo para solicitações do tipo tração-compressão. Assim, para nodulares perlíticos, numa dada condição de solicitação (330 MPa, vida de 2 x 10⁵ ciclos) um defeito interno crítico seria equivalente à raiz quadrada da área – (área)$^{1/2}$ = 0,7 mm, enquanto que para esta mesma solicitação o defeito superficial crítico seria equivalente a (área)$^{1/2}$ = 0,4 mm (Yamaura & Sekiguchi, 1998). Mesmo assim, microrrechupes representam sempre um problema potencial em ferros fundidos nodulares, e podem reduzir sensivelmente a resistência à fadiga, como mostra a Figura 7.29 (Mouquet, 2004).

Um extenso trabalho sobre a influência de defeitos superficiais na resistência à fadiga foi desenvolvido por Bauer (2004), examinando defeitos e tratamentos superficiais. Um conjunto de resultados pode ser visto na Figura 7.30. Nas amostras usinadas, é clara a relação de aumento do limite de fadiga com o aumento do limite de escoamento; para amostras com superfície bruta de fundição, sem jateamento, a relação entre LF e LE é quase horizontal, similar a corpos de prova entalhados. A perda da resistência à fadiga, comparando as amostras usinadas e polidas com as brutas e sem jateamento, é de 25 a 45%, sendo maior para os nodulares de maior resistência. As amostras com superfícies brutas de fundição, porém com jateamento, apresentam resultados intermediários, o que mostra a importância deste processamento (Bauer, 2003).

Na Figura 7.31 são apresentados resultados mostrando a influência de diferentes irregularidades superficiais (Palmer, 1990). Os piores danos são provocados por "drosses" e "pinholes", porém também a presença de uma camada de grafita lamelar na superfície do ferro fundido nodular apresentou efeito de redução do limite de fadiga (Palmer, 1984, Henke et all, 2002). Bauer (2004), entretanto, constatou que o efeito de grafita lamelar na superfície de peças de ferro fundido nodular pode não se manifestar num conjunto de amostras com defeitos ("drosses") superficiais; assim, em nodulares ferríticos, uma amostra com 0,4 mm de camada de grafita lamelar e poucos defeitos superficiais mostrou limite de fadiga similar a outras amostras com camada de grafita lamelar de 0,1 mm, porém com maior intensidade de "drosses" superficiais. Observação similar foi obtida comparando-se ferros fundidos de matriz perlítica, nodular e vermicular (Tabela 7.9). O ferro fundido vermicular apresenta sempre uma camada de grafita lamelar (maior que no nodular, devido ao menor teor de Mg), porém também possui menor quantidade de "drosses" superficiais. Verifica-se na Tabela que nos ensaios com superfícies brutas, com ou sem jateamento, o ferro fundido vermicular FV 500 apresentou limite de fadiga similar ao ferro fundido nodular FE 70002. O efeito da forma da grafita do material (nodular, vermicular, lamelar) apenas se manifesta nas amostras usinadas.

Também na situação de vida finita (fadiga de baixo ciclo), Bauer (2004) caracterizou o efeito de defeitos superficiais em amostras não jateadas, registrando o número de ciclos para o aparecimento de uma trinca por fadiga (N_A), e relacionou-o com o número de ciclos até a fratura (N_B). A relação

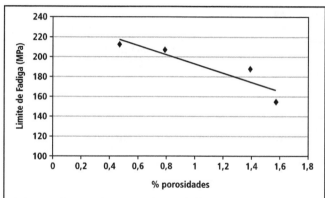

FIGURA 7.29 – Diminuição do limite de fadiga com o aumento da incidência de microrrechupes (avaliação da % área com porosidades). Tração-compressão, R = -1. Ferro fundido nodular ferrítico, bruto de fundição (Mouquet, 2004).

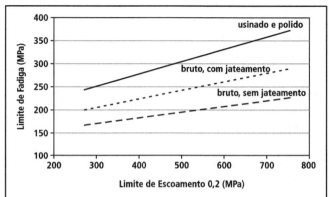

FIGURA 7.30 – Relação entre Limite de Fadiga e Limite de Escoamento, para amostras usinadas e brutas de fundição. Flexão em 4 pontos, R = -1 (Bauer, 2004).

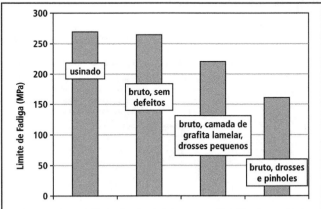

FIGURA 7.31 – Influência de defeitos superficiais sobre o limite de fadiga de ferro fundido nodular perlítico. Flexão rotativa. Adaptado de Palmer (1984).

N_A / N_B reflete a dificuldade de nucleação de trincas, e é tanto menor quanto maior a quantidade de defeitos superficiais e quanto maior a resistência do ferro fundido nodular. Além disso, quanto maior a resistência do ferro fundido nodular, maior também o efeito de defeitos superficiais em reduzir a

TABELA 7.9 – Limite de fadiga (MPa) de ferros fundidos perlíticos com diferentes intensidades de defeitos superficiais e diferentes tratamentos da superfície. Flexão em 4 pontos, R = -1. Adaptado de Bauer (2004).

Tipo de ferro fundido	Quantidade de fraturas sem defeitos superficiais (%)	Estado da superfície		
		Usinada	Bruta, sem jateamento	Bruta, com jateamento
FE 70002	86	300		
	20-29	300	205	230-250
	2,5		170	
FV 500	96	245		
	70			255
	57		205	
FC 250	88-100	130	130	130

relação N_A/N_B, efeito similar ao observado sobre o limite de fadiga, em situações de vida infinita (Bauer, 2004). O efeito benéfico de tratamentos de "shot peening" também se reflete na região de vida finita, aumentando-se a vida do componente, como pode ser visto na Figura 7.32 (Bauer, 2004, Yamaura & Sekiguchi, 1998).

Resultados adicionais sobre efeitos de defeitos superficiais podem ser vistos na Figura 7.33, efetuando-se filtragem para redução de "drosses" superficiais, o que resulta em aumento considerável do limite de fadiga, distando apenas 7% dos valores obtidos com corpos de prova usinados; as amostras não filtradas apresentaram limite de fadiga 24% menor que as amostras usinadas. Além disso, as amostras não filtradas apresentaram ainda maior dispersão de resultados nos ensaios de fadiga (Palmer, 1990, Murrel, 1993).

Uma discussão sobre a influência de defeitos superficiais em carcaça de eixo de veículo pesado é apresentada pelo SAE Fatigue Committee (1997), comparando-se resultados de aço fundido e ferros fundidos nodulares ferríticos, mostrando-se que tanto "drosses" como grafita lamelar, superficiais, podem ser locais de início de trincas de fadiga.

EFEITO DO MEIO AMBIENTE E CORROSÃO

Uma peça de ferro fundido colocada em um meio corrosivo sofre corrosão generalizada, porém sob esforços de fadiga formam-se cavidades nas áreas mais solicitadas, desenvolvendo-se geralmente um grande número de trincas nestes locais. A presença de um grande número de trincas geralmente distingue a fadiga em ambiente corrosivo da fadiga ao ar. Verifica-se também que, como a corrosão é progressiva, a resistência à fadiga diminui com o aumento do tempo de exposição ao ambiente corrosivo. Além disso, a resistência à fadiga, em condições de corrosão, é mais afetada em solicitação de flexão rotativa do que tração-compressão ou torção (BCIRA Broadsheet 133, 1976).

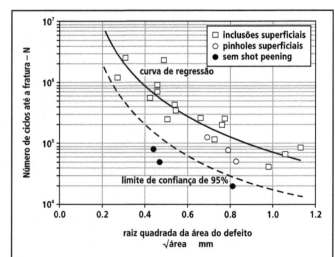

FIGURA 7.32 – Relação entre a raiz quadrada da área do defeito – √(área) – e a vida sob fadiga (número de ciclos até a fratura). Os círculos pretos mostram amostras sem "shot peening". Ferro nodular perlítico normalizado, tensão de 330 MPa, tração-compressão, R = -1 (Yamaura & Sekiguchi, 1998).

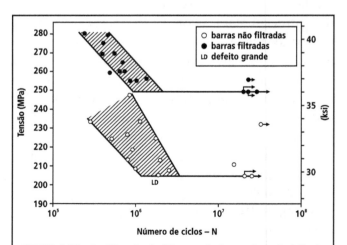

FIGURA 7.33 – A utilização de filtros cerâmicos reduz a incidência de drosses superficiais e aumenta a resistência à fadiga. Ferro fundido nodular de classe FE 70002, fundido em moldes de areia furânica. Flexão rotativa (Palmer, 1990).

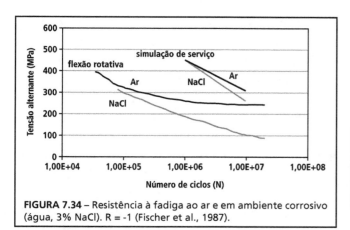

FIGURA 7.34 – Resistência à fadiga ao ar e em ambiente corrosivo (água, 3% NaCl). R = -1 (Fischer et al., 1987).

TABELA 7.10 – Resistência à fadiga de ferros fundidos ao ar, em água, em salmoura, e sob inibidores alcalinos. Flexão rotativa (Palmer, 1970).

Ambiente	Limite de Fadiga (MPa)		
	Cinzento	Nodular perlítico	Nodular ferrítico
Ar	124	270	209
Água (1)	100	224	178
3% cloreto de sódio (2)	39	46	46
1% borax (2)	108	193	155
3% carbonato de sódio (2)	124	247	193
3% óleo solúvel (2)	124	209	185
0,25% cromato de potássio (2)	124	263	216

(1) 50×10^6 ciclos
(2) 100×10^6 ciclos

TABELA 7.11 – Efeito de camadas de tinta contendo zinco e alumínio sobre a resistência à fadiga sob corrosão. Ferro fundido nodular perlítico. Flexão rotativa (BCIRA Broasheet 257-3, 1987).

Ambiente	Limite de Fadiga (MPa)		
	Sem proteção	Camada com zinco	Camada com alumínio
Ar	270	-	-
Água	224	270	278
3% cloreto de sódio	46	270	270

Como mostram os resultados da Figura 7.34, para ferro fundido nodular ferrítico em ambiente aquoso com 3% cloreto de sódio, a resistência à fadiga dos ferros fundidos nodulares é reduzida acentuadamente em ambientes corrosivos. Foram efetuados ensaios de flexão rotativa (R = -1) e de simulação de fadiga em serviço (segundo um programa de tensões e ciclos determinado com extensômetros registrando os esforços da peça em serviço). Nos dois tipos de solicitação verificou-se redução da resistência à fadiga (Fischer et al., 1987). Além disso, para ensaios com duração de até 2×10^7 ciclos não se registrou o patamar típico que caracteriza o limite de fadiga. Segundo os resultados de Palmer (1970), em condições corrosivas o patamar do limite de fadiga somente é caracterizado com ensaio até 1×10^8 ciclos.

Também James & Wenfong (1999), em ensaios de determinação de velocidade de crescimento de trincas (curva da/dN – ΔK) em ferro fundido nodular austemperado, verificaram aumento da velocidade de propagação de trincas em ambiente de água de mina, rica em sulfatos de ferro e de sódio, quando comparado a resultados de ensaio ao ar.

Na Tabela 7.10 pode-se observar resultados de fadiga de ferros fundidos nodulares perlítico e ferrítico, e cinzento perlítico, com exposição a névoas contendo água, solução aquosa de cloreto de sódio, e soluções de inibidores alcalinos de corrosão, bem como um óleo solúvel. De um modo geral, para ferro fundido nodular os inibidores alcalinos não preveniram o decréscimo da resistência à fadiga, mesmo que a corrosão tenha diminuído de intensidade. Também o óleo solúvel não se mostrou efetivo em prevenir a diminuição do limite de fadiga. A presença de cromato de potássio, um inibidor de corrosão, preveniu a queda do limite de fadiga devido à exposição a ambiente aquoso (Palmer, 1970). Entretanto, cromatos são substâncias tóxicas, sugerindo-se então o uso de 0,5% nitrito de sódio + 1% silicato de sódio, que apresentaria resultados similares de inibição da corrosão por água (BCIRA Broadsheet 133, 1976).

Outra alternativa é o uso de camadas protetivas para prevenir a corrosão, especialmente de materiais anódicos com relação ao ferro, como o zinco e o alumínio. Como mostram os resultados da Tabela 7.11, os limites de fadiga de amostras revestidas com alumínio e com zinco, e submetidas a ambientes com água ou com cloretos, são similares ao limite de fadiga obtido ao ar. Alumínio e zinco podem ser aplicados como tintas, ou então pode ser efetuado depósito de zinco através de galvanização, a fogo ou eletrolítica (BCIRA Broadsheet 257-3, 1987).

TRATAMENTOS SUPERFICIAIS

Através de tratamentos superficiais é possível aumentar sensivelmente a resistência à fadiga e este

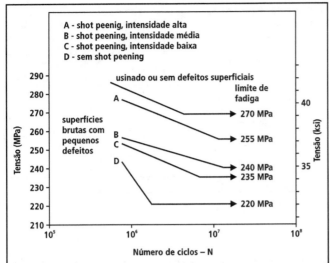

FIGURA 7.35 – Efeito de diferentes intensidades de shot peening sobre a resistência à fadiga de ferro nodular perlítico, superfícies brutas de fundição (Warda et al., 1998).

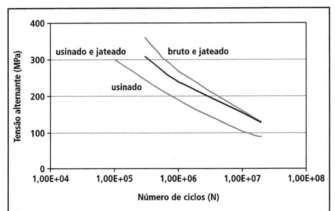

FIGURA 7.36 – Efeito de jateamento com granalha sobre a resistência à fadiga de FE 40018 em ambiente corrosivo (3% NaCl). Flexão rotativa (Fischer et al., 1987).

efeito é devido à introdução de tensões residuais de compressão na superfície. Tratamentos como têmpera superficial, nitretação, "shot peening" ou roletagem introduzem tensões residuais de compressão na superfície ou nos locais onde foram aplicados.

Estes tratamentos são então particularmente efetivos em aumentar a resistência à fadiga em solicitações de flexão e de torção, com máxima tensão na superfície, porém também produzem bons resultados em solicitações de tração-compressão (Yamaura et al., 1998). Também são efetivos, como será visto, em recuperar parcialmente a resistência à fadiga em superfícies com pequenos defeitos superficiais e com entalhes (BCIRA Broadsheet 257-3, 1987), ou ainda submetidas a condições corrosivas.

Na Figura 7.35 pode-se verificar o efeito de tratamento de "shot peening" sobre o limite de fadiga, em nodular perlítico bruto de fundição. Observa-se que à medida que aumenta a intensidade do tratamento, aumenta também o limite de fadiga (Warda et al., 1998). Na Figura 7.32 anteriormente apresentada, verifica-se que tratamentos de "shot peening" são efetivos em diminuir o efeito de pequenos defeitos superficiais, como inclusões e "pinholes", sobre a resistência à fadiga (Yamaura & Sekiguchi, 1998). No tratamento de "shot peening" são controladas a intensidade do jateamento (através da deformação de uma pequena chapa de aço presa em dispositivo que permite o jateamento apenas de uma das faces da chapa) e a cobertura do jateamento (por observação em microscópio); além disso, a distribuição granulométrica da granalha empregada para o jateamento é especificada para este tipo de tratamento (Fett, 1983). O próprio tratamento de limpeza da peça por jateamento com granalhas de aço, apesar de não ser controlado como um tratamento de "shot peening", já resulta em benefícios para a resistência à fadiga (Tabela 7.9 – Bauer, 2004), mesmo em peças submetidas a ambientes corrosivos, como mostra a Figura 7.36 (Fischer et al., 1987).

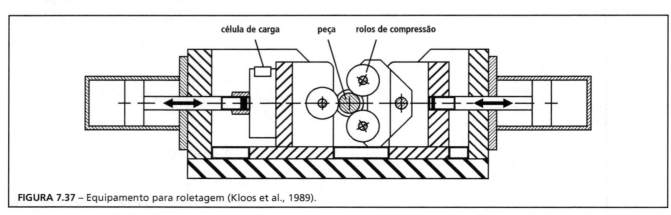

FIGURA 7.37 – Equipamento para roletagem (Kloos et al., 1989).

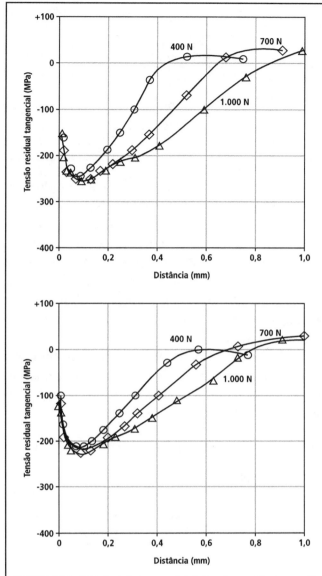

FIGURA 7.38 – Distribuição tangencial de tensões residuais a partir da superfície, em amostras roletadas com diferentes forças, (a) sem aplicação de esforço externo e (b) com tensão aplicada de 370 MPa. Forças de roletagem: 1.000 N, 700 N e 400 N (Kloos et al., 1989).

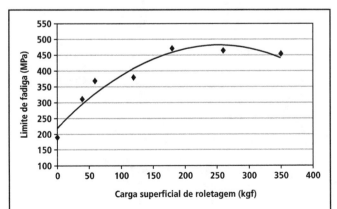

FIGURA 7.39 – Efeito de tratamentos de roletagem com diferentes cargas sobre a resistência à fadiga de ferro fundido nodular perlítico. Amostras com entalhe em V (BCIRA Broadsheet 257-3, 1987).

TABELA 7.12 – Resultados de resistência à fadiga em girabrequim de motor V8 (Watmough & Malatesta, 1984).

	Limite de Fadiga (MPa)
FE 60003, bruto de fundição	210
FE 60003, bruto de fundição, roletado	679
FE 1.000-5, austemperado	420
FE 1.000-5, austemperado, roletado	1.001
Aço 1046, temperado e revenido	336

A roletagem é um tratamento extremamente eficaz no aumento da resistência à fadiga (Figura 7.37). Produz-se localmente uma camada superficial deformada plasticamente, com tensões residuais de compressão. A Figura 7.38 mostra um exemplo de distribuição de tensões residuais em amostra roletada, podendo-se observar a existência de tensões residuais de compressão junto à superfície. Verifica-se também que, mesmo com a aplicação de uma tensão externa de 370 MPa, ainda resultam tensões residuais de compressão junto à superfície, o que certamente contribui para o aumento da resistência à fadiga (Kloos et al., 1989).

O processo de roletagem deve ser otimizado para cada aplicação, sendo a carga de roletagem uma variável importante. Verifica-se na Figura 7.39 que existe uma carga ótima de roletagem; valores superiores provocam início de formação de trincas na camada encruada, resultando em decréscimo do limite de fadiga.

Incrementos especiais do limite de fadiga são obtidos com a associação de austêmpera e roletagem, como pode ser visto na Tabela 7.12, com resultados em girabrequim de motor V8 (Watmough & Malatesta, 1984).

Hirsch & Mayr (1993) compararam diferentes processos de tratamento superficial, como polimento, "shot peening" e roletagem, em ferro nodular austemperado. Verificaram que as melhores condições são obtidas com roletagem, e que isto se relaciona com o perfil de tensões residuais abaixo da superfície. Em outros trabalhos também são reportados os excelentes aumentos de limite de fadiga com roletagem em ferros fundidos nodulares, especialmente na presença de entalhes (Kaufmann, 1999, Kloos et al., 1989, Sonsino et al., 1999).

Deve-se ressaltar, entretanto, que o tratamento de roletagem é aplicável apenas a situações que requerem condições locais de aumento da resistência à fadiga. Quando toda a superfície da peça deve ter sua resistência à fadiga aumentada, então o tratamento de "shot peening" é o mais adequado.

Em peças onde um furo concentra tensões (por exemplo, canal de óleo em girabrequim), uma alternativa é promover encruamento superficial com a passagem de uma esfera pelo furo, com diâmetro um pouco maior que o do furo, com o auxílio de uma prensa (Heuler et al., 1992).

Outro tratamento importante é o de nitretação (Snoeijer, 1978). Um ferro fundido nodular, bruto de fundição, teve seu limite de fadiga por flexão rotativa, entalhado ($k_t = 1,7$), aumentado de 138 para 207 MPa, com tratamento de nitretação por 3 h a 566 °C (Goodrich, 2003). Outro exemplo é o de girabrequim para compressor, bruto de fundição, submetido a cianetação a 566 °C, resultando aumento do limite de fadiga em 63% para tratamento por 1h, e de 80% para tratamento por 2 h (Goodrich, 2003). O tratamento de nitretação reduziria ainda o efeito prejudicial de pequenos defeitos superficiais ("drosses" e grafica lamelar) sobre a resistência à fadiga (Palmer, 1985).

Também o tratamento de têmpera superficial pode provocar acentuado aumento do limite de fadiga (Sonsino et al., 1999, Kaufmann, 1999, Snoeijer, 1978), como mostram os resultados da Figura 7.40 referentes a girabrequim em FE 70002 (Kowalke et al., 1980). O perfil de tensões residuais obtido com a têmpera superficial depende da espessura de camada temperada, obtendo-se tensões residuais de compressão para pequenas espessuras de camada temperada.; quando a espessura é aumentada inadequadamente, o perfil de tensões residuais altera-se sensivelmente, podendo resultar tensões de tração na superfície, e portanto, diminuição do limite de fadiga.

Os tratamentos de nitretação e de têmpera superficial normalmente são selecionados quando se tem, associadas, solicitações de fadiga e de desgaste (Kaufmann, 1999).

EFEITO DA TEMPERATURA

A Tabela 7.13 apresenta resultados de resistência à fadiga para temperaturas até 550 °C (Palmer, 1970). Distintamente dos ferros fundidos cinzentos,

TABELA 7.13 – Resistência à fadiga de ferros fundidos nodulares a altas temperaturas. Flexão rotativa (Palmer, 1970).

	Temperatura (°C)	Bruto de fundição	recozido
Limite de Resistência (MPa)	20	585	508
Limite de Fadiga (MPa)	20	227	187
	250	207	187
	400	179	134
	550	173	134

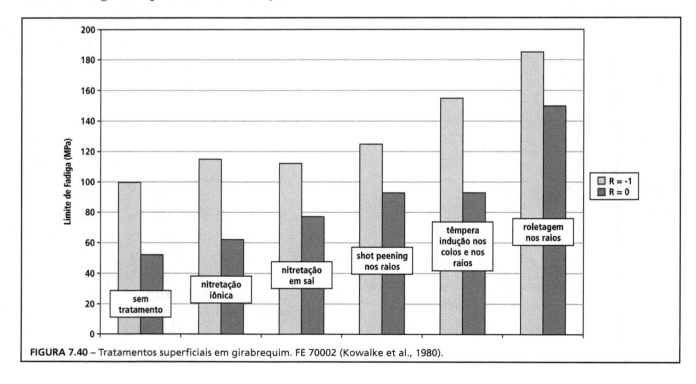

FIGURA 7.40 – Tratamentos superficiais em girabrequim. FE 70002 (Kowalke et al., 1980).

que mostram resistência à fadiga praticamente constante até 400 °C, o ferro fundido nodular apresenta queda de resistência à fadiga acima de 250 °C (Nechtelberger, 1980). Este comportamento depende dos elementos de liga empregados, já que a resistência à fadiga neste caso está relacionada à resistência a quente e à fluência. (Nechtelberger, 1980). Palmer (1970) menciona que é aplicável a relação de fadiga (LF/LR) para a estimativa do limite de fadiga a altas temperaturas, tornando possível assim a sua estimativa a partir de um ensaio relativamente simples, a resistência à tração a altas temperaturas.

EQUAÇÃO PARA ESTIMATIVA DA CURVA EM FADIGA DE BAIXO CICLO (VIDA FINITA)

Como visto anteriormente, no trecho de vida finita a relação entre a tensão alternante (σ_a) e o número de ciclos até a ruptura (N) pode ser descrita por (Heuler et al., 1992, Hück et al., 1985):

$$\sigma_a = \sigma_D \cdot N_D^{1/k} \cdot N^{-1/k} \qquad (7.2)$$

onde:

σ_a – tensão alternante
σ_D – Limite de Fadiga
N_D – número de ciclos utilizado para a determinação do Limite de Fadiga
k – inclinação da curva σ_a x N no trecho de vida finita
N – número de ciclos até a ruptura

A Tabela 7.14 mostra valores de σ_D, N_D e k para diversos ferros fundidos nodulares, com e sem roletagem. Estes parâmetros podem ser utilizados para efetuar previsões de vida no trecho de vida finita. Assim, por exemplo, uma amostra de FE 60003 submetida a uma tensão de 250 MPa, com entalhe torneado com fator de concentração de tensões k_t = 2,8 e relação entre tensões máxima e mínima R = -1, suporta 67.000 ciclos até a ruptura. Efetuando-se a roletagem do entalhe e mantendo-se iguais as outras condições, esta amostra suporta cerca de 2,1 milhões de ciclos.

As Tabelas 7.4 e 7.5 anteriormente apresentadas contém informações que também permitem estimar a vida de componentes solicitados à fadiga, seja em ciclos de tensão ou de deformação, ou ainda calcular a tensão ou a deformação máxima para um dado número de ciclos.

VELOCIDADE DE CRESCIMENTO DE TRINCAS EM FADIGA

Uma das maneiras de avaliar o comportamento de um material sob fadiga é mensurar a velocidade de crescimento da trinca sob fadiga, utilizando testes de tenacidade à fratura. Com esta abordagem avalia-se principalmente o crescimento de macrotrincas, enquanto na determinação da curva S-N a principal avaliação é da formação de microtrincas (o que consome cerca de 80-90% do número de ciclos até a fratura). A principal aplicação das Equações de velocidade de crescimento de trincas é a previsão de vida residual do componente.

A Figura 7.41 ilustra a sequência de procedimentos: a partir de ensaio de fadiga em corpo de prova pré-entalhado (condições de deformação plana) constrói-se a relação "tamanho da trinca (a)" em função do "número de ciclos (N)". Esta relação (da/dN) é então graficada contra a faixa de fator de intensificação de tensões (ΔK), calculada a partir das cargas aplicadas no ensaio de fadiga, usando as Equações da teoria da elasticidade, como indi-

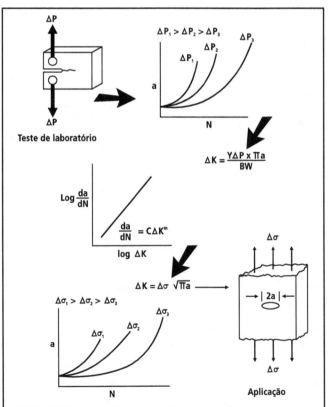

FIGURA 7.41 – Ilustração esquemática do uso das técnicas da mecânica da fratura no projeto para prevenir fratura por fadiga (SAE Fatigue Committee, 1997).

TABELA 7.14 – Resultados de parâmetros da curva de fadiga no trecho de vida finita. Flexão (Heuler et al., 1992).

Material	k_t	R	σ_D (MPa) Entalhe torneado	k Entalhe torneado	$N_D \times 10^6$ Entalhe torneado	σ_D (MPa) Entalhe roletado	k Entalhe roletado	$N_D \times 10^6$ Entalhe roletado
FE 40018	1,1	-1	211	7,2	1,8			
		0	177	7,2	1,8			
	2,8	-1	132	7,6	3,0	235	9,4	0,7
		0	88	5,8	2,7	180	8,4	0,37
	infinito	-1	127	7,2	3,6			
		0	81	7,2	3,6			
FE 60003	1,1	-1	259	8,6	1,35			
		0	202	8,6	1,35			
	1,8	-1	203	7,6	1,35			
		0	160	7,6	1,35			
	2,8	-1	152	6,0	1,35	297	9,0	0,46
		0	108	6,0	1,35	220	11,2	1,2
	infinito	-1	125	4,7	2,7			
		0	78	4,7	2,7			
FE 80002	1,1	-1	262	6,3	0,9			
		0	202	6,3	0,9			
	2,8	-1	147	5,4	2,3	420	18,0	0,64
		0	82	4,7	2,1	263	14,7	5,0
	infinito	-1	130	4,9	1,8			
		0	82	4,9	1,8			
FE 90010 (ADI)	1,1	-1	307	6,6	0,8			
		0	215	4,0	0,35			
	2,8	-1	197	3,2	0,44	456		
		0	127	4,7	0,65	327		
	infinito	-1	110	3,3	2,5			
		0	70	3,3	1,5			

k_t – Fator de concentração de tensões elásticas. k_t = tensão máxima local / tensão média
R – relação entre tensão máxima e tensão mínima

TABELA 7.15 – Resultados de parâmetros de crescimento de trincas sob fadiga (curva da/dN – ΔK) para ferros fundidos nodulares ferríticos (Pusch et al., 1996).

Nodular	Tamanho da grafita (μm)	Tamanho de grão ferrítico (μm)	Distância entre as grafitas (μm)	Fator de forma da grafita	ΔK_0 (MPa.m$^{1/2}$)	m	C	ΔK_{fC} (MPa.m$^{1/2}$)
40/0	38	24	72	0,67	7,4	6,0	$3,9 \times 10^{-12}$	34
40/1	23	22	55	0,76	6,5	5,7	$9,7 \times 10^{-11}$	32
40/3	54	50	98	0,70	8,3	6,7	$5,8 \times 10^{-13}$	28
40 SG	12	18	16	0,70	6,4	10,2	$3,6 \times 10^{-16}$	22

cado na Figura 7.41. A Equação de Paris-Erdogan – da/dN = C . ΔK^m – aplicável no trecho linear da relação logarítmica entre esses dois parâmetros, permite então caracterizar a velocidade de crescimento da trinca, através do expoente de ΔK, ou seja, de m. Também os valores da faixa de fator de intensificação de tensões para crescimento desprezível da trinca (ΔK_0 para da/dN < 10^{-6} mm/ciclo) ou para crescimento catastrófico da trinca (ΔK_{fC}) representam parâmetros importantes do material. A Figura 7.42 mostra um conjunto de resultados para ferro fundido nodular ferrítico GJS-40018 (Pusch et al., 1996).

A Tabela 7.15 mostra resultados obtidos com ferros fundidos nodulares ferríticos, recozidos, com diferentes valores de número de nódulos (diferentes tamanhos de nódulos de grafita, ou ainda diferentes distâncias entre os nódulos). O valor de ΔK_0, o valor limite para início de crescimento de trincas, correlaciona-se muito bem com a distância entre as partículas de grafita, decrescendo com a diminuição da distância entre as partículas (maior número de nódulos). O valor de m, o expoente da Equação de Paris-Erdogan, distingue-se apenas para o material com alto número de nódulos, onde a baixa

RESISTÊNCIA À FADIGA DOS FERROS FUNDIDOS

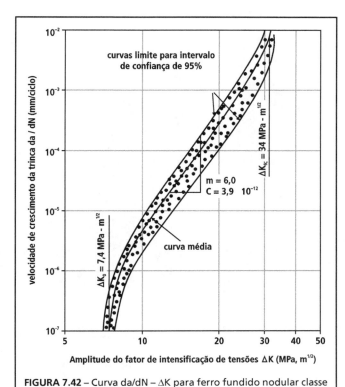

FIGURA 7.42 – Curva da/dN – ΔK para ferro fundido nodular classe GJS-40018. R = 0,1 (Pusch et al., 1996).

TABELA 7.16 – Valores da Equação de Paris-Erdokan para diversos ferros fundidos nodulares (Pusch et al., 1996).

R		FE 40018	FE 60003	FE 1000-5
0,1	ΔK_0 (MPa.m$^{1/2}$)	7,5	6,9	5,5
	m	4,5	4,1	2,9
	C	$2,2 \times 10^{-10}$	$1,2 \times 10^{-9}$	$2,3 \times 10^{-8}$
	ΔK_{fc} (MPa.m$^{1/2}$)	40	34	45
0,3	ΔK_0 (MPa.m$^{1/2}$)	6,2	6,6	4,0
	m	4,6	3,9	2,7
	C	$3,8 \times 10^{-10}$	$1,3 \times 10^{-9}$	$3,3 \times 10^{-8}$
	ΔK_{fc} (MPa.m$^{1/2}$)	31	27	33
0,5	ΔK_0 (MPa.m$^{1/2}$)	4,5	4,6	3,4
	m	4,2	3,7	2,8
	C	$1,3 \times 10^{-9}$	$1,9 \times 10^{-9}$	$3,9 \times 10^{-8}$
	ΔK_{fc} (MPa.m$^{1/2}$)	22	19	24

distância entre as partículas de grafita facilitaria o crescimento da trinca em solicitações de fadiga (Pusch et al., 1996).

Resultados de ferros fundidos nodulares de classes de alta resistência (FE 70002, FE 80002, perlíticos e FE 1000-5, austemperado) podem ser vistos na Figura 7.43, verificando-se a diminuição da velocidade de crescimento da trinca (m) com o aumento da resistência do ferro fundido nodular. Observa-se também para a classe FE 70002 que o aumento da relação de tensões (R) resulta em aumento da velocidade de crescimento da trinca (Bowe et al., 1986, SAE Fatigue Committee, 1997). Verificou-se ainda que, em diferentes condições experimentais, o valor de m para ferro fundido nodular foi sempre superior ao obtido com aços ferrítico-perlíticos conformados mecanicamente (SAE Fatigue Committee, 1997).

A Tabela 7.16 mostra os parâmetros da Equação de Paris-Erdogan para diversas classes de ferro fundido nodular. Verifica-se que ΔK_0 e m decrescem e C aumenta com o aumento da resistência do ferro fundido nodular, enquanto ΔK_{fC} reflete a tenacidade do material (Pusch et al., 1999).

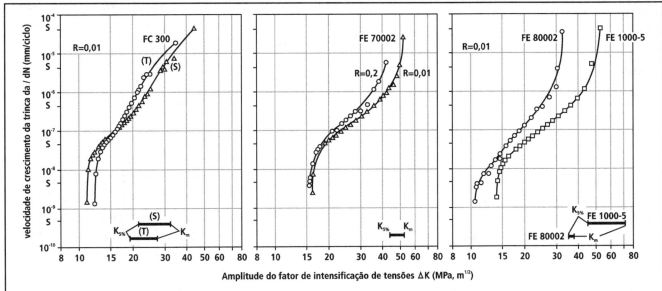

FIGURA 7.43 – Curvas da/dN – ΔK para ferro fundido cinzento (S e T representam duas corridas) e para ferros fundidos nodulares perlíticos (classes FE 70002 e FE 80002) e austemperado (FE 1000-5) (Bowe et al., 1986).

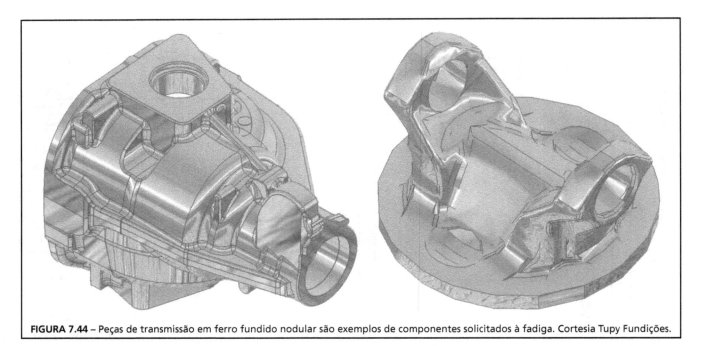

FIGURA 7.44 – Peças de transmissão em ferro fundido nodular são exemplos de componentes solicitados à fadiga. Cortesia Tupy Fundições.

FERROS FUNDIDOS NODULARES EM APLICAÇÕES DE SOLICITAÇÃO INTENSA

A utilização dos ferros fundidos nodulares em aplicações cada vez mais severas, em particular sob fadiga, exige que sejam tomadas atenções especiais na seleção dos materiais de carga na fusão (para evitar a presença de elementos deletérios à forma da grafita e formadores de inclusões intercelulares), bem como o estabelecimento de processo de fundição e moldagem que garantam peças com ausência de defeitos superficiais ("drosses", "pinholes", grafitas degeneradas na superfície) e ausência de defeitos internos. Todos estes requisitos, apesar de representarem fatores de aumento de custo, podem ser satisfeitos com qualidade pela fundição (Figura 7.44).

EXERCÍCIOS

1) Construir um diagrama de Goodman-Smith para um nodular que apresenta LR = 650 MPa, LE = 402 MPa e alongamento = 4%, com espessura de peça de 20 mm.
2) Discuta com suas próprias palavras como o número de nódulos afeta o limite de fadiga de ferros fundidos nodulares ferríticos.
3) Estimar a tensão que um eixo produzido em FE 40018 suporta até atingir 100 mil ciclos sem ruptura. Este eixo apresenta fator de concentração $k_t = 1,1$ e solicitação de flexão rotativa.
   (resposta: 315 MPa)
4) Estimar a vida de um componente produzido em ferro nodular austemperado classe FE 90010, submetido a uma tensão de 200 MPa. Este componente é carregado com R = 0 e apresenta fator de concentração k_t = infinito.
   (resposta: 47.000 ciclos)
5) Estimar a tensão que um eixo, com dois diâmetros, produzido em FE 60003, suporta até atingir 100 mil ciclos sem ruptura. Este eixo é submetido a flexão rotativa e apresenta as seguintes dimensões:
   Diâmetro maior = 40 mm
   Diâmetro menor = 36,4 mm
   Raio de concordância entre os diâmetros = 1,82 mm
   (resposta: 286 MPa)
6) Um ferro fundido nodular, com 3,55%C e 2,30%Si, apresentou em bloco Y de 25 mm de espessura, LR = 550 MPa, LE = 340 MPa e alongamento = 8,4%. Estimar as tensões alternantes que este material suporta sob flexão, sendo a tensão média igual a 120 MPa, em barra de 10 mm.
7) Uma peça de ferro fundido nodular classe FE 70002 apresenta fator de concentração

$k_t = 2,5$. Esta peça está submetida a esforços de flexão, com tensão média de 200 MPa. Determinar as tensões alternantes que esta peça suporta, de modo a apresentar vida infinita. Se fosse feita modificação de projeto de modo que o entalhe fosse eliminado ($k_t = 1$), qual seriam os novos valores de tensão alternante? (utilizar os diagramas de Haigh e de Goodman-Smith).

8) Maluf (2002), estudando o efeito de roletagem em um ferro fundido nodular classe FE 70002, empregado para a produção de girabrequins, determinou as seguintes Equações para o trecho de vida finita (fadiga de baixo ciclo, flexão rotativa):

- Amostras sem entalhe e sem roletagem:
  $\log(N) = 9{,}90279 - 0{,}01202 \times \sigma$
  (limite de fadiga = 300 MPa)
- Amostras com entalhe e sem roletagem:
  $\log(N) = 8{,}32778 - 0{,}01203 \times \sigma$
  (limite de fadiga = 168 MPa)
- Amostras com entalhe e com roletagem:
  $\log(N) = 13{,}68139 - 0{,}01527 \times \sigma$
  (limite de fadiga = 483 MPa)

Determinar a vida para as três situações acima, quando solicitadas a tensões de 490 e 520 MPa.

7.3 RESISTÊNCIA À FADIGA DE FERROS FUNDIDOS CINZENTOS

GENERALIDADES

Uma peça típica produzida em ferro fundido cinzento e que sofre solicitações de fadiga é um bloco de motor de combustão interna (Figura 7.45). Nesta peça os esforços são gerados pela explosão do combustível, que tende a separar o cabeçote do bloco, solicitando assim as regiões de fixação do cabeçote ao bloco. A transmissão do esforço gerado pela explosão do combustível para o girabrequim, através do pistão e da biela, provoca esforços que tendem a separar o girabrequim do bloco, o que é suportado pela capa de mancal, sua fixação no bloco e pelos mancais de apoio. Este esforço é transmitido no bloco para toda a região acima do mancal de apoio. Estas são, de um modo geral, as

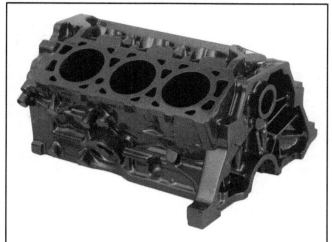

FIGURA 7.45 – Bloco de motor automobilístico (gasolina) em ferro fundido cinzento. Cortesia Tupy Fundições.

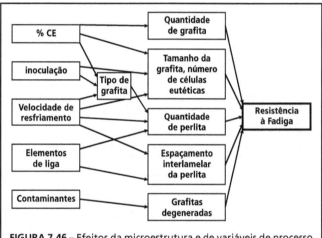

FIGURA 7.46 – Efeitos da microestrutura e de variáveis de processo sobre a resistência à fadiga em ferro fundido cinzento.

principais regiões solicitadas por fadiga num bloco de motor, exigindo que o material apresente bom comportamento neste tipo de solicitação, ou seja, boa resistência à fadiga. Por esta razão, a classe selecionada para blocos de motores é usualmente a FC 250.

FATORES METALÚRGICOS

Os fatores metalúrgicos que afetam a resistência estática dos ferros fundidos cinzentos, descritos no capítulo sobre Resistência Estática dos Ferros Fundidos Cinzentos e apresentados resumidamente na Figura 6.17 daquele capítulo, também afetam a resistência à fadiga. A exemplo do que ocorre nos ferros fundidos nodulares, alguns fatores influenciam mais fortemente a resistência estática, enquanto outros tem um papel mais importante na

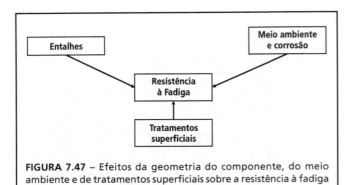

FIGURA 7.47 – Efeitos da geometria do componente, do meio ambiente e de tratamentos superficiais sobre a resistência à fadiga em ferros fundidos cinzentos.

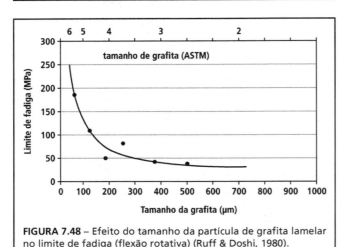

FIGURA 7.48 – Efeito do tamanho da partícula de grafita lamelar no limite de fadiga (flexão rotativa) (Ruff & Doshi, 1980).

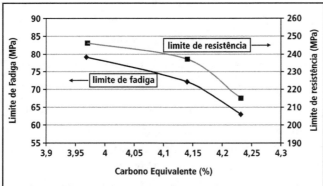

FIGURA 7.49 – Efeito do teor de carbono equivalente sobre o limite de resistência e sobre o limite de fadiga, em ferro fundido cinzento perlítico. Amostras obtidas de mancal de apoio de bloco de motor I6 5,9 L. Tração-compressão (Guesser et al., 2004).

resistência à fadiga (Figura 7.46). Além disso, outros fatores assumem importância quando se trata de fadiga, em especial os relacionados à concentração de tensões e qualidade da superfície (Figura 7.47).

Como visto na Figura 7.6, a maior parte da vida sob fadiga é gasta no crescimento de microtrincas, até atingir tamanho de 1-2 mm; a partir daí o crescimento de uma destas trincas é muito rápido, levando à ruptura do componente. O início da formação de microtrincas está sempre ligado à grafita (trincamento da grafita ou decoesão grafita/matriz), de modo que Socie & Fash (1982) consideram o tamanho da célula eutética do ferro fundido cinzento como o tamanho da trinca no início da solicitação de fadiga. Além disto, a forma lamelar da grafita, concentrando tensões em suas extremidades, é determinante na resistência à fadiga do ferro fundido cinzento. Como será visto, este efeito de concentração de tensões torna o ferro fundido cinzento praticamente insensível a entalhes externos (Higuchi & Wallace, 1981). A Figura 7.48 mostra o efeito do tamanho da partícula de grafita no limite de fadiga (Ruff Doshi, 1980). Resultados similares foram obtidos com ensaios em vida finita (Mitchell, 1977). É interessante notar a semelhança entre as curvas da Figura 7.48 e da Figura 6.20 do capítulo sobre Propriedades Estáticas dos Ferros Fundidos Cinzentos, ambas com uma relação de raiz quadrada com o tamanho das partículas de grafita, mesma relação prevista na Equação de Griffith.

Na Figura 7.49 é apresentado o efeito do teor de carbono equivalente sobre o limite de fadiga e sobre o limite de resistência, em amostras retiradas de um bloco de motor diesel de 5,9 L. Com o aumento do teor de carbono equivalente aumentam a quantidade de grafita e o tamanho das partículas. Verifica-se ainda que as tendências de variação do limite de resistência e do limite de fadiga com o carbono equivalente são muito similares (Guesser et al., 2004), o que também foi observado por Willidal et al. (2005).

Apesar de não se encontrarem resultados na literatura sobre efeitos de grafita de Widmanstäten sobre a resistência à fadiga (causada por residuais de chumbo), ou ainda sobre efeitos de afinamento da ponta da grafita (causada por remoção de nitrogênio em solução provocado por exemplo por pequenos teores de titânio), é de se esperar que a redução sensível da resistência, observada em ensaios de tração (ver capítulo sobre Mecanismos de Fragilização), também se manifeste negativamente na resistência à fadiga.

Resultados adicionais sobre o efeito do tamanho dos veios de grafita podem ser vistos na Tabela 7.17. A amostra obtida de seção de 76 mm tem grafitas grosseiras, e neste caso a introdução de enta-

TABELA 7.17 – Efeito do tamanho dos veios de grafita na resistência à fadiga. Flexão rotativa (Gilbert & Palmer, 1977).

N. amostra	LR (MPa)	Sem entalhe		Com entalhe em V, 45°	
		LF (MPa)	LF/LR	LF (MPa)	Fator de redução do LF (β_k)(*)
Ferro fundido cinzento perlítico, seção de 76 mm						
10	201	77	0,39	77	1,00
11	208	77	0,37	77	1,00
Ferro fundido cinzento perlítico, seção de 22 mm						
1	258	116	0,45	116	1,00
12	323	154	0,48	108	1,43
Ferro fundido cinzento com grafita tipo D, seção de 22 mm						
13	222	147	0,66	77	1,90
14	284	185	0,65	77	2,40

(*) β_K – relação entre LF sem e com entalhe.

TABELA 7.18 – Efeito da matriz no limite de fadiga de ferros fundidos cinzentos. Flexão rotativa (Gilbert & Palmer, 1977).

	Limite de Resistência (MPa)	Sem entalhe		Entalhe em V – 45°	
		Limite de Fadiga (MPa)	LF/LR	Limite de Fadiga (MPa)	Fator de redução do LF (β_k)(*)
Matriz perlítica	258	116	0,45	116	1,0
	283	131	0,46	131	1,0
	290	131	0,45		
	335	147	0,44	131	1,12
	364	162	0,45		
Matriz acicular	440	170	0,39		
	449	170	0,38		
	454	178	0,39		
	524	178	0,34	131	1,35

(*) β_K – relação entre LF sem e com entalhe.

TABELA 7.19 – Efeitos de tratamentos térmicos na resistência à fadiga. Flexão rotativa. Ferros fundidos com diversos teores de carbono equivalente, e ligados com 1,5% Ni, 0,5% Mo, 0,3% Cr (Gilbert & Palmer, 1977).

CE (%)	Tratamento térmico	LR (MPa)	HB	LF (MPa)	LF/LR
3,34	Alívio de tensões	349	217	119	0,35
	Têmpera, revenido a 566 °C por 2 h	460	311	124	0,27
	Austêmpera a 482 °C por 16 h	437	248	119	0,28
	Austêmpera a 343 °C por 16 h	490	255	154	0,32
	Normalização de 871 °C, alívio de tensões	456	248	145	0,32
3,56	Bruto de fundição	323	197	110	0,34
	Têmpera, revenido a 555 °C por 2 h	451	255	103	0,23
3,69	Bruto de fundição	358	207	117	0,33
	Têmpera, revenido a 566 °C por 2 h	550	293	107	0,20
3,41	Bruto de fundição	338	217	114	0,34
	Austêmpera a 482 °C por 16 h	403	277	114	0,28

lhe não reduz adicionalmente o limite de fadiga. Já na amostra obtida de seção de 22 mm, com grafita relativamente fina (tipo A) ocorreu redução do limite de fadiga com a colocação de entalhe, em uma das amostras testadas. Adicionalmente, as amostras com grafita tipo D (extremamente refinada), e que apresentaram bons valores de limite de fadiga, mostraram-se muito sensíveis à presença de entalhe. Estes resultados conduziram Gilbert & Palmer (1977) à afirmação de que não compensa fazer refino da grafita se o componente vai trabalhar em condição entalhada.

O efeito da matriz pode ser visto nos resultados de Higuchi & Wallace (1981), em flexão rotativa, onde o limite de fadiga de um ferro fundido cinzento perlítico decresce de 197 para 116 MPa com recozimento de ferritização. Outro exemplo é apresentado na Tabela 7.18, verificando-se aumento

TABELA 7.20 – Informações sobre resistência à fadiga de ferros fundidos cinzentos, obtidas em corpo de prova de 30 mm de diâmetro, fundido em separado. Norma ISO 185/2005. A classe Classe ISO 185/JL/100 não é listada nesta Tabela.

Propriedade	unid	Classe ISO 185/JL/						
		150	200	225	250	275	300	350
Limite de resistência à tração	MPa	150-250	200-300	225-325	250-350	275-375	300-400	350-450
Limite de Escoamento 0,1%	MPa	98-165	130-195	150-210	165-228	180-245	195-260	228-285
Alongamento	%	0,3-0,8	0,3-0,8	0,3-0,8	0,3-0,8	0,3-0,8	0,3-0,8	0,3-0,8
Resistência à fadiga – flexão	MPa	70	90	105	120	130	140	145
Resistência à fadiga – tração-compressão	MPa	40	50	55	60	68	75	85
Matriz		ferrítico perlítica	perlítica					

do limite de fadiga com o refino da perlita, e com matriz de martensita + bainita + austenita (acicular) (Murrel, 1993, Gilbert & Palmer, 1977). Em condição entalhada, não se verificou aumento do limite de fadiga para ferros fundidos cinzentos com limite de resistência superior a 283 MPa.

O efeito de tratamentos térmicos, aumentando a dureza e o limite de resistência, pode ser visto na Tabela 7.19, para ferros fundidos cinzentos ligados. De um modo geral não se consegue transmitir à resistência à fadiga o aumento provocado no limite de resistência pelos tratamentos térmicos, o que pode ser observado nos baixos valores da relação LF/LR. Esta mesma tendência foi observada ferritizando-se diversos ferros fundidos cinzentos, onde a diminuição da resistência provocada pelo recozimento resultou sempre em aumento da relação LF/LR (Gilbert & Palmer, 1977). Verifica-se ainda na Tabela 7.19 que os melhores valores de limite de fadiga foram obtidos com austêmpera a 343 °C e com normalização (Gilbert & Palmer, 1977).

RESISTÊNCIA À FADIGA DAS DIVERSAS CLASSES

Na Tabela 7.20 são apresentadas indicações de limite de fadiga sob flexão e sob tração-compressão, para as diversas classes de ferros fundidos cinzentos previstas na Norma ISO 185/2005. Observa-se que a resistência à fadiga é sempre crescente com o limite de resistência. Valem ainda as seguintes relações (ISO 185/2005, EN 1561/1997):

(LF) flexão = 0,35 – 0,50 x (LR)   (7.11)

(LF) axial = 0,53 x (LF) flexão = 0,26 x (LR)   (7.12)

(LF) torção = 0,85 x (LF) flexão = 0,42 x (LR)   (7.13)

Na Figura 7.50 apresentam-se valores mínimos de limite de fadiga para as classes de ferro fundido

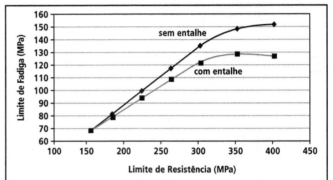

FIGURA 7.50 – Limite de fadiga (flexão rotativa) em função do limite de resistência. Valores mínimos para as classes previstas na Norma BS 1452/1977. Entalhe em V, 45°, com raio de 0,25 mm. Barra de 30 mm de diâmetro (Gilbert, 1977).

cinzento previstas na Norma BS 1452/1977. Estes valores são bastante próximos dos da Tabela 7.20. Observa-se ainda o sensível efeito de entalhe para as classes de maior resistência (Gilbert, 1977).

O efeito da tensão média sobre a tensão alternante permissível pode ser visto nos diagramas de Haigh mostrados nas Figuras 7.51 a 7.54, para as diversas classes de ferros fundidos cinzentos. Eles também mostram o efeito da espessura da seção da peça. Estes diagramas mostram curvas abaixo das quais a vida do componente é infinita, e podem então fornecer valores para serem utilizados em projeto (BCIRA Broadsheet, 1999).

Nas Figuras 7.55 a 7.57 são apresentados diagramas de Goodman-Smith para as diversas classes de ferros fundidos cinzentos, em solicitações de flexão (Figura 7.55), tração-compressão (Figura 7.56) e torção (Figura 7.57). Como em ferro fundido cinzento a resistência à compressão é muito maior que a resistência à tração, o campo sob compressão não é igual ao sob tração, obtendo-se diagramas assimétricos, como apresentado na Figura 7.58 para ferros fundidos cinzentos ligados ao Mo e ao Cr-Ni-Mo (Nechtelberger, 1980).

RESISTÊNCIA À FADIGA DOS FERROS FUNDIDOS

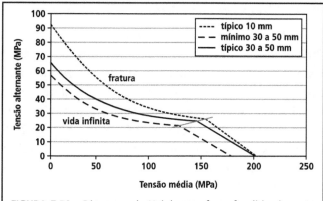

FIGURA 7.51 – Diagrama de Haigh para ferro fundido cinzento classe FC 200, para vários diâmetros de corpos de prova. Tração-compressão (BCIRA Broadsheet 1999).

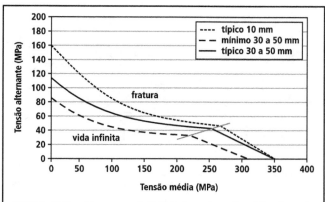

FIGURA 7.54 – Diagrama de Haigh para ferro fundido cinzento classe FC 350, para vários diâmetros de corpos de prova. Tração-compressão (BCIRA Broadsheet 346, 1999).

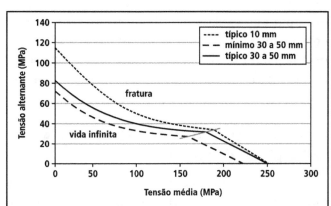

FIGURA 7.52 – Diagrama de Haigh para ferro fundido cinzento classe FC 250, para vários diâmetros de corpos de prova. Tração-compressão (BCIRA Broadsheet 346, 1999).

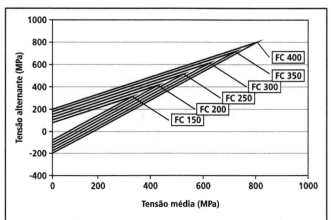

FIGURA 7.55 – Diagrama de Goodman-Smith para diversas classes de ferro fundido cinzento. Flexão (Nechtelberger, 1980).

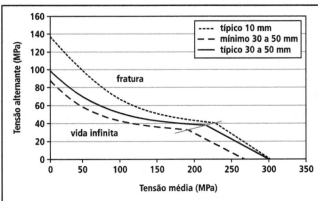

FIGURA 7.53 – Diagrama de Haigh para ferro fundido cinzento classe FC 300, para vários diâmetros de corpos de prova. Tração-compressão (BCIRA Broadsheet 346, 1999).

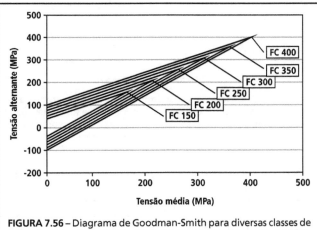

FIGURA 7.56 – Diagrama de Goodman-Smith para diversas classes de ferro fundido cinzento. Tração-compressão (Nechtelberger, 1980).

Resultados de vida sob fadiga em solicitações governadas por ciclos de deformação foram apresentados na Figura 7.9. Os coeficientes das Equações que descrevem estes comportamentos (ver as Equações no capítulo sobre Resistência à Fadiga de Ferros Fundidos) estão registrados na Tabela 7.21, permitindo o dimensionamento de componentes sujeitos a deformações plásticas cíclicas, no trecho de vida finita.

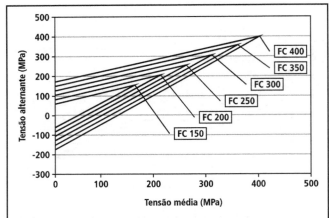

FIGURA 7.57 – Diagrama de Goodman-Smith para diversas classes de ferro fundido cinzento. Torção (Nechtelberger, 1980).

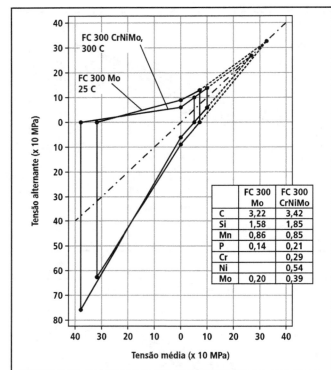

FIGURA 7.58 – Diagramas de Goodman-Smith (à temperatura ambiente e a 300 °C) para ferros fundidos cinzentos empregados para cabeçote de motor. Tração-compressão. Valores de composição química em percentagem em peso (Nechtelberger, 1980).

EFEITO DA CONCENTRAÇÃO DE TENSÕES

O limite de fadiga é reduzido em cerca de 25% quando o fator de concentração de tensões (Kt) aumenta de 1 para 2,5. Um fator de redução do limite de fadiga (β_K – relação entre LF sem e com entalhe) de 1,62 é adequado para a condição mais severa de entalhe e tensão média. Na Figura 7.59 pode-se ver o efeito da concentração de tensões num ferro fundido cinzento classe FC 250 (BCIRA Broadsheet, 1999).

Os resultados da Tabela 7.18 e da Figura 7.50 já mostraram que o efeito do entalhe em reduzir o limite de fadiga aumenta com o aumento da resistência do ferro fundido, podendo ser considerado nulo para as classes FC 100 e FC 150, devido ao entalhe interno causado pelos veios de grafita. Por esta mesma razão, ferros fundidos cinzentos com grafita tipo D apresentam maior sensibilidade à presença de entalhes (Tabela 7.17).

EFEITO DA ESPESSURA DA PEÇA SOBRE A RESISTÊNCIA À FADIGA

Os resultados da Tabela 7.17, para ferros fundidos cinzentos perlíticos, mostram o decréscimo do limite de fadiga com o aumento da espessura da seção, de 22 para 76 mm (Gilbert & Palmer, 1977). Os diagramas de Haigh apresentados nas Figuras 7.51 a 7.54 já mostraram o efeito da espessura da peça sobre a resistência à fadiga (BCIRA Broadsheet, 1999). Também os resultados da Tabela 7.7 do Capítulo sobre Resistência à Fadiga de Ferros Fundidos Nodulares ilustram valores típicos de limite de fadiga em peças de grande porte de ferro fundido cinzento (Sternkopf, 1994). Informações adicionais podem ainda ser vistas na Tabela 7.22,

TABELA 7.21 – Resultados de parâmetros das curvas de fadiga, para diversas classes de ferros fundidos cinzentos perlíticos. Tração-compressão. Ver Equações no capítulo sobre Resistência à Fadiga de Ferros Fundidos (DeLa´O et al., 2003).

Classe ASTM	20B	30B	35B	40B
Dureza – HB	163	179	196	216
Limite de Resistência – LR (MPa)	146	210	252	319
Módulo de Elasticidade – E_0 (MPa)	93.000	116.000	123.000	130.000
Expoente de encruamento cíclico – n´	0,444	0,417	0,347	0,312
Coeficiente de encruamento cíclico – K´ (MPa)	2520	3470	2320	2130
Coeficiente de resistência à fadiga – $\sigma_f´$	0,0119	0,0077	0,0065	0,0074
Expoente de resistência à fadiga – b	-0,3424	-0,3011	-0,2724	-0,2910
Coeficiente de dutilidade à fadiga – $\varepsilon_f´$ (MPa)	364	433	402	464
Expoente de dutilidade à fadiga – c	-0,1554	-0,1176	-0,0928	-0,0929

TABELA 7.22 – Resultados de resistência à fadiga em peças com diferentes espessuras (Gilbert & Palmer, 1977).

Peça	LR (MPa)	HB	LF (MPa)	LF/LR
Cilindro com Di = 330, De = 355 e L = 460 mm	218	148	73	0,33
Cilindro com Di = 387, De = 470 e L = 460 mm	201	138	69	0,35
	175	132	62	0,36
	193	139	69	0,36
Cilindro de 25 t	147	89	48	0,33
	144	91	49	0,35
	141	88	54	0,38

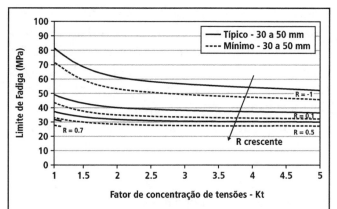

FIGURA 7.59 – Efeito da concentração de tensões sobre o limite de fadiga de ferro fundido cinzento classe FC 250 (BCIRA Broadsheet 346, 1999).

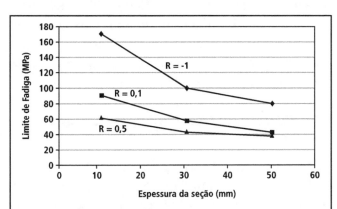

FIGURA 7.60 – Efeito da espessura da seção sobre o limite de fadiga (flexão rotativa) de ferro fundido cinzento classe FC 250, com fator de concentração de tensões $K_t = 1$ (Murrell, 1995).

onde os cilindros com espessura de 25 e 83 mm apresentam matriz perlítica, enquanto a peça de 25 t apresenta matriz ferrítica (Gilbert & Palmer, 1977). A Figura 7.60 mostra ainda resultados de limite de fadiga para espessuras de peça entre 10 e 50 mm (Murrell, 1995). Em todos estes casos verifica-se que o aumento da espessura da seção, resultando principalmente em aumento do tamanho dos veios de grafita, provoca decréscimo do limite de fadiga.

EQUAÇÕES PARA ESTIMATIVA DO LIMITE DE FADIGA

Diversas Equações foram desenvolvidas por Lahn (1970), em extenso levantamento estatístico, e que são apresentadas a seguir.

Uma primeira Equação mostra quantitativamente o efeito do diâmetro da barra fundida (de 10 a 60 mm) e do grau de saturação (Sc) sobre o limite de fadiga (sem entalhe):

LF (flexão) =
368 – 237,2 x Sc – 0,91 x (diâmetro barra)   (7.14)

LF em MPa
diâmetro da barra em mm

Ou ainda, relacionando o limite de fadiga (sem entalhe) com o limite de resistência, a relação Si/C e o diâmetro da barra fundida:

LF (flexão) = 11 + 0,41 x LR +
37,3 x Si/C – 0,5 (diâmetro barra)   (7.15)

LF e LR em MPa

Em amostras entalhadas não se conseguiu quantificar o efeito do diâmetro da barra. Verificou-se que:

LF (flexão, entalhado) = 35 + 0,26 x LR   (7.16)

Também constatou-se que o efeito do entalhe, em reduzir o limite de fadiga, aumenta com a resistência do ferro fundido cinzento. O fator de redução do limite de fadiga (β_K), a relação entre limite de fadiga sem entalhe e limite de fadiga com entalhe, pode ser expresso por:

β_K = 0,806 + 0,00173 x LR   (7.17)

O limite de fadiga sob torção também se relaciona com o limite de resistência, através da relação (Lahn, 1970):

LF (torção) = 27 + 0,29 x LR   (7.18)

Willidal et al. (2005) sugerem que as correlações não sejam feitas com o limite de resistência, mas com o limite de escoamento 0,07%, com menores dispersões, porém esta não é uma propriedade usualmente determinada.

QUALIDADE DA SUPERFÍCIE, DEFEITOS SUPERFICIAIS E TRATAMENTOS SUPERFICIAIS

Como mostram os resultados da Tabela 7.9 do Capítulo sobre Resistência à Fadiga de Ferros

Fundidos Nodulares, Bauer (2004) não verificou diferenças de limite de fadiga entre amostras de ferro fundido cinzento classe FC 250 com superfícies brutas de fundição ou usinadas; neste caso, também não se verificaram defeitos superficiais iniciando algum processo de fadiga. Sabe-se que nos ferros fundidos cinzentos a tendência à formação de defeitos superficiais é muito menor do que em ferros fundidos nodulares, devido à ausência de magnésio; além disso, também a tendência à formação de microporosidades é muito menor nos ferros fundidos cinzentos, de modo não é comum a diminuição da resistência à fadiga devido a estes defeitos. Entretanto, dependendo da qualidade da superfície obtida, pode ocorrer decréscimo do limite de fadiga, como registrado por Sakwa & Bachmacz (1971). Estes autores ensaiaram amostras sem limpeza da superfície bruta de fundição e verificaram queda de 15 a 40% do limite de fadiga comparativamente a amostras usinadas; a queda do limite de fadiga foi tanto mais intensa quanto maior o limite de resistência. Qualquer processo de limpeza da superfície (eletroquímico, usinagem) melhorou o limite de fadiga, porém os melhores resultados foram obtidos com jateamento com granalha de aço, devido ao efeito de encruamento e introdução de tensões residuais de compressão na superfície (Sakwa & Bachmacz, 1971).

A resistência à fadiga dos ferros fundidos cinzentos também pode ser aumentada com tratamento de roletagem (Palmer, 1970), apesar do acréscimo do limite de fadiga em cinzento perlítico ser apenas modesto (cerca de 20%) e obtido com pequenas cargas de roletagem. Em cinzento ferrítico o aumento do limite de fadiga é maior (cerca de 110%), porém de pouca utilidade tecnológica (Gilbert & Palmer, 1977).

Também com tratamento de "shot peening" verificou-se acréscimo de apenas cerca de 7% no limite de fadiga de ferro fundido cinzento classe FC 200 (Higuchi & Wallace, 1981). Verifica-se assim que estes tratamentos de deformação superficial são pouco efetivos em aumentar a resistência à fadiga dos ferros fundidos cinzentos.

EFEITOS DO MEIO AMBIENTE E CORROSÃO

Na Tabela 7.10 do Capítulo sobre Resistência à Fadiga de Ferros Fundidos Nodulares verificou-se o acentuado decréscimo da resistência à fadiga provocado por condições corrosivas. Este efeito pode ser prevenido pelo uso de inibidores alcalinos (exceto bórax), ou ainda óleo solúvel. Estas técnicas são efetivas para ferro fundido cinzento, apesar de não mostrarem efeito benéfico em ferros fundidos nodulares (Palmer, 1970).

EFEITO DA TEMPERATURA

Na faixa de temperatura de -40 a + 400 °C os valores de limite de fadiga e de fator de redução devido a entalhes (β_K) podem ser considerados aproximadamente constantes (Gilbert & Palmer, 1977). Sugere-se ainda empregar a relação de fadiga (LF/LR) para estimar o limite de fadiga a altas temperaturas (Palmer, 1970).

As Figuras 9.38 a 9.41 do capítulo sobre Propriedades dos Ferros Fundidos a Altas Temperaturas mostram que, em fadiga de baixo ciclo, os resultados a 27 e a 300 °C são muito semelhantes, caindo a vida sob fadiga a 600 °C.

A Figura 7.58 registra ainda resultados de resistência à fadiga a 300 °C, para um ferro fundido cinzento ligado ao CrNiMo (Nechtelberger, 1980).

Valores de limite de fadiga a baixas temperaturas para ferros fundidos cinzentos podem ser encontrados na Tabela 10.2 do capítulo sobre Propriedades a Baixas Temperaturas.

VELOCIDADE DE CRESCIMENTO DE TRINCAS EM FADIGA

Na Figura 7.43 do capítulo sobre Resistência à Fadiga dos Ferros Fundidos Nodulares foram apresentadas curvas de velocidade de crescimento de trinca, segundo a Equação de Paris-Erdogan – $da/dN = C \cdot \Delta K^m$. Pode-se verificar que a velocidade de crescimento da trinca em ferro fundido cinzento é maior que nos ferros fundidos nodulares (Bowe et al., 1986).

Para um ferro fundido cinzento de classe FC 100, ferrítico (e para um nodular ferrítico e um vermicular ferrítico) foram obtidos os parâmetros da Tabela 7.23 e Figura 7.61 (Pusch et al., 1988). Neste caso todos os ferros fundidos foram recozidos, verificando-se apenas o efeito da forma da grafita. Observa-se que para o ferro fundido cinzento a trinca atinge velocidades de crescimento mensuráveis

TABELA 7.23 – Parâmetros da Equação de Paris-Erdogan para ferros fundidos de matriz ferrítica (Pusch et al., 1988).

	ΔK_0 (MPa.m$^{1/2}$)	m	C (mm/ciclo)
FC 100	3,3	2,34	$2,3 \times 10^{-6}$
FE 40018	8,5	4,86	$1,1 \times 10^{-10}$
FV 300	9,0	4,71	$1,6 \times 10^{-9}$

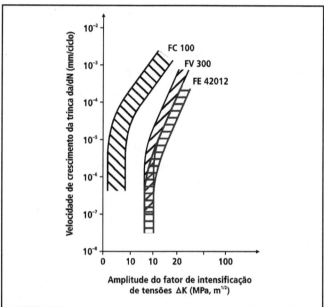

FIGURA 7.61 – Curvas de crescimento de trincas para diversos ferros fundidos (FC 100, FV 300, FE 42012) de matriz ferrítica (Pusch et al., 1988).

(10^{-7} mm/ciclo) em faixa de fator de intensificação de tensões (ΔK_0) distintamente menor que para os outros ferros fundidos.

EXERCÍCIOS

1) A curva da Figura 7.50, para amostras não entalhadas, pode ser descrita pela Equação:

$$LF = -6 \times 10^{-6} \times (LR)^3 + 0,0042 \times (LR)^2 - 0,4606 \times (LR) + 64,6 \quad (7.19)$$

Estimar o limite de fadiga (flexão) para um ferro fundido cinzento ligado, que apresenta limite de resistência de 370 MPa em barra de 30 mm de diâmetro, com teor de carbono de 3,3% e teor de silício de 1,9%. Compare o valor obtido com esta Equação com o resultante das Equações de Lahn (1970) apresentadas no texto (Equações 7.14 a 7.18).
Repita os cálculos supondo que o limite de resistência seja agora de 250 MPa. Discuta as diferenças obtidas.

2) Para amostras entalhadas, a curva da Figura 7.50 pode ser expressa por:

$$LF = -5 \times 10^{-6} \times (LR)^3 + 0,0033 \times (LR)^2 - 0,313 \times (LR) + 57,9 \quad (7.20)$$

Repita os cálculos com os dados do problema anterior.

3) Para um ferro fundido cinzento que apresentou limite de resistência de 270 MPa, estimar o limite de fadiga sob torção usando as Equações de Lahn. Supondo agora uma tensão média de 140 MPa, estimar os valores da tensão alternante usando os diagramas de Goodman-Smith.

4) Um ferro fundido cinzento, com 3,35%C e 1,95%Si, apresentou em barra de 30 mm de diâmetro, um limite de resistência de 230 MPa. Estimar as tensões alternantes que este material suporta sob flexão, sendo a tensão média igual a 120 MPa, em barra de 10 mm.

5) Para uma peça de ferro fundido cinzento classe FC 200, estimar a tensão alternante admissível, nos seguintes locais da peça:

a. Seção com diâmetro de 9,5 mm, tensão média de 100 MPa.
b. Seção com diâmetro de 35 mm, tensão média de 50 MPa.

6) Para uma peça de ferro fundido cinzento classe FC 300, estimar os valores máximo e mínimo de tensão alternante, empregando o diagrama de Goodmann-Smith, para solicitação de tração-compressão, com valor de tensão média de tração igual a 150 MPa. Indique a amplitude de tensões admissível para este valor de tensão média.

7.4 RESISTÊNCIA À FADIGA DOS FERROS FUNDIDOS VERMICULARES

GENERALIDADES

Os ferros fundidos vermiculares começaram a ser utilizados industrialmente para coletores de exaustão e para cabeçotes de motor, com matriz ferrítica, e nestes casos as propriedades importantes eram a resistência à fadiga térmica e a resistência a altas temperaturas (Nechtelberger, 1980). Com a introdução de motores diesel com blocos em ferro fundido vermicular, o seu uso generalizou-se e aumentou de escala. Neste caso a principal propriedade em questão é a resistência à fadiga (apesar de rigidez e condutividade térmica também participarem do elenco de propriedades a serem consideradas). Como a resistência à fadiga do ferro fundido vermicular perlítico (classe FV 450) é cerca de 2 vezes a do cinzento perlítico (classe FC 250), esta mudança de material tornou possível o desenvolvimento de motores diesel com altos valores de pressão máxima de explosão (acima de 200 bar), reduzindo-se assim as emissões, principalmente de particulados (Figura 7.62). Deste modo, a obtenção de elevados valores de resistência à fadiga é uma necessidade no ferro fundido vermicular.

FATORES METALÚRGICOS

Como a produção industrial em larga escala de peças em ferros fundidos vermiculares é relativamente recente, existem poucos estudos sobre a resistência à fadiga dos ferros fundidos vermiculares, e assim não estão ainda caracterizados experimentalmente os efeitos de algumas variáveis sobre a resistência à fadiga, apesar de se conhecerem os seus efeitos sobre a resistência à tração. Na Figura 7.63 apresentam-se esquematicamente as principais variáveis que afetam a resistência à fadiga dos ferros fundidos vermiculares, e que foram comprovadas com resultados experimentais. Uma microestrutura típica de ferro fundido vermicular é apresentada na Figura 7.64.

O efeito da forma da grafita pode ser visto na Tabela 7.9 do capítulo sobre Resistência à Fadiga dos Ferros Fundidos Nodulares, para matrizes perlíticas, em corpos de prova usinados (Bauer, 2003). Comprova-se que o ferro fundido vermicular apresenta valores de resistência à fadiga entre o nodular e o cinzento. Na Figura 7.65 pode ser observada a variação das propriedades mecânicas com a nodularidade (Sintercast, 1997). São também apresentadas Equações de correlação entre a percentagem de nódulos e o limite de fadiga, limite de resistência e limite de escoamento. Pode-se verificar, pela inclinação da Equação da reta, que o limite de fadiga é menos sensível à nodularidade que o limite de resistência ou o limite de escoamento.

Na Figura 7.66 pode-se observar o efeito da quantidade de perlita na matriz sobre o limite de fadiga (Loper et al., 1979, Stefanescu & Loper -1981), verificando-se o aumento do limite de fadiga com o aumento da quantidade de perlita. Na Figura 7.67

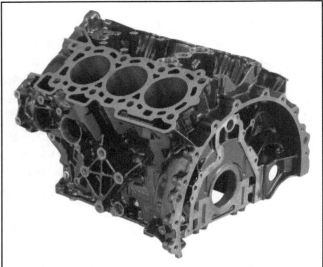

FIGURA 7.62 – Bloco de motor 2,7 L em ferro fundido vermicular classe FV 450. Cortesia Tupy Fundições.

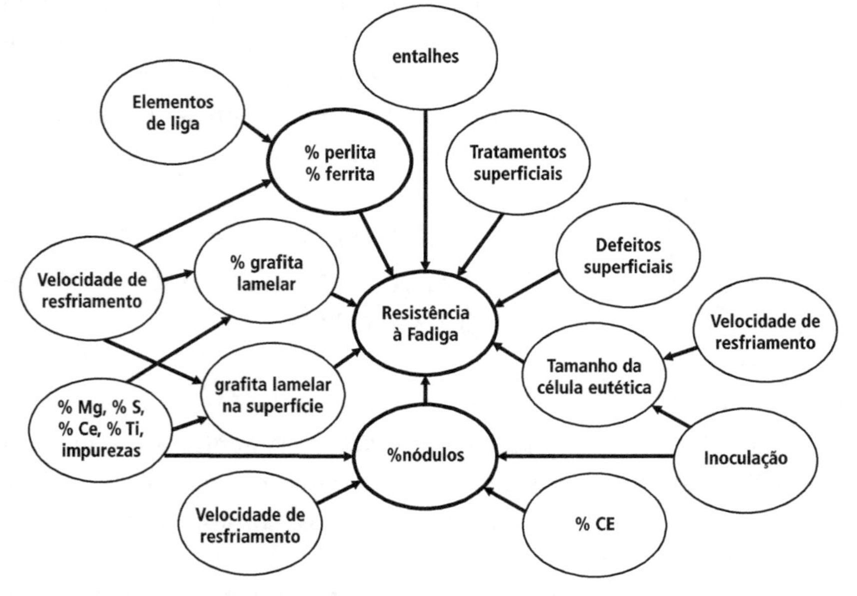

FIGURA 7.63 – Efeitos da microestrutura, de variáveis de processo, da geometria da peça e de defeitos sobre a resistência à fadiga em ferros fundidos vermiculares.

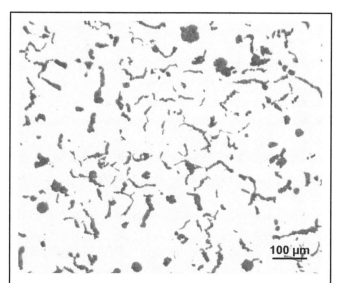

FIGURA 7.64 – Microestrutura de ferro fundido vermicular. Sem ataque. 100 X.

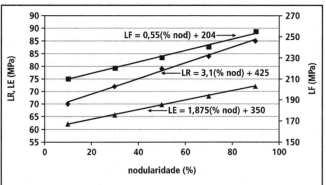

FIGURA 7.65 – Efeito da nodularidade sobre as propriedades mecânicas de ferros fundidos vermiculares. Figura construída a partir dos dados de SinterCast (1997).

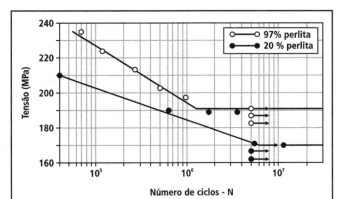

% perlita	% nódulos	LR (MPa)	LF (MPa)	LF/LR
20	1	385	170	0,45
97	5	518	191	0,37

FIGURA 7.66 – Curvas de fadiga de ferros fundidos vermiculares com 20 e com 97% perlita. Tração-compressão, R = -1 (Loper et al., 1979).

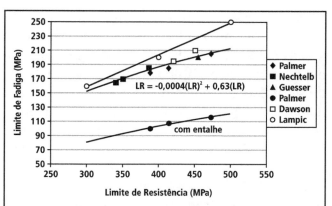

FIGURA 7.67 – Limite de fadiga (flexão rotativa) de ferros fundidos vermiculares em função do limite de resistência, segundo resultados de diversos autores. A curva intermediária refere-se a ferros fundidos vermiculares com nodularidade inferior a 20%, com resultados de Nechtelberger (1980), Palmer (1976), Guesser (2004) e Dawson (1997), e ajusta-se à Equação sugerida por Nechtelberger (1980). A curva superior refere-se a ferros fundidos vermiculares com nodularidade até 30% (Lampic, 2001). A curva inferior refere-se a corpos de prova entalhados (Palmer, 1976). R = -1.

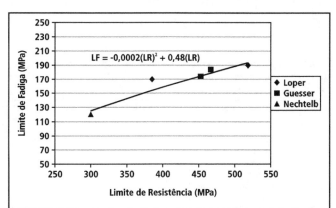

FIGURA 7.68 – Limite de fadiga (tração-compressão) de ferros fundidos vermiculares em função do limite de resistência, segundo resultados de diversos autores (Loper et al., 1979, Guesser et al., 2004, Nechtelberger, 1980). A Equação refere-se a ferros fundidos vermiculares com nodularidade inferior a 20%. R = -1.

registra-se a correlação do limite de resistência com o limite de fadiga (flexão rotativa). A Equação apresentada na Figura 7.67 refere-se a ferros fundidos vermiculares com nodularidade inferior a 20%. A curva superior é válida para nodularidade até 30%, enquanto a curva inferior foi construída com valores de corpos de prova entalhados. A Figura 7.68 mostra a relação entre limite de resistência e limite de fadiga, para solicitação de tração-compressão, construída com resultados de alguns autores.

Outros fatores metalúrgicos devem ainda afetar a resistência à fadiga dos ferros fundidos vermiculares, tais como presença de grafitas degeneradas, segregação, endurecimento da ferrita por solução sólida, espaçamento interlamelar da perlita. Entretanto, por se tratar de um material de utilização industrial recente em larga escala, estes aspectos não foram ainda estudados experimentalmente e publicados. Outros fatores deverão também ainda ter sua influência caracterizada, como a presença de nódulos hipereutéticos, de colônias de nódulos em contornos de células eutéticas, ou ainda de pequenas regiões de grafita lamelar no centro de células eutéticas, defeitos de microestrutura comuns em ferros fundidos vermiculares, e que precisam ter o seu efeito quantificado experimentalmente.

RESISTÊNCIA À FADIGA DAS DIVERSAS CLASSES

As Figuras 7.67 e 7.68 mostram Equações que permitem obter os valores típicos de limite de fadiga para as diversas classes de ferro fundido vermicular, em solicitação de flexão e de tração-compressão.

$$LF \text{ (flexão)} = -0{,}0004(LR)^2 + 0{,}63(LR) \quad (7.21)$$

TABELA 7.24 – Resistência à fadiga (valores mínimos) das diversas classes de ferro fundido vermicular. Nodularidade inferior a 20%. Valores calculados pelas Equações apresentadas nas Figuras 7.67 e 7.68.

Classe	FV 300	FV 350	FV 400	FV 450	FV 500
Limite de fadiga – flexão rotativa R = -1 (MPa)	152	170	186	200	213
Limite de fadiga – tração-compressão R = -1 (MPa)	125	142	159	174	188

$$LF \text{ (axial)} = -0{,}0002(LR)^2 + 0{,}48(LR) \quad (7.22)$$

Estes resultados são mostrados na Tabela 7.24.

A Norma ISO 16112/2006 apresenta valores típicos de relação LF/LR (limite de fadiga/limite de resistência), conforme mostrado na Tabela 7.25. Estas relações conduzem a valores de limite de fadiga um pouco diferentes que os da Tabela 7.24, superiores aos da Tabela 7.24 em condição de flexão rotativa e inferiores em solicitação de tração-compressão.

Para ferros fundidos vermiculares contendo maior quantidade de nódulos (até 30%), são apresentados resultados na Tabela 7.26 (Lampic, 2001). Os valores desta Tabela 7.26 referentes ao fator de redução do limite de fadiga devido a entalhes (β_k), que representa a relação entre limite de fadiga com entalhe e sem entalhe, são sensivelmente menores que os obtidos com os resultados de Palmer (1976), que situam-se entre 1,71 a 1,79, similares aos ferros fundidos nodulares. Deve-se considerar que este fator de redução do limite de fadiga depende da geometria do entalhe.

Resultados referentes à classe FV 450, obtidos de amostras retiradas de blocos de motores, podem ser vistos na Tabela 7.27.

Para a classe FV-350, as Figuras 7.69 e 7.70 mostram diagramas de Goodman-Smith, em solicitações de tração-compressão e flexão, permitindo

TABELA 7.25 – Valores orientativos de propriedades mecânicas de ferros fundidos vermiculares. Norma ISO 16112/2006.

| Propriedade | Temperatura (°C) | Classe ISO 166112 |||||
		JV 300	JV 350	JV 400	JV 450	JV 500
Limite de resistência (MPa) (a)	23	300-375	350-425	400-475	450-525	500-575
	100	275-350	325-400	375-450	425-500	475-550
	400	225-300	275-350	300-375	350-425	400-475
Limite de escoam 0,2 (MPa) (a)	23	210-260	245-295	280-330	315-365	350-400
	100	190-240	220-270	255-305	290-340	325-375
	400	170-220	195-245	230-280	265-315	300-350
Alongam (%)	23	2,0-5,0	1,5-4,0	1,0-3,5	1,0-2,5	0,5-2,0
	100	1,5-4,5	1,5-3,5	1,0-3,0	1,0-2,0	0,5-1,5
	400	1,0-4,0	1,0-3,0	1,0-2,5	0,5-1,5	0,5-1,5
Módulo de elasticidade (GPa) (b)	23	130-145	135-150	140-150	145-155	145-160
	100	125-140	130-145	135-145	140-150	140-155
	400	120-135	125-140	130-140	135-145	135-150
LF/LR						
Flexão rotativa	23	0,50-0,55	0,47-0,52	0,45-0,50	0,45-0,50	0,43-0,48
Tração-compressão	23	0,30-0,40	0,27-0,37	0,25-0,35	0,25-0,35	0,20-0,30
Flexão 3 pontos	23	0,65-0,75	0,62-0,72	0,60-0,70	0,60-0,70	0,55-0,65

(a) espessura da peça de 15 mm, módulo de 0,75 cm
(b) módulo secante (200 e 300 MPa)

assim estimar as tensões alternantes que o material suporta em condições de tensão média diferente de zero (Nechtelberger, 1980).

Resultados de ensaios de fadiga sob torção em ferros fundidos vermiculares ferríticos mostram relação LF/LR aproximadamente igual a 0,43, similar ao ferro fundido nodular (Shao et al., 1997).

EFEITO DE ENTALHES

Na Figura 7.67 pode-se visualizar o efeito de entalhes em ferro fundidos vermiculares com diversos níveis de resistência. Também para os ferros fundidos vermiculares, o efeito do entalhe acentua-se à medida que cresce a resistência mecânica (Palmer, 1976, Hughes & Powell, 1985). A Figura 7.71 mostra resultados adicionais para um ferro fundido vermicular de matriz predominantemente ferrítica, verificando-se a diminuição do limite de fadiga com o aumento da intensidade do entalhe (Hörle et al., 1989).

Também a Tabela 7.7 do capítulo sobre Resistência à Fadiga dos Ferros Fundidos Nodulares mostra o efeito de entalhes no limite de fadiga de ferro fundido vermicular classe FV 400, para solicitações de flexão e de tração-compressão, constatando-se que a resistência à fadiga decresce igualmente para os dois tipos de solicitação (Sternkopf, 1994).

A Figura 7.72 mostra que a sensibilidade a entalhes é semelhante entre os nodulares e os vermiculares (Hughes & Powell, 1985, Sergeant & Evans, 1978).

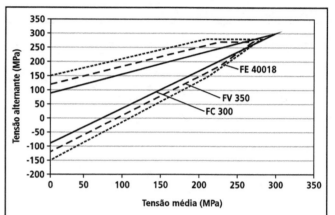

FIGURA 7.69 – Diagrama de Goodman-Smith para ferro fundido vermicular classe FV 350, comparativamente a um ferro fundido nodular (FE 40018) e um ferro fundido cinzento (FC 300). Tração-compressão (Nechtelberger, 1980).

TABELA 7.26 – Propriedades mecânicas de ferros fundidos vermiculares com nodularidade de 10 a 30% (Lampic, 2001).

Propriedade	FV-300	FV-400	FV-500
Limite de resistência (MPa)	Min 300	Min 400	Min 500
Limite de Escoamento 0,2 (MPa)	Min 240	Min 300	Min 340
Alongamento (%)	Min 1,5	Min 1,0	Min 0,5
Resistência à compressão (MPa)	Min 600	Min 800	Min 1.000
Dureza (HB 30)	140-210	190-250	240-280
Limite de fadiga. Flexão rotativa (MPa)	Min 160	Min 200	Min 250
Limite de Fadiga. Tração-compressão (MPa)	Min 100	Min 135	Min 175
Fator de redução devido a entalhe (β_k) (*)	1,4	1,3	1,2
Módulo de elasticidade. Tração ou compressão (GPa)	Min 140	Min 160	Min 170

(*) entalhe com relação (raio do entalhe)/(diâmetro do corpo de prova) = 0,05

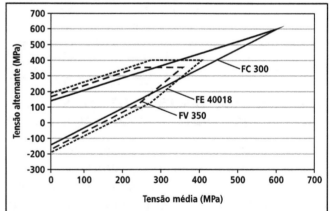

FIGURA 7.70 – Diagrama de Goodman-Smith para ferro fundido vermicular classe FV 350, comparativamente a um ferro fundido nodular (FE 40018) e um ferro fundido cinzento (FC 300). Flexão (Nechtelberger, 1980).

TABELA 7.27 – Resultados de resistência à fadiga de blocos de motores. Amostras retiradas dos mancais de apoio. Ferro fundido vermicular classe FV 450. R = -1 (Guesser et al., 2004).

Vermicular	Bloco de motor	Nodularidade (%)	Ferrita (%)	LR (MPa)	LE (MPa)	Tipo de teste	LF (MPa)
1	2,7 L V6 60 kg	15-20	10-15	455	342	Flexão rotativa	200
						Tração-compress	150
2		9	6	466	342	Tração-compress	185
3	I6 -5,9L 150 kg	2-4	1-2	452	365	Tração-compress	175

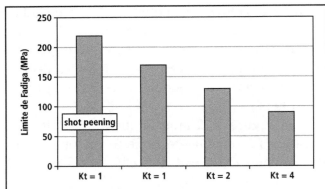

FIGURA 7.71 – Resistência à fadiga de ferro fundido vermicular predominantemente ferrítico, para entalhes com Kt crescente. Flexão rotativa (Hörle et al., 1989).

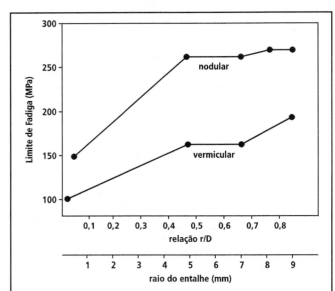

FIGURA 7.72 – Efeito do raio do entalhe sobre o limite de fadiga, em ferros fundidos com matriz de ferrita-perlita (Hughes & Powell, 1985).

QUALIDADE DA SUPERFÍCIE, DEFEITOS SUPERFICIAIS E TRATAMENTOS SUPERFICIAIS

A Tabela 7.28 mostra resultados referentes a corpos de prova apresentando grafita lamelar na superfície (Figura 7.73), verificando-se o decréscimo causado pela presença desta camada superficial. Tratamentos de jateamento, provocando encruamento e tensões residuais de compressão, restauram a resistência à fadiga do material para valores similares aos obtidos com superfície usinada, seja a matriz desta camada perlítica ou ferrítica (Langmayr et al., 2001). Os resultados de Bauer (2203), apresentados na Tabela 7.9 do Capítulo sobre Resistência à Fadiga dos Ferros Fundidos Nodulares, confirmam o trabalho de Langmayer et al. (2001) referente ao efeito do jateamento.

TABELA 7.28 – Resultados de ensaios de fadiga em superfícies com grafita lamelar. (flexão em 3 pontos, R = 0). Ferro fundido vermicular com nodularidade inferior a 15%, matriz de 95% perlita, LR = 500 MPa (Langmayr et al., 2001).

Superfície	Limite de Fadiga (MPa)	tensão residual (MPa)
Usinada (Rz = 0,9 um)	155	-60
bruta, perlítica (Rz = 90 um)	100	0
bruta, ferrítica (Rz = 90 um)	115	-330
bruta, perlítica, jateada, (Rz = 90 um)	170	0
bruta, ferrítica, jateada, (Rz = 90 um)	150	-320

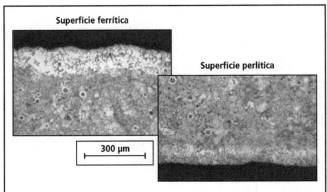

FIGURA 7.73 – Superfícies de amostras de ferro fundido vermicular apresentando camada de grafita lamelar associada a matriz ferrítica (a) ou perlítica (b) (Langmayr et al., 2001).

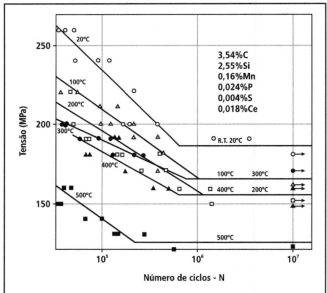

FIGURA 7.74 – Efeito da temperatura sobre a resistência à fadiga de ferro fundido vermicular. Flexão, R = -1 (Nechtelberger, 1980).

EFEITO DA TEMPERATURA

Na Figura 7.74 pode-se observar o efeito da temperatura sobre a resistência à fadiga de ferro fundido vermicular (Nechtelberger, 1980). Observa-se que o limite de fadiga decresce de 185 para

155 MPa quando a temperatura é aumentada até 400 °C, ocorrendo redução acentuada acima desta temperatura.

Também os valores indicados na Norma SAE J1887/2002 (Tabela 5.44 do capítulo sobre Normas) mostram que o aumento da temperatura até 300 °C reduz o limite de fadiga em apenas cerca de 15-17%.

Na Figura 7.75 são apresentados resultados adicionais para um ferro vermicular de matriz ferrítica, referentes ao trecho de vida finita, para ensaios controlados por tensão e por deformação (Löhe, 2005). Confirma-se a queda acentuada da resistência à fadiga para temperaturas acima de 400 °C.

VELOCIDADE DE CRESCIMENTO DE TRINCAS EM FADIGA

No Capítulo sobre Resistência à Fadiga dos Ferros Fundidos Cinzentos (Tabela 7.23 e Figura 7.61) foi apresentada uma curva de velocidade de crescimento de trinca (da/dN x ΔK) para um ferro fundido vermicular ferrítico (FV 300), comparativamente a ferros fundidos cinzento e nodular, também ferríticos. A velocidade de crescimento da trinca no ferro fundido vermicular é muito similar à do ferro fundido nodular, ambas bem inferiores à velocidade no ferro fundido cinzento (Pusch et al., 1988).

EXERCÍCIOS

1) A curva SxN da Figura 7.66 referente ao ferro fundido vermicular com 97% perlita pode ser descrita por:

$\sigma_a = 190 \times (2{,}36 \times 10^6)^{1/19} \times N^{-1/19}$

Determinar a tensão alternante que pode ser aplicada para um componente que tem sua vida estimada em N = 300.000 ciclos.

2) Supondo que o limite de resistência de um ferro fundido vermicular seja de 450 MPa, deseja-se saber a tensão alternante (tração-compressão) que pode ser aplicada para que um componente tenha vida superior a 20×10^7. O que acontece se a nodularidade for aumentada em 10%? E se for reduzida em 10%? E se o Kt for aumentado de 1 para 4?

3) Suponha que um cabeçote que era produzido em ferro fundido cinzento FC 300 passou a ser fabricado em ferro vermicular ferrítico FV 350. Para uma seção submetida a esforços de flexão, com tensão média de tração igual a 40 MPa, estimar as tensões alternantes mínima e máxima para cada material.

4) Compare o efeito da temperatura sobre o limite de resistência e sobre a resistência à fadiga dos ferros fundidos vermiculares.

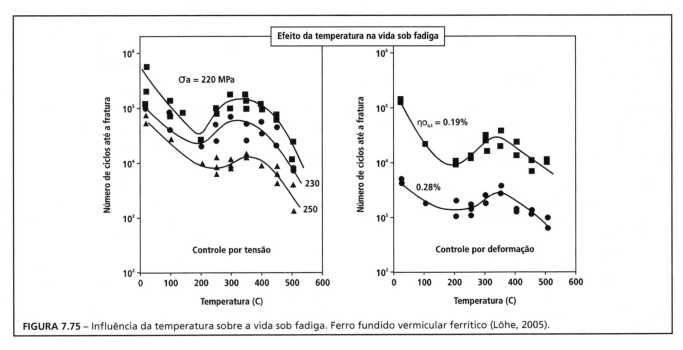

FIGURA 7.75 – Influência da temperatura sobre a vida sob fadiga. Ferro fundido vermicular ferrítico (Löhe, 2005).

REFERÊNCIAS BIBLIOGRÁFICAS

Angeloni, M. *Fadiga isotérmica em ligas de ferro fundido cinzento para discos de freio automotivos*. Dissertação de Mestrado, USP S Carlos, 2005.

Bauer, W. Bending fatigue behaviour of ductile iron with as-cast surfaces. Keith Millis Symposium on Ductile Cast Iron, 2003.

Bauer, W. Biegewechselverhalten von Gusseisen mit Kugelgraphit unter besonderer Berücksichtigung der Gusshaut, Gefüge und Gütemarkmale. *Konstruiren + Giessen*, vol 29, n° 4, p. 2-12, 2004.

BCIRA Broadsheet n° 133. Preventing corrosion fatigue in cast iron in aqueous environments. 1976.

BCIRA Broadsheet n° 257-1. The use of fatigue data in the design of iron and steel castings. 1986.

BCIRA Broadsheet n° 257-3. Cast irons and steels in fatigue stress applications – effects of surface condition and treatments. 1987.

BCIRA Broadsheet 346. Fatigue life data on grey irons. The Castings Development Center, 1999.

Bowe, K H; Hornbogen, E; Stanzl, S. Definition, Messung und Anwendung bruchmechanischer Kennwerte von grauen Gusseisen. *Konstruiren + Giessen*, vol 11, n° 2, p. 23-32, 1986.

Castagna, M; Ferrero, P; Medana, R; Natale, E. Fatigue properties of in-mold ductile iron. *AFS International Cast Metals Journal*, vol 4, n 4, p. 63-72, 1979.

Dawson, S. Compacted graphite iron – material data sheet. SinterCast, 1997.

Deike, R; Engels, A; Hauptvogel, F; Henke, P; Röhrig, K; Siefer, W; Werning, H; Wolters, D. Gusseisen mit Lamellengraphit – Eigenschaften und Anwendung. *Konstruiren + Giessen*, vol 25, n° 2, 2000.

Dowling, N.E. *Mechanical behaviour of materials*. 2ª ed. Ed Prentice-Hall, Londres, 1998.

Farrel, T R. The influence of ASTM Type V graphite form on ductile iron low cycle fatigue. *AFS Transactions*, vol 91, p. 61-64, 1983.

Fett, G A. Understanding shot peening: a case history. *Modern Casting*, p. 29-31, jun 1983.

Fischer, E; Mahnig, F; Walter, H. Betriebsfestigkeit von Sphäroguss bei Korrosioneinfluss. *Automobiltechnische Zeitschrift*, vol 89, n° 2, p. 2-11, 1987.

Gilbert, G N J. *Engineering data on nodular cast irons – SI units*. BCIRA Report 1160, 1974.

Gilbert, G N J. Engineering data on grey cast irons. *BCIRA Journal*, vol 25, n° 6, p. 597-613, Report 1285, 1977.

Gilbert, G N J & Palmer, K B. Fatigue properties of cast iron. *BCIRA Journal*, vol 25, n° 4, p. 381-390, Report 1271, e vol 25, n° 5, p.497-512, Report 1279, 1977.

Gilbert, G N J. The cyclic stress/strain properties and fatigue properties of a ferritic and a pearlitic nodular cast iron tested under strain control. *BCIRA Journal*, p. 280-303, Report 1586, 1984.

Goodrich, G.M. *Iron Castings Engineering Handbook*. AFS, 2003.

Guedes, L C; Guesser, W L; Duran, P V; Souza Santos, A B. Über einige Wirkungen von Phosphor in bainitischem Gusseisen mit Kugelgraphit. *Giesserei-Praxis*, n° 17, p. 267-279, 1990.

Guedes, L C. *Fragilização por fósforo de ferros fundidos nodulares austemperados*. Tese de Doutoramento. EPUSP, 1996.

Guedes, L C; Guesser, W L; Duran, P V; Souza Santos, A B. Efeitos do fósforo em ferros fundidos nodulares austemperados. Seminário sobre Metalurgia Física e Tratamento Térmico. ABM, S Paulo, 1992

Guesser, W L; Masiero, I; Melleras, E; Cabezas, C S. Fatigue strength of gray iron and compacted graphite iron used for engine cylinder blocks. SAE Brasil, São Paulo, 2004.

Hachenberg, K; Kowalke, H; Motz, J. M; Röhrig, K; Siefer, W; Staudinger, P; Tölke, P; Werning, H; Wolters, D. B. Gusseisen mit Kugelgraphit. *Konstruiren + Giessen*, vol 13. n° 1, 1988.

Hasse, S. *Duktiles Gusseisen: Handbuch für Gusserzeuger und Gussverwender*. Berlin: Schiele und Schön, 1996.

Heuler, P; Hück, M; Walter, H. Erhöhen der Schwingfestigkeit von Bauteilen aus Gusseisen mit Kugelgraphit. *Konstruiren + Giessen*, vol 17 n° 3, p. 15-27, 1992.

Higuchi, R & Wallace, J F. Fatigue properties of gray iron. *AFS Transactions*, vol 89, p.483-494, 1981.

Hirsch, T & Mayr, P. Zum Biegewechselverhalten von randschichtverfestigtem bainitisch-austenitischem Gusseisen mit Kugelgraphit. *Konstruiren + Giessen*, vol 18, n° 2, p. 25-32, 1993.

Hück, M; Schütz, O; Walter, H. Moderne Schwingfestigkeitsdaten zur Bemessung von Bauteilen aus Sphäroguss und Temperguss. *Konstruiren + Giessen*, vol 10, n° 3, p. 4-19, 1985.

James, M N & Wenfong, L. Fatigue crack growth in austempered ductile and grey cast irons – stress ratio effects in air and mine water. *Materials Science and Engineering A*, Elsevier, n° 265, p. 129-139, 1999.

Janowak, F F; Alagarsamy, A. Venugopalan, D. Dauerfestigkeit von Gusseisen mit Kugelgraphit aus der laufenden Produktion. *Giesserei-Praxis*, n° 1-2, p. 9-18, 1992.

Kaufmann, H. Schwingfestigkeit von Schmiedestahl und höherfesten Gusseisenwerkstoffen in gekerbtem Zustand. *Konstruiren + Giessen*, vol 24, n° 2, p. 37-40, 1999.

Kawakami, Y & Deguchi, A. Study on fatigue strength of aluminum-silicon alloy and spheroidal graphite cast iron under compressive load. *JSME International Journal*, series A, vol 46, n° 2, p.154-162, 2003.

Kloos, K H; Kaiser, B; Adelmann, J. Optimieren der Schwingfestigkeit duktiler Gusseisenwerkstoffe durch Festwalzen. *Konstruiren + Giessen*, vol 14, n° 1, p. 4-10, 1989.

Kowalke, H; Niederquell, D; Becker, H. Hohe Belastbarkeit bei dynamischer Beanspruchung. *Konstruiren + Giessen*, vol 5, n° 4, p. 31-36, 1980.

Krause, W. Aspectos da fadiga dos metais (aços e ferros fundidos). VI Encontro Regional de Técnicos Industriais, ATIJ-ETT, Joinville, 1978.

Kühl, R. *Estudo sobre o mecanismo de fratura por fadiga em ferros fundidos nodulares ferrítico perlíticos*. Dissertação de Mestrado, EPUSP, S. Paulo, 1983.

Lahn, A. Biege- und Torsionswechselfestigkeit von Gusseisen mit Lamellengraphit – eine Schrifttumsauswertung. *Giesserei*, vol 57, n° 9, p. 227-232, 1970.

Lampic, M O. Gusseisen mit Vermiculargraphit GJV – teil 3: Das Produkt – Giessen, Erstarren, Eigenschaften. *Giesserei-Praxis*, n. 5, p.192-198, 2001.

Langmayr, F; Biggs, D; McDonald, M; Weber, R; Wolf, G. Endurance limits for compacted graphite iron castings with different surface properties. Engine Expo 2001.

Löhe, D. Properties of vermicular cast iron at mechanical and thermal-mechanical loading. 8th Machining Workshop for Powertrain Materials. Darmstadt, 2005.

Loper Jr, C R; Lalich, M J; Park, H K; Gyarmaty, A M. The relationship of microstructure to mechanical properties in compacted graphite cast irons. *AFS Transactions*, p. 313-330, 1980.

Maluf, O. *Influência do roleteamento no comportamento em fadiga de um ferro fundido nodular perlítico*. Dissertação de Mestrado, USP Ciência e Engenharia de Materiais, S. Carlos, 2002.

Martin, T & Weber, R. Compacted Graphite Iron – GJV hat sich im Design beim V6-Dieselmotor von Audi bewährt. *Giesserei*, n°4, p. 34-41, 2005.

Martin, T & Weber, R. A utilização comprovada do GJV em um motor V6 diesel. *Fundição e Serviços*, vol 16, n° 167, p. 18-33, 2006.

Matek, W. *Maschinenelemente*. 1ª ed, Ed. Fried. Vieweg & Sohn, Braunschweig, 1987.

Mitchell, M R. Effects of graphite morphology, matrix hardness and structure on the fatigue resistance of gray cast iron. *AFS International Cast Metals Journal*, vol 2, n° 2, p. 64-74, 1977.

Modl, E K & Briner, M. Das Verhalten von Gusseisen mit Kugelgraphit gegenüber schwingender Beanspruchung. *Giesserei-Praxis*, n° 13, p.193-201, 1970.

Mörtsell, M; Hamberg, K; Wasén, J. Crack initiation in ductile cast irons. *International Journal of Cast Metals Research*, vol 16, n° 1-3, p. 245-250, 2003.

Mouquet, O. Einfluss von Gussfehlern auf die Dauerfestigkeit. *Giesserei-Praxis*, n° 8, p. 293-300, 2004.

Murrell, P. Fatigue properties of grey and ductile irons: part 1. *BCIRA Technology*, p. 7-16, BCIRA Report 9319, 1993.

Murrell, P A. Latest results from fatigue research on cast irons. IN: Optimization – The Key to a Successful Foundry. BCIRA International Conference, Coventry, paper n° 15, 1995.

Nechtelberger, E. *The properties of cast iron up to 500 °C*. Technocopy Ltd, England, 1980.

Norma ASTM E606-04. Standard practice for strain-controlled fatigue testing. 2004.

Norma Europeia EN 1561/1997. Grey cast iron. 1997.

Norma ISO 1083/2004. Spheroidal graphite cast irons – Classification. 2004.

Norma ISO 185/2005. Grey cast irons – Classification. 2005.

Norma ISO 16112/2006. Compacted (vermicular) graphite cast irons – Classification. 2006.

Palmer, K B. Fatigue properties of cast iron. Engineering Properties and Performance of Modern Iron Castings. Session 3. BCIRA Conference, Loughborough, 1970.

Palmer, K B. Notch-sensitivity of a pearlitic nodular iron in fatigue. *BCIRA Journal*, vol 23, n° 3, p. 233-236, Report 1187, 1975.

Palmer, K B. Mechanical properties of compacted graphite irons. BCIRA Journal, Report 1213, p. 31-37, jan 1976.

Palmer, K B. The effect of various surface structures and casting surface imperfections on the rotating-bending fatigue properties of pearlitic nodular graphite irons. *BCIRA Journal*, p.120-130, Report 1573, 1984.

Palmer, K B. Summary of presented knowledge of the effects of cast surfaces, structures and discontinuities on the rotating bending fatigue of ferrous castings. BCIRA Report 1803, 1990.

Palmer, K B. Tufftriding treatment – its effect on the fatigue properties of unmachined pearlitic nodular graphite iron specimens containing small cast-surface imperfections. *BCIRA Journal*, Report 1633, p. 331-335, 1985.

Petry, C C M & Guesser, W L. Efeitos do silício e do fósforo na ocorrência de mecanismos de fratura frágil em ferros fundidos nodulares ferríticos. 55° Congresso Anual da ABM, Rio de Janeiro, 2000.

Pusch, G; Liesenberg, O; Bilger, B. Beitrag zur bruchmechanischen Bewertung des Rissausbreitungsverhaltens von Gusseisen bei zyklisch-mechanischer Beanspruchung. *Giessereitechnik*, vol 34, n° 3, p. 77-81, 1988.

Pusch, G; Komber, B; Liesenberg, O. Bruchmechanische Kennwerte für ferritische ductile Gusseisenwerkstoffe bei zyklischer Beanspruchung. *Konstruiren + Giessen*, vol 21, n° 2, p. 49-54, 1996.

Ruff, G F & Doshi, B K. Relation between mechanical properties and graphite structure in cast irons. Part I – Gray Iron. *Modern Casting*, vol 70, n° 6, p. 50-55, 1980.

SAE Fatigue Design and Evaluation Committee. *SAE Fatigue Design Handbook*. Edited by R. C. Rice, 1997.

Sachar, H & Wallace, J F. Effect of microstructure and testing mode on the fatigue properties of gray iron. *AFS Transactions*, vol 90, p. 777-793, 1982.

Sakwa, W & Bachmacz, W. Einfluss der nichtmetallischen Oberflächenschicht auf die Dauerfestigkeit von Grauguss. *Giesserei-Praxis*, n° 11, p. 195-202, 1971.

Sergeant, G F & Evans, E R. The production and properties of compacted graphite irons. *The British Foundryman*, vol 71, n° 5, p. 115-124, 1978.

Snoeijer, B. Seleção dos materiais considerando a fadiga e o desgaste. VI Encontro Regional de Técnicos Industriais, ATIJ-ETT, Joinville, 1978.

Socie, D F & Fash, J. Fatigue behavior and crack development in cast iron. *AFS Transactions*, vol 90, p. 385-392, 1982.

Sofue, M; Okada, S; Sasaki, T. High-quality ductile cast iron with improved fatigue strength. *AFS Transactions*, vol 86, p. 173-182, 1978.

Sonsino, C; Kaufmann, H; Engels, A. Schwingfestigkeit von randschichtnachbehandelten duktilen Gusseisenwerkstoffen unter konstanten und zufallsartigen Belatungen. *Konstruiren + Giessen*, vol 24, n° 4, p. 4-16, 1999.

Stefanescu, D M & Loper Jr, C R. Recent progress in the compacted/vermicular graphite cast iron field. *Giesserei-Praxis*, n° 5, p. 73-96, 1981.

Sternkopf, J. Dauerfestigkeit von Gusseisenwerkstoffen bei Schwingspielzahlen »10^7. *Konstruiren + Giessen*, vol 19, n° 3, p. 21-35, 1994.

Stets, W. Weniger Ausschuss durch verbesserte Fertigungsparameter. *Giesserei*, vol 94, n° 5, p. 78-84, 2007.

Tsujikawa, M; Ikenaga, A; Kawamoto, M; Okabayashi, K. The strengthening of ductile iron by introducing a harder shell around graphite nodules. In: Ohira, G; Kusakawa, T; Niyama, E. Physical Metallurgy of Cast Iron IV, p. 257-263, Tokyo, 1989.

Walton, C F & Opar, T J. *Iron Castings Handbook*. Iron Casting Society, Inc. 1981.

Warda, R; Jenkis, L; Ruff, G; Krough, J; Kovacs, B. V; Dubé, F. *Ductile Iron Data for Design Engineers*. Published by Rio Tinto & Titanium, Canada, 1998.

Watmough, T & Malatesta, M J. Strengthening of ductile iron for crankshaft applications. *AFS Transactions*, vol 92, p. 83-99, 1984.

Willidal, Th; Bauer, W; Schumacher, P. Stress/strain behaviour and fatigue limit of grey cast iron. *Materials Science and Engineering A*, n° 413-414, p. 578-582, 2005.

Yamaura, H & Sekiguchi, K. Influence of defects on the fatigue life of ductile cast iron with as-cast surfaces. World Symposium on Ductile Iron, DIS USA, South Carolina, 1998.

CAPÍTULO 8

PROPRIEDADES FÍSICAS DOS FERROS FUNDIDOS

Além das propriedades mecânicas, várias propriedades físicas são importantes na aplicação dos ferros fundidos, tais como densidade, expansão térmica, condutividade térmica, calor específico, propriedades elétricas e magnéticas, propriedades acústicas.

Muitas propriedades apresentam forte correlação com algum parâmetro da microestrutura (relação perlita/ferrita, forma da grafita), e são então empregadas em ensaios não destrutivos, como controle de peças fundidas.

Algumas normas técnicas fornecem valores de propriedades físicas para cada classe de ferro fundido, conforme ilustrado nas Tabelas 8.1 a 8.4. Estas propriedades são discutidas a seguir, bem como a sua influência pela microestrutura e pela composição química.

8.1 DENSIDADE

A substituição de peças de aço forjado por ferros fundidos resulta em diminuição de peso do componente, já que os ferros fundidos apresentam densidade menor que os aços. Deste modo, esta propriedade é um diferencial importante para os ferros fundidos.

A densidade de um ferro fundido depende da quantidade relativa dos microconstituintes presentes. Como indicado na Tabela 8.5, a grafita tem uma densidade de 2,25 g/cm^3, enquanto os microconstituintes da matriz apresentam densidade entre 7,3 a 7,9 g/cm^3.

Deste modo, quanto maior a quantidade de grafita, menor a densidade do ferro fundido. A forma da grafita é de pouca importância; cinzentos e nodulares com a mesma quantidade de grafita possuem a mesma densidade (Palmer, 1987).

TABELA 8.1 – Propriedades físicas de ferros fundidos cinzentos, obtidas em corpo de prova de 30 mm de diâmetro, fundido em separado. Norma ISO 185/2005. A Classe ISO 185/JL/100 não é listada nesta Tabela.

característica			Classe ISO 185/JL/						
			150	200	225	250	275	300	350
Densidade	ρ	g/cm^3	7,10	7,15	7,15	7,20	7,20	7,25	7,30
Calor específico entre 20 e 200 °C entre 20 e 600 °C	c	J/kg.K	\multicolumn{7}{c}{460 535}						
Coeficiente de expansão térmica linear entre –100 e +20 °C entre 20 e 200 °C entre 20 e 400 °C	α	μm/m.K	\multicolumn{7}{c}{10,0 11,7 13,0}						
Condutividade térmica a 100 °C a 200 °C a 300 °C a 400 °C a 500 °C	λ	W/m.K	52,5 51,0 50,0 49,0 48,5	50,0 49,0 48,0 47,0 46,0	49,0 48,0 47,0 46,0 45,0	48,5 47,5 46,5 45,0 44,5	48,0 47,0 46,0 44,5 43,5	47,5 46,0 45,9 44,0 43,0	45,5 44,5 43,5 42,0 41,5
Resistividade (1)	ρ	Ω.mm^2/m	0,80	0,77	0,75	0,73	0,72	0,70	0,67
Coercitividade	H$_0$	A/m	\multicolumn{7}{c}{560 a 720}						
Permeabilidade máxima	μ	μH/m	\multicolumn{7}{c}{220 a 330}						
Perda por histerese a B = 1T		J/m^3	\multicolumn{7}{c}{2.500 a 3.000}						

(1) Ω.mm^2/m = μΩ.m

TABELA 8.2 – Propriedades físicas típicas de ferros fundidos nodulares. Norma ISO 1083/2004.

Característica	Unid.	Classe ISO 1083/JS/									
		350-22	400-18	450-10	500-7	550-5	600-3	700-2	800-2	900-2	500-10
LR min	MPa	350	400	450	500	550	600	700	800	900	500
LE min	MPa	220	240	310	320	350	370	420	480	600	360
Along min	%	22	18	10	7	5	3	2	2	2	10
Condutividade térmica a 300 °C	W/K.m	36,2	36,2	36,2	35,2	34	32,5	31,1	31,1	31,1	-
Capacidade térmica específica de 20 a 500 °C	J/kg.K	515	515	515	515	515	515	515	515	515	-
Coefic expansão linear de 20 a 500 °C	μm/m.K	12,5	12,5	12,5	12,5	12,5	12,5	12,5	12,5	12,5	-
Densidade	kg/dm^3	7,1	7,1	7,1	7,1	7,1	7,2	7,2	7,2	7,2	7,1
Máxima permeabilidade	μH/m	2.136	2.136	2.136	1.596	1.200	866	501	501	501	-
Perda por histerese (B =1T)	J/m^3	600	600	600	1.345	1.800	2.248	2.700	2.700	2.700	-
Resistividade	μΩ.m	0,50	0,50	0,50	0,51	0,52	0,53	0,54	0,54	0,54	-
Microestrutura predominante		ferrita	ferrita	ferrita	Ferr-perl	Ferr-perl	Perl-ferrita	Perlita	Perl ou mart rev	Mart rev (1), (2)	ferrita

(1) ou ausferrita
(2) para peças grandes pode ser também perlita

TABELA 8.3 – Propriedades físicas de ferros fundidos vermiculares. Valores orientativos. Norma SAE J1887/2002.

Propriedade	Método de teste	Temperatura °C	Ferro fundido vermicular com	
			70% perlita	100% perlita
Condutividade térmica (W/m. °C)	Fluxo de calor axial, comparativo com ferro eletrolítico	25	37	36
		100	37	36
		300	36	35
Coeficiente expansão térmica (μm/m.°C)	Dilatometria em barra, referência Platina	25	11,0	11,0
		100	11,5	11,5
		300	12,0	12,0
Densidade (g/cm^3)	Barra 750x25x25 mm	25	7,0-7,1	7,0-7,1

TABELA 8.4 – Valores orientativos de propriedades físicas de ferros fundidos vermiculares. Norma ISO 16112/2006.

Propriedade	Temp (°C)	Classe ISO 166112				
		JV 300	JV 350	JV 400	JV 450	JV 500
Densidade (g/cm^3)		7,0	7,0	7,0-7,1	7,0-7,2	7,0-7,2
Condutividade térmica (W/m.K)	23	47	43	39	38	36
	100	45	42	39	37	35
	400	42	40	38	36	34
Coeficiente expansão térmica (μm/m.K)	100	11	11	11	11	11
	400	12,5	12,5	12,5	12,5	12,5
Capacidade térmica específica (J/g.K)	100	0,475	0,475	0,475	0,475	0,475
Matriz		Predomin ferrítica	Ferrítica-perlítica	Perlítica-ferrítica	Predomin perlítica	Perlítica

Na Figura 8.1 apresenta-se a relação entre densidade e limite de resistência, para ferros fundidos cinzentos e nodulares. Nos ferros fundidos cinzentos as classes de maior resistência são produzidas com menor teor de carbono, o que diminui a quantidade de grafita nestas classes, aumentando a

PROPRIEDADES FÍSICAS DOS FERROS FUNDIDOS

TABELA 8.5 – Densidade de microconstituintes metalográficos (Stefanescu, 2003).

	Densidade (g/cm³)
Ferrita	7,87
Perlita	7,84
Cementita	7,66
Grafita	2,25
Eutético fosforoso	7,32
Martensita	7,63
Austenita	7,84
MnS	4,40

TABELA 8.6 – Densidade de diversos tipos de ferros fundidos (Palmer-1987, Stefanescu-2003).

Ferro fundido	Densidade (g/cm³)
Branco, não ligado	7,6-7,8
Alto cromo (15-30%)	7,3-7,5
Ni-Hard (Ni-Cr)	7,6-7,8
Ni-Resist (austeníticos alto Ni)	7,4-7,6
Nodular Si Mo	7,1
Nodular austemperado (ADI)	7,25-7,35

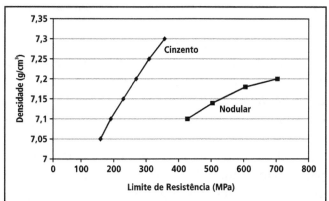

FIGURA 8.1 – Densidade em função do limite de resistência para ferros fundidos cinzentos e nodulares. Adaptado de Palmer (1987).

sua densidade. Nos ferros fundidos nodulares a produção de nodulares ferríticos implica em aumento da quantidade de grafita, já que a reação eutetoide estável, que produz a ferrita, aumenta a quantidade de grafita presente, diminuindo assim a densidade. Valores de até 6,9 g/cm³ são citados para nodulares ferríticos (Hachenberg, 1988). As Tabelas 8.1 a 8.4 mostram valores de densidade típicos de cada classe de ferro fundido.

Na Tabela 8.6 são apresentados valores de densidade para alguns tipos de ferros fundidos especiais.

Para ferros fundidos cinzentos, a densidade pode ser estimada a partir da composição química (Palmer, 1987):

Densidade (g/cm³) = 8,105 – 0,223 x %C – 0,091 x %Si – 0,071 x % P   (8.1)

Aumento do teor de silício reduz a densidade da ferrita. Variações normais nos percentuais de manganês e enxofre não têm efeito significativo (Palmer, 1987).

A densidade diminui com o aumento da temperatura, devido à expansão térmica e devido a transformações que podem acontecer. A precipitação de grafita que ocorre em tratamentos térmicos reduz a densidade (Palmer, 1987). Assim, um ferro fundido nodular teve sua densidade reduzida de 7,1 para 6,8 g/cm³, com um tratamento térmico de recozimento (Palmer, 1976).

Também ciclagens térmicas abaixo da zona crítica e através da zona crítica reduzem a densidade, formando-se microvazios junto à interface grafita/matriz. Assim, um ferro fundido cinzento ciclado 10 vezes através da zona crítica e recozido teve sua densidade diminuída de 7,15 para 6,50 g/cm³ (Palmer, 1976).

Na ausência de transformações de fase, a densidade a altas temperaturas pode ser estimada por (Holmgren et al., 2006):

$(densidade)_T = (densidade)_{TA}/(1 + 3\alpha\Delta T)$ (8.2)

onde:

$(densidade)_T$ – densidade à temperatura T
$(densidade)_{TA}$ – densidade à temperatura ambiente
α – coeficiente linear de expansão térmica
ΔT – variação de temperatura entre T e a temperatura ambiente

Para o estado líquido, a densidade situa-se entre 6,65 a 7,27 g/cm3 (Palmer, 1987). A sua dependência com a temperatura (em °C) e composição química pode ser expressa por (Stefanescu, 2003):

Densidade (g/cm³) = 6,993 – 0,0732 x (%C) – (1,292 – 0,0000874 x (%C)) x (T-1550)   (8.3)

Um dos problemas da determinação de densidade é a presença de microporosidades na amostra (sólida). Deste modo, resultados de densidade obtidos em peças fundidas normalmente são menores que os valores reais do material, e este fato pode ser utilizado para determinar a quantidade de microporosidades numa peça fundida (Palmer, 1987).

8.2 EXPANSÃO TÉRMICA

A medida usual da expansão térmica dos materiais é o coeficiente de expansão térmica linear (α), que é dado por:

$$\alpha = \Delta L/L_0 \times \Delta T \quad (8.4)$$

onde:

α – coeficiente de expansão térmica linear (°C^{-1} ou K^{-1})

L_0 – comprimento inicial

ΔL – variação de comprimento devido à variação de temperatura

ΔT – variação de temperatura (°C ou K)

Na Tabela 8.7 são apresentados os coeficientes de expansão térmica linear dos microconstituintes comuns em ferros fundidos, para a faixa de temperatura 0-100 °C. A regra das misturas pode ser utilizada para calcular o coeficiente de expansão térmica. Assim, por exemplo, para a perlita (86,5% ferrita e 13,5% cementita) (Stefanescu, 2003):

$\alpha = 0,865 \times \alpha_{Fe} + 0,135 \times \alpha_{Fe3C} = 0,865 \times 12,5 + 0,135 \times 6 = 11,6$ µm/m. °C.

Verifica-se assim que a dilatação térmica da perlita é menor que da ferrita (Hemminger & Richter, 1986).

Os coeficientes de expansão térmica linear de ferros fundidos aumentam com a temperatura, de modo que normalmente se toma um coeficiente médio para a faixa de temperatura em questão. As Tabelas 8.8 e 8.9 mostram valores de coeficientes de expansão térmica linear para diversos ferros fundidos. A maioria dos ferros fundidos tem estruturas estáveis até 500 °C, e assim a expansão obtida no aquecimento é completamente revertida no resfriamento. Em temperaturas superiores, os ferros fundidos de matriz perlítica podem sofrer expansão devido à grafitização da cementita da perlita, de modo que os coeficientes de expansão térmica para estas temperaturas não tem significado (BCIRA Broasheet 1984).

O efeito da temperatura, entre 100 e 600 °C, para um ferro fundido cinzento não ligado, pode ser descrito por (Nechtelberger, 1980):

$$\alpha = 5,3 \times T^{0,1413} \quad (\alpha \text{ em µm/m. °C e T em °C}) \quad (8.5)$$

Na Figura 8.2 podem-se observar valores de coeficiente de expansão térmica para ferros fundidos vermiculares, verificando-se novamente o pequeno efeito da forma da grafita neste parâmetro (Stefanescu, 2003). Os valores da Tabela 8.3 mostram também que a variação da quantidade de perlita, de 70 para 100%, praticamente não afeta o coeficiente de expansão térmica (Shao et al., 1997).

Os ferros fundidos brancos têm menores expansões térmicas que os cinzentos e nodulares,

TABELA 8.7 – Coeficientes de expansão térmica linear, de 0 a 100 °C, para os principais constituintes metalográficos dos ferros fundidos (Stefanescu, 2003).

microconstituinte	Coeficiente de expansão térmica linear (µm/m °C)
Ferrita	12,5
Austenita	1,8-1,9
Cementita	6,0-6,5
Grafita – paralelo ao plano basal	6,6-8
Grafita – perpendicular ao plano basal	26

TABELA 8.8 – Coeficientes de expansão térmica linear, a partir da temperatura ambiente (BCIRA Broasheet, 1984, Röhrig. 2003).

Ferro fundido	Coeficiente de expansão térmica linear médio (10^{-6} °C^{-1})				
	20-100 °C	20-200 °C	20-300 °C	20-400 °C	20-500 °C
Cinzento ou nodular ferrítico	11,2	11,9	12,5	13,0	13,4
Cinzento ou nodular perlítico	11,1	11,7	12,3	12,8	13,2
Branco	8,1	9,5	10,6	11,6	12,5
Austenítico, 14-22% Ni	16,1	17,3	18,3	19,1	19,6
Austenítico, 36% Ni	4,7	7,0	9,2	10,9	12,1
Nodular SiMo		12,0		12,3	

TABELA 8.9 – Coeficientes de expansão térmica linear, para intervalos de 100 °C (BCIRA Broasheet, 1984).

Ferro fundido	Coeficiente de expansão térmica linear médio (10^{-6} °C^{-1})			
	100-200 °C	200-300 °C	300-400 °C	400-500 °C
Cinzento ou nodular perlítico	12,2	13,4	14,2	14,7
Branco	10,6	12,6	14,6	15,6
Austenítico, 36% Ni	8,8	13,1	15,7	16,7

PROPRIEDADES FÍSICAS DOS FERROS FUNDIDOS

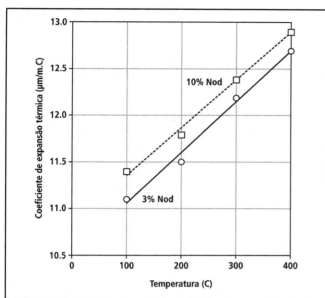

FIGURA 8.2 – Variação do coeficiente médio de expansão térmica linear (20 até T °C) com a temperatura, para ferros fundidos vermiculares com diferentes graus de nodularidade (Stefanescu, 2003).

para temperaturas inferiores a 500 °C, devido à menor expansão térmica da cementita comparativamente à grafita em temperaturas abaixo do ponto Curie (200-300 °C). Os ferros fundidos nodulares e cinzentos com matriz perlítica tem uma expansão térmica um pouco menor que os de matriz ferrítica (Stefanescu, 2003). Já os ferros fundidos austeníticos apresentam alta expansão térmica, dependendo também da composição química. O tipo de grafita tem efeito desprezível sobre a expansão térmica (BCIRA Broadsheet, 1984).

Com relação à composição química, variações normais nos teores de carbono, silício, fósforo, manganês e enxofre não têm efeito significativo sobre a expansão térmica (Hasse, 1986). O níquel, na faixa de 14 a 22%, é utilizado para a produção de ferros fundidos austeníticos, cinzentos ou nodulares, que apresentam grande expansão térmica. Em maiores teores de níquel, 34-40%, a expansão térmica é baixa, menor mesmo que a dos ferros fundidos não ligados, principalmente para temperaturas entre 200 a 300 °C (BCIRA Broadsheet, 1984).

Quando adições de Ni e Mo produzem estruturas aciculares, o coeficiente de expansão térmica sofre grande aumento. Valores de 15,0 x 10^{-6}/K são obtidos para a faixa de 0-200 °C, e de 16,5 x 10^{-6}/K para a faixa de 0-400 °C (Nechtelberger, 1980).

Como os coeficientes de expansão térmica de ferros fundidos não ligados quase não variam com a composição e microestrutura, este aspecto não será um critério para a seleção de material para uma dada aplicação. Normalmente os coeficientes de expansão térmica são empregados pelos projetistas em casos que as peças são sujeitas a grandes variações térmicas em serviço, evitando-se que a variação dimensional resulte em tensões excessivas.

Ferros fundidos não ligados somente são empregados em aplicações por longo tempo em temperaturas até 400 °C, e acima disto se a estabilidade dimensional não for importante e se puder ser aceitável a oxidação. Se for necessário precisão dimensional e ausência de oxidação, devem ser usados os ferros fundidos ligados, como Silal (5,5-7% Si), Nicrosilal (18-20% Ni, 4-5% Si, 2-3% Cr), Ni-Resist (20-35% Ni, 4-5% Si, 2-5% Cr) ou ferros fundidos alto cromo (15-30% Cr) (BCIRA Broadsheet, 1984).

Em temperaturas acima de 500 °C podem ocorrer as seguintes transformações:

1) grafitização da cementita da perlita (expansão)
2) austenitização (contração)
3) grafitização da cementita eutética (expansão)
4) oxidação (expansão)

As transformações (1), (3) e (4) são irreversíveis, enquanto apenas a transformação (2) é reversível. A Figura 8.3 mostra o aquecimento de um ferro fundido de matriz perlítica. A dilatação ocorrida no trecho A-B é completamente reversível. No trecho B-C pode ocorrer grafitização da cementita da perlita e oxidação, de modo que parte desta expansão não é reversível. A austenitização resulta na

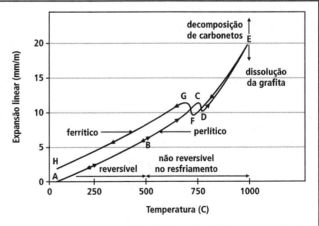

FIGURA 8.3 – Expansão térmica de ferros fundidos com matriz perlítica. Aquecimento e resfriamento contínuos (BCIRA Broadsheet, 1985).

contração C-D. A expansão no trecho D-E é bastante acentuada devido ao alto coeficiente de dilatação térmica da austenita. Em altas temperaturas pode ainda ocorrer dissolução de cementita eutética (se houver), com expansão, ou solubilização da grafita (de modo a saturar a austenita em carbono), com contração. No resfriamento, a transformação da austenita inicia-se no ponto F, com expansão cuja intensidade depende do tipo de reação eutetoide, estável (alta expansão devido à formação de grafita) ou metaestável (expansão apenas devido à formação de perlita). A contração que se segue, trecho G-H, depende das características da matriz formada, se ferrítica ou perlítica (BCIRA Broadsheet, 1985).

8.3 CONDUTIVIDADE TÉRMICA

A condutividade térmica é, em muitas aplicações, a principal razão para a seleção de material, especialmente em componentes sujeitos a fadiga térmica, como cabeçotes de motor e discos de freio. Os ferros fundidos são empregados para este tipo de componente, combinando boas propriedades mecânicas, propriedades antifricção e condutividade térmica.

Na Tabela 8.10 são apresentados os valores de condutividade térmica dos microconstituintes presentes em ferros fundidos. Pode-se observar que a ferrita tem maior condutividade térmica que a perlita, e também de que a presença de cementita diminui a condutividade térmica do ferro fundido. A condutividade térmica da grafita é alta em direção paralela ao plano basal, e nesta condição é a fase de maior condutividade térmica. Assim, a forma de grafita que facilita a condutividade térmica ao longo do plano basal resulta em máxima condutividade térmica. Este é o caso do ferro fundido cinzento, como mostrado na Figura 8.4 (Hasse, 1996). Nesta Figura os ferros fundidos foram comparados a um aço com matriz de mesma composição química; usualmente os aços carbono e baixa liga possuem maior condutividade térmica que os ferros fundidos, por apresentarem menor quantidade de elementos dissolvidos, em particular de silício.

A quantidade de grafita também afeta a condutividade térmica, especialmente em ferros fundidos cinzentos, como ilustrado na Figura 8.5 (Silva Neto, 1978). Este autor testou ainda a concordância dos resultados experimentais a modelamentos da microestrutura (bifásica), verificando boa concordância no ferro fundido nodular, onde a grafita foi suposta como esferas perfeitas. No caso do ferro fundido cinzento, o modelamento, supondo as partículas de grafita como discos, resultou em menores valores de condutividade térmica que os experimentais, já que a interconectividade da grafita na célula eutética não foi considerada no modelo.

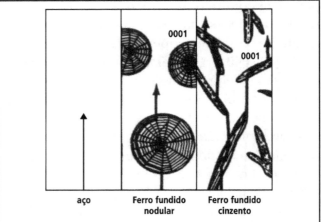

FIGURA 8.4 – A condutividade térmica da grafita, paralelamente ao plano basal, é maior que perpendicularmente (Hasse, 1996).

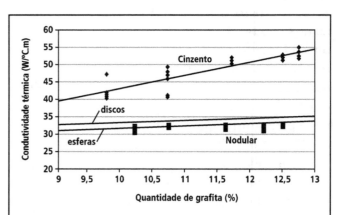

FIGURA 8.5 – Efeito da quantidade de grafita (percentagem em volume) sobre a condutividade térmica (à temperatura ambiente) de ferros fundidos cinzentos e nodulares, com matriz ferrítica. A reta dos resultados dos nodulares coincide com o modelo de esferas. Adaptado de Silva Neto (1978).

TABELA 8.10 – Condutividade térmica dos principais microconstituintes metalográficos dos ferros fundidos (Stefanescu, 2003).

Constituinte metalográfico	Condutividade térmica, W m^{-1}°C^{-1}		
	0-100 °C	500 °C	1.000 °C
Ferrita	71-80	42	29
Perlita	50	44	40
Cementita	7-8	–	–
Grafita			
Paralelo ao plano basal	293-419	84-126	42-63
Perpendicular ao plano basal	84	–	–

PROPRIEDADES FÍSICAS DOS FERROS FUNDIDOS

TABELA 8.11 – Resultados de condutividade térmica para diferentes classes de ferro fundido cinzento (designação das classes segundo a norma EN) (Deike et al., 2000).

Temperatura (°C)	Condutividade térmica (W/K.m)					
	GJL 150	GJL 200	GJL 250	GJL 300	GJL 350	GJL 400
100	52,5	50,8	48,8	47,4	45,7	44,0
200	51,5	49,8	47,8	46,4	44,7	43,0
300	50,5	48,8	46,8	45,4	43,7	42,0
400	49,5	47,8	45,8	44,4	42,7	41,0
500	48,5	46,8	44,8	43,4	41,7	40,0

TABELA 8.12 – Resultados de condutividade térmica para diferentes classes de ferro fundido nodular (designação das classes segundo a norma EN) (Hachenberg et al., 1988).

Temperatura (°C)	Condutividade térmica (W/K.m)					
	GJS-350-22	GJS-400-18	GJS-500-07	GJS-600-03	GJS-700-02	4 Si-Mo
100 °C	40.2	38.5	36.0	32.9	29.8	25.1
200 °C	43.3	41.5	38.8	35.4	32.0	27.2
300 °C	41.5	39.8	37.4	34.2	31.0	28.1
400 °C	38.8	37.4	35.3	32.8	30.3	28.6
500 °C	36.0	35.0	33.5	31.6	29.8	28.9

TABELA 8.13 – Alteração da condutividade térmica em ferro fundido cinzento com a adição de 1% de elemento de liga (Stefanescu, 2003).

Elemento	Faixa experimental (%)	Alteração na condutividade térmica (%)
Silício	1-6	-6
	0.65-4.15 (nodular)	-14.7
Manganês	0-1.5	-2.2
Fósforo		-6
Cromo	0-0.39	+21
	0-0.5	-30
Cobre	0-1.58	-4.7
Niquel	0-0.74	-14.5
Molibdênio	0-0.58	-12
Tungstênio	0-0.475	-5.2
Vanádio	0-0.12	0

Em ferros fundidos cinzentos, Holmgren et al. (2007) verificaram que o uso de inoculantes poderosos aumenta a condutividade térmica. Estes inoculantes diminuem o super-resfriamento na solidificação eutética, reduzindo assim a ramificação da grafita, o que resulta em grafitas maiores dentro da célula eutética. A presença de grafita tipo D, junto a coquilhas, diminui a condutividade térmica.

Valores típicos de condutividade térmica podem ser vistos nas Tabelas 8.11 e 8.12, para diferentes classes de ferros fundidos cinzentos e nodulares, em diversas temperaturas. Para ferros fundidos cinzentos a condutividade térmica decresce com a temperatura. Esta tendência foi registrada em diversos trabalhos (Angus, 1960, BCIRA Broadsheet, 1981, Deike et al., 2000, Stefanescu, 2003, Holmgren et al., 2006). O efeito da temperatura em reduzir a condutividade térmica seria maior em ferros fundidos cinzentos com alto teor de carbono (Angus, 1960, BCIRA Broadsheet, 1981).

Nos ferros fundidos nodulares verificou-se que matriz de perlita + ferrita, bruta de fundição, apresentou maior condutividade térmica que matrizes obtidas por tratamento térmico, sejam elas perlíticas ou ferríticas (Hemminger & Richter, 1986). Provavelmente a natureza da interface matriz/grafita altera-se com a deposição e dissolução de grafita no tratamento térmico, alterando-se assim a sua condutividade térmica.

Assim como nos aços, a presença de elementos de liga em ferros fundidos diminui a condutividade térmica para uma dada matriz (deve-se sempre considerar que os elementos de liga podem afetar a quantidade de perlita e ferrita na matriz). Os mecanismos pelos quais os elementos de liga diminuem a condutividade térmica são: solução sólida, aumento da quantidade de perlita, diminuição do espaçamento interlamelar da perlita (Hasse, 1996). Na Tabela 8.13 são apresentados os efeitos dos elementos de liga. Pode-se verificar o efeito importante do silício, que está sempre presente em altos teores nos ferros fundidos. Nodulares ligados ao SiMo apresentam então baixa condutividade térmica (Hasse, 1996).

Na Figura 8.6 podem-se observar valores de condutividade térmica de ferros fundidos vermiculares, comparativamente a um ferro fundido cinzento não ligado. Verifica-se que alta nodularidade

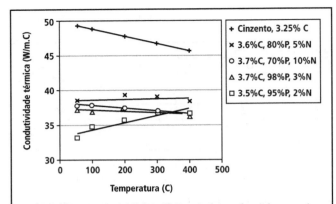

FIGURA 8.6 – Condutividade térmica de ferros fundidos vermiculares com diferentes teores de carbono, quantidades de perlita e nodularidades, comparativamente a um ferro fundido cinzento não ligado (Shao et al., 1997).

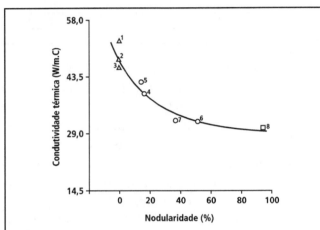

FIGURA 8.7 – Efeito da nodularidade na condutividade térmica de ferros fundidos vermiculares e nodulares (Monroe & Bates, 1982).

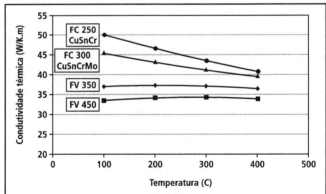

FIGURA 8.8 – Condutividade térmica de ferros fundidos cinzentos e vermiculares, empregados para cabeçotes de motor (Guesser et al., 2004).

e baixo teor de carbono diminuem a condutividade térmica, enquanto um aumento de temperatura tem pequeno efeito sobre esta propriedade. Resultados adicionais podem ser vistos na Figura 8.7, comprovando-se o efeito da nodularidade em decrescer a

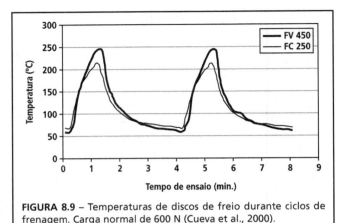

FIGURA 8.9 – Temperaturas de discos de freio durante ciclos de frenagem. Carga normal de 600 N (Cueva et al., 2000).

TABELA 8.14 – Temperatura máxima atingida por discos de freio em ensaios de frenagem. Carga de 300 N (Cueva, 2002).

Material	Temperatura (°C)	Força de atrito (N)	Coeficiente de atrito
FC 250	90 ± 5	110 ± 10	0,36 ± 0,03
FC 200 Alto C	85 ± 10	110 ± 5	0,36 ± 0,02
FC 250 Ti	95 ± 5	110 ± 5	0,37 ± 0,02
FV 450	115 ± 5	165 ± 5	0,55 ± 0,02

condutividade térmica (Monroe & Bates, 1982, Holmgren et al., 2006).

A influência da nodularidade sobre a condutividade térmica pode ser expressa pela equação (Holmgren et al., 2007):

$$\lambda = a_T + b_T \times N + c_T \times f_{cementita} \qquad (8.6)$$

onde:

λ – condutividade térmica (W/m.K)

$a_T = -5 \times 10^{-5}T^2 + 0,0271T + 35,449$

$b_T = 9 \times 10^{-5}T - 0,127$

$c_T = 4 \times 10^{-7}T^2 + 0,0002T - 0,343$

T – temperatura (°C)

N – nodularidade (%)

$f_{cementita}$ – fração de cementita presente na microestrutura (%)

Esta equação mostra também que em temperaturas inferiores a 710 °C a presença de cementita na microestrutura reduz a condutividade térmica. A equação é válida para ferros fundidos vermiculares e nodulares (Holmgren et al., 2007).

Na Figura 8.8 são apresentados resultados comparativos de ferros fundidos empregados para cabeçotes de motores. Os ferros fundidos cinzentos, mesmo ligados ao CuSnCr e CuSnCrMo, apresentam valores de condutividade térmica superiores aos dos ferros fundidos vermiculares. Observa-se também que a condutividade térmica dos ferros fundidos cinzentos decresce com o aumento da temperatura, o que não é constatado com os ferros fundidos vermiculares. Verifica-se ainda que a classe FV 350 possui condutividade térmica um pouco superior à classe FV 450, devido à maior quantidade de ferrita, o que a qualifica como material a ser considerado para cabeçotes de motores (Guesser et al., 2004).

Uma consequência prática das diferenças de condutividade térmica entre os ferros fundidos cinzentos e vermiculares foi constatada por Cueva et al. (2000), determinando a temperatura durante a frenagem de discos de freio (Figura 8.9 e Tabela 8.14). Foi verificado que os discos de freio de ferros fundidos cinzentos são melhores condutores térmicos que o vermicular, de modo que resultam maiores temperaturas de pico no ferro fundido vermicular.

8.4 CALOR ESPECÍFICO

O calor específico, também denominado de capacidade térmica específica, é definido como a quantidade de calor necessária para aumentar em 1 °C uma quantidade de 1 kg do material. O calor específico é utilizado para calcular as perdas térmicas de fundidos durante o resfriamento, a quantidade de calor necessária para aquecer as peças para tratamento térmico, ou ainda a quantidade de calor necessária para aumentar a temperatura de uma carga até o ponto de fusão. Em projetos de peças e conjuntos, o calor específico é necessário para calcular a difusividade térmica (junto com a densidade e condutividade térmica), ou seja, a velocidade de modificação da temperatura numa seção da peça (BCIRA Broadsheet 203-7, 1985).

O calor específico da grafita é maior que da matriz, de modo que ferros fundidos contendo grafita tem maior calor específico que ferros fundidos brancos. Entretanto, as pequenas diferenças de quantidade de grafita entre as classes de ferros fundidos não produzem diferenças significativas de calor específico (BCIRA Broadsheet 203-7, 1985).

O calor específico aumenta com a temperatura, e assim normalmente são utilizados valores médios para a faixa de temperatura considerada. As Tabelas 8.15 e 8.16 apresentam valores de calor específico para intervalos de temperatura (BCIRA Broadsheet 203-7, 1985).

As Tabelas 8.1 e 8.2 mostram resultados típicos para as diversas classes de ferros fundidos cinzentos e nodulares, segundo indicações das Normas EN.

Em aquecimento até a fusão, a capacidade térmica aumenta em 200-250 J/kg, que corresponde ao calor necessário para fundir o ferro fundido. Para o estado líquido, adota-se um valor de 950 J/kg.K para o calor específico a 1350 °C (BCIRA Broadsheet 203-7, 1985).

8.5 PROPRIEDADES ELÉTRICAS E MAGNÉTICAS

As Tabelas 8.1 e 8.2 apresentam valores típicos de propriedades elétricas e magnéticas para as diversas classes de ferros fundidos cinzentos e nodulares, segundo as Normas ISO e EN.

A *resistividade elétrica* (ρ), o inverso da condutividade elétrica, é definida como a resistência elétrica (R) que o material oferece à corrente elétrica, que passa por uma área A perpendicular ao fluxo da corrente, por unidade de comprimento L do condutor.

TABELA 8.15 – Calor específico (capacidade térmica) de ferros fundidos cinzentos, nodulares e maleáveis, da temperatura ambiente até 1.000 °C (BCIRA Broadsheet 203-7, 1985).

Calor específico médio para cada faixa de temperatura (J/kg. K)										
20-100 °C	20-200 °C	20-300 °C	20-400 °C	20-500 °C	20-600 °C	20-700 °C	20-800 °C	20-900 °C	20-1000 °C
515	530	550	570	595	625	655	695	705	720

TABELA 8.16 – Calor específico (capacidade térmica) de ferros fundidos cinzentos, nodulares e maleáveis, para faixas de temperatura de 100 °C (BCIRA Broadsheet 203-7, 1985).

Calor específico médio para cada faixa de temperatura (J/kg. K)									
100-200 °C	200-300 °C	300-400 °C	400-500 °C	500-600 °C	600-700 °C	700-800 °C	800-900 °C	900-1000 °C
540	585	635	690	765	820	995	750	850

$\rho = R \times A / L$ (8.7)

Verifica-se na Tabela 8.17 que a menor resistividade é apresentada pela ferrita; elementos de liga que se dissolvem na ferrita aumentam a sua resistividade (Stefanescu, 2003). A grafita possui alta resistividade, de modo que ferros fundidos cinzentos com grafita grosseira possuem alta resistividade (ver Tabela 8.1). Nos ferros fundidos nodulares o aumento da resistividade para classes de maior resistência mecânica é devido ao aumento da quantidade de perlita e de elementos de liga. Perlita fina também aumentaria a resistividade (Stefanescu, 2003), e estrutura martensítica apresentaria resistividade ainda um pouco maior (BCIRA Broadsheet 203-3, 1984). Ferritização da perlita diminui a resistividade, mesmo com o aumento da quantidade de grafita causado pelo tratamento térmico (BCIRA Broadsheet 203-3, 1984). Ferros fundidos nodulares ferríticos, obtidos por tratamento térmico, apresentam maior resistividade elétrica que nodulares ferríticos brutos de fundição (Hemminger & Richter, 1986).

Os ferros fundidos austeníticos tem maior resistividade que os perlíticos (Stefanescu, 2003).

Dentre os ferros fundidos, os nodulares ferríticos são os que possuem os menores valores de resistividade elétrica (Stefanescu, 2003).

As *propriedades magnéticas* incluem a coercitividade (ou força coercitiva), a permeabilidade magnética e a perda por histerese, cujas definições se seguem:

- Permeabilidade magnética (μ): é a relação entre a indução magnética (ou densidade de fluxo) $\underline{B}$ e a força magnética aplicada (ou intensidade magnética) $\underline{H}$. Deste modo, $\mu = B/H$ (Stefanescu, 2003). Uma alta permeabilidade magnética significa que o ferro fundido pode ser magnetizado facilmente (BCIRA Broadsheet 203-2, 1984).
- Força coercitiva: é a força magnética oposta que deve ser aplicada para remover o magnetismo remanescente (indução magnética que permanece no circuito magnético após a remoção de uma força magnética aplicada) (Stefanescu, 2003).
- Perda por histerese: é a diferença entre a relação B/H no aumento e no decréscimo de intensidade magnética (H); é um fenômeno irreversível devido à dissipação de energia (Stefanescu, 2003). Se a perda por histerese é baixa, então o ferro fundido pode ser utilizado próximo a campos magnéticos alternantes sem perdas sérias de energia na forma de calor.

Apesar das propriedades magnéticas dos ferros fundidos não atingirem as dos aços para magnetos permanentes ou dos aços siliciosos, algumas classes de ferros fundidos podem ser aplicadas onde as propriedades magnéticas são importantes. As vantagens dos ferros fundidos são a sua habilidade de serem fundidos em formas intricadas, o baixo efeito da tensão sobre as propriedades magnéticas e os pequenos efeitos da temperatura na perda de magnetismo (Stefanescu, 2003). Algumas aplicações incluem placa de embreagem, sistemas de freio e suporte para estatores de dínamos (BCIRA Broadsheet 203-2, 1983).

As Tabelas 8.1 e 8.2 apresentam valores de propriedades magnéticas para as diversas classes de ferros fundidos cinzentos e nodulares, de acordo com as Normas ISO e EN.

A forma e tamanho da grafita têm pequeno efeito sobre as propriedades magnéticas. Ferros fundidos cinzentos com grafita grosseira apresentam menor magnetismo remanescente e menores perdas por histerese que cinzentos com grafita refinada. Se a grafita está em forma nodular, a permeabilidade magnética é maior e a perda por histerese é menor que no ferro fundido cinzento (BCIRA Broadsheet 203-3, 1984).

A matriz tem uma grande influência sobre as propriedades magnéticas. Um recozimento de matriz perlítica, transformando-a em ferrítica, aumenta

TABELA 8.17 – Resistividade elétrica dos microconstituintes metalográficos dos ferros fundidos (Stefanescu, 2003).

Constituinte metalográfico	Resistividade elétrica ($\mu\Omega$.m)
Ferrita	0,1
Perlita	0,2
Cementita	1,4
Grafita	
Paralelo ao plano basal	0,3
Perpendicular ao plano basal	100

a máxima permeabilidade e reduz o magnetismo remanescente e a força coercitiva (exceto em alguns ferros fundidos cinzentos). Utilização de elementos de liga reduz a máxima permeabilidade e aumenta as perdas por histerese (BCIRA Broadsheet 203-3, 1984).

Os melhores ferros fundidos para uso em especificações de propriedades magnéticas são os nodulares ou maleáveis ferríticos (BCIRA Broadsheet 203-3, 1984). Quando a permeabilidade magnética deve ser especialmente baixa, os ferros fundidos nodulares austeníticos representam uma boa opção para minimizar geração de calor e perdas de potência por correntes parasitas (Warda et al., 1998).

Outra utilização das propriedades magnéticas dos ferros fundidos é em controle por ensaios não destrutivos. Verificou-se que tanto a força coercitiva como a determinação de correntes parasitas correlacionam-se muito bem com a quantidade de perlita da matriz, independentemente da percentagem de nodulização (para 50 a 100% nodulização), como pode ser visto nas Figuras 8.10 e 8.11 (Fuller et al., 1980). O ensaio por correntes parasitas é preferido por ser mais rápido que o de força coercitiva. É realizado por comparação com uma peça padrão (diretamente ou com resultados colocados em curva padrão). A Figura 8.12 mostra ainda uma curva de calibração, correlacionando-se a leitura de correntes parasitas com a dureza da peça.

8.6 PROPRIEDADES ACÚSTICAS

A velocidade ultrassônica e a frequência de ressonância apresentam boa correlação com a microestrutura dos ferros fundidos, de modo que estes ensaios são usualmente empregados para o controle dos ferros fundidos. Ambos os ensaios se relacionam com o módulo de elasticidade. Em ferros fundidos, a mudança de grafita lamelar para nodular relaciona-se com aumento do módulo de elasticidade e com a resistência. Assim, medidas de velocidade ultrassônica ou de frequência de ressonância podem ser empregadas como controle de nodularidade ou de resistência mecânica (Stefanescu-2003, Fowler et al., 1984).

Na Figura 8.13 é apresentada a correlação entre velocidade ultrassônica e a nodularidade, para ferros fundidos com diferentes quantidades de perlita na matriz, verificando-se que este ensaio pode ser empregado para avaliar a nodularidade em ferros fundidos (Collins & Alcheikh, 1995). Na Figura 8.14 pode-se observar a relação entre a nodularidade e a

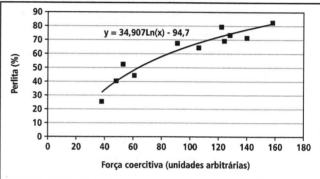

FIGURA 8.10 – Relação entre percentagem de perlita e força coercitiva, em ferros fundidos com diferentes percentagens de nodulização (50-100%) (Fuller et al., 1980).

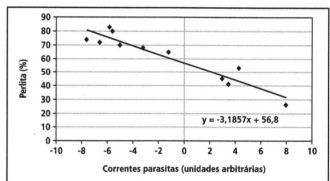

FIGURA 8.11 – Relação entre percentagem de perlita e correntes parasitas, em ferros fundidos com diferentes percentagens de nodulização (50-100%) (Fuller et al., 1980).

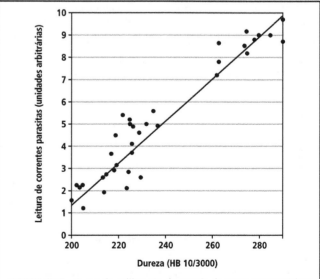

FIGURA 8.12 – Curva de calibração do ensaio de correntes parasitas (BCIRA Broadsheet 46-3).

capacidade de amortecimento de vibrações, avaliada com ensaio de frequência de ressonância (relação entre a largura da faixa do pico e a frequência de ressonância, ver item a seguir). Deste modo, o ensaio de frequência de ressonância é também empregado para controle de nodularidade em ferros fundidos.

Em ferros fundidos vermiculares ferríticos, a frequência de ressonância correlaciona-se linearmente com o limite de resistência (Horsfall & Sergeant, 1983):

$$LR = (0{,}1604 \times f) - 1647 \qquad (8.8)$$

onde:
- f – frequência de ressonância – em Hz
- LR – Limite de Resistência – em MPa

Outra aplicação do ensaio de frequência de ressonância refere-se à determinação do módulo de elasticidade. Utilizando-se, por exemplo, uma barra cilíndrica, o módulo de elasticidade é dado por (Horsfall & Sergeant, 1983):

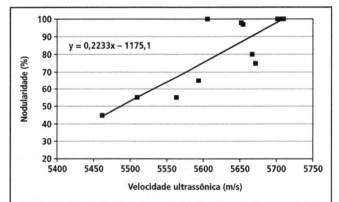

FIGURA 8.13 – Relação entre velocidade ultrassônica e nodularidade, para ferros fundidos com diferentes quantidades de perlita na matriz (Fuller et al., 1980).

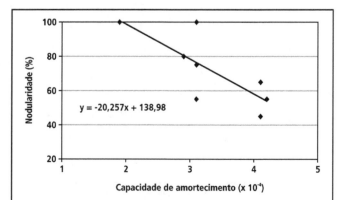

FIGURA 8.14 – Relação entre capacidade de amortecimento de vibrações (medida pela largura da faixa na frequência de ressonância) e nodularidade, para ferros fundidos com diferentes quantidades de perlita na matriz (Fuller et al., 1980).

$$E = 4 \times 10^{-3} \times f^2 \times L^2 \times \rho \qquad (8.9)$$

onde:
- E – módulo de elasticidade (GPa = GN/m^2)
- L – comprimento da barra (m)
- f – frequência de ressonância (Hz = ciclos/s)
- ρ – densidade (g/cm^3)

Também determinações de velocidade ultrassônica podem ser empregadas para calcular o módulo de elasticidade (Felix-1963, Altstetter & Nowicki-1982):

$$E = V^2 \{[\rho \times (1+\nu) \times (1-2\nu)] / [980.600 \times (1-\nu)]\} \qquad (8.10)$$

onde:
- E – módulo de elasticidade (GPa = GN/m^2)
- V – velocidade ultrassônica (m/s)
- ν – coeficiente de Poisson
- ρ – densidade (g/cm^3)

A Figura 8.15 mostra alguns resultados de módulo de elasticidade determinados pela frequência de ressonância. Verifica-se o decréscimo do módulo de elasticidade com a diminuição da nodularidade.

8.7 AMORTECIMENTO DE VIBRAÇÕES

A capacidade de amortecimento de vibrações é a propriedade que permite a um material absorver tensões vibracionais. A quantidade de energia absorvida por oscilação, expressa como percentagem da energia inicial, é uma medida da capacidade do material em amortecer vibrações. A Figura 8.16 mostra que o ferro fundido cinzento tem uma

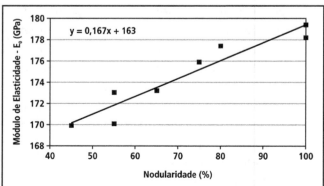

FIGURA 8.15 – Relação entre módulo de elasticidade (determinado por frequência de ressonância) e nodularidade. Adaptado de Fuller et al. (1980).

excepcional capacidade de amortecimento de vibrações (Angus, 1976). A Figura 8.17 ilustra um exemplo de aplicação, onde está propriedade é de fundamental importância.

A capacidade de amortecimento de vibrações é resultado do atrito entre a grafita e a matriz metálica, durante a solicitação mecânica (Figura 6.7) (Metzloff & Loper, 2002). Isto pode ser visto no ensaio de tração (Figura 8.18), através da histerese no descarregamento e carregamento da amostra (Metzloff & Loper, 2002, Metzloff & Loper, 2000).

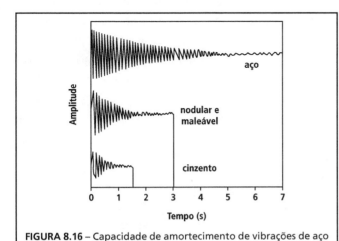

FIGURA 8.16 – Capacidade de amortecimento de vibrações de aço e ferros fundidos (Angus, 1976).

FIGURA 8.17 – Peça de uma prensa de chapas, em nodular classe FE 50007. 16,5 t. Dimensões: 2900 x 2000 x 1570 mm (Wolters, D. B., 1998).

A capacidade de amortecimento de vibrações depende de defeitos na grafita, sendo pouco dependente da matriz metálica (Subramanian & Genualdi-GP, 1998, Subramanian, S.V. & Genualdi-KG, -1998, Schaller & Benoit, 1989). Uma alta capacidade de amortecimento de vibrações, avaliada através do coeficiente de amortecimento de vibrações, é obtida com grande quantidade de partículas de grafita lamelar, de tamanho avantajado, o que é conseguido com alto teor de carbono equivalente em ferro fundido cinzento (Kovacs, 1988).

Estudos experimentais de capacidade de amortecimento de vibrações utilizam uma barra cilíndrica engastada nas extremidades, com uma outra barra presa rigidamente no centro. Esta segunda barra pode ser defletida, solicitando sob torção a barra engastada. Se a segunda barra é solta, ela continua a vibrar, reduzindo-se progressivamente a amplitude das vibrações, como indicado na Figura 8.19. A habilidade de um material em amortecer as vibrações pode ser expressa de diversos modos.

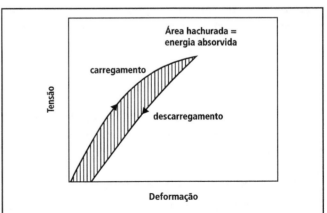

FIGURA 8.18 – Ciclo de histerese em curva tensão-deformação devido a comportamento não elástico (BCIRA Broadsheet, 1989).

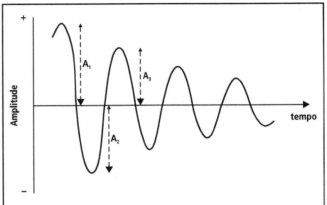

FIGURA 8.19 – Redução progressiva da amplitude de vibração (BCIRA Broadsheet, 1989).

Se: E = máxima energia armazenada na amostra na posição extrema de um ciclo
ΔE = energia total dissipada por ciclo
A = amplitude medida sobre a linha média
Pode-se mostrar que:

1) $\Delta E/E = (A_1^2 - A_3^2) / A_1^2 =$
relação de amortecimento (8.11)

2) $(\Delta E/E) \times 100 = [(A_1^2 - A_3^2) / A_1^2] \times 100 =$
capacidade de amortecimento (8.12)

Uma alternativa de determinação da capacidade de amortecimento é medir o número de ciclos necessários para que a amplitude de vibração caia à metade (n). Neste caso, vale (Fuller et al., 1980):

Capacidade de amortecimento =
$\ln [(0,5)^{-4n}] = 0,693/n$ (8.13)

Outro modo de caracterizar a capacidade de amortecimento de vibrações é através de ensaio de frequência de ressonância (Figura 8.20). Determina-se a largura da curva na região da frequência de ressonância, em altura correspondente a $1/\sqrt{2}$ da máxima amplitude. A capacidade de amortecimento é então calculada por (Fuller et al., 1980):

Capacidade de amortecimento =
(largura da banda) / (frequência de ressonância)

Num exemplo similar ao da Figura 8.20, foram obtidas as seguintes informações no ensaio de frequência de ressonância (Fuller, 1977):

- frequência de ressonância = 13.171 Hz
- máxima amplitude de resposta = 2,96
- determinação do nível zero de amplitude a distâncias de 1.00 Hz da frequência de ressonância = 0,21 e 0,25

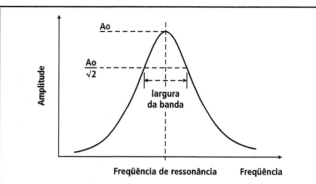

FIGURA 8.20 – Curva de resposta a ensaio de frequência de ressonância (BCIRA Broadsheet, 1989).

- máxima amplitude real de resposta = 2,96 – ½ (0,21+0,25) = 2,73
- (máxima amplitude) / $(2)^{1/2}$ = 2,73 /$\sqrt{2}$ = 1,93
- leitura da amplitude no ponto de $1/\sqrt{2}$ = 1,93 + ½ (0,21+0,25) = 2,16
- largura da banda de faixa de frequência = 6,6 Hz (lida no gráfico a 13.171 Hz)
- capacidade de amortecimento de vibrações = 6,6 / 13.171 = 5,01 x 10^{-4}

As Figuras 8.21 e 8.22 mostram resultados do ensaio com barra biengastada anteriormente descrito, relacionando-se a capacidade de amortecimento de vibrações com a tensão superficial causada na barra biengastada tensionada por torção. Verifica-se que ferros fundidos cinzentos de baixa resistência mecânica, com grafita grosseira, possuem alta capacidade de amortecimento de vi-

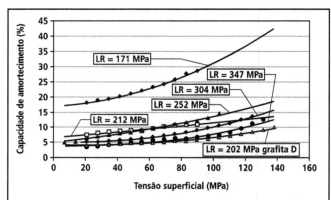

FIGURA 8.21 – Capacidade de amortecimento de vibrações em função da tensão aplicada (no ensaio de vibração), para ferros fundidos cinzentos. São indicados no gráfico os valores de Limite de Resistência de cada ferro fundido ensaiado. Adaptado de Angus (1976).

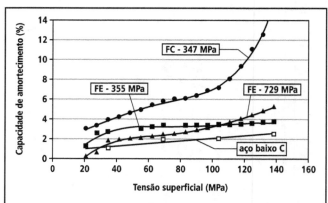

FIGURA 8.22 – Capacidade de amortecimento de vibrações em função da tensão aplicada (no ensaio de vibração), para ferros fundidos cinzento e nodulares. São indicados no gráfico os valores de Limite de Resistência de cada ferro fundido ensaiado. Adaptado de Angus (1976).

PROPRIEDADES FÍSICAS DOS FERROS FUNDIDOS

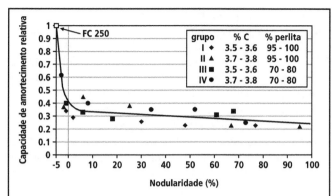

FIGURA 8.23 – Efeito da nodularidade sobre a capacidade de amortecimento de ferro fundido vermicular perlítico. A referência é um ferro fundido cinzento perlítico (Shao et al., 1997).

FIGURA 8.24 – Peças de ferro fundido nodular para diversas aplicações (Ductile Iron Marketing Group, 2003).

brações. Por outro lado, presença de grafita tipo D, refinada, reduz a capacidade de amortecimento de vibrações. Já os ferros fundidos nodulares possuem capacidade de amortecimento sensivelmente menor que os cinzentos (Figura 8.22). O efeito da nodularidade pode ser visto na Figura 8.14, com o procedimento ilustrado na Figura 8.20.

Resultados de amortecimento de vibrações para ferros fundidos vermiculares podem ser observados na Figura 8.23, comparativamente ao ferro fundido cinzento. Verifica-se que vermiculares com até 20% nodularidade (especificação típica) possuem capacidade de amortecimento de 30 a 40% do valor de ferro fundido cinzento. Como comparação, ligas de alumínio conformadas mecanicamente apresentam valores de capacidade de amortecimento de 0,4 a 4% do valor de ferro fundido cinzento (Shao et al., 1997).

O aumento da nodularidade decresce em pequena medida a capacidade de amortecimento (Shao et al., 1997).

A capacidade de amortecimento de vibrações dos ferros fundidos tem sido fator importante na seleção de material em várias aplicações, visando-se especialmente a redução de ruídos. Caixas de engrenagens e de transmissão em ferros fundidos (Figura 8.24) são mais silenciosas que as de alumínio ou de aços estampados (Angus, 1976), assim como blocos de motores de combustão interna. Em sistemas de freio, estudos de materiais do disco e da pastilha tem sido realizados objetivando a minimização de ruídos, e também aqui os ferros fundidos cinzentos desempenham um papel importante (Canali & Tamagna, 2002).

EXERCÍCIOS

1) Calcular as densidades para as seguintes classes de ferros fundidos:
   FC 150
   FC 300
   FE 45012
   FE 60003
   As curvas da Figura 8.1 podem ser aproximadas por:
   FC: densidade = 6,87 + 0,0012 (LR)   (8.14)
   FE: densidade = 6,96 + 0,0004 (LR)   (8.15)

2) Um ferro fundido cinzento classe FC 200 tem a seguinte composição química: 3,45% C – 2,05% Si – 0,055% P – 0,50% Mn – 0,10% S – 0,50% Cu. Calcular a sua densidade (empregue a equação 8.1). Comparar com os valores da Figura 8.1. Discuta as diferenças obtidas.

3) Um ferro fundido nodular SiMo apresenta uma densidade de 7,1 g/cm^3 (Stefanescu, 2003). Comparar este valor com o obtido aplicando-se a equação apresentada no texto para ferros fundidos cinzentos (equação 8.1), supondo-se a seguinte composição química: 3,2 %C – 4,0% Si – 0,025% P.

4) Calcular a densidade de uma perlita com 0,6% C, considerando-se a regra de mistura das

fases (sugestão: usar regra das alavancas para calcular a percentagem de fases presentes).

5) Estimar a variação de condutividade térmica para um ferro fundido nodular (90% nodulização) causada pela presença de 5% cementita. Empregar equação 8.6.

6) Calcular a variação dimensional (em %) devido à diminuição de densidade causada por um tratamento térmico de recozimento.

7) Comparar os resultados de coeficiente de expansão térmica linear em função da temperatura, calculados pela equação apresentada no texto (equação 8.5), com os da Tabela 8.8.

8) Calcular a quantidade de calor liberada por uma peça de 80 kg no seu resfriamento no molde, de 1.000 a 20 °C.

9) Um ferro fundido apresentou em ensaio de ressonância os seguintes resultados:
   - Frequência de ressonância: 12.501 Hz
   - Amplitude máxima na frequência de ressonância: 2,92
   - Largura da banda a $1/\sqrt{2}$ da amplitude máxima: 6,63 Hz

Estimar a nodularidade e o módulo de elasticidade deste ferro fundido.

REFERÊNCIAS BIBLIOGRÁFICAS

Altstetter, J. D. & Nowicki, R. M. Compacted graphite iron: its properties and automotive applications. *AFS Transactions*, v. 90, p. 959-970, 1982.

Angus, H. T. Cast Iron: Physical and Engineering Properties. *BCIRA*, p. 126-134, 1960.

BCIRA Broadsheet 46-3. Non-destructive testing of iron castings – eddy current testing.

BCIRA Broadsheet 203. Thermal conductivity of unalloyed cast iron. 1981.

BCIRA Broadsheet 203-4. Thermal expansion of cast iron at temperatures up to 500 °C. 1984.

BCIRA Broadsheet 203-5. Density of cast irons. 1984.

BCIRA Broadsheet 203-6. Thermal expansion of unalloyed flake or nodular graphite cast irons at temperatures above 500 °C. 1985.

BCIRA Broadsheet 287. Damping capacity. 1989.

Canali, R. & Tamagna, A. *Evaluation of properties of disc and pad materials and their relation with disc brake noise*. SAE Congress, paper 2002-01-2604, Detroit, 2002.

Collins, D. N. & Alcheikh, W. Ultrasonic non-destructive evaluation of the matrix structure and the graphite shape in cast iron. *Journal of Materials Processing Technology*, v. 55, p. 85-90, 1995.

Cueva, G.; Tschiptschin, A. P.; Sinátora, A.; Guesser, W. L. *Desgaste de ferros fundidos usados em discos de freio de veículos automotores*. SAE Brasil 2000, São Paulo.

Deike, R.; Engels, A.; Hauptvogel, F.; Henke, P.; Röhrig, K.; Siefer, W.; Werning, H.; Wolters, D. Gusseisen mit Lamellengraphit – Eigenschaften und Anwendung. *Konstruiren + Giessen*, v. 25, n. 2, 2000.

Engineered Casting Solutions, Fall 2004.

Fowler, J.; Stefanescu, D. M.; Prucha, T. Production of ferritic and pearlitic grades of compacted graphite cast iron by the in-mold process. *AFS Transactions*, v. 92, p. 361-372, 1984.

Fuller, A. G. Evaluation of the graphite form in pearlitic ductile iron by ultrasonic and sonic testing and the effect of graphite form on mechanical properties. *AFS Transactions*, v. 85, p. 509-526, 1977.

Fuller, A. G.; Emerson, P. J.; Sergeant, G. F. A report on the effect upon mechanical properties of variation in graphite form in irons having varying amounts of ferrite and pearlite in the matrix structure and the use of nondestructive tests in the assessments of mechanical properties of such irons. *AFS Transactions*, v. 88, p. 21-50, 1980.

Guesser, W. L.; Masiero, I.; Melleras, E.; Cabezas, C. S. *Thermal conductivity of gray iron and compacted graphite iron used for cylinder heads*. SULMAT, Joinville, 2004.

Gundlach, R. B. The effects of alloying elements on the elevated temperature properties of gray irons. *AFS Transactions*, v. 91, p. 389-422, 1983.

Hachenberg, K.; Kowalke, H.; Motz, J. M.; Röhrig, K.; Siefer, W.; Staudinger, P.; Tölke, P.; Werning, H.; Wolters, D. B. Gusseisen mit Kugelgraphit. *Konstruiren + Giessen*, v. 13. n. 1, 1988.

Hasse, S. *Duktiles Gusseisen. Schiele & Schön*, Berlin, 1996.

Hemminger, W. & Richter, F. Einfluss des Grundgefüges auf die physikalischen Eigenschaften von Gusseisen mit Kugelgraphit GGG-40 – Teil 2. *Giessereiforschung*, v. 38, n. 4, p. 133-136, 1986.

Holmgren, D. M.; Diószegi, A.; Svensson, I. L. Effects of transition from lamellar to compacted graphite on thermal conductivity of cast iron. *International Journal of Cast Metals Research*, v. 19, n. 6, p. 303-313, 2006.

Holmgren, D. M.; Diószegi, A.; Svensson, I. L. Effects of nodularity on thermal conductivity of cast iron. *International Journal of Cast Metals Research*, v. 20, n. 1, p. 30-40, 2007.

Holmgren, D. M.; Diószegi, A.; Svensson, I. L. Effects of inoculation and solidification rate on the thermal conductivity of grey cast iron. *Foundry Trade Journal*, p. 66-69, março 2007.

Horsfall, M. A. & Sergeant, G. F. The effect of different amounts of nodular graphite on the properties of compacted graphite irons. *BCIRA Journal*, p. 212-221, Report 1532, 1983.

Kovács, L. Das Dämpfungsverhalten von Gusseisen. *Giessereitechnik*, v. 34, n. 6, p. 191-194, 1988.

Metzloff, K. E. & Loper, C. R. Jr. Measurement of elastic modulus of DI, using a sinusoidal loading method and quantifying factors that affect elastic modulus. *AFS Transactions*, v. 108, p. 207-218, 2000.

Metzloff, K. E. & Loper, C. R. Jr. Effect of nodule-matrix interface on stress/strain relationship and damping in ductile and compacted graphite irons. *AFS Transactions*, v. 110, paper 02-086, 2002.

Monroe, R. W. & Bates, C. E. Some thermal and mechanical properties of compacted graphite iron. *AFS Transactions*, v. 90, p. 615, 1982.

Norma ISO 1083/2004. Spheroidal graphite cast irons – Classification. 2004.

Norma ISO 185/2005. Grey cast irons – Classification. 2005.

Norma ISO 16112/2006. Compacted (vermicular) graphite cast irons – Classification. 2006.

Norma SAE J1887/2002. Automotive compacted graphite iron castings. 2002.

Palmer, K B. Design with cast irons at high temperatures – 1: growth and scaling. BCIRA Journal, p. 589-609, Report 1248, 1976

Palmer, K. B. The mechanical and physical properties of engineering grades of cast irons up to 500 °C. *BCIRA Journal*, p. 417-425, BCIRA Report 1717, nov. 1987.

Röhrig, K. Eigenschaften von unlegiertem und niedriglegiertem Gusseisen mit Kugelgraphit bei erhöhten Temperaturen. *Giesserei-Praxis*, n. 3-4, p. 29-40, 1985.

Röhrig, K. Os materiais para fundição utilizados na construção de peças de motor. *Fundição e Serviços*, parte 1 – julho/2003 e parte 2, p. 22-57, ago. 2003.

Schaller, R. & Benoit, W. The damping capacity of cast materials, an interesting property for mechanical engineering. 56th World Foundry Congress, Dusseldorf, paper 13, 1989.

Shao, S.; Dawson, S.; Lampic, M. *The mechanical and physical properties of compacted graphite iron*. Conference on Materials for Lean Weigth Vehicles, England, The Institute of Materials, p. 1-22, 1997.

Silva Neto, E. *Relações entre propriedades e a microestrutura de materiais bifásicos – caracterização específica para os ferros fundidos ferríticos nodular e cinzento*. Dissertação de mestrado, UFSC, 1978.

Stefanescu, D. Physical properties of cast iron. In: Goodrich, G.M. *Iron Castings Engineering Handbook. AFS*, 2003.

Subramanian, S. V. & Genualdi, A. J. Übereutektisches Gusseisen mit Lamellengraphit mit hoher Dämpfungsfähiggkeit und Festigkeit. *Giesserei-Praxis*, n. 4, p.137-144, 1998.

Subramanian, S. V. & Genualdi, A. J. Für Bauteile mit hoher Dämpfungsfähigkeit und Festigkeit: übereutektisches Gusseisen mit Lamellengraphit. *Konstruiren + Giessen*, v. 23, n. 2, p. 29-35, 1998.

Wolters, D. B. Gusseisen mit Kugelgraphit: Konstruktion und Anwendung von grossen Gusstücken. *Konstruiren + Giessen*, v. 23, n. 2, p. 36-46, 1998.

CAPÍTULO 9
PROPRIEDADES DOS FERROS FUNDIDOS A ALTAS TEMPERATURAS

9.1 INTRODUÇÃO

Muitas peças de ferro fundido são empregadas em aplicações de alta temperatura. Na indústria automobilística destacam-se blocos e cabeçotes de motor, coletores de exaustão, discos e tambores de freio (Figura 9.1). Componentes de turbinas de geração de energia são exemplos na indústria de equipamentos (Hachenberg et al., 1988). O estudo das propriedades a quente dos ferros fundidos reveste-se então de especial importância. Como será visto, não existe apenas uma propriedade que caracteriza o desempenho de componentes de ferro fundido sujeitos a altas temperaturas, sendo necessário analisar conjuntamente várias propriedades. As aplicações em altas temperaturas podem ser classificadas em quatro grandes grupos (Röhrig, 1977):

- Aplicações onde precisão dimensional é importante, e onde distorções sob carga devem ser minimizadas. A tendência dos metais mudarem lentamente de dimensões sob carga a altas temperaturas é chamada de fluência. Ex: peças de motores de combustão interna.
- Fadiga térmica. Neste caso a peça é exposta a aquecimentos e resfriamentos bruscos. Ex: tambor de freio, cabeçote de motor.
- Aplicações que envolvem a aplicação de cargas, sendo admissível distorção da peça. Suportes internos de fornos são exemplos desta aplicação. A característica importante é a tensão de ruptura na temperatura.
- Em outras aplicações a peça deve suportar somente o seu próprio peso sem distorção muito acentuada. Um exemplo é carcaça de queimador. A temperatura máxima de uso é limitada pela oxidação destrutiva da peça.

Outra maneira de ordenar as aplicações a quente enfoca as solicitações impostas aos componentes, e que segundo Röhrig (2002) podem ser classificadas em:

- Térmicas
  » Oxidação externa e interna
  » Alterações de microestrutura
- Mecânicas
  » Peso próprio e de componentes que ele suporta
  » Fadiga devido a vibrações
- Termomecânicas
  » Variações de temperatura
  » Tensões externas
  » Vibrações

Do ponto de vista do material, este deve apresentar algumas características importantes, tais como:

- Estabilidade da microestrutura
- Baixa variação de propriedades mecânicas com a temperatura
- Resistência à oxidação
- Baixa tendência ao crescimento e alteração da microestrutura
- Resistência à fadiga térmica

FIGURA 9.1 – Discos e tambores de freio são exemplos de peças sujeitas a fadiga térmica (Severin & Lampic, 2005).

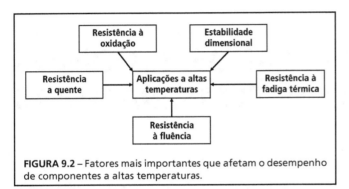

FIGURA 9.2 – Fatores mais importantes que afetam o desempenho de componentes a altas temperaturas.

FIGURA 9.3 – Seção transversal de amostra de ferro fundido nodular com 4% Si após teste de oxidação a 900 °C por 695 h. Fluxo de ar de 2,5 l/min (Perrin et al., 2004).

A Figura 9.2 mostra esquematicamente estas relações.

Discutem-se a seguir estas características para os diversos ferros fundidos.

9.2 OXIDAÇÃO

Os diferentes ferros fundidos apresentam comportamento bastante distinto com relação à oxidação, pois a estrutura de grafita representa um canal de acesso do oxigênio do ar para dentro da microestrutura. Assim, diferentes estruturas de grafita resultam em diferentes processos e velocidades de oxidação.

Acima de 450-500 °C, em atmosfera oxidante, formam-se óxidos de ferro sobre a peça de ferro fundido: Fe_2O_3, Fe_3O_4, FeO. Forma-se também uma camada de FeO com óxidos dos elementos de liga: $FeO + Fe_yX_zO$. Os elementos de liga, como Cr, Al e Si, formam inicialmente os óxidos primários (Cr_2O_3, Al_2O_3, SiO_2), e em seguida reagem com o FeO, formando $FeCr_2O_4$, $FeAl_2O_4$, Fe_2SiO_4. A camada destes óxidos permanece em contato com a matriz de ferro fundido, enquanto em direção à superfície se situam os óxidos de ferro: FeO, Fe_3O_4, Fe_2O_3 (Bechet & Röhrig-1978, Melleras-2001). Estes óxidos de ferro formam uma capa superficial porosa e pouco aderente, facilitando o contato com oxigênio do ar, enquanto a camada de óxidos dos elementos de liga é aderente e compacta, dificultando o acesso do oxigênio do ar e a difusão dos átomos de ferro (Bechet & Röhrig, 1978). A Figura 9.3 mostra um exemplo de camadas de óxidos em ferro fundido nodular com 4% Si (Perrin et al., 2004)

A oxidação conduz à formação de uma camada de óxidos que faz aumentar o peso e as dimensões da peça (Figura 9.4). Como o aumento das dimensões da peça também pode ser o resultado de decomposição da cementita da perlita, estudos baseados apenas neste parâmetro não permitem conclusões precisas sobre o processo de oxidação (Palmer, 1976), sendo preferível basear-se em medidas de variação de peso.

Como a oxidação dos ferros fundidos também envolve a oxidação do carbono da grafita, gerando CO, a saída deste gás resulta em porosidades na camada superficial de óxidos, representando canais de acesso do oxigênio para continuar o processo de oxidação. As cavidades deixadas pela grafita são ocupadas pela formação de óxidos de ferro, de manganês e de silício (Riposan et al., 1985).

A oxidação dos ferros fundidos ocorre muito lentamente em baixas temperaturas e acentua-se a partir de 450 °C. Em ferros fundidos cinzentos não ligados a velocidade de oxidação duplica quando se passa para 500 °C, e novamente duplica quando a temperatura sobe para 550 °C. Entretanto, nestas temperaturas a velocidade de oxidação ainda é baixa, de modo que exposições de, por exemplo, 1.000 h ainda não danificam o componente. A 650 °C a velocidade de oxidação é 8 vezes maior que a 550 °C, e então nesta situação os ferro fundidos cinzentos não ligados não são mais adequados por exemplo para coletores de escape. O problema não é só a redução de espessura de parede devido à oxidação, mas também o lascamento desta camada de óxidos, que pode resultar em dano tanto para o catalisador como para o turbocompressor. A camada oxidada é porosa, e assim não protege o restante do material. Além disso, variações de temperatura produzem lascamentos na camada oxidada. Para trabalho entre 600 a 650 °C, é então necessário usar teores elevados de elementos de liga, como cromo, silício ou alumínio (Röhrig, 2002).

PROPRIEDADES DOS FERROS FUNDIDOS A ALTAS TEMPERATURAS

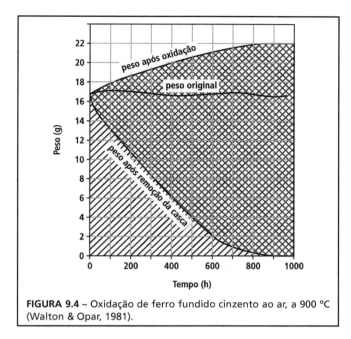

FIGURA 9.4 – Oxidação de ferro fundido cinzento ao ar, a 900 °C (Walton & Opar, 1981).

Em ferros fundidos cinzentos pode ocorrer ainda oxidação interna. Ocorre migração de oxigênio e de gases oxidados através da interface grafita/matriz, acessando o interior da peça. Como no ferro fundido cinzento a estrutura da grafita é conectada dentro da célula eutética, este processo de oxidação é muito rápido. Abaixo de 700 °C ocorre preferencialmente oxidação do ferro e do silício, formando-se então uma camada de óxidos ao lado das lamelas de grafita. Acima de 700 °C oxida-se também o carbono (além do ferro), formando-se então uma região de óxidos no lugar do esqueleto de grafita. A oxidação interna é um processo relativamente rápido; assim, por exemplo, lingoteiras de ferro fundido cinzento, submetidas a 40 ciclos de aquecimento por 5 h a 500-800 °C apresentam camada oxidada de 30 a 40 mm. As tensões resultantes de ciclagem térmica trincam a camada de óxidos, o que acentua a oxidação interna. Este processo de oxidação conduz a uma perda de resistência da peça e também a um crescimento (Röhrig, 2002). Deste modo, a velocidade de oxidação aumenta com o teor de carbono do ferro fundido cinzento (Walton & Opar, 1981), e com o tamanho das partículas de grafita (Palmer, 1976). A Figura 9.5 mostra o efeito do teor de carbono equivalente em ferros fundidos cinzentos sobre a oxidação.

Ferros fundidos nodulares e vermiculares não apresentam este problema de oxidação interna (Röhrig, 2002). Além disso, o maior teor de silício destes ferros fundidos aumenta a sua resistência à oxidação, resultando uma camada oxidada aderente e densa (Röhrig, 1987). A Figura 9.6 apresenta resultados típicos de oxidação de ferro fundido nodular (Walton & Opar, 1981). Resultados comparativos entre ferro fundido vermicular e ferro fundido cinzento podem ser vistos na Figura 9.5, verificando-se o desempenho superior do ferro fundido vermicular (Sergeant & Evans, 1978).

Outro fator a considerar é a austenitização. Se ocorrerem transformações de fase (no aquecimento ou no resfriamento), sempre estão associadas variações volumétricas, o que contribui para o lascamento da camada de óxidos e assim para a diminuição da proteção do material contra posterior oxidação (Röhrig, 1987).

Ciclagem térmica prévia de austenitização e resfriamento (formando perlita ou ferrita), em ferro fundido cinzento, aumenta muito a velocidade de oxidação. Aparentemente altera-se o mecanismo de formação da camada de óxidos, acentuando a ve-

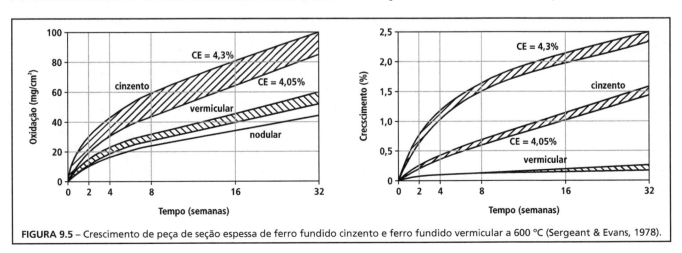

FIGURA 9.5 – Crescimento de peça de seção espessa de ferro fundido cinzento e ferro fundido vermicular a 600 °C (Sergeant & Evans, 1978).

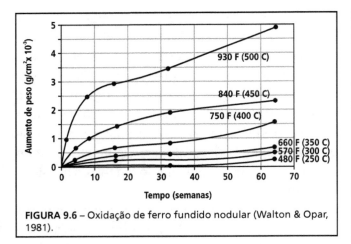

FIGURA 9.6 – Oxidação de ferro fundido nodular (Walton & Opar, 1981).

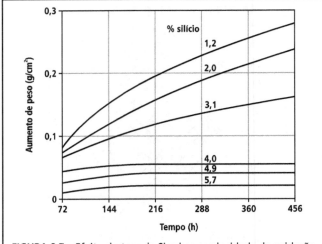

FIGURA 9.7 – Efeito do teor de Si sobre a velocidade de oxidação de ferro fundido nodular ferrítico, a 650 °C (Röhrig, 1979).

locidade de oxidação (Henke, 1974). Deste modo, se for necessário efetuar recozimento de ferritização prévio, para minimizar expansão da peça em serviço, sugere-se que seja realizado recozimento subcrítico, de modo a evitar este aumento da velocidade de oxidação (Palmer, 1970).

A velocidade de oxidação pode ser diminuída com a utilização de elementos de liga, como o cromo, o alumínio e o silício, em ferros fundidos cinzentos, e o silício em ferros fundidos nodulares (Henke-1974, Melleras-2001, Melleras et al., 2003). A Figura 9.7 e a Tabela 9.1 mostram efeitos de elementos de liga na velocidade de oxidação de ferros fundidos nodulares. Verifica-se na Figura 9.7 que teores de silício acima de 4,0% são muito efetivos em reduzir a oxidação. Na Tabela 9.1 comprovam-se os efeitos de silício, alumínio e cromo em reduzir a velocidade de oxidação (Walton & Opar, 1981).

Alguns fatos adicionais sobre o processo de oxidação (Walton & Opar, 1981):

- Vapor d'água aumenta a velocidade de oxidação, e é mais agressivo que ar.
- Hidrocarbonetos e hidrogênio, presentes na atmosfera, reduzem a velocidade de oxidação.
- Atmosferas contendo enxofre são muito agressivas. Sugere-se empregar ferros fundidos contendo altos teores de cromo.

9.3 ESTABILIDADE DIMENSIONAL E ESTABILIDADE DA MICROESTRUTURA

Variações dimensionais podem ter origem em decomposição da cementita (eutética ou da perlita) ou então podem ser originárias do processo de oxidação, como visto anteriormente. A Figura 9.8 mostra esquematicamente a contribuição dos dois processos. No caso de ferro fundido nodular, exposição a temperaturas subcríticas (<650 °C) resulta em expansão apenas devido à decomposição da cementita, com o comportamento da Figura

TABELA 9.1 – Oxidação de diversos ferros fundidos em fluxo de ar a 815 °C por 500 h (Walton & Opar, 1981).

Ferro fundido	Elementos de liga (%) Si	Elementos de liga (%) outros	Aumento de peso (mg/cm²)	Camada de óxidos (mm)
Nodular ferrítico	2,8	-	119,9	0,47
Nodular ferrítico	4,0	0,8 Al	6,3	0,09
Nodular ferrítico	4,2	1,9 Mo 0,6 Al	22,8	0,15
Nodular ferrítico	3,8	2,0 Mo 1,0 Al	15,2	0,09
Nodular ferrítico	4,0	2,0 Mo 0,9 Al	6,2	0,07
Nodular austenítico	2,5	22,5 Ni 0,4 Cr	81,6	0,61
Nodular austenítico (D-4)	5,5	30,0 Ni 5,0 Cr	7,2	0,04
Nodular austenítico	2,2	35,0 Ni 2,5 Cr 1,0 Mo	30,0	0,24
Cinzento	2,0	0,14 Cr	217,2	0,90

PROPRIEDADES DOS FERROS FUNDIDOS A ALTAS TEMPERATURAS

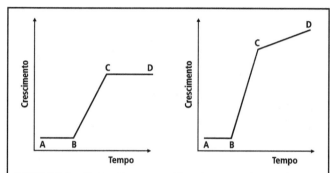

FIGURA 9.8 – Ilustração esquemática de curvas de crescimento típicas para ferros fundidos nodular (a) e cinzento (b), em temperaturas subcríticas (Palmer, 1970).

9.8-a. Existe um tempo de incubação para início da decomposição da cementita (trecho A-B), segue-se a decomposição (trecho B-C) e quando esta se completa não ocorre mais expansão (C-D). No ferro fundido cinzento (Figura 9.8-b) também existe um período de incubação (A-B), e a expansão que se segue (B-C) é resultado tanto da decomposição da cementita quanto da oxidação. Após o ponto C a expansão continua com uma taxa menor que na etapa anterior, causada agora apenas pela oxidação. O período de incubação reduz-se à medida que aumenta a temperatura (Palmer, 1970).

Tanto os ferros fundidos cinzentos como os nodulares são estruturalmente estáveis até temperaturas de 350 °C, não apresentando crescimento e apenas pequena formação de carepa superficial, o que é confirmado em ensaios com duração superior a 20 anos. Algum pequeno crescimento e oxidação ocorre a 400 °C. A 450 °C e acima, acontece crescimento e oxidação em tempos relativamente curtos (menos que 1 ano), para a maioria dos ferros fundidos. Nodulares ferríticos são mais resistentes ao crescimento a 450 °C que nodulares perlíticos, e ambos são mais resistentes que os ferros fundidos cinzentos (Palmer, 1987).

Recomenda-se a utilização de elementos de liga para retardar a decomposição da perlita (Palmer, 1977). Manganês, cromo, molibdênio (Palmer, 1970), estanho (Palmer, 1976) e vanádio (Walton & Opar, 1981) diminuem a velocidade de decomposição da cementita da perlita em ferros fundidos cinzentos. Verifica-se na Figura 9.9 que o cromo possui efeito acentuado na diminuição da decomposição da perlita. O níquel parece ter um efeito pequeno sobre esta transformação (Palmer, 1970). Provavelmente o efeito registrado na Figura 9.9, de diminuição

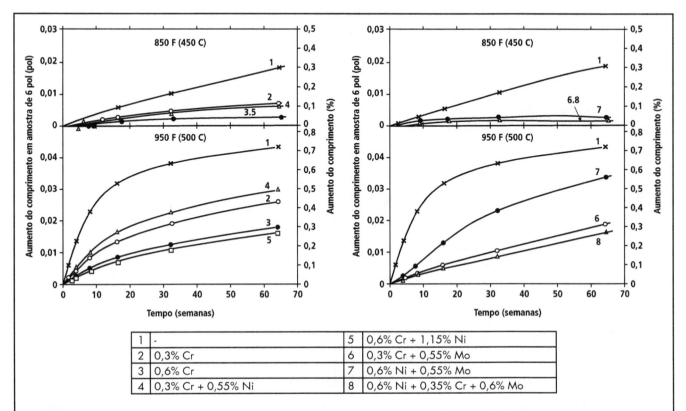

FIGURA 9.9 – Efeitos de elementos de liga no crescimento de ferro fundido cinzento a 450 °C e a 500 °C. Os números sobre as curvas correspondem aos elementos de liga indicados acima (Walton & Opar, 1981).

da expansão, foi devido à diminuição da oxidação causada pelo níquel. Também o efeito do cobre em diminuir a velocidade de decomposição da perlita seria muito pequeno (Walton & Opar, 1981).

Em ferros fundidos nodulares, o crescimento é o resultado de decomposição da perlita, já que não ocorre oxidação interna. A Figura 9.10 mostra alguns resultados comparativos com ferro fundido cinzento. Observam-se também os efeitos de adições de cromo e de molibdênio em reduzir a velocidade de decomposição da perlita (Walton & Opar, 1981). Estanho também reduziria a velocidade de decomposição (Palmer, 1976).

9.4 RESISTÊNCIA A QUENTE

A determinação da resistência a quente envolve pouco tempo de exposição à temperatura, apenas o necessário para homogeneizar a temperatura na amostra. Deste modo, não são considerados aqui os efeitos da decomposição da perlita.

Nos ferros fundidos cinzentos, a resistência decresce um pouco com o aumento da temperatura até 200 °C, e então aumenta novamente até tempera-

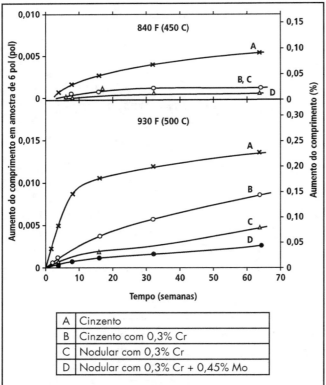

FIGURA 9.10 – Crescimento de ferro fundido nodular, comparativamente a ferro fundido cinzento, a 450 °C e a 500 °C (Walton & Opar, 1981).

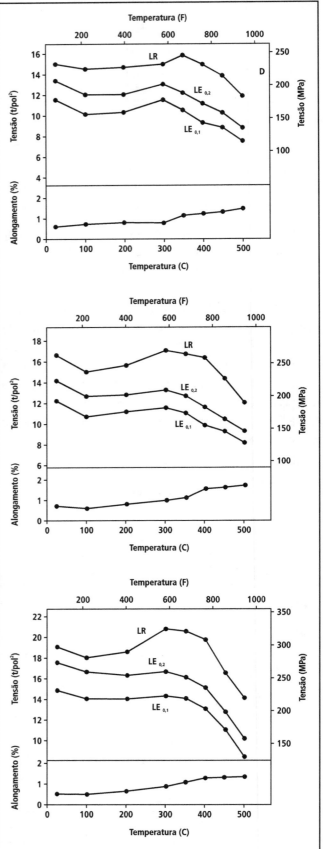

FIGURA 9.11 – Variação de propriedades mecânicas com a temperatura. Ferros fundidos cinzentos classes FC 200 (a), FC 250 (b), FC 300 (c) (Gilbert, 1959).

turas em torno de 400 °C. A Figura 9.11 mostra este comportamento para diversas classes de ferro fundido cinzento. Gilbert (1959) mostrou que adições de cromo e molibdênio não alteram este comportamento. A diminuição da resistência a 150-200 °C estaria relacionada a tensões geradas pela dilatação da cementita (Röhrig & Wolters, 1970). Acima de 400 °C a resistência cai acentuadamente (Figura 9.11) (Palmer, 1977). A possibilidade de utilização de diferentes elementos de liga em ferros fundidos cinzentos torna possível aumentar a resistência a quente. Molibdênio, níquel e cromo são elementos de liga muito empregados para peças que trabalham a quente (Figura 9.12).

Nos ferros fundidos nodulares a resistência cai continuamente com a temperatura, não existindo este aumento a 400 °C (Figura 9.13). Esta queda é mais acentuada nos nodulares perlíticos que nos ferríticos, principalmente para o limite de resistência (Nechtelberger, 1980). Nos ferros fundidos nodulares a utilização de elementos de liga está limitada à formação de carbonetos, não sendo usual, portanto, o emprego de cromo para aumentar a resistência a quente. Sn, Ni e Cu aumentam um pouco a resistência a quente, porém este efeito é normalmente muito pequeno para justificar o seu uso apenas para aumentar a resistência a quente (Nechtelberger, 1980). Antimônio e fósforo são alguns elementos de liga recomendados para aumentar a resistência a quente de ferros fundidos nodulares (Palmer, 1977). O efeito do fósforo é muito enfatizado por Nechtelberger (1980) e por Palmer (1970), e pode ser visto na Figura 9.14. A resistência a quente também é sensivelmente aumentada com adições de molibdênio, tanto nos nodulares ferríticos como nos perlíticos (Nechtelberger, 1980). Os nodulares ligados ao Si e

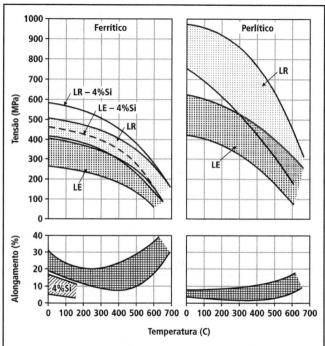

FIGURA 9.13 – Propriedades a quente de ferros fundidos nodulares ferríticos (não ligado e com 4% Si) e perlítico (Röhrig, 1985).

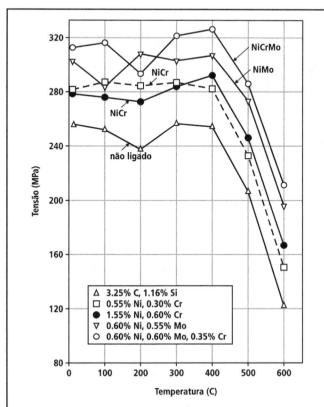

FIGURA 9.12 – Resistência a quente (LR) de ferros fundidos cinzentos com diferentes combinações de elementos de liga (Nechtelberger, 1980).

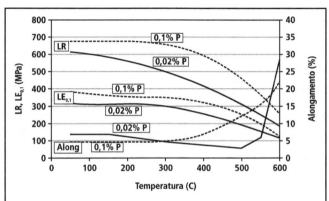

FIGURA 9.14 – Efeito da temperatura sobre as propriedades mecânicas de ferro fundido nodular perlítico bruto de fundição (FE 70002), com diferentes teores de fósforo (Palmer, 1970).

Mo representam uma classe especial para aplicação a quente e serão discutidos em capítulo específico.

Na Figura 9.15 pode-se observar o efeito da temperatura sobre as propriedades mecânicas de ferro fundido vermicular perlítico, verificando-se comportamento similar ao ferro fundido cinzento, com pequeno aumento da resistência a 400 °C, e queda acentuada após esta temperatura (Hughes & Powell, 1985). Resultados adicionais para vermi-

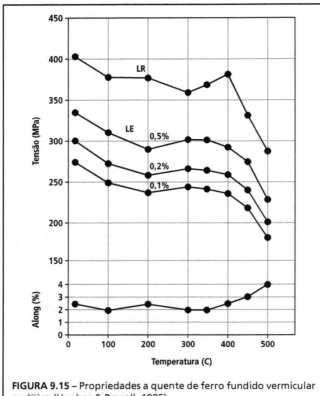

FIGURA 9.15 – Propriedades a quente de ferro fundido vermicular perlítico (Hughes & Powell, 1985).

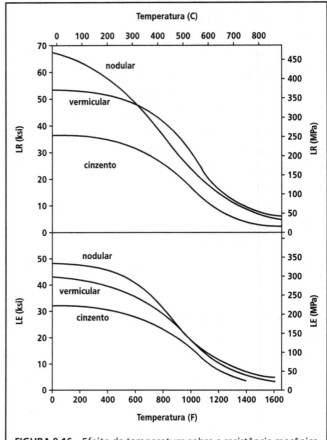

FIGURA 9.16 – Efeito da temperatura sobre a resistência mecânica de ferros fundidos (Altstetter & Nowicki, 1982).

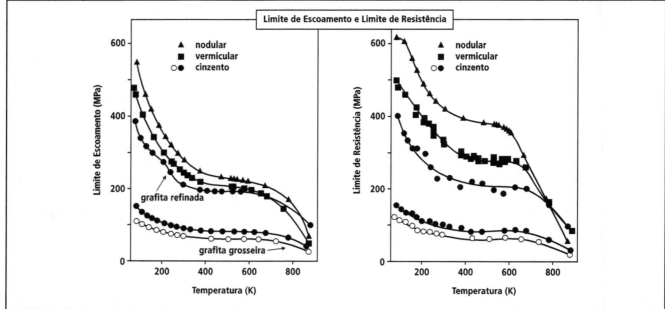

FIGURA 9.17 – Propriedades mecânicas de ferros fundidos de matriz perlítica em função da temperatura. As duas curvas inferiores referem-se a ferros fundidos cinzentos com grafita grosseira (Löhe, 2005).

PROPRIEDADES DOS FERROS FUNDIDOS A ALTAS TEMPERATURAS

TABELA 9.2 – Efeito da temperatura sobre as propriedades mecânicas de ferros fundidos (Ziegler & Wallace, 1984).

Ferro fundido	matriz	25 °C LR (MPa)	LE (MPa)	along (%)	E (GPa)	540 °C LR (MPa)	LE (MPa)	along (%)	E (GPa)
cinzento	perlita	268	212	1,3	109	185	159	2,5	65
nodular	perlita	676	424	2,8	159	336	232	2,5	122
vermicular	perlita	405	324	2	130	220	183	3,5	72
vermicular + 0,5% Mo	perlita	544	438	1,5	143	368	268	2,5	109
vermicular + 1,0% Mo	perlita	590	438	1,3	142	429	265	4	103
vermicular	ferrita	339	264	2	125	168	125	4,5	66
vermicular + 0,5% Mo	ferrita	414	324	2,5	126	243	201	5	88

TABELA 9.3 – Efeito da temperatura sobre o módulo de elasticidade de ferros fundidos (Palmer, 1987).

Temperatura (°C)	Módulo de elasticidade (GPa) Cinzento classe FC 300	Nodular classe FE 42012	Nodular classe FE 60003
20	137	164	174
150	134	161	175
250	130	160	175
350	127	157	168
450	122	152	162
550	116	144	154

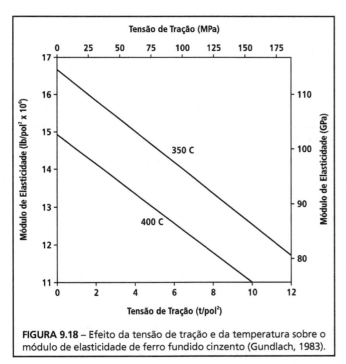

FIGURA 9.18 – Efeito da tensão de tração e da temperatura sobre o módulo de elasticidade de ferro fundido cinzento (Gundlach, 1983).

culares com diferentes matrizes podem ser vistos em Röhrig (1991). A Figura 9.16 apresenta resultados comparativos entre ferros fundidos vermicular ferrítico, nodular ferrítico e cinzento perlítico. A Figura 9.17 mostra resultados para ferros fundidos de matriz perlítica. Verifica-se também aqui que a resistência mecânica do ferro fundido cinzento e do vermicular somente decrescem sensivelmente acima de 400 °C (Altstetter & Nowicki, 1982). A exemplo do que ocorre nos ferros fundidos nodulares, também nos ferros fundidos vermiculares são limitadas as alternativas de emprego de elementos de liga, sendo comum o uso de cobre e estanho, e, pelo que se conhece em ferros fundidos nodulares, o cobre é pouco efetivo no aumento da resistência a quente. Recomenda-se ainda o uso de molibdênio para aumentar a resistência a quente, tanto nos vermiculares ferríticos com nos perlíticos. A Tabela 9.2 mostra alguns resultados de vermiculares com adições de molibdênio (Ziegler & Wallace, 1984).

Na Figura 9.18 são apresentados resultados de módulo de elasticidade para ferros fundidos cinzentos, em temperaturas de 350 e 400 °C (Gundlach, 1983). Resultados referentes a ferros fundidos nodulares, ferríticos e perlíticos, podem ser vistos na Figura 9.19 (Goodrich, 2003). A Tabela 9.3 contém ainda resultados de módulo de elasticidade em função da temperatura, para diversos ferros fundidos (Palmer, 1987)

A Figura 9.20 apresenta resultados de módulo de elasticidade para ferros fundidos vermiculares perlíticos, verificando-se a diminuição dos valores desta propriedade com o aumento da temperatura (Norma VDG W50). Na Tabela 9.2 anteriormente apresentada pode-se observar o efeito do molibdênio em reduzir a queda do módulo de elasticidade com o aumento da temperatura.

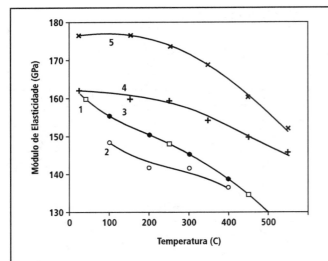

FIGURA 9.19 – Efeito da temperatura sobre o módulo de elasticidade de ferros fundidos nodulares ferríticos (números 1, 2 e 3) e perlíticos (números 4 e 5) (Nechtelberger, 1980).

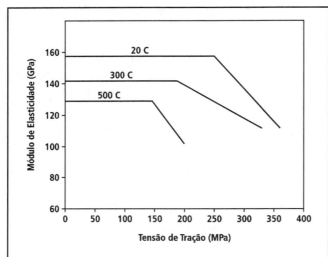

FIGURA 9.20 – Efeito da temperatura sobre o módulo de elasticidade de ferros fundidos vermiculares classes FV 400 a FV 500 (Norma VDG W50, 2002).

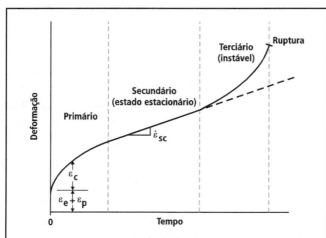

FIGURA 9.21 – Curva típica de fluência, mostrando-se os 3 estágios (Dowling, 1999).

9.5 FLUÊNCIA

O fenômeno de fluência representa a danificação do material com o tempo, quando submetido a um certo nível de tensão, a uma dada temperatura. Uma curva típica de fluência é apresentada na Figura 9.21, verificando-se a existência de 3 estágios. No primeiro estágio a velocidade de fluência (tangente da curva) decresce com o tempo, enquanto no segundo estágio a velocidade de fluência é constante; no terceiro estágio a velocidade de fluência cresce rapidamente e conduz à fratura. Obviamente a vida de um componente deve estar restrita no máximo ao segundo estágio, selecionando-se a tensão de modo que o terceiro estágio nunca seja atingido (Palmer, 1977). A falha por fluência envolve mecanismos como o deslizamento de contornos de grão e a formação de trincas em contornos de grão (Dowling, 1998).

Existem diversas maneiras de apresentar resultados de fluência, porém considera-se que o melhor modo é indicar as tensões que podem ser aplicadas no material sem causar deformação excessiva (Palmer, 1977).

Resultados de fluência para um ferro fundido cinzento classe FC 250 podem ser vistos na Figura 9.22. Nesta Figura registra-se a tensão e o tempo para atingir uma dada deformação. Verifica-se na Figura 9.22 o efeito marcante de um aquecimento de 350 para 400 °C sobre a tensão para atingir determinada deformação. Por exemplo, a 400 °C, para atingir uma deformação de 0,1% em 5.000h, é suportável uma tensão de 62 MPa; para 30.000 h, ou ainda 100.000 h, são suportáveis tensões de 46 e 33 MPa, respectivamente. Se a temperatura for reduzida para 350 °C, os níveis de tensão correspondentes serão de 120, 105 e 93 MPa, para 5.000, 30.000 e 100.000 h, respectivamente (Palmer, 1977).

Resultados de fluência dos ferros fundidos nodulares são apresentados nas Figuras 9.23 e 9.24, registrando-se o tempo em que ocorre fratura da amostra. Assim, por exemplo, um componente de ferro fundido nodular ferrítico com 2,5% Si e 1,0% Ni (Figura 9.23) submetido a uma tensão de 70 MPa irá romper após 100 h de serviço a 540 °C.

Na Figura 9.25 podem ser vistos resultados de fluência de ferro fundido vermicular perlítico, comparando-se na Tabela 9.4 valores de tensão

PROPRIEDADES DOS FERROS FUNDIDOS A ALTAS TEMPERATURAS

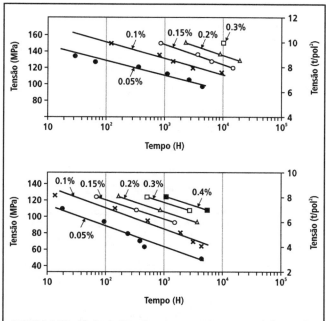

FIGURA 9.22 – Fluência (tensão e tempo até ocorrer a deformação indicada) de ferro fundido cinzento a 350 °C (a) e a 400 °C (b). Ferro fundido cinzento com LR = 256 MPa e HB = 213. Ensaios até 5.000 h (Palmer, 1977).

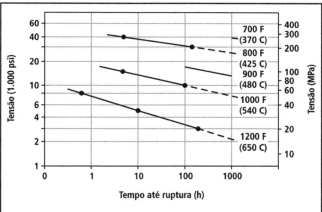

FIGURA 9.23 – Curvas de fluência (tensão e tempo até ruptura) de nodular ferrítico contendo 2,5% Si e 1,0% Ni (Goodrich, 2003).

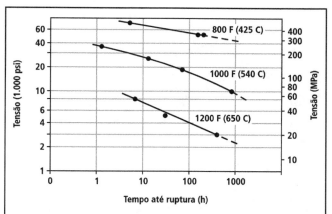

FIGURA 9.24 – Curvas de fluência (tensão e tempo até ruptura) de ferro fundido nodular perlítico (Goodrich, 2003).

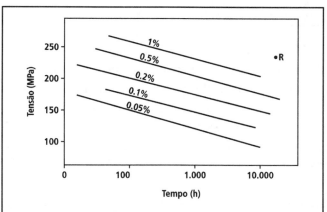

FIGURA 9.25 – Curvas de fluência para ferro fundido vermicular perlítico a 350 °C. Tensão e tempo para atingir a deformação indicada na curva. R = ruptura (Hughes & Powell, 1985).

admissível a 350 °C entre diversos ferros fundidos com matriz perlítica. Verifica-se novamente que o ferro fundido vermicular apresenta valores de propriedades mecânicas situadas entre o cinzento e o nodular (Hughes & Powell, 1985).

Outra maneira de apresentar resultados de fluência é empregar o parâmetro de Larson-Miller. Este parâmetro considera os efeitos conjuntos do tempo e da temperatura, através da expressão:

$P_{LM} = T \cdot (20 + \log t)$
$\underline{T}$ em Kelvin e $\underline{t}$ em horas. (9.1)

As Figuras 9.26 a 9.28 mostram resultados de fluência expressos desta forma, para ferros fundidos cinzento (Figura 9.26), nodular ferrítico (Figura 9.27) e nodular perlítico (Figura 9.28). Assim, para o ferro fundido cinzento classe FC 250, submetido a uma tensão por 10.000 h à temperatura de 400 °C, tem-se

$P_{LM} = (400+273) \cdot (20 + \log 10.000) = 16.152$

TABELA 9.4 – Tensão admissível para diversos ferros fundidos perlíticos a 350 °C (Hughes & Powell, 1985).

Deformação (%) em 10.000 h	Tensão (MPa)			
	Cinzento	Maleável preto	Nodular	Vermicular
0,1	100	114	178	136
0,5	165	222	270	193
1,0	-	247	297	216

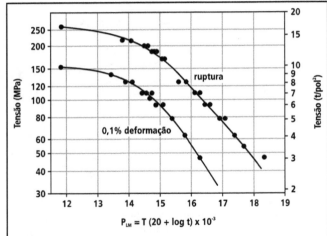

FIGURA 9.26 – Fluência em ferro fundido cinzento classe FC 250. Tensão de ruptura ou tensão para 0,1% de deformação em função do parâmetro de Larson-Miller. T em K, t em h (Palmer, 1977).

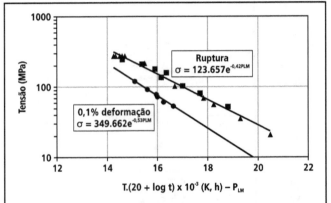

FIGURA 9.27 – Fluência em ferros fundidos nodulares ferríticos. Tensão de ruptura ou tensão para 0,1% de deformação em função do parâmetro de Larson-Miller (Palmer, 1977).

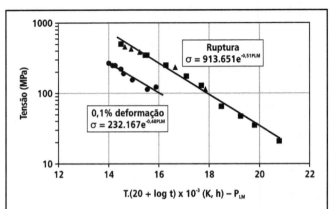

FIGURA 9.28 – Fluência em ferros fundidos nodulares perlíticos. Tensão de ruptura ou tensão para 0,1% de deformação em função do parâmetro de Larson-Miller (Palmer, 1977).

Na Figura 9.26 verifica-se que este ferro fundido cinzento suportará uma tensão de 55 MPa para uma deformação de 0,1%, ou ainda, uma tensão limite de 110 MPa até a ruptura.

Nestas mesmas condições (10.000 h a 400 °C, ou seja, P_{LM} = 16.152), um ferro fundido nodular ferrítico (Figura 9.27) suportará 67 MPa ou 144 MPa, para deformação de 0,1% ou ruptura, respectivamente (neste caso podem ser empregadas as equações indicadas na Figura 9.27).

Na Tabela 9.5 são fornecidos valores para projeto, para ferros fundidos nodulares ferrítico e perlítico, a 350 °C, utilizando-se como critérios 80% da tensão para deformação de 0,1%, ou 1/3 da tensão para ruptura (Palmer & Robson, 1977). Verifica-se que os nodulares ferríticos pouco distinguem-se dos perlíticos se for considerada a tensão para pequenas deformações por fluência; as diferenças entre os ferríticos e perlíticos se manifestam quando se comparam as tensões de ruptura sob fluência. Assim, dependendo da aplicação, pode ser interessante especificar nodular ferrítico em vez de perlítico, já que a matriz ferrítica apresenta maior estabilidade estrutural. Outra alternativa é o uso de nodular ferrítico ligado ao molibdênio, comprovando-se que a adição de 0,5% Mo em nodular ferrítico permite o aumento de 50 °C (de 350 para 400 °C) na utilização do componente, com o mesmo desempenho referente à fluência (Palmer, 1987).

Na Figura 9.29 pode-se observar o efeito de elementos de liga (Ni, Mo) sobre as curvas de fluência em ferro fundido nodular, verificando-se que estes elementos aumentam a vida sob fluência (Röhrig, 1985). Esta é a razão do emprego destes elementos de liga em componentes sujeitos a altas temperaturas.

TABELA 9.5 – Fluência a 350 °C por 100.000 h, em ferros fundidos nodulares (Palmer & Robson, 1977).

Ferro fundido nodular	LR (MPa)	LE (MPa)	Along (%)	Tensão para deformação sob fluência de 0,1% (MPa)	Tensão para ruptura (MPa)	80% da tensão para deformação de 0,1% (MPa)	1/3 da tensão para ruptura (MPa)
perlítico	791	446	8	124	317	99	105
ferrítico	423	281	27	120	225	96	76

PROPRIEDADES DOS FERROS FUNDIDOS A ALTAS TEMPERATURAS

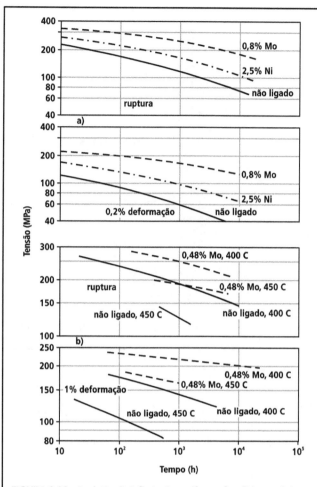

FIGURA 9.29 – Resistência à fluência em ferros fundidos nodulares. Tensão de ruptura e tensão para 0,2% e para 1% de deformação. Efeitos de adições de Ni e Mo em ferro fundido nodular ferrítico com 2,2-2,4% Si. (a) 450 °C; (b) 400 e 450 °C (Röhrig, 1985).

9.6 FADIGA TÉRMICA

Sob solicitações de fadiga térmica, uma peça de ferro fundido pode falhar de diferentes maneiras (Röhrig, 1978):

- **Falha tipo 1** – as trincas iniciam-se no lado aquecido da peça, e se desenvolvem com o aspecto de rede, e podem eventualmente propagar por toda a seção. Este é o tipo de falha por fadiga térmica mais comum em ferros fundidos cinzentos.
- **Falha tipo 2** – distorção acentuada, que no final torna a peça inadequada para uso. Este é o tipo de falha por fadiga térmica mais comum em ferros fundidos nodulares.
- **Falha tipo 3** – trincamento grosseiro por toda a seção logo nos primeiros ciclos. Esta falha catastrófica indica que o tipo de ferro fundido, o projeto e as condições de ciclagem térmica não estavam adequadas.

Somado a isto, pode ocorrer oxidação interna e externa, que são aceleradas pela ciclagem térmica. Isto pode danificar completamente a peça, ou no mínimo alterar a suas propriedades mecânicas e físicas (Röhrig, 1978).

As tensões térmicas que se estabelecem com a ciclagem térmica podem ser equacionadas como se segue. Supõe-se que o sistema tenha deformação restringida, seja ela externamente ou então pela própria peça ou conjunto mecânico (Röhrig, 1978).

Quando uma barra biengastada é submetida a um aquecimento, a dilatação térmica pode ser expressa por (Krause, 1978):

$\Delta l = \alpha . l_0 . \Delta T$

Como a deformação é restringida, então existe na barra uma tensão de compressão que corresponde a esta deformação (lei de Hooke).

$\sigma = E . \varepsilon = E . \Delta l / l_0$

Da combinação das duas equações resulta:

$\sigma = E . \alpha . \Delta T$ (9.2)

Esta equação mostra que a tensão de compressão é tanto maior quanto maior o módulo de elasticidade, quanto maior o coeficiente de expansão térmica e quanto maior a diferença de temperatura imposta.

As tensões de compressão podem resultar em deformação plástica, que no resfriamento se traduzem em tensões residuais de tração (já que a barra escoou sob compressão e assim assumiu um tamanho menor que o original). Estas tensões é que, cumulativamente, traduzem-se em trincamento da peça. O escoamento sob compressão depende da resistência em altas temperaturas, ou, dependendo do tempo de aplicação da carga, da resistência à fluência.

A Figura 9.30 ilustra o ciclo de tensões a que fica submetida uma peça aquecida sucessivamente (Röhrig, 1978). Se o ciclo térmico não resulta em tensões que provoquem deformação plástica no aquecimento (como indicado no ciclo 1 da Figura 9.30), então no resfriamento não se estabelecem tensões residuais. Se entretanto o aquecimento for tal que ocorra deformação plástica sob compressão a altas temperaturas (ciclo 2 da Figura 9.30), então resultam no resfriamento tensões residuais de tração. A ciclagem sucessiva conduz a danos cumulativos, resultando em trincas que podem inutilizar o componente (Röhrig, 1978).

Verifica-se assim que a vida sob fadiga térmica não depende apenas de uma propriedade do material, de modo que a sua determinação experimental é afetada pelo procedimento adotado. De particular importância é a eventual restrição da deformação, que é adotada em alguns testes de fadiga térmica, visando simular a restrição que uma peça sofre ao estar ligada a uma outra estrutura, como por exemplo, um coletor de escape preso ao cabeçote de motor. Em outros testes não existe esta restrição externa, simulando-se neste caso situações como a de disco de freio, que tem maior liberdade para deformar-se, na região aquecida pela frenagem. Deste modo, a cada conjunto de resultados experimentais deve estar relacionado o procedimento empregado.

Na Figura 9.31 é apresentado um teste de fadiga térmica, com deformação restringida (Park et al., 1985, Röhrig-1979). O corpo de prova é preso a duas placas rígidas e aquecido por indução a alta frequência (450 Hz), controlando-se a temperatura com termopar inserido no centro do corpo de prova. É controlada também a tensão resultante do ciclo térmico, através de célula de carga em uma das garras da máquina. O ciclo térmico compreende aque-

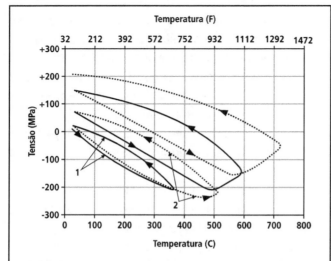

FIGURA 9.30 – Tensões produzidas numa barra com deformação restringida, que foi aquecida e resfriada em quatro ciclos térmicos sequenciais. São indicados os ciclos 1 e 2. Ferro fundido cinzento com 3,5% C e 1,7% Si (Röhrig, 1978).

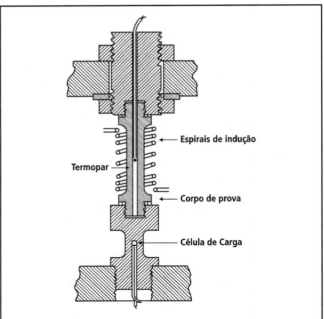

FIGURA 9.31 – Ensaio de fadiga térmica com dilatação térmica restringida (Park et al., 1985).

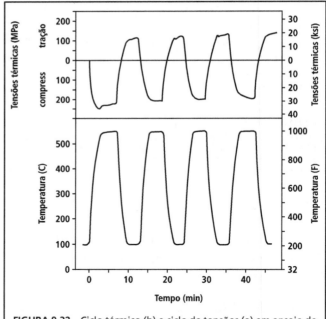

FIGURA 9.32 – Ciclo térmico (b) e ciclo de tensões (a) em ensaio de fadiga térmica segundo a Figura 9.31 (Park et al., 1985).

cimentos e resfriamentos de 100 a 500 °C, ou ainda a 540 °C, sendo o aquecimento em 3 min e o resfriamento em 1:45 min para cinzento e 3 min para vermicular. A Figura 9.32 apresenta o comportamento das tensões térmicas geradas, verificando-se que ocorre deformação plástica, sob compressão, a 500-540 °C, resultando em tensões residuais de tração no resfriamento; com ciclos sucessivos, decresce a máxima tensão de compressão no aquecimento e

PROPRIEDADES DOS FERROS FUNDIDOS A ALTAS TEMPERATURAS

TABELA 9.6 – Materiais ensaiados e resultados obtidos em teste de fadiga térmica com deformação restringida (Park et al., 1985).

C (%)	Ni (%)	Cr (%)	Mo (%)	Cu (%)	Sn (%)	ferrita %	LR (MPa)
3,30	0,11	0,19	0,03	0,13	0,012	<5	243
3,28	1,10	0,27	0,30	0,90	0,011	<1	268
3,60	0,05	0,09	0,02	0,49	0,014	50	408
3,58	0,07	0,15	0,58	0,47	0,013	30	500
3,62	0,08	0,12	0,11	0,54	0,055	10	456
3,61	0,08	0,13	0,51	0,53	0,056	10	454

aumenta a tensão residual de tração, até que ocorre a formação de trincas e a fratura.

Os resultados destes testes constam da Tabela 9.6. Observa-se que no ferro fundido cinzento a utilização de elementos de liga (Ni, Cr, Mo, Cu) resultou em aumento considerável do número de ciclos até a fratura. Neste tipo de ensaio os ferros fundidos vermiculares apresentaram desempenho superior aos ferros fundidos cinzentos. Também no vermicular a utilização de elementos de liga (Cr, Mo, Cu, Sn) aumentou a resistência à fadiga (Park et al., 1985, Ziegler & Wallace-1984). Entretanto, não é comum o emprego de Cr e Mo em ferros fundidos vermiculares, devido ao aumento da tendência à formação de carbonetos e de microrrechupes.

Objetivando simular a solicitação em cabeçote de motor, foi desenvolvido um ensaio com restrição de deformação, efetuando-se aquecimento indutivo até 420 °C em 50 s, manutenção por 180 s e resfriamento ao ar comprimido até 50 °C, empregando-se barra de corpo de prova de tração (teste de fadiga termomecânica). A Figura 9.33 mostra resultados comparando-se ferros fundidos cinzentos e vermiculares, constatando-se o bom desempenho do ferro fundido vermicular classe FV-450, seguindo-se o vermicular FV-350 e o cinzento de alto carbono ligado ao molibdênio (3,6%C – 0,25% Mo). Esta mesma sequência é verificada na resistência mecânica destes ferros fundidos (Zieher et al., 2005).

Outro teste de fadiga térmica é apresentado na Figura 9.34 (disco com nervura) procurando simular situações de dilatação térmica não restringida, e onde condutividade térmica deve ser muito importante. Um conjunto de discos é testado simultaneamente, submetido sequencialmente a dois leitos fluidizados, um a 95 °C e outro a 955 °C, resultando temperaturas na nervura de 200 °C e 590 °C (no caso de ferro fundido cinzento). Os mesmos materiais da Tabela 9.6 foram submetidos a este teste, apresentando-se na Tabela 9.7 os resultados obtidos. De um modo geral, os ferros fundidos cinzentos apresentaram desempenho superior aos vermiculares, sendo que o cinzento ligado não mostrou presença de trincas após 2.000 ciclos (Park et al., 1985). Dos ferros fundidos vermiculares, quanto maior a quantidade de ferrita maior a resistência à fadiga térmica, possivelmente devido ao aumento da condutividade térmica, ou ainda da capacidade de acomodar tensões térmicas. Outro conjunto de resultados empregando este teste é mostrado na Tabela 9.8. Pode-se verificar os benefícios da utilização de elementos de liga em ferro fundido cinzento,

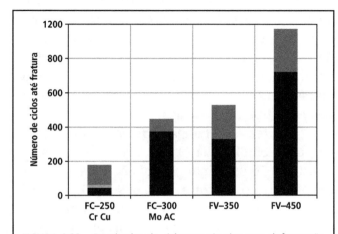

FIGURA 9.33 – Resultados de ciclagem térmica com deformação restringida, simulando a operação de cabeçote de motor (teste de fadiga termomecânica) (Zieher et al., 2004).

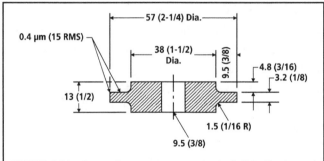

FIGURA 9.34 – Corpo de prova para ensaio de fadiga térmica em disco com nervura. Dimensões em mm (pol) (Röhrig, 1978).

TABELA 9.7 – Materiais ensaiados e resultados obtidos em teste de fadiga térmica com disco com nervura (Park et al., 1985).

C (%)	Ni (%)	Cr (%)	Mo (%)	Cu (%)	Sn (%)	ferrita %	LR (MPa)
3,30	0,11	0,19	0,03	0,13	0,012	<5	243
3,28	1,10	0,27	0,30	0,90	0,011	<1	268
3,60	0,05	0,09	0,02	0,49	0,014	50	408
3,58	0,07	0,15	0,58	0,47	0,013	30	500
3,62	0,08	0,12	0,11	0,54	0,055	10	456
3,61	0,08	0,13	0,51	0,53	0,056	10	454

TABELA 9.8 – Resultados de ensaio de fadiga térmica com disco com nervura. Ferros fundidos cinzentos. Ciclagem entre 200 e 590 °C (Gundlach, 1978).

C (%)	Ni (%)	Cr (%)	Mo (%)	Cu (%)	Sn (%)	LR (MPa)	Dureza (HB)	Módulo Elastic (GPa)	Número de ciclos até trincamento da nervura – Pequena trinca	Número de ciclos até trincamento da nervura – Grande trinca
3,43	0,10	0,10	-	0,10	-	267	196	105	475	925
3,45	0,60	0,49	-	0,59	-	302	224	106	800	1075
3,45	0,97	0,30	0,30	0,87	-	324	234	107	775	1475
3,44	0,10	0,21	0,38	0,30	0,077	306	223	114	925	1325
3,43	0,10	0,50	0,39	0,10	-	331	218	118	1100	1550

TABELA 9.9 – Resultados de testes de fadiga térmica empregando disco com nervura. Ferros fundidos nodulares e vermiculares. Ciclagem entre 240 e 690 °C (Röhrig, 1978).

	Ferrita (%)	C (%)	Si (%)	Cr (%)	Mo (%)	Sn (%)	Pequena trinca	Grande trinca
Nodular	61	3,7	2,17	-	-	-	700	800
	47			-	0,25	-	700	800
	19			0,26	0,25	-	360	370
Vermicular	40	3,7	1,8	0,20	-	-	430	460
	40			0,20	0,44	-	430	510
	5			0,20	-	0,047	340	380
	5			0,20	0,57	0,047	350	380

em particular da combinação de Cr + Mo. Efeitos benéficos de adições de Mo em ferros fundidos vermiculares ferríticos também foram verificados por Ott & Diehl (1998).

Este mesmo teste do disco com nervuras foi empregado para ensaios com ferros fundidos nodulares e vermiculares (Tabela 9.9). Observa-se que a resistência à fadiga térmica cresce com o aumento da quantidade de ferrita (Röhrig, 1978), o que pode estar relacionado ao aumento da condutividade térmica, ou ainda da capacidade de acomodar tensões térmicas. Nodulares ligados ao Si e Mo apresentaram baixa resistência ao trincamento neste ensaio, o que é atribuído à baixa condutividade térmica deste tipo de liga (Röhrig, 1978).

Comparando-se ainda as Tabelas 9.6 e 9.7, verifica-se que o desempenho dos ferros fundidos difere bastante conforme o tipo de solicitação de fadiga térmica. Em algumas situações o mais importante é a resistência mecânica (maior para os ferros fundidos vermiculares, Tabela 9.6), enquanto em outras solicitações a condutividade térmica (maior para os ferros fundidos cinzentos) é o parâmetro que determina o desempenho (Tabela 9.7). Para os ferros fundidos cinzentos, o aumento da resistência a quente, obtido com adições de Mo, faz aumentar a resistência à fadiga térmica em ambos os testes (Tabelas 9.6, 9.7 e 9.8), enquanto para os ferros fundidos vermiculares e nodulares o efeito preponderante da resistência a quente (Tabela 9.6) ou da quantidade de ferrita (Tabelas 9.7 e 9.8) depende do tipo de solicitação.

Um teste de fadiga térmica foi desenvolvido por Nechtelberger (1980), procurando simular a solicitação existente em cabeçote de motor, na região entre o injetor e a exaustão (Figura 9.35). A superfície com os furos é aquecida com queimador a gás até 460 °C, resfriada com água até 50 °C e então secada com jato de ar, e o ciclo se repete. Os resultados da Figura 9.36 mostram a superioridade

PROPRIEDADES DOS FERROS FUNDIDOS A ALTAS TEMPERATURAS

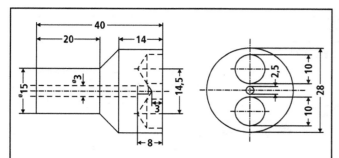

FIGURA 9.35 – Corpo de prova para teste de fadiga térmica simulando a condição de cabeçote de motor diesel. Medidas em mm (Nechtelberger, 1980).

dos ferros fundidos cinzentos de alto carbono, já que nenhum deles apresentou trincas após 600 ciclos; destaca-se aqui o ferro fundido cinzento com CrNiMo. No caso dos ferros fundidos de menor teor de carbono, verifica-se o bom desempenho do ferro fundido cinzento com CrMo. Foram testados também ferros fundidos nodulares e vermiculares ferríticos, apresentando desempenho bem inferior aos cinzentos, mostrando trincamento da ponte com menos de 200 ciclos (Röhrig, 1979).

Outro teste foi ainda desenvolvido pela Buderus (Figura 9.37), sendo utilizado para ensaiar diferentes tipos de ferros fundidos (Röhrig, 1978). Também neste caso é simulada a situação existente em cabeçotes de motor, efetuando-se o aquecimento por indução até 650 °C e resfriando-se por imersão em água. A Tabela 9.10 mostra o número de ciclos para trincar a ponte entre os dois furos. A resistência ao trincamento aumenta com o nível de resistência do material, de modo que o ferro fundido cinzento apresentou o pior desempenho, enquanto o ferro fundido nodular perlítico mostrou excelente desempenho, somente superado pelo nodular SiMo, que possui maior resistência a quente e não sofre decomposição da perlita. Enquanto os ferros fundidos cinzento e vermiculares apresentam praticamente apenas uma trinca, os nodulares mostram uma grande quantidade de pequenas trincas, em especial o nodular SiMo (Röhrig, 1978). Apesar da similaridade entre os corpos de prova das Figuras 9.35 e 9.37, ambos procurando simular a situação em cabeçote de motor, os resultados obtidos mostram tendências bem diferentes. Em condições de aquecimento muito rápido, aparentemente não se evidenciam os efeitos benéficos da alta condutividade térmica dos ferros fundidos cinzentos (Tabela 9.10); nestas condições, parece ser mais importante a resistência mecânica.

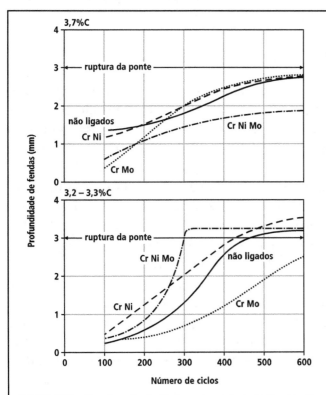

FIGURA 9.36 – Crescimento de trincas em ensaio de fadiga térmica com corpo de prova de Nechtelberger. Ferros fundidos cinzentos. Elementos de liga em teores de 0,3%. A curva cheia representa o ferro fundido cinzento sem elementos de liga (Nechtelberger, 1980).

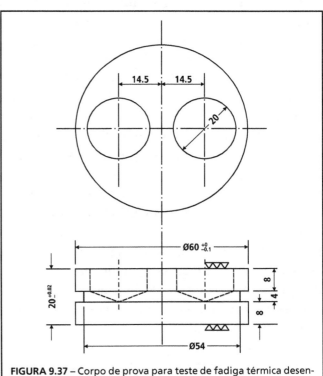

FIGURA 9.37 – Corpo de prova para teste de fadiga térmica desenvolvido pela Buderus. Dimensões em mm (Röhrig, 1978).

TABELA 9.10 – Número de ciclos (faixas de resultados) para trincar a ponte entre os furos (Figura 9.37). Ciclagem entre 20 e 650 °C. Resultados para diferentes ferros fundidos. Composição química em percentagem (Röhrig, 1979).

	Número de ciclos até ruptura	C	Si	
Cinzento perlítico		2,96	2,9	0,12 Cr
Vermicular ferrítico		3,52	2,61	
Vermicular perlítico		3,52	2,25	1,47 Cu
Nodular ferrítico		3,67	2,55	
Nodular perlítico		3,6	2,34	0,54 Cu
Nodular ferrítico 5Si-1Mo		3,48	4,84	1,02 Mo
	80 100 400 1.000			

TABELA 9.11 – Testes de discos de freio, em bancada. Número de ciclos para aparecer trinca grande (Maluf, 2007).

	Ferro fundido cinzento	LR (MPa)	LR a 600 °C (MPa)	Número de ciclos
A	3,36 C – 0,16 Cr	232	88	250
B	3,45 C – 0,30 Cr – 0,41 Mo – 0,10 Cu	267	99	>400
E	3,49 C – 0,29 Cr – 0,52 Cu	223	70	342
C	3,71 C – 0,19 Cr – 0,42 Mo – 0,40 Cu	225	80	ND

ND – não determinado

Testes de discos de freio em bancada tem sido utilizados para classificar diferentes tipos de ferros fundidos. Estes são ensaios acelerados, que criam condições extremamente agressivas, procurando fornecer resultados para a seleção de materiais para discos de freio. A Tabela 9.11 apresenta alguns resultados de ensaios efetuados por Maluf (2007), registrando-se o número de frenagens para o aparecimento de uma trinca grosseira. Verifica-se o bom desempenho do ferro fundido cinzento ligado ao Cr e Mo, com alta resistência a quente.

Interessante estudo foi feito por Riposan et all (1985), identificando a formação de trincas na microestrutura sob solicitações de fadiga térmica. O corpo de prova empregado sofreu restrição externa para deformação, sendo aquecido (52 s) e resfriado (19 s) entre 20 e 900 °C. Em ferro fundido cinzento, aparecem trincas já nos primeiros ciclos, localizando-se nas extremidades das lamelas de grafita. O número de partículas de grafita afetadas por trincas cresce com a ciclagem térmica, de modo que, quando aparece a primeira trinca macroscópica visível, cerca de 90% das partículas de grafita estão associadas a trincas. Quando da presença de defeitos como porosidades de gases ou microrrechupes, as trincas se concentram nestes locais. Em ferro fundido nodular as trincas aparecem com menor intensidade, preferencialmente associadas a partículas de grafita não esféricas, com aspecto radial em torno do nódulo. Se existirem partículas de cementita livre, as trincas são nucleadas nestas partículas. Já em ferro fundido vermicular as trincas formam-se junto às pontas das partículas de grafita ou, no caso de partículas mais compactas, radialmente como no caso do ferro fundido nodular. O desenvolvimento das microtrincas conduz ao trincamento da matriz entre as partículas de grafita (Riposan et al., 1985).

9.7 FADIGA TERMOMECÂNICA

Alguns autores tem procurado caracterizar o comportamento de ferros fundidos em condições de fadiga de baixo ciclo, com ensaios a quente ou ainda com ciclagens térmicas e mecânicas. Um conjunto de resultados, para as ligas da Tabela 9.11, é apresentado nas Figuras 9.38 a 9.41, registrando-se resultados de fadiga isotérmica em ciclos controlados por deformação (temperatura ambiente, 300 °C e 600 °C), bem como de ciclagem térmica e mecânica (fadiga termomecânica), com ciclos em fase (coincidência de picos de deformação por tração e térmico) e fora de fase (coincidência dos picos de deformação por compressão e térmico). Os ciclos térmicos representavam aquecimentos e resfriamentos entre 300 e 600 °C. Os ensaios sob fadiga termomecânica representam as condições mais severas, em particular os fora de fase, pois o pico de tensão de tração ocorre com a menor temperatura do ciclo, impondo altos valores de tensão de tração ao material. Nestas condições destacou-se a Liga E (Tabela 9.11 e Figura 9.41), cinzento ligado ao Cr e Cu (Maluf, 2007), resultado provavelmente de um compromisso entre propriedades mecânicas e condutividade térmica.

9.8 DESGASTE A QUENTE

Algumas aplicações envolvem solicitações de desgaste a quente, como por exemplo camisas de cilindro, anéis e guias de válvula de motores de combustão interna (Demarchi et al., 1996), discos e tambores de freio (Cueva et al., 2003, Guesser et al., 2003).

Na maioria dos motores especifica-se para o bloco de motor de ferro fundido cinzento um teor mínimo de perlita (>95%) para conferir resistência ao desgaste à parede do cilindro. Porém em alguns casos é necessário aumentar a resistência ao desgaste com a presença de partículas de alta dureza. Assim, em camisas de cilindro de motores diesel e em guias de válvula é comum empregar fósforo como elemento de liga, formando-se uma rede de esteadita, estável termicamente, que confere a ne-

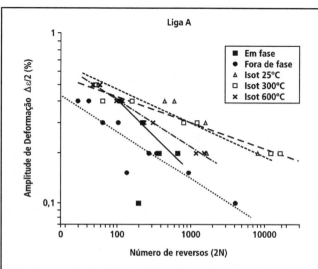

FIGURA 9.38 – Amplitude de deformação em função do número de reversos para falhar, para a liga A (ver Tabela 9.11). Comparativo entre fadiga termomecânica, em fase e fora de fase, e fadiga isotérmica a 25 °C, 300 °C e 600 °C (Maluf, 2007).

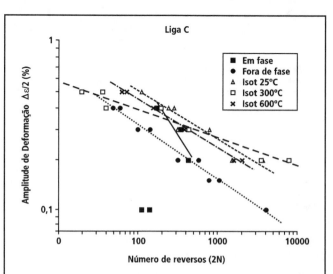

FIGURA 9.40 – Amplitude de deformação em função do número de reversos para falhar, para a liga C (ver Tabela 9.11). Comparativo entre fadiga termomecânica, em fase e fora de fase, e fadiga isotérmica a 25 °C, 300 °C e 600 °C (Maluf, 2007).

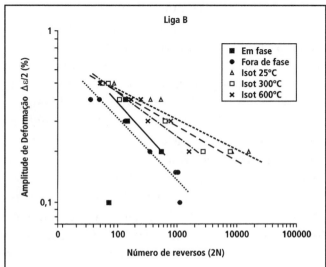

FIGURA 9.39 – Amplitude de deformação em função do número de reversos para falhar, para a liga B (ver Tabela 9.11). Comparativo entre fadiga termomecânica, em fase e fora de fase, e fadiga isotérmica a 25 °C, 300 °C e 600 °C (Maluf, 2007).

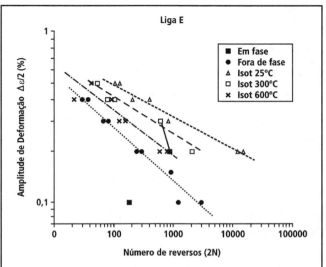

FIGURA 9.41 – Amplitude de deformação em função do número de reversos para falhar, para a liga E (ver Tabela 9.11). Comparativo entre fadiga termomecânica, em fase e fora de fase, e fadiga isotérmica a 25 °C, 300 °C e 600 °C (Maluf, 2007).

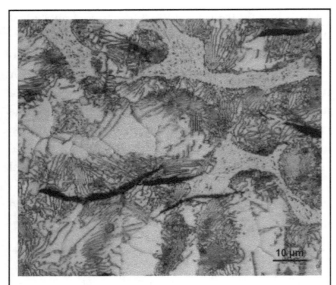

FIGURA 9.42 – Microestrutura de camisa de cilindro em ferro fundido cinzento recozido, ligado ao fósforo. Grafita, esteadita, matriz perlítica. Ataque: Nital. Aumento original de 1.000 X.

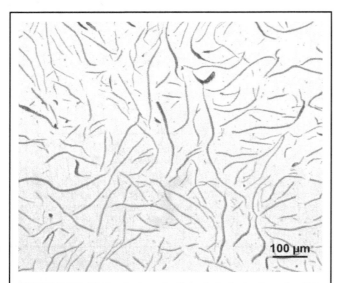

FIGURA 9.43 – Microestrutura de disco de freio em ferro fundido cinzento de alto teor de carbono, com alta condutividade térmica. Classe FC 200, grande quantidade de grafita. Sem ataque, aumento original de 100 x (Guesser et al., 2003).

cessária resistência ao desgaste mesmo em altas temperaturas (Figura 9.42). Em camisas de cilindro de motocicleta são utilizadas, além do fósforo, adições de vanádio e de nióbio, elementos forte formadores de carbonetos, de alta dureza e estáveis em altas temperaturas, e que também resultam em boa resistência ao desgaste (Castro et al., 1976, Campomanes & Goller, 1973, Branco & Beckert-1984). Também em anéis de pistão de ferro fundido nodular empregam-se teores de nióbio de 0,5% para aumentar a resistência ao desgaste a quente, resultando partículas de NbC de morfologia compacta (Vatavuk & Mariano, 1989).

Em discos e tambores de freio utilizam-se ferros fundidos cinzentos com altos teores de carbono para diminuir a temperatura de trabalho, o que resulta em menores taxas de desgaste tanto para o disco como para as pastilhas. A Figura 9.43 ilustra uma microestrutura (sem ataque) de um ferro fundido cinzento de alta condutividade térmica, com grande quantidade de grafita, empregado para discos de freio (Guesser et al., 2003). Elementos de liga como molibdênio e nióbio são ainda especificados para aumentar a resistência mecânica e ao desgaste (Cueva et al., 2003).

9.9 FERROS FUNDIDOS NODULARES LIGADOS AO SILÍCIO E MOLIBDÊNIO

Os ferros fundidos nodulares ligados ao silício e molibdênio representam uma importante família de ferros fundidos ligados, especialmente projetados para trabalho a quente. Destaca-se o seu uso em coletores de exaustão e carcaças de turbocompressores (Beckert & Guedes, 1989).

O teor de Si é aumentado, dos usuais 2,2-2,8%, para 4,0-5,0%, objetivando-se o aumento da temperatura de transformação ferrita/austenita, aumentando assim o campo de utilização do componente de matriz ferrítica. A Tabela 9.12 mostra que teores crescentes de silício aumentam a temperatura de austenitização, verificando-se que nodulares com 4,0% poderiam ser empregados até 820 °C, sem ocorrência de transformação ferrita/austenita. Deste modo, em vez de procurar aumentar a estabilidade da perlita com o uso de elementos de liga, de emprego limitado em ferro fundido nodular, expande-se o campo ferrítico. Para compensar a baixa resistência da ferrita, utilizam-se altos teores de silício (endurecimento por solução sólida) e adições controladas de molibdênio (0,3-1,0%), elemento comprovadamente de alto efeito endurecedor a quente (endurecimento por solução sólida e por formação de carbonetos). Além disso, o silício fornece boa resistência à oxidação, completando assim o conjunto de requisitos para um ferro fundido nodular para trabalho a quente. Na Figura 9.44 pode-se observar

PROPRIEDADES DOS FERROS FUNDIDOS A ALTAS TEMPERATURAS

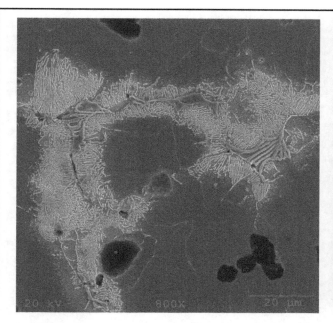
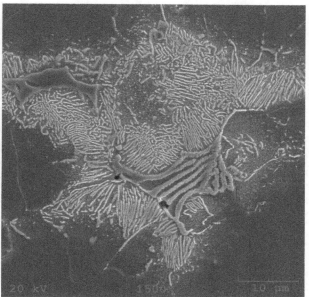

FIGURA 9.44 – Microestrutura de ferros fundidos nodulares ligados ao SiMo, revelando a estrutura dos carbonetos de molibdênio. 800 e 1500x (Melleras, 2001).

a microestrutura deste material (Melleras, 2001). A matriz é predominantemente ferrítica, com carbonetos eutéticos intercelulares, ricos em Mo. Junto a estes carbonetos pode-se observar a presença de finos carbonetos Fe_2MoC/M_6C, formados por precipitação a partir da ferrita; estas áreas foram erroneamente denominadas de perlita (Perrin et all, 2004, Black et al., 2003). A sua quantidade aumenta com o teor de molibdênio (Melleras, 2001).

A Norma SAE J2582/2004 estabelece 3 classes de nodulares SiMo, todas com 3,5-4,5% Si, e com teores crescentes de Mo, de 0,5 a 1% (ver Tabela 5.31 do capítulo sobre Normas). As propriedades mecânicas destas classes foram apresentadas na Tabela 5.32 do capítulo sobre Normas. Na Figura 9.45 pode-se observar o efeito do teor de silício sobre as propriedades mecânicas (à temperatura ambiente) dos ferros fundidos nodulares, verificando-se o aumento da resistência e a diminuição do alongamento, com teores crescentes de silício (Fallon, 1993). Melleras (2001) verificou, com medidas de microdureza da ferrita, que tanto o silício como o molibdênio endurecem a ferrita por solução sólida. A diminuição de dutilidade tem sido a limitante para emprego de teores de silício mais elevados, verificando-se entretanto uma tendência em coletores de escape ao uso de nodulares com 5% Si, em substituição aos nodulares com 4% Si. Neste caso todas as operações de manuseio da peça na fabricação e na montagem devem sofrer uma revisão, de

TABELA 9.12 – Temperatura de início da transformação ferrita/austenita (aquecimento lento) em função do teor de silício de ferros fundidos nodulares (Röhrig, 1987).

% Si	Temperatura (°C)
2	730
2,5	740
3	780
4	820
5	900
6	960

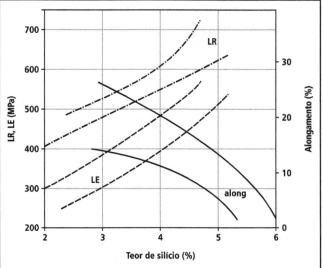

FIGURA 9.45 – Efeito do teor de silício sobre as propriedades mecânicas de ferro fundido nodular ligado ao SiMo (Fallon, 1993).

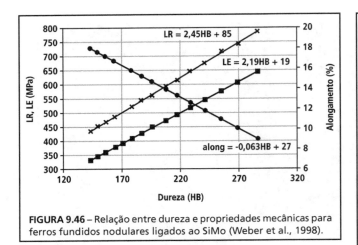

FIGURA 9.46 – Relação entre dureza e propriedades mecânicas para ferros fundidos nodulares ligados ao SiMo (Weber et al., 1998).

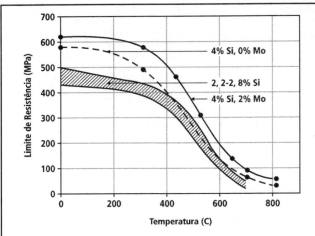

FIGURA 9.47 – Efeitos dos teores de Si e Mo na resistência a quente de ferro fundido nodular ferrítico (Fallon, 1993).

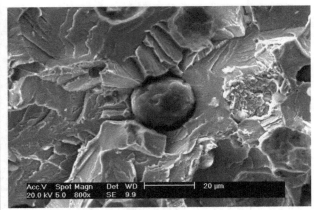

FIGURA 9.48 – Fraturas de ferro fundido nodular SiMo (4,9% Si – 1,60% Mo) em ensaio de tração à temperatura ambiente, com predominância de clivagem (a) e a 650 °C, fratura dútil (b) (Melleras, 2001).

modo a evitar quebras do componente. Na Figura 9.46 pode-se verificar o efeito da dureza sobre as propriedades mecânicas dos nodulares ligados ao SiMo, e que pode ser usada como ferramenta de controle de qualidade (Weber et al., 1998).

A Figura 9.47 apresenta resultados de propriedades a quente, verificando-se a queda de resistência a partir de 400 °C. Constata-se aqui o efeito sensível do molibdênio em aumentar a resistência a quente, mesmo em temperaturas acima de 600 °C. Melleras (2001) também registrou este efeito, em ensaios a 650 °C, verificando além disso que o efeito do silício sobre a resistência a quente é muito pequeno.

Em nodulares com 4% e com 5% Si, à temperatura ambiente, a fratura obtida em ensaios de tração apresenta clivagem em grande quantidade, enquanto a 650 °C a fratura era sempre dútil, como pode ser observado na Figura 9.48 (Melleras, 2001).

Nodulares ligados ao SiMo são sensíveis à fragilização por exposição a temperaturas intermediárias (350-500 °C), associada com fratura intergranular (Cheng et al., 1995). Este tipo de fragilização intergranular é típico de microestruturas com ferrita, principalmente sob altas velocidades de solicitação (ver capítulo sobre Mecanismos de Fragilização).

Resultados adicionais de fluência em nodulares ligados ao silício podem ser vistos na Figura 9.49, verificando-se o efeito marcante do molibdênio em aumentar a resistência à fluência. Assim, por exemplo, à temperatura de 650 °C e tensão de 70 MPa, um nodular com 4% Si irá romper em tempos superiores a 2 h, enquanto o nodular com 4% Si + 2% Mo suportará tempos de até cerca de 35 h. Apesar de obtidos com ensaios relativamente acelerados, os resultados da Figura 9.49, e em particular da Figura 9.50 permitem a estimativa de vida de componentes em aplicações a altas temperaturas. No caso da Figura 9.50, emprega-se a velocidade de

PROPRIEDADES DOS FERROS FUNDIDOS A ALTAS TEMPERATURAS

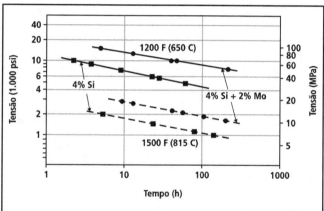

FIGURA 9.49 – Curvas de fluência (tensão e tempo até ruptura) em ferro fundido nodular com 4% Si, e com adição de 2% Mo (Goodrich, 2003).

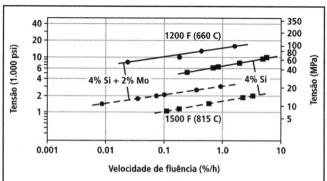

FIGURA 9.50 – Fluência em ferro fundido nodular com 4% Si, com adições de Mo (Goodrich, 2003).

TABELA 9.13 – Velocidade de fluência para ferros fundidos nodulares ligados ao Si e Mo (Fallon, 1993).

	Temperatura (°C)	Tensão (MPa) para velocidade de fluência de	
		10^{-3} (% / h)	10^{-2} (% / h)
2,2% Si	650	8	16
4% Si + 1% Mo	650	20	28
4% Si + 1% Mo	815	5	7

TABELA 9.14 – Resultados de fadiga térmica com deformação restringida (Figura 9.31). Ferros fundidos nodulares. Ciclagem entre 200 e 650 °C (Fallon, 1993).

Elementos de liga	Número de ciclos até a fratura
2,1% Si	80
3,6 % Si	173
3,6% Si + 0,4% Mo	375
4,4% Si + 0,2% Mo	209
4,4% Si + 0,5% Mo	493

fluência como critério (Goodrich, 2003). A Tabela 9.13 mostra ainda alguns valores de fluência para nodulares ligados ao Si e Mo (Fallon, 1993).

Em solicitações de fadiga térmica onde a resistência a quente for a propriedade mais importante, os nodulares ligados ao Si e Mo apresentam bom desempenho, como pode ser visto na Tabela 9.10 e também na Tabela 9.14. Já em condições onde a condutividade térmica for fator importante (disco com nervuras da Figura 9.34), Beckert & Guedes (1989), com ciclagem entre 760 e 900 °C, verificaram que a presença de altos teores de Si diminui o número de ciclos até a fratura; adição de 0,5% Mo reduziu ainda mais o número de ciclos. Neste caso, a diminuição da dutilidade e da condutividade térmica devem ter sido os fatores preponderantes.

Para temperaturas mais altas que 870 °C, empregam-se os ferros fundidos nodulares austeníticos, ligados ao Ni.

9.10 FERROS FUNDIDOS NODULARES AUSTENÍTICOS

No capítulo sobre Normas foram apresentados os requisitos de composição química e de propriedades mecânicas das classes previstas na Norma ASTM A439 (Tabelas 5.33 e 5.34).

A Tabela 9.15 mostra as composições químicas das principais classes de ferros fundidos nodulares e cinzentos austeníticos, verificando-se os altos teores de níquel, que conferem matriz austenítica para estes ferros fundidos (Morrison & Röhrig, 2000). Estes materiais são empregados para utilização a altas temperaturas, bem como para aplicação em ambientes corrosivos (Tabela 9.16). Resultados de resistência à oxidação foram apresentados na Tabela 9.1, podendo-se verificar que as classes contendo altos teores de Si e Cr (por exemplo, D-4) apresentam excelente resistência à oxidação.

Na Figura 9.51 pode-se observar resultados de resistência a quente dos ferros fundidos nodulares austeníticos, comparativamente a nodulares ferríticos (não ligado e SiMo) e aços inoxidáveis, verificando-se bons níveis de resistência até temperaturas acima de 700 °C (Röhrig, 2002).

A Figura 9.52 apresenta resultados comparativos de fluência para diversos ferros fundidos nodulares, comprovando-se o bom desempenho dos nodulares austeníticos, tanto a 700 como a 900 °C. Também nos nodulares austeníticos adições de molibdênio aumentam a resistência à fluência (Röhrig, 2003).

TABELA 9.15 – Composição química (%) das classes de ferros fundidos austeníticos (cinzentos e nodulares), de acordo com a Norma EN 13835/2000 (Morrison & Röhrig, 2000).

Classe EN-	DIN 1694	C	Si	Mn	Ni	Cr	Cu	Ni-Resist
\multicolumn{9}{c}{Classes normais}
	GGL-NiCr 15 6 2	3,0	1,0-2,8	0,5-1,5	13,5-17,5	1,0-3,5	5,5-7,5	1
GJSA-XNiCr20-2	GGG-NiCr 20 2	3,0	1,5-3,0	0,5-1,5	18,0-22,0	1,0-3,5	0,5	D-2
	GGG-NiCr 20 3	3,0	1,0-3,0	0,5-1,5	18,0-22,0	2,5-3,5	0,5	D-2B
GJSA-XNiNbCr20-2	GGG-NiCrNb 20 2	3,0	1,5-2,4	0,5-1,5	18,0-22,0	1,0-3,5	0,5	D-2W
	GGG-NiMn 23 4	2,6	1,5-2,5	4,0-4,5	22,0-24,0	0,2 max	0,5	D-2M
	GGG-Ni 22	3,0	1,0-3,0	1,5-2,5	21,0-24,0	0,5 max	0,5	D-2C
	GGG-Ni 35	2,4	1,5-3,0	0,5-1,5	34,0-36,0	0,2 max	0,5	D-5
GJSA-XNiSiCr35-5-2	GGG-NiSiCr 35 5 2	2,0	4,0-6,0	0,5-1,5	34,0-36,0	1,5-2,5	0,5	D-5S
\multicolumn{9}{c}{Classes para aplicações especiais}
	GGL-NiMn 13 7	3,0	1,5-3,0	6,0-7,0	12,0-14,0	0,2 max	0,5	
	GGG-NiMn 13 7	3,0	2,0-3,0	6,0-7,0	12,0-14,0	0,2 max	0,5	
	GGG-NiCr 30 3	2,6	1,5-3,0	0,5-1,5	28,0-32,0	2,5-3,5	0,5	D-3
	GGG-NiSiCr 30 5 5	2,6	5,0-6,0	0,5-1,5	28,0-32,0	4,5-5,5	0,5	D-4
GJSA-XNiSiCr35-3	GGG-NiSiCr 35 3	2,4	1,5-3,0	0,5-1,5	34,0-36,0	2,0-3,0	0,5	D-5B

TABELA 9.16 – Classes de ferro fundido nodular austenítico previstas na Norma ASTM A439-84 (Warda et al., 1998).

Classe	LR (MPa)	LE (MPa)	Along (%)	HB	Aplicação
D-2	408	211	8	139-202	corpos de válvula, serviço em água salina e cáustica, coletores e carcaças de turbo
D-2B	408	211	7	148-211	carcaças de turbo, rolos
D-2C	408	197	20	121-171	anéis-guia de eletrodos, anéis de turbina a vapor
D-3	387	211	6	139-202	carcaças de turbo, diafragmas de turbina a vapor, difusores de compressor a gás
D-3A	387	211	10	131-193	mancais para alta temperatura
D-4	422	0		202-273	coletores de motores diesel, juntas de coletores
D-5	387	211	20	131-185	rolos para vidraria, carcaças, anéis para turbina a gás
D-5B	387	211	6	139-193	espelhos para sistemas óticos e peças de precisão dimensional
D-5S	457	211	10	131-193	coletores e carcaças de turbo com ciclagem térmica severa

Na Tabela 9.17 são apresentados resultados de fadiga térmica em ensaio com restrição à deformação (Figura 9.31), comparando-se nodulares ferríticos e austeníticos, com diferentes teores de elementos de liga. Verifica-se o efeito do molibdênio em aumentar a vida sob fadiga térmica, tanto para os nodulares ferríticos como para os austeníticos (Röhrig, 1981).

Algumas classes de nodulares austeníticos (EN-GJSA-XNiNbCr20-2 e EN-GJSA-XNiSiCr35-5-2) podem ser soldadas sem pré-aquecimento, empregando eletrodos de NiFe60, permitindo então a junção por solda entre coletor de exaustão e outras partes do sistema de exaustão (Röhrig, 2003).

Uma ampla discussão sobre a utilização das diversas classes pode ser vista em Hasse (1996). As normas técnicas nominadas no capítulo sobre Normas (EN e ASTM) contém diversas informações sobre as propriedades e empregos das diversas classes. Detalhes de propriedades mecânicas a quente e resistência à corrosão das diversas classes podem ainda ser vistas em Hasse (1996) e Warda et all (1998).

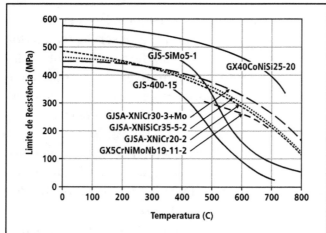

FIGURA 9.51 – Propriedades a quente de ferros fundidos nodulares austeníticos, comparativamente a nodulares ferríticos SiMo e aços inox. Designação segundo as normas européias (Röhrig, 2002).

PROPRIEDADES DOS FERROS FUNDIDOS A ALTAS TEMPERATURAS

TABELA 9.17 – Resultados de fadiga térmica em ensaio com restrição à deformação (Figura 31), para nodulares ferríticos e austeníticos. Ciclagem entre 200 e 650 °C (Röhrig, 1981).

	Nodulares ferríticos			Nodular austenítico D-5S (GGG-NiSiCr 35 5 2)	
Elementos de liga (%)	3,6 Si	3,6 Si + 0,5 Mo	4,4 Si + 0,4 Mo	-	0,9 Mo
Número de ciclos até a fratura	173	375	493	364	566

EXERCÍCIOS

1) Uma determinada peça de ferro fundido nodular ferrítico fica inutilizada quando, em trabalho a quente, forma-se uma camada oxidada que atinge uma espessura superior a 0,4 mm. Se esta peça deve trabalhar a 650 °C, qual deve ser o mínimo teor de silício para que a vida da peça seja superior a 150 h? (sugestão: utilizar os dados da Tabela 9.1 para estabelecer a correlação entre espessura de camada oxidada e aumento de peso, para nodulares ferríticos. Utilizar então a Figura 9.7 para estimar o teor de silício). O que acontece se for introduzido um certo percentual de vapor d'água no ar? E se durante as 150 h ocorrerem resfriamentos até 200 °C?

2) Uma peça trabalha a quente, sob um nível de tensão de tração de 20 MPa. Num comprimento de 300 mm, a peça é inutilizada quando, sob deformação a quente, atinge 303 mm. Determinar a vida desta peça produzida em:
- nodular ferrítico com 4% Si
- nodular ferrítico com 4% Si + 2% Mo

Nas temperaturas de:
- 650 °C
- 815 °C

Discutir os resultados obtidos, considerando inclusive os custos de elementos de liga. (sugestão: extrapole os dados da Figura 9.50).

3) Comparar as especificações da Norma SAE J2582 com os resultados típicos de uma fundição apresentados na Figura 9.46. Eles são compatíveis entre si?

4) Supondo que uma peça seja submetida a esforços mecânicos por 100.000 h a 400 °C. Qual seria a tensão que esta peça suportaria nas seguintes condições:
- Deformação máxima de 0,1%, peça de ferro fundido cinzento classe FC 250.
- Ruptura, peça de ferro fundido cinzento classe FC 250.
- Deformação máxima de 0,1%, peça de ferro fundido nodular classe FE 42012.
- Ruptura, peça de ferro fundido nodular classe FE 42012
- Deformação máxima de 0,1%, peça de ferro fundido nodular classe FE 70002.
- Ruptura, peça de ferro fundido nodular classe FE 70002

Calcular as tensões que poderiam ser empregadas em projeto de peças para cada um dos materiais acima, considerando os critérios apresentados na Tabela 9.5 (80% da tensão para deformação de 0,1% e 1/3 da tensão para

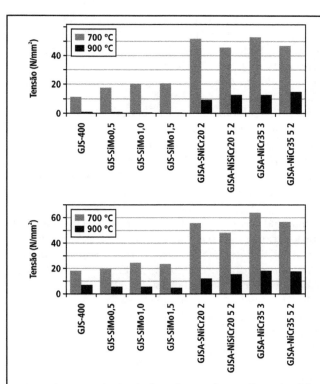

FIGURA 9.52 – Resultados de fluência para diversos ferros fundidos nodulares. Designação de acordo com as normas européias EN (Röhrig, 2003).
a) Tensão para uma deformação de 0,1% em 100 horas.
b) Tensão de ruptura para 100 horas.

ruptura).

5) A formação de uma camada oxidada pode ser descrita por (Bastid et al., 1997):

$$x_{oxid} = K_{oxid} \cdot (t)^{1/2} \qquad (9.3)$$

x_{oxid} – espessura oxidada (mm)
t – tempo de exposição (h)
K_{oxid} – constante, que depende da temperatura e do material.

Similarmente, a descarbonetação pode ser descrita por:

$$x_{desc} = K_{desc} \cdot (t)^{1/2} \qquad (9.4)$$

x_{desc} – espessura descarbonetada, sem grafita nos buracos dos nódulos (mm)
t – tempo de exposição (h)
K_{desc} – constante, que depende da temperatura e do material.

A 890 °C, foram determinados os valores das constantes como apresentado na Tabela a seguir. Determinar as espessuras oxidadas e descarbonetadas para os dois tipos de ferro fundido nodular, quando submetidos a 4.000 h a 890 °C. Discutir os resultados obtidos. Supor ainda que esta tenha sido a situação num coletor de escape (espessura de 2,5 mm), em veículo rodando a uma velocidade média de 50 km/h. Discutir os resultados obtidos sob este enfoque.

Ferro fundido	K_{oxid} (mm.h$^{-1/2}$)	K_{desc} (mm.h$^{-1/2}$)
Nodular ferrítico (2,95% Si)	0,0120	0,13
Nodular Si Mo (3% Si – 0,6% Mo)	0,0109	0,14

REFERÊNCIAS BIBLIOGRÁFICAS

Altstetter, J. D. & Nowicki, R. M. Compacted graphite iron: its properties and automotive applications. *AFS Transactions*, v. 90, p. 959-970, 1982.

Angeloni, M. *Fadiga isotérmica em ligas de ferro fundido cinzento para discos de freio automotivos*. Dissertação de Mestrado, USP S Carlos, 2005.

Angus, H. T.; Lamb, A. D.; Scholes, J. P. Conditions leading to failure in cast iron brakes. *BCIRA Journal*, p. 371-385, Report 837, 1966.

Bastid, P.; Andrieu, E.; Grente, C.; Ortiz, M.; Marconnet, E. Untersuchungen an Werkstoffen für hochbeanspruchte Abgaskrümmer. *Konstruiren + Giessen*, v. 20, n. 2, p. 26-28, 1995.

Bastid, P.; Pilvin, P.; Grente, C.; Andrieu, E. Microstructural evolution of spheroidal graphite cast iron at high temperature: consequences on mechanical behaviour. Physical Metallurgy of Cast Iron V. In: *Advanced Materials Research*, v. 4-5, p. 139-146, 1997 (http://www.scientific.net).

Black, B.; Burger, G.; Logan R.; Perrin, R.; Gundlach, R. A estrutura metalográfica e dimensional do GJS-SiMo a temperaturas elevadas. *Fundição e Serviços*, p. 48-69, set 2003.

Bechet, S. & Röhrig, K. Fundiciones ferríticas de grafito esferoidal resistentes a temperaturas elevadas. *Colada*, v. 11, n. 7-8, p.195-205, 1978.

Beckert, E. A. & Guedes, L. C. Ferros fundidos com 4% silício. In: *A Indústria de Fundição – Estado da Arte*. Seminário ABM, p. 253-272, Joinville, 1989.

Booth, G. N. New roads for automotive castings. *Modern Casting*, p. 23-29, out 1990.

Branco, C. H. C. & Beckert, E. A. Niobium in gray cast iron. *Niobium Technical Report* 05/84, CBMM, 1984.

Campomanes, E. & Goller, R. Effects of Cb addition on the properties and structure of gray iron. *AFS Transactions*, v. 81, p. 122-125, 1973.

Castro, C. P.; Chaves Filho, L. M.; Pieske, A. Efeitos do nióbio em ferro fundido cinzento. *Metalurgia ABM*, v. 32, n. 220, p. 169-176, 1976.

Chapman, B. J. & Mannion, G. *Titanium – bearing cast irons for automotive braking applications*. Meehanite Report E.1344, 1981.

Cheng, C. P.; Lui, T. S.; Chen, L. H. A study of the 500 C to 900 C tensile deformation behaviour of spheroidal graphite cast iron. *Cast Metals*, v. 8, n. 4, p. 211-216, 1995.

Cueva, G.; Tschiptschin, A. P.; Sinátora, A. Guesser, W. L. *Desgaste de ferros fundidos usados em discos de freio de veículos automotores*. Congresso SAE Brasil, S. Paulo, 2000.

Cueva, G.; Tschiptschin, A. P.; Sinátora, A. Guesser, W. L. *Influência da carga de frenagem na resistência ao desgaste de ferros fundidos usados em discos de freio.Brake Colloquium*, SAE Brasil, Gramado, 2003.

Cueva, G.; Sinátora, A. Guesser, W. L.; Tschiptschin, A. P. Wear resistance of cast irons used in brake disc rotors. *Wear*, n. 255, p. 1256-1260, 2003.

Cunha, V. M. I. & Canning, H. C. Marine diesel cylinder-head production. *Foundry Trade Journal*, p. 477-489, 1975.

Demarchi, V.; Windlin, F. L.; Leal, M. G. G. *Desgaste abrasivo em motores diesel*. Congresso SAE Brasil, S Paulo, SAE Technical Paper Series 962380 P, 1996.

Fallon, M. The high silicon and silicon-molybdenum ductile irons. *BCIRA Technology*, v. 41, n. 6, p. 10-12, Report 9321, 1993.

Gilbert, G. N. J. The growth and scaling characteristics of cast irons in air and steam. *BCIRA Journal*, v. 7, p. 478-566, 1959.

Guesser, W. L.; Baumer, I.; Tschipstchin, A.; Cueva, G.; Sinátora, A. *Ferros fundidos empregados para discos e tambores de freio. Brake Colloquium*, SAE Brasil, Gramado, 2003.

Guesser, W. L.; Masiero, I.; Melleras, E.; Cabezas, C. S. *Thermal conductivity of gray iron and compacted graphite iron used for cylinder heads*. SULMAT, Joinville, 2004.

Gundlach, R. B. Elevated-temperature properties of alloyed gray irons for diesel engine components. *AFS Transactions*, v. 86, p. 55-64, 1978.

Gundlach, R. B. The effects of alloying elements on the elevated temperature properties of gray irons. *AFS Transactions*, v. 91, p. 389-422, 1983.

Gundlach, R. B. & Santanam, C. Thermal fatigue resistance of silicon-molibdenum ductile irons. Keith Millis Symposium on Ductile Iron, p. 365-398, South Carolina, 1998.

Hachenberg, K.; Kowalke, H.; Motz, J. M.; Röhrig, K.; Siefer, W.; Staudinger, P.; Tölke, P.; Werning, H.; Wolters, D. B. Gusseisen mit Kugelgraphit. *Konstruiren + Giessen*, v. 13. n. 1, 1988.

Henke, F. Über die Temperaturwechselbeständigkeit von Gusseisen. *Giesserei-Praxis*, n. 2, p. 21-35 – n. 3, p. 47-59 – n. 4, p. 71-81, 1974.

Hughes, I. C. H. & Powell, J. Compacted graphite irons: high-quality engineering materials in the cast iron family. *BCIRA Journal*, p. 262-272, Report 1628, 1985.

Krause, W. *Aspectos da fadiga dos metais (aços e ferros fundidos)*. VI Encontro Regional de Técnicos Industriais, ATIJ-ETT, Joinville, 1978.

Li, D.; Perrin, R.; Burger, G.; McFarlan, D.; Black, B.; Logan, R.; Williams, R. *Solidification behavior, microstructure, mechanical properties, hot oxidation and thermal fatigue resistance of high silicon SiMo nodular cast irons*. SAE World Congress, Detroit, 2004.

Löhe, D. *Properties of vermicular cast iron at mechanical and thermal-mechanical loading*. 8th Machining Workshop for Powertrain Materials. Darmstadt, 2005.

Maluf, O. *Fadiga termomecânica em ligas de ferro fundido cinzento para discos de freio automotivos*. Tese de doutorado, Ciência e Engenharia de Materiais, USP, S Carlos, 2007.

Melleras, E. *Influência do silício e do molibdênio nas propriedades dos ferros fundidos nodulares ferríticos brutos de fundição*. Dissertação de mestrado. UFSC. 2001.

Melleras, E.; Bernardini, P.; Guesser, W. L. *Coletores de escape em nodular SiMo*. Congresso SAE Brasil, São Paulo, 2003.

Morrison, J. C. & Röhrig, K. A. produção de peças em ferro fundido austenítico. *Fundição e Serviços*, p.24-47, jan 2000.

Nechtelberger, E. *The properties of cast iron up to 500 C*. Technocopy Ltd, England, 1980.

Nogueira, M. A. S.; Merlo, F. C.; Falleiros, I. G. S. *Metalografia de uma lingoteira de ferro fundido nodular em fim de vida*. 34º Congresso Anual da ABM, Porto Alegre, 1979.

Norma VDG – Merkblatt W50/2002. Gusseisen mit Vermiculargraphit. 2002.

Ott, S. & Diehl, M. D. *Fadiga térmica em ferro fundido vermicular*. Congresso ABM, S Paulo, 1998.

Palmer, K. B. Design with cast irons at high temperatures – 1: growth and scaling. *BCIRA Journal*, p. 589-609, Report 1248, 1976.

Palmer, K. B. Design with cast irons at high temperatures – 2: tensile, creep and rupture properties. *BCIRA Journal*, p. 31-50, Report 1251, 1977.

Palmer, K. B. & Robson, K. Creep and stress-to-rupture properties of a pearlitic and a ferritic nodular graphite iron at 350 C. *BCIRA Journal*, p. 175-186, Report 1261, 1977.

Palmer, K. B. The mechanical and physical properties of engineering grades of cast irons up to 500 °C. *BCIRA Journal*, p. 417-425, BCIRA Report 1717, nov 1987.

Park, Y. J.; Gundlach, R. B.; Janowak, J. F.; Thomas, R. G. Temperaturwechselbeständigkeit von Gusseisen mit Lamellengraphit und Gusseisen mit Vermiculargraphit. *Giesserei-Praxis*, n. 12, p. 161-170, 1986.

Perrin, D. L.; Burger, G.; McFarlan, D.; Black, B.; Logan R.; Williams, R. Solidification Behavior, Microstructure, Mechanical Properties, Hot Oxidation and Thermal Fatigue Resistance of High Silicon SiMo Nodular Cast Irons. *SAE Technical Paper Series* 2004-01-0792. SAE World Congress, Detroit, Michigan, 2004.

Riposan, I.; Chisamera, M.; Sofroni, L. Contribution to the study of some technological and applicational properties of compacted graphite cast iron. *AFS Transactions*, v. 93, p. 35-48, 1985.

Röhrig, K. Thermoschockverhalten von Gusseisen. *Konstruiren + Giessen*, n. 3, p. 3-21, 1977.

Röhrig, K. Thermal fatigue of gray and ductile irons. *AFS Transactions*, v. 86, p. 75-88, 1978.

Röhrig, K. Temperaturwechselverhalten von Gusseisenwerkstoffen. *Giesserei-Praxis*, n. 23-24, p. 375-392, dez 1978.

Röhrig, K. Ligas de ferro para a indústria automobilística. *Fundição e Matérias-Primas*, ABIFA, p. 17-27, set 1979.

Röhrig, K. Niedriglegierte graphitische Gusseisenwerkstoffe – Eigenschaften und Anwendung. *Konstruiren + Giessen*, v. 6, n. 3, p. 4-21, 1981.

Röhrig, K. Eigenschaften von unlegiertem und niedriglegiertem Gusseisen mit Kugelgraphit bei erhöhten Temperaturen. *Giesserei-Praxis*, n. 3-4, p. 29-40, 1985.

Röhrig, K. Niedriglegierte graphitische Gusseisenwerkstoffe – GG, GGV und GGG – Eigenschaften und Anwendung. *Konstruiren + Giessen*, v. 12, n. 1, p. 29-47, 1987.

Röhrig, K. Gusseisen mit Vermiculargraphit – Herstellung, Eigenschaften, Anwendung. *Konstruiren + Giessen*, v. 16, n. 1, p. 7-27, 1991.

Röhrig, K. Auspuffkrummer – Gusseisen, Rohre oder Dünnwandstahlguss? *Gisserei-Praxis*, n. 4, p. 148-150, 1998.

Röhrig, K. Werkstoffe fur Abgaskrümmer und Turboladergehäuse. *Giesserei-Praxis*, n. 4, p. 137-143, 2002.

Röhrig, K. Os materiais para fundição utilizados na construção de peças de motor. *Fundição e Serviços*, julho/2003 (parte 1) e agosto 2003 (parte 2), p. 22-57.

Röhrig, K. & Wolters, D. Legiertes Gusseisen. Band 1. Giesserei – Verlag CmbH, Düsseldorf, 1970.

Sergeant, G. F. & Evans, E. R. The production and properties of compacted graphite irons. *The British Foundryman*, v. 71, n. 5, p. 115-124, 1978.

Severin, D. & Lampic, M. Beanschpruchungskonformen Prüfung und Werkstoffentwicklung zur Steigerung der Lebensdauer von Bremsscheiben. *Giesserei*, v. 92, n 6, p. 20-29, 2005.

Shea, M. M. Influence of composition and microstructure on thermal cracking of gray cast iron. *AFS Transactions*, v. 86, p. 23-30, 1978.

Subramanian, S. V. & Genualdi, A. Für Bauteile mit hoher Dämpfungsfähigkeit und Festigkeit: übereutektisches Gusseisen mit Lamellengraphit. *Konstruiren + Giessen*, v. 23, n. 2, p. 29-35, 1998.

Vatavuk, J. & Mariano, J. R. Wear resistant nodular iron for piston rings. *CBMM*, 1989.

Warda, R.; Jenkis, L.; Ruff, G.; Krough, J.; Kovacs, B. V; Dubé, F. *Ductile Iron Data for Design Engineers*. Published by Rio Tinto & Titanium, Canada, 1998.

Weber, G.; Faubert, G.; Rothwell, M.; Tagg, A.; Wirth, D. J. High SiMo ductile iron: views from users and producers. *Modern Casting*, p. 48-51, 1998.

Wu, M. & Campbell, J. Thermal fatigue in diesel engine cylinder head castings. *AFS Transactions*, v. 106, p. 485-495, 1998.

Yamabe, J.; Takagi, M.; Matsui, T.; Kimura, T.; Sasaki, M. Development of disc brake rotors for trucks with high thermal fatigue strength. *JSAE Review*, n. 23, p. 105-112, 2002.

Ziegler, K. R. & Wallace, J. F. The effect of matrix structure and alloying on the properties of compacted graphite iron. *AFS Transactions*, v. 92, p. 735-748, 1984.

Zieher, F.; Langmayr, F.; Lampic, M. Thermomechanik von Gusseisen fur Zylinderköpfe. *Giesserei*, v. 91, n. 7, p. 16-21, 2004.

CAPÍTULO 10

PROPRIEDADES ESTÁTICAS A BAIXAS TEMPERATURAS

10.1 APLICAÇÕES A BAIXAS TEMPERATURAS

Algumas aplicações de peças de ferros fundidos envolvem exposição a baixas temperaturas, destacando-se (Palmer, 1988):

- Equipamentos operando em temperatura ambiente, que em alguns países pode ser de até -50 °C.
- Componentes usados na produção de gases liquefeitos e produtos voláteis, como em compressores e plantas de destilação.
- Armazenagem e transporte de líquidos voláteis e gases liquefeitos, que requerem recipientes, válvulas e dutos refrigerados.

As propriedades estáticas a baixas temperaturas são influenciadas por 2 mecanismos que atuam com o abaixamento da temperatura. Em primeiro lugar, com a diminuição de temperatura aumentam as dificuldades para a movimentação de discordâncias, o que resulta em aumento da resistência mecânica e diminuição do alongamento. Ao mesmo tempo, existe uma tendência à modificação do mecanismo de fratura, de alveolar (dútil) para clivagem (frágil). Quando esta alteração ocorre, diminuem drasticamente tanto a resistência mecânica como o alongamento. Como será visto a seguir, as temperaturas em que estas alterações ocorrem dependem da classe de ferro fundido em exame.

Em muitas aplicações a baixas temperaturas estão presentes solicitações de impacto, muitas vezes associadas a entalhes (devido ao projeto ou

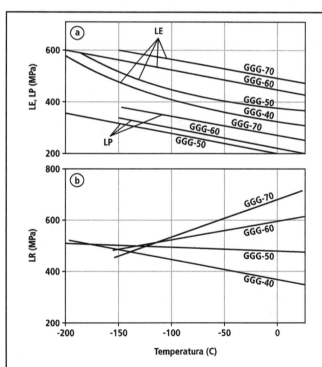

FIGURA 10.1 – Efeito da diminuição da temperatura sobre o Limite de Escoamento (LE), Limite de Proporcionalidade (LP) e Limite de Resistência (LR). Classes de ferro fundido nodular segundo a antiga Norma DIN, onde o número indica o limite de resistência mínimo, em kgf/mm² (Siefer, 1985).

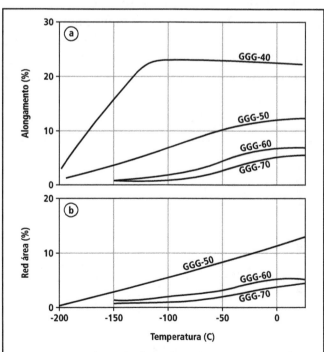

FIGURA 10.2 – Efeito da diminuição da temperatura sobre o alongamento e sobre a redução de área. Classes de ferro fundido nodular segundo a antiga Norma DIN (Siefer, 1985).

então formados por usinagem inadequada ou trincas de solda). Este tipo de solicitação será discutido em capítulo especial, abordando-se aqui apenas o comportamento de propriedades estáticas em baixas temperaturas.

10.2 FERROS FUNDIDOS NODULARES

As Figuras 10.1 e 10.2 mostram a variação das propriedades mecânicas com a diminuição da temperatura. Verifica-se que o limite de escoamento e o limite de proporcionalidade aumentam continuamente com o decréscimo da temperatura, para todas as classes de ferros fundidos nodulares. Por outro lado, com a diminuição da temperatura, o limite de resistência aumenta apenas para a classe ferrítica, decrescendo para as classes perlíticas. Isto se deve à mudança do mecanismo de fratura nestas classes, passando a ser predominantemente por clivagem. Para nodulares com cerca de 50% perlita, com limite de resistência em torno de 500 MPa (50 kgf/mm^2), o abaixamento da temperatura não modifica o limite de resistência. As avaliações de dutilidade no ensaio de tração, como alongamento e redução de área, mostram um contínuo decréscimo com a diminuição de temperatura (Figura 10.2). O módulo de elasticidade (Figura 10.3) tem comportamento similar ao do limite de escoamento, aumentando continuamente com o decréscimo de temperatura (Siefer, 1985). O comportamento do módulo de elasticidade apresentado na Figura 10.3 para a classe FE 50007 também foi registrado para as classes FE 42012 e FE 70002 (Palmer, 1988; Rickards, 1970).

10.3 FERROS FUNDIDOS CINZENTOS

As propriedades mecânicas dos ferros fundidos cinzentos tendem a apresentar o comportamento registrado na Figura 10.4. Verifica-se aumento do limite de escoamento e diminuição do alongamento com a diminuição da temperatura, enquanto o limite de resistência passa por um ponto de máximo (Palmer, 1988). A taxa de crescimento do limite de resistência com a diminuição da temperatura é independente da classe de ferro fundido cinzento, ou seja, as classes de ferro fundido cinzento mantém a mesma ordem de limite de resistência que apresentam à temperatura ambiente (Rickards, 1970). A posição do ponto de máxima resistência situa-se entre -150 a –200 °C, dependendo da classe de ferro fundido cinzento. Para a classe FC 300 este ponto situa-se a cerca de -150 °C (Figura 10.4, Palmer-1988), ou ainda a -175 °C (Goodrich, 2003), enquanto para cinzento com grafita de super-resfriamento (tipo D) esta temperatura é de -200 °C (Goodrich, 2003).

Valores de limite de resistência até -60 °C podem ainda ser vistos na Tabela 10.1, para ferros fundidos cinzentos com limites de resistência crescentes, verificando-se que a ordem se mantém com o decréscimo de temperatura.

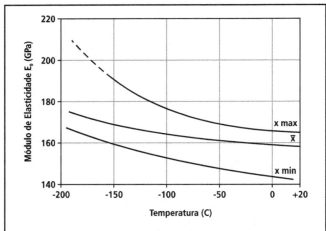

FIGURA 10.3 – O módulo de elasticidade sofre um pequeno aumento com a diminuição da temperatura. FE 50007 (Siefer, 1985).

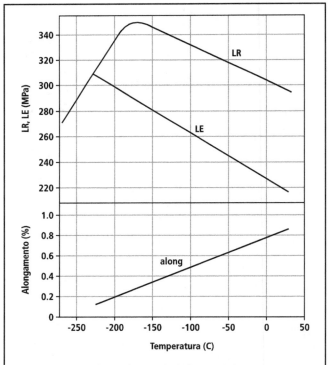

FIGURA 10.4 – Variação de propriedades mecânicas com a temperatura, em ferro fundido cinzento (Palmer, 1988).

PROPRIEDADES ESTÁTICAS A BAIXAS TEMPERATURAS

TABELA 10.1 – Limite de resistência (em MPa) em função da temperatura, para diversos ferros fundidos cinzentos (Lampic, 1979).

Classe		-60 °C	-40 °C	-20 °C	0 °C	20 °C
FC 150	0,4%P	200	200	200	200	180
FC 200	0,04%P	276	275	263	249	235
FC 250	0,6%P	290	284	284	277	269
FC 300	0,04%P	361	321	329	332	335
FC 300	0,2Cr + 0,2Mo	330	320	310	300	290

TABELA 10.2 – Resultados de ensaios de fadiga a baixas temperaturas. Flexão rotativa (Angus, 1960).

Temperatura (°C)	Limite de fadiga sem entalhe (MPa) FC 150	FC 300	Limite de fadiga com entalhe (MPa) FC 150	FC 300	Relação LF sem ent / LF entalhado FC 150	FC 300
27	62	145	69	138	0,90	1,05
10	62	-	69	-	0,90	-
-20	66	159	66	152	1,00	1,05
-40	79	-	93	-	0,85	-

O módulo de elasticidade também aumenta com o decréscimo de temperatura, a uma taxa de 3,5 GPa por 100 °C (Rickards, 1970). A relação entre limite de escoamento e limite de resistência aumenta com o decréscimo de temperatura, até atingir o valor de 1 a -200 °C (Rickards, 1970).

Resultados de ensaios de fadiga a baixas temperaturas (até -40 °C) podem ser vistos na Tabela 10.2. Também neste caso verificou-se um pequeno aumento do limite de fadiga com o decréscimo da temperatura, mesmo na condição entalhado (Angus, 1960).

EXERCÍCIOS

1) Por que ocorre aumento do LE e diminuição do LR com a diminuição de temperatura para o ferro fundido nodular classe GGG 60 (FE 60003)?
2) Explique porque o módulo de elasticidade dos ferros fundidos nodulares aumenta com o decréscimo de temperatura.
3) À que você atribui o aumento do limite de fadiga com o decréscimo de temperatura, para os ferros fundidos cinzentos?

REFERÊNCIAS BIBLIOGRÁFICAS

Angus, H. T. *Cast Iron: Physical and Engineering Properties.* BCIRA, p. 126-134, 1960.

Goodrich, G. M. *Iron Castings Engineering Handbook.* AFS, 2003.

Lampic, M. G. G, GGG und GT: mechanische Eigenschaften bei niedrigen Temperaturen. *Konstruiren + Giessen*, v. 4, n. 3, p. 19-21, 1979.

Palmer, K. B. The mechanical and physical properties of engineering grades of cast iron at subzero temperatures. *BCIRA Journal*, p. 353-360, Report 1753, 1988.

Rickards, P. J. *Low temperature properties of cast irons.* In: BCIRA Conference on Engineering Properties and Performance of Modern Iron Castings, Loughborough, UK, 1970.

Siefer, W. Mechanische Eigenschaften von unlegiertem Gusseisen mit Kugelgraphit und von Temperguss bei tiefen Temperaturen. *Giessereiforschung*, v. 37, n. 1, p. 17-28, 1985.

CAPÍTULO 11
RESISTÊNCIA AO IMPACTO DOS FERROS FUNDIDOS

Muitas aplicações de peças de ferros fundidos envolvem solicitações de impacto, seja à temperatura ambiente, seja em baixas temperaturas. Os ferros fundidos nodulares ferríticos foram especialmente projetados para este tipo de aplicação, existindo inclusive classes normalizadas para este fim (ver Capítulo de Normas). Apesar dos ferros fundidos cinzentos e vermiculares normalmente não serem utilizados para aplicações envolvendo impacto, em algumas condições aparecem esforços de impacto, mesmo que moderados. Deste modo, a resistência ao impacto destes ferros fundidos é também aqui discutida.

11.1 A TRANSIÇÃO DÚTIL-FRÁGIL

Os ferros fundidos, assim como os aços, podem apresentar modos de fratura completamente distintos, dependendo das condições em que esta fratura ocorre. O modo dútil de fratura, associado com intensa deformação plástica, acontece em condições onde a movimentação de discordâncias é favorecida: baixa densidade inicial de discordâncias, alta temperatura, baixo teor de elementos de liga que endurecem por solução sólida, baixa quantidade de interfaces que diminuem o livre caminho médio das discordâncias. Quando a deformação plástica é dificultada, pode ocorre fratura por clivagem, um mecanismo frágil de fratura que acontece em planos cristalográficos preferenciais.

O ensaio de impacto, realizado em diferentes temperaturas, é uma excelente ferramenta para caracterizar a transição dútil-frágil. Em altas temperaturas o mecanismo de fratura é dútil, enquanto em baixas temperaturas a fratura ocorre por clivagem, de modo frágil. Na Figura 11.1 pode-se verificar que a transição dútil-frágil fica deslocada para maiores temperaturas à medida que se aumenta a velocidade de aplicação da carga, de modo que em ensaios de impacto esta transição é quase sempre visível.

Também a presença de entalhes desloca a transição dútil-frágil para maiores temperaturas (Figura 11.2), porém ao mesmo tempo decrescendo intensamente a energia absorvida no patamar dútil, o que muitas vezes dificulta a caracterização do efeito de uma variável metalúrgica, já que a etapa de nucleação da trinca fica suprimida; deste modo, dependendo do tipo de variável estudada, mais ou menos sensível à etapa de nucleação da trinca, são empregados corpos de prova com ou sem entalhe.

O ensaio de impacto é então utilizado para caracterizar a energia absorvida no patamar dútil e para identificar a temperatura de transição dútil-frágil, parâmetros importantes para componentes sujeitos a aplicações de impacto e a baixas temperaturas.

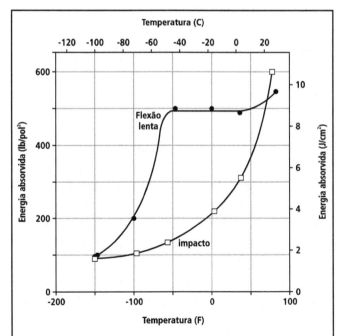

FIGURA 11.1 – Efeito da velocidade de aplicação da carga sobre a energia absorvida no processo de fratura. Ferro nodular ferrítico, com 2,95% Si. Amostra entalhada. Os pontos com símbolos cheios correspondem a fratura dútil, enquanto os símbolos vazios representam situações de fratura frágil (Bradley & Srinivasan, 1990).

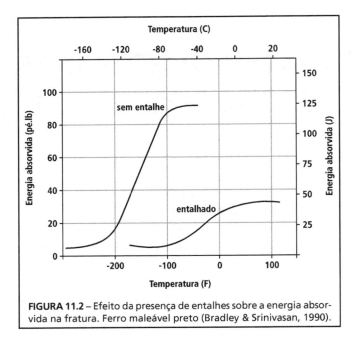

FIGURA 11.2 – Efeito da presença de entalhes sobre a energia absorvida na fratura. Ferro maleável preto (Bradley & Srinivasan, 1990).

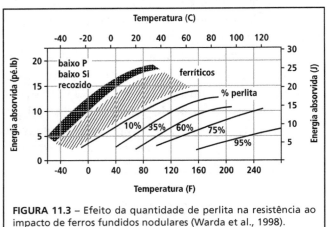

FIGURA 11.3 – Efeito da quantidade de perlita na resistência ao impacto de ferros fundidos nodulares (Warda et al., 1998).

11.2 FERROS FUNDIDOS NODULARES

Em ferros fundidos nodulares, a primeira variável a considerar é a quantidade de perlita na matriz (Figura 11.3). Verifica-se que o aumento da quantidade de perlita desloca a transição dútil-frágil para maiores temperaturas, decrescendo também a energia absorvida no patamar dútil. Mesmo pequenos percentuais de perlita, em nodulares ferríticos, têm efeito significativo.

Em classes perlíticas, tratamento de esferoidização da perlita provoca principalmente aumento da energia absorvida no patamar dútil (comparar as curvas C e D da Figura 11.4). O efeito de diferentes tratamentos térmicos sobre a energia absorvida sob impacto pode ser visto na Figura 11.5. Comprova-se o excepcional desempenho do nodular ferrítico,

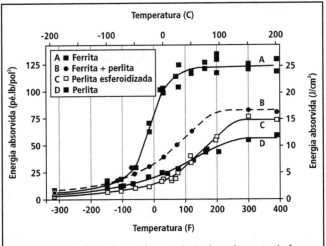

FIGURA 11.4 – Efeito da matriz na resistência ao impacto de ferros fundidos nodulares. Sem entalhe (Goodrich, 2003).

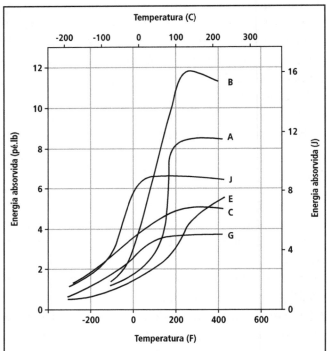

Amostra	Tratamento térmico	LR (MPa)	LE (MPa)	Along (%)	HRc
A	Bruto de fundição	536	336	13,0	7
B	Recozido a 700 °C	431	316	23,6	1
C	Têmpera de 900 °C, revenido a 680 °C	635	527	8,8	19
E	Normaliz de 900 °C, recozido a 635 °C	779	470	8,2	21
J	Têmpera de 860 °C, revenido a 650 °C	748	581	9,4	18
G	Têmpera de 860 °C, revenido a 480 °C	1.051	792	4,1	29

FIGURA 11.5 – Modificação da curva de resistência ao impacto com tratamentos térmicos, em ferro fundido nodular (Warda et al., 1998).

neste caso produzido com recozimento subcrítico. Alguns autores (Gilbert-1970, Fallon-1990) sugerem que recozimento subcrítico poderia aumentar a temperatura de transição devido à formação de subcontornos de grão na ferrita; entretanto, isto não é confirmado em outros trabalhos (Warda et al., 1998).

Para os nodulares de alta resistência, uma alternativa é o uso de têmpera e revenido, realizando-se a austenitização em temperatura baixa, de modo a produzir uma martensita de relativamente baixo teor de carbono, curva J da Figura 11.5 (Warda et al., 1998).

Uma comparação das diferentes classes de ferro fundido nodular pode ser vista na Figura 11.6 (Siefer, 1985). As diversas classes possuem diferentes quantidades de perlita na matriz (comparar com Figura 11.3). No capítulo sobre Normas, na Figura 5.2, também foram comparados valores de resistência ao impacto para as diversas classes de ferro fundido nodular previstas na norma SAE.

Em ferros nodulares ferríticos, elementos de liga que causam endurecimento por solução sólida tendem a aumentar a temperatura de transição dútil-frágil (Gilbert, 1970, Petry & Guesser, 2000). As Figuras 11.7 e 11.8 ilustram os efeitos do fósforo e do silício. Assim, recomenda-se que quando for selecionado o ferro fundido nodular ferrítico para uma dada aplicação, que não se aumentem sem necessidade os requisitos de resistência mecânica, sob perda da principal propriedade para a aplicação, a tenacidade (Gilbert, 1970). Se for necessário aumentar a resistência da ferrita, sugere-se o emprego de níquel, que aumenta apenas em 10 °C a temperatura de transição, para uma adição de 1% (Warda et al., 1998).

Efeitos da forma, quantidade e número de partículas de grafita podem ser vistos nas Figuras 11.9 a 11.12, para ferros fundidos com matriz ferrítica. Observa-se na Figura 11.9 que a diminuição da nodularidade faz decrescer a energia absorvida no patamar dútil. O efeito de concentração de tensões causado pelas imperfeições dos nódulos facilita a nucleação de trincas, mesmo no patamar dútil. Na Figura 11.10 verifica-se que o aumento do número de nódulos de grafita resulta em diminuição da energia absorvida no patamar dútil, devido provavelmente à diminuição da distância entre as partículas de grafita (Bradley & Srinivasan, 1990). Ao mesmo tempo, a transição dútil-frágil fica deslocada para menores temperaturas, o que seria devido à dificuldade de propagar trincas de clivagem em nodulares com alto número de nódulos, pois cada nódulo encontrado pela trinca significa um arredondamento local da ponta da trinca, exigindo aumento do esforço para continuar a sua propagação (Sinátora et al., 1986, Vatavuk et al., 1990). Estes efeitos são marcantes em amostras com grafita secundária, produzida por têmpera seguida de revenido em altas temperaturas (Figura 11.11) (Vatavuk et al., 1990).

A temperatura de transição (TT) dútil-frágil, em amostras sem entalhe, para nodulares ferríticos, poderia ser expressa por (Bradley & Srinivasan, 1990):

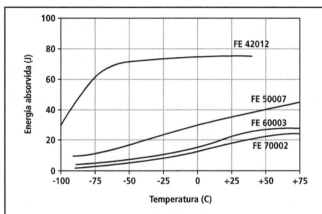

FIGURA 11.6 – Resistência ao impacto das diferentes classes de ferro fundido nodular (Siefer, 1985).

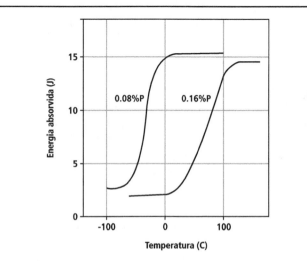

FIGURA 11.7 – Influência do teor de fósforo na temperatura de transição de ferro fundido nodular ferrítico. Corpo de prova entalhado. Neste caso a fratura frágil ocorreu por clivagem (BCIRA Broadsheet 211-2).

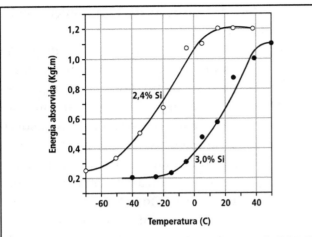

FIGURA 11.8 – Efeito do teor de silício sobre a transição dútil-frágil, em ferros fundidos nodulares brutos de fundição, predominantemente ferríticos (2 a 6% perlita) (Sinátora et al., 1986).

$$TT = 74 - 15{,}8 \times d^{0,5} - 19{,}5 \times D^{-0,5} \qquad (11.1)$$

onde:

TT – temperatura de transição (°C)
d – distância entre os nódulos de grafita (mm)
D – tamanho de grão ferrítico (mm)

A Figura 11.12 mostra o efeito do aumento da quantidade de grafita, provocado pelo aumento do teor de carbono. Como o aumento do teor de carbono provoca também aumento do número de nódulos de grafita (e não apenas da quantidade de grafita), verifica-se um comportamento similar ao causado pelo aumento do número de nódulos, com decréscimo da energia absorvida no patamar dútil e diminuição da temperatura dútil-frágil.

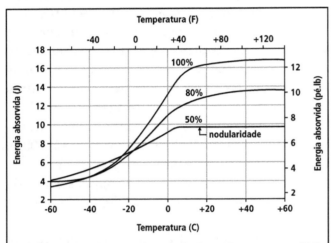

FIGURA 11.9 – Diminuição da energia absorvida no patamar dútil devido à diminuição da nodularidade (Warda et al., 1998).

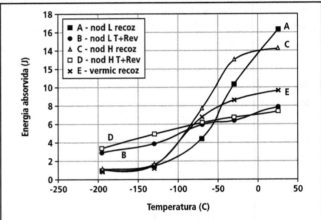

FIGURA 11.11 – Energia absorvida no ensaio Charpy com entalhe em V, em função da temperatura. Ferros fundidos nodulares ferríticos (H e L), obtidos por recozimento e por têmpera e revenido em alta temperatura (690°C), com grafita secundária. É apresentada também a curva de um ferro vermicular ferrítico (Vatavuk et al., 1990).

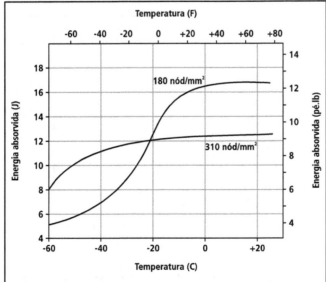

FIGURA 11.10 – Influência do número de nódulos de grafita sobre a energia no patamar dútil e sobre a temperatura de transição dútil-frágil de ferro fundido nodular ferrítico (Warda et al., 1998).

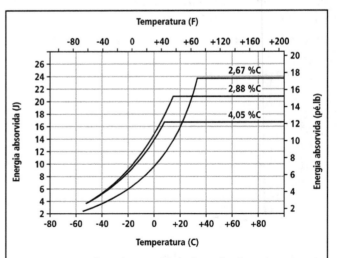

FIGURA 11.12 – Efeito da quantidade de grafita (teor de carbono) sobre a energia absorvida sob impacto, em ferro nodular ferrítico (Warda et al., 1998).

Em ferros fundidos nodulares brutos de fundição, com matriz predominantemente ferrítica porém com algum percentual de perlita, o efeito das variáveis anteriormente discutidas deve ser acrescido da sua influência sobre a quantidade de perlita na matriz. Merecem destaque em particular os efeitos do número de nódulos e do teor de silício. A Figura 11.13 resume os estudos efetuados por Brzostek (2000) em nodulares ferríticos brutos de fundição, variando-se o grau de inoculação (com e sem pós-inoculação no jato), o teor de silício e os teores de residuais (Cu e Mn). As Figuras 11.13-a e 11.13b mostram a energia absorvida nas diversas temperaturas, enquanto a Figura 11.13-c destaca a contribuição de cada variável sobre a energia absorvida, em cada temperatura. O aumento da inoculação (na panela ou na panela + jato) sempre resultou em aumento da energia absorvida sob impacto (contribuição sempre positiva), para todas as temperaturas ensaiadas, e isto foi consequência da diminuição da quantidade de perlita; a contribuição desta variável aumenta com o decréscimo de temperatura (Figura 11.13-b). O aumento do teor de silício, de 2,1 para 2,7% teve efeito similar, aumentando a energia absorvida; entretanto, este aumento diminuiu de intensidade para temperaturas mais baixas, pois nesta condição a fratura já ocorria predominantemente por clivagem. Também aqui o efeito benéfico do aumento do teor de silício foi associado à diminuição da quantidade de perlita na matriz. Residuais de manganês e cobre prejudicam a resistência ao impacto (Brzostek-2000, Brzostek & Guesser-2002).

A Figura 11.14 ilustra uma microestrutura de ferro fundido nodular de matriz ferrítica, em componente de suspensão de veículo.

Valores de resistência ao impacto em temperaturas superiores à ambiente podem ser vistos na Figura 11.15. Para matriz perlítica, aquecimento até 300 °C aumenta a energia absorvida, devida à mudança do mecanismo de fratura, de clivagem para alvéolos. De um modo geral, ocorre queda acentuada da energia absorvida apenas para temperaturas superiores a 400-450 °C.

As normas ABNT, ISO e EN prevêm classes específicas de ferro fundido nodular com requisi-

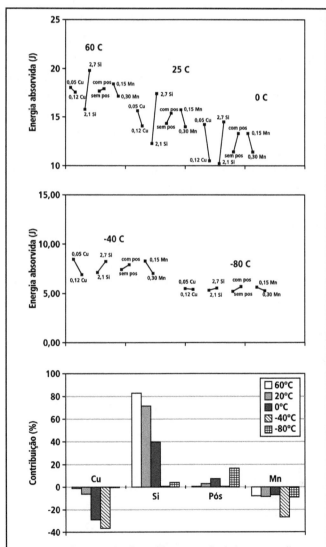

FIGURA 11.13 – Energia absorvida em ensaio de impacto a diversas temperaturas, para ferros fundidos nodulares brutos de fundição. Com entalhe. Efeitos de inoculação (com e sem pós inoculação), teor de Si, Mn e Cu (Brzostek, 2000).

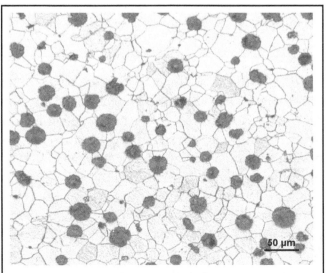

FIGURA 11.14 – Microestrutura de peça de suspensão de veículo em ferro fundido nodular ferrítico. 560 nódulos/mm². Aumento original – 100x.

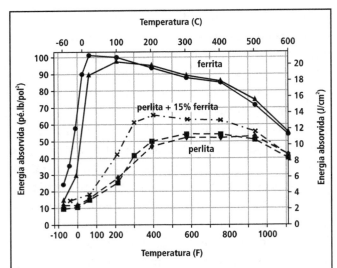

FIGURA 11.15 – Efeito da temperatura (até 600 °C) sobre a resistência ao impacto de ferros fundidos nodulares com diferentes matrizes (Goodrich, 2003).

FIGURA 11.16 – Rotor de uma unidade eólica de geração de energia elétrica, em nodular classe ISO 1083/JS/400-18-LT, com peso de 9,1 t e dimensões 2.100 x 3.130 x 2.710 mm (Konstruiren + Giessen, 2001).

tos de resistência ao impacto, cujos valores foram apresentados nas Tabelas 5.17, 5.20 e 5.22 do capítulo sobre Normas. A fabricação de componentes nestas classes não é trivial, particularmente se as propriedades tiverem que ser obtidas na condição bruta de fundição. Controles rigorosos sobre as matérias-primas (em particular dos elementos residuais) e sobre as etapas de fabricação são requisitos necessários. Como mostra o trabalho de Brzostek (2000), especial atenção deve ser dada para evitar-se a presença de perlita.

A Figura 11.16 mostra um exemplo de peça produzida em ferro fundido nodular resistente ao impacto, para aplicação em geração de energia elétrica a partir de energia eólica.

11.3 FERROS FUNDIDOS VERMICULARES

Nos ferros fundidos vermiculares a percentagem de nodulização tem efeito importante sobre a resistência ao impacto, como pode ser visto nas Figuras 11.17 e 11.18, para matrizes ferríticas. Observa-se na Figura 11.17 o aumento da resistência ao impacto com o aumento da nodularidade (Nechtelberger et al., 1982). Na Figura 11.18, o ferro fundido n. 2 pode ser considerado com estrutura típica de ferro fundido vermicular, com cerca de 5% nodulização, não apresentando em corpo de prova entalhado uma transição dútil-frágil nítida. Verifica-se também que aumentando a percentagem de nodulização aumenta a energia absorvida no patamar dútil, sem que entretanto se altere a temperatura de transição. Observa-se ainda que o ferro fundido n. 1, com grafita vermicular e grafita lamelar (tipo D) apresentou os menores valores de resistência ao impacto (Horsfall & Sergeant, 1983).

A eventual presença de inclusões de carbonitretos de titânio na microestrutura faz decrescer um pouco a resistência ao impacto, porém este efeito seria muito pequeno se comparado às variações usuais de nodularidade (Nechtelberger et al., 1982).

Na Figura 11.19 são apresentadas as curvas de transição para um ferro fundido vermicular com 5% nodulização, em amostras sem e com entalhe. Verifica-se na amostra sem entalhe que a transição dútil-frágil ocorre abaixo de 0 °C. O aspecto da fra-

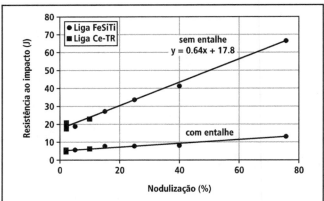

FIGURA 11.17 – Relação entre resistência ao impacto (temperatura ambiente) e nodulização, em ferro fundido vermicular ferrítico (Nechtelberger et al., 1982).

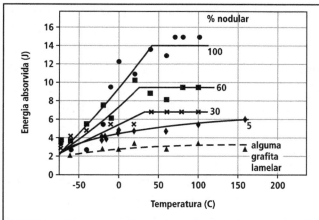

FIGURA 11.18 – Curvas de transição dútil-frágil obtidas em ensaio de impacto de amostras entalhadas (em V). Ferros fundidos vermiculares com diferentes quantidades de grafita nodular (Horsfall & Sergeant, 1983).

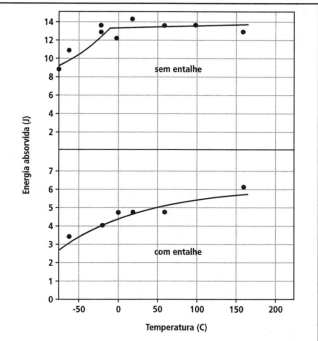

FIGURA 11.19 – Curvas de transição dútil-frágil para ferro fundido vermicular com 5% nodulização (Horsfall & Sergeant, 1983).

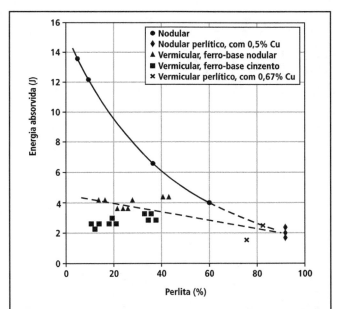

FIGURA 11.20 – Efeito da quantidade de perlita sobre a resistência ao impacto de ferro fundido vermicular, comparativamente ao nodular. Amostras brutas de fundição, entalhadas, ensaio a 21 °C (Loper et al., 1979).

tura também revelou aumento de fratura brilhante à medida que diminui a temperatura, indicando a ocorrência de mecanismo de fratura frágil (clivagem) (Sergeant & Evans-1978, Horsfall & Sergeant-1983).

Em ferro fundido vermicular ferrítico, teores de fósforo acima de 0,04% também reduzem a energia absorvida no patamar dútil (Nechtelberger et al., 1982).

O efeito da quantidade de perlita pode ser visto na Figura 11.20, verificando-se comportamento similar ao registrado para ferro fundido nodular, decréscimo da resistência ao impacto com o aumento da quantidade de perlita. Nesta Figura 11.20 pode-se também comparar resultados dos vermiculares com nodulares, e o efeito da forma da grafita é evidente, como também observado anteriormente na Figura 11.11. Nos resultados apresentados na Figura 11.20, verificou-se ainda que, nos dados referentes aos ferros fundidos vermiculares, aqueles produzidos a partir de metal-base de nodular apresentaram maior resistência ao impacto que os produzidos a partir de metal-base de ferro fundido cinzento, o que é atribuído à presença de elementos residuais nos banhos de ferro fundido cinzento (Loper et al., 1979, Loper et al., 1980, Stefanescu & Loper-1981).

11.4 FERROS FUNDIDOS CINZENTOS

Nos ferros fundidos cinzentos a fratura se propaga pelo esqueleto de grafita, que sempre rompe frágil. Assim, a fratura dútil apenas pode ocorrer nas pequenas porções de matriz, nos contornos de célula, de modo que a fratura em ferro fundido cinzento tem predominância de aspecto frágil.

De um modo geral, a resistência ao impacto cresce com o limite de resistência nos ferros fundidos cinzentos (Angus, 1976). Este comportamento é o mesmo verificado em ensaios de tenacidade à fratura (K_{IC}), como será visto posteriormente. En-

TABELA 11.1 – Resultados de ensaios de impacto em ferros fundidos cinzentos. Corpo de prova sem entalhe, 16 x 16 x 126 mm (Bradley & Srinivasan, 1990).

Ferro fundido cinzento	Energia absorvida (N.m)
Grafita tipo D	7,25
0,056% P	16,81
0,125% P	12,95
0,50% P	8,81
0,77% P	8,88
Matriz acicular	26,30
Matriz acicular	35,12

tretanto, esta tendência pode ser modificada pela presença de altos teores de fósforo, que reduzem a resistência ao impacto, como pode ser visto na Tabela 11.1 (Bradley & Srinivasan, 1990). Menciona-se que são particularmente prejudiciais teores de fósforo acima de 0,2% (Angus, 1976).

A Figura 11.21 mostra resultados de ensaios Charpy em função da temperatura para ferros fundidos cinzentos com diferentes composições químicas. Os ferros fundidos cinzentos apresentam transição dútil-frágil, como pode ser visto nas curvas da Figura 11.21. Entretanto, para os ferros fundidos cinzentos a transição ocorre numa ampla faixa de temperatura, que parece aumentar com o aumento do teor de fósforo (Angus, 1976).

EXERCÍCIOS

1) Estimar a temperatura de transição dútil-frágil para um ferro fundido nodular ferrítico com tamanho de grão ferrítico de 30 μm e com número de nódulos (N) de 90 partículas/mm^2. Sabe-se que a distância entre os nódulos de grafita (d) pode ser estimada a partir do número de nódulos (N), empregando-se a equação (Bradley & Srinivasan, 1990):

$$d^{0,5} = N^{-0,25} \qquad (11.1)$$

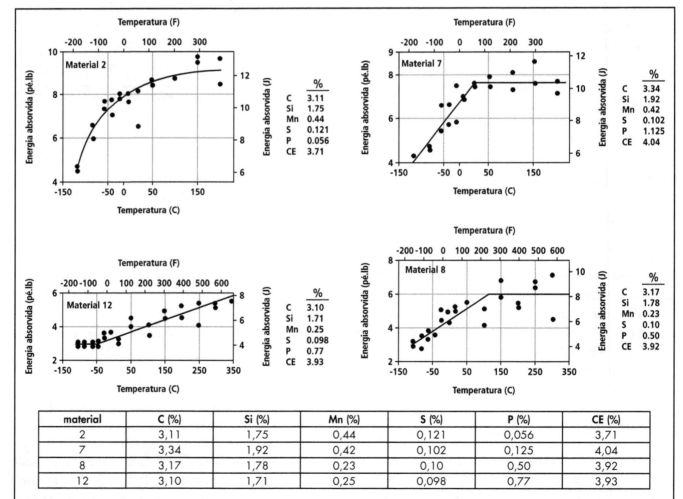

FIGURA 11.21 – Resultados de ensaios de impacto a várias temperaturas em ferros fundidos cinzentos. Amostras com diâmetro de 16 mm, sem entalhe (Angus, 1976).

2) Discutir o efeito sobre a temperatura de transição de um ferro nodular ferrítico, das seguintes alterações de microestrutura:

- Aumentar o número de nódulos de 90 para 300 partículas/ mm²
- Diminuir o tamanho de grão ferrítico de 30 μm para 20 μm.
- Como estas alterações podem ser feitas na fundição?

3) Discutir os efeitos na resistência ao impacto de um ferro fundido vermicular, das seguintes alterações na microestrutura:

- Aumento da nodulização de 10 para 20%
- Aumento da quantidade de perlita de 10 para 30%

4) Considere os resultados da Figura 11.5. Qual é o efeito da temperatura de austenitização sobre a temperatura de transição e sobre a energia absorvida no patamar dútil em nodulares temperados e revenidos? Discutir também o efeito da temperatura de revenido.

5) Discutir o efeito do carbono equivalente dos ferros fundidos cinzentos sobre a resistência ao impacto à temperatura ambiente. Considerar os dados da Figura 11.21, para ferros fundidos cinzentos de teor de baixo teor de fósforo. Explique suas conclusões com base na microestrutura.

REFERÊNCIAS BIBLIOGRÁFICAS

Angeloni, M. *Fadiga isotérmica em ligas de ferro fundido cinzento para discos de freio automotivos*. Dissertação de Mestrado, USP S. Carlos, 2005.

BCIRA Broadsheet 211-2. *Effects of phosphorus in nodular (SG) iron*. 1982.

Bradley, W. L. & Srinivasan, M. N. Fracture and fracture toughness of cast irons. *International Materials Reviews*, v. 35, n. 3, p. 129-161, 1990.

Brzostek, J. A. *Estudo e maximização da tenacidade em ferros fundidos nodulares ferríticos brutos de fundição*. Dissertação de mestrado, UFSC, 2000.

Brzostek, J. A. & Guesser, W. L. *Producing as-cast ferritic nodular iron for safety applications*. World Foundry Congress, Korea, 2002.

Cooper, K. P. & Loper Jr., C. R. Some properties of compacted graphite cast iron. *AFS Transactions*, v. 86, p. 241-248, 1978.

Fallon, M. J. Ductile irons with specified low-temperature properties. *BCIRA Journal*, p. 7-8, set 1990.

Gilbert, G. N. J. Ductility of cast irons with special reference to impact properties. In: *BCIRA Conference on Engineering Properties and Performance of Modern Iron Castings*, Loughborough, UK, 1970.

Goodrich, G. M. *Iron Castings Engineering Handbook*. AFS, 2003.

Horsfall, M. A. & Sergeant, G. F. The effect of different amounts of nodular graphite on the properties of compacted graphite irons. *BCIRA Journal*, p. 212- 221, Report 1532, 1983.

Loper Jr., C. R.; Lalich, M. J.; Park, H. K.; Gyarmaty, A. M. *Microstructure-mechanical property relationship in compacted graphite cast irons*. In: 46. Congresso Internacional de Fundição, paper 35, Madrid, 1979.

Loper Jr., C. R.; Lalich, M. J.; Park, H. K.; Gyarmaty, A. M. The relationship of microstructure to mechanical properties in compacted graphite cast irons. *AFS Transactions*, v. 88, p. 313-330, 1980.

Nechtelberger, E.; Puhr, H.; Nesselrode, J. B.; Nakayasu, A. *Cast iron with vermicular/compacted graphite – state of the art. Development, production, properties applications*. In: 49. Congresso Mundial de Fundição, p. 1-39, Chicago, 1982.

Petry, C. C. M. & Guesser, W. L. *Efeitos do silício e do fósforo na ocorrência de mecanismos de fratura frágil em ferros fundidos nodulares ferríticos*. 55º Congresso Anual da ABM, p. 1180-1190, Rio de Janeiro, 2000.

Rotornabe für ein Windkraftwerk. Konstruiren + Giessen, vol. 26, n. 2, p. 39, 2001.

Sergeant, G. F. & Evans, E. R. The production and properties of compacted graphite irons. *The British Foundryman*, v. 71, n. 5, p. 115-124, 1978.

Sinátora, A.; Albertin, E.; Goldstein, H. Vatawuk, J.; Fuoco, R. Contribuição para o estudo da fratura frágil de ferros fundidos nodulares ferríticos. *Metalurgia ABM*, v. 42, n. 339, p. 59-63, 1986.

Vatavuk, J.; Sinátora, A.; Goldenstein; Albertin, E.; Fuoco, R. Efeito da morfologia e do número de partículas de grafita na fratura de ferros fundidos com matriz ferrítica. *Metalurgia ABM*, v. 46, n. 386, p. 66-70, 1990.

Warda, R.; Jenkis, L.; Ruff, G.; Krough, J.; Kovacs, B. V.; Dubé, F. *Ductile Iron Data for Design Engineers*. Published by Rio Tinto & Titanium, Canada, 1998.

CAPÍTULO 12

TENACIDADE À FRATURA DE FERROS FUNDIDOS

12.1 INTRODUÇÃO

O projeto de componentes tem sido feito de modo a prevenir a fratura associada à deformação plástica. Deste modo, emprega-se o limite de escoamento ou então o limite de resistência para caracterizar as propriedades do material, e os projetistas aplicam um fator de segurança para determinar a tensão admissível na peça. Entretanto, sabe-se que as estruturas podem falhar por fratura frágil e fadiga, especialmente na presença de um defeito com a característica de uma trinca. Assim, a tenacidade à fratura, a resistência intrínseca do material à propagação de uma trinca, tem se tornado uma parte essencial do conjunto de propriedades dos materiais, utilizado pelos projetistas para selecionar materiais para aplicações críticas (Kikkert, 2002).

A mecânica da fratura estuda o risco de quebra de um componente causado pela concentração de tensões num defeito. Há dois regimes da mecânica da fratura: mecânica da fratura elástica linear (MFEL, ou LEFM na língua inglesa) e mecânica da fratura com deformação (MFD, ou YFM em inglês). Ambos os regimes tem o objetivo de especificar, usando o conceito de tenacidade à fratura, a combinação de tensão e tamanho de trinca que resultará em rápida propagação de trinca e fratura do componente. A MFEL é aplicável a situações onde não existe deformação plástica na vizinhança da trinca (ou a deformação plástica é muito pequena), enquanto a MFD trata de situações onde existe deformação plástica significativa associada com o evento da fratura (Cushway, jul 1989).

Em MFEL, o fator de intensificação de tensões, K_I, relaciona-se com a geometria através da equação:

$$K_I = P \times f \qquad (12.1)$$

onde P é a carga aplicada e f é uma função que considera o tamanho e a forma da trinca, bem como a geometria do componente (ver Simbologia no final do capítulo). O fator de intensificação de tensões aumenta quando uma estrutura com trinca é carregada progressivamente, até que atinge um valor crítico, que no caso de estado plano de deformação é K_{Ic}, ocorrendo então rápido crescimento da trinca. K_{Ic} é um parâmetro do material, e o seu conhecimento permite prever a dimensão crítica da trinca ou então a tensão limite para propagar uma dada trinca (Cushway, jul 1989). De uma maneira geral, pode-se escrever para a geometria da Figura 12.1 (Dowling, 1998):

$$K_{Ic} = \sigma \cdot (\pi \cdot a)^{1/2} \cdot F \qquad (12.2)$$

onde o adimensional F depende da geometria da estrutura e da trinca, bem como do modo de carregamento e da relação entre o tamanho da trinca e a largura da peça. Estes valores estão padronizados, e podem ser encontrados em Dowling (1998) e Pusch (1992).

Para o ensaio de tenacidade à fratura podem ser empregados diversos tipos de corpos de prova, apresentando-se na Figura 12.2 os mais utilizados. É inicialmente usinado um entalhe, submetendo-se então o corpo de prova a solicitações de fadiga, provocando o aparecimento de uma trinca de fadiga. Este corpo de prova é então solicitado no ensaio de tenacidade à fratura, que envolve a determinação da curva carga x deslocamento para abrir a trinca previamente formada. A abertura da trinca é medida durante o ensaio, com extensômetro acoplado na abertura da trinca. A Figura 12.3 mostra os 3 tipos de curvas previstos na norma ASTM E399-90, bem como as cargas correspondentes à propagação instável da trinca (P_Q). Calcula-se então K_Q para esta situação, através das equações apresentadas na Figura 12.2, empregando-se os fatores de geometria (f_1, f_2) segundo a Tabela 12.1 (Pusch, 1992). A seguir

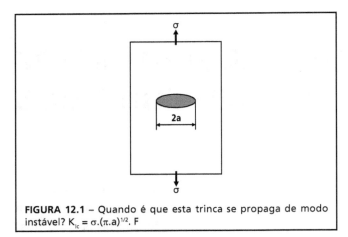

FIGURA 12.1 – Quando é que esta trinca se propaga de modo instável? $K_{Ic} = \sigma.(\pi.a)^{1/2}.$ F

é realizado um teste da aplicabilidade da situação de estado plano de deformação, verificando-se se é válida a relação:

$$B > 2,5 \ (K_Q/LE_{0,2})^2 \quad (12.3)$$

Se a espessura do corpo de prova (B) respeitar esta relação, então tem-se estado plano de deformação, e $K_Q = K_{Ic}$.

Se a estrutura não está em estado plano de deformação, apresentando deformação plástica significativa no processo de fratura, então é mais apropriado empregar os conceitos da mecânica da fratura com deformação (MFD), determinando-se a abertura crítica da trinca – δ_c (CTOD em inglês) ou a integral J (Cushway, jul1989, Cetlin & Pereira da Silva). Ambas as medidas assentam-se no conceito de que o mecanismo da falha é controlado por uma deformação plástica crítica, na frente da trinca, e a

TABELA 12.1 – Fatores de geometria (f_1, f_2) para o cálculo de tenacidade à fratura (Pusch, 1992).

a/W (*)	Corpo de prova 3PB f_1 (a/W)	Corpo de prova CT f_2 (a/W)
0,450	2,29	8,34
0,455	2,32	8,46
0,460	2,35	8,58
0,465	2,39	8,70
0,470	2,43	8,83
0,475	2,16	8,96
0,480	2,50	9,09
0,485	2,54	9,23
0,490	2,58	9,37
0,495	2,62	9,51
0,500	2,66	9,66
0,505	2,70	9,81
0,510	2,75	9,96
0,515	2,79	10,12
0,520	2,84	10,29
0,525	2,89	10,45
0,530	2,91	10,63
0,535	2,99	10,80
0,540	3,04	10,98
0,545	3,09	11,17
0,550	3,14	11,36

(*) a – comprimento inicial da trinca
W – largura do corpo de prova

exemplo do K_{Ic} caracterizam a resistência do material à propagação da trinca (Pusch, 1992).

A integral J reflete a energia despendida para que a trinca cresça (área abaixo da curva Carga x Deslocamento em ensaio de tenacidade à fratura), sendo usual apresentar os resultados de integral J em função do aumento do tamanho da trinca (Δa).

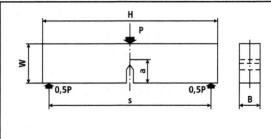

dimensões	equações
W = 2B	
S = 4W	$K_I = P.s.f_1(a/W)/(B.W^{3/2})$
H » 4,2W	$f_1(a/W)$ – fator de geometria (ver Tabela I)
a = (0,45 a 0,55)W	

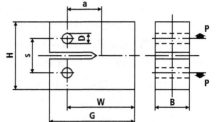

dimensões	equações
W = 2B	
S = 0,55W	
H = 1,2W	$K_I = P.f_2(a/W)/(B.W^{1/2})$
a = (0,45 a 0,55)W	$f_2(a/W)$ – fator de geometria (ver Tabela I)
D = 0,25W	
G = 1,25W	

FIGURA 12.2 – Corpos de prova para ensaio de tenacidade à fratura (3PB e CT), segundo Norma ASTM E399-90. Ver Simbologia no final do capítulo (Pusch, 1992).

TENACIDADE À FRATURA DE FERROS FUNDIDOS

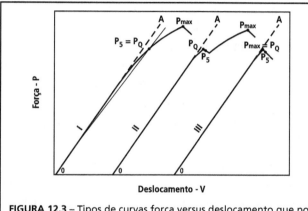

FIGURA 12.3 – Tipos de curvas força versus deslocamento que podem ocorrer em ensaio de tenacidade à fratura (Dowling, 1998).

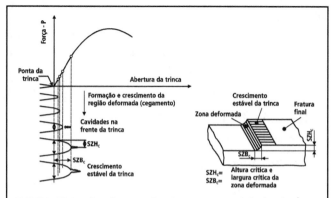

FIGURA 12.4 – Crescimento da trinca em materiais dúteis. À esquerda – estágios da fratura com deformação na frente da trinca. À direita – representação esquemática da superfície de fratura (Pusch, 1992).

O aumento do tamanho da trinca (Δa) é determinado na superfície de fratura do corpo de prova, medindo-se a extensão da trinca com crescimento estável (Figura 12.4) e realizando-se então ensaios com diversos corpos de prova (Pusch, 1992). Outra alternativa é monitorar a resistência elétrica do corpo de prova durante o ensaio, medindo-se assim o tamanho da trinca a cada instante. Ainda outro processo é efetuar pequenos descarregamentos durante o ensaio, e determinar a inclinação da reta elástica, que diminui com o aumento do tamanho da trinca (Figura 12.5). Com estas informações constrói-se a curva integral J versus aumento do tamanho da trinca (Δa), como ilustrado na Figura 12.6. Esta curva é denominada de curva J_R. Sobre esta curva são determinados os valores correspondentes a Δa = SZBc (J_i – valor correspondente ao início do trincamento), ou ainda a Δa = 0,2 mm (J_Q – valor convencionado como início do trincamento). Faz-se então o teste de validade dos resultados:

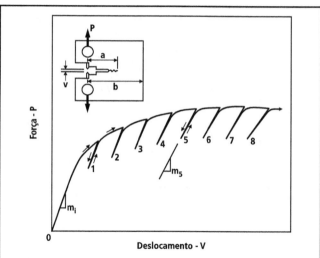

FIGURA 12.5 – Curva força versus deslocamento, com descarregamentos periódicos (Dowling, 1998).

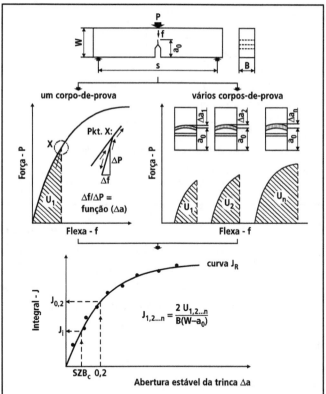

FIGURA 12.6 – Determinação experimental da curva de resistência a trincas (curva J_R) com um ou vários corpos de prova. J_i = valor físico de início da trinca. $J_{0,2}$ (= J_Q) = valor tecnológico de início da trinca. SZB = largura da zona deformada (Pusch, 1992).

$$B, (W-a) > 25 (J_Q/\sigma_y) \tag{12.4}$$

onde: σ_y = 0,5 (LR + LE), e onde B e W são respectivamente a espessura e a largura do corpo de prova.

Se o resultado do teste for positivo, então assume-se $J_Q = J_{Ic}$.

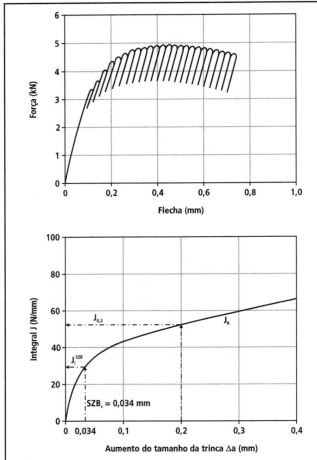

FIGURA 12.7 – Resultados de ensaio de tenacidade à fratura para determinação da integral J para ferro fundido nodular classe FE 42012 (Pusch, 1992).

Na Figura 12.7 é apresentado um exemplo para um ferro fundido nodular classe FE 42012, onde foi empregado o método dos pequenos descarregamentos para construir a curva J x Δa (curva J_R). A análise da superfície de fratura mostrou SZBc = 34 μm, o que corresponde a J_i = 30 N/mm e J_Q = J_{Ic} = 53 N/mm (Pusch, 1992).

A abertura da trinca (CTOD) reflete a separação entre as faces da trinca junto à sua ponta (Figura 12.4). A sua determinação envolve também o ensaio de tenacidade à fratura, e o seu cálculo considera uma parcela elástica e outra plástica (Figura 12.8).

$$\delta = [K^2(1-\nu^2)]/(2.LE.E) + V_P/[1+\{n(a+z)/(W-a)\}] \quad (12.5)$$

K – fator de intensificação de tensões, determinado como para o cálculo de K_{Ic}
ν – coeficiente de Poisson
LE – limite de escoamento 0,2
E – módulo de elasticidade
V_P – parcela plástica da abertura da trinca (Figura 12.8, diagrama P x V)
(W-a)/n – distância da ponta da trinca ao ponto de rotação obtido pela extrapolação linear das faces da trinca (Figura 12.8)
z – entalhe lateral do corpo de prova (Figura 12.8)

Empregam-se os mesmos processos da integral J para construir a curva δ versus Δa, obtendo-se os valores críticos sobre esta curva (Pusch, 1992).

Em alguns casos é útil a estimativa de K_{Ic} a partir de J_{Ic} (ou J_i) e de δ_c, principalmente quando se deseja comparar materiais.

Nas condições onde é válida a mecânica da fratura elástica linear, existe entre K_{Ic} e J_i a seguinte relação (Stroppe et al., 2004):

$$K_{Ic} = \{E \times J_i/(1-\nu^2)\}^{1/2} \quad (12.6)$$

E = módulo de elasticidade
ν = coeficiente de Poisson

Ou ainda, entre K_{Ic} e δ_C (Cushway, jan 1989):

$$K_{Ic} = (\delta_C \times LE_{0,2} \times E)^{1/2} \quad (12.7)$$

Conversões de δ_C e de J_i para K_{Ic} devem ser tratadas com cuidado, especialmente quando se

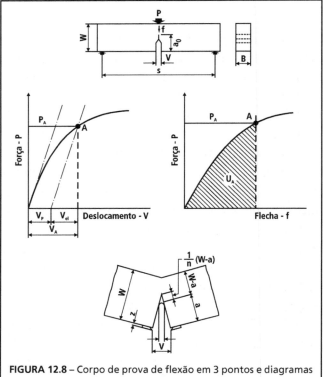

FIGURA 12.8 – Corpo de prova de flexão em 3 pontos e diagramas força-deslocamento e força-flecha (Pusch, 1992).

comparam corpos de prova com diferentes espessuras. Por definição, δ_C e J_i envolvem crescimento lento da trinca e deformação plástica acentuada na frente da trinca. Apesar destas restrições, observa-se razoável concordância entre os valores de K_{Ic} assim calculados e os obtidos experimentalmente (Cushway, jan 1989).

Discutem-se a seguir resultados de tenacidade à fratura para os diversos tipos de ferros fundidos. Em alguns casos a comparação é feita entre valores de K_{Ic}, em outros casos de curva J_R ou de δ_C, dependendo da aplicabilidade de cada modelo.

Como será visto, o efeito de variáveis metalúrgicas sobre a tenacidade à fratura é similar ao verificado no capítulo sobre Resistência ao Impacto.

12.2 FERROS FUNDIDOS NODULARES

A forma da grafita tem efeito significativo na tenacidade à fratura, como pode ser visto na Figura 12.9, para ferros fundidos de matriz ferrítica. Neste caso os ferros fundidos vermiculares apresentaram diferentes valores de nodulização, o que resulta em diferentes valores do parâmetro de morfologia da grafita (W_G), cobrindo uma ampla faixa de valores de J_i, de 12 a 28 kJ/m². Este parâmetro W_G foi apresentado anteriormente, no capítulo sobre Módulo de Elasticidade (equação 6.5 e Figura 6.5).

Na Figura 12.10 pode ser observado o efeito do número de nódulos de grafita (ou da distância entre os nódulos de grafita) sobre a tenacidade à fratura (curva J_R), em nodulares ferríticos. Verifica-se a diminuição da tenacidade à medida que diminui a distância entre as partículas de grafita (Pusch, 1993). Com o aumento da distância entre nódulos aumenta a energia necessária para deformar a matriz entre os nódulos e assim iniciar a propagação da trinca (Komatsu & Shiota, 1984).

Para ferros fundidos nodulares ferríticos verificou-se experimentalmente que:

$$J_i = 4{,}6 \, (LE_{0,2} \times A long \times \lambda) + 11{,}3 \, (kJ/m^2) \quad (12.8)$$

onde λ representa a distância entre os nódulos de grafita. (Stroppe et al., 2004).

A distância entre os nódulos de grafita (centro a centro) e o número de nódulos correlaciona-se como se segue:

$$N_A = 1/(4 \times \lambda^2) \quad (12.9)$$

Outra relação encontrada para nodulares ferríticos é (Salzbrenner, 1987):

$$J_{Ic} = 12{,}5 + 517 \, \lambda \quad (J_{Ic} \text{ em kJ/m2}, \lambda \text{ em mm}) \quad (12.10)$$

Por outro lado, a baixas temperaturas, quando a fratura se propaga por clivagem, o aumento do número de nódulos de grafita resulta em aumento da tenacidade à fratura (Bradley & Srinivasan-1990, Komatsu & Shiota-1984), como pode ser visto na Figura 12.11. Neste caso o efeito preponderante é o arredondamento frequente da ponta da trinca, ao encontrar cada nódulo.

Estas tendências podem ainda ser comprovadas na Figura 12.12-a, com diminuição da tenacidade à fratura no patamar dútil (acima de -50 °C) e diminuição da temperatura de transição com o

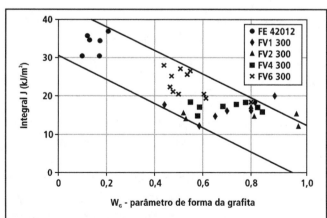

FIGURA 12.9 – Efeito da forma da grafita sobre a tenacidade à fratura (Ji), para ferros fundidos de matriz ferrítica. O parâmetro W_G de forma da grafita é o produto da média da maior dimensão ao quadrado pelo número de partículas por unidade de área (Pusch et al., 1990).

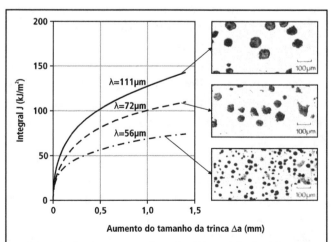

FIGURA 12.10 – Curva J_R para ferro fundido nodular ferrítico classe FE 42012, com diferentes distâncias entre nódulos de grafita (distância centro a centro entre os nódulos) (Pusch, 1993).

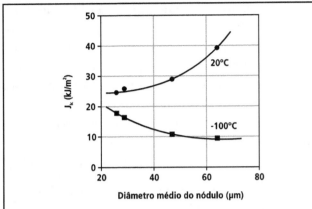

FIGURA 12.11 – Relação entre J_{Ic} e o tamanho dos nódulos de grafita, para duas diferentes temperaturas de ensaio. Ferro nodular ferrítico (Komatsu & Shiota, 1984).

aumento do número de nódulos (Bradley & Srinivasan, 1990, Komatsu et al., 1997).

Já em ferros fundidos nodulares de matriz perlítica (Bradley & Srinivasan, 1990, Timmins, 1990, Wolfensberger et al., 1987), constata-se aumento da tenacidade à fratura com aumento do número de nódulos (Figura 12.13). Neste caso, além do arredondamento frequente da ponta da trinca ao encontrar um alto número de nódulos, também a distribuição de segregações com o aumento do número de nódulos deve contribuir para aumentar a tenacidade. Além disso, o tamanho da colônia de perlita tende a diminuir com o aumento do número de nódulos, o que também deve aumentar a tenacidade do material.

Um aumento do teor de carbono em nodulares ferríticos tem efeito similar ao do número de nódulos (Figura 12.12-b), com diminuição da tenacidade à fratura no patamar dútil (acima de -50 °C) e diminuição da temperatura de transição com o aumento do teor de carbono. O aumento do teor de carbono deve diminuir a distância entre as partículas de grafita (diminuindo assim a tenacidade no patamar dútil), além de aumentar o número de nódulos (dificultando assim o crescimento de trinca por clivagem).

Em nodulares ferríticos, aumentos nos teores de silício e de fósforo reduzem a tenacidade à fratura (Wolfenberger et al., 1987, Komatsu & Shiota-1984), como ilustra a Figura 12.14. Este efeito é mais acentuado à medida que abaixa a temperatura, e estaria ligado ao endurecimento por solução sólida provocado por estes elementos. À temperatura

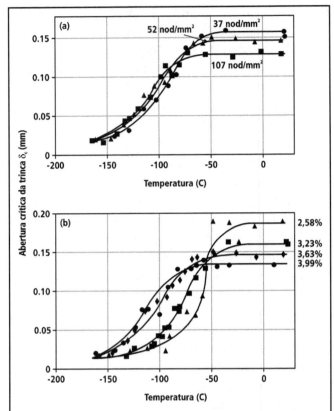

FIGURA 12.12 – Abertura crítica da trinca (CTOD) em função da temperatura, para ferros fundidos nodulares ferríticos com diferentes números de nódulos (nód/mm²) (a) e com diferentes teores de carbono (%) (b) (Bradley & Srinivasan, 1990).

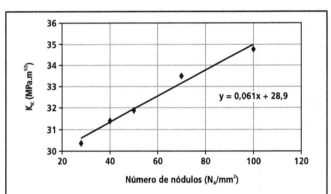

FIGURA 12.13 – Influência do número de nódulos sobre a tenacidade à fratura. Ferros fundidos nodulares perlíticos, normalizados de 900 °C (Timmins, 1990).

ambiente, o efeito do silício somente se manifestou com teor superior a 3,2%, e estava associado à mudança no modo de fratura, de dútil para clivagem. Diminuição da temperatura para -100 °C resulta em diminuição acentuada da plasticidade, de modo que já com teores de Si acima de 2,5% ocorre redução significativa da tenacidade à fratura. Também o efeito do fósforo foi mais acentuado a -100 °C (Komatsu & Shiota, 1984).

TENACIDADE À FRATURA DE FERROS FUNDIDOS

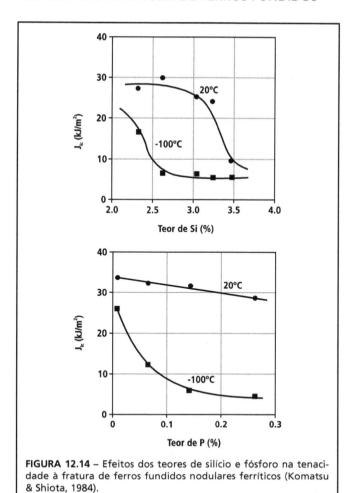

FIGURA 12.14 – Efeitos dos teores de silício e fósforo na tenacidade à fratura de ferros fundidos nodulares ferríticos (Komatsu & Shiota, 1984).

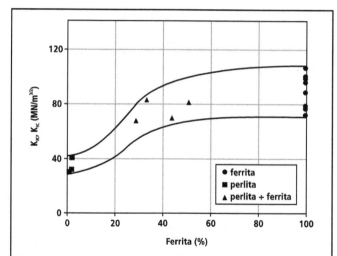

FIGURA 12.15 – Efeito da quantidade de ferrita na matriz sobre a tenacidade à fratura de ferros fundidos nodulares, brutos de fundição e tratados termicamente (Wolfensberger et al., 1987).

Na Figura 12.15 podem ser vistos resultados para ferros fundidos nodulares com matrizes de ferrita e perlita, verificando-se que matriz ferrítica resulta em maiores valores de tenacidade à fratura que matriz perlítica (Mead & Bradley, 1980, Seetharamu & Srinivasan, 1983, Wolfensberger et al., 1987). Na Figura 12.16 são apresentados resultados de tenacidade à fratura para ferros fundidos com diferentes matrizes. Verifica-se que, de um modo geral, a tenacidade decresce com o aumento da resistência do ferro fundido nodular. Os nodulares com matriz austenítica, ligados ao Ni, apresentam altos valores de tenacidade à fratura. Também nos nodulares austemperados a tenacidade à fratura correlaciona-se com a quantidade de austenita, como mostra a Figura 12.17.

Resultados de K_{Ic} para as diversas classes de ferros fundidos nodulares podem ser vistos na Tabela 12.2, verificando-se o decréscimo da tenacidade à fratura com o aumento da resistência.

A Tabela 12.3 apresenta resultados em peças espessas de diversas classes de ferro fundido nodular (Motz et al., 1980). Comprova-se aqui o efeito da quantidade de perlita, presente nas classes de maior resistência, reduzindo a tenacidade à fratura. Na Figura 12.18 apresentam-se resultados de outro trabalho referente a peças espessas, onde foram fundidos blocos de 400 x 400 x 560 mm, realizando-se ensaios de tenacidade à fratura em temperaturas até 450 °C (Berger et al., 2006). O aumento do teor de Si resultou em diminuição da tenacidade, comprovando o comportamento da Figura 12.14. Constata-se ainda

TABELA 12.2 – Tenacidade à fratura das diversas classes de ferros fundidos nodulares. Norma ISO 1083/2004.

Característica	Unid.	Classe ISO 1083/JS/									
		350-22	400-18	450-10	500-7	550-5	600-3	700-2	800-2	900-2	500-10
LR min	MPa	350	400	450	500	550	600	700	800	900	500
LE min	MPa	220	240	310	320	350	370	420	480	600	360
Along min	%	22	18	10	7	5	3	2	2	2	10
K_{Ic}	MN/m$^{3/2}$	31	30	28	25	22	20	15	14	14	28
Microestrutura predominante		ferrita	ferrita	ferrita	ferrita-perlita	ferrita-perlita	perlita-ferrita	perlita	perl ou mart rev	mart rev (1)(2)	ferrita

(1) Ou ausferrita
(2) Para peças grandes pode ser também perlita

TABELA 12.3 – Resultados de tenacidade à fratura para peças espessas. Corpos de prova com módulo de resfriamento de 9 a 16 cm, simulando peças de 1,8 a 5,5 t (Motz et al., 1980).

Temperatura (°C)	FE 38017, bruto de fundição, LE = 240 MPa		FE 60003, bruto de fundição, LE = 370 MPa		FE 80002, normalizado, LE = 520 MPa	
	K_{Ic} (MN/m$^{3/2}$)	δ_c (mm)	K_{Ic} (MN/m$^{3/2}$)	δ_c (mm)	K_{Ic} (MN/m$^{3/2}$)	δ_c (mm)
-120	35	0,03				
-100	38	0,03				
-80	41	0,03				
-60	46	0,03				
-40	54	0,05				
-20	63	0,14	24	0,02	22	0,02
0	79	>0,3	25	0,02	23	0,02
+20	108		28	0,03	24	0,02
+50			35	0,04	27	0,03

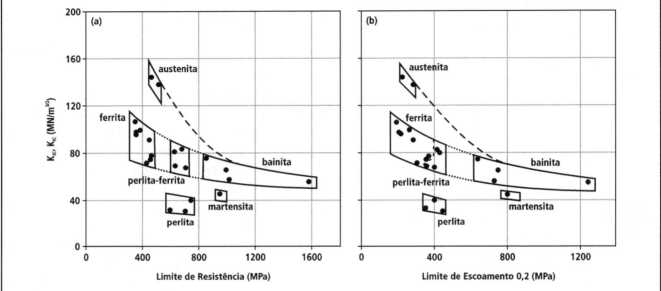

FIGURA 12.16 – Relação entre tenacidade à fratura e resistência (LR, LE) em ferros fundidos nodulares, com diferentes matrizes (Wolfensberger et al., 1987).

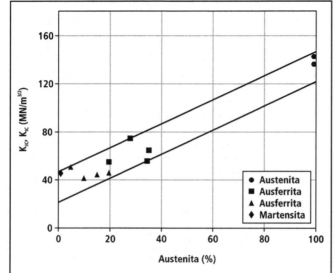

FIGURA 12.17 – Tenacidade à fratura em função da quantidade de austenita em ferros fundidos nodulares (Wolfensberger et al., 1987)

queda acentuada da tenacidade à fratura com a elevação da temperatura até 350 °C. Para os ferros fundidos ligados (Mo, Si+Mo), aquecimento adicional para 450 °C pouco altera os valores de tenacidade à fratura. Os autores comentam ainda que não foi constatada nenhuma ocorrência de fragilização nas temperaturas ensaiadas (Berger et al., 2006).

12.3 FERROS FUNDIDOS VERMICULARES

Na Figura 12.9 foram apresentados alguns resultados de tenacidade à fratura para ferros fundidos vermiculares de matriz ferrítica. Valores médios desta série experimental constam da Tabela 12.4 (Pusch et al., 1990). Os valores de alongamento dos ferros fundidos vermiculares desta Tabela indicam

TENACIDADE À FRATURA DE FERROS FUNDIDOS

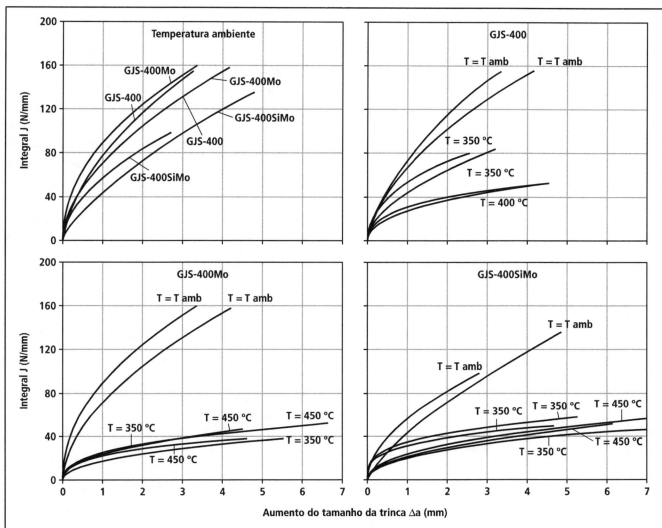

FIGURA 12.18 – Curvas de resistência à propagação de trincas a diferentes temperaturas. Ferros fundidos nodulares ferríticos, sem elementos de liga (GJS-400), com 0,5% Mo (GJS-400Mo) e com 0,5% Mo e 3,1% Si (GJS-400SiMo). Designação segundo a Norma EN. Corpo de prova CT, sem entalhe lateral. 2-3 ensaios por condição (Berger et al., 2006).

TABELA 12.4 – Resultados de propriedades mecânicas de ferros fundidos vermiculares e ferro fundido nodular, com matriz ferrítica (Pusch et al., 1990).

Ferro fundido	LR (MPa)	LE (MPa)	Along (%)	J_{Ic} (kJ/m²)	J_i (kJ/m²)
FV300-1	303	247	4,2	17	17
FV300-2	291	242	4,4	15	16
FV300-4	295	240	5,2	17	17
FV300-6	325	255	8,4	23	24
FE 38017	427	294	20,6	48	34

TABELA 12.5 – Informações sobre tenacidade à fratura de ferros fundidos cinzentos, obtidas em corpo de prova de 30 mm de diâmetro, fundido em separado. Norma ISO 185/2005. A Classe ISO 185/JL/100 não é listada nesta Tabela.

propriedade	unid	Classe ISO 185/JL/						
		150	200	225	250	275	300	350
Limite de resistência à tração	MPa	150-250	200-300	225-325	250-350	275-375	300-400	350-450
Limite de Escoamento 0,1%	MPa	98-165	130-195	150-210	165-228	180-245	195-260	228-285
Alongamento	%	0,3-0,8	0,3-0,8	0,3-0,8	0,3-0,8	0,3-0,8	0,3-0,8	0,3-0,8
K_{Ic}	MN/m$^{3/2}$	32	40	44	48	52	56	65
Matriz		ferrítico - perlítica	perlítica					

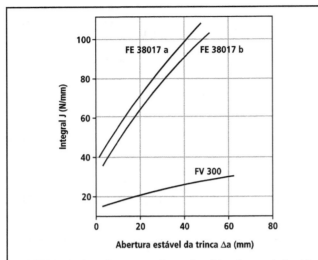

FIGURA 12.19 – Curvas J_R para ferros fundidos de matriz ferrítica (Pusch, 1993).

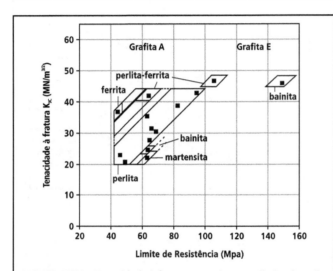

FIGURA 12.20 – Tenacidade à fratura em relação ao limite de resistência de ferros fundidos cinzentos (Speidel et al., 1987).

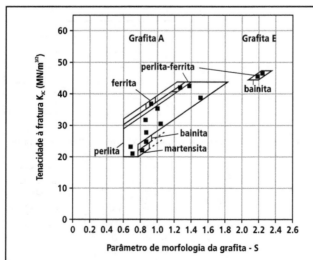

FIGURA 12.21 – Tenacidade à fratura em relação ao parâmetro de morfologia da grafita (Speidel et al., 1987).

que a nodularidade é relativamente elevada (>20%). De qualquer modo, pode-se verificar que o ferro fundido FV300-6, com os maiores valores de alongamento e resistência à tração (presumivelmente com a maior nodularidade), apresentou os maiores valores de tenacidade à fratura. Na Figura 12.19 são comparados ferros fundidos de matriz ferrítica, um vermicular e dois nodulares (com diferentes números de nódulos), verificando-se a grande diferença de tenacidade à fratura entre o ferro fundido vermicular e os nodulares (Pusch, 1993).

Também para os ferros fundidos vermiculares de matriz ferrítica, verificou-se o efeito da distância entre as partículas de grafita. A equação a seguir mostra quantitativamente os efeitos da nodularidade (forma da grafita) e da distância entre as partículas de grafita (Stroppe et al., 2004):

$$J_i = 4,2 \times 10^5 (f_f \times \lambda) + 9,4 \ (kJ/m^2) \qquad (12.11)$$

λ – distância entre as partículas de grafita (em m)
f_f – fator de forma da grafita. $f_f = 4\pi A/p^2$, onde A é área da partícula e p o seu perímetro. Para esferas, $f_f = 1$.

12.4 FERROS FUNDIDOS CINZENTOS

Verifica-se nos ferros fundidos cinzentos correlação entre os valores de tenacidade à fratura e de limite de resistência (Wojnar, 1990, Hornbogen & Motz, 1977, Wolfensberger & Uggowitzer, 1987, Speidel et al., 1987). A Figura 12.20 mostra esta relação.

Estas duas propriedades, tenacidade à fratura e limite de resistência, correlacionam-se com um parâmetro que descreve a continuidade da matriz em ferro fundido cinzento (parâmetro de morfologia da grafita – S), definido como:

$$S = 1/(S_m^2 \cdot N_A) \qquad (12.12)$$

S_m – tamanho médio das lamelas de grafita na seção

N_A – número de partículas de grafita por unidade de área

O termo $(S_m^2 \cdot N_A)$ representa a seção transversal efetiva das lamelas de grafita, de modo que o seu inverso pode ser considerado uma medida da continuidade da matriz (Speidel et al., 1987). A Figura 12.21 mostra a relação entre este parâmetro e a tenacidade à fratura, comprovando-se que a tenacidade à fratura, assim como o limite de resistência, (e também o módulo de elasticidade, ver Figura 6.5 do capítulo sobre Módulo de Elasticidade) dependem fortemente da continuidade da matriz, e portanto do tamanho e quantidade das lamelas de grafita. O parâmetro W_G, da Figura 12.9 é o inverso do parâmetro S, e representa o mesmo conceito.

A Tabela 12.5 apresenta valores de K_{Ic} referentes às classes de ferro fundido cinzento previstas na Norma ISO 185/2005.

EXERCÍCIOS

1) Um ferro fundido vermicular apresenta a seguinte microestrutura:

   - Matriz ferrítica
   - Fator de forma da grafita – f_f = 0,17
   - Distância entre as partículas de grafita – λ = 60 μm

   Este material apresentou as seguintes propriedades em ensaio de tração:

   - LR = 320 MPa
   - LE = 225 MPa
   - Along = 1,9%
   - E = 140 GPa

   Estimar o valor de K_{Ic} deste ferro fundido.

2) Um ensaio de ferro fundido nodular classe FE 60003, com Limite de Escoamento de 430 MPa, foi efetuado com corpo de prova segundo a Figura 2b (CT), com as seguintes dimensões: W = 44 mm e B = 22 mm. Uma pré-trinca aguda com a = 22 mm foi provocada com ensaio de fadiga. A fratura ocorreu repentinamente com $P_Q = P_{max}$ = 10,05 kN, com a curva P-V correspondente ao tipo III da Figura 12.3. Calcular K_Q. Este valor de K_Q pode ser adotado como K_{Ic}? Justifique.

3) Seja um ferro fundido nodular com as seguintes características:

   - Matriz com 95 % ferrita
   - Número de nódulos = 250 nód/mm²
   - LE = 300 MPa
   - Alongamento = 12,8 %

   Estimar o valor da integral J correspondente ao início do trincamento. Qual seria o efeito de um aumento do número de nódulos para 400 nód/mm²?

4) Em ferros fundidos nodulares a tenacidade à fratura decresce com o aumento do limite de resistência (Figura 12.16), enquanto nos ferros fundidos cinzentos a tenacidade à fratura aumenta com o limite de resistência (Figura 12.20). Discutir as razões desta diferença de comportamento.

5) Utilizando a equação apresentada na Figura 12.13, estimar o aumento de K_{Ic} causado por um aumento no número de nódulos de 50 para 100 nód/mm2, em ferro fundido nodular perlítico.

SIMBOLOGIA

a – metade do comprimento de uma trinca elíptica

B – espessura do corpo de prova

E – módulo de elasticidade

f – flexa

$\underline{f}_f$ – fator de forma da grafita. $\underline{f}_f = 4\pi A/p^2$, onde $\underline{A}$ é área da partícula e $\underline{p}$ o seu perímetro. Para esferas, f_f = 1.

f_1, f_2 – fatores de geometria (Tabela 12.1).

F – adimensional que depende da geometria da estrutura e da trinca, do modo de carregamento e da relação entre o tamanho da trinca e a largura da peça.

J – integral J – energia dispendida para que a trinca cresça (área abaixo da curva Carga x Deslocamento em ensaio de tenacidade à fratura).

J_i – valor correspondente ao início do trincamento (Figura 12.6)

J_Q – valor convencionado como início do trincamento (= $J_{0,2}$, ver Figura 12.6)

K_I – fator de intensificação de tensões

K_{Ic} – valor crítico do fator de intensificação de tensões

K_Q – fator de intensificação de tensões correspondente à propagação instável da trinca

$LE_{0,2}$ – Limite de escoamento 0,2

LR – limite de resistência

N_A – número de nódulos de grafita por unidade de área

P – força ou carga

P_Q – carga correspondente à propagação instável da trinca (Figura 12.3)

S – parâmetro de morfologia da grafita, definido como: $S = 1/(S_m^2 \cdot N_A)$

S_m – tamanho médio das lamelas de grafita na seção

SZBc – largura crítica da zona deformada à frente da trinca

SZHc – altura crítica da zona deformada à frente da trinca

U_i – área sob a curva Carga x flexa (Figura 12.6)

V – deslocamento (Figura 12.3)

V_P – parcela plástica da abertura da trinca (Figura 12.8, diagrama P x V)

W – dimensão do corpo de prova (ver Figura 12.2)

(W-a)/n – distância da ponta da trinca ao ponto de rotação obtido pela extrapolação linear das faces da trinca (Figura 12.8)

W_G – parâmetro de forma da grafita. Produto de sua máxima dimensão ao quadrado pelo número de partículas por unidade de área

z – entalhe lateral do corpo de prova (Figura 12.8)

σ – tensão aplicada

σ_y – média entre limite de resistência e limite de escoamento. $\sigma_y = 0,5$ (LR + LE)

δ_c – abertura crítica da trinca (CTOD em inglês)

Δa – aumento do tamanho da trinca

ν – coeficiente de Poisson

λ – distância entre os nódulos de grafita (centro a centro).

REFERÊNCIAS BIBLIOGRÁFICAS

Berger, C.; Roos, E.; Mao, T.; Udoh, A.; Scholz, A.; Klenk, A. Behaviour of ductile cast iron at high temperatures. *Giessereiforschung*, v. 58, n. 2, p. 18-28, 2006.

Bradley, W. L. & Srinivasan, M. N. Fracture and fracture toughness of cast irons. *International Materials Reviews*, v. 35, n. 3, p. 129-161, 1990.

Cetlin, P. R. & Pereira da Silva, P. S. *Análise de fraturas*. ABM, São Paulo.

Cushway, A. A. The fracture toughness of austempered ductile irons and its significance in engineering design. *BCIRA Journal*, p. 106-114, Report 1764, 1989.

Cushway, A. A. Fracture toughness and fatigue-crack growth-rate properties of ductile irons after austempering at 375°C. *BCIRA Journal*, p. 332-340, Report 1784, 1989.

Dowling, N. E. Mechanical behaviour of materials. 2ª ed. Ed Prentice-Hall, Londres, 1998.

Hornbogen, E. & Motz, J. M. Über die Bruchzähigkeit von graphithsaltigen Eisen-Kohlenstoff-Gusswerkstoffen. *Giessereiforschung*, v. 29, n. 4, p. 115-120, 1977.

Kikkert, J. Design data of austempered ductile iron. In: 2nd European ADI Promotion Conference, Hannover, 2002.

Komatsu, S. & Shiota, T. Influences of silicon and phosphorus contents and cooling rate on JIc fracture toughness of ferritic spheroidal graphite cast iron. In: Fredriksson, H & Hillert, M. The Physical Metallurgy of Cast Iron, p.517-526, 1984.

Komatsu, S.; Shiota, T.; Nakamura, K.; Kyogoku, H. Relation between microstructure, size and ductile-brittle transition behaviour in fracture toughness of ferritic nodular cast iron. Physical Metallurgy of Cast Iron V. In: *Advanced Materials Research*, vols 4-5, p. 189-194, 1997. (http://www.scientific.net).

Mead Jr., H. E. & Bradley, W. L. Fracture toughness studies of ductile cast iron using a J-integral approach. *AFS Transactions*, v. 88, p. 265-276, 1980.

Motz, J. M.; Berger, D.; Cohrt, G.; Godehardt, E. K.; Hüttebräucker, K.; Kuhn, G.; Reuter, H.; Schock, D.; Shakeshaft; Wolters, D. Bruchmechanische Eigenshaften in grossen Wandicken von Gussstücken aus Gusseisen mit Kugelgraphit. *Giessereiforschung*, v. 32, n. 3, p. 97-111, 1980.

Norma ISO 1083/2004. Spheroidal graphite cast irons – Classification. 2004.

Norma ISO 185/2005. Grey cast irons – Classification. 2005.

Pusch, G; Liesenberg, O; Bilger, B. Beitrag zur bruchmechanischen Bewertung des Rissausbreitungsverhaltens von Gusseisen bei zyklisch-mechanischer Beanspruchung. *Giessereitechnik*, v. 34, n. 3, p. 77-81, 1988.

Pusch, G; Liesenberg, O; Rehmer, B; Bilger, B. Bruchmechanische Beurteilung des gefügeabhängigen Rissausbreitungwiderstands von ferritischen Gusseisen mit vermicular und globular Graphitmorphologie bei statischer und zyklischer Beanspruchung. *Giessereitechnik*, v. 36, n. 4, p. 115-120, 1990.

Pusch, G. Das Bruchmechanik-Konzept und seine Anwendung auf Gusseisenwerkstoffe. *Konstruiren + Giessen*. Parte 1 – v. 17, n. 3, p. 29-35. Parte 2 – v. 17, n. 4, p. 4-12, 1992.

Pusch, G. Das Bruchmechanik-Konzept und seine Anwendung auf Gusseisenwerkstoffe. *Konstruiren + Giessen*. Parte 3 – v. 18, n. 1, p. 4-11. Parte 4 – v. 18, n. 2, p. 4-10, 1993.

Salzbrenner, R. & Sorenson, K. Relationship of fracture toughness to microstructure in ferritic ductile cast iron. *AFS Transactions*, v. 95, p. 757-764, 1987.

Seetharamu, S. & Srinivasan, M. N. Fracture toughness of chill-free permanent molded magnesium-treated iron castings. *AFS Transactions*, v. 91, p. 867-878, 1983.

Speidel, M. O.; Wolfensberger, S.; Uggowitzer, P J. Fracture toughness of cast iron. In: 54. Congresso Internacional de Fundição, paper n. 31, New Deli, India, 1987.

Stroppe, H.; Pusch, G.; Ludwig, A. Bestimmung der Bruchzähigkeit von ferritischem Gusseisen mit Kugelgraphit aus Kennweten des Zugversuchs und der Gefügeausbildung. *Konstruiren + Giessen*, v. 29, n. 4, p. 19-23, 2004.

Timmins, P. F. The effect of microstructure on defect tolerance in pearlitic ductile iron. *Modern Casting*, p. 34-35, dez 1990.

Wojnar, L. Der Einfluss des Gefüge und der Temperatur auf das Bruchverhalten von Gusseisen mit Lamellen – und Kugelgraphit. *Giessereitechnik*, v. 36, n. 4, p. 105-108, 1990.

Wolfensberger, S.; Uggowitzer, P; Speidel, M O. Die Bruchzähigkeit von Gusseisen. *Giessereiforschung*, v. 39, n. 2, p. 71-80, 1987.

Wolfensberger, S. & Uggowitzer, P. J. Die Messung der Bruchzähigkeit bei Werstoffen mit spannungsabhängigem Elastizitätsmodul – Bruchzähigkeit von Gusseisen mit Lamellengraphit. *Materials Prüfung*, v. 29, n. 4, p. 99-103, 1987.

CAPÍTULO 13
DESGASTE EM COMPONENTES DE FERROS FUNDIDOS

13.1 CONCEITOS INICIAIS

A discussão que se segue concentra-se em componentes automobilísticos. Entretanto, os aspectos referentes aos vários tipos de desgaste podem ser empregados em outras aplicações, principalmente em componentes de máquinas.

A Figura 13.1 ilustra como a energia do combustível se distribui, para um motor de automóvel, num ciclo urbano. Somente 12% da energia do combustível é transmitida para as rodas do carro, e 15% da energia do combustível se perde como atrito mecânico (sem considerar as frenagens). Tendo em vista o consumo mundial de combustível em veículos, isto mostra a importância do estudo deste tema (Priest & Taylor, 2000). Estudos adicionais mostrando a importância econômica do desgaste foram apresentados por Sinátora (1997).

FIGURA 13.1 – Distribuição da energia do combustível para um carro médio, em ciclo urbano (Priest & Taylor, 2000).

Segundo Vatavuk (1994), os seguintes mecanismos de desgaste podem atuar numa câmara de combustão de motor:
- Desgaste abrasivo
- Desgaste corrosivo
- Fadiga de superfície
- Desgaste lubrificado

DESGASTE ABRASIVO

Pode ocorrer por perda de material de uma superfície quando atritada com outra de maior dureza, ou ainda pela ação de partículas duras com movimento relativo em relação às duas superfícies atritantes, gerando maior remoção de material na de menor dureza. As partículas podem ficar incrustadas numa das superfícies, gerando abrasão na outra.

No caso do desgaste abrasivo ocasionado por duas superfícies atritantes (abrasão por dois corpos), é necessário, além de uma maior dureza, que exista uma certa rugosidade por parte do material de maior resistência. Deste modo, melhorias no acabamento superficial e na rugosidade de superfícies diminuem o desgaste abrasivo (Vatavuk, 1994).

O desgaste abrasivo gerado por partículas soltas (abrasão por três corpos) pode ocorrer em virtude da presença de partículas geradas pelo atrito em uma superfície de maior dureza, ou então geradas por desgaste adesivo, ou ainda por partículas oriundas do meio externo, na forma de pós ou areia. Esta última situação é bastante comum, sendo responsável pela maioria dos desgastes em motores de combustão interna (Vatavuk, 1994, Demarchi et al., 1996). Outra possível fonte de partículas abrasivas é a coqueificação do óleo lubrificante (Schmid, 2007). A Figura 13.2 ilustra a abrasão por dois corpos e a abrasão por três corpos.

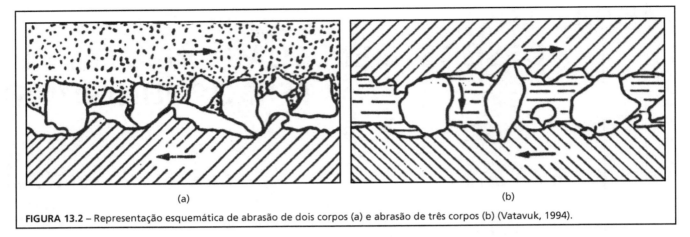

FIGURA 13.2 – Representação esquemática de abrasão de dois corpos (a) e abrasão de três corpos (b) (Vatavuk, 1994).

Zum Gahr (1998) propõe, para o desgaste abrasivo, os micromecanismos apresentados na Figura 13.3. O microssulcamento (Figura 13.3-a) seria uma situação ideal, onde a passagem do abrasivo não resulta em remoção de material, apenas no seu deslocamento lateral e frontal. A ação repetida do abrasivo conduziria à microfadiga (Figura 13.3-b). O microcorte puro (Figura 13.3-c) resultaria em perda de volume igual ao volume do risco. O microtrincamento (Figura 13.3-d) ocorreria quando são impostas, pelo abrasivo, tensões altamente concentradas, principalmente na superfície de materiais frágeis.

Partículas duras na microestrutura, como carbonetos, podem interromper os riscos causados por abrasivos, diminuindo assim a ação deste mecanismo de desgaste (Vatavuk & Mariano, 1990).

A resistência à abrasão de ferros fundidos nodulares é afetada pela matriz e pela presença de grafita. Em ensaios pino-disco e abrasão a três corpos verificou-se que a resistência ao desgaste cresce com o aumento da dureza. Deste modo, a maior resistência ao desgaste foi verificada com matriz martensítica e presença de carbonetos dispersos. Segue-se a matriz martensítica, a austemperada e a perlítica (Lu et al., 2001). A grafita diminui a resistência à abrasão por promover a deformação plástica da matriz envolvente e por induzir a iniciação de trincas logo abaixo da superfície. Os efeitos prejudiciais da grafita ficam acentuados quando é aplicada uma carga de impacto, e quando diminui a tenacidade da matriz (de ausferrita para martensita, por exemplo) (Luo et al., 1995). Também a presença de carbonetos dispersos é prejudicial em condições envolvendo impacto (Lu et al., 2001).

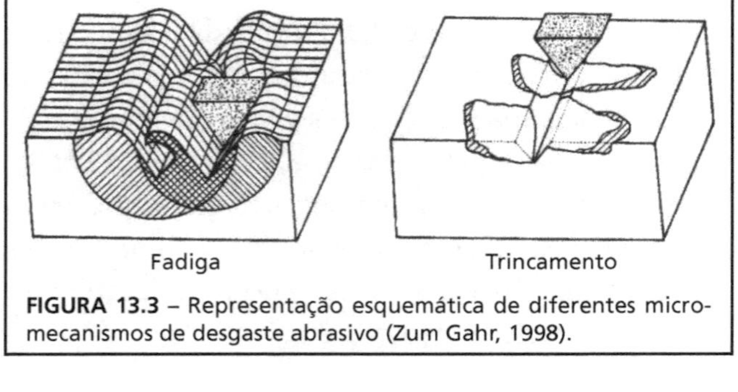

DESGASTE CORROSIVO

No desgaste corrosivo uma reação química ou eletroquímica, em uma ou em ambas as superfícies atritantes, contribui para o aumento da taxa de desgaste.

Nos motores antigos, que operavam em baixas temperaturas, condensavam-se produtos da combustão, e o desgaste era predominantemente corrosivo. Nos motores modernos ocorreu um aumento da temperatura e uma diminuição do tempo para atingir a temperatura, de modo que a contribuição do desgaste corrosivo diminuiu (Vatavuk, 1994). Entretanto, existe uma tendência à recirculação dos gases em motores diesel, e assim o desgaste por corrosão torna-se novamente importante.

Também o uso de combustível com alto teor de enxofre resulta na mesma tendência. O principal

FIGURA 13.3 – Representação esquemática de diferentes micromecanismos de desgaste abrasivo (Zum Gahr, 1998).

efeito do ácido sulfúrico é a quebra do filme lubrificante, causando contato metal-metal. O processo é acentuado pela ação corrosiva do ácido sulfúrico sobre as superfícies em desgaste. Se o lubrificante contiver aditivos em quantidade suficiente para neutralisar o ácido sulfúrico, o desgaste corrosivo é minimizado (Stott & MacDonald, 1988).

DESGASTE EM CONDIÇÕES OXIDANTES

Ensaios em condições de desgaste metal-metal, ao ar e sob atmosfera de argônio, para ferros fundidos vermiculares, mostram que ocorre a formação de Fe_2O_3 nos testes ao ar. Este filme de Fe_2O_3 tem efeito benéfico, reduzindo a taxa de desgaste, para ferros fundidos vermiculares com dureza inferior a 210 HB; para vermiculares com valores de dureza superiores a 210 HB, ocorre aumento da taxa de desgaste com a presença de filme de Fe_2O_3 (Liu et al., 1997). Com baixa dureza do material base, parece que o principal efeito do filme de óxido é atuar como camada protetora, minimizando-se efeitos de adesão e de microssulcamento. Para situações de alta dureza do material base, e, portanto, alta resistência ao desgaste do material base, seria preponderante o efeito da presença de óxidos que eventualmente se destacam e atuam como partículas abrasivas, aumentando assim a taxa de desgaste.

FADIGA DE SUPERFÍCIE

A fadiga de superfície foi identificada com frequência nos canaletes (dos anéis de compressão) dos pistões confeccionados em ligas de Al-Si, bem como em seus porta-anéis de ferro fundido cinzento austenítico de alto teor de níquel (Vatavuk, 1994).

A ocorrência deste mecanismo explicaria a melhor resistência ao desgaste em anéis de ferros fundidos nodulares em relação aos cinzentos de mesma matriz (Vatavuk, 1994).

O impacto de abrasivos sobre uma superfície, removendo material por desgaste, é também chamado de erosão. Em ferro fundido nodular verificou-se que as partículas de grafita junto à superfície deformam-se gradualmente (ver Figura 14.39 do capítulo sobre Ferros Nodulares Austemperados), produzem-se "lábios" na direção do jato de abrasivo, estes "lábios" se alongam e finalmente são removidos da superfície. Este processo de crescimento, extensão e eliminação é então repetido, e sua duração depende da matriz. Em nodulares ferrítico-perlíticos, quanto maior a quantidade de perlita na matriz, menor é a velocidade deste processo de desgaste. O ângulo de incidência do fluxo abrasivo tem profundo efeito sobre a velocidade de desgaste, como indicado na Figura 13.4, verificando-

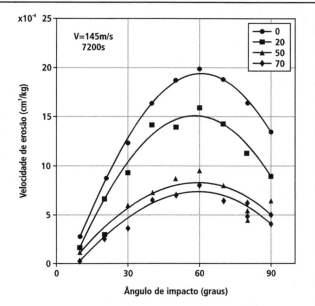

FIGURA 13.4 – Velocidade de desgaste por erosão e ângulo de incidência do fluxo abrasivo (granalha de aço com diâmetro de 0,66 mm e dureza de 420 HV). As curvas correspondem a quantidades crescentes de perlita (em %). Ferro fundido nodular (Shimizu et al., 1996).

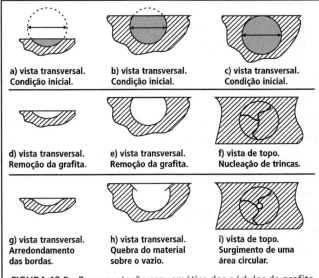

FIGURA 13.5 – Representação esquemática dos nódulos de grafita com relação à superfície e sua remoção em solicitação de fadiga de contato (Leite, 2005).

se máxima taxa de desgaste para incidência a 60° (Shimizu et al., 1996).

Em ensaios de fadiga de contato com ferro nodular austemperado (austêmpera a 290 °C), Leite (2005) também constatou a influência marcante das partículas de grafita, que, dependendo de sua posição com relação à superfície, podem ser removidas ou então induzir a trincamentos na matriz, como ilustrado na Figura 13.5.

DESGASTE ADESIVO

Quando duas superfícies estão em contato, a área real é muito menor do que a área aparente, pois apenas uma quantidade pequena de protuberâncias interage. Ao aplicar uma carga normal, a pressão local nas protuberâncias pode exceder o limite de escoamento, de modo que elas se deformam plasticamente, até que a área real de contato aumente o suficiente para suportar o carregamento elasticamente.

As protuberâncias podem aderir e as regiões de "soldas" podem romper, transferindo-se material de uma superfície para outra. Estas transferências podem ser removidas da superfície por movimentos relativos subsequentes (Vatavuk, 1994).

O desgaste adesivo é mais comum em superfícies metálicas não lubrificadas, e é de ocorrência muito reduzida em contatos lubrificados (Vatavuk, 1994).

Caso o desgaste adesivo atinja proporções exageradas em determinados locais, o resultado será um dano de superfície denominado "scuffing". Esta falha tem maior incidência nas primeiras horas de funcionamento do motor, quando se faz necessário um amaciamento, aplicando-se cargas e rotações inicialmente pequenas, com aumento progressivo. Esta falha ocorre no cilindro no Ponto Morto Superior e nos anéis do primeiro cavalete, podendo se propagar para os outros anéis (Vatavuk, 1994).

A tendência a "scuffing" dos ferros fundidos cinzentos é baixa, devido à sua boa condutividade térmica, lubrificação sólida advinda da grafita e também a resistência ao "scuffing" da matriz perlítica.

O desgaste adesivo ocorreria com maior frequência quando os pares atritantes possuem ampla solubilidade mútua, como por exemplo, o níquel e o cromo. Assim cilindros de bloco de motor revestidos com cobertura rica em níquel (Nikasil) não devem trabalhar com anéis cromados, pois pode ocorrer desgaste adesivo, principalmente se as temperaturas forem altas e por longo tempo de contato (Vatavuk, 1994).

DESGASTE LUBRIFICADO

A lubrificação é o meio mais eficiente para reduzir o desgaste e diminuir a potência dissipada.

O mecanismo de desgaste predominante em motores é o abrasivo, gerando riscos finos na direção do movimento relativo das superfícies atritantes. As partículas geradas pelo desgaste ficam em suspensão no óleo (Vatavuk, 1994).

Num motor automobilístico, uma série de componentes está sujeita a desgaste na presença de lubrificante, como os sistemas anéis de pistão/camisa, came/seguidor e mancais. Uma importante ferramenta para analisar o regime de lubrificação é o diagrama de Stribeck modificado (Figura 13.6), que relaciona o coeficiente de atrito (μ) com a razão entre espessura efetiva do filme e a rugosidade da superfície, denominada de relação de espessura do filme (λ). Esta relação de espessura do filme é uma medida da ocorrência de interações entre as super-

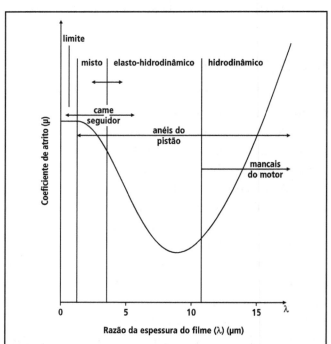

FIGURA 13.6 – Diagrama de Stribeck modificado. A razão de espessura do filme é a relação entre a espessura efetiva do filme e a rugosidade combinada das superfícies (Priest & Taylor, 2000).

DESGASTE EM COMPONENTES DE FERROS FUNDIDOS

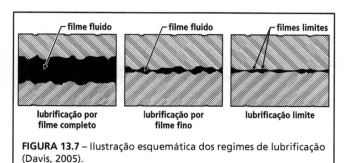

FIGURA 13.7 – Ilustração esquemática dos regimes de lubrificação (Davis, 2005).

fícies, e reconhece que a topografia das superfícies afeta o regime de lubrificação. A Figura 13.7 ilustra os regimes de lubrificação. A Tabela 13.1 detalha as características de cada regime de lubrificação indicado na Figura 13.6 (Priest & Taylor, 2000).

Também nesta Figura 13.6 estão registrados os regimes de lubrificação nos quais trabalham alguns importantes sistemas de motores automotivos, como anéis de pistão/camisa, came/seguidor e mancais. Estes componentes baseiam-se em diferentes modos de lubrificação para atingir o seu desempenho a contento, e muitas vezes podem sofrer diferentes regimes de lubrificação durante um ciclo. Isto mostra os desafios a que estão submetidos os lubrificantes. Existe ainda uma tendência ao uso de lubrificantes de menor viscosidade, o que se de um lado diminui as perdas por atrito, por outro lado reduz também a espessura do filme, trazendo problemas de durabilidade de componentes. Nos sistemas de um motor automobilístico atual, as espessuras de filme lubrificante são usualmente menores que 1 μm. Isto serve para enfatizar a importância crescente da topografia da superfície de componentes (Priest & Taylor, 2000).

A Tabela 13.2 registra as condições de operação de alguns componentes de motor a gasolina, 4 cilindros, 4 válvulas por cilindro. Discute-se a seguir cada componente.

13.2 COMPONENTES COM LUBRIFICAÇÃO

Discute-se inicialmente o desgaste de componentes operando com lubrificação, seguindo-se o desgaste sem lubrificação.

ANÉIS DE PISTÃO

Anéis de pistão são provavelmente os componentes tribológicos mais complicados do motor de combustão interna. Estão sujeitos a grandes e rápidas variações de carga, de velocidade, de temperatura e de disponibilidade de lubrificante. Em apenas um ciclo, o anel pode estar sujeito a regime

TABELA 13.1 – Regimes de lubrificação (Priest & Taylor, 2000).

Regime de lubrificação	Características
Hidrodinâmico	Lubrificação por filme fluido completo, no qual as superfícies estão completamente separadas. A viscosidade dinâmica do lubrificante é a sua propriedade mais importante.
Elasto-hidrodinâmico	Nominalmente também lubrificação por filme fluido completo com separação de superfícies, porém um mecanismo mais concentrado onde são importantes a deformação elástica das superfícies e o efeito da pressão sobre a viscosidade.
Misto	Existe alguma interação entre as asperezas das superfícies e são influentes as características elasto-hidrodinâmica e lubrificação limite.
Limite	As superfícies estão em contato normal, cujo comportamento é caracterizado por ações químicas (e físicas) de filmes finos de proporções moleculares.

TABELA 13.2 – Parâmetros tribológicos e de desempenho de motor a gasolina (Priest & Taylor, 2000).

Parâmetro	Mancais do motor	Anéis/camisa (anel superior)	Came/seguidor
Espessura mínima do filme lubrificante	<1 μm	<0,2 μm	0,1 μm
Máxima temperatura	180°C	200°C no canalete 120°C na camisa	150°C
Máxima pressão/carga específica	60 MPa	70 MPa	600 MPa
Máxima velocidade de cizalhamento	10^8 s^{-1}	10^7 s^{-1}	10^7 s^{-1}
Perda de potência (típica)	0,25 kW	0,15 kW	0,04 kW
Mínima viscosidade dinâmica	0,0025 Pa.s	0,0065 Pa.s	Elasto-hidrodinâmica
Rugosidade combinada das superfícies (*)	0,35 μm Ra	0,2 μm Ra	0,3 μm Ra

(*) $S = (S_1^2 + S_2^2)^{0,5}$ onde S_1, S_2 = rugosidade RMS

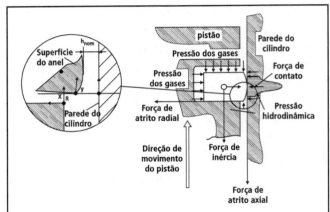

FIGURA 13.8 – Representação esquemática do funcionamento do conjunto pistão, anéis e cilindro dos motores de combustão interna (Vatavuk, 1994).

de lubrificação limite, misto e de filme completo (Priest & Taylor, 2000).

Os anéis de pistão de motores são divididos em duas classes: anéis de compressão e anéis de óleo. A Figura 13.8 mostra esquematicamente o pistão, anéis e parede do cilindro, bem como a solicitação a que estão submetidos os anéis de compressão de primeiro canalete (Vatavuk, 1994).

Os anéis de compressão têm como função principal impedir a passagem de gases da câmara de combustão para o cárter, evitando a contaminação do óleo lubrificante. Nos anéis de compressão de primeiro canalete grande parte da pressão de combustão é transmitida às paredes dos cilindros, como mostrado na Figura 13.8.

Os anéis de óleo devem impedir que o óleo do cárter atinja a câmara de combustão (Vatavuk, 1994).

A temperatura da face de contato dos anéis de primeiro canalete com a parede dos cilindros no Ponto Morto Superior fica por volta de 150 °C, para o caso dos motores diesel pesados (veículos acima de 12 t) (Vatavuk, 1994). Para um motor a gasolina, de automóvel, esta temperatura seria da ordem de 200 °C, como indicado na Tabela 13.2 (Priest & Taylor, 2000).

A espessura do filme de óleo ao longo da parede dos cilindros é mínima nas posições de reversão do movimento dos anéis, e máxima a meio-curso, onde a velocidade dos anéis é máxima. O regime de atrito varia durante o transcorrer de cada ciclo, indo de lubrificação hidrodinâmica longe da reversão, para elasto-hidrodinâmica quando a soma das asperidades (Ra) anel-cilindro atinge a espessura do filme de óleo, atingindo finalmente um contato mais generalizado, regime limite, nos pontos de reversão, onde ocorre o maior desgaste (Vatavuk, 1994).

Anéis de pistão são produzidos em ferros fundidos ou aços, e submetidos a tratamentos superficiais ou recobertos na periferia e ocasionalmente nos flancos, para aumentar a resistência ao desgaste. A forma inicial e a topografia do anel são uma combinação de projeto e de características do recobrimento. A Figura 13.9 mostra a topografia e o perfil inicial de um anel de compressão superior, num motor a gasolina. Este anel é feito em ferro fundido nodular, com revestimento de molibdênio depositado por chama. A face convexa, em forma de barril, é um aspecto do projeto, entretanto os profundos vales no perfil são poros formados durante a deposição do molibdênio. A Figura 13.10 mostra o mesmo anel após 120 h de trabalho, em velocidade

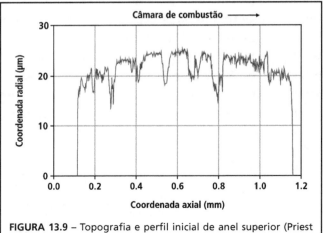

FIGURA 13.9 – Topografia e perfil inicial de anel superior (Priest & Taylor, 2000).

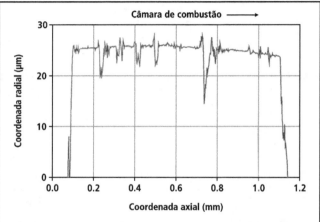

FIGURA 13.10 – Topografia e perfil de anel superior, após 120 h de trabalho (Priest & Taylor, 2000).

DESGASTE EM COMPONENTES DE FERROS FUNDIDOS

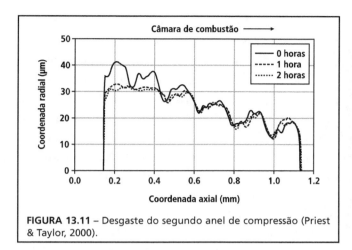

FIGURA 13.11 – Desgaste do segundo anel de compressão (Priest & Taylor, 2000).

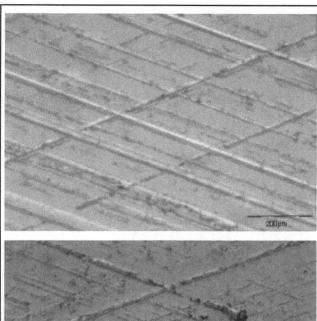

FIGURA 13.12 – Superfícies brunidas de camisa de cilindro em ferro fundido cinzento (Mocellin, 2004).

e carga constantes. Pode-se observar que o perfil foi desgastado acentuadamente, com redução da curvatura inicial.

O segundo anel deste motor é em ferro fundido cinzento, com funções de compressão e controle de óleo. O seu desgaste é muito mais acentuado, como mostra a Figura 13.11, até 2 h de trabalho. Esta Figura mostra o problema de desgaste acentuado nas primeiras horas de trabalho do motor, com desgaste de até 10 µm no perfil do anel, e que não deveria ter ocorrido.

CAMISA DE CILINDRO

Camisas de cilindro sofrem um processo especial de usinagem, o brunimento, que objetiva criar uma rede de sulcos para retenção e distribuição do lubrificante. Desse modo é importante que tais sulcos mantenham certa uniformidade, seja em relação à profundidade, largura, distanciamento entre si, bem como em relação ao ângulo de cruzamento e paralelismo. A condição ideal é aquela em que todos os sulcos encontram-se paralelos entre si, conforme a especificação do ângulo de cruzamento, como ilustrado na Figura 13.12 (Mocelin, 2004). Além disso, durante a usinagem ocorre quebra e remoção de partículas de grafita junto à superfície, sendo desejável que estas cavidades permaneçam abertas e não sejam recobertas por deformação da matriz, de modo que possam atuar como locais de retenção de lubrificante (Schmid, 2000, Ambos & Heikel, 2005).

Diferentes processos de brunimento conduzem à diminuição do desgaste, como brunimento em

TABELA 13.3 – Resultados de consumo de óleo e de desgaste para diferentes processos de brunimento. Bloco de motor em ferro fundido cinzento (Schmid, 2006).

	Processo de brunimento			
	Convencional 1° anel CKS	Platô	Deslizamento helicoidal 1° anel CKS	Plasma 1° anel GDC50
Consumo de óleo (g/h)	55	52	19,70	11,50
Consumo de óleo (g/kWh)	0,17	0,16	0,06	0,04
Consumo de óleo (% do consumo de combustível)	0,08	0,08	0,03	0,02
Desgaste do 1° anel (nm/h)	8,5	-	4,00	0,83
Desgaste do cilindro (nm/h)	1,2	-	0,26	0,67

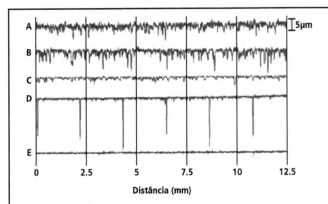

FIGURA 13.13 – Perfis de rugosidade para brunimento convencional (A), brunimento platô (B), brunimento com deslizamento helicoidal (C), textura formada por laser (D) e brunimento fino (E) (Zwein & Müller, 2004).

platô (remoção dos picos da superfície), brunimento com deslizamento ("slide honing"), e brunimento com deslizamento helicoidal ("helical slide honing") (Schmid, 2006). Para blocos de motor e camisas de ferro fundido vermicular, utiliza-se o laser para geração de textura no cilindro previamente brunido (com brunimento fino). Este processo é associado com a introdução de nitrogênio, formando-se nitretos de ferro na superfície, o que reduz consideravelmente o coeficiente de atrito (Schmid, 2007). A Tabela 13.3 mostra resultados de consumo de óleo e de desgaste em função do processo de brunimento, destacando-se os processos de brunimento com deslizamento helicoidal e a plasma (Schmid, 2006).

O aumento da pressão dentro da câmara de combustão, seja em motores diesel, seja em motores a gasolina, faz aumentar as forças entre os anéis e os cilindros, aumentando-se assim as exigências sobre as superfícies brunidas (Schmid, 2007). De modo a manter a estanqueidade, este aumento de pressão exige também uma menor rugosidade da superfície brunida, em particular dos picos, como mostram os perfis da Figura 13.13 (Zwein & Müller, 2004). Também a diminuição da espessura dos anéis, visando reduzir o atrito, impõe a necessidade da diminuição da rugosidade da superfície brunida. Esta redução da rugosidade dificulta a lubrificação.

Alguns resultados de motores a gasolina e diesel são discutidos a seguir. A Figura 13.14 mostra a topografia (inicial e após 120 h) da superfície do cilindro do motor discutido nas Figuras 13.9 a 13.11. Este bloco de motor é produzido em ferro fundido cinzento perlítico. As topografias da Figura 13.14 referem-se ao meio do percurso dos anéis, representando assim a região de lubrificação com filme pleno, onde normalmente não existe preocupação com relação a desgaste. Verifica-se, entretanto, algum desgaste após 120 h de operação, cujo efeito principal foi a remoção dos picos de brunimento.

A Figura 13.15 mostra um exemplo de desgaste em motor diesel, na posição de Ponto Morto Superior. Esta é a condição mais crítica, por apresentar pior lubrificação. Verifica-se o desgaste acentuado nesta posição (Priest & Taylor, 2000).

Na Figura 13.16 pode-se observar a superfície de cilindros de motor a gasolina, após ensaio em bancada por 370 h. Verifica-se a presença de riscamentos na direção do movimento do pistão, bem como diminuição da profundidade dos sulcos de brunimento, o que acelera então o desgaste.

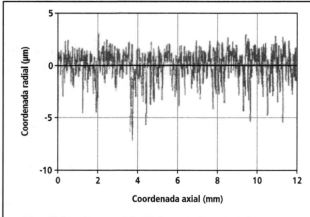

(a) perfil da região central do cilindro, antes do início de funcionamento.

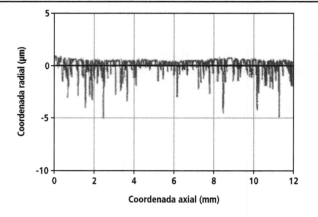

(b) perfil da região central do cilindro, após 120 h de funcionamento do motor.

FIGURA 13.14 – Variação da topografia da parede do cilindro, a meio-percurso dos anéis, situação inicial e após 120 h de operação. Motor a gasolina (Priest & Taylor, 2000).

DESGASTE EM COMPONENTES DE FERROS FUNDIDOS

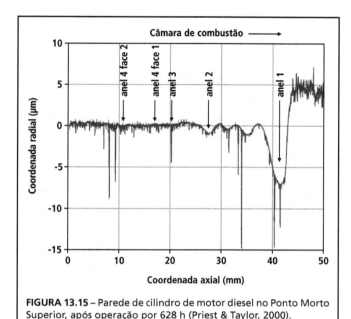

FIGURA 13.15 – Parede de cilindro de motor diesel no Ponto Morto Superior, após operação por 628 h (Priest & Taylor, 2000).

TABELA 13.4 – Desgaste dos cilindros, localizado no Ponto Morto Superior do 1º. Anel (valores em μm). Motor diesel de 6 litros (Demarchi et al., 1996).

Cilindro	Desgaste médio (μm)	Desgaste máximo (μm)
1	85	107
2	65	93
3	21	38
4	20	36
5	23	34
6	34	68
Motor	41	107

O efeito da presença de sujidades no óleo foi caracterizado em trabalho de Demarchi et al. (1996). Foi avaliado o desgaste em motor com problemas de filtragem do ar, de modo que o óleo lubrificante sofreu contaminações, principalmente de sílica. A Tabela 13.4 mostra os resultados do desgaste dos cilindros, no Ponto Morto Superior. Este veículo rodou cerca de 30.000 km (15.000 km com problemas na filtragem do ar), e o desgaste apresentado é superior ao verificado em testes com quilometragens acima de 100.000 km.

Os blocos de motor em ferro fundido cinzento normalmente possuem especificação de uma quantidade mínima de 95% perlita na região dos cilindros, para maximizar a resistência ao desgaste (Figura 13.17). Camisas de cilindro em motores diesel usualmente recebem adições de elementos de liga para aumentar a resistência ao desgaste a quente, como fósforo e cromo. Em alguns casos são empregados tratamentos superficiais, como têmpera por indução ou nitretação (Kodali et al., 2000). Camisas de cilindro de motocicletas são produzidas com adições de fósforo, cromo e vanádio (ou nióbio), formando-se assim uma grande quantidade de partículas duras, estáveis em altas temperaturas (Guesser & Guedes, 1997).

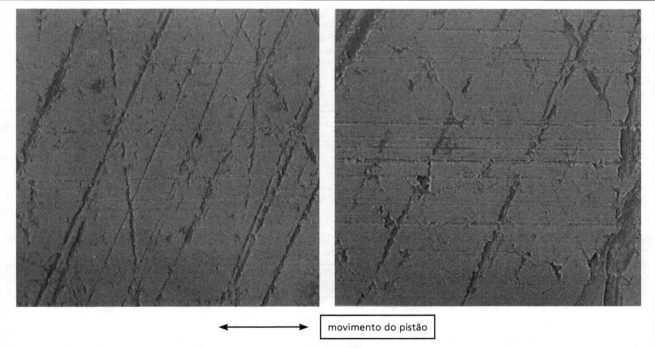

FIGURA 13.16 – Superfícies de bloco de motor a gasolina, ferro fundido cinzento, teste de bancada por 370 h. Aumentos de 100x (a) e 300x (b).

FIGURA 13.17 – Microestrutura de bloco de motor, junto aos cilindros. Ferro fundido cinzento com matriz perlítica. Nital, aumento original 200 X.

EIXO COMANDO DE VÁLVULA

Este tipo de componente apresenta, no came, solicitações intensas de desgaste e dificuldades de lubrificação. O regime de lubrificação altera-se de hidrodinâmico para limite, durante um ciclo. Deste modo, interações químicas no fino filme de fluido são de extrema importância, exigindo o uso de aditivos especiais nos lubrificantes e preocupação com a rugosidade dos componentes.

Os materiais mais comuns para eixos comando de válvulas são ferros fundidos e aços, submetidos a diferentes alternativas de tratamentos e revestimentos superficiais (ver Capítulo 17 sobre Seleção de Materiais). Os modos de falha usuais são "pitting", polimento e "scuffing" (desgaste intenso por aderência), todos eles afetados pelos materiais empregados, lubrificação, projeto e condições de operação. A durabilidade e o tipo de falha dependem então da combinação destes fatores (Priest & Taylor, 2000, Rivola et all, 2006). Testes na ausência de lubrificação mostraram predominância de "scuffing" (desgaste intenso por aderência), principalmente no nariz do came (Ipek & Selcuk, 2005).

Um aspecto importante no desgaste de cames é a rugosidade inicial. A Tabela 13.5 mostra resultados de ensaios em bancada. Verifica-se nos flancos do came que a variação da rugosidade com o tempo é muito pequena, o que reflete uma situação de espessura de filme de óleo estável nestes locais. Neste ensaio, o came e a válvula ficavam separados na região do círculo-base, de modo que ali não ocorre variação da rugosidade. No nariz do came ocorre remoção das asperezas, reduzindo-se a rugosidade. Testes adicionais realizados até 120 °C mostraram a mesma tendência (Priest & Taylor, 2000).

Eixos comando de válvula coquilhados apresentam resistência ao desgaste superior aos tempe-

TABELA 13.5 – Rugosidade superficial de cames. Situação inicial e após teste em bancada por 100 h. Came de aço temperado superficialmente (2,5 mm), com alívio de tensões, retificado e fosfatizado (Priest & Taylor, 2000).

Rugosidade nominal do came (μm)	Rugosidade média (Ra) (μm)					
	Nariz		Flancos		Círculo-base	
	inicial	100 h	inicial	100 h	inicial	100 h
0,1 (*)	0,20	0,50	0,14	0,15	0,14	0,14
0,2	0,28	0,17	0,27	0,28	0,28	0,27
0,4	0,31	0,22	0,42	0,41	0,48	0,48
0,8 (*)	0,52	0,55	0,78	0,77	1,27	1,27
1,6	0,96	0,34	1,47	1,45	2,41	2,40

(*) danificação do nariz

TABELA 13.6 – Ensaios de motores em bancada, com eixo comando com refusão superficial (motor E) e coquilhados (motores W e X). Resultados de resistência a "scuffing" (a) e a "pitting" (b) (Nonoyama et al., 1986).

Obs. Desgaste A é um índice que assume que o desgaste médio do motor W é considerado como 100%.

rados superficialmente (Peppler, 1988). Os melhores resultados de resistência ao desgaste parecem ser alcançados com refusão superficial, como mostra a Tabela 13.6. Esta Figura registra resultados de ensaios de motores em bancada, verificando-se menor incidência de "scuffing" e de "pitting" nos eixos comando com refusão superficial. A profundidade dos "pitting" foi de cerca de 15 μm no caso dos eixos comando com refusão superficial (motor E), enquanto os eixos comando coquilhados (motores W e X) apresentaram "pitting" com profundidade de até 150 μm. A alta dureza superficial (700 HV) obtida com uma estrutura de carbonetos muito refinada é responsável por estes resultados (Nonoyama et al., 1986).

13.3 DESGASTE SEM LUBRIFICAÇÃO

DISCOS E TAMBORES DE FREIO

As características do contato entre um disco de freio de ferro fundido e uma pastilha com ligante orgânico são específicas desta combinação de materiais, e distintas de outros contatos tribológicos (Figura 13.18). Enquanto a pastilha permanece solicitada durante todo o processo de frenagem, o disco sofre esforços descontínuos. Durante a frenagem estabelecem-se contatos em algumas áreas da pastilha, denominados de platôs (Figura 13.19). Estes platôs são de tamanho relativamente pequeno (50-500 μm), e compreendem de 15 a 20% da área da pastilha, o que mostra a pequena área envolvida no processo de frenagem (Eriksson et al., 2002). Partículas da pastilha destacam-se e impregnam a superfície do disco de freio, contribuindo para alterar suas características de fricção e o desgaste abrasivo (Cueva, 2002).

O início de operação de um novo disco está associado com um lento aumento do coeficiente de atrito. A superfície do disco recém usinado tem um relevo em espiral, advindo da operação de torneamento. Este relevo é gradualmente desgastado nas primeiras frenagens, resultando uma superfície mais lisa, o que aumenta o coeficiente de atrito com a pastilha (Figura 13.20) (Eriksson et al., 2002). Rhee et al. (1972) verificaram que a superfície usinada de tambores de freio apresenta consideráveis desvios da microestrutura normal do material.

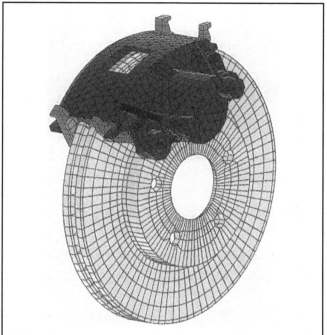

FIGURA 13.18 – Modelamento de sistema de freio (Roush Industries Inc, 2003).

A cementita da perlita está completamente quebrada em pequenas partículas, que ficam embebidas na ferrita; a grafita da superfície foi completamente removida pela usinagem, e os seus vazios ficam cobertos pela matriz. A rugosidade superficial, que na superfície usinada do tambor era de 2 μm, diminui para 0,25-0,75 μm em uso (Rhee et al., 1972).

Os esforços do contato com a pastilha de freio provocam expulsão da grafita das regiões próximas à superfície de frenagem, como esquematizado na Figura 13.21, resultando em encobrimento da grafita pela matriz metálica, o que interfere nos mecanismos de desgaste do disco de freio (Serbino, 2005).

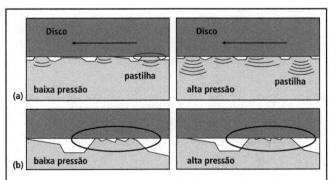

FIGURA 13.19 – Ilustração esquemática dos mecanismos de aumento de área de contato disco-pastilha durante a frenagem.
a) O número de platôs de contato aumenta devido à deformação elástica da pastilha.
b) A fração de área real em contato em cada platô aumenta devido à deformação local (Eriksson et al., 2002).

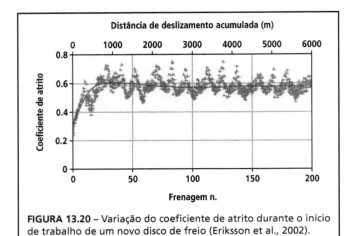

FIGURA 13.20 – Variação do coeficiente de atrito durante o início de trabalho de um novo disco de freio (Eriksson et al., 2002).

Ensaios de desgaste pino-disco, simulando condições de trabalho de discos de freio automotivos, revelaram que o desgaste do disco de freio ocorre por abrasão e por microfadiga (Cueva et al., 2000, Serbino, 2005). Além disso, o disco e a pastilha sofrem aquecimento no processo de frenagem, podendo atingir picos de temperatura de até 800°C, o que acentua os mecanismos de desgaste (Coyle & Tsang, 1983), além de poder provocar pequenas fissuras superficiais por fadiga térmica. Rhee et al. (1972) encontraram inclusive áreas com martensita junto à superfície de tambor de freio.

Ensaios com diferentes ferros fundidos cinzentos mostraram que os melhores resultados de resistência ao desgaste foram obtidos com cinzento de alto carbono (3,73% C), seguindo-se o cinzento ligado ao titânio (280 ppm Ti) e a seguir os cinzentos de classe FC 250 (Cueva et al., 2003). Ressalte-se que o ferro fundido cinzento de alto teor de carbono apresenta alta condutividade térmica, o que diminui a temperatura no local do desgaste. Por outro lado, os ferros fundidos cinzentos com titânio apresentam menores coeficientes de atrito que os cinzentos sem titânio (Figura 13.22), o que reduz o risco de travamento do freio (Chapman & Mannion, 1981), porém aumenta a distância necessária para frenagem (Maluf, 2007).

Cueva (2002) verificou que discos de freio de ferro fundido vermicular apresentavam maior coeficiente de atrito do que discos de ferros fundidos cinzentos (ver Tabela 8.14 do capítulo sobre Propriedades Físicas dos Ferros Fundidos). Esta propriedade poderia ser empregada quando fosse necessário efetuar frenagem em menores distâncias ou com menor carga.

EXERCÍCIOS

1) A utilização de certos elementos de liga, como titânio e nióbio, resulta na presença de carbonetos de alta dureza na microestrutura. Pode-se afirmar que estes carbonetos sempre aumentam a resistência ao desgaste? Discutir os seus efeitos nos diferentes mecanismos de desgaste.

2) A superfície do cilindro do motor deve apresentar cavidades provenientes da fratura da grafita do ferro fundido cinzento, servindo

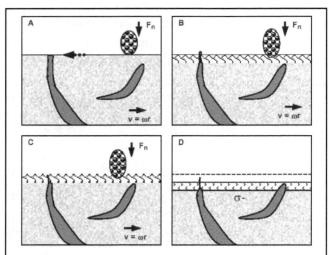

FIGURA 13.21 – Esquema de encobrimento da grafita em solicitações de desgaste de disco de freio (Serbino, 2005):
A – atuação da força normal e compressão da grafita;
B – escoamento da superfície com extrusão da grafita;
C – colapso do volume ocupado pela grafita;
D – selamento por tensões residuais compressivas e desgaste.

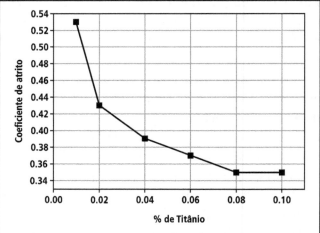

FIGURA 13.22 – Diminuição do coeficiente de atrito com adições de titânio em ferro fundido cinzento (Brembo-1997 citado por Maluf-2007).

de depósito de óleo lubrificante. Discutir o efeito da presença de grafita grosseira (tipo C) nesta superfície.
3) Em várias solicitações de desgaste ocorre extrusão e/ou encobrimento das partículas de grafita próximas à superfície, tanto em ferro fundido cinzento (Figuras 13.16 e 13.22) como em ferro fundido nodular (Figura 13.5). Discutir o efeito da presença de grafita sobre os mecanismos de desgaste dos componentes de motor apresentados neste capítulo.

REFERÊNCIAS BIBLIOGRÁFICAS

Ambos, E. & Heikel, C. Wichtige PKW-Motorenbauteile im Spiegelbild des Wettbewerbs der Werkstoffe und Verfahren – Zylinderkurbelgehäuse. *Konstruiren + Giessen*, v. 30, n. 4, p. 2-9, 2005.

Coyle, J P & Tsang, P. H. S. Microstructural changes of cast iron rotor surfaces and their effects on brake performance and wear resistance. SAE Paper 830534, Detroit, 1983.

Cueva, G.; Tschiptschin, A. P.; Sinátora, A.; Guesser, W. L. *Desgaste de ferros fundidos usados em discos de freio de veículos automotores*. Congresso SAE Brasil, São Paulo, 2000.

Cueva, G. *Estudo do desgaste em materiais utilizados em discos de freio de ferro fundido com grafita lamelar e vermicular*. Tese de Doutoramento, EPUSP, 2002.

Cueva, G.; Tschiptschin, A. P.; Sinátora, A. Guesser, W. L. Influência da carga de frenagem na resistência ao desgaste de ferros fundidos usados em discos de freio. Brake Colloquium, SAE Brasil, Gramado, 2003.

Cueva, G.; Sinátora, A. Guesser, W. L.; Tschiptschin, A. P. Wear resistance of cast irons used in brake disc rotors. *Wear*, n. 255, p. 1256-1260, 2003.

Davis, J. R. *Gear materials, properties and manufacture*. ASM International, 2005.

Demarchi, V.; Windlin, F. L; Leal, M. G. G. *Desgaste abrasivo em motores diesel*. SAE, São Paulo, 1996.

Eriksson, M.; Bergman, F.; Jacobson, S. On the nature of tribological contact in automotive brakes. *Wear* n. 252, p. 26-36, 2002.

Guesser, W. L. & Guedes, L. C. *Desenvolvimentos recentes em ferros fundidos aplicados à indústria automobilística*. Seminário da Associação de Engenharia Automotiva, São Paulo, 1997.

Ipek, R. & Selcuk, B. The dry wear profile of camshaft. *Journal of Materials Processing Technology*, n. 168, p. 373-376, 2005.

Kodali, P.; How, P.; McNulty, W. D. Methods of improving cylinder liner wear. SAE, p. 1-7, Detroit, 2000.

Leite, M. V. *Análise dos mecanismos de desgaste por fadiga de contato. Estudo de caso: ferro fundido nodular austemperado*. Dissertação de mestrado, Universidade Federal do Paraná, Curitiba, 2005.

Liu, Y.; Ren, S.; Schissler, J. M.; Chobaut, J. P. Study of the wear resistance of gray, vermicular and ductile iron under the oxidational condition. Physical Metallurgy of Cast Iron V. *Advanced Materials Research*, v. 4-5, p. 245-250, 1997. (http://www.scientific.net).

Lu, Z. L.; Zhou, Y. X.; Rao, Q. C.; Jin, Z. H. An investigation of the abrasive wear behaviour of ductile cast iron. *Journal of Materials Processing Technology* n. 116, p. 176-181, 2001.

Luo, Q.; Xie, J.; Song, Y. Effects of microstructures on the abrasive wear behaviour of spheroidal cast iron. *Wear* n. 184, p. 1-10, 1995.

Maluf, O. *Fadiga termomecânica em ligas de ferro fundido cinzento para discos de freio automotivos*. Tese de doutorado, Ciência e Engenharia de Materiais, USP, São Carlos, 2007.

Mocellin, F. *Desenvolvimento de tecnologia para brunimento de cilindros de blocos de motor em ferro fundido vermicular*. Exame de qualificação para doutoramento, UFSC, 2004.

Nonoyama, H.; Morita, A.; Fukuizumi, T.; Nakakobara, T. Development of the camshaft with surface remelted chilled layer. SAE, p. 1-7, Detroit, 1986.

Peppler, P. L. Chilled cast iron engine valvetrain components. SAE, p. 1-10, Detroit, 1988.

Priest, M. & Taylor, C. M. Automobile engine tribology – approaching the surface. *Wear* n. 241, p. 193-203, 2000.

Rhee, S. K.; DuCharme, R. T.; Spurgeon, W. M. Characterization of cast iron friction surfaces. SAE, Detroit, 1972.

Rivola, A.; Troncossi, M.; Dalpiaz, G.; Carlini, A. Elastodynamic analisys of the desmodromic valve train of a racing motorbike engine by means of a combined lumped/finite element model. Mechanical Systems and Signal Processing, Elsevier, p. 1-26, jun 2006.

Schmid, J. Fortschritte beim Honen von Gusseisen – Erzeugen optimaler Zylinderlaufflächen. *Konstruiren + Giessen*, v. 25, n. 4, p. 17-19, 2000.

Schmid, J. Optimiertes Honverfahren für Gusseisen-Laufflächen. In: Zylinderlaufbahn, Kolben, Pleuel – Innovative Systeme im Vergleich. VDI-Berichte 1906, VDI Verlag GmbH, Düsseldorf, 2006.

Schmid, J. *Future trends in engines*. Palestra proferida na Tupy Fundições, Joinville, nov. 2007.

Severin, D. & Lampic, M. Beanschpruchungskonformen Prüfung und Werkstoffentwicklung zur Steigerung der Lebensdauer von Bremsscheiben. *Giesserei*, v. 92, n. 6, p. 20-29, 2005.

Shimizu, K.; Noguchi, T.; Kamada, T.; Takasaki, H. Progress of erosive wear in spheroidal graphite cast iron. *Wear* n. 198, p. 150-155, 1996.

Sinátora, A. Custos e soluções para problemas de desgaste. *Metalurgia e Materiais*, ABM, p. 548-550, set. 1997.

Stott, F. H. & MacDonald, A. G. Corrosive wear of cast iron in lubricating oil in presence of sulphuric acid added by drip feed method. *Materials Science and Technology*, v. 4, p. 35-40, jan. 1988.

Vatavuk, J. *Mecanismos de desgaste em anéis de pistão e cilindros de motores de combustão interna*. Tese de doutoramento, EPUSP, 1994.

Vatavuk, J. & Mariano, J. R. Wear resistant nodular iron for piston rings. CBMM Paper, 1990.

Zum Gahr, K. H. Wear by hard particles. *Tribology International*, v. 31, n. 10, p. 587-596, 1998.

CAPÍTULO 14
FERROS NODULARES AUSTEMPERADOS

14.1 PROPRIEDADES MECÂNICAS ESTÁTICAS

Os ferros nodulares austemperados são obtidos por tratamento térmico de austêmpera, cujos princípios foram abordados no capítulo sobre Tratamentos Térmicos de Ferros Fundidos.

Como foi visto naquele capítulo, o tratamento térmico de austêmpera envolve a austenitização, seguida de resfriamento rápido até a temperatura de austêmpera, e manutenção nesta temperatura por um certo tempo. A microestrutura resultante é uma mistura muito fina de ferrita e de austenita estabilizada, denominada de ausferrita (Figura 3.27 do capítulo sobre Tratamentos Térmicos). Esta microestrutura confere propriedades mecânicas muito especiais a esta família de ferros fundidos nodulares (Röhrig, 2005). A Figura 14.1 compara as propriedades obtidas com os nodulares austemperados e os nodulares comuns (ferrítico/perlíticos ou temperados e revenidos) (Blackmore & Harding, 1984). Verifica-se que os nodulares austemperados apresentam combinações de limite de resistência e alongamento muito superiores às dos nodulares comuns. Esta combinação de propriedades permite então a utilização dos ferros nodulares austemperados para aplicações envolvendo solicitações intensas, como ilustrado na Figura 14.2.

As propriedades mecânicas dos ferros nodulares austemperados são influenciadas principalmente pelas variáveis apresentadas na Figura 14.3. As discussões do capítulo sobre Propriedades Estáticas dos Ferros Fundidos Nodulares, referentes ao efeito da forma da grafita, também aqui são aplicáveis. Como os ferros nodulares austemperados tem propriedades muito sensíveis à presença de defeitos, a importância da forma da grafita fica ressaltada, o que pode ser visto na Figura 14.4. Em particular a tenacidade (alongamento, resistência ao impacto) decresce acentuadamente com a diminuição da nodularidade.

Os elementos de liga, necessários para fornecer temperabilidade, trazem normalmente prejuízos para as propriedades mecânicas, seja devido à segregação, seja formando carbonetos (White, 1989), conforme discutido no capítulo sobre Tratamentos Térmicos, de modo que seu uso deve restringir-se às mínimas quantidades necessárias. Estes efeitos dos elementos de liga podem ser minimizados com uma inoculação eficiente, etapa então de particular importância na produção de nodulares austemperados. Por outro lado, os elementos de liga (Cu, Ni, Mo) retardam a decomposição da austenita, de modo que a janela de processo fica ampliada.

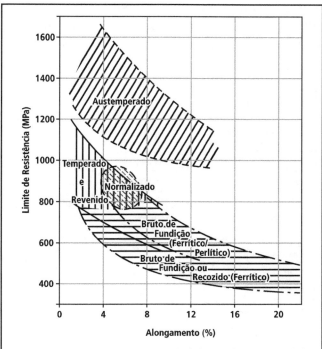

FIGURA 14.1 – Comparação de propriedades mecânicas de nodulares austemperados com outras classes de ferros fundidos nodulares (Blackmore & Harding, 1984).

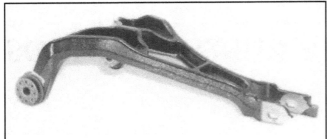

FIGURA 14.2 – Braço de suspensão de Ford Mustang Cobra. Ferro nodular austemperado com LR = 1.050 MPa – alongamento = 13,8% e resistência ao impacto = 179 J (Warrick et al., 2000).

Como a microestrutura de ausferrita é obtida pelo tratamento térmico, as variáveis ligadas a esta etapa são muito importantes. Os efeitos do tempo de austêmpera, da temperatura de austêmpera e da temperatura de austenitização podem ser vistos nas Figuras 14.5 e 14.6 (Dorazil, 1986). A principal variável que determina a resistência dos nodulares austemperados é a temperatura de austêmpera (Gundlach et al., 1984, Hasse, 1998). Com o decréscimo da temperatura de austêmpera diminui o tamanho das agulhas de ferrita (Putatunda et al., 2006), o que aumenta a resistência mecânica por diminuir o livre caminho médio para movimentação de discordâncias (Putatunda & Gadicherla, 1999). Além disso, a diminuição da temperatura de austêmpera diminui também a quantidade de austenita na ausferrita (e aumenta a quantidade de ferrita) (Putatunda, 2006). Na Figura 3.29 do capítulo sobre Tratamento Térmico foram apresentadas as faixas

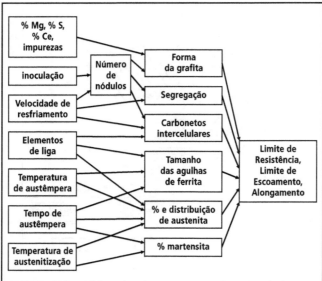

FIGURA 14.3 – Efeitos da microestrutura e de variáveis de processo sobre as propriedades mecânicas em ferros nodulares austemperados.

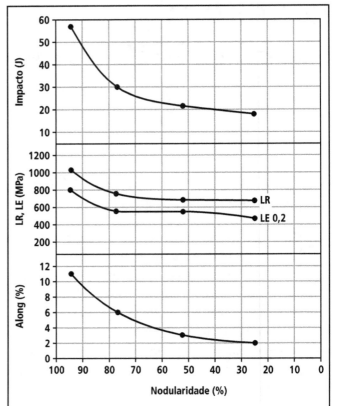

FIGURA 14.4 – Efeito da forma da grafita sobre as propriedades de ferro nodular austemperado. 1,5% Ni – 0,3% Mo. 900 °C 2 h – 370 °C 2,5 h (Nofal et al., 2002).

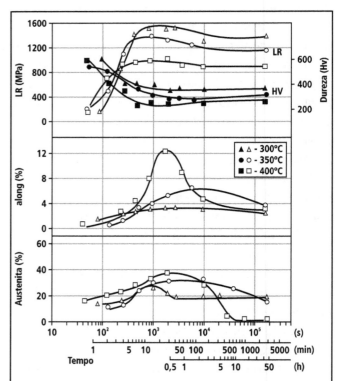

FIGURA 14.5 – Efeito da temperatura e do tempo de austêmpera sobre as propriedades mecânicas de ferro nodular austemperado. É mostrada também a variação da quantidade de austenita (Dorazil, 1986).

FERROS NODULARES AUSTEMPERADOS

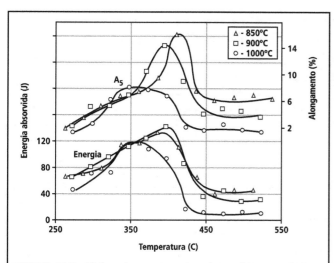

FIGURA 14.6 – Efeitos das temperaturas de austêmpera e de austenitização sobre a tenacidade (alongamento, impacto sem entalhe) de ferro nodular austemperado. 2,12% Si-0,34% Mn-1,38% Ni-0,32% Mo (Dorazil, 1986).

de temperatura de austêmpera para cada classe de nodular austemperado. A utilização de austêmpera em duas temperaturas (resfriamento em banho de sal de menor temperatura e transferência para outro banho da maior temperatura) resulta em refino das agulhas de ferrita e menor necessidade de elementos de liga, o que melhora tanto a resistência mecânica quanto a dutilidade (Putatunda, 2001, Ibrahim, 2006).

Como também discutido no capítulo sobre Tratamento Térmico, para cada condição de composição química e de temperatura de austêmpera, o tempo de austêmpera deve corresponder à janela de processo, evitando-se a presença de martensita (tempos curtos) e a decomposição da austenita supersaturada em carbono (tempos longos) (Figura 14.5).

Por outro lado, como mostra a Figura 14.6, altas temperaturas de austenitização tendem a diminuir tanto a resistência ao impacto como a dutilidade (Dorazil, 1986, Putatunda & Gadicherla, 1999). Isto seria devido a uma estrutura austemperada mais grosseira, com o comprimento das agulhas de ferrita aproximando-se do tamanho de grão austenítico, redução do número das agulhas de ferrita, maior tendência à formação de martensita (devido ao aumento de áreas de austenita massiva) e menor estabilidade da austenita intercelular (Guedes, 1996).

A quantidade de austenita, estabilizada por carbono, tem efeito acentuado principalmente nas

TABELA 14.1 – Propriedades mecânicas e físicas de ferros nodulares austemperados. Classes segundo a norma EN (Schock, 2000).

Classe de ferro nodular austemperado (norma EN)	GJS-800-8	GJS-1000-5	GJS-1200-2	GJS-1400-1
Valores mínimos				
LR (MPa)	800	1000	1200	1400
LE 0,2 (MPa)	500	700	850	1100
Alongamento (%)	8	5	2	1
Resistência ao impacto, entalhado (J)	10 (2)	-	-	-
Valores mínimos orientativos (1)				
Resistência à compressão (MPa)	1.300	1.600	1.900	2.200
Limite de escoamento à compressão (MPa)	620	770	1040	1220
Resistência ao cizalhamento (MPa)	720	900	1080	1260
Resistência à torção (MPa)	720	900	1080	1260
Limite de escoamento à torção (MPa)	350	490	590	770
Resistência ao impacto, sem entalhe (J)	100	80	60	30
Tenacidade à fratura – K_{IC} (MPa x $m^{1/2}$)	62	58	54	50
Limite de fadiga, flexão rotativa, sem entalhe (MPa)	375	425	450	375
Limite de fadiga, flexão rotativa, com entalhe (MPa)	225	260	280	275
Valores típicos				
Dureza (HB)	260-320	300-360	340-440	380-480
Módulo de elasticidade, tração e compressão (GPa)	170	168	167	165
Coeficiente de Poisson	0,27	0,27	0,27	0,27
Módulo de elasticidade, cizalhamento (GPa)	65	64	63	62
Densidade (g/cm³)	7,1	7,1	7,1	7,1
Coeficiente de dilatação térmica linear (μm/m.K)	14,6	14,3	14,0	13,8
Condutividade térmica (W/m.K)	22,1	21,8	21,5	21,2

1. Espessura até 50 mm
2. Média de 3 ensaios, valores individuais maiores ou iguais a 9 J.

TABELA 14.2 (a) – Propriedades mecânicas e físicas de ferros nodulares austemperados. Classes segundo a norma ASTM (Goodrich, 2003).

	850-550-10 Classe 1	1050-700-07 Classe 2	1200-850-04 Classe 3	1400-1100-01 Classe 4	1600-1300-00 Classe 5
Propriedades Estáticas					
LR (MPa)	966	1139	1311	1518	1656
LE 0,2 (MPa)	759	897	1104	1242	1449
Alongamento (%)	11	10	7	5	3
Dureza (HB)	302	340	387	418	460
Redução área (%)	10	9	6	4	2
Módulo de elasticidade (GPa)	163	160	158	156	155
Resistência à compressão (MPa)	1380	1650	1935	2275	2520
Resistência ao cizalhamento (MPa)	870	1025	1180	1370	1490
Módulo de rigidez (GPa)	65.1	64.0	63.2	62.4	62.1
Relação de Poisson	0.25	0.25	0.25	0.25	0.25
Coeficiente de resistência σ_o (MPa) *	1744	-	-	-	-
Coeficiente de encruamento n *	0.1330	0.1376	0.1465	0.1600	-

* Ver capítulo sobre O Ensaio de Tração.

TABELA 14.2 (b) – Propriedades mecânicas e físicas de ferros nodulares austemperados. Classes segundo a norma ASTM (Goodrich, 2003).

	850-550-10 Classe 1	1050-700-07 Classe 2	1200-850-04 Classe 3	1400-1100-01 Classe 4	1600-1300-00 Classe 5
Propriedades Dinâmicas – Limite de fadiga (10 milhões de ciclos)					
Flexão rotativa (MPa)	450	485	415	-	-
Flexão reversa (MPa)	-	415	380	-	-
Tração-compressão (MPa)	-	385	-	-	-
Impacto não entalhado, 21°C (J)	120	120	93	80	53
Impacto entalhado, 21°C (J)	12	10.6	9.3	8.6	8
Módulo de elasticidade dinâmico (GPa)	170	168	167	165	164
Temperatura de transição (°C)	-20	-20	-20	-20	-20
Tenacidade à fratura (MPa x m$^{1/2}$)	100	78	55	48	40
Coeficiente de resistência à fadiga σ_f (MPa) *	1455	-	-	-	-
Expoente de resistência à fadiga b *	-0.0900	-0.1460	-0.1600	-0.2050	-
Coeficiente de dutilidade à fadiga ε	0.1150	0.1780	0.3960	0.4880	-
Expoente de dutilidade à fadiga c	-0.5940	-0.6280	-0.7520	-0.8480	-
Propriedades Físicas					
Densidade (g/cm³)	7,0965	7,0872	7,0779	7,0686	7,0593
Coeficiente de dilatação térmica linear (υm/m.K)	14,6	14,3	14,0	13,8	13,5
Condutividade térmica (W/m.K)	22,1	21,8	21,5	21,2	20,9
Amortecimento de vibrações (log decr.) X 0,0001	5.26	5.41	5.69	12.7	19.2

* Ver capítulo sobre Resistência à Fadiga de Ferros Fundidos.

propriedades de impacto e de fadiga, como será visto posteriormente. Porém, mesmo em ensaio de tração verifica-se a transformação de parte da austenita em martensita induzida por deformação (Galarraga & Tschiptschin, 1999).

14.2 PROPRIEDADES MECÂNICAS DAS DIVERSAS CLASSES

As propriedades mecânicas apresentadas a seguir são obtidas dentro da janela de processo, representando, portanto, propriedades ótimas para cada situação.

As Tabelas 14.1 e 14.2 contêm valores típicos de propriedades mecânicas e físicas referentes às diversas classes de ferros nodulares austemperados.

A Figura 14.7 mostra as propriedades estáticas dos ferros nodulares austemperados em função da dureza. Verifica-se o comportamento usual de aumento da resistência e decréscimo da dutilidade com o aumento da dureza. Para valores de dureza

FERROS NODULARES AUSTEMPERADOS

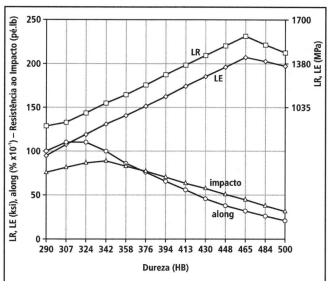

FIGURA 14.7 – Propriedades típicas de ferros nodulares austemperados em função da dureza. Resistência ao impacto sem entalhe (Brandenberg & Hayrynen, 2002).

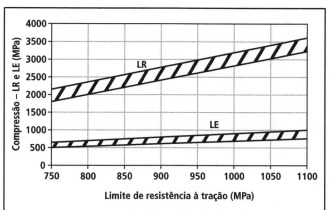

FIGURA 14.8 – Resistência à compressão (LR e LE) em função do limite de resistência à tração. São indicadas as faixas de variação das propriedades (Kikkert, 2002).

acima de 460 HB, caem também o limite de resistência e o limite de escoamento, devido à presença de quantidade apreciável de martensita na microestrutura, já que neste caso as temperaturas de tratamento isotérmico são muito baixas.

As propriedades estáticas dos nodulares austemperados são ainda influenciadas pela espessura da peça, como mostra a Tabela 14.3, com decréscimo tanto da resistência como do alongamento com o aumento da espessura da peça. Registra-se um exemplo de corpo de prova com parede de 3 mm de espessura, com Limite de Resistência de 1160 MPa, Limite de Escoamento de 900 MPa e alongamento de 7%, o que mostra o potencial dos ferros nodulares austemperados para uso em projetos de diminuição de peso de componentes (Gagné et al., 2006). O efeito da espessura da peça pode ainda ser visto na Norma ISO 17804, apresentada no Capítulo sobre Normas Técnicas (Tabela 5.36).

A resistência à compressão, ao cizalhamento e à torção aumentam com a dureza, enquanto o módulo de elasticidade apresenta um pequeno decréscimo. As Tabelas 14.1 e 14.2 apresentam valores típicos para cada classe de nodular austemperado. A Figura 14.8 pode ser empregada para estimar a resistência à compressão (LR e LE) a partir do limite de resistência à tração (Kikkert, 2002).

14.3 RESISTÊNCIA À FADIGA

O limite de fadiga relaciona-se com a resistência estática, como mostra a Figura 14.9. Verifica-se que os valores máximos de resistência à fadiga correspondem a valores intermediários de limite de resistência, em torno de 1.100-1.150 MPa (Kikkert-2002, Cheng & Vuorinen-1997, Tartera et al., 1997).

Nas Figuras 14.10 e 14.11 são apresentadas curvas S-N para duas classes de nodulares austemperados (empregadas principalmente em aplicações estruturais), em solicitações de tração-compressão (Figura 14.10) e flexão plana (Figura 14.11). A partir dos valores de limite de fadiga destas curvas foram então construídos os diagramas de Haigh das Figuras 14.12 e 14.13, bem como o diagrama de Goodmann-Smith da Figura 14.14. Estes diagramas permitem então o conhecimento da resistência à fadiga em situações de tensão média diferente de zero.

TABELA 14.3 – Efeito do diâmetro da barra fundida sobre as propriedades mecânicas de nodulares austemperados a 375 °C (White, 1989).

Elementos de liga	Tempo de austêmpera (h)	Diâmetro da barra (mm)	LR (MPa)	LE (MPa)	Along (%)
0,5Ni + 0,5Cu + 0,1Mo	2	22	1034	751	13,5
		30	994	722	12
0,5Ni + 0,5Cu + 0,2Mo	2	22	1033	747	12
		40	902	707	5,5
0,5Ni + 0,5Cu + 0,2Mo	3	22	990	744	8,5
		40	947	720	8,5

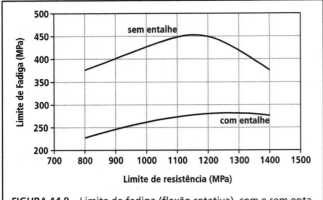

FIGURA 14.9 – Limite de fadiga (flexão rotativa), com e sem entalhe, em função do limite de resistência (Kikkert, 2002).

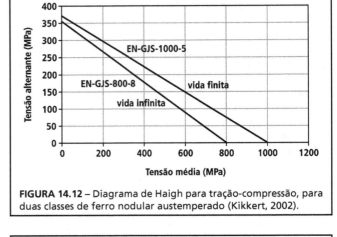

FIGURA 14.12 – Diagrama de Haigh para tração-compressão, para duas classes de ferro nodular austemperado (Kikkert, 2002).

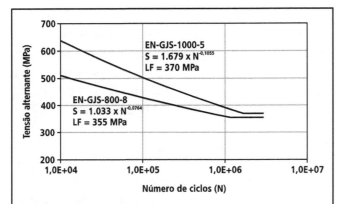

FIGURA 14.10 – Diagrama de Wöhler (curva S-N), para duas classes de ferro nodular austemperado. Tração-compressão, R = -1, f = 40 Hz, Kt = 1. São indicadas as equações para o período de vida finita e os valores de limite de fadiga (Kikkert, 2002).

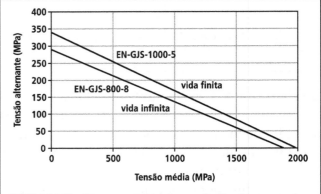

FIGURA 14.13 – Diagrama de Haigh para flexão plana, para duas classes de ferro nodular austemperado (Kikkert, 2002).

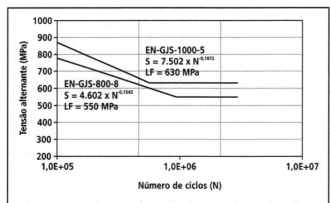

FIGURA 14.11 – Diagrama de Wöhler (curva S-N), para duas classes de ferro nodular austemperado. Flexão plana, R = 0,1, f = 15 Hz, Kt = 1. São indicadas as equações para o período de vida finita e os valores de limite de fadiga (Kikkert, 2002).

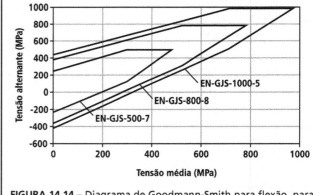

FIGURA 14.14 – Diagrama de Goodmann-Smith para flexão, para duas classes de ferro nodular austemperado, e uma classe de nodular ferrítico-perlítico (Kikkert, 2002).

Resultados adicionais, ressaltando as classes de máxima resistência à tração e máxima resistência à fadiga, podem ser vistos na Tabela 14.4. Também aqui se comprova que a máxima resistência à fadiga não corresponde aos valores máximos de resistência à tração. Entretanto, estes resultados de limite de fadiga são inferiores aos anteriormente mostrados na Figura 14.9 (e normalmente aceitos como usuais na Europa).

Resultados de vida sob fadiga em solicitações governadas por ciclos de deformação são apresentados na Tabela 14.2b. Nesta Tabela registram-se os coeficientes das equações que permitem estimar a vida sob fadiga de baixo ciclo, empregando-se as

FERROS NODULARES AUSTEMPERADOS

TABELA 14.4 – Resultados de propriedades mecânicas para ferros nodulares austemperados a 300 e a 360 °C (Lin & Lee, 1998).

	300 °C, 3 h	360 °C, 2 h
LR (MPa)	1340	1094
LE (MPa)	1191	914
Alongamento (%)	0,97	3,86
Módulo de elasticidade (GPa)	170	161
Resistência ao impacto (J)	130	146
Dureza (HRc)	45	38
Limite de fadiga, flexão rotativa (MPa)	380	400
Limite de fadiga, axial (MPa)	331	363

TABELA 14.5 – Efeito de entalhe no limite de fadiga de nodulares austemperados a 300 e a 360 °C. K_f = (LF sem ent)/(LF com ent). Flexão rotativa (Lin & Lee, 1998).

Tipo de entalhe	K_t	LF (MPa) 300 °C, 3 h	LF (MPa) 360 °C, 2 h	K_f 300 °C, 3 h	K_f 360 °C, 2 h
Sem entalhe	1	380	400	1	1
Semicircular	1,48	319	349	1,19	1,15
Em V	2,64	156	175	2,44	2,28

equações apresentadas no capítulo sobre Resistência à Fadiga de Ferros Fundidos.

Na Tabela 14.5 são apresentados resultados de fadiga em corpos de prova com diversos entalhes, verificando-se também aqui o decréscimo do limite de fadiga com a presença de entalhes. Na Figura 14.15 são comparados 3 tipos de ferros fundidos com relação à sensibilidade a entalhes. Em todos eles aumenta o efeito do entalhe à medida que se passa de fadiga de baixo ciclo para fadiga de alto ciclo. Além disso, verifica-se também que o ferro nodular austemperado apresentou a maior sensibilidade a entalhe dos 3 ferros fundidos ensaiados (observar a mudança de escala na Figura), o que mostra a importância da ausência de defeitos neste material (Noguchi et al., 1997).

Lin et al. (1996), realizando ensaios de fadiga em diversos ferros nodulares austemperados,

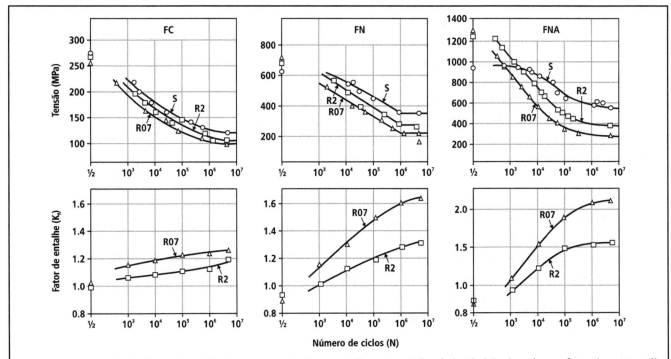

FIGURA 14.15 – Resultados de ensaios de fadiga sem entalhe (S) e com diferentes entalhes (raios de 0,7 e 2 mm), para ferro cinzento perlítico (a), ferro nodular ferrítico-perlítico (b) e ferro nodular austemperado (c). K_f = (tensão de ruptura sem entalhe)/(tensão de ruptura com entalhe). Tração-compressão (Noguchi et al., 1997).

TABELA 14.6 – Resultados de ensaios de fadiga em nodulares austemperados. 2 h de tratamento de austêmpera. Flexão rotativa (Wu & Shih, 2002).

Nodular	Temperatura de austêmpera (°C)	% austenita	Limite de Fadiga (MPa)
Ligado – 0,9Ni-0,6Cu	320	18	270
	360	28	350
Não ligado	320	13	220
	360	22	290

verificaram que o limite de fadiga aumenta com o aumento da nodularidade (de 80 para 90%), com o aumento de número de nódulos, e com o aumento da quantidade de austenita. A quantidade de austenita foi aumentada com o emprego de temperaturas de austêmpera mais elevadas (360 °C em vez de 300 °C) e com o uso de elementos de liga (Mn e Mo). Ensaios de Wu & Shih (2002), em nodulares não ligados e ligados com Ni e Cu, austemperados a 320 e a 360 °C, comprovam esta relação entre quantidade de austenita e limite de fadiga (Tabela 14.6).

Já em ensaios na região de vida finita (fadiga de baixo ciclo), constatou-se efeito benéfico apenas do aumento do número de nódulos e do aumento da nodularidade, não se verificando aqui influência da quantidade de austenita (Lin & Hung, 1996). Greno et al. (1998) não constataram efeito da nodularidade (de 90 para 100%) e do número de nódulos (de 60 a 150 nód/mm2) sobre a velocidade de crescimento de trincas, em ensaios CT para a determinação dos parâmetros da curva de Paris (da/dN x ΔK).

Análises de superfícies de fratura mostraram início de formação de trincas junto a nódulos irregulares, nódulos de grandes dimensões, inclusões e microrrechupes (Lin et al., 1996, Lin & Hung, 1996). Também em ensaios de fadiga de contato verificou-se início de formação de trincas junto a nódulos de grafita e, principalmente, junto a defeitos de fundição, como microrrechupes (Magalhães et al., 2000). O crescimento da trinca sob fadiga tende a conectar nódulos de grafita (Greno et al., 1998).

Na Figura 14.16 pode-se verificar o efeito de tratamento de roletagem em nodulares austemperados, observando-se o grande incremento de limite de fadiga que se obtém com a roletagem nestes ferros fundidos. Na Tabela 7.12 do capítulo sobre Resistência à Fadiga dos Ferros Fundidos Nodulares já se comprovou este grande aumento do limite de fadiga com roletagem em girabrequim de nodular austemperado.

Na Tabela 14.7 são apresentados resultados de resistência à fadiga em amostras submetidas a "shot peening". Verifica-se que é possível aumentar sensivelmente o limite de fadiga de amostras com entalhe, distando do limite de fadiga de amostra sem entalhe em apenas cerca de 10%. Considera-se que um tratamento de "shot peening" correspondente a 0,5 mm Almen A seja uma condição de máxima resistência à fadiga (Palmer, 1991).

Hirsch & Mayr (1993) compararam diferentes processos de tratamento superficial, como polimento, "shot peening" e roletagem, constando da Tabela 14.8 suas condições experimentais. Verifica-se, pelos resultados da Tabela 14.9, que as melhores condições são obtidas com roletagem, e que isto se relaciona com o perfil de tensões residuais abaixo da superfície (Figura 14.17). Com a roletagem obtém-se uma espessa camada em estado de compressão.

Deve-se mencionar novamente que o tratamento de roletagem é aplicável apenas a situações que requerem condições locais de aumento da resistência à fadiga. Quando toda a superfície da peça deve ter sua resistência à fadiga aumentada, então o tratamento de "shot peening" é o mais adequado.

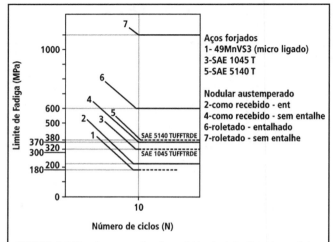

FIGURA 14.16 – Comparação de resistência à fadiga de nodular austemperado, com e sem roletagem, com diversos aços forjados (Warda et al., 1998).

FERROS NODULARES AUSTEMPERADOS

TABELA 14.7 – Resultados de resistência à fadiga de ferros nodulares austemperados. "Shot peening" com diferentes intensidades. Austêmpera a 375°C por 1 h. Flexão rotativa. Entalhe em U (Palmer, 1991).

N°	% Si	LR (MPa)	LE (Mpa)	Along (%)	condição	"Shot peening"	LF (MPa)	(LF sem entalhe) / (LF entalhado)
1	2,2	1035	760	11	sem-entalhe	Não	363	-
					entalhado	Não	224	1,62
					entalhado	0,4 mm Almen A	317	1,15
					entalhado	0,5 mm Almen A	324	1,12
2	2,6	1049	768	12	sem-entalhe	Não	378	-
					entalhado	Não	239	1,58
					entalhado	0,4 mm Almen A	317	1,19
					entalhado	0,5 mm Almen A	340	1,11

TABELA 14.8 – Condições de tratamentos superficiais empregadas por Hirsch & Mayr (1993), comparando tratamentos de polimento, "shot peening" e roletagem. Ferro fundido nodular austemperado.

"Shot Peening"	Granalha	S 170 – 56 HRc	S 110 – 46 HRc
	Pressão de jateamento	1,6 bar	1,7 bar
	Cobertura	Simples	Simples
	Intensidade – Almen A	0,33 mm	0,24 mm
	Quantidade de granalha por superfície	0,15 g/mm²	0,20 g/mm²
Roletagem	Força de roletagem	5.000 N	
	Cobertura	20 passadas	
	Pressão	2.200 N/ mm²	

TABELA 14.9 – Resultados de resistência à fadiga em ferro fundido nodular austemperado (Hirsch & Mayr, 1993).

Tratamento	Rugosidade Rz (µm)	Distância da superfície para $\sigma_r=0$ (mm)	LF flexão rotativa (MPa)
Polimento	1,2	0,023	365
"Shot peening" S 170	14,3	0,24	360
"Shot peening" S 110	9,3	0,23	385
Roletagem	1,3	0,85	415

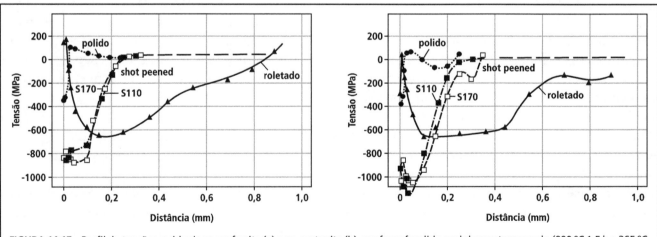

FIGURA 14.17 – Perfil de tensões residuais na ausferrita (a) e na austenita (b), em ferro fundido nodular austemperado (900 °C 1,5 h e 365 °C, 2 h) submetido a diferentes tratamentos superficiais (roletagem, "shot peening", polimento) (Hirsch & Mayr, 1993).

Resultados de velocidade de crescimento de trincas, bem como parâmetros da equação de Paris-Erdokan para nodular austemperado da classe 1000-5 (da/dN x ΔK), constam da Tabela 7.16 e da Figura 7.43 do Capítulo sobre Resistência à Fadiga dos Ferros Fundidos Nodulares.

14.4 PROPRIEDADES A BAIXAS TEMPERATURAS

As Figuras 14.18 a 14.20 mostram a variação das propriedades estáticas com a diminuição da temperatura, para nodulares não ligados, austem-

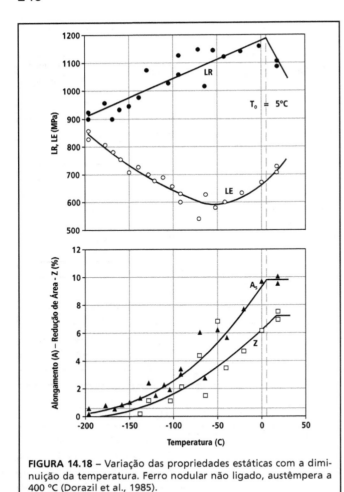

FIGURA 14.18 – Variação das propriedades estáticas com a diminuição da temperatura. Ferro nodular não ligado, austêmpera a 400 °C (Dorazil et al., 1985).

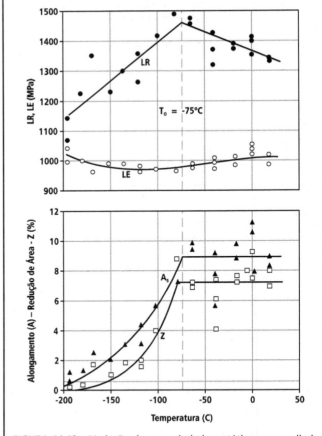

FIGURA 14.19 – Variação das propriedades estáticas com a diminuição da temperatura. Ferro nodular não ligado, austêmpera a 350 °C (Dorazil et al., 1985).

perados a 300, 350 e 400 °C. Para cada nodular austemperado existe uma temperatura (T_o) abaixo da qual o limite de resistência, o alongamento e a redução de área decrescem continuamente com a diminuição da temperatura. Já o limite de escoamento aumenta após uma certa temperatura, e seu valor iguala-se ao limite de resistência na temperatura T_u (Figura 14.20). Estas temperaturas (T_o, T_u) alteram-se com o uso de elementos de liga, como mostra a Tabela 14.10. Observa-se que as temperaturas de transição ficam deslocadas para valores maiores com o uso de elementos de liga, diminuindo assim a qualidade do material para aplicações envolvendo solicitações a baixas temperaturas. Ensaios de impacto comprovam esta tendência (Figura 14.21). Os autores atribuem estes efeitos à segregação dos elementos de liga, resultando em microestruturas não homogêneas (Dorazil et al., 1985).

14.5 RESISTÊNCIA AO IMPACTO E TENACIDADE À FRATURA

A propriedade mais sensível aos mecanismos de fragilização (presença de martensita, precipita-

TABELA 14.10 – Temperaturas de transição determinadas em ensaio de tração (Dorazil et al., 1985).

Ferro fundido nodular	Temperatura de austêmpera (°C)	Temperaturas de transição (°C)	
		T_o	T_u
Austemperado, não ligado	300	-55	-175
	350	-75	-196
	400	5	-195
Perlítico, não ligado	-	-45	-196
Austemperado 0,33% Mo – 0,52% Cu	300	10	-135
	400	5	-75

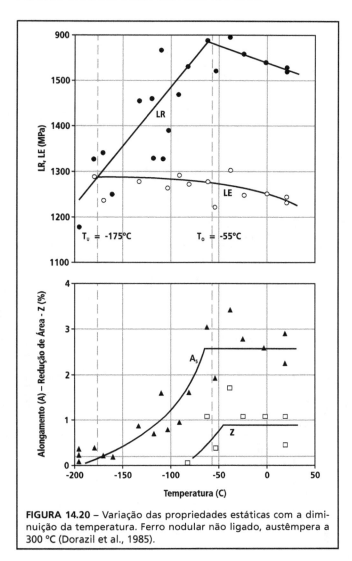

FIGURA 14.20 – Variação das propriedades estáticas com a diminuição da temperatura. Ferro nodular não ligado, austêmpera a 300 °C (Dorazil et al., 1985).

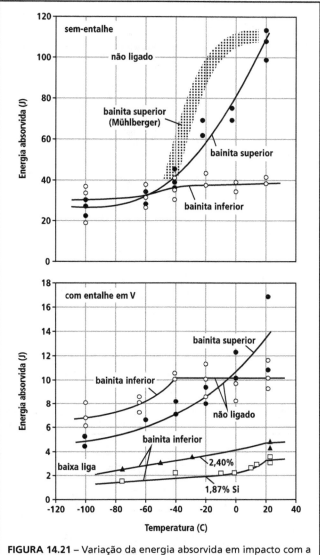

FIGURA 14.21 – Variação da energia absorvida em impacto com a temperatura, para corpos de prova sem entalhe (a) e com entalhe (b) (Dorazil et al., 1985).

ção de carbonetos a partir da austenita) é a resistência ao impacto. Portanto, em aplicações onde é importante a resistência ao impacto, o tempo de austêmpera deve ser cuidadosamente controlado, em particular nos nodulares sem elementos de liga e em temperaturas de austêmpera mais altas, quando então a janela de processo é muito pequena (ver Figura 14.5). A discussão a seguir concentra-se em propriedades obtidas dentro da janela de processo.

O efeito da forma da grafita foi apresentado na Figura 14.4, onde se observa o decréscimo da resistência ao impacto com a diminuição da nodularidade (Nofal et al., 2002).

Os ferros nodulares austemperados apresentam valores de resistência ao impacto sem entalhe, à temperatura ambiente, um pouco menores do que os aços forjados, porém 3 vezes maiores que os dos nodulares convencionais (ferrítico-perlíticos). A Figura 14.22 apresenta curvas de impacto para diversos ferros fundidos.

Resultados de resistência ao impacto à temperatura ambiente, para as diversas classes, foram apresentados nas Tabelas 14.1 e 14.2. As Figuras 14.23 e 14.24 mostram resultados de impacto em função da temperatura de ensaio, para duas classes de nodulares austemperados, com e sem entalhe (Kikkert, 2002). Na Figura 14.25 pode-se observar que os valores ótimos de resistência ao impacto coincidem com os máximos valores de alongamento e com a máxima quantidade de austenita na microestrutura (Grech & Young, 1990).

Na Tabela 14.4 anteriormente apresentada pode-se observar que a resistência ao impacto aumen-

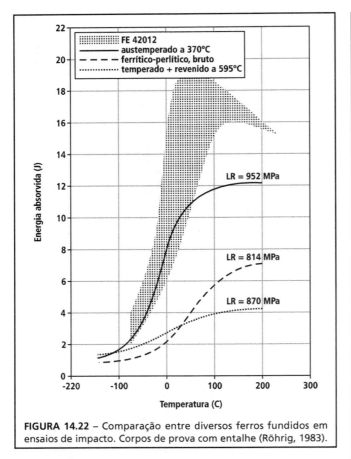

FIGURA 14.22 – Comparação entre diversos ferros fundidos em ensaios de impacto. Corpos de prova com entalhe (Röhrig, 1983).

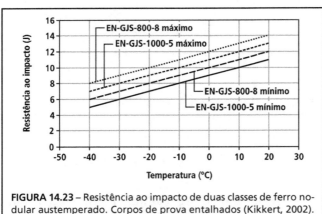

FIGURA 14.23 – Resistência ao impacto de duas classes de ferro nodular austemperado. Corpos de prova entalhados (Kikkert, 2002).

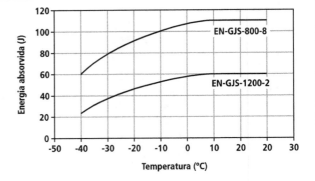

FIGURA 14.24 – Resistência ao impacto de duas classes de ferro nodular austemperado. Corpos de prova sem entalhe, valores mínimos de 3 séries experimentais (Kikkert, 2002).

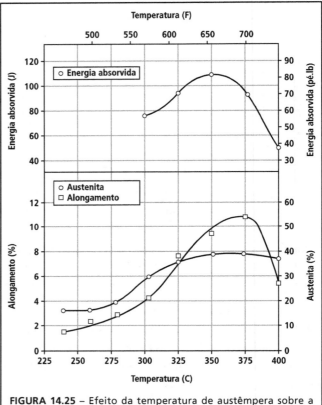

FIGURA 14.25 – Efeito da temperatura de austêmpera sobre a resistência ao impacto e o alongamento (Grech & Young, 1990).

tou quando a temperatura de austêmpera foi alterada de 300 para 360 °C (Lin & Lee, 1998). Os mecanismos de fratura alteram-se com a temperatura de austêmpera, verificando-se, em ensaios de impacto, diminuição das áreas com clivagem à medida que cresce a temperatura de austêmpera (Hafiz, 2003).

Os efeitos de heterogeneidades na microestrutura causados pela segregação de elementos de liga já foram mencionados na discussão da Figura 14.21. Na Tabela 14.11 pode-se observar ainda o efeito sensível do manganês em reduzir a resistência ao impacto (Röhrig, 1983).

A Figura 14.26 mostra a relação entre a tenacidade à fratura e o limite de escoamento, verificando-se o decréscimo da tenacidade à fratura com o aumento da resistência estática. A relação $(K_{IC}/LE)^2$ seria uma medida da tolerância a defeitos que um material apresenta, verificando-se na Tabela 14.12 que nodulares austemperados abaixo de 350 °C apresentam tamanho de trinca crítico entre de 3 a

TABELA 14.11 – Efeito do manganês sobre a resistência ao impacto (cp 10 x 10 x 55 mm, sem entalhe) em ferro nodular austemperado a 280 °C (Röhrig, 1983).

Mn (%)	Resistência ao impacto (J/cm²)
0,071	78,2
0,47	55,5
0,74	36,3

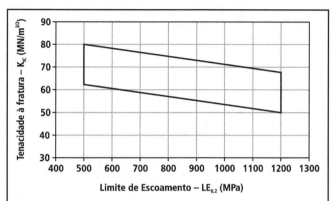

FIGURA 14.26 – Tenacidade à fratura em função do limite de escoamento, para ferros nodulares austemperados (Kikkert, 2002).

6 mm, atingindo até 10 mm para austêmpera acima de 400 °C. Os nodulares austemperados possuem ainda maior tolerância a trincas que os nodulares perlíticos, inferior, entretanto, à dos nodulares ferríticos e austeníticos (Lee & Lee, 1988).

Valores mínimos de K_{IC} para cada classe foram apresentados nas Tabelas 14.1 e 14.2. O efeito da temperatura de ensaio pode ser observado na Figura 14.27 (Kikkert, 2002). Na Figura 14.28 são apresentados resultados para diversas condições de austêmpera, verificando-se de um modo geral maiores valores de K_{IC} para maiores temperaturas de austêmpera (Warda et al., 1998), o que também é verificado na Tabela 14.13. Para uma dada temperatura de austêmpera, a tenacidade à fratura seria máxima para o tempo de austêmpera correspondente ao máximo teor de carbono na austenita, estabilizando-a (Putatunda et al., 2006).

De um modo geral, menciona-se que a tenacidade à fratura cresce com a quantidade de austenita no ferro nodular austemperado (Putatunda et al., 2006). Isto é verdade quando se altera a quantidade de austenita variando-se o tempo de austêmpera, de modo que a situação de ótima tenacidade corresponde à janela de processo (ver Figura 14.5). A tenacidade à fratura apresentaria uma relação linear com o parâmetro LE x $(X_C \gamma_C)^{1/2}$, onde X_γ e C_γ são respectivamente a fração volumétrica de austenita e o teor de carbono na austenita.

TABELA 14.12 – Resultados de tenacidade à fratura de ferros fundidos nodulares. Austêmpera por 1 h (Lee & Lee, 1988).

Liga	Tratamento térmico	LE (MPa)	K_{IC} (MPa. m$^{1/2}$)	$(K_{IC}/LE)^2$ (mm)
0,35% Mo	850°C 1 h / 260°C	1205	73,5	3,7
	850°C 1 h / 300°C	1107	68,6	3,8
	850°C 1 h / 350°C	990	72,1	5,3
	850°C 1 h / 400°C	745	72,9	9,6
	850°C 1 h / 430°C	745	74,5	10,0
3% Ni	850°C 1 h / 260°C	1029	75,2	5,3
	850°C 1 h / 300°C	980	75,4	5,9
	850°C 1 h / 350°C	794	73,7	8,6
	850°C 1 h / 400°C	756	76,0	10,1
Nodular ferrítico, 1,55% Si-1,2%Mn-1,5% Ni		269	42,8	25,3
Nodular ferrítico, 2,5% Si-0,38%Ni-0,35%Mo		331	48,3	21,3
Nodular perlítico 0,5%Mo		483	48,3	10,0
Nodular perlítico FE60003		432	27,1	3,9
Nodular perlítico FE 70002		717	51,7	5,2
Nodular Ni-Resist D-5B		324	64,1	39,1

TABELA 14.13 – Resultados de tenacidade à fratura em função da temperatura de austêmpera (Putatunda et al., 2006).

Temperatura de austêmpera (°C)	LR (MPa)	LE (MPa)	Along (%)	K_{IC} (MPa. m$^{1/2}$)
260	1446	1126	2,6	44,6
316	1264	1031	4,4	64,3
385	1069	776	13,7	70,4

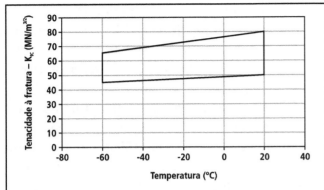

FIGURA 14.27 – Tenacidade à fratura em função da temperatura, para ferros nodulares austemperados. A área interna à curva contempla todas as classes de nodulares austemperados (Kikkert, 2002).

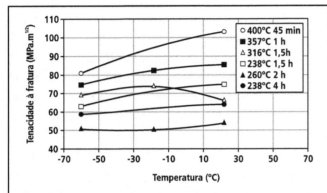

FIGURA 14.28 – Resultados de tenacidade à fratura a baixas temperaturas para ferros nodulares austemperados, tratados a diversas temperaturas e tempos de austêmpera (Warda et al., 1998).

Entretanto, os resultados de Putatunda e Gadicherla (1999) mostram que aumentando-se a temperatura de austenitização, mesmo que aumente a quantidade de austenita, decresce a tenacidade à fratura. Austenitização a 870 e 900 °C (e austêmpera a 300 °C) resultou em fratura de alvéolos + quase clivagem, aumentando a proporção de quase clivagem quando a temperatura foi aumentada para 927 e 954 °C. Com austenitização a 982 °C a fratura consistia apenas de clivagem (Putatunda & Gadicherla, 1999).

A Figura 14.29 mostra ainda que aumentando-se o teor de manganês decresce a tenacidade à fratura, provavelmente devido à segregação deste elemento, conforme discutido no Capítulo sobre Tratamentos Térmicos. Os resultados de Lee & Lee (1988) também mostraram efeito prejudicial do molibdênio (provavelmente associado à presença de carbonetos), enquanto adições de cobre e de níquel não revelaram efeito sobre a tenacidade à fratura.

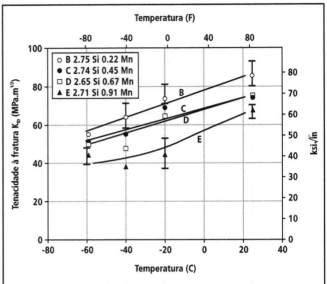

FIGURA 14.29 – Resultados de tenacidade à fratura (K_{ID}) em ensaio Charpy instrumentado, para nodulares austemperados, com diferentes teores de Mn e Si (Warda et al., 1998).

Segundo resultados de Albuquerque et al., (2001), não se verificou efeito do número de nódulos (de 50 a 300 nód/mm^2) sobre a tenacidade à fratura, em nodular austemperado a 320 °C, com e sem elementos de liga.

14.6 PROPRIEDADES MECÂNICAS EM PEÇAS ESPESSAS

Na Tabela 14.3 foram apresentadas as variações de propriedades mecânicas para barras com diâmetro até 40 mm. A norma ISO 17804 (Tabela 5.36 do Capítulo sobre Normas) mostra a variação das propriedades estáticas até espessuras de parede de 100 mm. Para peças de maior espessura são apresentados resultados nas Figuras 14.30 a 14.32. Nas Figuras 14.30 e 14.31 pode-se observar a variação das propriedades estáticas e da resistência ao impacto, para espessuras de parede até 200 mm, em nodular austemperado da classe EN-GJS-1000-5.

Resultados de resistência à fadiga podem ser vistos na Figura 14.32. Os resultados da Tabela 14.14 mostram que, com o aumento da espessura da peça, o limite de resistência decresce mais acentuadamente do que o limite de fadiga, aumentando a relação LF/LR (Barbezat & Mayer, 1984).

Também em peças espessas foi registrado o efeito de número de nódulos e do tamanho de microporosidades. A Figura 14.33 ilustra estes efei-

FERROS NODULARES AUSTEMPERADOS

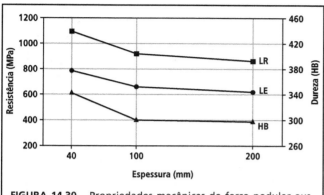

FIGURA 14.30 – Propriedades mecânicas de ferro nodular austemperado classe EN-GJS-1000-5 em função da espessura da peça (Barbezat & Mayer, 1984).

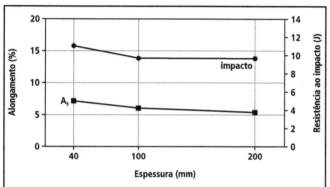

FIGURA 14.31 – Alongamento (ensaio de tração) e resistência ao impacto (entalhado) de ferro nodular austemperado classe EN-GJS-1000-5 em função da espessura da peça. Ensaios à temperatura ambiente (Barbezat & Mayer, 1984).

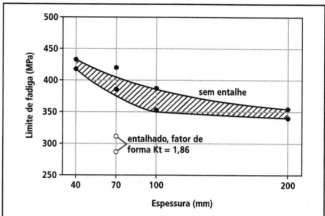

FIGURA 14.32 – Resultados de resistência à fadiga (flexão rotativa) de ferro nodular austemperado classe EN-GJS-1000-5 em função da espessura da peça. 10^7 ciclos (Barbezat & Mayer, 1984).

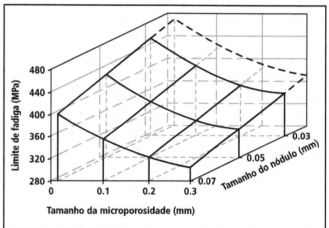

FIGURA 14.33 – Efeito do número de nódulos e do tamanho de microdefeitos sobre o limite de fadiga (flexão rotativa) em ferro nodular austemperado classe GJS-1000-5 (Barbezat & Mayer, 1984).

tos, verificando-se diminuição sensível do limite de fadiga com o aumento do tamanho dos nódulos e, principalmente, com o aumento do tamanho de microporosidades (Barbezat & Mayer, 1984).

14.7 RESISTÊNCIA AO DESGASTE

Os ferros nodulares austemperados apresentam uma combinação de propriedades extremamente favorável para aplicações envolvendo desgaste, que os capacita para uma série de usos em componentes de máquinas fora de estrada e de movimentação de terra, bem como em peças de máquinas agrícolas. Este conjunto de aplicações tem sido o principal mercado para os ferros nodulares austemperados.

São normalmente selecionadas as classes de maior dureza (e maior resistência), austemperadas em baixas temperaturas (menores que 300°C), e que apresentam uma mistura de ausferrita e martensita. A Figura 14.34 mostra resultados de ensaio de desgaste abrasivo (pino contra cinta abrasiva de alumina, alta pressão), verificando-se aumento da resistência ao desgaste com temperaturas decrescentes de austêmpera (Shepperson & Allen, 1988).

TABELA 14.14 – Relação entre limite de fadiga (flexão rotativa) e limite de resistência em função da espessura da peça (Barbezat & Mayer, 1984).

Espessura da peça (mm)	Limite de fadiga (MPa)	Limite de resistência (MPa)	LF/LR
40	420	1092	0,38
70	400	1090	0,37
100	370	925	0,40
200	350	867	0,403

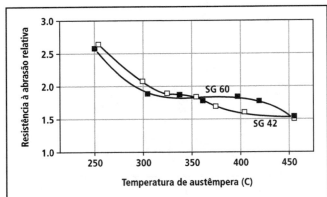

FIGURA 14.34 – Resistência à abrasão de ferros nodulares austemperados. 30 min de austêmpera à temperatura. Ensaio de pino contra cinta abrasiva, de alumina. 2 séries experimentais (Shepperson & Allen, 1988).

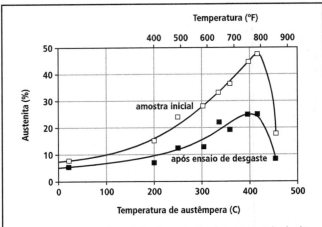

FIGURA 14.35 – Transformação da austenita durante ensaio de desgaste (pino contra cinta de alumina) (Shepperson & Allen, 1988).

Quando a aplicação envolve, além do desgaste, também solicitações de impacto, são selecionadas as classes 850-550-10 e 1050-700-07 (classes 1 e 2 da norma ASTM), que apresentam boa tenacidade (Hayrynen & Keough, 2005). Como os nodulares austemperados, sob solicitação mecânica, apresentam transformação da austenita em martensita (Figura 14.35), estas classes mostram resistência ao desgaste pouco dependente da dureza inicial (pois é grande a quantidade de austenita transformada em serviço), o que é ilustrado na Figura 14.36. A transformação da austenita em martensita aumenta com a velocidade de solicitação (Galárraga & Tschipstchin, 1999).

A Figura 14.37 mostra um conjunto de resultados de ensaios pino-disco, para ferro nodular austemperado a 400 °C por tempos crescentes. Observa-se que a quantidade de austenita apresenta um valor de máximo com o tempo de austêmpera (Figura 14.37-a), que corresponde também à máxima quantidade de carbono na austenita e que resulta em mínima temperatura M_s (Figura 14.37-b). Esta austenita é transformada durante a solicitação de desgaste, principalmente quando é alta a carga aplicada (Figura 14.37-a). A dureza diminui com o aumento do tempo de austêmpera (Figura 14.37-c) devido ao aumento da quantidade de austenita, permanecendo aproximadamente constante após um certo tempo devido à precipitação de carbonetos que envolve a decomposição da austenita. A resistência ao desgaste sob carga de 119 N acompanha o comportamento da dureza (Figura 14.37-d). Sob carga maior, de 213 N, a resistência ao desgaste per-

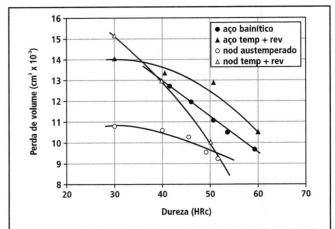

FIGURA 14.36 – Resultados de desgaste em teste pino-disco. Pino do material em teste, disco de aço temperado e revenido (Hayrynen & Keough, 2005).

manece constante até o tempo correspondente ao início da decomposição da austenita, decrescendo a partir daí. Este platô da resistência ao desgaste deve-se à transformação intensa da austenita, o que compensa a menor dureza inicial (Schmidt & Schubert, 1987).

Resultados de Ping et al. (1989) com ensaio de pino-disco mostram que a microestrutura que apresenta a máxima resistência ao desgaste depende da carga aplicada. Para baixas cargas, uma mistura de martensita e ausferrita resultaria em máxima resistência ao desgaste, enquanto para altas cargas a máxima resistência ao desgaste corresponde ao final do estágio I, com máxima quantidade de austenita na microestruutra. Vélez et al. (2001), em ensaio de pêndulo com identador, verificaram também máxima resistência ao desgaste com as menores temperaturas de austêmpera.

FERROS NODULARES AUSTEMPERADOS

Schissler et al. (1990), utilizando ensaio de palheta sob alta rotação contra um leito de carbeto de silício (abrasão tangencial), verificou que a microestrutura que apresentou a máxima resistência ao desgaste correspondeu ao final do primeiro estágio de transformação, apresentando apenas ausferrita (sem martensita). Para a liga empregada e austêmpera a 380°C, isto ocorreu a 50 min.

Também em ensaios de erosão (impacto de abrasivos sobre uma superfície) verificou-se desempenho superior de nodular austemperado (LR = 1000 MPa) comparativamente a nodular perlítico (FE 70002), constatando-se também nesta condição a transformação induzida por tensão de austenita em martensita (Shimizu et al., 1997).

Resultados de ensaios a quente podem ser vistos na Figura 14.38. Verifica-se que o desgaste torna-se acentuado quando a temperatura é aumentada para 226°C e para 330°C (Schissler et al., 1990).

A presença de grafita facilitaria a nucleação de trincas, quando este for o mecanismo de desgaste atuante, como em ensaio pino-disco (Ping et al., 1989) ou em ensaio de disco contra disco, sob

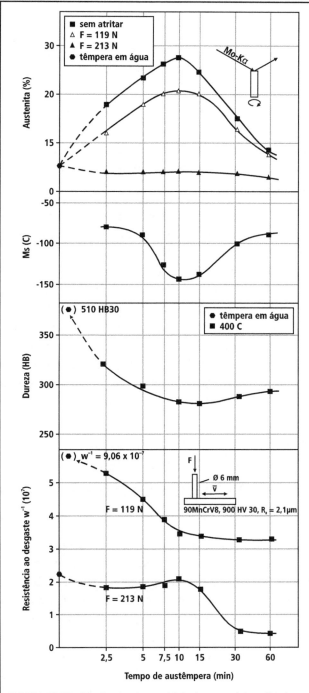

FIGURA 14.37 – Resultados de ensaio de desgaste (pino-disco) para ferro nodular austemperado a 400 °C (Schmidt & Schubert, 1987).

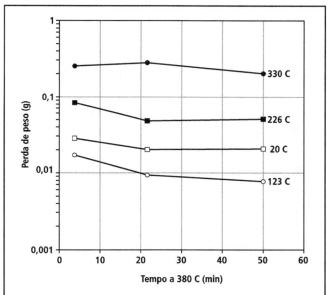

FIGURA 14.38 – Perda de peso em ensaio de desgaste de palheta contra leito de carbeto de silício, para diversas temperaturas. Nodular austemperado a 380°C (Schissler et al., 1990).

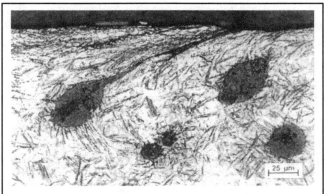

FIGURA 14.39 – Microestrutura junto à superfície de ferro nodular austemperado após ensaio de rolamento-deslizamento, simulando esforços em roda de trem (Mädler, 1999).

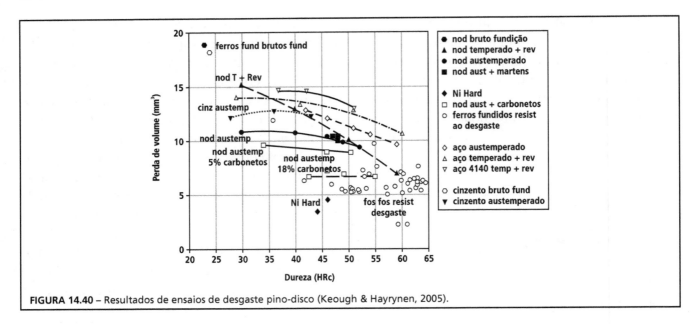

FIGURA 14.40 – Resultados de ensaios de desgaste pino-disco (Keough & Hayrynen, 2005).

pressão (Hatate et al., 2001). Estes últimos autores comprovaram ainda o efeito sensível da forma da grafita na nucleação e crescimento de trincas durante solicitação de desgaste (Hatate et al., 2001).

Em aplicações de desgaste envolvendo grandes esforços superficiais, como em ensaios de rolamento ou impacto-erosão, ocorre deformação acentuada da matriz em torno da grafita; além disso, as partículas de grafita próximas à superfície sofrem remoção da grafita por extrusão (Cooper-1986, Shimizu et al., 1997, Mädler-1999), como mostra a Figura 14.39.

Um material alternativo para aplicações de desgaste abrasivo é o ferro nodular austemperado com carbonetos (CADI na literatura inglesa). A microestrutura deste material apresenta, além de grafita nodular e da matriz austemperada, partículas de carbonetos, o que é promovido pelo uso de cromo como elemento de liga (Keough & Hayrynen, 2005), ou então com o uso de coquilhas (Hemanth, 2000). A resistência ao desgaste cresce com a quantidade de carbonetos na microestrutura (Figura 14.40). Aplicações em equipamentos agrícolas são exemplos da utilização deste tipo de nodular austemperado (Keough & Hayrynen, 2005).

14.8 PROPRIEDADES FÍSICAS

As Tabelas 14.1 e 14.2 apresentaram valores de propriedades físicas para as diversas classes de ferro nodular austemperado. Comparando-se estes valores com os resultados de nodulares perlítico-ferríticos (capítulo sobre Propriedades Físicas) verifica-se que:

- os nodulares austemperados apresentam maior coeficiente de dilatação térmica que os nodulares perlítico-ferríticos. Isto pode ter consequências em certas aplicações que envolvam aquecimento de componentes, e que necessitem de alta precisão dimensional.
- Os nodulares austemperados possuem menor condutividade térmica que os nodulares ferrítico-perlíticos. A grande quantidade de interfaces na ausferrita seria a causa desta menor condutividade térmica.

14.9 FERROS NODULARES AUSTEMPERADOS – AUSTENITIZAÇÃO NA ZONA CRÍTICA

Com o objetivo de aumentar a tenacidade, desenvolveram-se ferros nodulares austemperados submetidos a austenitização parcial (dentro da zona crítica), e sua microestrutura apresenta uma mistura de ferrita e ausferrita (Kobayashi-1997, Verdu et al., 2005). Uma aplicação importante é em peças de suspensão e direção de veículos (Druschitz & Fitzgerald-2003, Aranzabal et al., 2003). Estes materiais possuem também melhor usinabilidade que os nodulares austemperados convencionais.

Verdu et al., (2005) e Franco et al., (2007) mostraram que a ausferrita assim formada localiza-se principalmente nos contornos de células eutéticas. Mesmo pequenas quantidades de ausferrita (cerca de 15%) provocam um grande aumento na vida sob fadiga (ensaios na região de baixo ciclo), quando comparados com nodulares ferríticos de limite de resistência similar. Isto seria devido à dificuldade de nucleação de trincas em microporosidades (em contornos de células), já que estariam envoltas por fase de alta resistência. Os melhores resultados de resistência à fadiga foram obtidos com austenitização rápida e parcial, de modo a formar ausferrita em torno dos nódulos; nesta condição, a nucleação de trincas na matriz em torno dos nódulos fica dificultada (Verdu et al., 2005). Estas duas microestruturas, denominadas de "olho-mole" (ausferrita em contornos de células) e de "olho-duro" (ausferrita em torno do nódulo), apresentam propriedades estáticas muito semelhantes (Capewell, 1991), porém com maior resistência à fadiga para a microestrutura com ausferrita em torno do nódulo (Verdu et al., 2005).

Para a produção de peças neste tipo de nodular austemperado é necessário o emprego de fornos de austenitização que garantam boa precisão de temperatura.

EXERCÍCIOS

1) Como você compara a tolerância a nódulos imperfeitos dos nodulares austemperados com os ferros nodulares ferríticos? E com os nodulares perlíticos? Compare os resultados da Figura 14.4 deste capítulo com os da Figura 6.39 do capítulo sobre Propriedades Estáticas dos Ferros Fundidos Nodulares. Considere uma variação de 90 para 70% de nodularidade.

2) Repita esta análise entre estes 3 grupos de nodulares empregando a relação $(K_{IC}/LE)^2$.

3) Utilizando os dados das Figuras 10.1 e 10.2 do capítulo sobre Propriedades a Baixas Temperaturas, estime, para os nodulares ferrítico-perlíticos, os valores das temperaturas T_o e T_u, comparando-os com os referentes aos nodulares austemperados. Discutir as possíveis causas das diferenças encontradas.

4) Construa um mapa Limite de Fadiga x Tenacidade à Fratura, posicionando neste mapa os valores referentes aos nodulares austemperados, bem como aos nodulares FE 70002, FE 60003, FE 55007 e FE 45012. Discuta os resultados obtidos.

5) Estime a vida sob fadiga de uma peça de nodular austemperado classe EN-GJS-1000-5, submetida a um ciclo de tensão axial de -400 MPa a + 400 MPa.

6) Seja uma peça de nodular austemperado classe EN-GJS-1000-5, submetida a esforços de fadiga, com tamanho médio dos nódulos de grafita de 70 µm, contendo microrrechupes com tamanho de até 300 µm. Qual seria o aumento percentual do limite de fadiga com uma inoculação mais eficiente, que reduzisse o tamanho dos nódulos para 30 µm? E qual seria o aumento percentual do limite de fadiga com a eliminação dos microrrechupes (suponha que ainda resultem microrrechupes de tamanho de 40 µm)?

REFERÊNCIAS BIBLIOGRÁFICAS

Albuquerque, A. C.; Santos, M. A.; Warmiling, G. Tenacidade à fratura de ferro fundidos nodulares austemperados. 56º Congresso Anual da ABM, Belo Horizonte, 2001.

Aranzabal, J.; Serramoglia, G.; Goria, C. A.; Rousière, D. Development of a mixed (ferritic-ausferritic) ductile iron for automotive suspension parts. *International Journal of Cast Metals Research*, V. 16, n. 1-3, p. 185-190, 2003.

Barbezat, G & Mayer, H. GGG-100: Günstige Kombination von hoher Festigkeit und Zähigkeit. *Konstruiren + Giessen*, V. 9, n. 1, p. 24-31, 1984.

BCIRA Broadsheet 211-5. *Effects of nickel in nodular iron*. 1986.

Brandenberg, K. R. & Hayrynen, K. R. Agricultural applications of austempered ductile iron. *World Conference on ADI. DIS/AFS, Lousville*, USA, 2002.

Capewell, I. Ductile irons with dual matrix microstructures. BCIRA Technology, p. 9-12, jan. 1991.

Cheng, C & Vuorinen, J J. Study on the fatigue properties of austempered ductile irons. Physical Metallurgy of Cast Iron V. In: *Advanced Materials Research*, V. 4-5, p. 227-232, 1997. (http://www.scientific.net).

Cooper, R. G. The wear resistance of austempered ductile irons under impact-erosion conditions. *BCIRA Journal*, Report 1652, p. 100-111, mar. 1986.

Cushway, A. A. The fracture toughness of austempered ductile irons and its significance in engineering design. *BCIRA Journal*, V. 37, n. 1, p. 106-114, 1989.

Cushway, A. A. Fracture toughness and fatigue-crack growth-rate properties of ductile irons after austempering at 375 C. *BCIRA Journal*, V. 37, n. 3, p. 332-340, 1989.

Dorazil, E.; Holzmann, M.; Crhak, J.; Kohout, J. Einfluss niedriger und tiefer Temperaturen auf das Formänderungs - und Bruchverhalten von zwischenstufenvergüteten Gusseisen mit Kugelgraphit bei statischer und bei Schlagbeanspruchung. *Giesserei-Praxis*, n. 8/9, p. 109-123, 1985.

Dorazil, E. Mechanical Properties of Austempered Ductile Iron. *Foundry Management & Technology*, p. 36-45, july, 1986.

Druschitz, A. P. & Fitzgerald, D. C. MADI: Introducing a new, machinable, austempered ductile iron. SAE, Detroit, 2003.

Franco, E.; Edil da Costa, C.; Guesser, W. L. Estudo dos parâmetros de austenitização para fabricação do ferro nodular austemperado usinável. 8º Congreso Iberoamericano de Ingenieria Mecânica, FIIM-PUC Peru, Cusco, 2007.

Galarraga, G. C. & Tchipstchin, A. P. Estabilidade da austenita em ferros fundidos nodulares austemperados. *Fundição e Serviços*, Aranda, V. 10, n. 82, p. 66-73, 1999.

Goodrich, G. M. Iron Castings Engineering Handbook. AFS, 2003.

Grech, M. & Young, J. M. Influence of austempering temperature on the characteristics of austempered ductile iron alloyed with Cu and Ni. *AFS Transactions*, V. 98, p. 345-352, 1990.

Greno, G. J.; Pardo, E. I.; Boeri, R. E. Fatigue of austempered ductile iron. *AFS Transactions*, V. 106, p. 31-37, 1998.

Guedes, L. C. *Fragilização por fósforo de ferros fundidos nodulares austemperados*. Tese de Doutoramento. EPUSP, 1996.

Gundlach, R. B.; Janowak, J. F.; Bechet, S.; Röhrig, K. Transformation behavior in austempered nodular iron. In: Fredriksson, H & Hillert, M. The Physical Metallurgy of Cast Iron, p. 399-409, 1984

Hafiz, M. Mechanical properties of SG-iron subjected to variable and isothermal austempering temperatures heat treatment. *Materials Science and Engineering*, n. A340, p. 1-7, 2003.

Hasse, S. ADI, um material ideal para produção de peças com paredes espessas. *Fundição e Serviços*, p.60-74, julho 1998.

Hayrynen, K. L: ADI: another avenue for ductile iron foundries. *Modern Casting*, p. 35-37, august 1995.

Hayrynen, K. L.; Brandenberg, K. R.; Keough, J. R. Applications of austempered cast irons. *AFS Transactions*, V. 110, 2002.

Hemanth, J. Wear characterisitics of austempered chilled ductile iron. *Materials and Design*, v. 21, p. 139-148, 2000.

Hirsch, T. & Mayr, P. Zum Biegewechselverhalten von randschichtverfestigtem bainitisch-austenitischem Gusseisen mit Kugelgraphit. *Konstruiren + Giessen*, v. 18, n. 2, p. 25-32, 1993.

Ibrahim, K. M. Enhancement of abrasion resistance of ductile cast iron by applying a two step austempering treatment. *Int. Journal of Cast Metals Reasearch*, v. 19, n. 4, p. 241-247, 2006.

Keough, J. R. & Hayrynen, K. Properties of Austempered ductile iron. *Engineering Casting Solutions*, p.36-37, Spring/Summer 1999.

Keough, J. R. & Hayrynen, K. Wear properties of austempered ductile iron. SAE Detroit, 2005.

Kikkert, J. *Design data of austempered ductile iron.* 2nd European ADI Promotion Conference, Hannover, 2002.

Kobayashi, T. Fracture characteristics and fracture toughness of spheroidal graphite cast iron. Physical Metallurgy of Cast Iron v. Advanced Materials Research, V. 4-5, p. 46-60, 1997 (http://www.scientific.net).

Lee, S. C. & Lee, C. C. The effects of heat treatment and alloying elements on fracture toughness of bainitic ductile cast iron. *AFS Transactions*, v. 96, p. 827-838, 1988.

Mädler, K. On the suitability of ADI as an alternative material for railcar wheels. CIATF Technical Forum, Düsseldorf, 1999. Tradução para o inglês por J. Keough, Applied Process (www.appliedprocess.com).

Nofal, A. A.; Ramadan, M; Elmahalawy, I; Abdel-Karim, R. Effect of Graphite Nodularity on Structure and Properties of Austempered Cast Iron. World Conference on ADI. DIS/AFS, Lousville, USA, 2002.

Noguchi, T.; Shimizu, K.; Fujita, M. Notch strength of cast iron under static and fatigue loading. Physical Metallurgy of Cast Iron V. In: Advanced Materials Research, v. 4-5, p. 213-218, 1997. (http://www.scientific.net).

Ping, L.; Bahadur, S.; Verhoeven, J. D. Friction and wear behaviour of high silicon bainitic structures in austempered cast iron and steel. Procedings of th International Conference on Wear of Materials, ASME, Denver, Co, p. 183-190, 1989.

Putatunda, S. K. & Gadicherla, P. K. Influence of austenitizing temperature on fracture toughness of a low manganese ADI. *Materials Science and Engineering*, n. 268A, p. 15-31, 1999.

Putatunda, S. K. Development of austempered ductile cast iron (ADI) with simultaneous high yield strength and fracture toughness by a novel two-step austempering process. *Materials Science and Engineering*, n. 315 A, p. 70-80, 2001.

Putatunda, S. K.; Kesani, S.; Tackett, R.; Lawes, G. Development of austenite free ADI. *Materials Science and Engineering*, n. 435 A, p. 112-122, 2006.

Röhrig, K. Zwischenstufenvergütetes Gusseisen mit Kugelgraphit. *Giesserei-Praxis*, n. 1-2, p. 1-16, 1983.

Schissler, J. M.; Brenot, P.; Chobaut, J. P. Résistance à l´usure tangentielle des fontes bainitiques de type ADI dans l´intervalle de températures 20 ºC-330 ºC. 57th World Foundry Congress, paper n. 6, Osaka, Japão, 1990.

Schmidt, I & Schubert, A. Unlubricated sliding wear of austempered ductile iron. *Zeitschfrift für Metallkunde*, v. 78, n. 2, p. 871-875, 1987.

Seaton, P. B. & Li, X. M. An ADI alternative for a heavy duty truck lower control arm. World Conference on ADI. DIS/AFS, Lousville, USA, 2002.

Shepperson, S. & Allen, C. The abrasive wear behaviour of austempered spheroidal cast irons. *Wear*, v. 121, n. 3, p. 271-287, 1988.

Shimizu, K; Noguchi, T; Kamada, T; Doi, S. Basic study on erosion of ductile iron. Physical Metallurgy of Cast Iron V. In: Advanced Materials Research, V. 4-5, p. 239-244, 1997. (http://www.scientific.net).

Tartera, J; Prado, J M: Pujol, A. Wear and fatigue properties of austempered ductile iron. Physical Metallurgy of Cast Iron V. In: Advanced Materials Research, V. 4-5, p. 239-244, 1997. (http://www.scientific.net).

Vélez, J M; Tanaka, D K; Sinátora, A; Tschiptschin, A P. Evaluation of abrasive wear of ductile cast iron in a single pass pendulum device. *Wear*, n. 251, p. 1315-1319, 2001.

Verdu, C; Cedex, V, Adrien, J; Reynaud, A. Contribution on dual phase heat treatment to the fatigue properties of SG cast irons. *Giessereiforschung*, V. 57, n. 4, p. 34-41, 2005.

Warda, R; Jenkis, L; Ruff, G; Krough, J; Kovacs, B. V; Dubé, F. Ductile Iron Data for Design Engineers. Published by Rio Tinto & Titanium, Canada, 1998.

Warrick, R J; Althoff, P; Druschitz, A P; Lemke, J P Zimmerman, K; Mani, P H; Rackers, M L. Austempered Ductile Iron Castings for Chassis Applications. SAE Paper 2000-01-1290, Detroit, 2002.

White, P. The effects of alloying additions and heat-treatment variables on the structure and properties of medium-section austempered ductile iron (ADI) castings. *BCIRA Journal*, Report 1787, p.381-392, 1989.

Wu, C Z & Shih, T S. Phase transformation and fatigue properties of alloyed and unalloyed austempered ductile irons. World Conference on ADI. DIS/AFS, Lousville, USA, 2002.

CAPÍTULO 15
USINABILIDADE DOS FERROS FUNDIDOS

15.1 CONCEITOS INICIAIS

O conceito de usinabilidade está ligado ao desgaste da ferramenta de corte, entendendo-se assim que um material de alta usinabilidade resulta em longa vida da ferramenta. A usinabilidade envolve ainda outros aspectos, como força de corte e acabamento superficial, porém a vida da ferramenta será aqui o enfoque principal. O estudo da usinabilidade, como propriedade tecnológica do material, é de enorme significado econômico, pois se relaciona não apenas com o custo da ferramenta de corte, mas também com a produtividade de toda uma linha de usinagem, usualmente de investimento bastante alto.

Os ferros fundidos são considerados materiais de alta usinabilidade, sendo utilizados em muitos componentes devido a esta sua característica. A grafita presente em quase todos os ferros fundidos (Figuras 15.1 a 15.3) desempenha um papel importante na usinabilidade, porém também a presença de inclusões de sulfetos e a relação ferrita/perlita da matriz possuem efeito significativo, como será visto adiante.

A usinagem de ferro maleável branco, com superfície isenta de grafita, apresenta características muito distintas dos outros ferros fundidos, e dada a pequena importância tecnológica deste material, este assunto não será aqui discutido.

A presença de grafita nos ferros fundidos cinzento, nodular e vermicular, em quantidades em torno de 11-12%, auxilia na quebra do cavaco, de modo que os ferros fundidos são classificados como materiais de cavacos descontínuos. A quebra do cavaco também auxilia na prevenção de aderência de cavaco à ferramenta.

Entretanto, apesar de sua boa usinabilidade, os ferros fundidos apresentam diferenças significativas entre si, pois a usinabilidade pode ser alterada por pequenas variações microestruturais, já que os microconstituintes dos ferros fundidos possuem

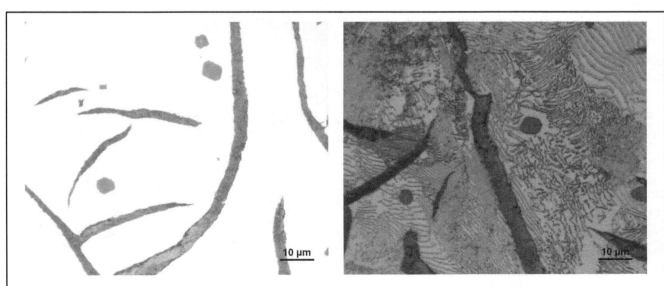

FIGURA 15.1 – Microestruturas de ferro fundido cinzento. Veios de grafita, matriz perlítica, partículas de sulfeto de manganês. Sem ataque (a) e com ataque de nital (b). Aumento original 500 X.

TABELA 15.1 – Dureza de microconstituintes de ferros fundidos (Austin et all, 1967).

Microconstituinte	Dureza Knoop (carga de 100 g)
Grafita	15-40
Ferrita	215-270
Perlita	300-390
Esteadita	600-1200
Cementita	1.000-2300

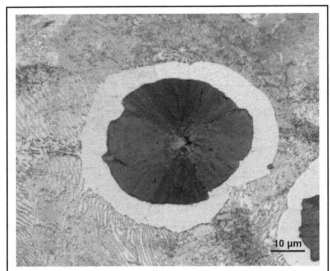

FIGURA 15.2 – Microestrutura de ferro fundido nodular, com grafita esférica e matriz de ferrita + perlita. Ataque de nital. Aumento original 500 X.

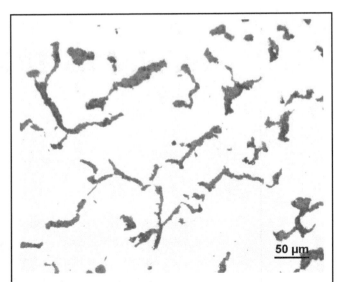

FIGURA 15.3 – Microestrutura típica de ferro fundido vermicular, com 97% grafita em forma de vermes e 3% grafita nodular. Sem ataque. Aumento original 200 X.

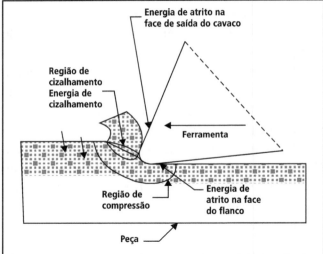

FIGURA 15.4 – Zonas de compressão e cisalhamento durante o corte (Eleftheriou e Bates, 1999).

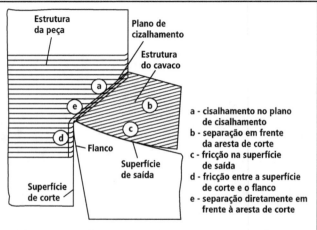

FIGURA 15.5 – Deformação plástica e atritos durante a formação do cavaco (Klocke & Klöpper, 2002).

diferenças importantes de propriedades, dentre as quais a dureza (Tabela 15.1). Além disso, a usinagem das novas famílias de ferros fundidos, os nodulares austemperados e os vermiculares, apresenta dificuldades e características particulares, que devem ser entendidas e otimizadas.

Primeiramente serão discutidos alguns aspectos fundamentais da usinagem, a formação do cavaco e os mecanismos de desgaste da ferramenta.

15.2 O PROCESSO DE FORMAÇÃO DO CAVACO

Durante a operação de corte, estabelecem-se diversas regiões nas vizinhanças do local onde o cavaco é gerado. A Figura 15.4 mostra uma ferramenta avançando sobre uma peça que está sendo usinada, mostrando a formação da região de compressão abaixo e à frente da ferramenta, bem como a região de cisalhamento, onde deve ocorrer a ruptura do cavaco.

USINABILIDADE DOS FERROS FUNDIDOS

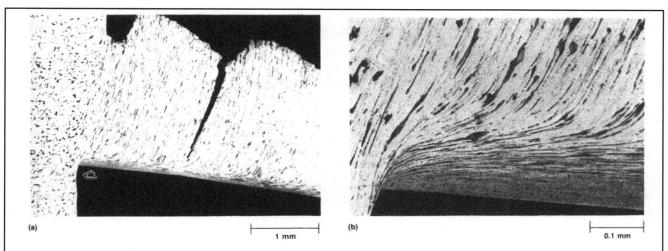

FIGURA 15.6 – Processo de formação do cavaco em aço. Deformação intensa e fratura no cavaco. Observam-se as regiões deformadas de perlita, mostrando a intensa deformação plástica que ocorre no processo de formação do cavaco (Trent & Wright, 2000).

A formação do cavaco envolve a criação de uma região de intensa deformação plástica do material na frente da ferramenta (Figura 15.5) e posterior fratura do cavaco, como ilustrado para o caso de um aço na Figura 15.6.

No processo de formação do cavaco, todo o volume de metal removido é deformado plasticamente (Figura 15.5), e assim é requerida uma grande quantidade de energia para formar o cavaco e para movê-lo ao longo da face da ferramenta. Neste processo são formadas duas novas superfícies, porém a energia envolvida para formar estas superfícies é insignificante em comparação com a energia requerida para deformar plasticamente todo o metal removido (Trent & Wright, 2000).

Na interface cavaco-ferramenta podem ser encontradas duas situações (Figura 15.7):

i. Aderência + escorregamento
ii. Escorregamento

Assim, na condição (i) a zona de aderência se estende da aresta de corte para dentro da superfície de saída da ferramenta, e a zona de escorregamento se desenvolve ao longo de sua periferia.

A zona de aderência é caracterizada por contato pleno do cavaco com a ferramenta, com a eliminação completa de pontos individuais de contato. Nestas condições não vale mais a lei de atrito de Coulomb, pois o aumento da força normal não se traduz mais em aumento da força tangencial, já que todos os pontos individuais de contato colapsaram. A Figura 15.8 mostra a distribuição de tensões na superfície de saída da ferramenta. A tensão normal é máxima na ponta da ferramenta e decresce exponencialmente até zero, no ponto onde o cavaco perde contato com a superfície de saída. A tensão cizalhante é constante na zona de aderência (e assu-

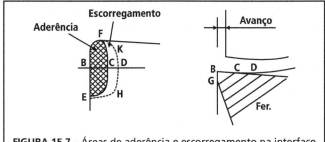

FIGURA 15.7 – Áreas de aderência e escorregamento na interface cavaco-ferramenta (Trent & Wright, 2000).

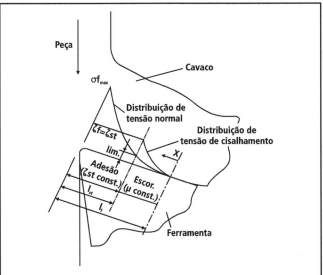

FIGURA 15.8 – Modelo de distribuição de tensões na superfície de saída da ferramenta, proposto por Zorev (Machado & Silva, 2004).

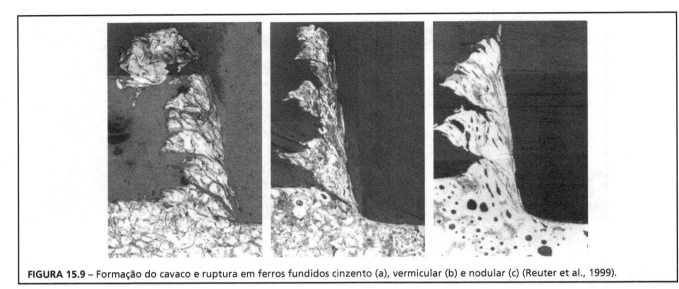

FIGURA 15.9 – Formação do cavaco e ruptura em ferros fundidos cinzento (a), vermicular (b) e nodular (c) (Reuter et al., 1999).

me o valor do limite de escoamento ao cisalhamento do material naquela região) e decresce, também exponencialmente, na zona de escorregamento, até o valor zero, no ponto onde o cavaco perde contato com a ferramenta (Machado et al., 2005).

Na zona de aderência não existe mais movimento relativo cavaco-ferramenta na interface, pois a força necessária para superar a aderência é normalmente maior que a requerida para cisalhar o metal adjacente. O corpo do cavaco, formado por cisalhamento ao longo do plano de cisalhamento (ver Figura 15.6), não sofre mais deformação, mas movimenta-se como um corpo rígido ao longo da área de contato na superfície de saída da ferramenta. A deformação por cisalhamento resultante do processo de aderência fica confinada numa região muito fina imediatamente adjacente à interface com a ferramenta. Esta região é denominada de zona de fluxo, e pode ser vista na parte inferior da Figura 15.6-b. Não existe uma separação nítida entre o corpo do cavaco e a zona de fluxo, mas uma transição gradual. Desta maneira, existe um gradiente de fluxo e de velocidade no material que está sendo usinado, com a velocidade atingindo zero na interface cavaco-ferramenta (Trent & Wright, 2000).

No caso de materiais chamados de corte fácil, a zona de aderência é suprimida, prevalecendo apenas a condição de escorregamento. Esta situação se refere à condição (ii) mencionada anteriormente. No escorregamento o contato cavaco-ferramenta se estabelece em apenas alguns pontos, podendo então o movimento do cavaco sobre a superfície de saída ser descrito como escorregamento, envolvendo os mecanismos e as equações típicas de atrito (Machado et al., 2005).

Na usinagem de ferros fundidos podem ser observadas as duas situações, aderência e escorre-

FIGURA 15.10 – Desgastes em ferramentas, devido ao movimento V da ferramenta. A seção A-A indica a aresta de corte (Kendall, 1989).

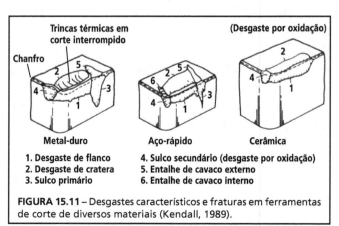

FIGURA 15.11 – Desgastes característicos e fraturas em ferramentas de corte de diversos materiais (Kendall, 1989).

gamento. Na Figura 15.9 é apresentada a formação do cavaco e sua ruptura durante a usinagem de diferentes tipos de ferros fundidos. No caso do ferro fundido nodular o cavaco permanece em contato com a ferramenta, com evidências de aderência, enquanto na usinagem de ferro fundido cinzento verifica-se a ruptura do cavaco logo no início, de modo que o seu contato com a ferramenta é abreviado. A situação do ferro fundido vermicular é intermediária entre o cinzento e o nodular, com pequena região de aderência.

15.3 MECANISMOS DE DESGASTE DA FERRAMENTA

A Figura 15.10 mostra os tipos de desgastes que ocorrem nas ferramentas comuns. Normalmente o desgaste de flanco é utilizado para caracterizar quantitativamente a vida da ferramenta. Na Figura 15.11 apresentam-se os desgastes usuais em insertos de torneamento, para diversos materiais da ferramenta de corte.

O desgaste de ferramentas de corte pode envolver os seguintes mecanismos (Vieregge, 1970, citado por Machado & Silva, 2004):

- *Abrasão:* é proveniente do escorregamento entre a peça e a ferramenta, provocando arrancamento de partículas. É frequentemente causado pelas partículas duras do material da peça, sendo influenciado também pela temperatura, que reduz a dureza do material da ferramenta. A resistência à abrasão depende da dureza a quente da ferramenta de corte.
- *Adesão:* ocorre quando da ruptura de microcaldeamentos na superfície da ferramenta, os quais surgem da ação da temperatura e da pressão existentes na zona de corte. O que contribui para a adesão é o fato da superfície inferior do cavaco, recém-retirado, estar livre de camadas protetoras de óxido, apresentando-se portanto, muito ativa quimicamente. As partículas microcaldeadas, por sua vez, representam barreiras para o escoamento e o deslizamento do cavaco sobre a superfície da ferramenta. Isto provoca arranque das partículas soldadas, levando consigo, muitas vezes, pedaços do material de corte, causando então final precoce da vida da ferramenta. A lubrificação desempenha função importante neste aspecto, bem como o revestimento da ferramenta.
- *Gume ou aresta postiça:* é causado pela soldagem ou caldeamento do material em usinagem na face da ferramenta e que, por isso, assume a função do gume. Partículas do gume postiço podem se desprender e deslizar entre o flanco e a superfície de corte. Isto conduz a um desgaste excessivo do flanco por abrasão e à má qualidade superficial da peça usinada.
- *Difusão:* é um mecanismo dependente da temperatura na zona de corte. As propriedades químicas do material da ferramenta e sua afinidade com o material da peça são determinantes para o surgimento deste mecanismo.
- *Oxidação:* ocorre sob altas temperaturas e na presença de ar, com a formação típica de carepas. Metal-duro, cuja temperatura de início de oxidação está entre 700 a 800 °C, está mais sujeito ao mecanismo de oxidação quando da presença de carbonetos de tungstênio e cobalto. Adições de óxido de titânio e de alumínio amenizam este problema.

A Figura 15.12 mostra que a ocorrência de cada um destes mecanismos depende fortemente da temperatura, e, portanto dos parâmetros da operação de corte que condicionam a temperatura, tais como velocidade de corte e avanço. Assim, alterando-se as condições de corte podem ser modificados os mecanismos de desgaste de uma dada ferramenta de corte. Além disso, muitas vezes atuam simulta-

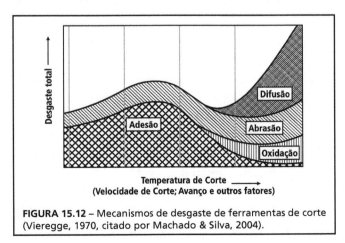

FIGURA 15.12 – Mecanismos de desgaste de ferramentas de corte (Vieregge, 1970, citado por Machado & Silva, 2004).

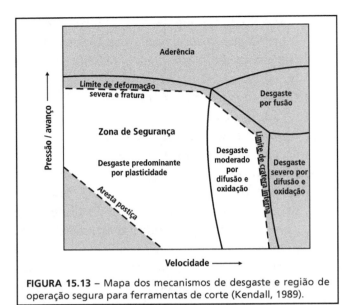

FIGURA 15.13 – Mapa dos mecanismos de desgaste e região de operação segura para ferramentas de corte (Kendall, 1989).

neamente vários mecanismos de desgaste, de modo que a sua identificação nem sempre é possível (Andrade, 2005).

Outro modo de visualizar os mecanismos de desgaste é situá-los num mapa velocidade x pressão (Figura 15.13). A temperatura não é uma variável de entrada, pois é dependente da pressão (tensão normal), velocidade e área da superfície de desgaste. Os quatro grupos de mecanismos de desgaste são:
- Desgaste por aderência
- Desgaste por fusão localizada
- Desgaste predominantemente por oxidação/difusão
- Desgaste predominantemente por plasticidade

Na Figura 15.13 a pressão poderia ser substituída pelo avanço. A linha tracejada na Figura 15.13 estabelece uma zona de operação segura.

Ao longo do tempo, distinguem-se algumas etapas (Figura 15.14):

a) *Desgaste inicial:* os dois materiais em contato têm irregulariedades superficiais, que na interface criam pequenas áreas de contato, cuja somatória é apenas uma fração da área nominal de contato. As tensões e o calor são intensificados nestes contatos, que são então removidos por aderência, acompanhada de fratura ou mesmo fusão das asperezas, aumentando-se assim a área de contato. Se as condições de força permanecem inalteradas, a pressão decresce e o mecanismo de desgaste altera-se para predominantemente plástico ou predominantemente por oxidação/difusão moderada.

b) *Mecanismo de desgaste estacionário:* deve-se evitar as condições de velocidade e de tensão normal que continuem a causar aderência e fusão, pois conduziriam rapidamente à falha completa da ferramenta. Se o desgaste das superfícies for então predominantemente por plasticidade, pequenas partículas do material são deformadas mecanicamente, fraturadas e removidas da superfície de desgaste. Este é o mecanismo de desgaste mais comum em ferramentas de corte (Kendall, 1989).

Como a temperatura e a tensão normal podem variar ao longo da superfície de desgaste, o mecanismo de desgaste predominantemente plástico numa região pode não estar atuando em outra. A Figura 15.15 indica que a temperatura máxima na superfície da ferramenta situa-se na superfície de saída do cavaco, numa pequena distância do gume de corte. É ali que tende a ocorrer o desgaste por cratera, e, como visto, neste caso o desgaste por difusão é o mecanismo preponderante. Em materiais de corte de alta dureza, como os cerâmicos, que são usualmente empregados em altas velocidades de corte, estes mecanismos de oxidação e de difusão podem ser responsáveis pela maioria do desgaste (Machado & Silva, 2004, Kendal, 1989).

A formação de aresta postiça afeta o processo de usinagem de dois modos. Perto do gume de corte, as altas pressões podem conduzir à

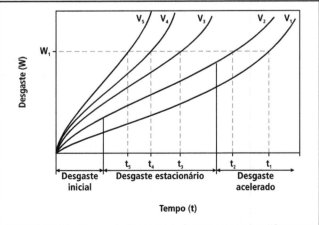

FIGURA 15.14 – Curvas de desgaste de ferramentas para diferentes velocidades (Kendall, 1989).

USINABILIDADE DOS FERROS FUNDIDOS

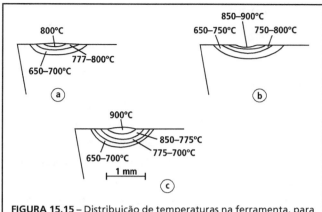

FIGURA 15.15 – Distribuição de temperaturas na ferramenta, para avanços de 0.125 mm/volta (a), 0,250 mm/volta (b) e 0,500 mm/volta (c). Usinagem de aço (Machado & Silva, 2004).

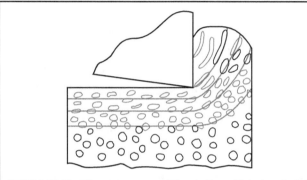

FIGURA 15.16 – Diagrama esquemático da Zona Afetada pela Usinagem, em ferro fundido nodular (Marwanga et al., 2000).

aderência de partículas do material da peça à ferramenta de corte. Quando este material aderido sofre fratura, pode remover junto partículas do material da ferramenta, causando assim o seu desgaste. O segundo efeito da formação de aresta postiça é o de alterar a geometria da ferramenta de corte, causando danificação da superfície usinada.

Também pode ocorrer desgaste por lascamentos na aresta de corte. Estes lascamentos ocorrem quando a aresta de corte remove cavacos intermitentemente. Isto resulta em impactos cíclicos e aquecimentos da aresta de corte, que podem iniciar pequenas trincas, conduzindo ao lascamento.

c) *Desgaste acelerado:* neste terceiro estágio ocorre desgaste acelerado, que pode ser causado pelo aumento das áreas de desgaste, ou ainda por destacamentos em revestimentos da ferramenta, expondo o material do núcleo, de menor resistência ao desgaste. Ocorre aumento de temperatura, de modo que se tornam mais importantes os mecanismos de aderência, oxidação e difusão, causando rápida destruição da ferramenta.

A tendência para usinagem de alta velocidade traz como consequência o aumento da temperatura da ferramenta, tornando mais atuantes os mecanismos de desgaste por oxidação/difusão (Kendall, 1989).

15.4 ZONA AFETADA PELA USINAGEM E A FORMAÇÃO DO CAVACO EM FERROS FUNDIDOS

A exemplo do conceito de zona afetada pelo calor empregado em soldagem, define-se em usina-

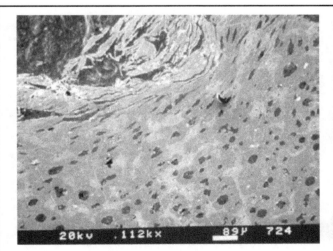 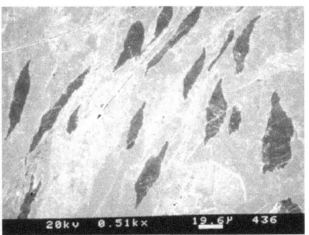

FIGURA 15.17 – Características de deformação de ferro fundido nodular ferrítico durante a usinagem. Deformação da matriz e nódulos alongados (Marwanga et al., 2000). a) região da raiz do cavaco; b) seção distante da ferramenta de corte.

gem uma região na peça, em frente à ferramenta de corte, como Zona Afetada pela Usinagem (ZAU), na qual ocorrem os processos de deformação e também ruptura do cavaco (ver Figura 15.16).

No ferro fundido nodular, as forças de compressão no material causam a decoesão do nódulo da matriz, bem à frente da ferramenta de corte. Ao mesmo tempo, ocorre deformação plástica localizada na matriz, entre os nódulos. A intensa deformação plástica causa o alongamento dos nódulos na direção do corte (Figura 15.17). A deformação e o modo de fratura são independentes do tipo de matriz. Os nódulos são deformados do mesmo modo, à frente e abaixo da ferramenta. As linhas de deformação, que são evidências de fratura dútil, estão presentes tanto em matriz ferrítica como em perlítica. Entretanto, em nodular ferrítico os nódulos de grafita estão deformados em maiores distâncias da ferramenta, e, portanto apresentam maiores zonas de deformação, quando comparado com nodulares perlítico e ferrítico/perlítico (Marwanga et al. 2000).

No caso do ferro fundido cinzento, segundo Marwanga et al., (2000), o que domina o processo de formação do cavaco são eventos de fratura, e não a deformação plástica. A fratura ocorre ao longo das lamelas de grafita, formando cavacos descontínuos (Figura 15.18). Quanto maiores as partículas de grafita, maiores são as distâncias de fratura na frente e abaixo da ferramenta. Existem 3 regiões na ZAU em ferro fundido cinzento: a zona de decoesão, a zona de fratura e a zona de fragmentação (Figura 15.19). (Marwanga et al., 2000). Na zona de decoesão inicia-se a separação da matriz das lamelas de grafita, formando-se microtrincas. Na zona de fratura formam-se grandes trincas, pela junção das pequenas trincas, que também se unem a trincas oriundas da interface com a ferramenta. As trincas seguem o esqueleto de grafita, e estão distribuídas ao acaso. A região de fragmentação divide-se em duas áreas:

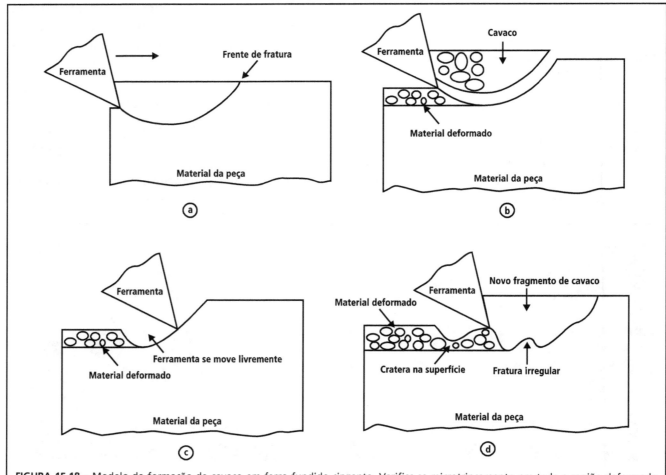

FIGURA 15.18 – Modelo de formação de cavaco em ferro fundido cinzento. Verifica-se microtrincamento em toda a região deformada (Marwanga et al., 1999).

uma à frente e outra abaixo da ferramenta. A área à frente da ferramenta consiste em material que é fragmentado em pequenas partículas, ocorrendo microfratura em praticamente todas as interfaces grafita/matriz. Os cavacos descontínuos que são formados consistem em fragmentos, fracamente coesos. O material abaixo da ferramenta também está fragmentado, mas as forças de compressão causam compactação dos fragmentos de cavaco, resultando uma estrutura fosca (Marwanga et al., 2000).

Mesmo que o mecanismo de formação de cavaco seja predominantemente por processos de fratura, alguns autores verificaram evidências de aderência na usinagem de ferros fundidos cinzentos. Assim, em condições de corte (torneamento) de alta velocidade (315 m/min) com ferramenta cerâmica, Kloche (1994) constatou a existência de região de aderência, sendo que o tamanho da região de aderência aumentava com a diminuição da vida da ferramenta. Também Pereira et al. (2006) reportam aderência de cavacos em ferros fundidos cinzentos de teor de enxofre relativamente baixo (0,065%). Isto mostra que o modelo de formação de trincas à frente da ferramenta, sem região de aderência, é uma simplificação, e que em determinadas condições ocorre também aderência.

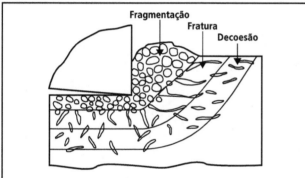

FIGURA 15.19 – São mostradas as três regiões da peça que são afetadas durante a usinagem de ferro fundido cinzento. Na região de decoesão inicia-se a formação de trincas, que coalescem e assumem tamanhos grandes na zona de fratura, seguindo o esqueleto de grafita. Na região de fragmentação estão os cavacos descontínuos, à frente e abaixo da ferramenta (Marwanga et al., 1999).

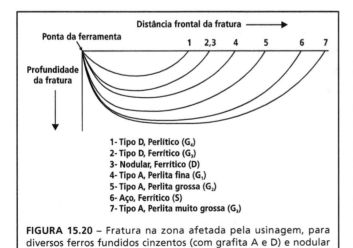

FIGURA 15.20 – Fratura na zona afetada pela usinagem, para diversos ferros fundidos cinzentos (com grafita A e D) e nodular (Marwanga et al., 1999).

15.5 USINABILIDADE DOS FERROS FUNDIDOS – EFEITOS DA MICROESTRUTURA

A microestrutura pode afetar a usinabilidade de diversas maneiras:

- *abrasividade* – partículas duras da microestrutura promovendo o desgaste abrasivo da ferramenta de corte. Este efeito é intensificado pelo aumento da força de corte.
- *lubrificação na interface ferramenta/cavaco* – ação lubrificante da grafita e de partículas de sulfeto de manganês
- *quebra do cavaco* – sulfeto de manganês e grafita, particularmente a lamelar, favorecem a quebra de cavaco, diminuindo o tamanho da região de aderência e o tempo de contato cavaco/ferramenta.

Discutem-se a seguir aspectos da usinabilidade de cada tipo de ferro fundido, com ênfase nos três enfoques acima citados.

15.6 USINABILIDADE DOS FERROS FUNDIDOS CINZENTOS

Dentre os ferros fundidos com grafita, os melhores resultados de usinabilidade são obtidos com os ferros fundidos cinzentos. Estes materiais apresentam grafita (cerca de 10% em volume) em forma de veios, que age como lubrificante (Marwanga et al., 2000, Klocke & Klöpper, 2003), e que facilita a ruptura do cavaco. Verifica-se inclusive a formação de trincas à frente do cavaco, na zona afetada pela usinagem (ZAU) (Figura 15.18), cuja distância depende do tipo de grafita e da matriz. A distância de formação do cavaco aumenta com a diminuição da resistência da matriz (ferrita, perlita grosseira) e com o aumento do tamanho das partículas de grafita, aumentando a facilidade de geração do cavaco (Figura 15.20). A segunda consequência disto é no acabamento superficial, que é pior no caso de ferros fundidos cinzentos com partículas grosseiras de grafita, devido ao aumento da distância (e profundidade) de fratura à frente da ferramenta.

De um modo geral, a usinabilidade dos ferros fundidos cinzentos decresce à medida que se caminha para classes de maior resistência, devido ao aumento da quantidade de perlita na matriz (aumento da abrasividade) e diminuição da quantidade de grafita (diminuição da ação lubrificante e da facilidade de quebra do cavaco), como mostram as Figuras 15.21 e 15.22. Em cinzento com matriz perlítica (classe FC 200 e superiores), as melhores condições de ruptura do cavaco são verificadas com grafita tipo A e matriz de perlita grosseira, que correspondem a boas condições para propagação de trincas à frente da região de geração do cavaco (Figuras 15.20 e 15.21).

Um aspecto importante referente à usinabilidade de ferros fundidos cinzentos de matriz perlíti-

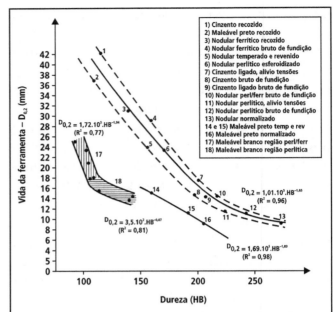

FIGURA 15.22 – Usinabilidade de diferentes ferros fundidos, avaliada por ensaio Renault-Mathon (torneamento frontal, ferramenta de aço SAE 52100, vida da ferramenta até desgaste de 0,2 mm) (Consalter et al., 1987).

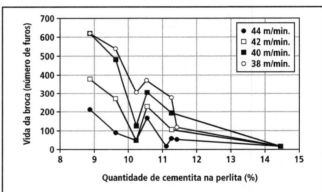

FIGURA 15.23 – Diminuição da vida da ferramenta (ensaio de furação) com o aumento da quantidade de cementita na perlita, para várias velocidades de corte (Bates, 1996).

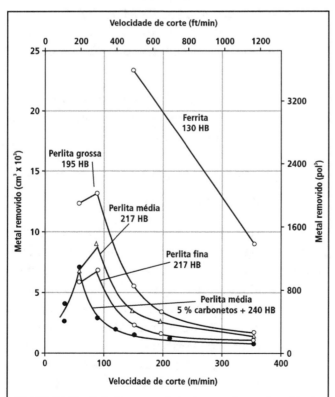

FIGURA 15.21 – Relação entre microestrutura da matriz e vida da ferramenta (avaliada pela quantidade de material removido até o final de vida da ferramenta). Ferros fundidos cinzentos, fresamento (ASM Handbook, 1989).

ca é a quantidade de cementita na perlita. Verifica-se na Figura 15.23 que a usinabilidade decresce à medida que aumenta a quantidade de cementita na perlita. Esta tendência foi verificada em ensaios de torneamento, fresamento e furação (Griffin et al., 2002, Burke et al., 1999, Bates-1996, Li et al., 2002). A importância destes resultados está relacionada ao fato de que a quantidade de cementita da perlita não é um parâmetro microestrutural de controle usual, mas apenas a quantidade de perlita e eventualmente o seu espaçamento interlamelar. Um aumento da quantidade de cementita da perlita deve se refletir em aumento de dureza (Burke et al., 1999), porém nem sempre isto é evidente, já que a quantidade de

USINABILIDADE DOS FERROS FUNDIDOS

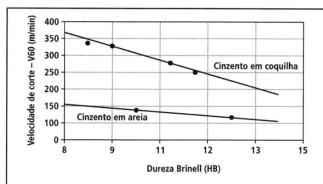

FIGURA 15.24 – Efeito do aumento de dureza na usinabilidade de ferros fundidos cinzentos de matriz ferrítica, fundidos em coquilha e em areia (Nowack, 1976).

perlita e sua distância interlamelar também afetam a dureza. A quantidade de cementita na perlita pode ser aumentada por resfriamento rápido a partir de temperaturas superiores à eutetoide (Bates, 1996, Burke et al., 1999), ou ainda pelo emprego de elementos de liga que dificultam a deposição de carbono sobre as partículas de grafita pré-existentes, como o estanho (Burke et al., 1999, Bates, 1996). Este efeito da quantidade de carbonetos da perlita em reduzir a usinabilidade foi também verificado em ferros fundidos nodulares (Bates, 2006) e vermiculares (Mocelin, 2002), como será visto adiante.

Com relação ao efeito da dureza da ferrita, na Figura 15.24 são apresentados resultados de ensaios de torneamento de ferro fundidos cinzentos produzidos em coquilha, com grafita tipo D, inclusões de esteadita e matriz ferrítica, onde se constata decréscimo da usinabilidade com aumento da dureza, provocada por aumento do teor de silício e por aumento da quantidade de esteadita (Nowack, 1976).

Outra característica importante é a presença de sulfeto de manganês (cerca de 2% em volume), partícula que atua como lubrificante na interface ferramenta/cavaco, e que está presente nos ferros

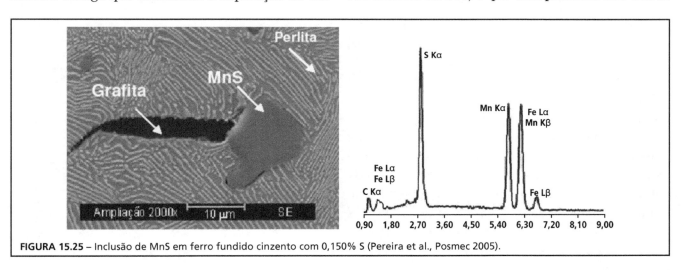

FIGURA 15.25 – Inclusão de MnS em ferro fundido cinzento com 0,150% S (Pereira et al., Posmec 2005).

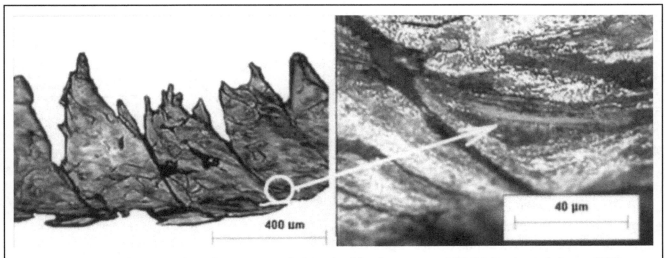

FIGURA 15.26 – Inclusões de MnS deformadas, em cavacos de ferros fundidos cinzentos com 0,120% S (Pereira et al., Posmec 2005).

fundidos cinzentos e nos ferros fundidos maleáveis (Pereira, 2005, Boehs, 1979), como apresentado nas Figuras 15.25 e 15.26.

Constatou-se efeito benéfico de aumento do teor de enxofre no ferro fundido cinzento em operações de fresamento, torneamento e furação, como mostra a Figura 15.27 (Erickson & Hardy, 1976). O sulfeto de manganês sofre intensa deformação plástica no processo de formação do cavaco (Pereira et al., 2006) e em operações de torneamento, sob altas velocidades, deposita-se sobre a ferramenta de corte (Erickson & Hardy, 1976, Reuter et al., 1999, Klose, 1994), formando um filme lubrificante que é renovado pelo fornecimento contínuo de novas inclusões de sulfeto de manganês do material que está sendo usinado. Com velocidade de corte de 600 m/min e ferramenta de CBN, em operação de torneamento, a espessura deste filme de MnS é de cerca de 1 µm (Koppka & Abele, 2003). Este filme de MnS deve atuar também como barreira à difusão, diminuindo o desgaste pela ocorrência deste mecanismo (Pereira, 2005). Em torneamento, empregando ferramenta de nitreto de silício, Klose (1994) verificou que este depósito de MnS situa-se na face de saída e na face de flanco, sendo muito pouco pronunciado na aresta de corte, de modo que o desgaste tende a arredondar esta aresta. Aumento da quantidade de partículas de MnS e aumento da velocidade de corte tornam o efeito do sulfeto de manganês mais evidente (Pereira et al., 2005). Os ferros fundidos nodulares e vermiculares não possuem partículas de sulfeto de manganês, pois nestes materiais deve-se trabalhar com baixos teores de enxofre para obter a forma da grafita desejada, de modo que nestes ferros fundidos a usinabilidade tende a ser menor que nos cinzentos, particularmente sob altas velocidades de corte. Os resultados da Figura 15.28 comprovam este efeito, pois o ferro fundido cinzento com baixo teor de enxofre (GJL 200) tem baixa usinabilidade, com comportamento similar ao vermicular. Verifica-se ainda na Figura 15.28 que, para o ferro fundido cinzento com teor normal de enxofre (0,086% S), o aumento da velocidade de corte a partir de 200 m/min (e até 800 m/min) aumenta a usinabilidade, o que é devido ao aumento da espessura do filme de MnS depositado sobre a ferramenta (Koppka & Abele, 2003).

Por outro lado, a presença de cementita eutética diminui consideravelmente a usinabilidade (Figura 15.29). Em ferros fundidos cinzentos a presença de cementita eutética é mais comum em seções finas e em cantos de peças. Entretanto, rebarbas de fundição também podem provocar a presença de cementita junto ao plano de partição da peça (Lamb, 1970). Além disso, a utilização de

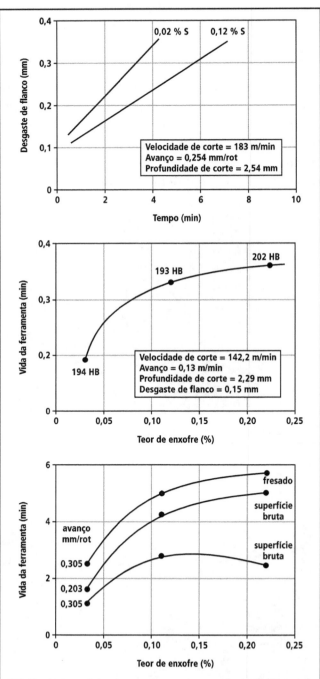

FIGURA 15.27 – Efeito do teor de enxofre na usinabilidade de ferros fundidos cinzentos (194-202 HB, LR = 224-243 MPa, 0,9-1,3% Mn) (Erickson & Hardy, 1976). a) torneamento com metal-duro; b) fresamento; c) furação.

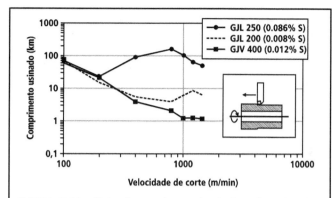

FIGURA 15.28 – Efeito do teor de enxofre do ferro fundido sobre o desgaste da ferramenta. Ferros fundidos cinzentos (GJL 250 e GJL 200) e vermicular (GJV 400). Torneamento, ferramenta de CBN (Koppka & Abele, 2003).

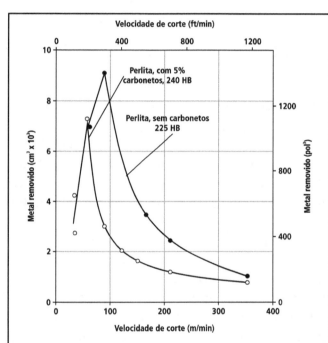

FIGURA 15.29 – Efeito da presença de carbonetos na usinabilidade de ferro fundido cinzento. Apesar do aumento da dureza ser pequeno, a vida da ferramenta é substancialmente reduzida (ASM Handbook, 1989).

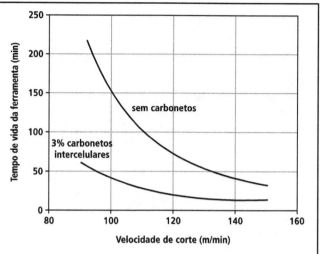

FIGURA 15.30 – Efeito de presença de carbonetos intercelulares sobre a usinabilidade de ferro fundido cinzento. Fresamento (Janowak & Gundlach, 1985).

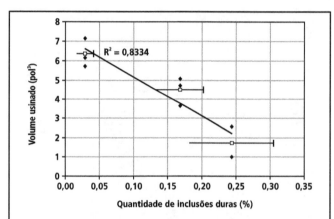

FIGURA 15.31 – Efeito da quantidade de inclusões de alta dureza (fosfetos, carbonetos) sobre a usinabilidade, avaliada através do volume de material removido até o final de vida da ferramenta. Torneamento de ferro fundido cinzento (210-215 HB), produzido por fundição contínua (Griffin et al., 2002).

elementos de liga formadores de carbonetos, e que segregam para o líquido, pode conduzir à presença de carbonetos intercelulares. A Figura 15.30 mostra um exemplo do efeito de adição relativamente elevada de cromo (0,80%), resultando em carbonetos intercelulares e diminuição da usinabilidade.

Mesmo pequenas quantidades de partículas de alta dureza, como esteadita (Fe_3P) e carbonetos (de ferro, de titânio, de zircônio) reduzem consideravelmente a usinabilidade, como mostrado na Figura 15.31 (Griffin, 2002). Carbonetos reduzem mais acentuadamente a usinabilidade do que esteadita (Janowak & Gundlach, 1985). Na Figura 15.32 são apresentados alguns exemplos de inclusões de alta dureza (NbC, TiC, Fe_3P), que podem ocorrer nos ferros fundidos.

Um efeito interessante, que aparece em vários trabalhos, é a diminuição da influência das partículas duras à medida que se empregam velocidades de corte crescentes, como pode ser visto nas Figuras 15.21, 15.23 e 15.29 para a cementita. Este efeito também foi constatado com carbonitretos de titânio, em operação de torneamento (Li et al., 2005).

Eleftheriou & Bates (1999), efetuando ensaios de furação, compararam ainda ferros fundidos cinzentos produzidos com diferentes inoculantes (FeSiCaAl, FeSiCe, FeSiSr), verificando melhores

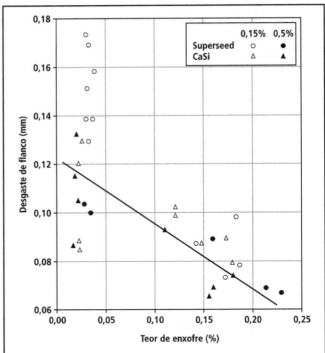

FIGURA 15.33 – Efeito do teor de enxofre e da inoculação sobre a usinabilidade de ferros fundidos cinzentos. Inoculantes com Sr (Superseed) e com Ca (CaSi) (Röhrig, 1987).

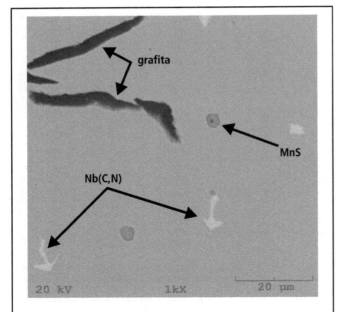
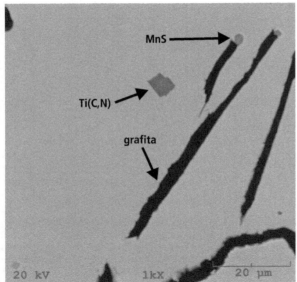
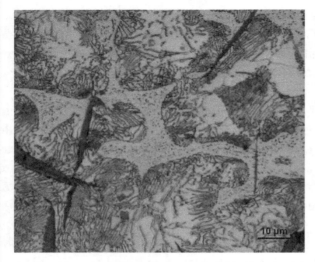

FIGURA 15.32 – Inclusões de carbonitretos de nióbio (a), carbonitretos de titânio (b) e esteadita (c), em ferros fundidos cinzentos.

resultados de usinabilidade com inoculante de Fe-SiSr, que forneceu também os maiores valores de número de células eutéticas. Este efeito de melhoria da usinabilidade com o aumento do número de células eutéticas também foi verificado por Klose (1994), com torneamento empregando ferramentas cerâmicas. Na Figura 15.33 são ainda apresentados resultados com a utilização de dois poderosos inoculantes, em dois diferentes teores, verificando-se que o desgaste da ferramenta é diminuído com aumento do percentual do inoculante, e com uso de CaSi (Röhrig, 1987). Este efeito deve estar relacionado à melhor distribuição de segregações, minimizando-se assim a formação de partículas duras.

Os efeitos do teor de carbono equivalente (quantidade e tamanho da grafita), quantidade de perlita e dureza foram quantificados através da equação:

Índice de usinabilidade (IU) = 413 − 1,41 HB + 19,44(% CE) − 0,47 (% perlita) (15.1)

(Esta equação foi obtida a partir dos resultados experimentais de Moore & Lord (1959); a equação originalmente apresentada possui algumas imprecisões experimentais, como as determinações do tamanho da grafita e do percentual de grafita).

Nesta equação (com $r^2 = 0,86$), o índice de usinabilidade foi referenciado ao de aço de corte fácil AISI B1113, ao qual foi atribuído um índice igual a 100. A equação é válida para as seguintes faixas de valores: HB = 170-210; % perlita = 73-100; % CE (C + 1/3 Si) = 3,85-4,52.

Assim, por exemplo, um ferro fundido cinzento com 3,4% C e 1,9% Si (CE = 4,03) com 80% perlita e dureza de 180 HB, tem índice de usinabilidade igual a 200. Se a quantidade de perlita for aumentada para 100% e a dureza resultar em 210 HB, o índice de usinabilidade cai para 148.

Um efeito importante da microestrutura refere-se ao tamanho da grafita no acabamento superficial. A formação de cavaco no ferro fundido cinzento está relacionada à fratura na frente da região de corte, de modo que quanto maior o tamanho da grafita maiores são as partículas formadas pela fratura, o que pode conduzir a problemas de acabamento superficial. Isto é particularmente crítico em componentes onde se procura maximizar a condutividade térmica, como em discos de freio, nos quais empregam-se composições químicas com alto teor de carbono, resultando uma microestrutura com grandes partículas de grafita. As condições de corte também afetam o acabamento superficial, mostrando-se que a rugosidade superficial aumenta com o aumento da profundidade de corte (Souto et al., 2003), recomendando-se assim a utilização de pequenos valores de profundidade de corte para as operações de acabamento.

Já em operações de brunimento deseja-se que existam cavidades causadas pela fratura da grafita, que atuariam como reservatórios de óleo lubrificante, prevenindo assim o desgaste (ver Figura 13.12 do capítulo sobre Desgaste). Deve-se evitar que estas cavidades sejam eventualmente cobertas por deformação da matriz durante o brunimento; esta deformação é favorecida por presença de ferrita na matriz em quantidades acima de 5%, ou ainda por condições de corte e afiação de ferramentas não adequadas (Mocellin, 2004).

Estudos específicos de usinagem de blocos de motores e de discos de freio podem ser encontrados em Goodrich (2003), Souto et al., (2003), Souza Jr et al., (2003 e 2005), Machado et al., (2005) e Santos et al., (2005).

15.7 USINABILIDADE DOS FERROS FUNDIDOS NODULARES

Nos ferros fundidos nodulares a quebra de cavaco não ocorre tão facilmente como no caso do ferro fundido cinzento, de modo que o cavaco permanece por maior tempo em contato com a ferramenta, acentuando-se os mecanismos de desgaste. Na Zona Afetada pela Usinagem ocorre deformação plástica acentuada. Mesmo assim, os nodulares mostram usinabilidade superior aos aços de corte fácil (Labrecque & Gagné, 1999, Burque et al., 1999, Moore & Lord, 1959).

A primeira variável a considerar na usinabilidade dos ferros fundidos nodulares é a sua classe (de resistência). De um modo geral, a usinabilidade decresce à medida que cresce a classe do ferro fundido nodular (Figura 15.22). Isto se deve à modificação da matriz, diminuindo a quantidade de ferrita e aumentando a dureza para classes de maior resistência (Figura 15.34). Apenas em operações em que há grande dificuldade de saída do cavaco, como em furação, residuais de perlita resultaram em melhoria da usinabilidade em nodulares ferríticos, devido à melhor quebra do cavaco (Gagné & Labrecque, 1999).

A Figura 15.35 mostra o efeito da dureza sobre a usinabilidade, em ensaios de torneamento. Ambos os tipos de ferros fundidos (nodular e maleável preto) apresentam o comportamento de diminuição da usinabilidade com o aumento da dureza. A comparação entre os ferros maleáveis pretos e os nodulares deve considerar que os maleáveis pretos ferríticos apresentam uma dureza cerca de 30 HB menor que os nodulares ferríticos, de modo que para estes ferros fundidos ferríticos a usinabilidade é semelhante. Para valores de dureza superiores a 250 HB, a melhor usinabilidade dos ferros maleáveis pretos seria devido à presença de partículas de sulfeto de manganês neste tipo de ferro fundido. Também em ensaios de furação os ferros maleáveis pretos apresentaram melhor usinabilidade que os nodulares, para toda a faixa de dureza ensaiada, o que também é atribuído ao efeito das partículas de sulfeto de manganês (Möckli, 1979).

Outro parâmetro importante é a quantidade de carbonetos na perlita, similarmente ao verifica-

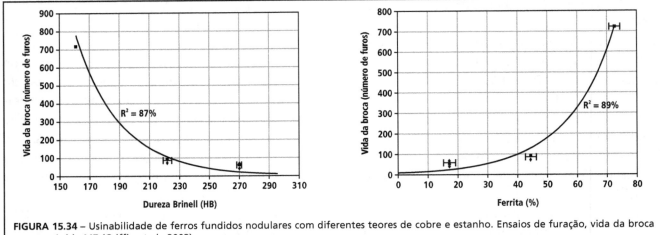

FIGURA 15.34 – Usinabilidade de ferros fundidos nodulares com diferentes teores de cobre e estanho. Ensaios de furação, vida da broca em aço-rápido M7 (Griffin et al., 2003).

do com os ferros fundidos cinzentos (Figura 15.23). Este mesmo efeito é observado nos ferros fundidos nodulares, verificando-se decréscimo da usinabilidade com a diminuição do tempo de desmoldagem e com a utilização de elementos do liga que diminuem a velocidade de deposição do carbono sobre a grafita (Griffin et al., 2002).

Com relação ao efeito da dureza da ferrita, os resultados da Figura 15.36, com ensaios de fresamento, mostram que em nodulares ferríticos com altos teores de silício (3,6-3,8% Si), o aumento da dureza também se traduz em diminuição da usinabilidade (Björkgren & Hamberg, 2001). Este efeito deve ser devido principalmente ao aumento da força de corte.

A presença de cementita eutética e de carbonetos de elementos de liga reduz sensivelmente a usinabilidade dos ferros fundidos nodulares. Harding & Wise (2000) verificaram, em ensaios de furação, diminuição da usinabilidade com teores crescentes de titânio, tanto em nodulares ferríticos como em perlíticos.

Com relação à quebra de cavaco, deve-se ressaltar que os ferros fundidos nodulares, antes da quebra do cavaco, passam por um processo de deformação da matriz e alongamento dos nódulos de grafita (similarmente às inclusões de sulfeto de manganês), até ocorrer a fratura no cavaco (Figura 15.17). Deste modo, os cavacos de ferros fundidos nodulares tendem a ser maiores que os de ferros fundidos cinzentos, o que acentua os processos de desgaste da ferramenta.

A natureza descontínua da quebra do cavaco nos ferros fundidos nodulares foi estudada por Klocke & Klöpper (2002), que caracterizaram a variação da força de corte ao longo do tempo, para

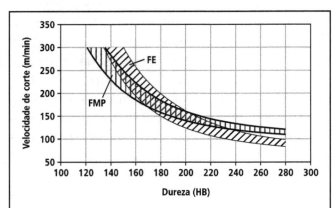

FIGURA 15.35 – Resultados de usinabilidade de ferros fundidos nodulares (FE) e maleáveis pretos (FMP). Velocidade de corte que resulta em vida de ferramenta de 20 min, para um desgaste de ferramenta por formação de cratera de 0,3 (correspondente a uma relação profundidade e distância média da cratera à aresta de corte de 0,3). Torneamento de desbaste com metal-duro K15, revestido com TiC. Cavaco de 2,5 x 0,3 mm (Möckli, 1979).

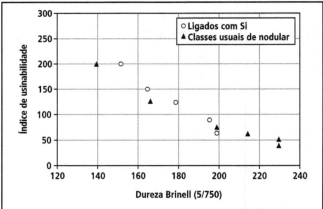

FIGURA 15.36 – Índice de usinabilidade para ferros fundidos nodulares comuns (ferrítico/perlíticos) e ligados ao Si. Ensaios de fresamento (Björkgren & Hamberg, 2001).

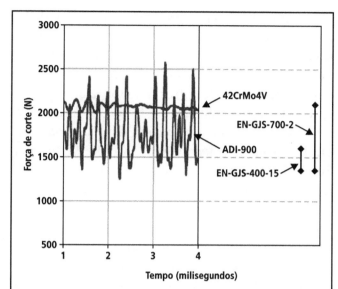

FIGURA 15.37 – Variação da força de corte no torneamento de ferros fundidos nodulares (ferrítico, perlítico, austemperado, designação segundo Norma EN) e aço temperado e revenido. Velocidade de corte = 100 m/min, avanço = 0,2 mm (Klocke & Klöpper, 2002).

aço temperado e revenido e para diversos ferros fundidos. Verifica-se na Figura 15.37 que, enquanto o aço apresenta uma pequena variação da força de corte ao longo do tempo, os ferros fundidos de classes de alta resistência (austemperado 900 e perlítico 70002) mostram grandes variações da força de corte. Estas variações estariam associadas à ruptura frequente do cavaco na região de aderência (Figura 15.38), causando queda brusca na força de corte, enquanto no aço a ruptura do cavaco ocorreria apenas após a região de aderência. Para o ferro fundido nodular ferrítico a ruptura também se daria apenas após a região de aderência, porém envolvendo forças de intensidade menor. Estas variações da força de corte traduzem-se em carregamentos dinâmicos sobre a ferramenta de corte, que somados aos carregamentos mecânicos e térmicos conduzem ao desgaste da ferramenta, como ilustrado na Figura 15.39 para torneamento com metal-duro. Deste modo, as altas cargas dinâmicas atuando na usinagem do nodular austemperado conduzem a desgaste de cratera e risco de quebra da ferramenta. Nos outros materiais, o principal desgaste é o de flanco.

A Figura 15.40 mostra ainda uma comparação de usinabilidade entre aços e ferros fundidos nodulares, ferrítico, perlítico e austemperado, verificando-se o bom desempenho dos nodulares ferríticos, mesmo comparativamente a aços de corte fácil.

A usinagem dos ferros fundidos nodulares com 5%Si e 1%Mo foi caracterizada em estudo de Möckli (1976), verificando em torneamento o mesmo comportamento que outros nodulares de igual dureza (235 HB). Em furação, os carbonetos de molibdênio presentes na microestrutura (2 a 4%) diminuem a usinabilidade sensivelmente, caindo a velocidade de corte em cerca de 20% para igual vida da ferramenta, comparativamente aos ferros fundidos nodulares e maleáveis pretos de igual dureza.

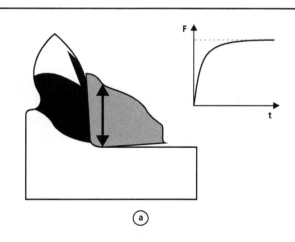
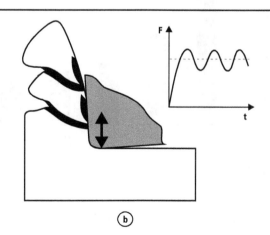

(a) Aço:
- Cisalhamento contínuo.
- Solicitações mecânicas e térmicas constantes ao longo do tempo.
- Transmissão de forças através da região de cisalhamento e distribuição sobre a zona de aderência.

(b) Ferro fundido nodular:
- Compressão e formação da trinca descontínuos.
- Menor solicitação mecânica, porém oscilante.
- Menor transmissão de esforços através da região de cisalhamento, e portanto menor zona de aderência.

FIGURA 15.38 – Comparação entre os processos de formação de cavaco em aço e em ferro fundido. Nos gráficos são indicadas as forças de corte em função do tempo (Klocke & Klöpper, 2002).

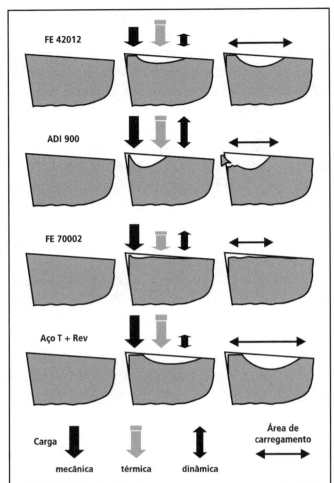

FIGURA 15.39 – Modelos de desgaste no torneamento de ferros fundidos e aço, empregando-se ferramenta de metal-duro (Klocke & Klöpper, 2002 e 2003).

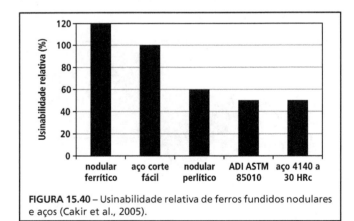

FIGURA 15.40 – Usinabilidade relativa de ferros fundidos nodulares e aços (Cakir et al., 2005).

15.8 USINABILIDADE DE FERROS NODULARES AUSTEMPERADOS

Os novos tipos de ferros fundidos que vem sendo utilizados, como o ferro nodular austemperado e o ferro vermicular, trazem novos desafios para as operações de usinagem, já que representam materiais com maiores níveis de propriedades mecânicas que os atualmente empregados. O ferro nodular austemperado, além de sua relativamente alta dureza, apresenta também austenita retida em sua matriz, que pode sofrer transformação martensítica durante a usinagem, à frente da ferramenta na zona afetada pela usinagem (ZAU), resultando em baixa vida da ferramenta (Klocke & Klöpper, 2002). Esta baixa usinabilidade dos ferros nodulares austemperados conduz, em alguns casos, à realização da usinagem antes do tratamento de austêmpera, efetuando-se após o tratamento térmico apenas operações de acabamento, como as de retífica. Entretanto, isto traz dificuldades adicionais de transporte e logística, aumentando os custos de fabricação. Deste modo, vários estudos tem sido realizados para permitir a usinagem, em condições econômicas, após o tratamento de austêmpera, seja otimizando as condições de usinagem, seja desenvolvendo as classes de nodular austemperado de menor dureza (com limite de resistência de 800 a 900 MPa).

A Figura 15.39 mostra que, comparativamente às outras classes de ferros fundidos nodulares, os nodulares austemperados tendem a apresentar maior intensidade de desgaste de cratera, o que pode conduzir à quebra da ferramenta. A Figura 15.40 ilustra resultados de usinagem de nodular austemperado de classe 1 ASTM (85010), comparativamente a outros ferros fundidos e aços.

Klocke & Klöpper (2003) sugerem algumas recomendações para a usinagem de nodulares austemperados:

- Deve-se selecionar uma ferramenta de corte de alta dureza. Isto quer dizer metal-duro do grupo K, para operações de usinagem como furação, fresamento e torneamento. Para o torneamento pode-se adotar em alguns casos ferramenta cerâmica de óxidos.
- Comparativamente às classes perlíticas, a velocidade de corte para os nodulares austemperados deve ser reduzida. O efeito da velocidade de corte sobre a vida da ferramenta é particularmente importante em torneamento. O avanço deve ser maximizado, dependendo da rigidez da máquina de usinagem.

USINABILIDADE DOS FERROS FUNDIDOS

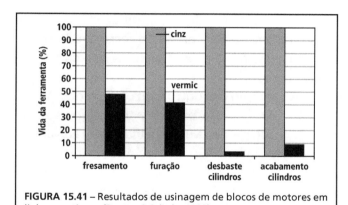

FIGURA 15.41 – Resultados de usinagem de blocos de motores em linhas contínuas (Reuter & Schulz, 1999).

- Em operações com corte contínuo (torneamento, furação, roscagem) deve-se empregar refrigeração, pois na usinagem de nodular austemperado a temperatura é mais alta.
- Operações com corte descontínuo (fresamento) apresentam maior vida da ferramenta sem refrigeração. A razão para isto é a grande sensibilidade a choques térmicos dos metais-duros do grupo K, que tendem a apresentar trincas em situações de fadiga térmica.
- Em muitos processos de usinagem, e em especial em furação e fresamento, é crítica a seleção exata da geometria da ferramenta. Deve-se encontrar um compromisso entre um ângulo de saída da ferramenta positivo, que reduza a deformação na saída do cavaco, porém sem que se perca a rigidez da ferramenta para evitar sua fratura.

15.9 USINABILIDADE DE FERROS FUNDIDOS VERMICULARES

Os ferros fundidos vermiculares apresentam, de uma maneira geral, propriedades intermediárias entre os cinzentos e os nodulares, e assim também se verifica com relação à usinabilidade. O mecanismo de formação do cavaco e a extensão da região de aderência podem ser observados na Figura 15.9, comparativamente ao cinzento e ao nodular. Ressalte-se que, a exemplo do ferro fundido nodular, o vermicular também não possui inclusões de sulfeto de manganês, devido ao seu baixo teor de enxofre, necessário à sua fabricação.

Como a principal aplicação atual dos ferros fundidos vermiculares é em blocos de motor, as tentativas iniciais foram de usinar estas peças em vermicular nas mesmas linhas de usinagem que operavam com ferro fundido cinzento, verificando-se diferenças consideráveis, principalmente nas operações de usinagem dos cilindros (mandrilamento e acabamento) (Figura 15.41). Estas diferenças são motivadas principalmente pela maior resistência

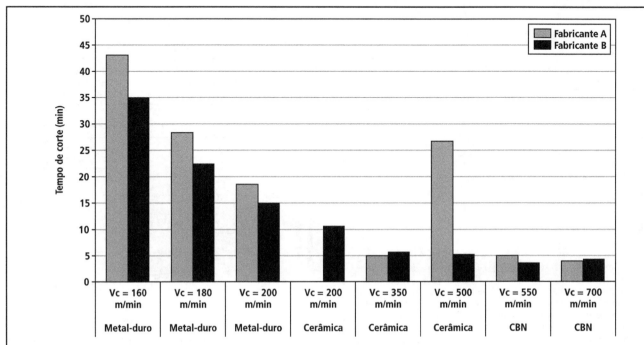

FIGURA 15.42 – Torneamento de ferro fundido vermicular (classe FV 450) com ferramentas de metal-duro (K10), CBN e cerâmicas. f = 0,2 mm, a_p = 0,5 mm (Xavier, 2003).

dos ferros fundidos vermiculares, exigindo maiores forças de corte e produzindo cavacos que se rompem apenas na região de escorregamento, e pela ausência de sulfeto de manganês, de modo que apenas a grafita exerce a função lubrificante. Deste modo, tentativas de uso de ferramentas cerâmicas em mandrilamento de cilindros de bloco de motor não apresentaram sucesso (Figura 15.42). Na Figura 15.43 podem-se observar resultados de ensaios de furação, comparando-se ferros fundidos cinzento e vermicular, ambos de matriz perlítica. Para as operações de usinagem dos cilindros, uma solução encontrada foi trabalhar com ferramentas com insertos múltiplos de metal-duro, compensando-se a menor velocidade de corte com aumento do avanço (Reuter & Schulz, 1999).

Também para os ferros fundidos vermiculares a usinabilidade decresce à medida que se caminha para classes de maior resistência. Na Figura 15.44 são apresentados resultados de usinabilidade em função da dureza do ferro fundido vermicular, indicando-se as classes sobre os pontos experimentais.

A exemplo dos outros ferros fundidos, Mocelin et al. (2004) comprovaram para os ferros fundidos vermiculares que a usinabilidade (em ensaios de furação) é diminuída com aumento da quantidade de cementita na perlita, obtida através de alterações no tempo de desmoldagem e com a utilização de elementos de liga.

A dureza da ferrita também afeta a usinabilidade dos ferros fundidos vermiculares, verificando-se decréscimo da usinabilidade com aumento do teor de silício (de 3 para 4%), que correspondeu a um aumento da dureza de 170 para 200 HB (Dawson et al., 1999).

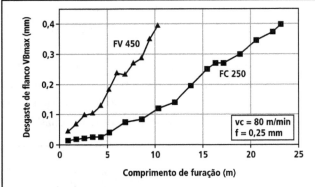

FIGURA 15.43 – Desgaste da ferramenta na usinagem de ferros fundidos perlíticos empregados para a produção de blocos de motores. Ensaios de furação (Mocellin et al., 2003).

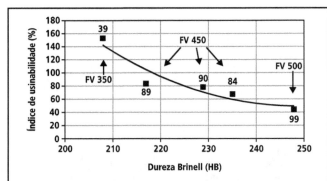

FIGURA 15.44 – Resultados de ensaio de furação em ferros fundidos vermiculares. Velocidade de corte = 80 m/min, brocas de metal-duro revestidas de TiAlN. À usinabilidade do ferro fundido cinzento (FC 250) foi atribuído o valor 100, sendo então a usinabilidade dos ferros fundidos vermiculares referenciada a este valor. Os números sobre o gráfico representam a percentagem de perlita na matriz (construído a partir dos dados de Mocelin -2002).

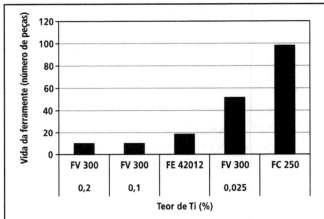

FIGURA 15.45 – Efeito de teores crescentes de titânio sobre a usinabilidade de ferros fundidos vermiculares ferríticos, comparativamente a outros ferros fundidos. Torneamento de face frontal, ferramenta cerâmica, velocidade de corte = 650 m/min, avanço = 0,2 mm/rot, profundidade de corte = 2,5 mm (Abel, 1990).

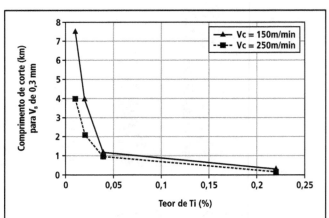

FIGURA 15.46 – Teores crescentes de titânio reduzem a vida da ferramenta na usinagem (torneamento) de ferro fundido vermicular perlítico. Ferramentas de metal-duro (Koppka & Abele, 2003).

O efeito de partículas duras também é verificado nos ferros fundidos vermiculares. Um dos primeiros processos de fabricação dos ferros fundidos vermiculares consistiu na utilização de titânio associado ao magnésio, o que representava uma dificuldade adicional à utilização deste material, devido ao decréscimo da usinabilidade (Dawson et al., 1999, Koppka, 2004). Nas Figuras 15.45 e 15.46 pode-se observar a influência de teores crescentes de titânio sobre a usinabilidade. Este mesmo efeito foi comprovado com ferramentas cerâmicas (Koppka & Abele, 2003).

Também nos ferros fundidos vermiculares foi constatado o efeito de cementita intercelular em decrescer a usinabilidade (Figura 15.47). Isto também foi verificado por Dawson et al. (1999) em ferro fundido vermicular perlítico com residuais de Cr de até 0,22%, que apresentava 2-3% de carbonetos intercelulares. Estes resultados mostram a importância das partículas duras presentes na microestrutura sobre a usinabilidade dos ferros fundidos vermiculares.

Diversos trabalhos tem se concentrado sobre o uso de diferentes ferramentas de corte e revestimentos para a usinagem de ferros fundidos vermiculares (Reuter & Schulz, 2001, Xavier et al., 2003, Andrade, 2005, Xavier, 2009), e certamente os progressos nesta área devem resultar em melhorias sensíveis na usinagem dos ferros fundidos vermiculares.

15.10 A USINAGEM DA SUPERFÍCIE DE PEÇAS FUNDIDAS

Em peças fundidas, é comum encontrarem-se diferenças entre a usinagem da camada bruta de fundição e a usinagem do núcleo, como ilustrado na Figura 15.27-c. Vários fatores contribuem para esta diferença: presença de partículas de areia (do molde) ou de silicatos (devido a reações de óxidos com o molde), descarbonetação da peça de ferro fundido, presença de carbonetos junto à superfície. Porém, nem sempre a superfície apresenta microestruturas desfavoráveis para a usinagem; em nodulares ferrítico/perlíticos, é comum que a superfície apresente mais ferrita que o núcleo, o que melhora a usinabilidade (Klose, 2/1992).

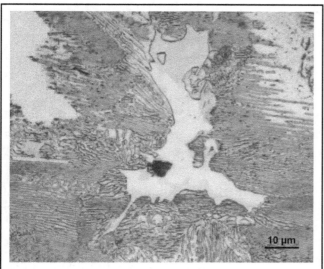

FIGURA 15.47 – Carbonetos intercelulares em ferro fundido vermicular (Doré, 2007).

Na Figura 15.48 pode-se observar resultados de usinagem (torneamento) de ferros fundidos cinzentos, verificando-se a maior taxa de desgaste da ferramenta na usinagem da superfície bruta de fundição (Meurer, 2007). Neste caso, a presença de residuais de areia do molde e de silicatos na superfície resultaram em diminuição da vida da ferramenta (Meurer et al., 2007).

Também carepas de tratamento térmico e descarbonetação afetam a usinabilidade, e isto é particularmente crítico em tratamentos efetuados a altas temperaturas. Registra-se para um ferro maleável preto perlítico, na usinagem da camada superficial, um decréscimo da velocidade de corte de cerca de 50%, comparativamente à velocidade

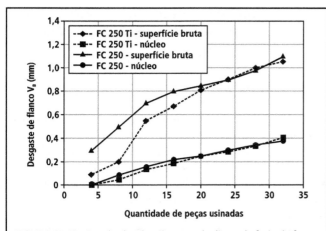

FIGURA 15.48 – Resultados de usinagem de discos de freio de ferros fundidos cinzentos (classe FC 250, sem e com titânio – 260 ppm Ti), no núcleo e na superfície. Ensaios de torneamento (Meurer et al., 2007).

empregada para usinar o núcleo da peça, para iguais vidas da ferramenta (Kahles & Field, 1981).

De um modo geral, recomenda-se empregar, na usinagem da camada bruta de fundição, grandes valores de avanço e preferencialmente grandes velocidades de corte (Klose, 3/1992).

EXERCÍCIOS

1) Examine uma peça de ferro fundido. Inicie por exame macroscópico da sua superfície bruta de fundição. Procure caracterizar as partículas que estão aderidas à superfície. Faça uma seção e observe ao microscópio ótico. Registre em detalhes a microestrutura do núcleo da peça. Repita a análise para a microestrutura junto à superfície da peça, detalhando as principais diferenças. Discuta as suas observações com base no efeito da microestrutura sobre a usinabilidade.

2) Que características um ferro fundido cinzento deve apresentar para que sua usinabilidade seja inferior ao de aço de corte fácil AISI B1113?

3) Utilizando-se os dados da Figura 15.22, verifica-se que para os ferros fundidos cinzentos, um aumento de dureza de 170 para 210 HB reduz o parâmetro de usinabilidade $D_{0,2}$ de 23 para 16 mm, ou seja, uma redução de 30% na usinabilidade. Utilizando este tipo de abordagem, avalie o efeito, sobre a usinabilidade, das seguintes alterações:

   I. Modificação da microestrutura de um ferro fundido cinzento, de perlita grossa, com 195 HB, para perlita fina, com 217 HB, em torneamento com metal-duro, a uma velocidade de corte de 150 m/min.

   II. Modificação da microestrutura de um ferro fundido cinzento, de perlita grossa, com 195 HB, para perlita fina, com 217 HB, em torneamento com metal-duro, a uma velocidade de corte de 300 m/min.

   III. Aumento da quantidade de cementita da perlita em ferro fundido cinzento, de 9 para 10%, a uma velocidade de corte de 40 m/min em furação.

   IV. Aumento da quantidade de partículas duras de 0,10 para 0,20%, em ferro fundido cinzento com 210 HB, em operação de torneamento.

   V. Modificação da microestrutura de ferro fundido cinzento, sem e com presença de carbonetos intercelulares (cerca de 3%), em fresamento, com velocidade de corte de 120 m/min.

   VI. Aumento do teor de enxofre em ferro fundido cinzento, de 0,05 para 0,10%, em furação, com avanço de 0,305 mm/rotação, na superfície bruta de fundição.

   VII. Aumento do teor de enxofre em ferro fundido cinzento, de 0,05 para 0,10%, em furação, com avanço de 0,305 mm/rotação, em superfície previamente desbastada.

   VIII. Aumento da velocidade de corte de 200 para 400 m/min, em torneamento com CBN de ferro fundido cinzento com 0,09% S.

   IX. Aumento da velocidade de corte de 200 para 400 m/min, em torneamento com CBN de ferro fundido cinzento com 0,008% S.

   X. Aumento da velocidade de corte de 200 para 400 m/min, em torneamento com CBN de ferro fundido vermicular classe FV 400.

   XI. Aumento da quantidade de ferrita de 20 para 50%, em furação de ferro fundido nodular.

   XII. Aumento da dureza de 200 para 230 HB, em fresamento de ferro fundido nodular.

   XIII. Aumento da dureza de 210 para 240 HB, em furação de ferro fundido vermicular

   XIV. Aumento do teor de titânio de 0,025 para 0,10%, em furação de ferro fundido vermicular.

REFERÊNCIAS BIBLIOGRÁFICAS

Andrade, C. L. F. *Análise da furação do ferro fundido vermicular com brocas de metal-duro com canais retos revestidas com TiN e TiAlN*. Dissertação de mestrado, UFSC, Depto Eng Mecânica, Florianópolis, 2005

Austin et all. Machining of cast iron. In: Metals Handbook, vol. 3, Machining, 8th Edition, ASM, 1967.

Bates, C. E. Study examines influences on machinability of iron castings. *Modern Casting*, p. 36-39, out. 1996.

Boehs, L. *Influência do sulfeto de manganês na usinabilidade do ferro fundido maleável preto ferrítico*. Dissertação de Mestrado, UFSC, Depto. Eng Mecânica, 1979.

Boehs, L.; Guesser, W. L.; Junior, D. C.; Aguiar, C. G. Maquinado de perfiles continuos en hierro fundido nodular FE-50007. *CIT Informacion Tecnológica*, v. 11, n. 6, p. 173-180, 2000.

Burke, C. M.; Moore, D. J.; Parolini, J. R.; Rundman, K. B.; Waarala, D. Machinability of gray cast iron: a drilling study. *AFS Transactions*, v. 107, p.567-575, 1999.

Cakir, M. C.; Bayram, A.; Isik, Y.; Salar, B. The effects of austempering temperature and time onto the machinability of austempered ductile iron. *Materials Science and Engineering A*, n. 407, p. 147-153, 2005.

Consalter, L. A.; Guedes, L. C.; Purey, J. A. Usinabilidade de ferros fundidos. *Fundição e Matérias Primas ABIFA*, Guia de Equipamentos e Insumos, p. 39-45, 1987.

Dawson, S.; Hollinger, I.; Robbins, M.; Daeth, J.; Reuter, U.; Schulz, H. The effect of metallurgical variables on the machinability of compacted graphite iron. In: Compacted graphite iron design and machining workshop, Bad Nauheim, Germany, 1999.

Doré, C. *Influência da variação da microestrutura na usinabilidade do ferro fundido vermicular*. Dissertação de mestrado, UFSC – Depto Eng Mecânica, Florianópolis, 2007.

Eleftheriou, E. & Bates, C. E. Effects of inoculation on machinability of gray cast iron. *AFS Transactions*, v. 107, p. 659-669, 1999.

Erickson, P. S. & Hardy, J. M. Effect of manganese sulfide inclusions in cast gray iron on tool life. *AFS Transactions*, v. 84, p. 407-416, 1976.

Gagné, M. & Labrecque, C. Comparative machinability evaluation of ferritic ductile iron castings. *AFS Transactions*, v. 107, p. 537-546, 1999.

Goodrich, G. M. Uncovering the path to cast iron machinability solutions. *Engineered Casting Solutions*, p. 31-33, Winter 2003.

Griffin, R. D.; Li, H. J.; Eleftheriou, E.; Bates, C. E. Machinability of gray cast iron. *AFS Transactions*, v. 110, paper 02-159, 2002.

Griffin, R. D.; Li, H.; Griffin, J. A.; Bates, C. E. Understanding ductile iron machinability. Keith Millis Symposium on Ductile Cast Iron, 2003.

Janowak, J. F. & Gundlach, R. B. Improved machinability of high strength cast iron. *AFS Transactions*, v. 93, p. 961-968, 1985.

Kahles, J. F. & Field, M. Relation of microstructure to machinability of gray iron, ductile iron and malleable iron. *AFS Transactions*, v. 79, p. 587-596, 1981.

Kendall, L. A. *Tool wear and tool life*. In Machining – ASM Handbook v. 16, p. 37-48, 1989.

Klocke, F. & Klöpper, C. Machinability characteristics of austempered ductile iron. World Conference on ADI, AFS/DIS, 2002

Klocke, F. & Klöpper, C. Bearbeiten von ADI-Gusseisen. *Giesserei*, v. 90, n. 12, p. 24-30, 2003.

Klose, H. J. Spanendes Bearbeiten der Kern- und Randzone von Gusseisen mit Kugelgraphit. *Konstruiren + Giessen*, v. 19, n. 2, p. 4-17, 1994.

Klose, H. J. Einfluss der Erstarrungsmorphologie auf die Zerspanbarkeit von Gusseisenwerkstoffen. *Konstruiren + Giessen*, v. 17, n. 2, p. 4-13, 1992.

Klose, H. J. Einfluss der Werkstückform auf die Zerspanbarkeit von GGG-50. *Konstruiren + Giessen*, v. 17, n. 3, p. 4-13, 1992.

Koppka, F. & Abele, E. Economical processing of compacted graphite iron. 6th Compacted Graphite Iron Machining Workshop, Darmstadt, 2003.

Koppka, F. Bearbeitkeit von Gusseisen mit Vermiculagraphit. *Giesserei*, v. 91, n. 3, p. 32-35, 2004.

Labrecque, C. & Gagné, M. Ductile iron: fifty years of continuous development. *Canadian Metallurgical Quarterly*, v. 37, n. 5, p. 343-378, 1998.

Lamb, A. D. Machining of iron castings. In: Engineering Properties and Performance of Modern Iron Castings. Session 3. BCIRA Conference, Loughborough, 1970.

Li, H.; Griffin, R. D.; Bates, C. E. Machinability of class 40 gray iron. *AFS Transactions*, v. 110, paper # 151, 2002.

Li, H.; Griffin, R. D.; Bates, C. E. Effects of titanium and filtration on gray iron machinability. *AFS Transactions*, v. 113, p. 1-11, 2005.

Lucas, E. O. & Weingaertner, W. L. Determinação experimental da área de contato, com ferramentas de metalduro revestidas, no torneamento do ferro fundido nodular ferrítico GGG 42 (DIN 1663). In: 62º Congresso Anual da ABM, p. 4495-4503, Vitória, 2007.

Machado, A. R.; Bohes, L.; Santos, M. T.; Guesser, W. L. *Usinagem de ferros fundidos cinzento, nodular e vermicular*. In: Coelho, R T. Tecnologias Avançadas de Manufatura. Instituto Fábrica do Milênio. Ed Novos Talentos, 2005.

Machado, A. R. & Silva, M. B. *Usinagem dos Metais*. Univ Fed Uberlândia, 2004.

Marwanga, R O; Voigt, R. C.; Cohen, P H. Influence of graphite morphology and matrix structure on chip formation during machining of continuously cast ductile irons. *AFS Transactions*, v. 108, p.651-661, 2000.

Marwanga, R. O.; Voigt, R. C.; Cohen, P. H. Influence of graphite morphology, matrix structure on gray iron machining. Modern Casting, v. 90, n. 5, p.53-57, 2000.

Marwanga, R. O; Voigt, R C; Cohen, P H. Influence of graphite morphology and matrix structure on chip formation during machining of gray irons. AFS Transactions, v. 107, p. 595-607, 1999.

Meurer, P. *Usinagem de ferro fundido cinzento FC-250 com diferentes tipos de elementos de liga, utilizado na fabricação de discos de freio*. Dissertação de mestrado, Depto. Eng. Mecânica UFSC, Florianópolis, 2007.

Meurer, P.; Boehs, L.; Guesser, W. L. Usinabilidade de ferro fundido cinzento ligado utilizado na fabricação de discos de freio automotivos. 4º COBEF, Paper 011039085, São Pedro, SP, 2007.

Mocellin, F. *Avaliação da usinabilidade do ferro fundido vermicular em ensaios de furação*. Dissertação de mestrado, UFSC, Depto. Eng. Mecânica, 2002.

Mocellin. F.; Boehs, L.; Guesser, W. L.; Melleras, E. Study of the machinability of compacted graphite iron for drilling process. *Journal of the Brazilian Society of Mechanical Sciences*, v. 26, p. 22-27, 2004.

Mocellin, F.; Melleras, E.; Boehs, L.; Guesser, W. L. Estudo da usinabilidade do ferro fundido vermicular em ensaios de furação. Congresso Brasileiro de Engenharia de Fabricação – COBEF, 2003.

Mocellin, F. *Desenvolvimento de tecnologia para brunimento de cilindros de blocos de motor em ferro fundido vermicular*. Proposta de tese de doutoramento, UFSC, Florianópolis, 2004.

Möckli, P. Zerspanbarkeit des hitzebeständigen Gusseisen mit Kugelgraphit mit 5% Si und 1% Mo. *Giesserei*, v. 63, n. 13, p. 377-380, 1976.

Möckli, P. Zerspanbarkeit von duktilen Gusswerkstoffen. *GF Spectrum*, n. 2, p. 5-12, 1979.

Moore, M. W. & Lord, J. O. Gray cast iron machinability – quantitative measurements of pearlite and graphite effects. *AFS Transactions*, v. 67, p. 193-198, 1959.

Pereira, A. A. *Influência do enxofre na microestrutura, nas propriedades mecânicas e na usinabilidade do ferro fundido cinzento FC 250*. Dissertação de mestrado, UFSC, Depto Eng Mecânica, Florianópolis, 2005.

Pereira, A. A; Boehs, L.; Guesser, W. L. A *Influência das inclusões na usinabilidade*. 15° Simpósio do Programa de Pós-Graduação em Engenharia Mecânica, Uberlândia, 2005.

Pereira, A. A.; Boehs, L.; Guesser, W. L. Influência do enxofre na usinabilidade do ferro fundido cinzento FC-25. Congresso Brasileiro de Engenharia de Fabricação – COBEF, p. 43, 2005.

Pereira, A. A.; Boehs, L.; Guesser, W. L. The influence of sulfur on machinability of gray cast iron. The 38th CIRP – International Seminar on Manufacturing Systems, Florianópolis, 2005.

Pereira, A. A.; Boehs, L.; Guesser, W. L. O efeito das características das inclusões de sulfeto de manganês na usinabilidade. *Máquinas e Metais*, v. 62, p. 144-159, 2006.

Pereira, A. A.; Boehs, L.; Guesser, W. L. The influence of sulfur on the machinability of gray cast iron FC25. *Journal of Materials Processing Technology*, v. 179, p. 165-171, 2006.

Pereira, A. A.; Boehs, L; Guesser, W. L. Como as Inclusões no Material da Peça Podem Afetar o Desgaste da Ferramenta? *O Mundo da Usinagem*, p. 26-30, 2005.

Reuter, U.; Schulz, H.; Konetschny, C.; Gastel, M.; McDonald, M. Wear mechanisms in highspeed machining. Compacted graphite iron design and machining workshop, Bad Nauheim, Germany, 1999.

Reuter, U. & Schulz, H. CGI machinability and developments toward production. In: Compacted graphite iron design and machining workshop, Bad Nauheim, Germany, 1999.

Reuter, U. & Schulz, H. Solutions for CGI machining. Engine Expo, Stuttgart, 2001.

Röhrig, K. Metallurgische Einflussgrossen auf die Bearbeitbarkeit von Gusseisen mil Lamellengraphit. *Giesserei-Praxis*, n. 6, p. 71-86, 1987.

Santos, M. T.; Farias, M. G.; Turino, C. E.; Cardoso, J. C. M. Usinabilidade x Dureza na usinagem de tambor de freio de ferro fundido cinzento. In: 3. Congresso Brasileiro de Engenharia de Fabricação – COBEF, Joinville, 2005.

Silveira, J. *Influência de fatores metalúrgicos na usinabilidade de ferros fundidos FE 6002, FE 4212 e FC 25*. Dissertação de mestrado, Unicamp, Campinas, 1983.

Souto, U. B.; Sales, W. F.; Palma, E. S.; Santos S. C.; Guesser, W. L.; Baumer, I. Fenômenos open grain e side flow no torneamento de discos de freio. *Máquinas e Metais*, v. 34, p. 152-165, 2003.

Souza Jr., A. M.; Sales, W. F.; Ezugwu, E. O.; Bonney, J.; Machado, A. R. Burr Formation in Face Milling of Cast Iron with Different Milling Cutter Systems. Proceedings of The Institution of Mechanical Engineers Part B – Journal Of Engineering Manufacture, Inglaterra, v. 217, p. 1589-1596, 2003.

Souza Jr., A. M.; Sales, W. F.; Santos, S. C.; Machado, A. R. Performance of single Si_3N_4 and mixed Si_3N_4 + PCBN wiper cutting tools applied to high speed face milling of cast iron. *International Journal of Machine Tools and Manufacture Design, Research and Application*, Birmingham – Inglaterra, v. 45, p. 335-344, 2005.

Trent, E. M. & Wright, P. K. *Metal Cutting*. Ed Butterworth-Heinemann, USA, 2000.

Xavier, F. A. *Aspectos tecnológicos do torneamento do ferro fundido vermicular com ferramentas de metal-duro, cerâmica e CBN*. Dissertação de mestrado, Depto. Eng. Mecânica UFSC, Florianópolis, 2003.

Xavier, F. A.; Boehs, L.; Guesser, W. L.; Andrade, C. L. Estudo da viabilidade técnica para a utilização de inserto de metal-duro no torneamento do ferro fundido vermicular. Congresso Brasileiro de Engenharia de Fabricação – COBEF, 2003.

Xavier, F. A. *Estudo dos mecanismos de desgaste em ferramentas de nitreto de silício aplicadas no torneamento de ferros fundidos vermicular e cinzento*. Tese de doutoramento. Depto. Eng. Mecânica, UFSC, Florianópolis, 2009.

CAPÍTULO 16
MECANISMOS DE FRAGILIZAÇÃO E DEFEITOS DE MICROESTRUTURA DOS FERROS FUNDIDOS

Neste capítulo são discutidos os mecanismos pelos quais pode ocorrer diminuição acentuada de alguma propriedade mecânica, em especial da tenacidade. Estes mecanismos são denominados de fragilizações. Alguns deles ocorrem na fabricação do componente, enquanto outros podem ser provocados também na sua utilização, de modo que não basta a produção de uma peça com as propriedades especificadas, muitas vezes é preciso também orientar o cliente sobre a sua utilização.

Algumas fragilizações estão associadas a defeitos de microestrutura. Assim, este capítulo contempla também uma discussão sobre defeitos de microestrutura, mesmo que alguns deles não se reflitam em perda acentuada de resistência ou dutilidade. A intenção de reunir num só capítulo os defeitos de microestrutura, junto com os mecanismos de fragilização, objetiva enfatizar a importância do controle destes aspectos microestruturais.

Os mecanismos de fragilização e os defeitos de microestrutura dos ferros fundidos podem ser agrupados como se segue:

- Morfologias degeneradas de grafita
- Distribuição inadequada de grafita
- Presença de fases indesejáveis
- Decoesão em contorno de grão
- Fragilização por hidrogênio
- Fragilização por exposição a líquidos

Deve-se registrar que a manifestação da fragilização pode ocorrer apenas em condições específicas. Assim, por exemplo, decoesão de contorno de grão, provocada por segregação de fósforo, não é revelada por ensaio de tração, porém se manifesta claramente em solicitações de impacto; por outro lado, fragilização por hidrogênio é revelada em ensaios de longa duração, como fadiga estática ou ensaio de tração com velocidade lenta. Estes aspectos são visto em detalhes nos itens que se seguem.

16.1 MORFOLOGIAS DEGENERADAS DE GRAFITA EM FERROS FUNDIDOS NODULARES

A forma da grafita, como discutido no capítulo sobre Propriedades Estáticas dos Ferros Fundidos Nodulares, é uma das importantes variáveis de microestrutura que influenciam as propriedades mecânicas. Pequenos desvios da forma esférica geralmente não tem consequência sobre as propriedades mecânicas, e, portanto, não são considerados defeitos de microestrutura. Entretanto, quando a forma degenerada de grafita excede 10% do total de grafita presente, seu efeito torna-se evidente. As primeiras propriedades afetadas são a resistência ao impacto e a redução de área (estricção). Seguem-se diminuições do limite de resistência e do alongamento. O limite de escoamento é menos sensível à presença de grafitas degeneradas (DFB, 1991, Javaid & Loper, 1995). Limite de fadiga, resistência ao impacto e tenacidade à fratura são propriedades que também são afetadas por formas degeneradas de grafita (Ruff & Doshi, 1980).

A maioria das formas irregulares de grafita em ferros fundidos nodulares tende a ocorre em pontos quentes da peça ou junto a massalotes, onde a velocidade de solidificação é baixa. A Figura 16.1 mostra o efeito da espessura da peça sobre as propriedades mecânicas, para espessuras até 300 mm (Barton, 1972). Nos nodulares ferríticos a maior redução ocorre no alongamento, enquanto nos nodulares perlíticos o limite de resistência é a propriedade mais afetada. A Figura 11.9 do capítulo sobre Resistência ao Impacto dos Ferros Fundidos ilustra o efeito da nodularidade sobre a resistência ao impacto em ferro fundido nodular ferrítico. A Figura 14.4 do capítulo sobre Ferros Nodulares Austemperados mostra o efeito da forma da grafita sobre a resistência ao impacto e sobre as propriedades estáticas dos nodulares austemperados.

Javaid & Loper (1995) avaliaram o efeito de diversas variáveis em peças espessas (>50 mm), utilizando o conceito de Índice de Qualidade (ver capítulo sobre Propriedades Estáticas dos Ferros Fundidos Nodulares). Verificaram, para nodulares ferrítico-perlíticos, que:

Indice de Qualidade = 0,92 (% nodularidade) + 5,6 (% Si) + 0,06 (% perlita) + 11   (16.1)

Para nodulares predominantemente ferríticos (< 10% perlita), constataram que:

Índice de Qualidade = 0,7 (% nodularidade) + 7,1 (% Si) + 34   (16.2)

Estas equações estão baseadas em Índices de Qualidade obtidos com incrementos de 5 ksi para cada incremento de 10% no Índice de Qualidade, diferindo quantitativamente portanto dos Índices de Qualidade anteriormente apresentados no capítulo sobre Propriedades Estáticas dos Ferros Fundidos Nodulares. De qualquer modo, observa-se o efeito acentuado da nodularidade sobre o Índice de Qualidade de peças espessas, sendo que uma diminuição de 20% na nodularidade reduz em cerca de 15 a 20% o Índice de Qualidade.

As Figuras 16.2 a 16.12 mostram diferentes formas irregulares de grafita em ferros fundidos nodulares, e que são discutidas a seguir.

A presença de nódulos irregulares (Figura 16.2) geralmente não é percebida nas propriedades mecânicas. Pode ocorrer devido a um baixo teor de magnésio, inoculação deficiente e contaminação com elementos deletérios, como Ti, As, Sb, Bi, Te e Pb (DFB, 1991, Souza Santos & Albertin, 1977).

Também a grafita explodida (Figura 16.3) tem pequeno efeito sobre as propriedades mecânicas (DFB, 1991). Associação com flotação de grafita resulta em decréscimo das propriedades mecânicas e acabamento superficial grosseiro após usinagem (BCIRA Course, 1988). Composições hipereutéticas e alto teor de cério tendem a provocar este tipo de microestrutura (DFB, 1991).

A forma degenerada de grafita apresentada na Figura 16.4, grafita em grumos ou "chunky", provoca queda acentuada nas propriedades mecânicas, conforme apresentado na Figura 6.38 do capítulo sobre Propriedades Estáticas dos Ferros Fundidos Nodulares. Para o exemplo de um nodular ferrítico, ilustrado naquela Figura, a presença de 10% de grafita em grumos reduz o alongamento em cerca de

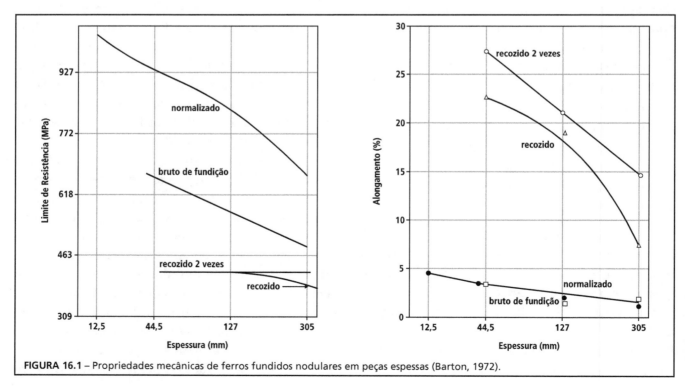

FIGURA 16.1 – Propriedades mecânicas de ferros fundidos nodulares em peças espessas (Barton, 1972).

MECANISMOS DE FRAGILIZAÇÃO E DEFEITOS DE MICROESTRUTURA DOS FERROS FUNDIDOS

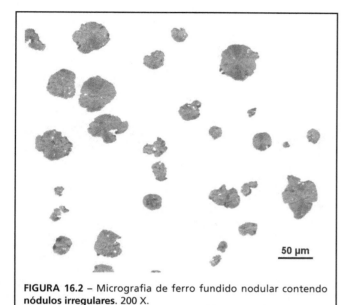

FIGURA 16.2 – Micrografia de ferro fundido nodular contendo **nódulos irregulares**. 200 X.

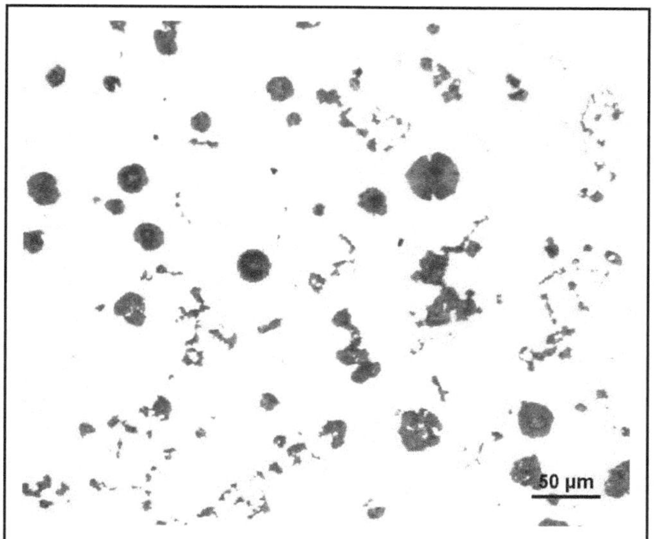

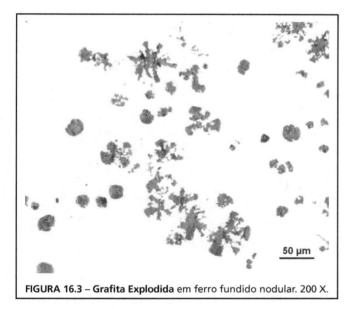

FIGURA 16.3 – **Grafita Explodida** em ferro fundido nodular. 200 X.

FIGURA 16.4 – Microestrutura de ferro fundido nodular contendo **grafita em grumos ("chunky")**. 200 X.

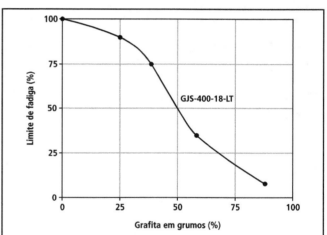

FIGURA 16.5 – Efeito da quantidade de grafita em grumos ("chunky") sobre o limite de fadiga (em percentagem do valor original) de ferro fundido nodular ferrítico (classe GJS-400-18-LT da Norma EN). Tração-compressão (Wolters, 2006).

40% (Souza Santos & Albertin, 1977). A Figura 16.5 mostra o efeito da presença de grafita em grumos sobre o limite de fadiga. A grafita em grumos apresenta grandes tamanhos de célula eutética; como a grafita em grumos é contínua dentro desta célula, é facilitado o crescimento de uma trinca (Itofuji & Uchikawa, 1996). Nodulares de alto teor de silício são muito susceptíveis a apresentarem este tipo de grafita (Prinz et al., 1991). Altos teores de cério, em banhos de alta pureza, também resultam neste tipo de grafita degenerada (DFB, 1991).

A presença de grafita vermicular, em ferro fundido nodular, representa um defeito de microestrutura (Figura 16.6), tendo um efeito acentuado principalmente na resistência ao impacto e tenacidade. Para o nodular ferrítico ilustrado na Figura 6.38 do capítulo sobre Propriedades Estáticas dos Ferros Fundidos Nodulares, a presença de 8% de grafita vermicular reduz o alongamento em cerca de 30% (Souza Santos & Albertin, 1977). Na Figura 16.7 pode-se observar a diminuição das propriedades mecânicas causadas pela presença de grafita vermicular em ferro nodular perlítico. A ocorrência de grafita vermicular geralmente está associada com baixos teores de magnésio e contaminações de titânio (Pieske, 1976, DFB, 1991).

Outra forma de grafita degenerada é apresentada na Figura 16.8, sendo denominada de grafita

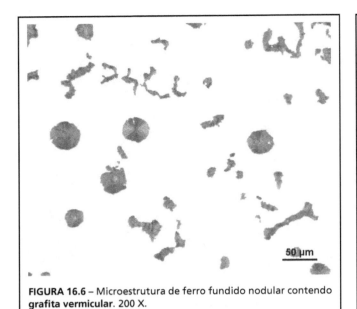

FIGURA 16.6 – Microestrutura de ferro fundido nodular contendo grafita vermicular. 200 X.

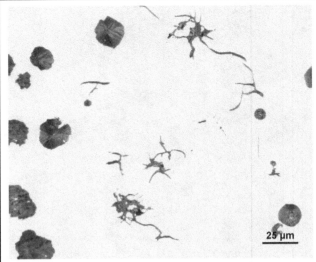

FIGURA 16.8 – Microestrutura de ferro fundido nodular contendo grafita "spiky". 400 X.

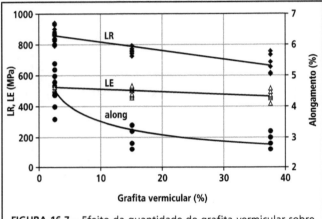

FIGURA 16.7 – Efeito da quantidade de grafita vermicular sobre as propriedades mecânicas de ferro fundido nodular perlítico. Construída a partir dos dados de Albertin et al. (1979).

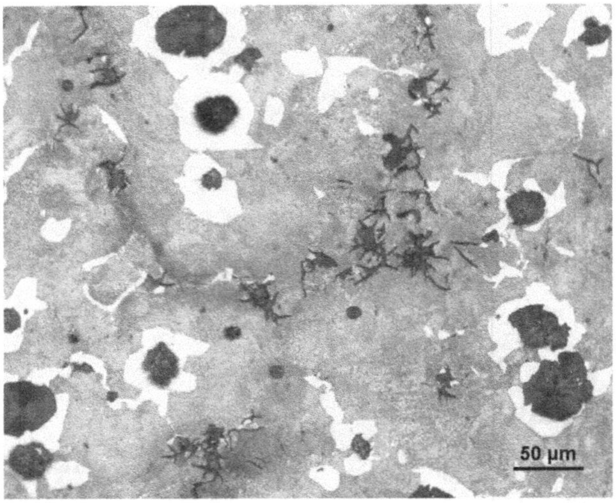

FIGURA 16.9 – Grafita "spiky" em contornos de célula de peça espessa. 200 x.

estrela ou camarão na literatura alemã ("Sterne", "Kraben") ou então de grafita "spiky" na literatura inglesa. Este tipo de grafita resulta em queda acentuada das propriedades mecânicas, e geralmente está associado à presença de carbonetos, já que sua causa mais comum é um alto teor de magnésio (Duran et al., 1990, DFB, 1991).

Em peças espessas esta forma de grafita ("spiky") tende a ocorrer em centros térmicos e em contornos de células (Figura 16.9), e sua presença está geralmente relacionada a elementos que segregam intensamente, como estanho, titânio e antimônio (Barton-1989. Stets & Sobota, 2006). Verificou-se a nucleação de trincas na matriz junto à grafita "spiky", de modo que seu efeito se faz presente mesmo em pequenas quantidades (Javaid & Loper, 1995).

Na Figura 4.15 do capítulo sobre Fratura dos Ferros fundidos é ilustrado um exemplo de nucleação de trinca junto a uma partícula de grafita "spiky". A Figura 7.16 do capítulo sobre Resistência à Fadiga dos Ferros Fundidos Nodulares mostra a redução da vida sob fadiga causada por este tipo de grafita (Farrel, 1983).

A ocorrência de grafita lamelar em ferros fundidos nodulares (Figura 16.10) provoca acentuada redução das propriedades mecânicas. Quando apresenta lamelas curtas e arredondadas, como no exemplo da Figura 16.10, sua origem geralmente está associada a baixo teor de magnésio. Se as lamelas forem longas e agudas, em contornos de célula,

MECANISMOS DE FRAGILIZAÇÃO E DEFEITOS DE MICROESTRUTURA DOS FERROS FUNDIDOS

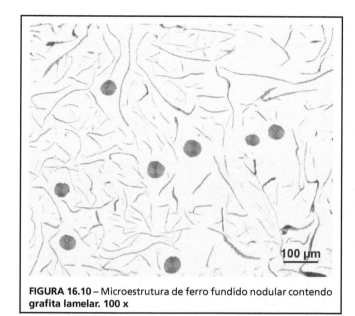

FIGURA 16.10 – Microestrutura de ferro fundido nodular contendo **grafita lamelar**. 100 x

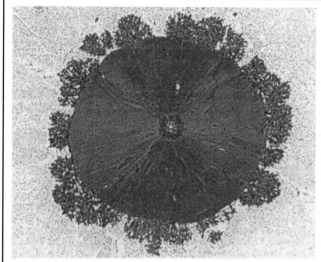

FIGURA 16.12 – Deposição de grafita sobre nódulo pré-existente, em tratamento térmico de recozimento. 500 x (Barton, 1989).

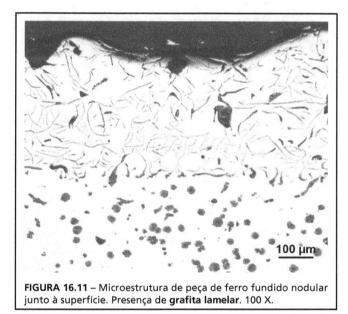

FIGURA 16.11 – Microestrutura de peça de ferro fundido nodular junto à superfície. Presença de **grafita lamelar**. 100 X.

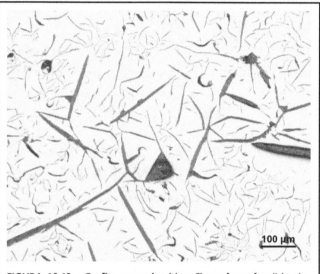

FIGURA 16.13 – **Grafita grosseira** (tipo C) em ferro fundido cinzento. 100 X.

a presença de elementos deletérios é a causa mais comum (DFB, 1991).

Outra possibilidade é a presença de grafita vermicular ou mesmo lamelar na superfície da peça (Figura 16.11), e seu principal efeito é a redução do limite de fadiga, conforme apresentado na Figura 7.31 do capítulo sobre Resistência à Fadiga dos Ferros Fundidos Nodulares. Este defeito de microestrutura é devido à perda superficial de magnésio por reação com oxigênio e enxofre, podendo estar então associado a tintas de macho e molde com alto teor de enxofre, uso de ácido paratoluenosulfônico como catalisador de areia cura a frio e, em areia a verde, baixo teor de pó de carvão (DFB, 1991, Duran et al., 1990).

Existe ainda uma forma anormal de grafita em ferro fundido nodular, que consiste no depósito de grafita sobre os nódulos pré-existentes (Figura 16.12), e que ocorre no tratamento térmico de ferritização de ferros fundidos nodulares contendo altos teores de cobre (1,5%) ou estanho (0,15%). Enquanto alguns autores (Barton, 1989) não verificaram variação significativa nas propriedades mecânicas estáticas com este defeito microestrutural, em outros trabalhos (Metzloff & Loper, 2003) é registrada uma diminuição do módulo de elasticidade quando da presença deste tipo de grafita.

TABELA 16.1 – Efeito de contaminação com chumbo sobre as propriedades mecânicas de ferro fundido cinzento (BCIRA Broadsheet 50, 1986).

Peça	Propriedade	Sem contaminação	Contaminado com Pb
Grande lingote	LR (MPa)	93-124	42
	E (GPa)	83-103	53
	Resist impacto (J)	58	23
Corpo de prova 30 mm – cinzento classe 200	LR (MPa)	200-250	46-154

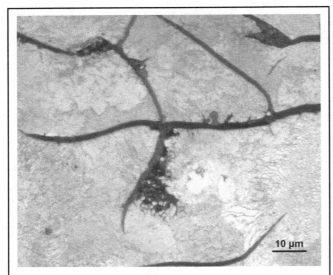

FIGURA 16.14 – **Grafita de Widmanstätten** em ferro fundido cinzento. Matriz predominantemente perlítica. 1.000 X.

16.2 MORFOLOGIAS DEGENERADAS DE GRAFITA EM FERROS FUNDIDOS CINZENTOS

A presença de partículas grosseiras de grafita (tipo C) é geralmente considerada um defeito de microestrutura (Figura 16.13), e causa redução sensível na resistência mecânica. A principal causa deste defeito é o alto teor de carbono; velocidade de solidificação muito baixa e deficiências de inoculação também contribuem para a sua ocorrência.

Outra forma anormal de grafita em ferro fundido cinzento é a grafita de Widmanstätten (Figuras 16.14 e 16.15), que consiste em ramificações agudas de grafita a partir das lamelas de grafita tipo A, ou ainda formação de agregados junto às suas extremidades. Esta grafita forma-se após o final da solidificação, e sua forma extremamente aguda causa redução importante no limite de resistência, no módulo de elasticidade e na resistência ao impacto (Tabela 16.1). A Tabela 4.2 do capítulo sobre Fatura dos Ferros Fundidos ilustrou o efeito da presença de grafita de Widmansttäten sobre

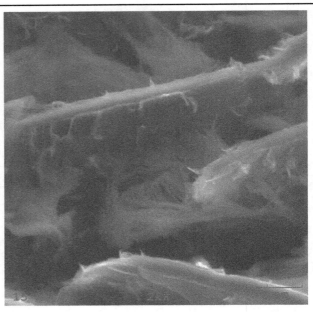

FIGURA 16.15 – **Grafita de Widmansttäten** (depositada sobre a lamela de grafita tipo A) em ferro fundido cinzento contaminado com chumbo. MEV. 2000 X.

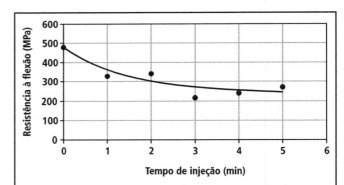

FIGURA 16.16 – Efeito da injeção de hidrogênio (borbulhamento) sobre a resistência à flexão em ferro fundido contaminado com chumbo (50 ppm Pb). Figura construída a partir dos dados de Hughes & Harrison (1964).

a concentração de tensões na matriz adjacente. A principal causa deste defeito é a contaminação do banho líquido com chumbo, associado à presença de hidrogênio. A Figura 16.16 mostra a queda do limite de resistência com o tempo de injeção de hidrogênio, em banho contaminado com chumbo (Hughes & Harrison, 1964).

MECANISMOS DE FRAGILIZAÇÃO E DEFEITOS DE MICROESTRUTURA DOS FERROS FUNDIDOS

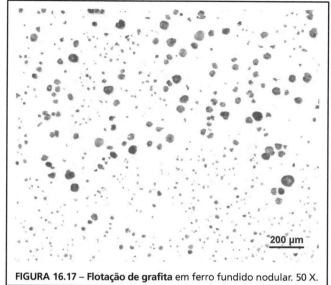

FIGURA 16.17 – **Flotação de grafita** em ferro fundido nodular. 50 X.

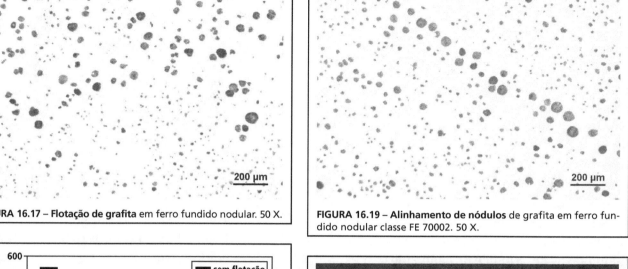

FIGURA 16.19 – **Alinhamento de nódulos** de grafita em ferro fundido nodular classe FE 70002. 50 X.

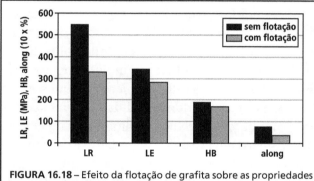

FIGURA 16.18 – Efeito da flotação de grafita sobre as propriedades mecânicas de ferro fundido nodular classe FE 50007. Figura construída a partir dos dados de BCIRA Broadsheet 261 (1987).

16.3 DISTRIBUIÇÃO INADEQUADA DE GRAFITA EM FERROS FUNDIDOS

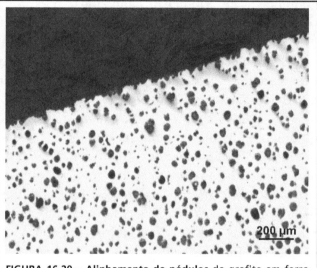

FIGURA 16.20 – **Alinhamento de nódulos** de grafita em ferro fundido nodular. 50 x.

Os defeitos de microestrutura devidos a distribuição inadequada de grafita podem ser classificados em:

- Flotação de grafita (nodular, cinzento e vermicular)
- Alinhamento de nódulos (nodular, maleável)
- Grafita secundária (nodular)

A flotação de grafita é resultado da diferença de densidade entre a grafita e o líquido, e ocorre se, durante a solidificação, houver tempo suficiente para que a grafita se mova no seio do líquido, acumulando-se nas partes mais altas da peça. A Figura 16.17 mostra uma região de peça espessa junto à superfície, onde se verifica acúmulo de grafita nodular (flotação). Mesmo intensidades menores de flotação provocam redução de propriedades mecânicas, já que a propagação da trinca fica facilitada. A Figura 16.18 mostra a diminuição do limite de resistência e do alongamento causados por flotação de grafita. Também o acabamento superficial na superfície usinada é prejudicado. Sua ocorrência está relacionada a altos teores de C e Si, alta temperatura de vazamento e peças espessas (Jonas et al., 1997, Souza Santos-1976, Pieske, 1976).

Outro defeito de distribuição da grafita é o alinhamento de nódulos em ferro fundido nodular (Figuras 16.19 e 16.20). Formam-se planos de concentração de nódulos de grafita, que são revelados

TABELA 16.2 – Efeito do alinhamento de nódulos de grafita sobre as propriedades de ferro fundido nodular. Carcaça de direção. Resultados de Gagne & Goller (1983).

	Sem alinhamento	Com alinhamento
LR (MPa)	618	515
LE (MPa)	365	354
along (%)	12,6	3,9
Índice de Qualidade (%)	134	93

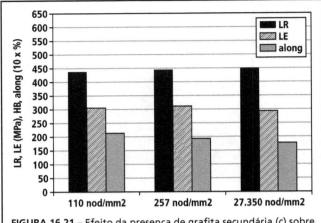

FIGURA 16.21 – Efeito da presença de grafita secundária (c) sobre as propriedades mecânicas de ferro fundido nodular ferrítico (Guesser, 1993).

pela fratura nestes planos. Esta fratura pode ocorrer na separação do massalote da peça, ou então em ensaios mecânicos, quando a fratura é facilitada por esta distribuição preferencial dos nódulos. Os resultados da Tabela 16.2 mostram que a consequência principal deste defeito é a redução do alongamento, com alguma diminuição do limite de resistência (a curva do ensaio de tração fica interrompida no regime plástico pelo defeito de microestrutura), diminuindo assim o índice de qualidade (ver capítulo sobre Propriedades Estáticas dos Ferros Fundidos Nodulares). Este defeito é favorecido pela formação de longas dendritas de austenita, o que é determinado principalmente pela geometria da peça, condicionando a extração de calor de modo a promover a solidificação segundo apenas uma direção (geometrias de placas tem este efeito). Altas temperaturas de vazamento acentuam a tendência, enquanto inoculação e adições de bismuto diminuem a tendência à formação de dendritas longas (Souza Santos, 1976, Gagne & Goller, 1983). Também em ferro maleável preto pode existir a tendência à formação de alinhamento de nódulos, principalmente quando é muito grande o número de nódulos de grafita, causando redução do alongamento e do limite de fadiga (Ruff & Doshi, 1980).

Outro defeito de microestrutura, particular de nodulares temperados e revenidos, é a formação de grafita secundária, cuja microestrutura foi apresentada na Figura 3.25 do capítulo sobre Tratamentos Térmicos dos Ferros Fundidos. Estas partículas, de 1,5-2,0 μm, são formadas no estado sólido, no revenido em alta temperatura, a partir de estruturas martensíticas com teor de carbono superior a 0,3% (Askeland & Farinez, 1979). Teores crescentes de silício favorecem a formação de grafita secundária, enquanto adições de molibdênio inibem a formação desta fase (Rundman & Rouns, 1982). A nucleação de alvéolos é facilitada pela presença destas partículas, formando-se então um grande número de alvéolos (Figura 4.11 do capítulo sobre Fratura em Ferros Fundidos), o que faz decrescer o alongamento em ensaio de tração (Figura 16.21). Em ensaio de impacto (Figura 11.11 do capítulo sobre Resistência ao Impacto dos Ferros Fundidos) a presença de grafita secundária diminui a energia absorvida no patamar dútil (devido à facilidade de nuclear um grande número de alvéolos) e diminui a temperatura de transição (devido ao arredondamento frequente da ponta da trinca, retardando assim o crescimento de trinca por clivagem) (Vatavuk et al., 1990).

16.4 PRESENÇA DE FASES INDESEJÁVEIS

Fases indesejáveis são provenientes de composição química e processamentos inadequados, consistindo principalmente em partículas de alta dureza (carbonetos, carbonitretos e fosfetos) e em inclusões não metálicas.

As Figuras 16.22 e 16.23 mostram microestruturas com presença de cementita, em ferros fundidos cinzento e nodular, respectivamente. Em ambos os casos estas microestruturas foram obtidas em seções finas de peças, estando portanto associadas a altas velocidades de resfriamento. Na Figura 16.24 é apresentada uma microestrutura com carbonetos intercelulares, localizada junto a centro térmico da peça. Outras micrografias contendo carbonetos podem ainda ser vistas na Figura 3.14 do capítulo sobre Tratamentos Térmicos de Ferros Fundidos.

MECANISMOS DE FRAGILIZAÇÃO E DEFEITOS DE MICROESTRUTURA DOS FERROS FUNDIDOS

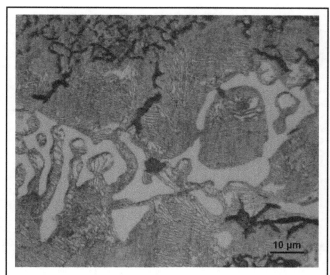

FIGURA 16.22 – Presença de cementita em ferro fundido cinzento, associada a grafita de super-resfriamento. 1.000 X.

FIGURA 16.24 – Carbonetos intercelulares em ferro fundido vermicular. 1.000 X.

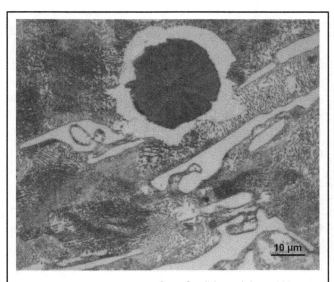

FIGURA 16.23 – Cementita em ferro fundido nodular. 1.000 X.

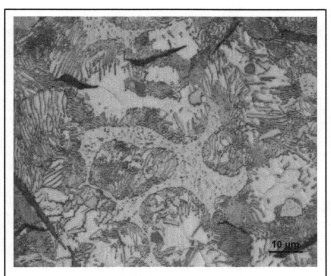

FIGURA 16.25 – Fosfetos de ferro em peça de ferro fundido cinzento. Região de centro térmico da peça. 1.000 X.

Nas Figuras 16.25 e 16.26 são mostradas microestruturas contendo fosfetos, geralmente localizadas em centro térmico de peça.

Ambas as partículas, carbonetos e fosfetos, causam diminuição do alongamento em ferros fundidos nodulares. As Figuras 16.27 e 16.28 mostram que a presença de partículas de cementita pode aumentar um pouco o limite de escoamento, diminuindo entretanto o limite de resistência (e o alongamento). Já o aumento do teor de fósforo aumenta a resistência mecânica (LR e LE) e a dureza, diminuindo o alongamento (Figura 16.29). Também a resistência ao impacto é afetada pela presença de fósforo, ocorrendo aumento sensível da temperatura de transição dútil-frágil (ver Figura 11.7 do capítulo sobre Resistência ao Impacto dos Ferros Fundidos).

Nas Figuras 16.30 a 16.32 são apresentadas microestruturas com carbonitretos de nióbio e de titânio, partículas de alta dureza, que podem ser empregadas para aumentar a resistência ao desgaste, porém reduzem consideravelmente a usinabilidade.

Inclusões intercelulares são partículas indesejáveis que podem ocorrer nos ferros fundidos nodulares (Figura 16.33), e que reduzem o limite de fadiga. No capítulo sobre Resistência à Fadiga dos Ferros Fundidos Nodulares (Figuras 7.18 e 7.19) foram apresentados os efeitos destas partículas

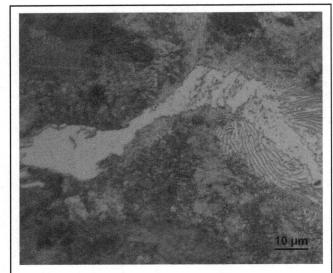

FIGURA 16.26 – Eutético ternário Fe$_3$P-Fe$_3$C-austenita (perlita), em centro térmico de peça de ferro fundido cinzento. 1.000 X.

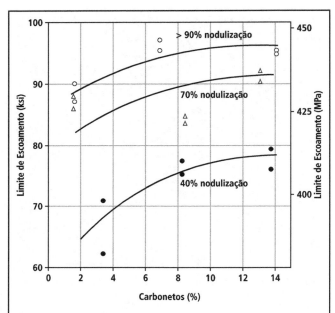

FIGURA 16.27 – Efeito da presença de partículas de cementita sobre o limite de escoamento de ferros fundidos nodulares com diferentes níveis de nodulização (Warda et al., 1998).

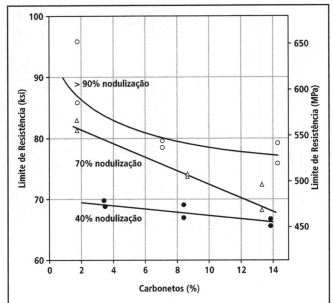

FIGURA 16.28 – Efeito da presença de partículas de cementita sobre o limite de resistência de ferro fundido nodular (Warda et al., 1998).

na redução do limite de fadiga. Sofue et al. (1978) identificaram dois tipos de inclusões, brancas e pretas. As inclusões brancas seriam partículas de TiC, enquanto nas inclusões pretas constatou-se presença de Mg, Al e O (Sofue et al., 1978). Em outros trabalhos verificou-se a presença de inclusões ricas em P, Mg, O e S (Guedes et al., 1990-1992, Petry & Guesser, 2000, Lin et al., 2003), e ainda Ti e Ce (Guedes, 1996, Lin et al., 2003), como mostra a Tabela 16.3. Estas inclusões atuam como concentradores de tensões, favorecendo a nucleação de trinca, como ilustrado na Figura 4.14-a do capítulo sobre Fratura dos Ferros Fundidos. Também em nodular ferrítico verificou-se início de formação de trincas sob fadiga junto a inclusões intercelulares (Lin et al., 2000). A Figura 16.34 mostra inclusões intercelulares reveladas pela fratura sob impacto em ferro fundido nodular.

Em ensaios de fadiga térmica de nodulares com 4% Si, com ciclagem entre 25 e 750 °C e posterior ensaio de tração, verificou-se o início de formação de trincas junto a estas inclusões. A quantidade de inclusões aumentava com o teor de magnésio, e a fratura passava de clivagem a intergranular com o aumento do número de ciclagens térmicas, principalmente nos nodulares com os mais altos teores de magnésio (Lin et al., 2003).

16.5 DECOESÃO EM CONTORNO DE GRÃO

A segregação de alguns elementos para contornos de grão pode provocar fratura intergranular em ligas ferrosas, com baixos valores de energia absorvida em ensaio de impacto. Nos aços os elementos de liga que podem provocar esta fragilização em contornos de grãos ferríticos são fósforo, estanho, arsênio e antimônio. Nos ferros fundidos, tem-se registro apenas do efeito do fósforo. Estanho, ar-

MECANISMOS DE FRAGILIZAÇÃO E DEFEITOS DE MICROESTRUTURA DOS FERROS FUNDIDOS

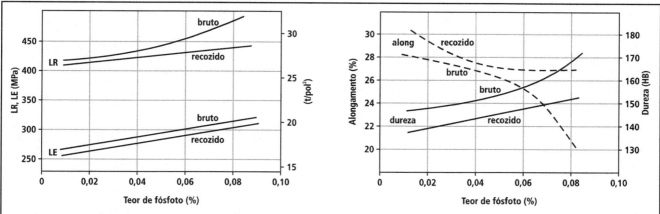

FIGURA 16.29 – Influência do teor de fósforo sobre o limite de resistência, limite de escoamento, dureza e alongamento de ferro fundido nodular ferrítico (BCIRA Broadsheet, 1982).

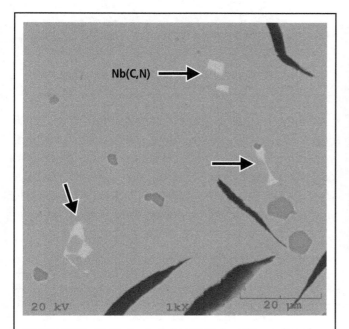

FIGURA 16.30 – Partículas de carbonitreto de nióbio em ferro fundido cinzento. As partículas de carbonitreto de nióbio (brancas) são indicadas pelas setas, e podem ter formato poligonal ou então de âncora. As partículas cinza são de sulfeto de manganês, enquanto as partículas pretas são os veios de grafita. 1.000 X.

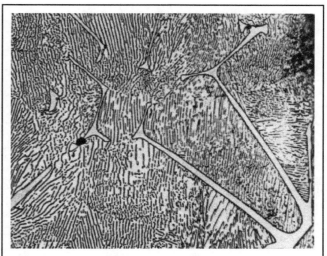

FIGURA 16.31 – Carbonitreto de titânio em peça espessa de ferro fundido nodular. 500 X (Barton, 1981).

sênio e antimônio são elementos que degeneram a forma de grafita nodular.

É interessante observar que este tipo de fragilização intergranular apenas se manifesta em ensaios sob alta velocidade, como o de impacto. Muitas vezes estruturas fragilizadas por segregação de fósforo não apresentam nenhuma anomalia em ensaio de tração.

A segregação de fósforo para contornos de grãos ferríticos ocorre por exposição a temperaturas entre 350 a 500 °C. Isto pode acontecer em tratamento de zincagem a fogo (a cerca de 450 °C), austêmpera (em temperaturas acima de 350 °C), no revenimento de estruturas temperadas (na faixa crítica de 350-500 °C), ou ainda resfriamento lento após um tratamento térmico (de revenido ou recozimento). Em temperaturas mais altas o fósforo provavelmente se distribui no interior do grão de ferrita (devido ao aumento da solubilidade), enquanto em temperaturas inferiores a esta faixa a baixa difusividade do fósforo evita o acúmulo deste elemento em contorno de grão. Deste modo, a faixa de temperatura de 350 a 500 °C parece representar um compromisso entre solubilidade do fósforo no contorno de grão e difusividade.

A Tabela 16.4 mostra resultados de análise de teor de fósforo na superfície de fratura, em amostras de ferro maleável preto ferrítico com diferentes tratamentos térmicos. Exposição a 450 °C

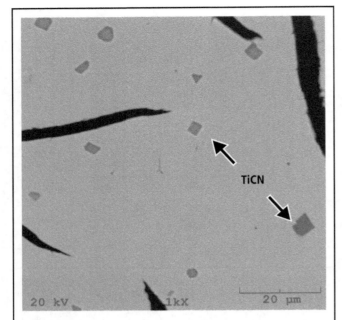

FIGURA 16.32 – Inclusões de carbonitreto de titânio em ferro fundido cinzento perlítico. As setas indicam as partículas de carbonitreto de titânio. As partículas cinza não indicadas são sulfetos de manganês, enquanto as partículas pretas são veios de grafita. 1.000 X.

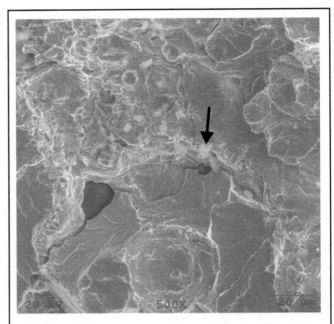

FIGURA 16.34 – Inclusões intercelulares em fratura sob impacto de ferro fundido nodular (Petry & Guesser, 2000).

favorece a segregação de fósforo para contornos de grãos, promovendo fratura intergranular, enquanto tratamento a 650 °C homogeneíza o fósforo na microestrutura (Guesser et al., 1983). Resultados semelhantes podem ser vistos na Figura 16.35 com ensaios de impacto de ferro nodular ferrítico, verificando-se aumento da temperatura de transição dútil-frágil com o tratamento a 450 °C (BCIRA Broadsheet 213, 1982). Mesmo pequenos tempos de manutenção a 450 °C resultam em redução sensível

TABELA 16.3 – Análise química por EDS de inclusões intercelulares (Petry & Guesser, 2000).

Amostra	Fe (%)	O (%)	Mg (%)	C (%)	Ce (%)	Si (%)	P (%)
1	36	31	23	9	0,50	0,34	0,12
2	33	30	21	13	1,4	0,65	0,23
3	45	25	19	10	0,67	0,56	0,17

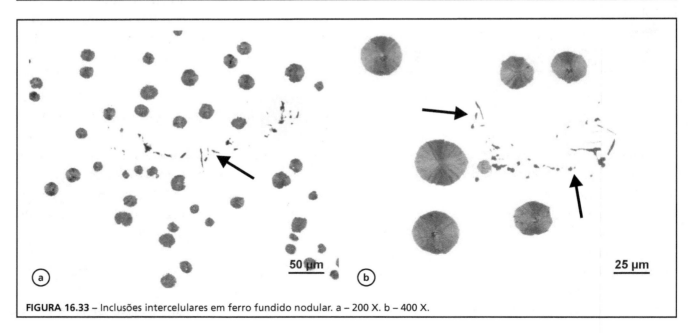

FIGURA 16.33 – Inclusões intercelulares em ferro fundido nodular. a – 200 X. b – 400 X.

MECANISMOS DE FRAGILIZAÇÃO E DEFEITOS DE MICROESTRUTURA DOS FERROS FUNDIDOS

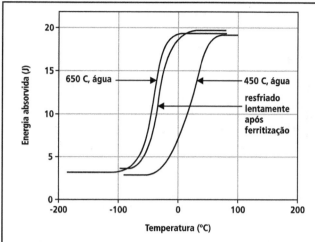

FIGURA 16.35 – Aumento da temperatura de transição dútil-frágil com exposição a 450 °C (seguida de resfriamento rápido). Ferro nodular ferrítico, com 0,08% P, corpo de prova entalhado em V (BCIRA Broadsheet 213, 1982).

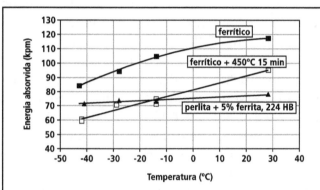

FIGURA 16.36 – Aumento da temperatura de transição dútil-frágil com exposição a 450 °C por 15 min. Ferro maleável preto, amostras entalhadas.

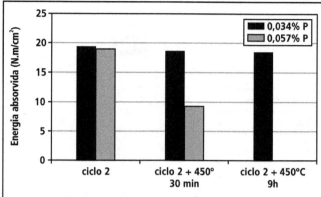

FIGURA 16.37 – Efeitos do ciclo térmico e do teor de fósforo sobre a fragilização intergranular em ferro maleável preto ferrítico. Ciclo 2 = ciclo térmico de maleabilização a 950 °C (Guesser et al., 1983).

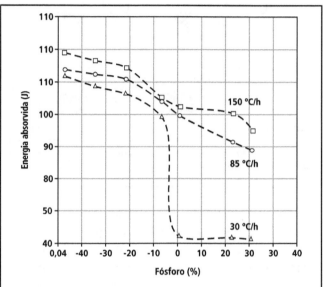

FIGURA 16.38 – Efeitos do teor de fósforo e da velocidade de resfriamento na faixa de temperatura de 600-400 °C, após recozimento de ferro nodular ferrítico (Lerner, 1994).

na tenacidade, como mostra a Figura 16.36. Esta sensibilidade do ferro fundido depende essencialmente do teor de fósforo, como ilustrado na Figura 16.37 (Guesser et al., 1983) e na Figura 16.38 (Lerner, 1994).

Verifica-se na Tabela 16.5 que a segregação de fósforo é destruída com tratamento a 650 °C, e que os fenômenos de segregação a 450 °C e homogeneização a 650 °C são reversíveis. Observa-se ainda nesta Tabela que o resfriamento em água após o tratamento de segregação a 450 °C foi mais efetivo em provocar fragilização que o resfriamento no forno, o que sugere que possa ocorrer algum mecanismo de recuperação em baixas temperaturas (inferiores a 350 °C). Isto é comprovado pelos resultados da Figura 16.39, que mostra ser possível recuperar parte da energia absorvida com tratamentos a baixas temperaturas (200-300 °C). Os resultados da Figura 16.39 mostram também que, realizando-se ou não o tratamento a 450 °C, os resultados de impacto foram

TABELA 16.4 – Resultados de análises por espectroscopia de elétrons Auger na superfície de fratura por impacto. Ferro maleável preto, com 0,06%P (Guesser et al., 1984).

Ciclo térmico	Fratura	Teor de fósforo (%)
1) Maleabilização a 950 °C, resfriamento no forno até 200 °C.	Dútil	0,08-0,10
2) Idem (1) + 450 °C por 30 min.	Intergranular	0,79-0,88
3) Idem (1) + 650 °C por 30 min.	Dútil	«0,05

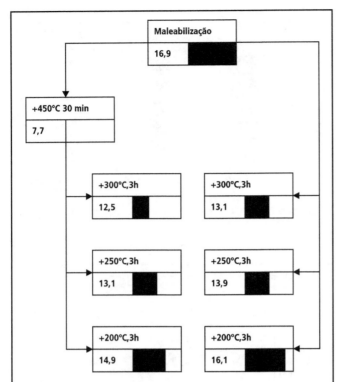

FIGURA 16.39 – Recuperação da resistência ao impacto com tratamentos a baixas temperaturas. Ferro maleável preto ferrítico. Em cada caixa são indicados o tratamento térmico realizado, a energia absorvida sob impacto (em N.m/cm²) e o aspecto da fratura (claro, escuro) (Guesser et al., 1984).

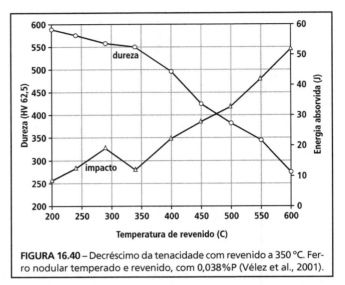

FIGURA 16.40 – Decréscimo da tenacidade com revenido a 350 °C. Ferro nodular temperado e revenido, com 0,038%P (Vélez et al., 2001).

similares (energia absorvida e aspecto da fratura). É provável que parte do fósforo precipite com o tratamento a baixas temperaturas, diminuindo-se assim o efeito fragilizante do fósforo em contorno de grão.

Tratamentos térmicos de revenimento também podem promover a segregação de fósforo para contorno de grão, resultando em queda da tenacidade, como ilustrado na Figura 16.40 (Vélez et al., 2001). A Figura 16.41 mostra que mesmo com revenido em temperaturas superiores, seguido, porém de resfriamento lento na faixa de 600-400 °C, pode ser induzida a fragilização, em nodulares com alto teor de fósforo (BCIRA Broadsheet 214, 1982).

Ferros fundidos nodulares com altos teores de fósforo (0,06%P) podem ainda apresentar fragilização intergranular em tratamento de austêmpera a 300 e a 375 °C. Este tipo de fragilização está associado à segregação de fósforo para contornos de grão. Durante a austenitização, parte da esteadita é dissolvida, solubilizando-se assim fósforo, que vai enriquecer os contornos de grão durante a austêmpera (Guedes, 1996).

Componentes que trabalham na faixa de temperatura crítica também podem apresentar fratura intergranular. Assim, ensaios de fadiga em nodular predominantemente ferrítico entre 300 a 600 °C revelaram fratura intergranular, iniciada principalmente junto a microrrechupes (Bavard et al.,

TABELA 16.5 – Resultados de ensaios de impacto em ferro fundido nodular ferrítico, resfriado em água ou lentamente no forno (BCIRA Broadsheet 213, 1982).

Tratamento	Energia absorvida sob impacto, entalhado (J)	
	Resfriamento em água	Resfriamento no forno
Sem tratamento adicional		13,9
1 h a 650 °C	16,3	
1 h a 450 °C	3,4	13,6
166 h a 450 °C	2,7	2,7
1 h a 650 °C + 1 h a 450 °C	18,6	19,7
1 h a 650 °C + 24 h a 450 °C	3,4	13,6
1 h a 650 °C + 48 h a 450 °C	2,7	8,1
1 h a 650 °C + 100 h a 450 °C	2,7	6,1
1 h a 650 °C + 166 h a 450 °C	2,7	5,1
48 h a 650 °C + 1 h a 450 °C	15,3	19,0
48 h a 650 °C + 24 h a 450 °C	3,1	8,8

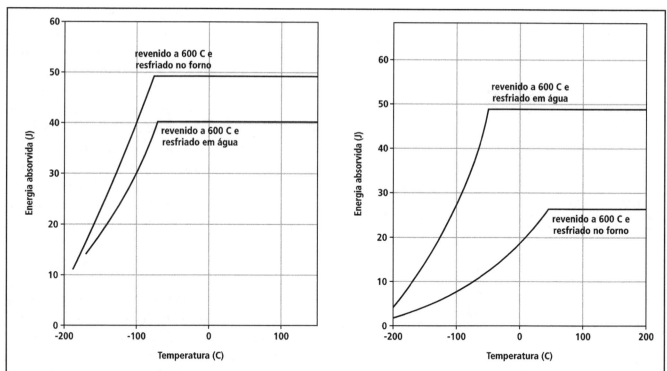

FIGURA 16.41 – Curvas de transição dútil-frágil para ferros fundidos nodulares com baixo e alto teor de fósforo (a – 0,03%) (b – 0,08%). Diferentes velocidades de resfriamento após o tratamento de revenido. Corpo de prova de sessão quadrada 10 x 10 mm, ensaio de impacto sem entalhe (BCIRA Broadsheet 214, 1982).

2003). Também em amostras de nodulares com 4% Si, submetidas a ciclagem térmica entre 25 e 750 °C, verificou-se ocorrência de fratura intergranular, cuja intensidade aumentava com o número de ciclagens térmicas (Lin et al., 2003).

16.6 FRAGILIZAÇÃO POR HIDROGÊNIO

A exemplo dos aços, também os ferros fundidos podem ter suas propriedades mecânicas alteradas pelo hidrogênio. O hidrogênio favorece a formação de modos frágeis de fratura (Guesser, 1993). Este elemento pode ser introduzido por tratamentos de decapagem ou de eletrodeposição, ou ainda por processos de corrosão em soluções aquosas. Seu efeito manifesta-se em solicitações e ensaios de longa duração (ensaio de tração com velocidade lenta, por exemplo, de 50×10^{-6} s^{-1}, ou então fadiga e fadiga estática), e na maioria dos casos não é detectado no ensaio de tração convencional (efetuado por exemplo, a 50×10^{-2} s^{-1}) (Guesser, 1993). Ensaios de impacto não detectam este tipo de fragilização (Shibutani et al., 1999). Aparentemente a fragilização somente acontece quando existem condições para o acúmulo de hidrogênio durante o processo de deformação plástica.

Existem exemplos na literatura de fragilização por hidrogênio de ferros fundidos cinzentos, nodulares e maleáveis pretos (Bastien et al., 1955, Middleton, 1975, Guesser, 1993). De um modo geral, o efeito do hidrogênio cresce com o aumento da resistência do material e tende a promover fratura por clivagem. Além disso, distribuições finas de grafita (grafita tipo D em cinzento, grafita secundária em nodular) diminuem a sensibilidade do ferro fundido ao hidrogênio. Assim, por exemplo, Bastien et al. (1955) verificaram que, em ferros fundidos cinzentos, o limite de resistência diminui em cerca de 10% com a introdução prévia de hidrogênio, sendo que a menor sensibilidade ao hidrogênio foi obtida com grafita tipo D e matriz ferrítica.

A Figura 16.42 mostra resultados de ensaio de fadiga estática em ferro fundido nodular normalizado (Gilbert, 1972). As amostras foram mantidas em diversos níveis de tensão, registrando-se o tempo para ruptura. Verifica-se que, em água, ocorre diminuição da resistência do material com o tempo de ensaio, o que é atribuído por Gilbert (1972) à ação fragilizante do hidrogênio.

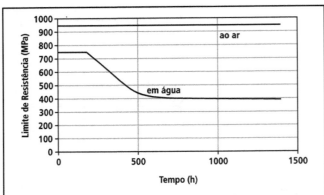

FIGURA 16.42 – Resultados de limite de resistência ao ar e em água em função do tempo de ensaio, para um ferro fundido nodular normalizado (Gilbert, 1972).

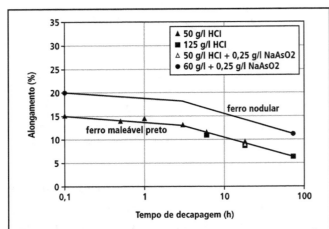

FIGURA 16.43 – Introdução de hidrogênio por tratamentos de decapagem resulta em diminuição do alongamento em ferro maleável preto e ferro fundido nodular (ferríticos). Ensaio de tração com velocidade lenta (Guesser et al., 1990).

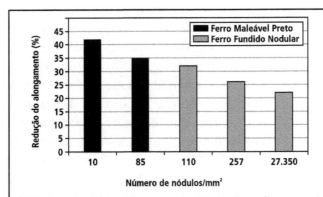

FIGURA 16.44 – Efeito do número de nódulos de grafita na sensibilidade ao hidrogênio, avaliada pela redução do alongamento, em ferros fundidos de matriz ferrítica. Introdução de hidrogênio por carregamento catódico (Guesser, 1993).

Na Figura 16.43 podem-se observar resultados de introdução de hidrogênio por decapagem ácida. Verifica-se que a queda do alongamento depende apenas do tempo de tratamento, e não da concentração do ácido empregado.

A sensibilidade ao hidrogênio, em ferros fundidos nodulares e maleáveis pretos ferríticos, decresce com o aumento do número de nódulos, o que é ilustrado na Figura 16.44. Nesta Figura o nodular com grafita secundária (27.350 nód/mm^2) apresentou a menor diminuição do alongamento devido ao hidrogênio. Efeito similar foi verificado por Song et al. (2003), em ferro nodular ferrítico com diferentes números de nódulos, com ensaio de fadiga em presença de água. Este efeito estaria relacionado ao aumento do número de locais de concentração de tensão (e de deformação) causado pelo aumento do número de nódulos, evitando-se assim o acúmulo do hidrogênio apenas em alguns poucos locais (Guesser, 1993).

O efeito fragilizante do hidrogênio cresce com o nível de resistência do ferro fundido, como ilustrado na Figura 16.45 para ferros fundidos nodulares com matriz de ferrita + perlita. Isto também foi verificado em ensaios de fadiga associada a corrosão (Figura 16.46). A Tabela 16.6 mostra ainda resultados de exposição a água para diversos tipos de ferros fundidos, submetidos a ensaio de tração lento. Observa-se que nestas condições os nodulares ferrítico, normalizado e recozido, e temperado e revenido não apresentaram fragilização; já os nodulares austemperados revelaram-se muito sensíveis a este fenômeno, em alguns casos com decréscimo não apenas do alongamento mas também do limite de resistência (Druschitz & Pas, 2004). Por outro lado, resultados de Komatsu et al. (1999), com ensaios de tenacidade à fratura, revelaram fragilização por exposição a água de nodulares com matrizes de ausferrita, martensita revenida e perlita; apenas nodulares ferríticos não apresentaram sensibilidade à presença de água. Aparentemente diferentes condições experimentais (tempo de exposição, velocidade de solicitação, características do entalhe) podem acentuar a fragilização induzida pelo hidrogênio apresentada por um determinado tipo de ferro fundido nodular, de modo que não se pode afirmar que um dado tipo não é sensível à fragilização por hidrogênio, mas apenas que é baixa a sua sensibilidade a este fenômeno.

A alta sensibilidade dos nodulares austemperados à fragilização induzida pela água foi verificada em vários trabalhos (Shibutani et al., 1999,

MECANISMOS DE FRAGILIZAÇÃO E DEFEITOS DE MICROESTRUTURA DOS FERROS FUNDIDOS

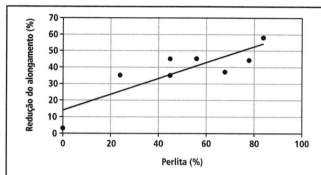

FIGURA 16.45 – Efeito da quantidade de perlita na sensibilidade ao hidrogênio, avaliada pela redução do alongamento. Ferros fundidos nodulares brutos de fundição e normalizados. Introdução de hidrogênio por carregamento catódico (Guesser, 1993).

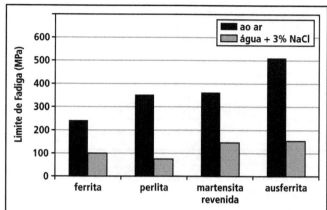

FIGURA 16.46 – Fadiga associada com corrosão (solução aquosa de NaCl a 3%) em ferros fundidos nodulares com diferentes matrizes, tratados termicamente. Flexão rotativa (Muthukumarasamy & Seshan, 1992).

Komatsu et al., 1999, Martinez et al., 2000, Komatsu et al., 2003), efetuando ensaios de tração. As trincas iniciavam-se nos contornos de células eutéticas, e a superfície de fratura revelava aumento das áreas com clivagem.

Os resultados de fadiga associada à corrosão, apresentados nos capítulos sobre Resistência à Fadiga dos Ferros fundidos Nodulares (Figura 7.34 e Tabelas 7.10 e 7.11) e Resistência à Fadiga dos Ferros Fundidos Cinzentos devem estar associados à fragilização por hidrogênio. As soluções ali apresentadas para minimizar o problema, tais como uso de revestimentos de zinco e de alumínio, e emprego de inibidores, provavelmente devem diminuir a quantidade de hidrogênio introduzida, reduzindo-se assim os efeitos da ação fragilizante do hidrogênio.

O hidrogênio pode ser removido com tratamentos a baixas temperaturas. Por exemplo, manutenção a 200 °C por 4 h restaura completamente as propriedades em ferros fundidos nodulares e maleáveis pretos, submetidos previamente a carregamento catódico (Guesser, 1993). Deste modo, assim como a segregação de fósforo para contorno de grão, também a fragilização por hidrogênio é um

TABELA 16.6 – Efeito de exposição a água sobre as propriedades de tração de ferros fundidos nodulares. Ensaio lento, com velocidade constante de solicitação de 1% por minuto (Druschitz & Pas, 2004).

Nodular	Ambiente	LR (MPa)	LE (MPa)	Along (%)
FE 45012	Ar	508	315	14,2
	Água	505	314	13,8
	3,5% água do mar	500	309	14,3
Austemperado zona crítica 247 HB	Ar	785	488	18,5
	Água	750	491	11,6
	3,5% água do mar	791	508	12,5
Austemperado zona crítica 263 HB	Ar	860	533	17,6
	Água	819	540	10,0
	3,5% água do mar	830	537	11,4
Austemperado zona crítica 292 HB	Ar	966	625	14,1
	Água	908	611	9,1
	3,5% água do mar	940	637	9,5
Austemperado classe 1 298 HB	Ar	1081	682	16,2
	Água	878	678	4,7
	3,5% água do mar	869	676	4,2
Normalizado e recozido 315 HB	Ar	1000	652	7,5
	Água	996	646	6,8
	3,5% água do mar	997	648	6,8
Temperado e revenido 316 HB	Ar	1003	842	5,1
	Água	1011	850	5,4
	3,5% água do mar	989	828	5,9

TABELA 16.7 – Resultados de ensaio de tração (com velocidade padrão) com o corpo de prova imerso em diferentes meios (Gilbert, 1957).

Meio	Bruto de fundição		Normalizado	
	LR (MPa)	Along (%)	LR (MPa)	Along (%)
ar	764	6	965	5
água	670	3	856	3
água com umectante	695	3	839	3
água com NaOH	666	3,5	826	3
água deionizada			836	3
mercúrio	701	3	856	3

fenômeno reversível (nas condições aqui apresentadas, sem formação de trincas e poros durante a introdução do hidrogênio).

16.7 FRAGILIZAÇÃO POR LÍQUIDOS

Druschitz & Pas (2004) estudaram o efeito de diversos óleos e fluidos em ferros fundidos nodulares. Foram examinados óleo de freio (mistura complexa de éter glicol, poliglicóis e inibidores), óleo lubrificante de motor a gasolina 5W-30 (100% óleo sintético), óleo mineral (99,9% óleo mineral + estabilizador), fluido de transmissão (óleo de petróleo), óleo de direção 85W-140 e óleo diesel. Foram testadas diferentes classes de ferro fundido nodular: ferrítico FE 45012, normalizado e recozido com 315 HB, temperado e revenido com 316 HB, austemperado com 298 HB (classe 1 da norma ASTM), austemperados de dentro da zona crítica com dureza de 247 HB a 292 HB. Apenas o ferro nodular austemperado com 298 HB (classe 1 da norma ASTM) revelou perda de alongamento (em ensaio lento) com exposição aos diversos óleos. A perda de alongamento foi de cerca de 50%, para todos os óleos testados. As outras classes de ferro nodular não se mostraram sensíveis a este tipo de fragilização. Resultados de Martinez et al. (2000) também mostram fragilização por óleo lubrificante (SAE 30) e álcool isopropílico em ferro nodular austemperado classe 2 da norma ASTM. Este efeito foi entretanto menor que a fragilização induzida pela presença de água (Martinez et al., 2000).

Gilbert (1957), trabalhando com nodulares perlíticos, não registrou perda de propriedades mecânicas em ensaio de tração (padrão) com exposição a vários compostos orgânicos, como tricloroetileno, álcool industrial, acetato de butila, álcool butílico, éter e glicerina. Neste mesmo tipo de ensaio foi verificada perda de resistência e principalmente de alongamento com exposição a água e a mercúrio (Tabela 16,7). Também aqui cabem os comentários referentes a diferentes condições experimentais (tempo de exposição, velocidade de solicitação, características do entalhe), que podem acentuar um certo mecanismo de fragilização apresentado por um determinado tipo de ferro fundido nodular, de modo que não se pode afirmar que um dado tipo de ferro fundido nodular não é sensível a este mecanismo de fragilização, mas apenas que é baixa a sua sensibilidade a este fenômeno.

A fragilização por líquidos orgânicos parece representar uma ocorrência de corrosão sob tensão, fenômeno conhecido para várias ligas metálicas (Wilde, 1986). A adsorção da substância fragilizante resultaria em enfraquecimento das ligações coesivas entre os átomos de ferro da superfície. A energia de superfície seria reduzida pela presença da substância fragilizante, aumentando-se assim a probabilidade de formação de uma trinca sob tensões de tração (Wilde, 1986, Martinez et al., 2003). A fragilização por mercúrio ocorreria também por um mecanismo semelhante, de redução das forças coesivas dos átomos de ferro da superfície (Kamdar, 1986).

EXERCÍCIOS

1) Compare o efeito de diferentes formas e distribuição de grafita (alinhamento de nódulos, grafita secundária, grafita em grumos e grafita vermicular) sobre as propriedades mecânicas em ferros fundidos nodulares ferríticos. Utilize os resultados da Tabela 16.2 e Figuras 16.5, 16.7, 16.18 e 16.21 do presente capítulo, e os da Figura 6.38 do capítulo sobre Propriedades Estáticas dos Ferros Fundidos Nodulares. Quais mecanismos de fragilização são mais prejudiciais para este tipo de ferro fundido?

2) Analise o efeito da presença de grafita lamelar na superfície de ferro fundido nodular sobre a resistência à fadiga, empregando as Figuras 7.30 e 7.31 do capítulo sobre Resistência à Fadiga dos Ferros Fundidos Nodulares. Qual é o decréscimo percentual do limite de fadiga causado pela presença de grafita lamelar na superfície? Este efeito é maior em nodulares perlíticos ou ferríticos? Qual é o percentual do limite de fadiga que pode ser recuperado empregando jateamento com granalhas?

3) Utilizando as equações 16.1 e 16.2 de Javaid & Loper (1995) para peças espessas apresentadas no texto, estimar o Índice de Qualidade para os seguintes conjuntos de resultados:
 a) peça com espessura de 75 mm
  número de nódulos = 42 nód/mm2
  matriz = 30% perlita
  teor de silício = 2,0%
  nodularidade = 70%
  LR = 530 MPa
  LE = 380 MPa
  Alongamento = 3,1%
 b) peça com espessura de 54 mm
  número de nódulos = 57 nód/mm2
  matriz = 8 % perlita
  teor de silício = 2,1%
  nodularidade = 80%
  LR = 470 MPa
  LE = 300 MPa
  Alongamento = 9,5%

4) Calcule o decréscimo do Índice de Qualidade causado pela presença de água e de mercúrio em ferro fundido nodular bruto de fundição.

REFERÊNCIAS BIBLIOGRÁFICAS

Albertin, E.; Guedes, L. C.; Costa, P. H. C.; Souza Santos, A. B. Efeito da forma da grafita nas propriedades mecânicas de ferros fundidos nodulares ferríticos ou perlíticos. 34º Congresso Anual da ABM, Porto Alegre, 1979.

Askeland, D. R. & Farinez, F. Factors affecting the formation of secondary graphite in quenched and tempered ductile iron. *AFS Transactions*, v. 87, p. 99-106, 1979.

Barton, R. Control of microstructure and mechanical properties in large section as-cast nodular iron castings. *BCIRA Journal*, Report 1069, p. 176-186, 1972.

Barton, R. Nodular iron: possible structural defects and their prevention. *BCIRA Journal*, Report 1436, p. 340-353, 1981.

Barton, R. The effects of various elements on the incidence of abnormal growth of secondary graphite in ductile iron. *BCIRA Journal*, Report 1774, p. 216-224, 1989.

Bastien, P; Azou, P; Winter, C. Influence de l´hydrogène introduit a froid dans les fonts. *Fonderie*, n. 117, p. 4713-4723, 1955.

Bavard, K.; Bernhart, G.; Zhang, X. P. High temperature low cicle fatigue of spheroidal graphite cast iron. *International Journal of Cast Metals Research*, v. 16, n. 1-3, p. 233-238, 2003.

BCIRA Broadsheet 50. Harmful effects of trace amounts of lead in flake graphite cast irons. 1972.

BCIRA Broadsheet 50. Lead contamination of cast iron. 1986.

BCIRA Broadsheet 138-2. Abnormal graphite forms in cast irons. 1982.

BCIRA Broadsheet 211-2. Effects of phosphorus in nodular (SG) iron. 1982.

BCIRA Broadsheet 213. Galvanizing embrittlement in malleable and nodular irons. 1982.

BCIRA Broadsheet 214. Temper embrittlement in nodular iron. 1982.

BCIRA Broadsheet 261. Graphite flotation in nodular (SG) iron. 1987.

BCIRA Study Course. Ductile iron castings – Production methods and controls to ensure high quality. 1988.

Brechmann, F.; Fessel, M.; Ecob, C. Untersuchungen zum Einfluss von Wismut und Seltenerdmetallen im Impfmittel auf Gusseisen mit Kugelgraphit, speziell hinsichtlich des Magnesiumgehalts und der Gussstückoberfläche. *Giesserei*, v. 81, n. 24, p. 882-889, 1994.

DFB - Information. Fehlererscheinungen bei Gusseisen mit Kugelgraphit – Graphitausbildung. Giesserei, v. 78, n. 23, p. 867-869, 1991.

Druschitz, A. P. & Pas, D. J. Effect of liquid environment on the tensile properties of ductile iron. SAE Paper 2004-01-0793, Detroit, 2004.

Duran, P. V.; Souza Santos, A. B.; Guedes, L. C.; Guesser, W. L.; Pieske, A. Defeitos de microestrutura relacionados à solidificação dos ferros fundidos nodulares. Seminário "Inoculação e Nodulização de Ferros Fundidos". ABM, São Paulo, 1990.

Farrel, T. R. The influence of ASTM Type V graphite form on ductile iron low cycle fatigue. *AFS Transactions*, v. 91, p. 61-64, 1983.

Gagne, M. & Goller, R. Plate fracture in ductile iron castings. *AFS Transactions*, v. 91, p. 37-46, 1983.

Gilbert, G. N. J. The tensile properties of pearlitic nodular irons in air and water. *BCIRA Journal*, Report 463, v. 6, p. 630-637, 1957.

Gilbert, G. N. J. The effect of water environment on the tensile properties of cast irons. *BCIRA Journal*, Report 1083, v. 20, n. 5, p. 430-437, 1972.

Gilbert, G. N. J. A new look at subversive elements in nodular irons. *BCIRA Journal*, p. 376-389, 1976.

Gundlach, R. B. & Scholz, W. G. Phosphide eutectic in gray cast irons containing molybdenum and/or chromium. *AFS Transactions*, 1973, p. 395-402

Guedes. L. C.; Guesser, W. L.; Duran, P. V.; Souza Santos, A. B. Über einige Wirkungen von Phosphor in bainitischem Gusseisen mit Kugelgraphit. *Giesserei-Praxis*, n. 17, p. 267-279, 1990.

Guedes, L. C.; Guesser, W. L.; Duran, P. V.; Souza Santos, A. B. Efeitos do fósforo em ferros fundidos nodulares austemperados. *Metalurgia & Materiais – ABM*, v. 49, n. 420, p. 646, 1993.

Guedes, L. C. Fragilização por fósforo de ferros fundidos nodulares austemperados. Tese de Doutoramento. EPUSP, 1996.

Guesser, W. L.; Krause, W.; Pieske, A. A study about galvanizing embrittlement in ferritic malleable cast iron. In: Fracture Prevention in Energy and Transport Systems, COPPE/UFRJ, p. 717-726, Rio de Janeiro, 1983.

Guesser, W. L.; Krause, W.; Pieske, A. Fragilização intergranular de ferros fundidos de alta dutilidade. *Metalurgia - ABM*, v. 40, n. 322, p. 485-490, 1984.

Guesser, W. L. & Rocha Vieira, R. Fragilização por hidrogênio em ferros fundidos nodulares e maleáveis pretos ferríticos. Congresso Internacional de Tecnologia Metalúrgica e de Materiais. ABM, 1994.

Guesser, W. L.; Guedes, L. C.; Rocha Vieira, R. Hydrogen embrittlement of high ductility cast irons. In: Metallographie-Stähle, Verbundwerkstoffe, Schadensfälle. Riederer-Verlag GmbH, Stuttgard, 1990.

Guesser, W. L.; Guedes, L. C.; Rocha Vieira, R. The influence of hydrogen on the fracture mechanism and mechanical properties of blackheart malleable and ductile irons. In: 59th World Foundry Congress, São Paulo, p. 22.4-22.11, 1992.

Guesser, W. L. Fragilização por hidrogênio em ferros fundidos nodulares e maleáveis pretos. Tese de doutoramento. EPUSP, 1993.

Guesser, W. L. & Guedes, L. C. Desenvolvimentos recentes em ferros fundidos aplicados à indústria automobilística. Seminário da Assoc. Eng. Automotiva, 1997, S. Paulo.

Hughes, I. C. H. & Harrison, G. The combined effects of lead and hydrogen in producing Widmanstätten graphite in grey cast iron. *BCIRA Journal*, Report 741, p. 340-360, 1964.

Itofuji, H. & Uchikawa, H. Formação de grafita tipo chunky em peças com seções pesadas. *Fundição e Serviços*, p. 48-70, jan 1996.

Javaid, A. & Loper Jr., C. R. Quality control of heavy section ductile cast irons. *AFS Transactions*, v. 103, p. 119-134, 1995.

Jonas, P.; Nandori, G.; Takacs, N.; Szabo, Z.; Peukert, K. Erscheinungsformen und Bildungsmechanismen der Graphit – und Schlacke – Flotation in Gusseisen mit Kugelgraphit. *Giesserei*, v. 84, n. 15, p. 20-24, 1997.

Kamdar, M. H. Liquid-metal embrittlement. In: Failure analysis and prevention. Metals Handbook, 9th edition, p. 225-238, ASM, 1986.

Komatsu, S.; Zhou, C. Q., Shibutani, S.; Tanaka, Y. Embrittlement characteristics of fracture toughness in ductile iron by contact with water. *International Journal of Cast Metals Research*, v. 11, p. 539-544, 1999.

Komatsu, S.; Osafune, Y.; Tanaka, Y.; Tanigawa, K.; Shibutani, S.; Kyogoku, H. Influence of water embrittlement effect on mechanical properties of ADI. *International Journal of Cast Metals Research*, v. 16, n 1-3, p. 209-214, 2003.

Lerner, Y. S. Temper embrittlement of ferritic ductile cast iron. *AFS Transactions*, v. 102, p. 715-719, 1994.

Lin, H. M.; Lui, T. S.; Chen, L. H. Study on the initiation of intergranular fracture of ferritic SG cast iron caused by magnesium containing inclusions under cyclic heating to 750 °C. *AFS Transactions*, v. 111, paper 03-014, 2003.

Metzloff, K. E. & Loper Jr., C. R. The effect of metallurgical factors and heat treatment on the elastic modulus and damping in ductile and compacted graphite irons. *International Journal of Cast Metals Research*, v. 16, n. 1-3, p. 239-244, 2003.

Middleton, W. R. Hydrogen embrittlement of ferritic nodular-graphite cast iron. *BCIRA Journal*, Report 1205, v. 23, n. 5, p. 474-478, 1975.

Muthukumarasamy, S. & Seshan, S. Corrosion and corrosion-fatigue of ductile irons. *AFS Transactions*, v. 100, p. 873-879, 1992.

Martinez, R. A.; Boeri, R. E.; Sikora, J. A. Embrittlement of austempered ductile iron caused by contact with water and other liquids. *International Journal of Cast Metals Research*, v. 13, p. 9-15, 2000.

Martinez, R. A.; Simison, S N; Boeri, R. E. Environmentally assisted embrittlement of ADI by contact with liquids. *International Journal of Cast Metals Research*, v. 16, n. 1-3, p. 251-256, 2003.

Petry, C. C. M. & Guesser, W. L. Efeitos do silício e do fósforo na ocorrência de mecanismos de fratura frágil em ferros fundidos nodulares ferríticos. In: Anais do 55° Congresso Anual da ABM, p. 1180-1190, Rio de Janeiro, 2000.

Pieske, A. A solidificação de ferros fundidos nodulares e os principais defeitos associados à mesma. IV Encontro Regional de Técnicos Industriais. ATIJ-SET, Joinville, 1976.

Prinz, B.; Reifferscheid, K. J.; Schulze, T.; Döpp, R., Schürmann, E. Untersuchung von Ursachen von Graphitentartungen bei Gusseisen mit Kugelgraphit in Form von Chunky-Graphit. *Giessereiforschung*, v. 43, n. 3, p. 107-115, 1991.

Prinz, B.; Reifferscheid, K. J.; Schulze. Untersuchungen der Fehlerursachen bei Gusseisen mit Kugelgraphit bei "umgekehrter Weisseinstrahlung". *Giessereiforschung*, v. 43, n. 3, p.116-118, 1991.

Ruff, G. F. & Doshi, B. K. Relation between mechanical properties and graphite structure in cast irons. Part II – Ductile Iron. *Modern Casting*, n. 7, p. 70-74. Part III – Malleable and CG Irons. *Modern Casting*, n. 8, p. 54-57, v. 70, 1980.

Rundman, K. B. & Rouns, T. N. On the effects of molybdenum on the kinetics of secondary graphitization in quenched and tempered ductile irons. *AFS Transactions*, v. 90, p. 487-497, 1982.

Sinátora, A.; Albertin, E.; Goldstein, H. Vatawuk, J; Fuoco, R. Contribuição para o estudo da fratura frágil de ferros fundidos nodulares ferríticos. *Metalurgia ABM*, v. 42, n. 339, p. 59-63, 1986.

Shibutani, S.; Komatsu, S.; Tanaka, Y. Embrittlement of austempered spheroidal graphite cast iron by contact with water and resulting preventive method. *International Journal of Cast Metals*, v. 11, p. 579-585, 1999.

Song, Y. H.; Lui, T. S.; Chen, L. H. Effect of graphite phase on the water-assisted deterioration in vibration fracture resistance of ferritic spheroidal graphite cast iron. *AFS Transactions*, v. 111, paper 03-044, 2003.

Souza Santos, A. B. *Microestruturas de ferros fundidos nodulares esfriados lentamente*. Dissertação de Mestrado, EPUSP, 1976.

Souza Santos, A. B. & Albertin, E. Ferros fundidos nodulares em seções espessas. V Encontro Regional de Técnicos Industriais, ATIJ-ETT, Joinville, 1977.

Souza Santos, A. B. & Albertin, E. Defeitos de origem metalúrgica em peças de seção espessa de ferro fundido nodular. Simpósio sobre defeitos em peças fundidas. ABM, Joinville, abril/1979.

Stets, W. & Sobota, A. Einfluss von Gefügeabweichungen auf die Werstoffeigenschaften von Gussteile aus Gusseisen mit Kugelgraphit. *Giesserei*, v. 93, n. 4, p 26-46, 2006.

Sun, G. X. & Loper Jr., C. R. Graphite flotation in cast iron. *AFS Transactions*, v. 91, p. 841-854, 1983.

Thielmann, T. Zur Wirkung von Spurenelementen im Gusseisen mit Kugelgraphit. *Giessereitechnik*, v. 16, n. 1, p. 16-24, 1970.

Vatavuk, J.; Sinátora, A.; Goldenstein; Albertin, E.; Fuoco, R. Efeito da morfologia e do número de partículas de grafita na fratura de ferros fundidos com matriz ferrítica. *Metalurgia ABM*, v. 46, n. 386, p. 66-70, 1990.

Vélez, J. M.; Tanaka, D. K.; Sinátora A.; Tschiptschin, A. P. Evaluation of abrasive wear of ductile cast iron in a single pass pendulum device. *Wear*, n. 251, p. 1315-1319, 2001.

Warda, R.; Jenkis, L.; Ruff, G.; Krough, J.; Kovacs, B. V.; Dubé, F. Ductile Iron Data for Design Engineers. Published by Rio Tinto & Titanium, Canada, 1998.

Wilde, B. E. Stress-corrosion cracking. In: Failure analysis and prevention. Metals Handbook, 9th edition, p. 203-224, ASM, 1986.

Wolters, D. B. Gusseisen mit Kugelgraphit – Jahresübersicht. *Giesserei*, v. 93, n. 12, p. 32-47, 2006.

CAPÍTULO 17

DISCUSSÃO SOBRE SELEÇÃO DE MATERIAL E DESENVOLVIMENTO DE PRODUTOS PARA ALGUNS COMPONENTES AUTOMOBILÍSTICOS

17.1 TENDÊNCIAS NO USO DE MATERIAIS NA INDÚSTRIA AUTOMOBILÍSTICA

A necessidade de redução de consumo de combustível tem imposto uma pressão constante para a substituição de materiais em veículos, priorizando-se a utilização de materiais leves. A Figura 17.1 mostra o resultado desta tendência, com presença importante dos plásticos e de ligas de alumínio. O peso total dos veículos, entretanto, tem aumentado nos últimos anos, devido à incorporação de novos sistemas ao veículo, objetivando aumentar a segurança, o conforto e o desempenho. Este aumento do peso do veículo traduz-se em consumo de combustível crescente (Figura 17.2), o que aumenta a pressão sobre a substituição de materiais.

Um dos concorrentes mais importantes dos ferros fundidos é o alumínio (e suas ligas), competindo numa série de componentes (bloco de motor, cabeçote, pistão, carcaças), como será visto no decorrer deste capítulo. A Tabela 17.1 mostra que o consumo de alumínio em veículos é particularmente importante nos países desenvolvidos. O custo do alumínio continua sendo uma barreira considerável, principalmente em carros populares. A Tabela 17.2 mostra que as peças fundidas representam a maior parcela da utilização de alumínio em veículos.

Discutem-se a seguir aspectos que influenciam a seleção de material nos principais componentes fundidos de veículos.

17.2 BLOCO DE MOTOR

O bloco de motor representa uma parcela considerável do peso do motor (Figura 17.3), e, portanto, tem sido objeto da atenção dos projetistas para a utilização de ligas leves, alumínio e magnésio, neste componente. A Figura 17.4 mostra a diferença

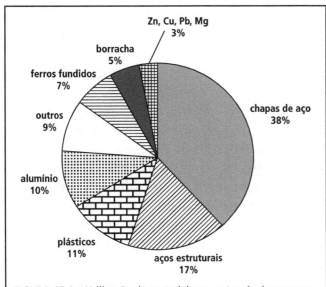

FIGURA 17.1 – Utilização de materiais em automóveis europeus, em 2005 (Costes, 2006).

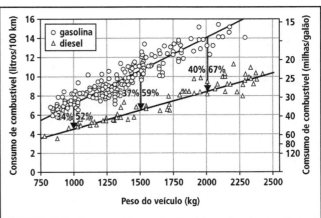

FIGURA 17.2 – Consumo de combustível de motores a gasolina e a diesel (Hofbauer, 2001).

TABELA 17.1 – Utilização de alumínio (e suas ligas) em automóveis e utilitários, em 2005 (Filleti, 2006).

	Utilização de alumínio (kg/veículo)
Estados Unidos	145,0
Europa	117,7
Japão	114,0
Brasil	46,8

TABELA 17.2 – Consumo de alumínio e suas ligas em automóveis e utilitários. Brasil, 2005 (Filleti, 2006).

	2004	2005
Peças Fundidas (x 10^3 t)	90,1	105,0
Extrudados (x 10^3 t)	3,0	3,3
Chapas (x 10^3 t)	1,1	1,1
Folhas (x 10^3 t)	2,1	1,9
Total (x 10^3 t)	96,3	111,2
Produção de veículos	2.075.000	2.375.000
Consumo (kg/veículo)	46,4	46,8

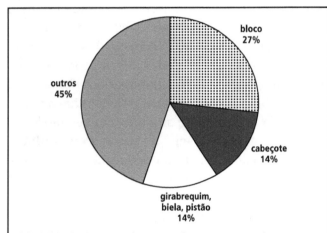

FIGURA 17.3 – Percentual em peso de componentes de motores a gasolina (média de motores 2,0 L 4 cil), com bloco de motor em ferro fundido cinzento e cabeçote em alumínio, de acordo com FEV Motorentechnik GmbH (Martin et al., 2003).

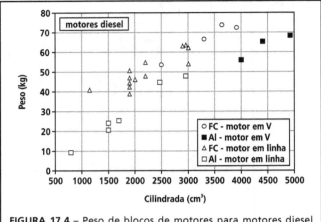

FIGURA 17.4 – Peso de blocos de motores para motores diesel (HSDI) (Bick, 2003).

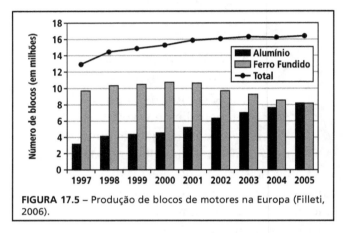

FIGURA 17.5 – Produção de blocos de motores na Europa (Filleti, 2006).

de peso de blocos de motores em ferro fundido e em alumínio, para diferentes tipos de motores.

A Figura 17.5 mostra então o crescimento do emprego de blocos de alumínio na Europa, substituindo o ferro fundido cinzento. Esta tendência é particularmente acentuada em motores a gasolina. Em motores diesel o ferro fundido tem competido com o alumínio, principalmente nos modernos motores que atendem as novas exigências ambientais. Neste caso é empregado principalmente o ferro fundido vermicular, como será visto posteriormente.

Na Europa, o crescimento dos motores diesel para automóveis é notável (ver Figura 17.6), sendo particularmente acentuado após a introdução da tecnologia de "common-rail" (Buchholz, 2003).

Em 2004 a proporção de motores diesel na Europa atingiu 47% (Hadler et al., 2005), superando as previsões da Figura 17.6. Nos Estados Unidos este interesse nos motores diesel apenas se inicia, porém com um enorme potencial de crescimento. O crescimento dos motores diesel vem acompanhado de exigências de redução de consumo de combustível, redução de emissões, aumento de potência e de torque (Figuras 17.7 e 17.8). O aumento da eficiência do motor e de sua densidade de potência tem sido obtidos com o aumento da pressão de explosão. Em motores diesel, pressões de explosão acima de 160 bar (Heap, 1999), de 180 bar (Vollrath, 2003) ou ainda até de 200 bar (Schmid, 2007) podem ser esperadas em motores de automóveis, enquanto em motores para caminhões e ônibus são antecipadas pressões máximas em torno de 200 bar, como mostra a Figura 17.9 (Heap, 1999) ou ainda até 250 bar (Schmidt, 2007).

Em caminhões e ônibus, a busca de redução de peso tem como objetivo primário o aumento do

DISCUSSÃO SOBRE SELEÇÃO DE MATERIAL E DESENVOLVIMENTO DE PRODUTOS PARA ALGUNS... 307

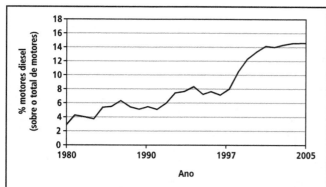

FIGURA 17.6 – Percentagem de motores diesel (em relação ao total de motores) produzidos na Europa. A introdução da tecnologia de injeção com "common-rail", em 1997, marcou uma alteração significativa nas vendas de veículos a diesel na Europa (Buchholz, 2003).

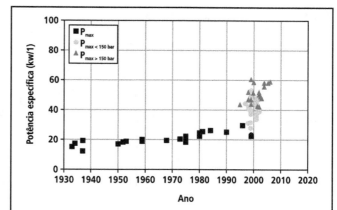

FIGURA 17.8 – Evolução da potência específica e da pressão máxima de explosão de motores diesel, de acordo com FEV. Após 2005 previa-se pressão máxima de 150 a 200 bar, ou até 200 bar (Bick, 2005).

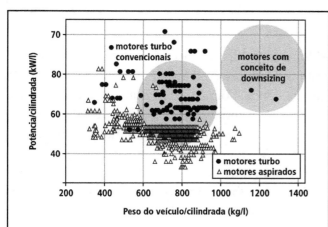

FIGURA 17.7 – O desenvolvimento de novos motores objetiva aumentar a potência específica e aumentar o peso do veículo por cilindrada (Martin et al., 2003).

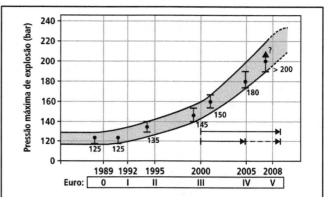

FIGURA 17.9 – De modo a atender as exigências de emissões, a máxima pressão de explosão, em motores diesel para caminhões, deve ultrapassar 200 bar, de acordo com a MAN (Schönfeld, 2003).

peso transportado, sendo a economia de combustível o segundo objetivo, como mostram os resultados do estudo da Tabela 17.3 (Schönfeld, 2003).

Os candidatos a materiais para blocos de motores são o ferro fundido cinzento classe FC 250, ligas de alumínio e o ferro fundido vermicular classes FV 400 e FV 450. Mais recentemente o magnésio vem fazer parte deste grupo. Na Tabela 17.4 apresentam-se algumas ligas de alumínio empregadas para blocos de motores, comparando-se suas propriedades com as de algumas classes de ferros fundidos. Na Figura 17.10 são comparadas graficamente as propriedades de ferro fundido cinzento FC 250, ferro fundido vermicular FV 400 e uma liga de alumínio AlSi9Cu. Pode-se observar a baixa densidade e a alta condutividade térmica da liga de alumínio, razões principais de seu amplo uso em cabeçotes de motores.

Entretanto, com o aumento da pressão de explosão em motores diesel, as ligas de alumínio

TABELA 17.3 – Efeito de redução de peso em veículos (100 kg) sobre o consumo de combustível, de acordo com estudo da MAN (Schönfeld, 2003).

	Alteração do consumo de combustível (l/100 km/100kg)	Alteração percentual do consumo de combustível (% por 100 kg)
Automóveis	0,2-0,5	3-15
Caminhões pesados (7+7 t e 40 t)	Consumo normal em viagens: 23 l / 100 km	0,04-0,06	0,1-0,16
Ônibus urbano (12,4 t e 17,5 t) 5 paradas/km	Consumo normal: 41 l / 100 km	0,2-0,3	0,5-0,7
Ônibus urbano – 3 paradas/km	Consumo normal: 34 l / 100 km	0,14-0,2	0,4-0,6

TABELA 17.4 – Materiais usuais para blocos de motores (Helsper & Langlois, 2004).

	AlSi6Cu4		AlSi17Cu4Mg		AlSi9Cu3		FC250	FC300	FV450*
processo	Areia, coquilha	Sob pressão	Areia, coquilha, trat térm	Sob pressão	Areia, coquilha	Sob pressão	Areia	Areia	Areia
LE (MPa)	100-180	150-220	190-320	150-210	100-180	140-240	165-228	195-260	315 mín
LR (MPa)	160-240	220-300	220-360	260-300	240-310	240-310	250 mín	300 mín	450 mín
Along (%)	0,5-3	0,5-3	0,1-1,2	0,3	0,5-3	0,5-3	0,8-0,3	0,8-0,3	0,8-1,5
HB	65-110	70-100	90-150		65-110	80-120	180-250	200-275	200-260
LF flexão rotat (MPa)	60-80	70-90	90-125	70-95	60-95	70-90	87,5-125	105-150	160-210
E (GPa)	73-76	75	83-87	83-87	74-78	75	103-118	108-137	145-160
Coeficiente de dilatação térmica 20-200 °C (10^{-4} K)	21-22,5	22,5	18-19,5	18-19,5	21-22,5	21	11,7	11,7	11-14
Condutividade térmica (W/m.K)	105-130	110-130	117-150	117-150	105-130	110-130	48,5	47,5	42-44
Densidade (kg/dm³)	2,75						7,25	7,25	7,15

(*) Os dados referentes ao ferro fundido vermicular foram atualizados.

vem encontrando dificuldades de manter a sua posição. Alguns estudos da AVL estabelecem limites de 170 bar (para motores em linha) e 150 bar (para motores em V) para o uso de alumínio em blocos de motores diesel, devido aos esforços na região dos mancais de apoio do girabrequim (Figura 17.11, Marquard & Sorger, 1997). Em particular, um ponto crítico das ligas de alumínio é a queda acentuada de resistência com a temperatura (Figura 17.12). A Figura 17.13 mostra um exemplo de distribuição de temperaturas num bloco de motor (Pischinger & Ecker, 2003). A região do mancal de apoio e das roscas para fixação das capas de mancal são áreas críticas em blocos de motores, de alta solicitação mecânica (Vollrath, 2003).

Também para motores a gasolina antecipa-se um aumento da pressão interna, com a utilização crescente das técnicas de injeção, o que pode dificultar a manutenção da liderança do alumínio nestes blocos de motores (Schmidt, 2007).

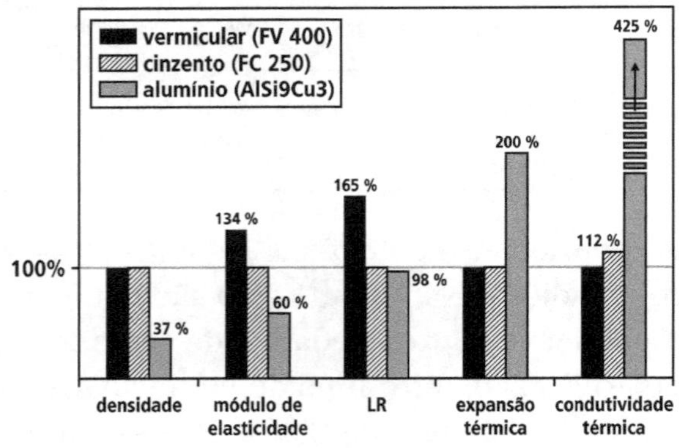

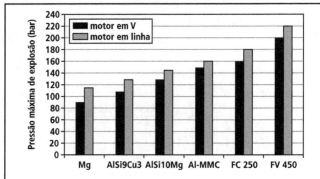

FIGURA 17.10 – Comparação de propriedades de materiais para blocos de motores (FC 250, FV 400, AlSi9Cu3) (Bick, 2003).

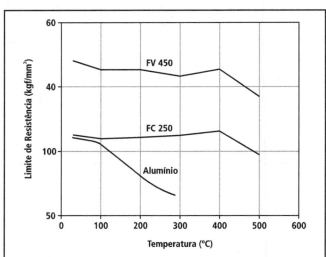

FIGURA 17.11 – Limites de máxima pressão de explosão suportadas por diferentes materiais, em bloco de motor diesel (Marquard & Sorger, 1997).

FIGURA 17.12 – O ferro fundido cinzento (FC 250) e o ferro vermicular (FV 450) apresentam resistência estável até cerca de 400 °C (Martin et al., 2003).

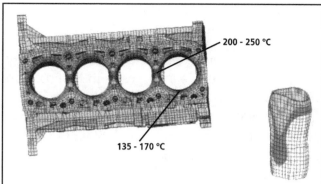

FIGURA 17.13 – Distribuição de temperaturas em bloco de motor de automóvel de alumínio. A Figura da direita mostra a distribuição de temperaturas no cilindro que são máximas na face de fogo, entre os cilindros (Pischinger & Ecker, 2003).

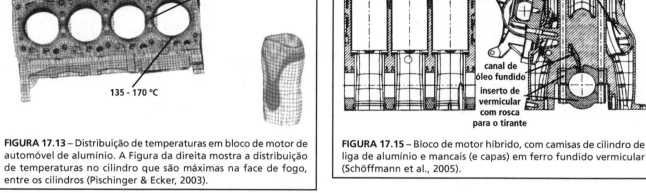

FIGURA 17.15 – Bloco de motor híbrido, com camisas de cilindro de liga de alumínio e mancais (e capas) em ferro fundido vermicular (Schöffmann et al., 2005).

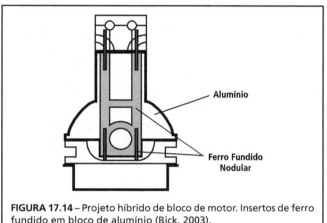

FIGURA 17.14 – Projeto híbrido de bloco de motor. Insertos de ferro fundido em bloco de alumínio (Bick, 2003).

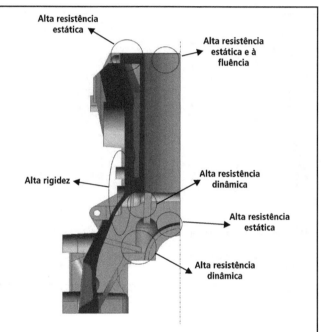

FIGURA 17.16 – A era de dimensionamento unidimensional está encerrada. A abordagem atual considera as cargas atuando em cada ponto do bloco de motor (Adaptado de Vollrath, 2003).

Para ferros fundidos, é possível obter, na região dos mancais de apoio, valores de resistência à tração de 220 até 550 MPa. Estes valores de resistência são estáveis com temperaturas crescentes, por exemplo, até 250 °C (Vollrath, 2003).

Novas ligas de alumínio, associadas a tecnologias de fundição com insertos de MMC, tem sido apresentadas como soluções para estes problemas (Aluminum Now, 2005). Outra alternativa é a utilização de insertos de ferro fundido vermicular ou mesmo nodular, que suportariam as tensões, em bloco de alumínio (Figura 17.14, Bick, 2003).

A utilização de magnésio em blocos de motores vem sendo desenvolvida por diversos fabricantes (Schneider et al., 2005, Landerrl et al., 2005, Schöffmann et al., 2005), fazendo-se composições com alumínio e com ferro fundido vermicular. Assim, num dos desenvolvimentos as camisas de cilindros são produzidas em liga de alumínio-silício hipereutética (AlSi17Cu4), os mancais (e capas, posteriormente fraturadas) em ferro fundido vermicular (FV 500), sendo o resto do bloco de motor em magnésio (Figura 17.15) (Schöffmann et al., 2005).

O ferro fundido vermicular vem encontrando aplicação crescente em blocos de motores diesel, permitindo o aumento da pressão de explosão e reduzindo-se assim as emissões. A classe FV 450 é selecionada na maioria dos novos projetos.

Além disso, para ferros fundidos foram desenvolvidos conceitos de projeto de blocos de motores, considerando-se as solicitações locais nas diversas regiões do bloco (Figura 17.16 – Vollrath, 2003) e aproveitando as propriedades mecânicas dos ferros fundidos.

Nas Figuras 17.17 e 17.18 são apresentados estes conceitos, a saber (Marquard et al., 1998):
- Redução da espessura da face de fogo
- Redução da espessura da camisa
- Integração de barras horizontais à face de fogo
- Barras verticais atuam como retorno de óleo e "blow-by"
- Massas para as roscas de fixação do cabeçote integradas à camisa d'água
- Redução do comprimento de roscas
- Diminuição da altura da camisa d'água
- Grandes furos de ventilação do bloco
- Paredes dos mancais ocas

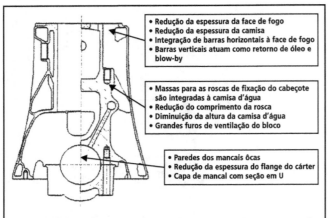

FIGURA 17.17 – Seções transversais através de cilindro e parede dos mancais, ilustrando oportunidades de redução de peso. Motor diesel 4 cil em linha (Marquard et al., 1998).

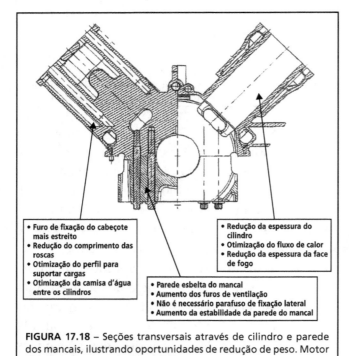

FIGURA 17.18 – Seções transversais através de cilindro e parede dos mancais, ilustrando oportunidades de redução de peso. Motor diesel V8 (Marquard et al., 1998).

- Redução da espessura do flange do cárter
- Capa de mancal com seção em U

A aplicação destes conceitos tem permitido reduções consideráveis de peso em blocos. Para um motor de 2,0L diesel, turbo, o bloco teve o seu peso reduzido de 42,8 para 29,5 kg, e para um motor a gasolina, turbo, o peso do bloco diminuiu de 38,5 para 28,5 kg (Vollrath, 2003).

A utilização de blocos de motores em ferro fundido vermicular permite ainda que se empregue o processo de fratura das capas de mancal, que são então fundidas integradas ao bloco de motor (Röhrig & Werning, 1999). Com o ferro fundido vermicular das classes FV 450 e FV 500 a fratura ocorre em apenas um plano e sem deformação plástica macroscópica, o que permite a montagem posterior das capas sobre a própria fratura. Este arranjo restringe movimentos laterais entre a capa de mancal e o bloco, aumentando a rigidez do sistema. Além disso, ficam reduzidas as tensões dos parafusos para fixação das capas de mancal (Schöffmann et al., 2004).

17.3 CABEÇOTE DE MOTOR

Cabeçotes de motor estão sujeitos a solicitações mecânicas cíclicas, impostas pelo processo de combustão, e solicitações termomecânicas devido aos gradientes térmicos. A solicitação de fadiga mecânica normalmente não é a mais crítica. As maiores solicitações são impostas pelos gradientes térmicos, como pode ser visto no exemplo da Figura 17.19 (Pischinger & Ecker, 2003).

A região onde mais comumente ocorrem trincas em cabeçotes é a ponte entre os furos de

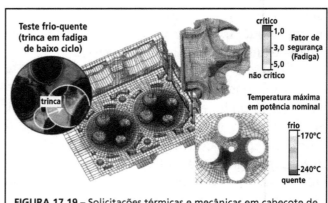

FIGURA 17.19 – Solicitações térmicas e mecânicas em cabeçote de motor (Pischinger & Ecker, 2003).

válvulas de admissão e de exaustão (Cunha & Canning-1975, Röhrig-1978, Zieher et al., 2005). A formação de trincas pode ser entendida como fadiga de baixo ciclo, governada por ciclo de deformação. A diferença de temperatura entre a face quente do cabeçote e a camisa d'água causa as tensões (e deformações) térmicas, tornadas cíclicas pela sequência liga/desliga do motor ou modificações do regime do motor (Wu & Campbell, 1998).

Para motores a gasolina, de automóveis, a utilização de cabeçotes de alumínio tornou-se de uso corrente, principalmente devido à excelente condutividade das ligas de alumínio e à sua baixa densidade. Em automóveis, os cabeçotes de alumínio representam 95% do total, sendo os de ferro fundido apenas 5% (Hadler et al., 2005). Uma liga utilizada é AlSi7Mg0,3, com tratamento de solubilização e envelhecimento (Boussac, 2004). O desenvolvimento de novas ligas de alumínio visa principalmente a obtenção de alta resistência numa ampla faixa de temperatura e baixos valores de dilatação térmica, para evitar a deformação plástica em altas temperaturas (Pischinger & Ecker, 2003).

O uso de ferros fundidos em cabeçotes restringe-se aos motores de alta potência (Zieher et al., 2005). Cabeçotes de ferros fundidos em motores diesel tipicamente operam em temperaturas abaixo de 450 °C, de modo que na ciclagem térmica estas peças estão submetidas somente a tensões mecânicas e térmicas (Röhrig, 1978). 3 tipos de solicitação são importantes: tensões mecânicas variáveis, impostas pela operação do motor, tensões térmicas variáveis no início e final de operação, e fluência (Henke, 1974). Segundo Zieher et al., (2005), a fadiga de alto ciclo é imposta pela pulsação da pressão do gás, sendo que o dano por fadiga de alto ciclo é criado durante o tempo de manutenção em altos torques, onde a pressão máxima de explosão é alta. Ainda segundo Zieher et al., (2005), danos por fluência não seriam importantes na vida de cabeçotes, enquanto os choques térmicos seriam os principais responsáveis por danos em cabeçotes, que ocorreriam principalmente nas pontes entre as válvulas de admissão e de exaustão. Uma discussão sobre fadiga térmica em ferros fundidos foi apresentada no Capítulo 9 (Propriedades dos Ferros Fundidos a Altas Temperaturas).

A escolha de material é feita primeiramente com base na tensão de projeto do cabeçote. Infelizmente, alta resistência à fadiga térmica e alta resistência mecânica são propriedades antagônicas. O ferro fundido cinzento é normalmente selecionado para este tipo de cabeçote, com 3,2-3,5% C e 1,8-2,0% Si, utilizando-se como elementos de liga Cr, Cu, Ni e Mo (Cunha & Canning, 1975, Röhrig, 1978).

Estudo realizado pela Isuzu (Kanazawa, 1987), empregando ensaio de fadiga térmica com ciclagem entre 100 e 350 °C, mostrou que a vida do componente correlaciona-se com a sua resistência inicial, podendo ser expressa por:

$$\text{Log } N = 0{,}013 \times LR - 0{,}216 \qquad 17.1$$

onde N é a vida em número de ciclos e LR é o limite de resistência do material. Elementos de liga como Cr e Mo, que aumentam significativamente a resistência mecânica, tem então efeito importante sobre a vida do cabeçote.

Neste mesmo estudo (Kanazawa, 1987) comprovou-se a influência decisiva da máxima temperatura sobre a vida do cabeçote, verificando-se que um aumento desta temperatura reduz a vida do cabeçote segundo a equação:

$$\Delta T / \Delta \log N = -120 \qquad 17.2$$

onde ΔT representa a variação da temperatura máxima (em °C) e $\Delta \log N$ é a variação da vida do cabeçote causada por esta variação de temperatura. Assim, um aumento de temperatura máxima de 350 para 360 °C reduz a vida em 17%, o que mostra a importância do sistema de refrigeração do cabeçote.

Para motores grandes, empregados em navios e locomotivas, e motores estacionários, a tendência tem sido empregar ferros fundidos cinzentos com altos valores de resistência, normalmente ligados ao Mo ou ao Ni, associados a teores relativamente baixos de carbono. Neste caso privilegia-se a resistência mecânica, às custas da condutividade térmica (Röhrig, 1978).

Menciona-se ainda o uso de tratamento de nitretação em banho de sal para cabeçotes de motor em ferro fundido cinzento. Este tratamento aumentaria a resistência à fadiga térmica, particularmente na região da ponte entre as válvulas de admissão e de exaustão. Além disso, também aumentaria a resistência ao desgaste nas guias de válvula (Goodrich, 2003).

Outra alternativa é o uso de ferros fundidos vermiculares, cuja combinação de propriedades resulta em alta resistência mecânica e valores de condutividade térmica intermediários entre o cinzento e o nodular (Nechtelberger, 1980, Guesser et al., 2004).

A Figura 17.20 mostra um exemplo de projeto de cabeçote em alumínio (Figura 17.20a) e em ferro fundido vermicular (Figura 17.20b). No caso do ferro fundido vermicular são aumentadas as passagens de água, para intensificar a refrigeração e assim compensar a menor condutividade térmica, quando comparado com o alumínio. A maior resistência do ferro fundido vermicular permite que as seções da peça sejam menores, suportando ainda os esforços mecânicos.

17.4 PISTÃO

Pistões são solicitados a tensões cíclicas, em temperaturas de 150 a 400 °C, de modo que sua principal exigência é a resistência à fadiga a quente. Além disso, é desejável que o pistão seja de baixo peso, para manter baixas as forças de inércia. O pistão ainda transmite calor para o óleo, e através dos anéis para as paredes do cilindro. A Figura 17.21 mostra uma típica distribuição de tensões num pistão. Na Figura 17.22 são apresentadas as distribuições de temperatura em pistão, ressaltando-se que o gradiente devido a diferentes temperaturas na cabeça do pistão é o principal responsável por falhas de pistão em serviço (Silva, 2006).

Para motores a gasolina (ciclo Otto) empregam-se pistões de ligas de alumínio, fundidas. Um exemplo de liga é AlSi12Cu1Ni1Mg1. Neste caso as temperaturas máximas no pistão atingem 300 °C. Para motores mais solicitados, empregam-se as mesmas ligas, submetidas a um forjamento (Bing & Sander, 2005).

Em motores diesel de automóveis, com potência específica de 60 kW/l e pressão máxima de explosão de 180-190 bar, a temperatura no pistão pode atingir 400 °C (Figura 17.23), sendo a ciclagem típica entre 150 a 350 °C. Também aqui são empregadas ligas de alumínio, com 10 a 18% Si, até 5% Cu, até 3% Ni, até 1% Mg, contendo ainda residuais de Fe (0,3-1,0%) e de Mn (até 0,5%), para aumentar a resistência a quente (Reichstein et al., 2005, Boussac, 2004). Em alguns casos são empregados pistões de alumínio reforçado com partículas de alumina (Bing & Sander, 2005, Requena & Degischer, 2006).

Para motores diesel de caminhonetes e de caminhões, normalmente são empregados pistões de aço forjado (por exemplo, aço SAE 4140). Neste caso as temperaturas situam-se entre 400 a 450 °C.

A literatura reporta alguns casos de pistões em ferro fundido nodular. Todte (2001) ilustra um caso

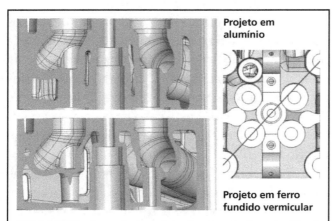

FIGURA 17.20 – Exemplo de projeto de cabeçote de motor diesel, para pressão máxima de explosão de 200 bar. Liga de alumínio (superior) e ferro fundido vermicular (inferior). As Figuras da esquerda mostram as seções transversais do cabeçote para os dois materiais, no corte indicado sobre a vista superior do cabeçote, à direita (Bick et al., 2005).

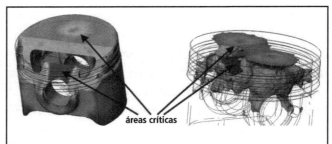

FIGURA 17.21 – Distribuição típica de tensões em pistão (Silva, 2006).

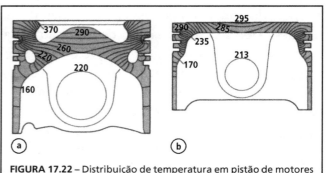

FIGURA 17.22 – Distribuição de temperatura em pistão de motores em plena carga: a – pressão de ignição de 16 MPa, motor a diesel de veículo de passeio, 58 kW/l; b – pressão de ignição de 7,3 MPa, motor ciclo Oto, 53 kW/l (Binder & Hiereth, 2005).

de pistão de grande motor diesel em ferro fundido nodular, cuja classe selecionada foi a FE 60003.

Quando é realizada uma conversão de alumínio para ferro fundido nodular, recomenda-se que seja revisto o projeto, de modo a aproveitar a maior resistência à fadiga do ferro fundido nodular e reduzir o peso do pistão. Além disso, sugere-se rever o fluxo de óleo refrigerante, já que o ferro fundido apresenta menor condutividade térmica que o alumínio, o que tende a aumentar a temperatura de operação do pistão, podendo conduzir à deterioração do óleo. O uso de pistões de ferro fundido nodular permite reduzir as folgas entre o pistão e a camisa do cilindro, pois ambos os materiais (do pistão e da camisa) apresentam o mesmo coeficiente de expansão térmica; isto resulta em menor vibração, e portanto menor ruído do que com pistão de alumínio. Relata-se o caso de utilização de pistão de ferro fundido nodular, fundido em coquilha e apresentando LR > 800 MPa, para um motor diesel de alta velocidade (high speed diesel) (Mihara, K & Kidogushi, 1997).

17.5 EIXO COMANDO DE VÁLVULA

Este componente sofre esforços mecânicos e de desgaste. No capítulo sobre Resistência ao Desgaste foi discutida a solicitação de desgaste em eixos comando.

A Figura 17.24 mostra a distribuição de esforços em eixo comando de automóvel, identificando-se os locais de maior solicitação, as concordâncias entre os cames e o cilindro, e as superfícies dos cames.

Para suportar as solicitações de desgaste, os eixos comando são sempre submetidos a algum processo de endurecimento superficial (têmpera superficial, coquilhamento, refusão superficial).

Concorrem diversos materiais para este tipo de componente:

- aços forjados, com os cames temperados superficialmente. São normalmente empregados em motores de caminhão, de 6 cilindros. Uma variação desta alternativa é a montagem de cames sobre um eixo de aço, como ilustrado por Brüggemann et al., (2001), com os cames em aço 100Cr6.
- Ferro fundido nodular, cames com têmpera superficial
- Ferro fundido nodular, cames com coquilhamento superficial
- Ferro fundido cinzento, cames com coquilhamento superficial
- Ferro fundido cinzento, cames com coquilhamento superficial parcial e têmpera
- Ferro fundido cinzento, com refusão superficial

A seleção de uma destas alternativas depende então dos esforços mecânicos atuantes na peça, bem como da intensidade das solicitações de desgaste. A Tabela 17.5 mostra a utilização dos diversos tipos de eixos comando.

O contato entre o came e o seguidor pode ser por deslizamento ou por rolamento, existindo uma tendência para projetos que utilizem contato por rolamento. Isto permite maiores pressões de contato

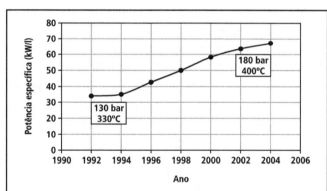

FIGURA 17.23 – Evolução da potência específica (kW por cilindrada) de motores diesel para automóveis, com o aumento da pressão máxima de explosão e da temperatura no pistão (Reichstein et al., 2005).

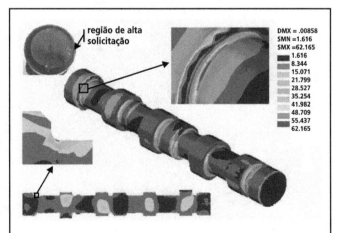

FIGURA 17.24 – Distribuição de tensões de Von Misses (MPa) nos locais mais solicitados de eixo comando de automóvel (Bayrackceken et al., 2006).

TABELA 17.5 – Materiais para eixo comando e sua utilização (Lechner & Kirschner, 2004).

Tecnologia do eixo comando	Material do came	Veículo
Fundido	Nodular, têmpera superficial	Automóveis
	Cinzento, refusão superficial	Automóveis
	Cinzento coquilhado	Automóveis, utilitários
	Nodular coquilhado	Automóveis, utilitários
	Aço fundido	Em desenvolvimento
Montado em barra ou tubo de aço	Aço	Automóveis, em desenvolvimento para utilitários
	Metalurgia do pó	Automóveis
Aço forjado	Aço	Automóveis, utilitários
Usinado de barra de aço	Aço	Utilitários

Obs – utilitários = caminhões e caminhonetes

e menores perdas por atrito. O tipo e intensidade de contato devem ser considerados na seleção de material para o eixo comando, como mostram os resultados da Figura 17.25. De um modo geral, para altos valores de pressão de contato são utilizados eixos comando de aço. Eixos comando de ferros fundidos operariam em pressões de Hertz até 1.000-1.100 MPa (Lechner & Kirschner, 2004).

A Figura 17.26 mostra um exemplo de eixo comando com coquilhamento superficial, podendo-se observar a espessura da camada superficial coquilhada. Em alguns casos o coquilhamento envolve toda a superfície da peça, não apenas o came (Lechner & Kirschner, 2004). Nas Figuras 17.27 e 17.28 são apresentadas as microestruturas junto à superfície do came, em eixos comando com coquilhamento superficial pleno e parcial, respectivamente. Os eixos comando com coquilhamento superficial parcial, apresentando carbonetos e grafita, são normalmente ligados ao Cr e Mo, e possuem matriz martensítica (Figura 17.28). A dureza superficial depende da utilização de elementos de liga, sendo no mínimo de 48 HRc e pode atingir até 70 HRc (Peppler, 1979). Durezas superficiais de 50 a 55 HRc são típicas em eixos comando de válvula coquilhados (Röhrig & Werning, 1999).

Uma tecnologia mais recente é a refusão superficial com laser, que produz uma fina camada com carbonetos, extremamente refinados pela rápida solidificação causada pela extração de calor da peça (Amende, 1995, Lima & Goldenstein, 2000). A camada refundida em eixo comando de ferro fundido cinzento é de cerca de 1 mm (Amende, 1995). Outro processo emprega eletrodos de tungstênio, produzindo camadas refundidas superiores a 0,4 mm (Balbuglio et al., 2004), atingindo até 1,2 mm

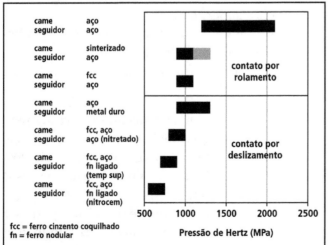

FIGURA 17.25 – Pares de materiais e pressão de Hertz admissível. (Lechner & Kirschner, 2004).

FIGURA 17.26 – Seção transversal de came de eixo comando coquilhado. Dureza superficial = 54 HRc, dureza núcleo = 257 HB. Profundidade coquilhada = 4–5 mm.

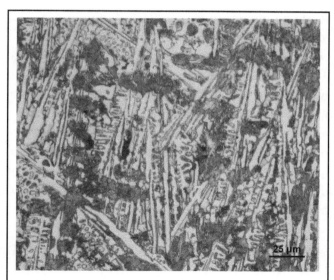

FIGURA 17.27 – Carbonetos em região junto à superfície de came de eixo comando coquilhado. 200 X.

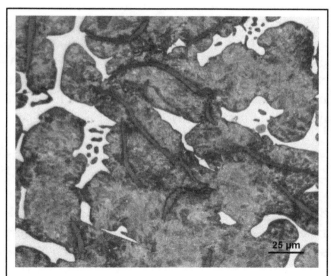

FIGURA 17.28 – Matriz martensítica em região junto à superfície de came de eixo comando parcialmente coquilhado. 400 X.

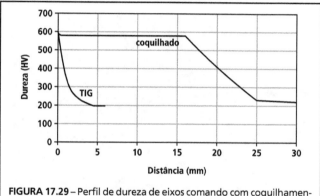

FIGURA 17.29 – Perfil de dureza de eixos comando com coquilhamento superficial e com refusão superficial com TIG (Peppler, 1988).

(Peppler, 1988). A Figura 17.29 mostra o perfil de dureza que se obtém com este processo, comparativamente a um eixo comando coquilhado.

Um dos problemas dos eixos comando com refusão superficial são as tensões residuais de tração logo abaixo da superfície; como o processo de refusão com TIG causa irregulariedades na superfície que devem ser removidas com usinagem de uma camada de 0,4 mm, a exposição destas tensões superficiais pode conduzir à formação de "pitting" (Peppler, 1988). Outro aspecto a ser considerado é a diferença de módulo de elasticidade entre a camada refundida (175 GPa) e o núcleo (100 GPa). Como a camada refundida é pequena, a aplicação de tensões na superfície pode conduzir a tensões de cizalhamento entre as camadas, o que pode levar a lascamentos (Peppler, 1988).

Apesar destes aspectos, resultados de ensaios em condições de desgaste acelerado em motores de 1,0 e 1,3 litros (alta rotação, mola com alta carga, óleo de baixa viscosidade) mostraram resistência ao desgaste ("pitting" e "scuffing") igual ou superior a eixos comando coquilhados (ver Tabela 13.6 do capítulo sobre Desgaste em Componentes de Ferros Fundidos), o que é atribuído à maior dureza superficial dos eixos comando com refusão com TIG (700 HV) comparativamente aos coquilhados (500 HV), devido à alta velocidade de solidificação, produzindo uma estrutura muito fina de carbonetos (Nonoyama et al., 1986). Outro aspecto ressaltado neste trabalho é a possibilidade de produzir eixos comando com cames muito próximos (3 mm), o que em eixos coquilhados só é possível com processo de moldagem com areia/resina (Nonoyama et al., 1986).

Um exemplo de eixo comando com têmpera superficial é apresentado na Figura 17.30, ilustrando-se um equipamento de têmpera superficial, com produtividade de 260 peças/h. A Figura 17.31 mostra a microestrutura na camada temperada superficialmente, consistindo de matriz martensítica junto com alguma austenita retida, principalmente em contornos de células. Atingem-se durezas superficiais acima de 55 HRC, com camada temperada de 1,5-2,5 mm.

Existem desenvolvimentos para realizar a função de comando de válvulas através de acionamento elétrico-magnético, o que poderia tornar obsoleto o eixo comando de válvulas (AEI Tech Briefs-2006, AEI Tech Briefs-2007).

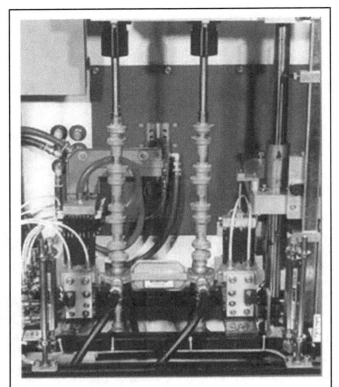

FIGURA 17.30 – Têmpera superficial de eixo comando de válvulas. Processo SCPL ("semi circle phase locked"), sem rotação da peça. Tempo de aquecimento de 3 s por came, seguido de 5 s de resfriamento. Fonte de potência: 60 kW, 200 Hz. Equipamento para produção de 260 peças/h (Williams & Boussie, 2002).

17.6 COLETOR DE EXAUSTÃO

Os materiais para coletores de exaustão tiveram seu desenvolvimento associado ao dos motores de combustão interna, com aumento da temperatura dos gases de exaustão. De 1980 a 2000 ocorreu um aumento de cerca de 200 °C na temperatura dos gases de exaustão (Neumaier, 2004). Atualmente mencionam-se casos de temperatura de gases de até 1050 °C em motores a gasolina e de até 850 °C em motores diesel (Moherdieck & Baur, 2003). O coletor deve ainda apresentar baixa inércia térmica, devido ao funcionamento do catalisador. Além disso, é importante sua capacidade de absorção de vibrações, de modo a minimizar ruídos. Como o coletor está fixado ao cabeçote, existe uma forte restrição à deformação durante o ciclo de fadiga térmica.

Inicialmente empregaram-se ferros fundidos cinzentos, ligados com cromo ou cromo-molibdênio. O aumento das temperaturas dos gases de exaustão conduziu a problemas de oxidação, fenômeno que é facilitado pela estrutura de grafita, como visto anteriormente (capítulo 9). A substituição do ferro fundido cinzento por nodular ou vermicular superou este problema, já que nestes materiais não ocorre oxidação interna. Posteriormente desenvolveram-se os nodulares e vermiculares ligados ao SiMo, aumentando a faixa de temperatura de trabalho destes materiais (Röhrig, 1998).

Atualmente a maior parte dos coletores de exaustão é produzida em nodulares ligados ao SiMo. Menciona-se (Weber et al., 1998) que são comuns temperaturas de gases de exaustão da ordem de 870-900 °C, sendo que a superfície do coletor estaria em 760-790 °C, faixa de temperatura para a qual seriam selecionados os nodulares SiMo (ver Tabela

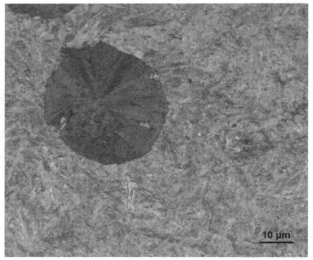

FIGURA 17.31 – Eixo comando em ferro fundido nodular com têmpera superficial. (a) Dureza superficial = 56 HRc. Dureza do núcleo = 278 HB. Profundidade de têmpera = 2 mm. (b) Microestrutura junto à superfície. Matriz martensítica. 1.000 X.

TABELA 17.6 – Temperatura máxima de uso de coletores de escape (Weber et al., 1998).

Material	Temperatura máxima (°C)
Ferro fundido cinzento	540
Ferro fundido vermicular	650
Ferro fundido nodular ferrítico	760
Ferro fundido nodular Si Mo	870
Ferro fundido nodular Ni-Resist	925
Aço inoxidável ferrítico	955
Aço inoxidável austenítico	1.050

17.6). Como comentado anteriormente, existe uma tendência ao aumento do teor de Si, de 4 para 5%, para aumentar a temperatura de uso destes materiais (Li et al., 2004); entretanto, a redução da dutilidade torna necessário rever etapas da fabricação destes componentes, de modo a evitar quebras e trincamento.

Para motores a gasolina com temperatura de gases de exaustão superiores a 900 °C são empregados ferro fundidos nodulares austeníticos, de custo sensivelmente mais alto que os nodulares SiMo. Assim, um coletor em nodular SiMo teria um preço de 15 a 18 Euros/peça, enquanto em nodular austenítico o seu preço seria elevado para 35 a 40 Euros/peça (Neumaier, 2004). Uma das classes empregadas é a D-5S (EN-GJSA-XNiSiCr35-5-2), que pode trabalhar até acima de 1.000 °C (Röhrig-1998, Bastid et al., 1995). Outras classes de nodulares austeníticos empregadas em sistemas de exaustão (coletores e carcaças de turbo-compressores) são a D-2 (EN-GJSA-XNiCr20-2) e a D-5B (EN-GJSA-XNiSiCr35-3) (ver Tabelas 9.15 e 9.16 do capítulo sobre Propriedades a Altas Temperaturas, bem como as Figuras 9.51 e 9.52 daquele capítulo).

FIGURA 17.32 – Coletor de escape de motor a gasolina. Cortesia Tupy Fundições.

Em alguns motores de carros de alto padrão são empregados coletores soldados de aços inoxidáveis austeníticos ou ferríticos, operando em temperaturas ainda mais altas, e que trazem a vantagem da baixa inércia térmica (tubos com paredes finas) e baixa condutividade, o que melhora o desempenho do catalisador, que assim é aquecido rapidamente (Röhrig, 2003). Além disso, é possível produzir coletores soldados com parede dupla (coletor AGI), o que diminui ainda mais as perdas térmicas (Röhrig-2003, Neumaier-2004). Entretanto, coletores produzidos com tubos de aço possuem baixa capacidade de amortecimento de vibração, resultando em maiores níveis de ruído (Neumaier, 2004).

Para os coletores de ferros fundidos (SiMo e austeníticos), produzidos com moldagem em areia a verde, são usuais espessuras de parede dos tubos de 5-6 mm, e considera-se como espessura limite dos tubos valores entre 2 a 3 mm, empregando-se processos especiais de moldagem (Röhrig, 1998, Booth, 1990).

Para trabalho em altas temperaturas, outras alternativas ainda são os coletores fundidos em aços inoxidáveis, ferríticos ou principalmente austeníticos (Röhrig, 1998).

17.7 DISCO E TAMBOR DE FREIO

Discos e tambores de freio são peças sujeitas à fadiga térmica, e normalmente a sua deformação térmica não é restringida externamente, mas sim pela própria massa da peça. Alta condutividade térmica e baixo módulo de elasticidade são propriedades importantes, empregando-se então ferros fundidos cinzentos, com teor de carbono não inferior a 3,4% (Henke, 1974). Em condições de utilização inadequada, desenvolve-se na superfície de frenagem um grande número de pequenas trincas térmicas (Angus et al., 1966).

Discos e tambores de freio são componentes de geometria relativamente simples, e que são produzidos por um grande número de fundições. A maioria das empresas voltadas ao mercado de reposição produz estes componentes em ferro fundido cinzento classe FC-200, atendendo normalmente aos requisitos de baixo custo, ótima usinabilidade e boa condutividade térmica (Guesser et al., 2003).

FIGURA 17.33 – Tambor de freio de caminhão, em ferro fundido cinzento com alma de aço. 40 kg. Fundição centrífuga (Engineered Casting Solutions, 2003).

Entretanto, novos desenvolvimentos tem ocorrido nesta área, merecendo destaque:

- utilização de titânio como elemento de liga, em ferro fundido cinzento classe FC 250. Formam-se carbonitretos de titânio, que resultam em aumento da resistência ao desgaste e modificação de propriedades antifricção. O coeficiente de atrito diminui com o uso de titânio como elemento de liga (Figura 13.22 do capítulo sobre Desgaste em Componentes de Ferros Fundidos), evitando-se assim o travamento do sistema de freio (Chapman & Mannion, 1981). Entretanto, isto diminui também a possibilidade de frenagem em distâncias curtas (Maluf, 2007). A usinabilidade é sensivelmente prejudicada com a presença das partículas duras de carbonitretos de titânio.
- aumento do teor de carbono para 3,7-3,8%, aumentando assim a quantidade de grafita, o que resulta em aumento considerável da condutividade térmica. Reduz-se deste modo a temperatura de trabalho de todo o sistema de freio, o que implica em aumento de vida não apenas para o disco de freio, mas principalmente para as pastilhas de freio (Cueva et al., 2003, Guesser et al., 2003). Verificou-se experimentalmente que em condições de superaquecimento do sistema de freio, que conduzem à esferoidização da perlita, não ficam alteradas as condições de frenagem, porém acentua-se o desgaste tanto do disco como da pastilha (Coyle & Tsang, 1983), o que mostra a importância da condutividade térmica. Procura-se compensar a diminuição da resistência mecânica (devido à maior quantidade de grafita) com a otimização da técnica de inoculação para refinar a grafita e com o uso de elementos de liga que endurecem a matriz, como o molibdênio (Subramanian & Genualdi, 1998) e o cromo (Nechtelberger, 1980). Resultados referentes a fadiga térmica foram apresentados na Figura 9.36-a do capítulo sobre Propriedades dos Ferros Fundidos a Altas Temperaturas, com bom desempenho dos ferros fundidos cinzentos de alto carbono. O advento destes materiais permitiu a introdução de discos de freio para caminhões.
- tambores de freio em ferro fundido vermicular, em substituição a ferro fundido cinzento, para caminhões. Neste caso encontrou-se um compromisso entre resistência mecânica e condutividade térmica, substituindo também tambores com alma de aço (Powell & Levering, 2002). As cargas de frenagem seriam menores que com ferros fundidos cinzentos, devido a modificações no coeficiente de atrito (Cueva et al., 2003).

No Capítulo 13 (Desgaste em Componentes de Ferros Fundidos) foi apresentada uma discussão sobre desgaste em discos e tambores de freito.

17.8 GIRABREQUIM

Este tipo de componente é tipicamente solicitado a fadiga de alto ciclo, já que o número de ciclos sob carga máxima pode facilmente exceder a 10 milhões. As falhas por fadiga ocorrem nos raios entre o mancal de biela e o contrapeso, sob esforços de flexão (Spiteri et al., 2007, Asi, 2006, Pandey, 2003, Bayrackçeken, 2006, Williams & Fatemi, 2007), sendo esta região usualmente submetida a tratamento de roletagem, para provocar a formação de tensões residuais de compressão nestes locais (ver capítulo sobre Resistência à Fadiga dos Ferros fundidos Nodulares). A Figura 17.34 ilustra o tratamento de roletagem em girabrequim. Exemplos de cálculos

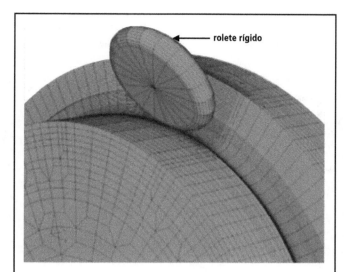

FIGURA 17.34 – Tratamento de roletagem em raio de concordância entre mancal e contrapeso de girabrequim (Spiteri et al., 2006).

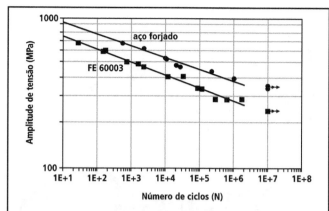

FIGURA 17.35 – Resultados de ensaios de fadiga em amostras retiradas de girabrequim. Curvas de tensão (real) em função do número de ciclos para aço forjado 1045 e ferro nodular classe FE 60003 (Williams & Fatemi, 2007).

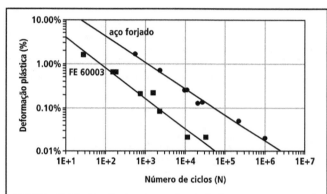

FIGURA 17.36 – Resultados de ensaios de fadiga em amostras retiradas de girabrequim. Curvas de amplitude de deformação plástica (real) em função do número de ciclos até a fratura para aço forjado 1045 e ferro nodular classe FE 60003 (Williams & Fatemi, 2007).

das tensões atuantes em girabrequins podem ser encontrados em Fonseca (2003) e Williams & Fatemi (2007).

Os mancais de apoio e de biela do girabrequim são usualmente temperados superficialmente (Pandey, 2003, Loveless et al., 2000, Loveless et al., 2001, Georges et al., 2004). São usuais valores de 2,5 a 3,0 mm de camada superficial temperada (Krause & Kühl, 1981). Em alguns casos é realizado tratamento de nitretação no girabrequim (Dressler,1994, Bhaumil et al., 2002, Yu & Xu, 2005, Gligorijevic et al., 2001).

Resultados de resistência à fadiga devido a tratamentos de roletagem em girabrequins foram apresentados na Tabela 7.12 do capítulo sobre Resistência à Fadiga dos Feros Fundidos Nodulares, sendo notável a combinação austêmpera + roletagem (Watmough & Malatesta, 1984). Na Figura 7.40 daquele capítulo foram também apresentados resultados de resistência a fadiga de girabrequim em FE 70002, com diferentes tratamentos superficiais, destacando-se novamente a roletagem.

Os materiais usualmente empregados para girabrequins são aços forjados (Auto Technology, 2005), como o AISI 4140 (Bayrackçeken, 2006) e ferros fundidos nodulares (classes FE 55006 até FE 80002) (Chien et al., 2005, Asi, 2006, Reimer et al., 1985).

De um modo geral, são empregados aços forjados para girabrequins com alta solicitação mecânica (motores de alta potência, motores em V). As Figuras 17.35 e 17.36 mostram resultados comparativos entre um aço forjado (AISI 1045) e um ferro fundido nodular classe FE 60003 (Williams & Fatemi, 2007), verificando-se o desempenho superior do aço forjado. Além do alto limite de fadiga, contribui favoravelmente o alto módulo de elasticidade apresentado por aços forjados, reduzindo assim vibrações do motor (Boussac, 2004).

Os ferros fundidos nodulares apresentam a vantagem de sua menor densidade (cerca de 8% menor que a dos aços), melhor usinabilidade e menor custo. Em motores diesel de automóveis, é tradicional o uso de girabrequins em ferro fundido nodular (Reimer et al., 1985, Boussac, 2004).A utilização de ferro fundido nodular austemperado em girabrequins ainda é incipiente, registrando-se apenas um exemplo industrial, em carro esportivo, de baixas séries (Brandenberg, 2001). Várias montadoras européias realizam estudos para o desenvolvimento

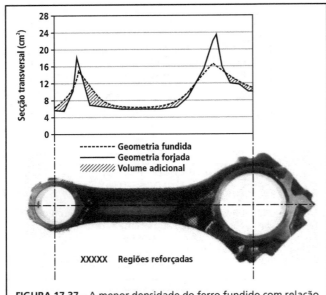

FIGURA 17.37 – A menor densidade do ferro fundido com relação ao aço, cerca de 6-8%, é usada para reforçar as regiões mais solicitadas da biela (Mahnig et al., 1975).

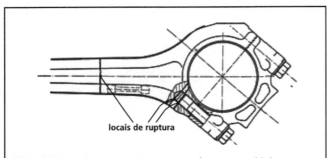

FIGURA 17.38 – Locais onde ocorreram fraturas em bielas em ensaios de fadiga (Mahnig et al., 1975).

de girabrequins em nodular austemperado. Assim, a DaimlerChrysler da Alemanha apresentou em 2004 um estudo de girabrequim em nodular austemperado para carro de passeio (Debschütz & Dörr, 2004); outra publicação relata estudos da VW da Alemanha em girabrequim austemperado para motores diesel de automóveis (Walz et al., 2006). As maiores dificuldades atuais residem na logística (fundição – usinagem – tratamento térmico – usinagem) e no custo do tratamento térmico, dificuldades estas que provavelmente serão superadas.

Análises de girabrequins de ferros fundidos nodulares fraturados em serviço mostram que é comum a nucleação de trincas junto a nódulos de grafita, localizados abaixo da região roletada (Asi, 2006, Chien et al., 2005). Também microrrechupes subsuperficiais, descarbonetação, flotação de grafita e grafita lamelar na superfície podem ser locais

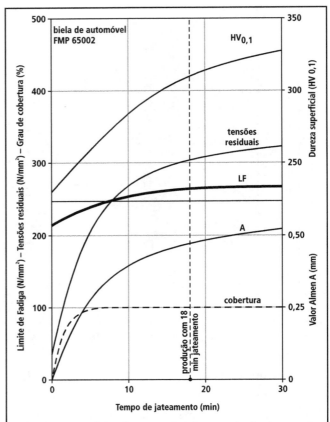

FIGURA 17.39 – Efeito do tempo de "shot peening" sobre a resistência à fadiga e sobre as propriedades superficiais de bielas de FMP 65002 (Gut et al., 1980).

de início de formação de trincas (Gligorijevic et al., 2001). Defeitos introduzidos por operações de usinagem, como superaquecimentos localizados provocados por furação (Renck et al., 2001), ou ainda por retífica (Silva, 2003) também podem conduzir a falhas em serviço.

17.9 BIELA

Bielas são componentes solicitados a tensões cíclicas, sendo então a resistência à fadiga a propriedade mais importante. Aços forjados (Kuratomi et al., 1990), aços sinterizados (Sonsino & Lipp, 1990, Gupta, 1993), ferro fundido maleável preto (FMP 65002) e ferro fundido nodular (FE 70002) são materiais concorrentes para este tipo de peça.

Bielas de aços sinterizados, apesar de seu custo relativamente alto, são competitivas devido à possibilidade de se fabricarem peças com geometria muito próxima à forma final, minimizando-se assim custos de usinagem (Gupta, 1993). Novas técnicas de compactação de pós têm contribuído

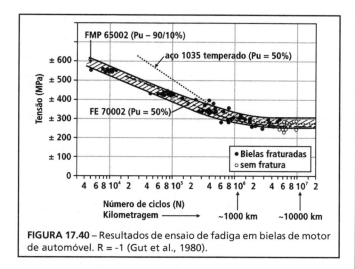

FIGURA 17.40 – Resultados de ensaio de fadiga em bielas de motor de automóvel. R = -1 (Gut et al., 1980).

para o aumento da resistência à fadiga e melhoria da usinabilidade (Suzuki et al., 2006).

Bielas em aços forjados são empregadas para motores de alto desempenho, onde são altas as exigências de resistência à fadiga e de rigidez (Auto Technology, 2005).

No caso de ferros fundidos, maleável preto e nodular, a sua menor densidade comparativamente aos aços (cerca de 6-8%) permite que sejam alocadas massas nos locais de maior solicitação mecânica, compensando assim eventuais diferenças de resistência à fadiga (Figura 17.37). A Figura 17.38 mostra os locais mais críticos em biela automotiva. Ressalte-se que o processo de fundição permite uma liberdade de projeto que auxilia no reforço das áreas críticas.

Outra ferramenta importante é a realização de "shot peening", pois com este processo criam-se tensões residuais de compressão na superfície, cobrindo os locais mais críticos da peça, o corpo da biela e as ligações do corpo com os olhais. A Figura 17.39 mostra o efeito do tempo de "shot peening" sobre a resistência à fadiga. São recomendadas as seguintes condições de "shot peening" para bielas (Mahnig et al., 1975):

- Granalha de aço S330
- Intensidade do jateamento (controle com chapas Almen A):
  - Placa Almen paralela à biela: 0,56 A
  - Placa Almen a 45° da biela: 0,70 A

Resultados de resistência à fadiga referentes a um desenvolvimento de biela de motor de automó-

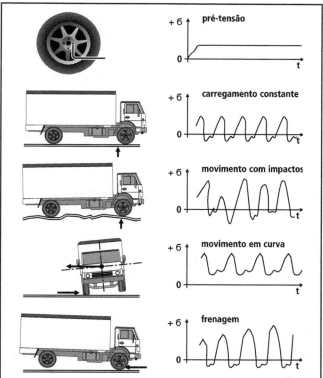

FIGURA 17.41 – Solicitações em cubos de roda, sob diferentes situações de movimento (Krause & Mahnig, 1978).

vel podem ser vistos na Figura 17.40. Estão também indicados nesta Figura os valores de número de ciclos correspondentes a 1.000 km (1 x 10^6 ciclos) e a 10.000 km (1 x 10^7 ciclos), evidenciando a necessidade de dimensionar a biela com base no limite de fadiga. Os resultados da Figura 17.40 mostram que, no trecho de vida infinita, a biela de aço SAE 1035, temperada e revenida, apresenta igual desempenho às dos ferros fundidos maleável preto (FMP 65002) e nodular (FE 70002) (Gut et al., 1980).

Uma técnica importante é a de fratura da capa da biela, para posterior montagem no girabrequim. É empregada tanto para bielas de ferros fundidos como para aços forjados e sinterizados, permitindo aumentar a tensão superficial nesta interface biela/capa (Gupta- 1993, Damour-2004).

17.10 CUBO DE RODA

As Figuras 17.41 e 17.42 caracterizam os diversos esforços aos quais está sujeito um cubo de roda de caminhão. A pré-tensão de montagem e aperto representa uma tensão constante, porém variável de caso para caso, já que sua aplicação é normal-

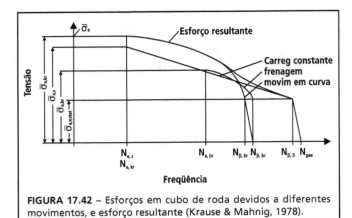

FIGURA 17.42 – Esforços em cubo de roda devidos a diferentes movimentos, e esforço resultante (Krause & Mahnig, 1978).

mente manual, sem controle de torque. O primeiro esforço de fadiga é denominado de "carregamento constante", e é o resultado do movimento do veículo em estrada plana, horizontal, representando a carga do veículo sobre as rodas. Os outros três esforços (movimento com impactos, movimento em curva e frenagem) representam situações intermitentes, cuja intensidade e frequência dependem muito das condições da estrada e do tipo de veículo. Determinações experimentais em transporte de carga em estradas europeias mostraram que (Krause & Mahnig, 1978):

- Em 96% do tempo ocorre movimento com impactos (Figura 17.41-c). A frequência de ocorrência do valor máximo (Ne,s) é de 5×10^{-7}, relativamente ao número total de rotações da roda.
- o movimento em curva representa 2% do total do movimento. A frequência do valor máximo de tensão, relativamente ao número total de rotações da roda, é de Ne,kr = 25×10^{-7}.
- A frenagem representa 2% do total do movimento, de modo que a cada quilômetro rodado ocorre uma frenagem de 20 m, e a cada 50 km ocorre uma frenagem total.

A Tabela 17.7 mostra o programa de tensões nos testes que simulam as solicitações em serviço. Na Figura 17.43 são apresentados os resultados de ensaios de fadiga, referentes a ciclos repetitivos (ensaio de Wöhler) e referentes a simulação das solicitações em serviço, para ferro fundido nodular classe FE 42012. As especificações para as solicitações em serviço são obtidas com $1,6 \times 10^8$ ciclos, que correspondem a 500.000 km.

Usualmente são selecionadas as classes de ferro fundido nodular FE 42012 a FE 60003, dependendo das solicitações a que a peça está sujeita. Também aços microligados, com 0,4%C e adição de V, forjados, são empregados para este fim (Cho et al., 1994).

17.11 MANGA DE PONTA DE EIXO E BRAÇO DE SUSPENSÃO

Mangas de ponta de eixo e braços de suspensão estão sujeitos a esforços de fadiga e de impacto (Figura 17.44). Portanto, do ponto de vista do material, são importantes a dutilidade (alongamento e resistência ao impacto) e o limite de escoamento. As solicitações são variadas, porém a peça nunca deve sofrer deformação plástica acentuada, pois altera-se a geometria. Apenas em acidentes a peça pode se deformar (sem fratura), de modo a indicar que deve ser trocada. Concorrem aqui componentes de aço forjado, de ferro fundido nodular ferrítico e de ligas de alumínio (Braun & Mahnig-1980, Reimer et al., 1985).

A Figura 17.45 apresenta resultados de um estudo comparativo entre aço forjado (11V37), liga de alumínio (A356-T6) e ferro fundido nodular ferrítico (FE 42012) para manga de ponta de eixo, verificando-se que a resistência à fadiga decresce na seguinte ordem: aço forjado, ferro fundido nodular e liga de

TABELA 17.7 – Ciclos de tensões para simulação das solicitações em serviço de cubo de roda de caminhão (Krause & Mahnig, 1978).

Etapa	% da carga máxima	Frequência (Hz)	Número de ciclos
1	100	0,5	2
2	95,5	1	8
3	86,5	2	63
4	75	4	312
5	62	6	1265
6	48,5	10	3584
7	35	15	7442
8	21,5	20	11941

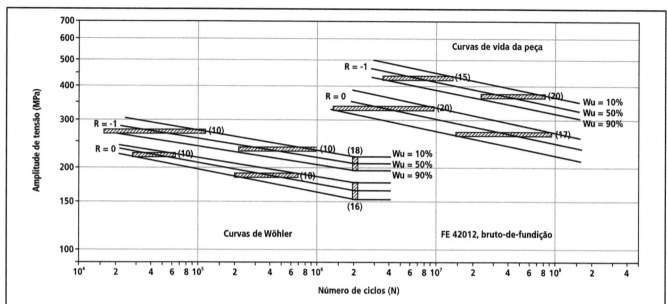

FIGURA 17.43 – Resultados de fadiga em corpo de prova plano. Curvas de Wöhler (carregamento com amplitude constante) com limite de fadiga para 2 x 10⁻⁶ ciclos, e curvas de vida da peça (carregamento com amplitude variável, simulando condições de serviço). Ferro fundido nodular FE 42012, bruto de fundição (Krause & Mahnig, 1978).

alumínio. Entretanto, em componentes submetidos a sobrecargas ocasionais, principalmente apresentando entalhe, onde pode ocorrer deformação plástica localizada (caso de mangas de ponta de eixo e de outras peças de suspensão), é importante considerar também a deformação cíclica. Na Figura 17.46 pode-se observar a amplitude de deformação plástica em função da vida sob fadiga (número de ciclos até a fratura), para os 3 materiais em discussão. Novamente aqui se verifica o comportamento superior do aço forjado, comparativamente ao ferro fundido nodular ferrítico e à liga de alumínio (Zoroufi & Fatemi, 2004). É claro que modificações no projeto das peças fundidas em alumínio e em ferro fundido nodular podem conduzir a resultados de fadiga satisfatórios para a vida de um dado componente, o que é realizado com base em motivações de redução de custo e de peso.

As Figuras 17.47 e 17.48 mostram resultados referentes a um desenvolvimento de manga de ponta de eixo em ferro fundido nodular ferrítico, comparando valores de resistência à fadiga com ferro maleável preto (ao Mg) e aço carbono 1045.

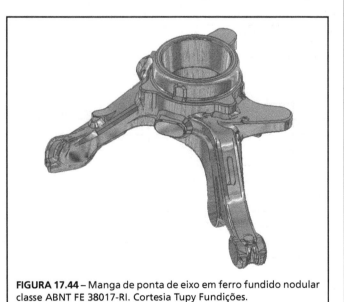

FIGURA 17.44 – Manga de ponta de eixo em ferro fundido nodular classe ABNT FE 38017-RI. Cortesia Tupy Fundições.

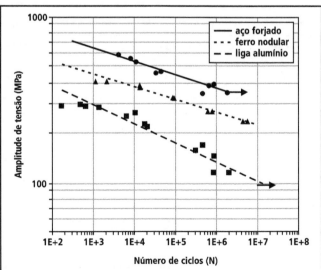

FIGURA 17.45 – Curvas de tensão (real) em função do número de ciclos para aço forjado 11V37, liga de alumínio A356-T6 e ferro nodular ferrítico FE 42012 (Zoroufi & Fatemi, 2004).

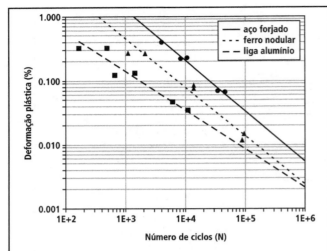

FIGURA 17.46 – Curvas de amplitude de deformação plástica (real) em função do número de ciclos até a fratura, para aço forjado 11V37, liga de alumínio A356-T6 e ferro nodular ferrítico FE 42012 (Zoroufi & Fatemi, 2004).

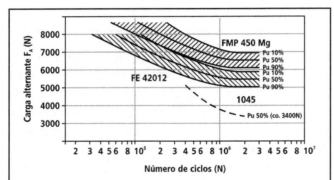

FIGURA 17.47 – Curvas de fadiga (Wöhler) para manga de ponta de eixo produzida em ferro maleável preto ao magnésio (FMP 450 Mg), ferro fundido nodular classe FE 42012, e aço carbono 1045. Carga F_A aplicada na extremidade do braço, somando-se a uma carga constante F_M. A ruptura ocorria no braço (Braun & Mahnig, 1980).

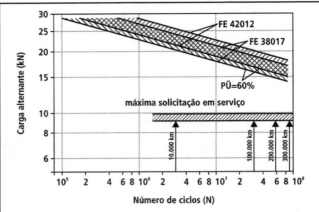

FIGURA 17.48 – Curvas de resistência à fadiga de mangas de ponta de eixo em ferros fundidos nodulares, comparativamente às solicitações em serviço (Braun & Mahnig, 1980).

Na Figura 17.48 são apresentadas curvas que caracterizam o limite de fadiga de cada material, para esta peça, porém o dimensionamento considerando o limite de fadiga, comparativamente à tensão máxima na peça, levaria a um projeto com dimensões exageradas. Utilizam-se então resultados que simulam os esforços que a peça sofre em serviço (Figura 17.48). Estes resultados foram obtidos em ensaio de fadiga conforme a Tabela 17.8, que reproduz as condições a que a peça está sujeita em serviço. Estas condições foram obtidas medindo-se as microdeformações da peça em serviço, com o uso de extensômetros acoplados à peça. Também nesta Figura 17.48 estão registradas as especificações da peça, com solicitação máxima de 9.800 N e vida

TABELA 17.8 – Condições do ensaio de fadiga que simulam as solicitações em serviço de manga de ponta de eixo (Braun & Mahnig, 1980).

Etapa	% da carga máxima	Frequência (Hz)	Número de ciclos	Observação
5-a	57,5	10	1250	
4-a	72,5	5	170	
3-a	85	1	17	
2-a	95	1	1	
1	100	0,5	1	Carga máxima
2-b	95	1	1	
3-b	85	1	18	
4-b	72,5	5	170	
5-b	57,5	10	1250	
6-b	42,5	15	5750	
7-b	27,5	20	17500	
8	12,5	20	10000	Carga mínima
7-a	27,5	20	17500	
6-a	42,5	15	5750	

Sequência A: 5a- 4a-3a- 2a-2b-3b-4b-5b-6b-7b-8-7a-6a
Sequência B: 5a- 4a-3a- 2a-1-2b-3b-4b-5b-6b-7b-8-7a-6a
Sequência de ensaio: A-B-A-A

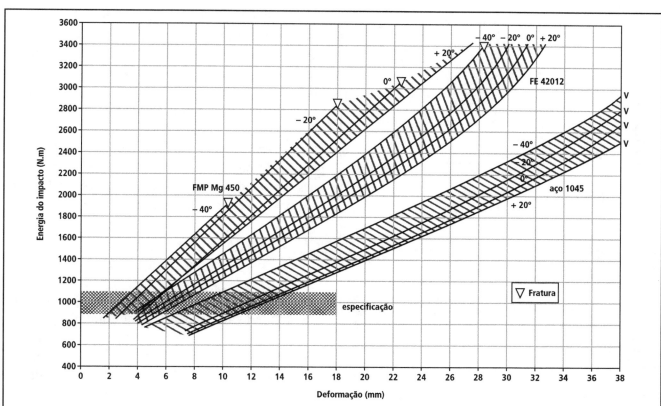

FIGURA 17.49 – Resultados de ensaio de impacto na haste de manga de ponta de eixo, em diversas temperaturas (em °C). Especificação de energia mínima de 1.000 N.m para fratura. Os pontos marcados com símbolos (triângulo invertido) representam trinca na haste após o ensaio (Braun & Mahnig, 1980).

correspondente a 300.000 km (neste caso a peça não é dimensionada com base no limite de fadiga). Verifica-se na Figura 17.48 que, num nível de confiabilidade de 90%, a peça em ferro fundido nodular classe FE 42012 supera a especificação em cerca de 45% (Braun & Mahnig, 1980).

Na Figura 17.49 são apresentados resultados de ensaios de impacto na peça, determinando-se a deformação causada por um impacto com uma certa energia, em diferentes temperaturas de ensaio. Além da deformação causada pelo impacto, foi também verificada a eventual presença de trincas, o que ocorreu em certas situações para os ferros fundidos maleável preto ao Mg e nodular; no caso da manga de aço forjado, não foi constatada a presença de trincas. A Figura 17.49 mostra também a condição de especificação deste componente, que corresponde a um ensaio de impacto com energia de 1.000 N.m. Verifica-se que os resultados apresentados pelo ferro fundido nodular classe FE 42012 apresentam um fator de segurança igual a 3 (presença de trinca apenas com aplicação de esforços cerca de 3 vezes maior) (Braun & Mahnig, 1980).

Em outro estudo sobre braço de suspensão de caminhão, foram comparados os ferros fundidos nodulares ferrítico (classe EN-GJS-400-15) e austemperado (classe EN-GJS-800-8). Considerou-se que, em peças de suspensão, podem ocorrem dois tipos de cargas excepcionais (Heinrietz et al., 2006):

- Ocorreu um evento de uso inapropriado. O motorista deve entender que o veículo deve sofrer manutenção. A deformação do componente pode conduzir a problemas de funcionamento do veículo.
- Ocorreu uma sobrecarga. O motorista não entende como um problema para a suspensão. As cargas operacionais que se seguem à sobrecarga devem ser absorvidas pelo componente, sem reduzir a vida do veículo.

A Figura 17.50 mostra resultados de testes de fadiga sob deformação controlada, para corpos de prova extraídos de braços de suspensão, em condições de carregamento com amplitude constante (curvas Wöhler) e com amplitude variável (curvas Gassner, simulando condições em serviço). Numa

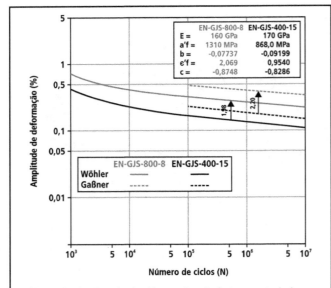

FIGURA 17.50 – Resultados de ensaios de fatiga controlados por deformação. Amostras retiradas de braços de suspensão. Carregamento com amplitude constante (curvas Wöhler) e com amplitude variável (curvas Gaßner). Ferros fundidos nodulares ferrítico (EN-GJS-400-15) e austemperado (EN-GJS-800-8). R = -1, sem entalhe (Heinrietz et al., 2006).

vida correspondente a 10^6 ciclos, o nodular austemperado apresenta, comparativamente ao nodular ferrítico, cerca de duas vezes a amplitude admissível de deformação.

Entretanto, em solicitações de impacto, os resultados com o nodular austemperado foram sensivelmente inferiores aos do nodular ferrítico. O critério de projeto era, em ensaio a 6,54 m/s, de deformação longitudinal de no mínimo 20 mm sem fratura, que seria então identificada pelo motorista. A Tabela 17.9 mostra resultados de impacto com velocidades de 5,03 m/s e 6,54 m/s, verificando-se que a 6,54 m/s apenas a modificação de projeto da peça tornou viável o uso de braço de suspensão em ferro nodular austemperado.

O estudo mostrou também, em ensaios de fatiga, que o nodular austemperado classe 800-8 é muito sensível à presença de defeitos de fundição, como pequenos microrrechupes, e que este aspecto deve ser especialmente observado em nodulares austemperados, de alta resistência (Heinrietz et al., 2006). Também em nodular ferrítico-perlítico DuQuesnay et al. (1992) verificaram efeito sensível da presença de defeitos superficiais e de microrrechupes sobre a vida sob fadiga, em munhão de suspensão. Deste modo, neste tipo de componente a garantia de ausência de defeitos de fundição deve ser particularmente observada.

17.12 EXEMPLOS ADICIONAIS DE REPROJETO DA PEÇA

A Figura 17.51 mostra ainda um exemplo de possibilidade que o processo de fundição permite, reduzindo-se o número de componentes para a fabricação de uma peça e deste modo diminuindo os custos de fabricação. Substituição de estruturas soldadas por novos projetos fundidos é uma alternativa sempre presente.

Um exemplo de substituição de materiais é o de suporte de motor (Demirel et al., 2005). 8 peças suportam um motor marítimo de 9.000 kW, 20 cilindros em V. Estas peças eram produzidas em estrutura soldada, como ilustrado na Figura 17.52. Esta estrutura foi então substituída por uma peça fundida, em ferro nodular austemperado, classe 800-8 (Norma EN 1564/1997). A Figura 17.53 mostra a distribuição de tensões na peça, destacando-se a concentração de tensões nos locais de parafusamento do suporte ao bloco de motor. Com base nesta distribuição de esforços foi então otimizada a geometria da peça. A Figura 17.54 ilustra a peça desenvolvida em nodular austemperado. Esta substituição resultou em redução de peso em cerca de 30%.

TABELA 17.9 – Resultados de simulações de impacto para três variantes de braço de suspensão a velocidades de v = 5,03 m/s e v = 6,54 m/s (Heinrietz et al., 2006).

v (m/s)	características	Classe EN-GJS-400-15, projeto original	Classe EN-GJS-800-8, projeto original	Classe EN-GJS-800-8, projeto modificado
5,03	Deformação longitudinal (mm)	13	1,0	8,0
	Energia absorvida (kJ)	2,6	1,4	2,0
	Força máxima no munhão (kN)	275	339	273
6,54	Deformação longitudinal (mm)	41	11	23
	Energia absorvida (kJ)	4,3	3,3	3,9
	Força máxima no munhão (kN)	319	389	336
	Peso da peça (kg)	11,7	11,7	10,6

FIGURA 17.51 – Braço de ligação de equipamento de movimentação de terra, em ferro nodular classe FE 50007, com peso de 37,5 kg. Este projeto fundido substituiu uma estrutura soldada com 14 peças (Huppertz, 2005).

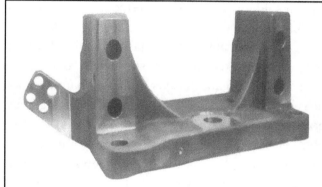

FIGURA 17.54 – Suporte de motor, usinado, em ferro nodular austemperado classe 800-8 (Demirel et al., 2005).

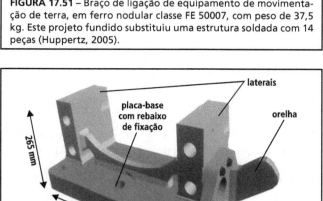

FIGURA 17.52 – Suporte de motor em estrutura soldada (e usinada) (Demirel et al., 2005).

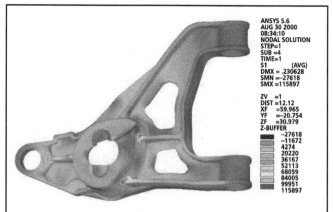

FIGURA 17.55 – Concentração de tensões (áreas claras) na ligação das nervuras com o corpo. Braço de suspensão de veículo comercial leve (Seaton & Li, 2002).

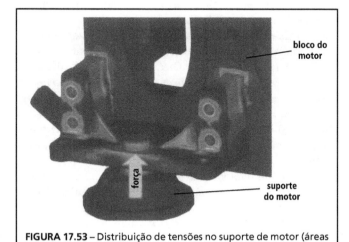

FIGURA 17.53 – Distribuição de tensões no suporte de motor (áreas claras) (Demirel et al., 2005).

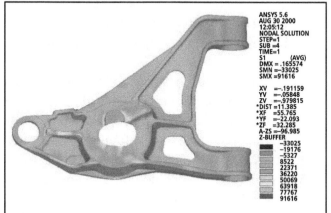

FIGURA 17.56 – Distribuição de tensões após revisão do dimensionamento da peça. Braço de suspensão de veículo comercial leve (Seaton & Li, 2002).

Um exemplo adicional é apresentado nas Figuras 17.55 e 17.56, referente a um braço de suspensão de veículo comercial leve (SUV). A peça originalmente em estrutura soldada de aço foi substituída por ferro nodular austemperado classe 1 da Norma ASTM (850-550-10). O projeto inicial, cuja distribuição de tensões é apresentada na Figura 17.55, falhou nos ensaios de fadiga, com fratura junto às ligações das nervuras com o corpo, locais de concentração de tensão. O dimensionamento foi revisto, resultando a distribuição de tensões da Figura 17.56. Este novo projeto, comparativamente à peça soldada, resultou em redução de peso (6%) e diminuição do custo (2%) (Seaton & Li, 2002).

As modernas ferramentas de análise de distribuição de tensões nas peças, simulando solicitações em serviço, são auxiliares poderosas para estudos de reprojeto de peças, o que permite redimensionar componentes e reduzir peso, tornando assim mais competitivo o processo de fundição. A literatura é rica em exemplos, que podem ser úteis em diversas aplicações. Nos exercícios do próximo item são apresentadas algumas fontes para consulta.

EXERCÍCIOS

1) Discutir os esforços envolvidos e aspectos da seleção de material para volante de motor. Ver Angus, 1960, p. 438. Ver também Donaldson, 1984 e Klein, 1989.

2) Discutir os esforços envolvidos e aspectos da seleção de material para rodas de locomotivas ferroviárias. Ver Angus, 1960, p. 427. Ver também Röhrig, 1983 e Mädler, 1999 (2 artigos).

3) Discutir as oportunidades para utilização de ferro nodular austemperado em peças de suspensão de veículos. Ver Spada-2003, Hayrynen et al., 2002 e Brandenberg et al., 2002. Ver ainda os exemplos de utilização de nodular austemperado em http://www.castsolutions.com/

4) Discutir os esforços envolvidos e aspectos da seleção de material para anéis de pistão. Ver Demarchi et al., (1996), Sinátora et al., (1998), Garcia et al., (2003), Vatavuk (1994), Shen (1997), Jakobs (2004) e Sjogren et al (2004).

5) As cuvas de fadiga de amostras de girabrequim da Figura 17.35 (Williams & Fatemi, 2007) podem ser descritas por $\sigma_a = \sigma_f \cdot (N)^b$
- Aço 1045 forjado: $\sigma_f = 1.124$ Mpa e b = -0,079
- FE 60003: $\sigma_f = 927$ Mpa e b = -0,087
Calcular o limite de fadiga (para $N = 10^6$ ciclos) para os dois materiais. Comparar com os resultados da Figura 17.35.

6) Discutir os esforços envolvidos e aspectos da seleção de material para guias de válvula. Ver Krüger (2004).

REFERÊNCIAS BIBLIOGRÁFICAS

AEI Tech Briefs. Valeo developing smart valves. *Automotive Engineering International*, SAE, p.22, 2006.

AEI Tech Briefs. New powertrain enhancements from Valeo. *Automotive Engineering International*, SAE, p.36, Dec 2007.

Amende, W. Die schmelzmetallurgische Randschichtbehandlung von Gusseisen mit dem Laserstrahl. *Konstruiren + Giessen*, v. 20, n. 4, p. 26-32, 1995.

Angus, H. T. *Cast Iron: Physical and Engineering Properties*. BCIRA, 1960.

Asi, O. Failure analysis of a crankshaft made from ductile cast iron. *Engineering Failure Analysis*, v. 13, p. 1260-1267, Elsevier, 2006.

_____. New Mercedes V6 Engine: Compact and Light with high torque. *Auto Technology*, n. 4, p. 28-31, 2005.

Balbuglio, A. R.; Colosio, M. A.; Yano, R. S. Camshaft hardened by remelting process – A new alternative for usage combined with roller finger follower. SAE Paper 2004-01-3287, Congresso SAE Brasil, 2004.

Bayrackceken, H.; Ucun, I.; Tasgetiren, S. Failures analysis of a camshaft made from nodular cast iron. *Engineering Failure Analysis*, Elsevier, v. 13, p. 1240-1245, 2006.

Bayrackceken, H.; Tasgetiren, S; Aksoy, F. Failures of single cylinder diesel engines crankshafts. *Engineering Failure Analysis*, Elsevier, v. 13, 2006.

Bhaumil, S. K.; Rangaraju, R.; Venkataswamy, M. A.; Bhaskaran, T. A.; Parameswara, M. A. Fatigue fracture of cranckshaft of an aircraft engine. *Engineering Failure Analysis*, v. 9, p. 255-263, Elsevier, 2002.

Bick, W.; Maassen, F.; Haubner, F. Light weight engine concepts for 200 bar peak firing pressure. 5th CGI Machining Workshop. Darmstadt, Germany, Sept 2003.

Bick, W.; Maassen, F.; Haubner, F. Leichtbaukonzeptefür Dieselmotorenmit einem Spitzendruck von 200 bar. *Giesserei Kompact* (suplemento de Giesserei), n. 1, p. 8-16, 2005.

Binder, K. & Hiereth, H. *Motores de combustão interna*. In: Bosch – Manual de Tecnologia Automotiva. Ed. Edgard Blücher, São Paulo, 2005.

Birch, S. Diesel power for the luxury car market. *Automotive Engineering International* – SAE, p. 18-22, Sept 1999.

Boff, C. R. *Metodologia de análise de blocos de motores. Dissertação de Mestrado*. Depto Eng Mecânica, UFSC, Florianópolis, 2003.

Boussac, O. Evolution des solutions matériaux et procédés pour répondre aux exigencies des nouvelles generations de mouteurs diesel. Congrès Le diesel: aujourd'hui et demain. Société des Ingénieurs de l'Automobile. Lion, 2004.

Brandenberg, K. R.; Rayenscroft, J.; Rimmer, A.; Hayrynen, K. L. An ADI crankshaft for high performance in TVR's Tuscan Speed Six Sports Car. SAE Paper 2001-01-0408, Detroit, 2001.

Brake drum for commercial highway Class 8 trucks and trailers. *Engineered Casting Solutions*, Spring 2003.

Brandenberg, K R; Keough, J. R.; Lee, I.; Maxwell, D.; Newman, P. Independent trailer suspension utilizing unique ADI bracket. SAE Paper 2002-01-0674, Detroit, 2002.

Braun, H. & Manig, F. Wirtschaftlich und betriebssicher: Achsteile aus duktilen Gusseisenwerkstoffen. *Konstruiren + Giessen*, v. 5, n. 1, p. 7-19, 1980.

Brüggemann, H; Fick, W; Klingmann, R; Krause, R. Die neuen Alu-CDI-Motoren von DaimlerChrysler, Detaillösungen zum Thema Leichtbau. VDI Berichte n. 1564 Giesstechnik im Motorenbau – Anforderungen der Automobilindustrie, p.71-86, 2001.

Buchholz, K. Why diesels, why not? *Automotive Engineering International* – SAE, p. 65-66, Aug 2003.

Chien, W. Y.; Pan, J.; Close, D.; Ho, S. Fatigue analysis of cranckshaft sections under bending with consideration of residual stresses. *International Journal of Fatigue*, v. 27, p. 1-19, Elsevier, 2005.

Costes, M. L´aluminium dans l´industrie automobile européenne. Vue du présent – Vision du futur. *Fonderie Fondeur d´aujourd´hui*, n. 256, p. 38-43, 2006.

Coyle, J. P. & Tsang, P. H. S. Microstructural changes of cast iron rotor surfaces and their effects on brake performance and wear resistance. SAE Paper 830534, Detroit, 1983.

Damour, P. Connecting rod. In: Basshuysen, R & Schäfer, F. *Internal combustion engine handbook*. SAE International, Warrendale, Pa, EUA, p. 93-100, 2004.

Dawson, S. Lost and Foundry. *Engine Technology International*, n. 4, p. 48-52, 2001.

Debschütz, K. D. & Dörr, J. Inovative cast iron materials for powertrain applications at DaimlerChrysler. 7th Machining Workshop for Powertrain Materials. Darmstadt, 2004.

Demarchi, V.; Windlin, F. L.; Leal, M. G. G. Desgaste abrasivo em motores diesel. SAE Paper 962380 P, São Paulo, 1996.

Demirel, C.; Behr, T; Weisskopf, K L. Substituition eines Stahl-Motorträgers durch ein gewichts- und kosten-reduziertes ADI-Gussbauteil. *Konstruiren + Giessen*, v. 30, n. 2, p.26-29, 2005.

Donaldson, E. G. S.-g. Iron – a look ar marketing opportunities and production technology. *Foundry Trade Journal*, v. 7, n. 22, p. 55-67, 1984.

Dressler, S. Robotic pulse plasma nitriding for the automotive industry and production experience. *Industrial Heating*, p. 62-66, Oct 1994.

Druschitz, A. P. & Fitzgerald, D. C. MADI: Introducing a new, machinable, austempered ductile iron. SAE Paper 2003-01-0831, Detroit, 2003.

DuQuesnay, D. L.; Topper, T. H.; Dabell, B. J. Fatigue evaluation of a nodular cast iron component. SAE Paper 920669, Detroit, 1992.

Filleti, A. Aplicação de fundidos na indústria automobilística – substituição de materiais. CINTEC Fundição, SOCIESC, Joinville, 2006.

Fonseca, M. L. *Procedimento metodológico para o projeto de virabrequins*. Dissertação de Mestrado. Depto Eng Mecânica, UFSC, Florianópolis, 2003.

Fuchs, H. & Wappelhorts, M. Wekstoffentwicklung zukünftiger Leichtmetallmotorblöcke und Zylinderköpfe – Fragen und Antworten. VDI-Berichte 1718. Giesstechnik im Motorenbau. Magdeburg, 2003.

Fujimoto, T.; Yamamoto, M.; Okamura, K. Development of crankshaft conFiguration design. SAE Paper 2001-01-1008. Detroit, 2001.

Garcia, M. B.; Ambrósio Filho, F.; Vatavuk, J. Comportamento dos mecanismos de desgaste de diferentes tratamentos superficiais de anéis de pistão. SAE Brasil, São Paulo, 2003

Georges, T.; Hackmair, C.; Mayer, H. M.; Pyzalla, A.; Porzner, H.; Duranton, P.. Modeling induction heat treating of cranckshafts. *Industrial Heating*, 8/2004.

Gligorijevic, R.; Jevtic, J.; Vidanovic, G.; Radojevic, N. Fatigue strength of nodular iron crankshafts. Automotive & Transportation Tecnology, Barcelona, Espanha, SAE Paper 2001-01-3412, 2001.

Goodrich, G. M. *Iron Castings Engineering Handbook*. AFS, 2003.

Guesser, W.; Schroeder, T.; Dawson, S. Production experience with compacted graphite iron automotive components. *AFS Transactions*, v. 109, p. 63-73, paper # 01-071, 2001.

Guesser, W. Building a manufacturing competence in CGI cylinder Blocks and heads. 5th CGI Machining Workshop. Darmstadt, Sept 2003.

Gupta, R. K. Recent Developments in Materials and Processes for Automotive Connecting Rods. SAE Paper 930491, Detroit, 1993.

Hadler, J.; Flor, S.; Heikel, C. Innovationen aus der Volkswagen Dieselmotorentwicklung. VDI-Berichte 1830, Giesstechnik in Motorenbau – Anforderungen der Automobilindustrie. Tagung Magdeburg, p. 285-308, 2005.

Hayrynen, K. L.; Brandenberg, K R; Keough, J R. Applications of austempered cast irons. *AFS Transactions*, v. 110, paper 02-084, 2002.

Heap, M. Compacted Graphite Iron. *Engine Technology International*, n. 2, p. 70, 1999.

Heinrietz, A.; Zinke, R.; Streicher, M.; Bartels, C. High strength ductile cast iron in suspension components – structural durability and impact energy absorption. SAE Paper 2006-01-3511, Detroit, 2006.

Helsper, G. & Langlois, K. B. Engine block. In: Basshuysen, R & Schäfer, F. *Internal combustion engine handbook*. SAE International, Warrendale, Pa, EUA, p. 107-118, 2004.

Hornung, K. & Rist, A. Schwingfestigkeit von Temperguss und Gusseisen mit Kugelgraphit. *Konstruiren + Giessen*, v. 1, n. 2, p. 7-11, 1976.

Huppertz, A. Tailored castings. *Giesserei Kompact* (suplemento de Giesserei), n 1, p. 28-29, 2005.

Jakobs, R. Piston rings. In: Basshuysen, R. & Schäfer, F. Internal combustion engine handbook. SAE International, Warrendale, Pa, EUA, p. 100-107, 2004.

Kanazawa, T. Effects of material properties and initial stresses on the durability of cast iron cylinder heads. SAE Paper 871 204, p. 204.1-204.7, 1987.

Klava, B. *Desenvolvimento das etapas de análise e otimização estrutural de uma manga de eixo*. Dissertação de Mestrado. Depto Eng Mecânica, UFSC, Florianópolis, 2003.

Klein, U. Strassenfahrzeugbau – eine Domäne der Gusseisenwerkstoffe. *Konstruiren + Giessen*, v. 14, n. 2, p. 30-36, 1989.

Kowalke, H.; Niederquell, D.; Becker, H. Hohe Belastbarkeit bei dynamischer Beanspruchung. *Konstruiren + Giessen*, v. 5, n. 4, p. 31-36, 1980.

Krause, W. & Kühl, R. Ferro fundido nodular – um material alternativo para componentes de máquinas tradicionalmente fabricados em aço forjado. Trabalho não publicado. 1981.

Krause G. & Mahnig, F. Konstruktion und Prüfung gegossener LKW-Räder mit Hilfe der Spannungsanalyse. *GF Spetrum*, n. 1, p. 5-12, 1978.

Krüger, G. Valve guides. In: Basshuysen, R & Schäfer, F. *Internal combustion engine handbook*. SAE International, Warrendale, Pa, EUA, p. 182-189, 2004.

Kuratomi, H.; Uchino, M.; Kurfebayashi, Y.; Namiki, K.; Sugiura, S. Deevlopment of lightweight connecting rod based on fatigue resistance analysis of microalloyed steel. SAE Technical Paper Series 900454, Detroit, 1990.

Landerl, C.; Fischerworring-Bunk, A.; Wolf, J.; Fent, A. Das neue BMW Magnesium-Aluminium-Verbundkurbelgehäuse. VDI-Berichte 1830, Giesstechnik in Motorenbau – Anforderungen der Automobilindustrie. Tagung Magdeburg, p. 69-91, 2005.

Lechner, M. & Kirschner, R. Camshaft. In: Basshuysen, R & Schäfer, F. *Internal combustion engine handbook*. SAE International, Warrendale, Pa, EUA, p. 201-212, 2004.

Lima, M. S. F. & Goldenstein, H. Morphological instability of the austenite growth front in a laser remelted iron-carbon-silicon alloy. *Journal of Cristal Growth*, n. 208, p. 709-716, 2000.

Loveless, D; Rudnev, V; Lankford, L; Desmier, G; Medhanie, H. Advanced non-rotational induction cranckshaft hardening technology introduce to automotive industry. *Industrial Heating*, 10/2000.

Loveless, D.; Rudnev, V.; Desmier, G.; Lankford, L.; Medhanie, H. Nonrotational induction crankshaft hardening capabilities extended. *Industrial Heating*, 7/2001.

Mahnig, F.; Trapp, H. G.; Walter, H. Gegossene Pleuel für Fahrzeug-Dieselmotoren. *Automobiltechnische Zeitschrift*, v. 77, n. 3, p. 77-81, 1975.

Mädler, K. Entwicklung und Einsatz von ADI-Werkstoffen bei der DB AG. *Konstruiren + Giessen*, v. 24, n. 4, p. 27-30, 1999.

Mädler, K. On the suitability of ADI as an alternative material for railcar wheels. CIATF Technical Forum, Düsseldorf, 1999. Tradução para o inglês por J. Keough, Applied Process (www.appliedprocess.com).

Marquard, R. & Sorger, H. Modern Engine Design. CGI Design and Machining Workshop, Sintercast – PTW Darmstadt, Bad Homburg, Germany, Nov 1997.

Marquard, R.; Sorger, H.; McDonald, M. Crank it up – new materials create new possibilities. *Engine Technology International*, n. 2, p. 58-60, 1998.

Martin, T.; Weber, R.; Kaiser, R. W. Dünnwandige Zylinderblöcke aus Gusseisen. *Giesserei-Erfahrungsaustauch*, n. 8, p. 357-362, 2003.

Mihara, K. & Kidogushi, I. Development of nodular cast iron pistons with permanent molding process for high speed diesel engines. SAE Paper 921700, Detroit, 1997.

Mohrdieck, C. & Baur, H. Innovations in iron castings for automotive applications. 5th CGI Machining Workshop, Darmstadt, Alemanha, set 2003.

Nechtelberger, E. *The properties of cast iron up to 500 C*. Technocopy Ltd, England, 1980.

Neumaier, H. Exhaust manifold. In: Basshuysen, R & Schäfer, F. *Internal combustion engine handbook*. SAE International, Warrendale, Pa, EUA, p. 270-275, 2004.

Nonoyama, H.; Morita, A.; Fukuizumi, T.; Nakakobara, T. Development of the camshaft with surface remelted chilled layer. SAE Paper 861429, p. 1-7, Detroit, 1986.

Pandey, R. K. Failure of diesel-engine crankshafts. *Engineering Failure Analysis*, v. 10, p. 165-175, Elsevier, 2003.

Peppler, P. Schalenhartguss – Eigenschaften und Anwendung. *Konstruiren + Giessen*, v. 4, n. 3, p. 12-18, 1979.

Peppler, P. L. Chilled cast iron engine valvetrain components. SAE Paper 880667, p. 1-10, Detroit, 1988.

Pischinger, S. & Ecker, H. J. Zukünftige Motoren – Anforderungen an Werkstoffe und Giesstechnik. *Giesserei*, v. 90, n. 5, p. 63-69, 2003.

Powell, W. & Levering, P. CGI: the little cast iron that could. *Engineered Casting Solutions*, p. 40-42, Winter 2002.

Reimer, J. F.; Pieske, A.; Souza Santos, A. B. Alguns exemplos de utilização de ferros fundidos maleáveis e nodulares em substituição a aços em peças para a indústria automobilística. In. III CONBRAFUND, item 20, São Paulo, ABIFA, 1985.

Requena, G. & Degischer, H. P. Creep behaviour ofunreinforced and short fibre reinforced AlSi12CuMgNi piston alloy. *Materials Science and Engineering*, n. A 420, p. 265-275, 2006.

Renck, T.; Hoppe, R. A.; Pecantet, S.; Griza, S.; Strohaecker, T. R. Análise de falha em virabrequim de motor V8. Jornadas SAM – CONAMET – AAS, p. 773-778, 2001.

Rizzo, F. Cast a production line. *Engine Technology International*, nº4, p. 54-55, 2001.

Röhrig, K. Zwischenstufenvergütetes Gusseisen mit Kugelgraphit. *Giesserei-Praxis*, n. 1-2, p. 1-16, 1983.

Röhrig, K & Werning, H. BMW-V8-Dieselmotor – realisiert mit innovativen Konstruktionen aus Gusseisenwerkstoffen. *Konstruiren + Giessen*, v. 24, n. 3, p. 21-24, 1999.

Roush Industries Inc. www.roushind.com. 2003.

Schmid, J. Future trends in engines. Palestra proferida na Tupy Fundições, Joinville, nov 2007.

Schneider, W.; Böhme, J.; Doerr, J.; Rothe, A.; Haberling, C.; Becker, K. D.; Strümpfler, D.; Bischoff, U.; Schumann, S.; Rudolph, T. Das Audi Hybrid-Magnesium-Zylinderkurbelgehäuse – eine Herausforderung für Entwicklung und Produktion. VDI-Berichte 1830, Giesstechnik in Motorenbau – Anforderungen der Automobilindustrie. Tagung Magdeburg, p. 43-68, 2005.

Schöffmann, W.; Langmayr, F.; Sauerwein, U.; Sorger, H.; Zieher, F. Development of engine structures for high performance diesel engines. 7th Machining Workshop for Powertrain Materials. Darmstadt, 2004.

Schöffmann, W.; Beste, F.; Atzwanger, M.; Sorger, H.; Feikus, F. J.; Kahn, J. Magnesium Kurbelgehäuse am Leichtbau-Dieselmotor Erfahrungen aus der sicht der Fahrzeugerprobung. VDI-Berichte 1830, Giesstechnik in Motorenbau – Anforderungen der Automobilindustrie. Tagung Magdeburg, p. 93-114, 2005.

Schönfeld, F. Gusseisenwerkstoffe für Wirtschaftlichkeit und Zuverlässigkeit von NFZ-Dieselmotoren. *Giesserei-Praxis* n. 6, p. 270-274, 2003.

Seaton, P. B. & Li, X. M. An ADI alternative for a heavy duty truck lower control arm. World Conference on ADI. DIS/AFS, Lousville, USA, 2002.

Serbino, E. M. *Um estudo dos mecanismos de desgaste em disco de freio automotivo ventilado de ferro fundido cinzento perlítico com grafita lamelar*. Dissertação de mestrado, EPUSP – Engenharia Metalúrgica e de Materiais, 2005.

Shen, Q. Development of material surface engineering to reduce the friction and wear of the piston ring. SAE Paper 970821, Detroit, 1997.

Silva, F. S. Analysis of a vehicle crankshaft failure. *Engineering Failure Analysis*, v. 10, p.605-616, Elsevier, 2003.

Silva, F. S. Fatigue on engine pistons – A compendium of case studies. *Engineering Failure Analysis*, v. 13, p.480-492, Elsevier, 2006.

Sinátora, A.; Tanaka, D. K.; Maru, M M; Galvano, M. Wear bench test of materials used for piston ring and cylinder liners of internal combustion engines. In: VII International Mobility Technology Conference & Exhibit, v. 1, SAE Brasil, São Paulo, 1998.

Sjogren, T.; Vomacka, P.; Svenson, I. L. Comparison of mechanical properties in flake graphite and compacted graphite cast irons for pistons rings. *International Journal of Cast Metals Research*, v. 19, n. 2, p. 65-71, 2004.

Sonsino, C. M. & Lipp, K. Entwicklung von PKW-Pleueln aus Sinterstahl. *Ingenieur-Werkstoffe*, v. 2, n. 4, p. 53-58, 1990.

Sorger, H. & Holland, T. The effect of downsizing on light-weight engine design. CGI Design and Machining Worshop, Auburn Hills, MI, Nov 1999.

Spada, A. Unleashing ADI's conversion potential. *Engineering Casting Solutions*, p. 26-30, Fall 2003.

Spiteri, P.; Ho, S.; Lee, Y. L. Assessment of bending fatigue limit for crankshaft sections with inclusion of residual stresses. *International Journal of Fatigue*, v. 29, n. 2, p. 318-329, 2007.

Suzuki, H.; Sawayama, T.; Ilia, E.; Tuton, K. New Material with Improved Machinability and Strength for Powder Forged Connecting Rods. SAE Paper 2006-01-0603, Detroit, 2006.

Todte, M. Erfahrungen bei der Erstarrungssimulation hochbeanspruchter Bauteile aus Gusseisen. *Kontruiren und Giessen*, v. 26, n. 2, p. 4-8, 2001.

Vollrath, K. Motorguss – Werden die Werkstoffkarten neu gemischt? *Kontruiren + Giessen*, v. 28, n. 2, p. 25-27, 2003.

Williams, D. & Boussie, T. G. Nonrotating induction heat treating meets industry needs. *Industrial Heating*, 11/2002.

Cho, W. S.; Kim, K. S.; Jo, E. K.; Oh, S. T. Development of Medium Carbon Microalloyed Steel Forgings for Automotive Components. SAE Paper 940785, 1994.

Yu, Z. & Xu, X. Failure analysis of a diesel engine crankshaft. *Engineering Failure Analysis*, v. 12, p.487-495, Elsevier, 2005.

Vatavuk, J. *Mecanismos de desgaste em anéis de pistão e cilindros de motores de combustão interna*. Tese de doutoramento, EPUSP, 1994.

Walz, W.; Junk, H.; Lenz, W.; Hatmann, M. Neuer Werkstoff für Kurbelwellen: Ausferritischer Gusseisen mit Kugelgraphit. In: Zylinderlaufbahn, Kolben, Pleuel – Innovative Systeme im Vergleich. VDI-Berichte 1906, VDI Verlag GmbH, Düsseldorf, 2006.

Warrick, R. J.; Althoff, P.; Druschitz, A. P.; Lemke, J. P. Zimmerman, K.; Mani, P. H.; Rackers, M. L. Austempered Ductile Iron Castings for Chassis Applications. SAE Paper 2000-01-1290, Detroit, 2002.

Williams, J. & Fatemi, A. Fatigue performance of forged steel and ductile cast iron crankshafts. SAE Paper 2007-01-1001. Detroit, 2007.

Zieher, F.; Langmayr, F.; Jelatacev, A.; Wieser, K. Thermal mechanical fatigue simulation of cast iron cylinder heads. SAE Paper 2005-01-0796, Detroit, 2005.

Zoroufi, M & Fatemi, A. Fatigue life comparisons of competing manufacturing processes: a study of steering knuckle. SAE Paper 2004-01-0628, Detroit, 2004.

ÍNDICE REMISSIVO

Alinhamento de nódulos
    maleável – p. 31, p. 289
    nodular – p. 289
Alívio de tensões
    cinzento – p. 133
    cinzento e nodular – p. 14
Amortecimento de vibrações
    cinzento – p. 5
    cinzento, nodular, vermicular – p. 160
Anel de pistão
    desgaste – p. 227
    desgaste a quente – p. 185
Austêmpera – nodular – p. 21, p. 58, p. 129, p. 237, p. 276
Austenítico – nodular
    tipos – p. 189
    coletores de exaustão – p. 317
    normas – p. 61
    oxidação – p. 170
Biela – seleção de material – p. 320
Bloco de motor
    módulo de elasticidade – p. 75
    desgaste – p. 185, p. 229
    fadiga e teor de carbono equivalente – p. 132
    seleção de material – p. 81, p. 305
    usinagem – p. 273
Braço de suspensão
    nodular austemperado – p. 238
    seleção de material – p. 322
Cabeçote de motor
    diagramas de Goodman-Smith – p. 136
    fadiga térmica – p. 181-183
    seleção de material – p. 310
Calor específico
    cinzento – p. 149, p. 157
    nodular – p. 150, p. 157
    vermicular – p. 150, p. 157

Camisa de cilindro
    motores grandes – p. 120
    desgaste – p. 229
    desgaste a quente – p. 185
Carbonetos
    inoculação – p. 11
    cinzento – p. 291
    nodular – p. 17, p. 291
Carbono equivalente
    metalurgia – p. 11
    cinzento – efeito sobre o limite de resistência – p. 78
    cinzento – p. 132
    vermicular – p. 100
Carcaça de freio – fadiga – p. 108
Coeficiente de atrito – cinzentos e vermicular – p. 156
Coletor de exaustão
    Oxidação – p. 168, p. 192
    SiMo – p. 187
    seleção de material – p. 316
Concentração de tensões
    efeito da forma da grafita – p. 3, p. 32
    cinzento – p. 136
    nodular – efeito na resistência ao impacto – p. 200
    nodular austemperado – p. 243
    vermicular – p. 143
Condutividade térmica
    cinzento – p. 149
    nodular – p. 150
    nodular austemperado – p. 239-240, p. 254
    vermicular – p. 63-64, p. 150
Corrosão
    desgaste corrosivo – p. 224
    nodular – fadiga – p. 122
Cubo de roda
    índice de qualidade – p. 96

seleção de material – p. 321
Defeitos superficiais
    cinzento – p. 137
    nodular – p. 119
    vermicular – p. 144
Densidade
    cinzento – p. 149-151
    nodular – p. 150-151
    nodular austemperado – p. 239
    vermicular – p. 150
Desgaste a quente, p. 185
Disco de freio
    alto carbono – p. 186
    fadiga térmica – 167, p. 184
    desgaste – p. 233
    seleção de material – p. 317
    usinagem – p. 273, p. 279
Eixo comando de válvula
    Desgaste – p. 232
    seleção de material – p. 313
Elementos de liga
    cinzento – p. 79
    nodular – p. 79
    nodular – cobre e estanho – p. 92
    nodular – índice de qualidade – cobre, estanho, manganês – p. 96
    condutividade térmica – p. 155
    oxidação – p. 170
    estabilidade dimensional – p. 171
Encruamento – coeficiente, p. 69
Entalhes – ver concentração de tensões
Espessura da peça
    cinzento – p. 79
    nodular – p. 93, p. 284
    vermicular – p. 101
    nodular, fadiga – p. 119
    cinzento, fadiga – p. 136
    nodular austemperado – p. 250
Estabilidade dimensional, p. 170
Expansão térmica – coeficiente
    cinzento – p. 149, p. 152
    nodular – p. 150, p. 152
    vermicular – p. 150, p. 153
    nodular austemperado – p. 239-240, p. 254
Fadiga de baixo ciclo
    equações – p. 109-110
    nodular – p. 117

    nodular austemperado – p. 240
    cinzento – p. 136
Fadiga térmica, p. 179
    SiMo – p. 184, p. 189
Flotação de grafita – nodular – p. 289
Fluência, p. 176
    SiMo – p. 189
Fosfetos
    Ferros fundidos cinzentos – p. 291-292
    Efeito em usinagem – p. 271-272
Fratura – dútil
    Nodular – p. 27, p. 39
    Cinzento – p. 39
    Temperatura de transição – p. 199
Fratura – clivagem
    nodular – p. 28, p. 33, p. 39
    SiMo – p. 188
    Cinzento – p. 37
    Temperatura de transição – p. 199
Fratura – fadiga
    nodular – p. 36, p. 40
    cinzento – p. 39, p. 40
    vermicular – p. 42
Fratura – intergranular
    Nodular – p. 28, p. 36, p. 292
    SiMo – p. 188
    nodular austemperado – p. 296
Frequência de ressonância
    conceitos – p. 159
Girabrequim
    índice de qualidade – p. 96
    seleção de material – p. 318
Goodman-Smith – diagrama
    conceitos – p. 108
    cinzento – p. 134-136
    nodular – p. 116
    nodular austemperado – p. 242
    vermicular – p. 142-143
Grafita explodida, nodular – p. 284-285
Grafita em grumos, nodular – p. 284-285
Grafita secundária, nodular – p. 21, p. 32, p. 202
Grafita "spiky", nodular – p. 286
Grafita de Widmanstätten, cinzento – p. 288
Grau de saturação (Sc)
    metalurgia – p. 11
    relação com propriedades mecânicas – p. 79, p. 84

ÍNDICE REMISSIVO

Haigh – diagrama
    conceitos – p. 108
    cinzento – p. 135
    nodular – p. 116
    nodular austemperado – p. 242
Hidrogênio – fragilização
    cinzento – p. 297
    nodular – p. 297-299
Inoculação
    metalurgia – p. 11
    cinzento – p. 78
    nodular austemperado – p. 238
Larson-Müller, parâmetro – p. 177
Lingoteiras, Oxidação – p. 169
Manga de ponta de eixo
    Índice de qualidade – p. 96
    seleção de material – p. 322
Nitretação
    nodular – p. 24
    nodular, fadiga – p. 126
    cinzento, cabeçotes de motor – p. 311
    cinzento, camisas de cilindro – p. 230-231
Normalização – tratamento térmico
    cinzento, fadiga – p. 133
    nodular – p. 19, p. 94
Oxidação
    metalurgia – p. 168
    nodular – p. 192
Pistão – seleção de material – p. 312
Placa de embreagem
    propriedades mecânicas – p. 82
Poisson – coeficiente
    cinzento – p. 73
    nodular – p. 74
    nodular austemperado – p. 239-240
    vermicular – p. 63, p. 103
Propriedades magnéticas
    cinzento – p. 149, p. 157
    nodular – p. 150, p. 157
Qualidade – Índice
    cinzento – p. 86
    nodular – p. 94-96
    nodular, peças espessas – p. 284
Rechupes
    metalurgia – p. 12
    nodular – efeito em fadiga – p. 121
    nodular austemperado – p. 251

Recozimento
    cinzento e nodular – p. 17
    nodular – efeito em resistência ao impacto – p. 200
Resistência a quente
    cinzento – p. 172
    nodular – p. 173
    vermicular – p. 174
Resistividade elétrica
    cinzento – p. 149, p. 157
    nodular – p. 150, p. 157
    vermicular – p. 150, p. 157
Roletagem
    cinzento – p. 138
    nodular – p. 123
    nodular austemperado – p. 244-245
Shot peening
    cinzento – p. 138
    nodular – p. 123
    nodular austemperado – p. 244-245
    vermicular – p. 144
Segregação
    metalurgia – p. 81
SiMo – ferro fundido nodular – p. 186
    coletores de exaustão – p. 316
    normas – p. 60
    oxidação – p. 168, p. 170
    fratura intergranular – p. 188
    vermicular – p. 98
Solidificação
    metalurgia – p. 9, p. 11-13
Tambor de freio – ver Disco de Freio
Têmpera e revenido
    metalurgia – p. 21
    cinzento, fadiga – p. 133
    nodular – efeito em resistência ao impacto – p. 200
    nodular – p. 296
Têmpera superficial
    cinzento e nodular – p. 24
Temperatura Ms
    nodular – p. 22
Transformação eutetoide
    metalurgia – p. 10
Tubos centrifugados
    nodular – p. 19

Ultrassom – velocidade
 princípios – p. 159
Válvulas
 normas – p. 65
 guia de válvula – p. 185, p. 328